教育部高职高专规划教材

建筑装饰制图习题集

（建筑装饰技术专业适用）

本系列教材编审委员会组织编写

顾世权　主编

栾　蓉　邵文明　薛荷香　编
郑　欣　　　　　纪　花

中国建筑工业出版社

本习题集与高职高专建筑装饰技术专业系列教材编审委员会审议通过的《建筑装饰制图》教材（由顾世权主编，白丽红、栾蓉编）配套使用。

本习题集主要内容有：点、直线、平面的投影；投影变换；投影图；建筑施工图；装饰施工图；结构施工图；正投影阴影；透视图；透视阴影等部分。习题内容由浅入深，适合学生学习选用，本习题集也可供设计、电大等相关专业的学生、工程技术人员选用和参考。

本习题集经教材编审委员会审阅通过。

前　言

本习题集是经高职高专建筑装饰技术专业系列教材编审委员会组织审稿通过，与中国建筑工业出版社出版的高职高专系列教材《建筑装饰制图》（由顾世权主编，白丽红、栾蓉编）配套使用。

完成习题作业是学生学习后进行实践的过程，这个实践过程在很大程度上影响学生的学习效果，是学生学好本课程的重要环节。本习题集在编写过程中注重应用，每部分内容由浅入深，便于学生灵活运用所学的基础理论，通过解题培养学生分析问题、解决问题的能力。本习题集可根据不同专业选用。习题在本习题集中完成，有些大型作业需要按教师要求另绘板图。

本习题集为方便使用，除第1、2、14章没有编排习题外，其他章节按教材顺序编排，习题内容直接写在目录上，不另编节号。

本习题集由长春工程学院顾世权主编，扬州大学栾蓉，河南省建筑职工大学薛荷香、郑欣，长春工程学院邵文明、纪花编。其中顾世权完成第4、13、15、16、17章；邵文明完成第11、12章；薛荷香、郑欣完成第3、9章；栾蓉完成第5、6、7章；纪花完成第8、10章的习题编写工作。本习题集经长春工程学院于春艳同志审阅并完成计算机绘图编辑等工作。

由于编者水平有限，加之时间仓促，习题虽经试作，仍难免存在缺点和错误，恳请使用本习题集的教师、学生和有关同志提出批评、指正，谢谢。

目 录

1. 点的投影（一）

班级		姓名		学号		成绩		1

1　根据点的直观图，作点的三面投影

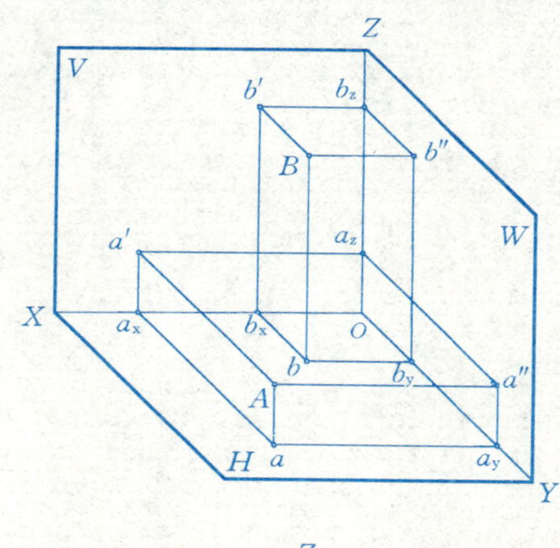

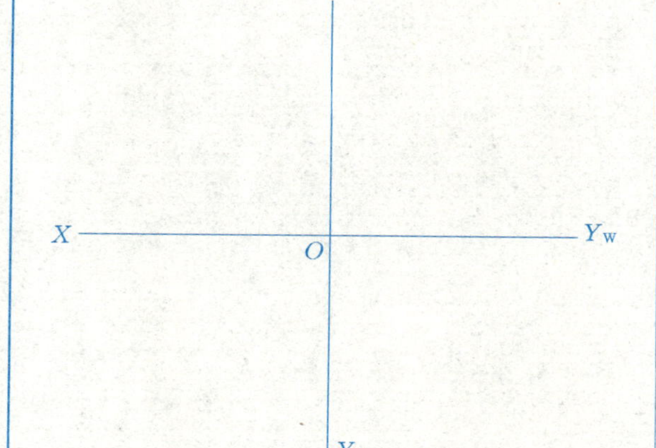

2　根据点的三面投影，作直观图

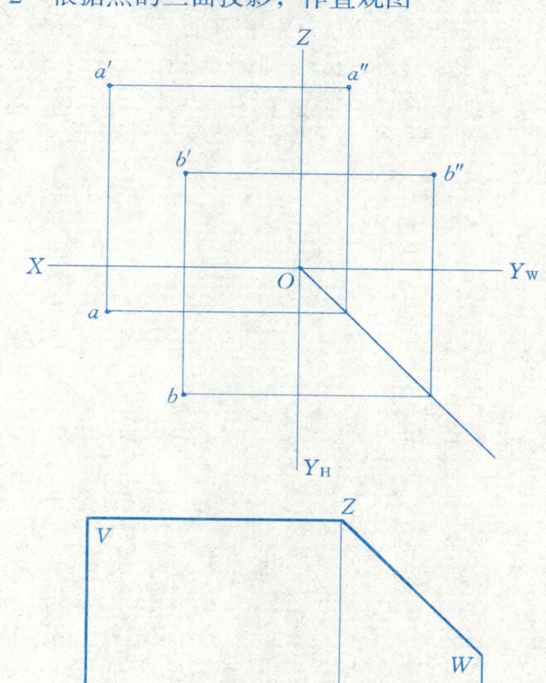

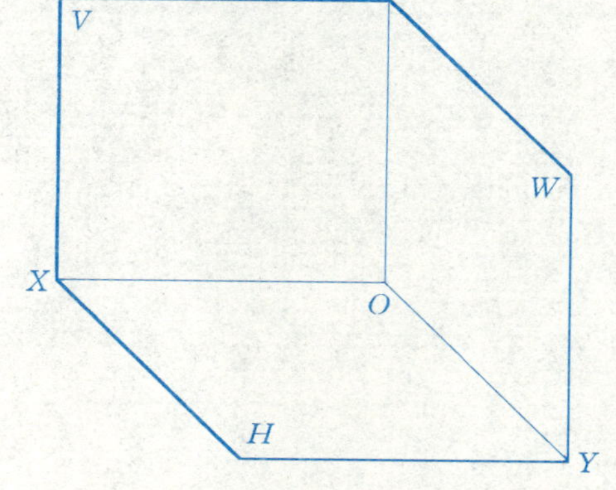

3　根据点的直观图，作点的投影

X　O

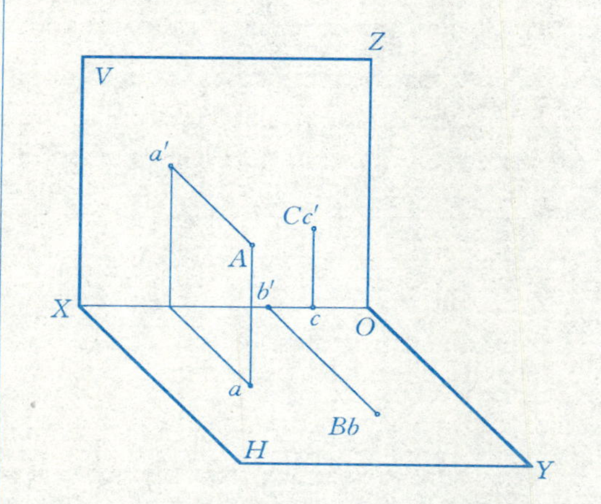

2. 点的投影（二）

班级		姓名		学号		成绩		2

4　根据点的投影作直观图

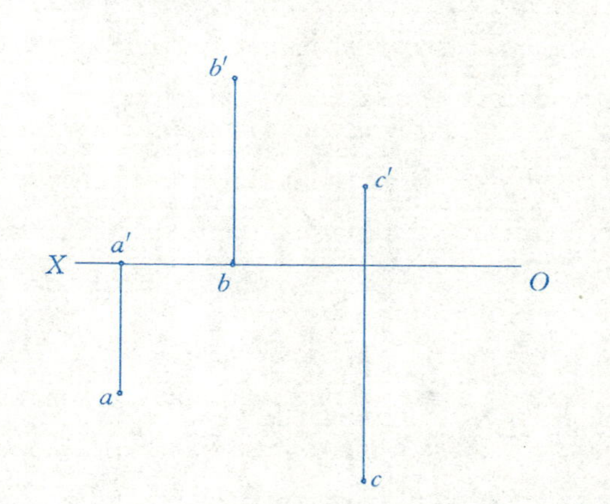

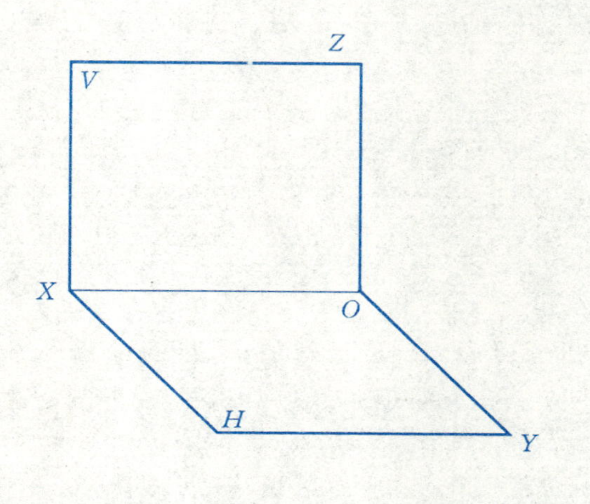

5　根据点的两面投影，求作第三投影，并填写出这些点的空间位置

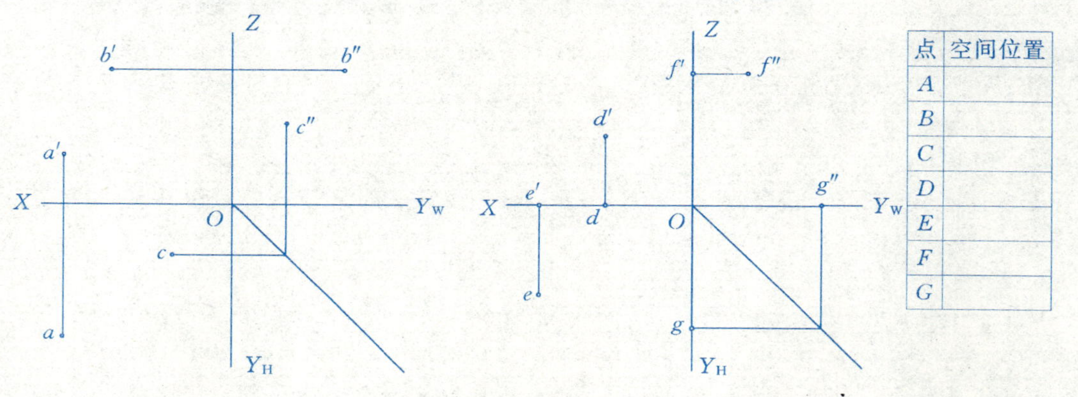

点	空间位置
A	
B	
C	
D	
E	
F	
G	

6　已知点的坐标，求点的三面投影

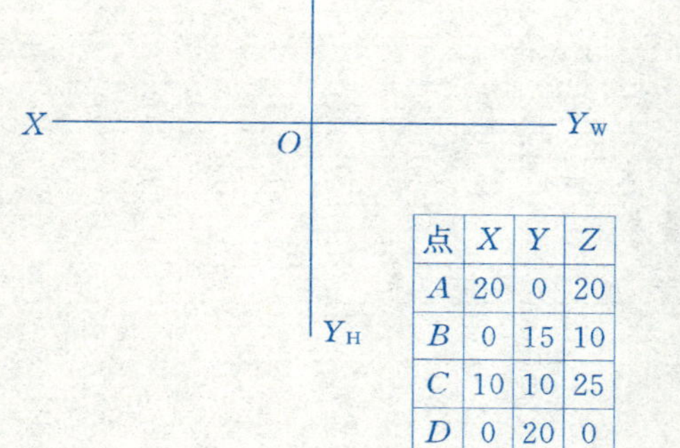

点	X	Y	Z
A	20	0	20
B	0	15	10
C	10	10	25
D	0	20	0

7　已知点到投影面的距离，求点的三面投影

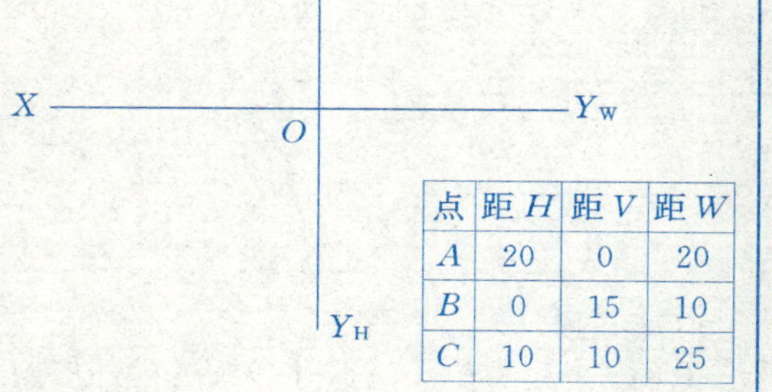

点	距 H	距 V	距 W
A	20	0	20
B	0	15	10
C	10	10	25

8　补全点的投影，并判定两点在空间的相对位置

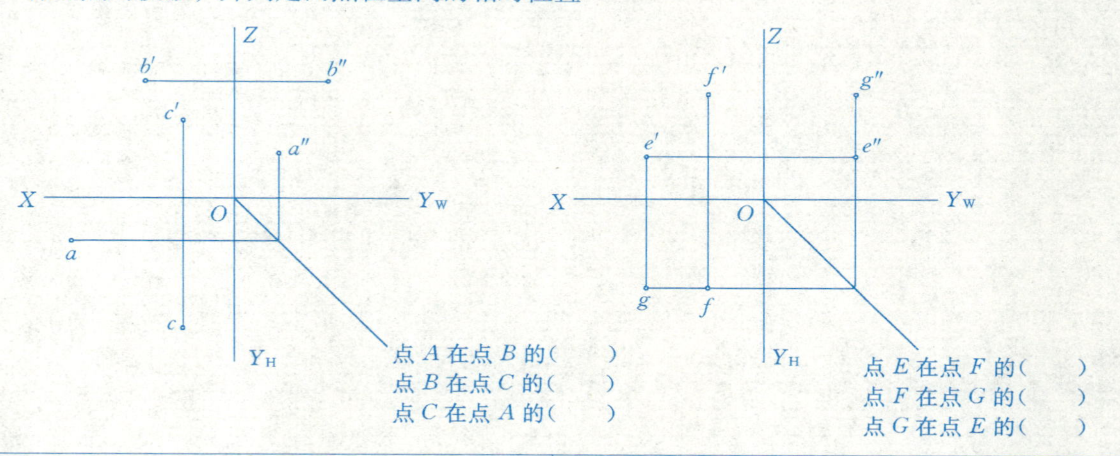

9　已知点 A(10,10,30)、点 B(0,15,20)，点 C 在点 A 的左方 10，下方 15，前方 10，求点 A、B、C 的三面投影

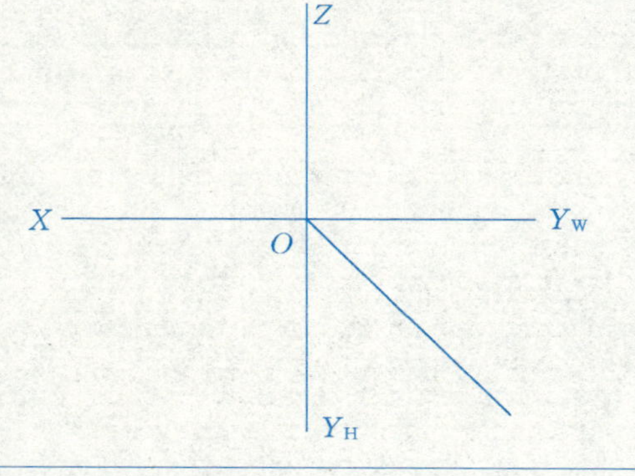

10　已知点 A 的投影，点 B 在点 A 的正左方 15，点 C 在点 A 的正下方 15，点 D 在点 A 的正前方 15，求 B、C、D 的三面投影，并判别可见性

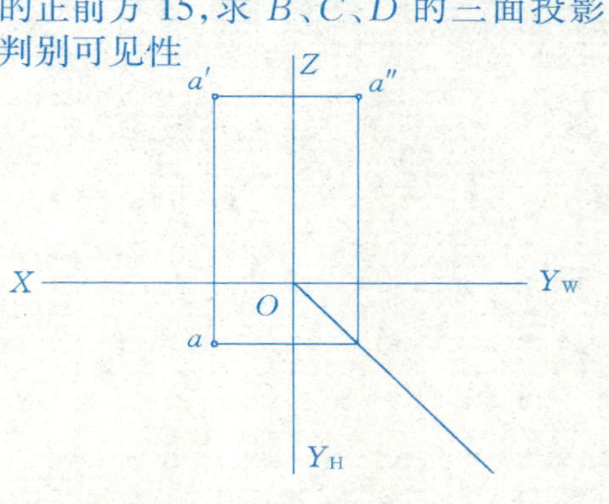

11　已知点 D(30,0,20)、点 E(0,0,20)，点 F 在点 D 的正前方 25，求点 D、E、F 的三面投影，并判别可见性

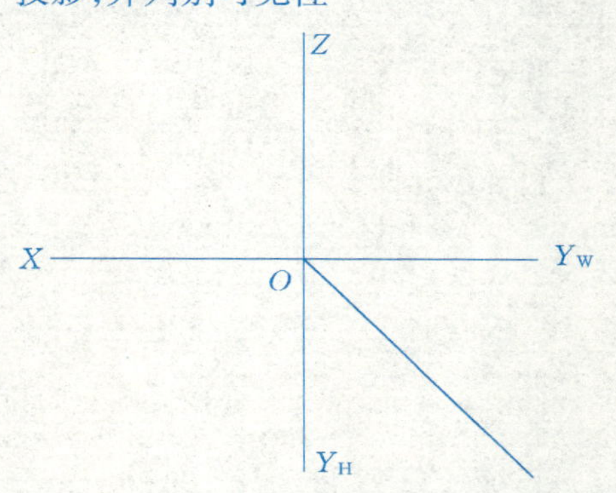

12　已知点 A 到三投影面的距离均为 10，B 点在 H 面上，且 B 点在 A 点前方 10，左方 15，完成 A、B 两点的投影

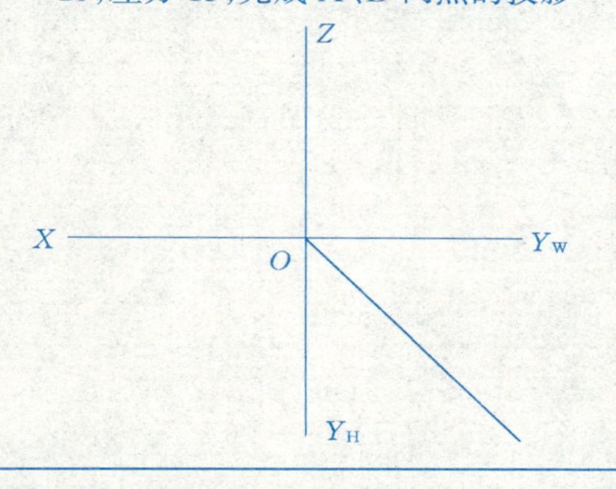

4. 直线的投影（一）

班级		姓名		学号		成绩		4

1 已知 A（30，25，10）、B（10，10，25），完成直线 AB 的三面投影及直观图

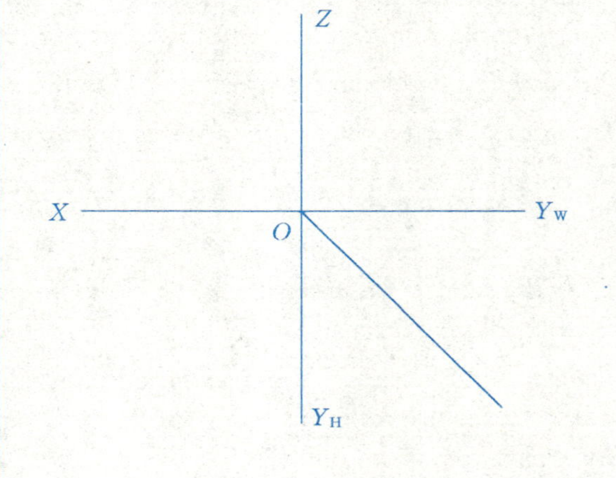

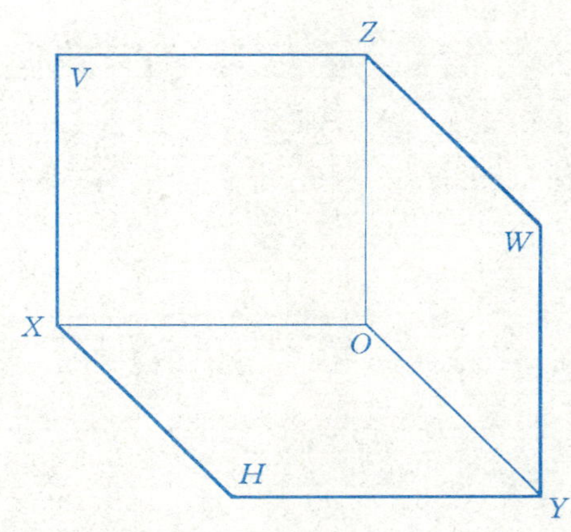

2 补全各直线的第三投影，并指出各直线与投影面的相对位置，在投影图上反映倾角实形处用 α、β、γ 表示之

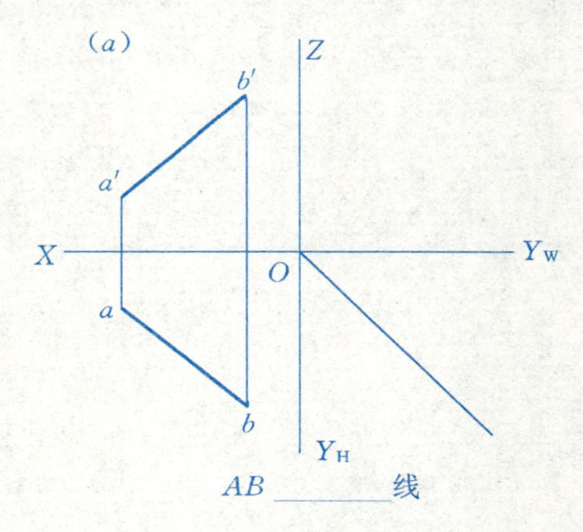

AB ________ 线

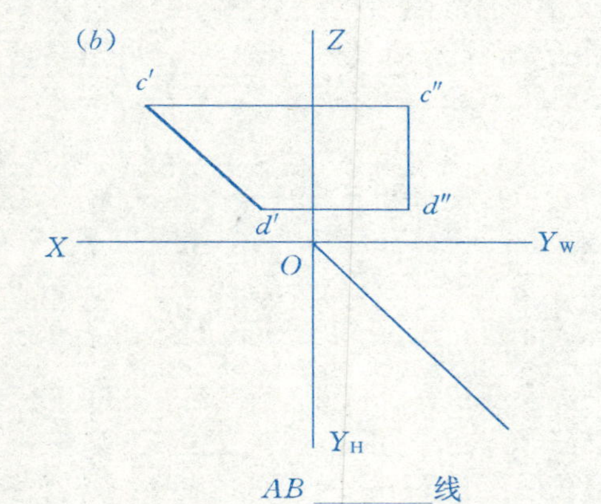

AB ________ 线

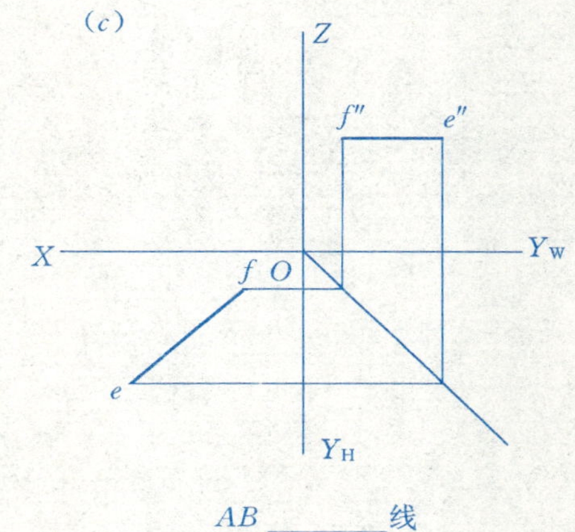

AB ________ 线

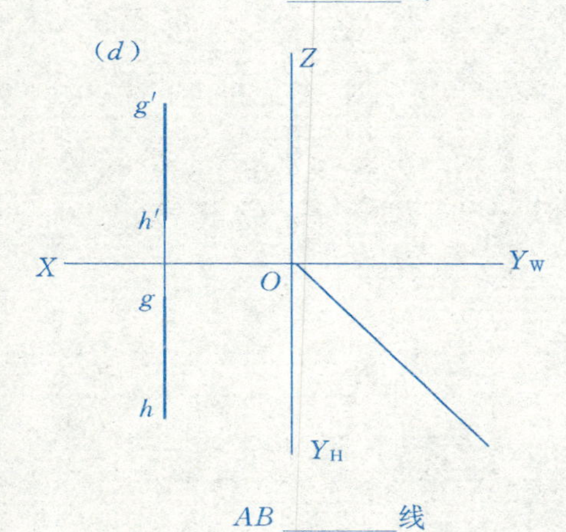

AB ________ 线

5. 直线的投影（二）	班级		姓名		学号		成绩		5

3 求三棱锥和三棱柱的 W 投影，并判别形体上各棱线的空间位置

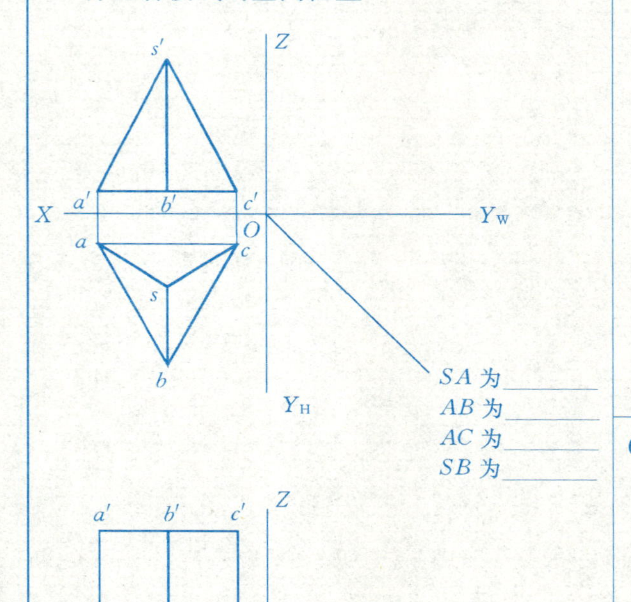

4 过 A 点作正平线 AB，实长为 30，$\alpha=30°$

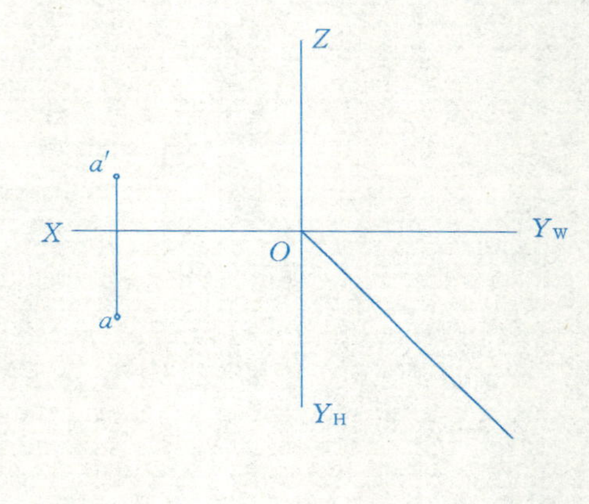

5 过 C 点作到 W 面距离为 15，$\alpha=60°$，实长为 25 的侧平线 CD

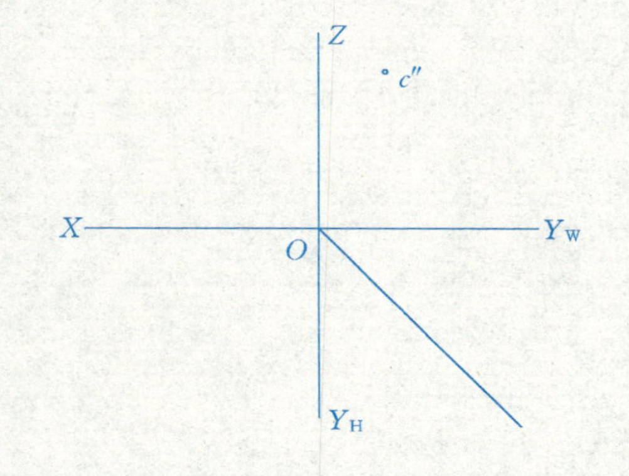

6 已知 E（15，5，15），过 E 作一实长为 20 的正垂线 EF，F 在 E 前

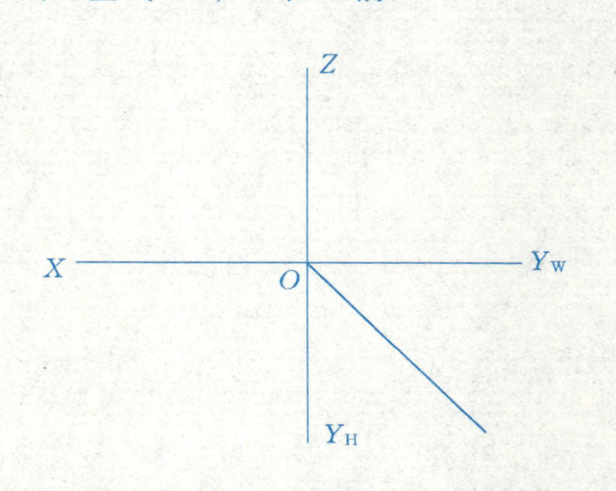

7 过 M 点作一水平线 MN，到 H 面距离为 20，$\beta=45°$，两端点 $\Delta Y=20$

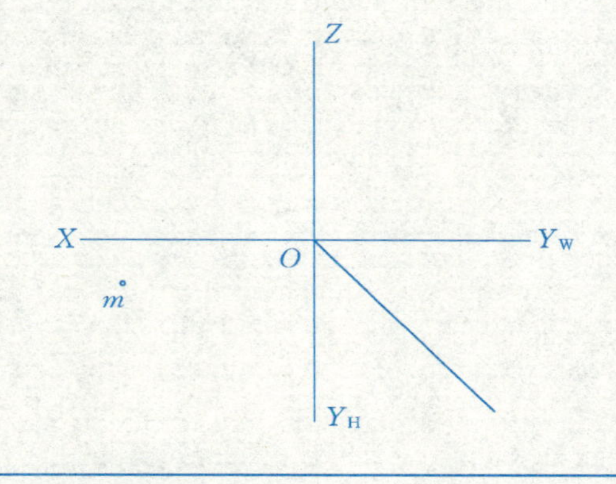

6. 直线的投影（三）	班级		姓名		学号		成绩		6

8　判别点是否在直线上

（1）

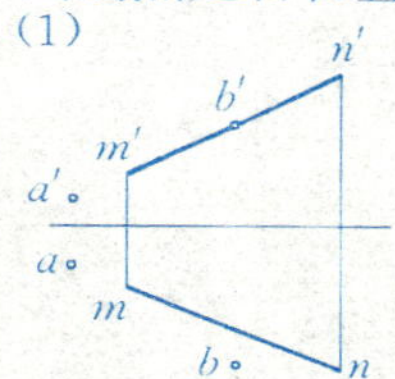

A 点___直线 MN 上
B 点___直线 MN 上

（2）

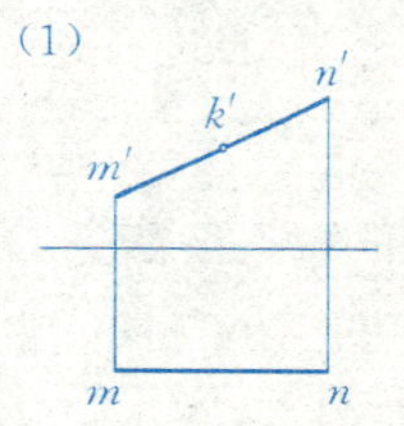

A 点___直线 MN 上
B 点___直线 MN 上

9　已知点 K 在直线 MN 上，求其另一投影

（1）

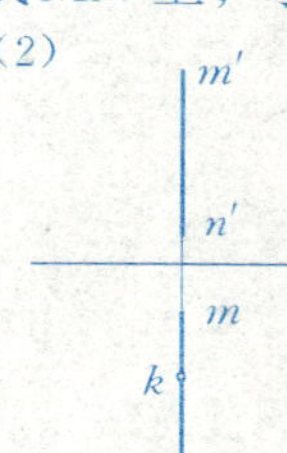

（2）

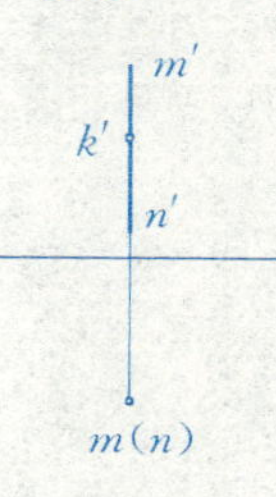

10　已知点 K 在直线 MN 上，且 MK ∶ NK＝3∶2，求点的投影

（1）（2）

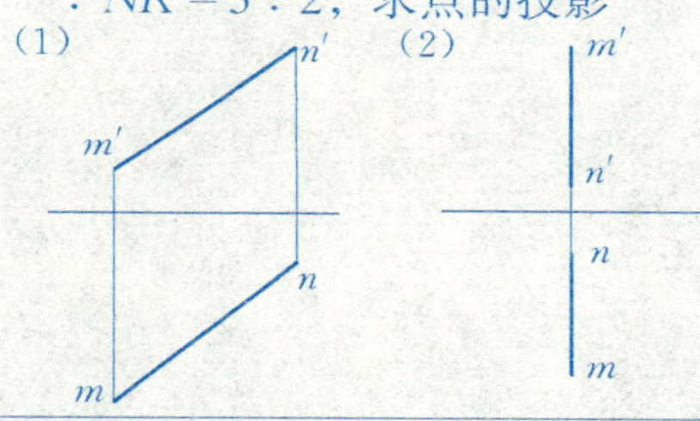

11　求下列直线的迹点

（1）（2）

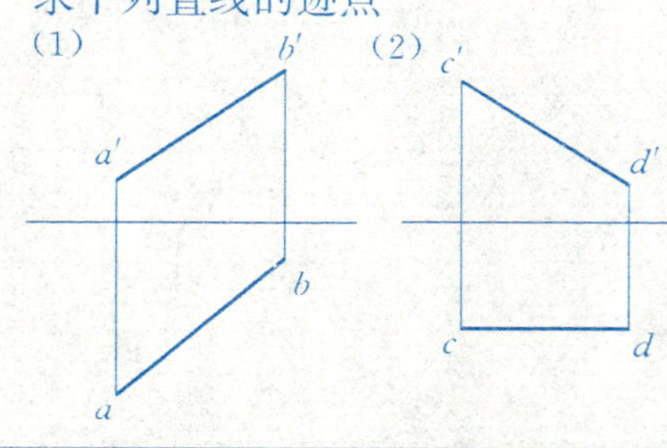

12　求直线 AB 的实长及倾角 α、β

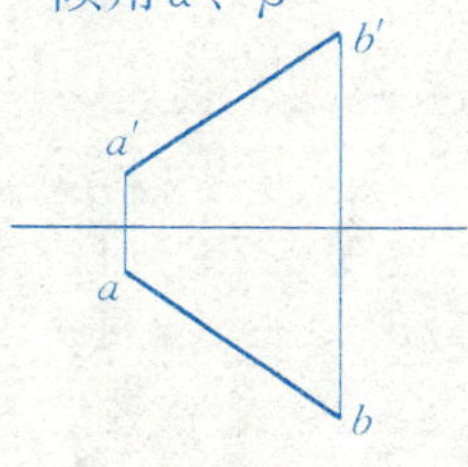

13　已知直线 AB 的实长为 30，求其水平投影

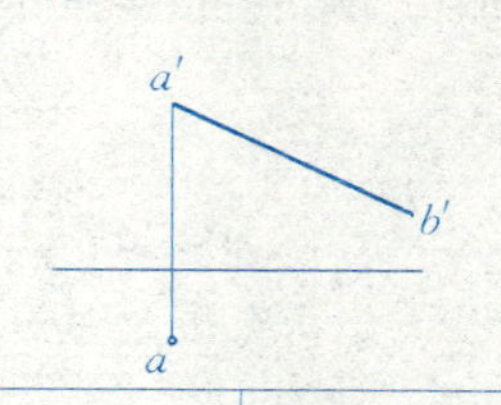

14　在直线 AB 上求一点 K，使 AK 的实长为 25

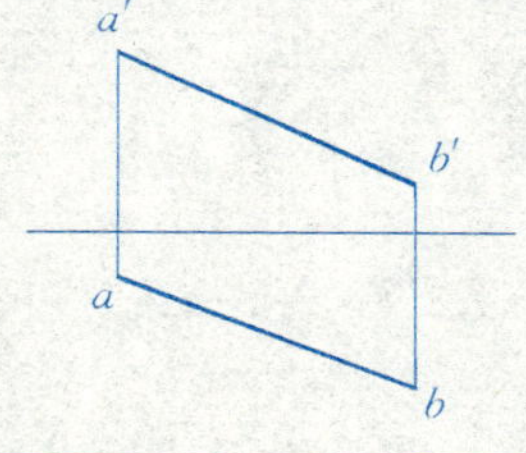

15　判别下列两直线的相对位置

（1）

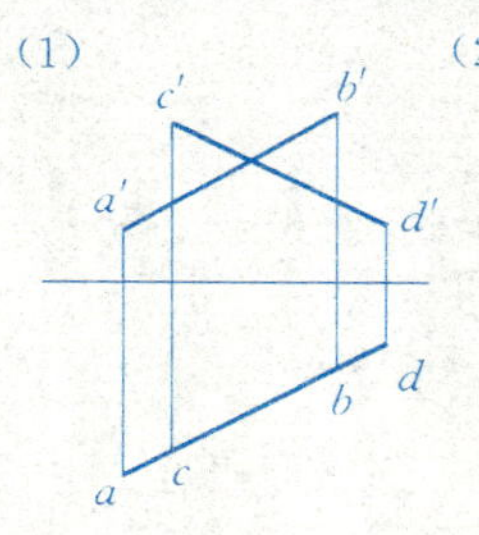

______

（2）

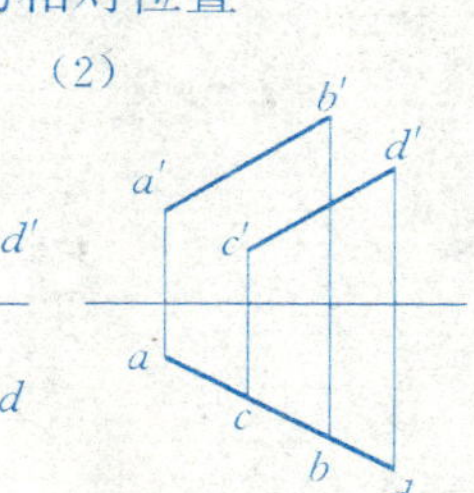

______

（3）

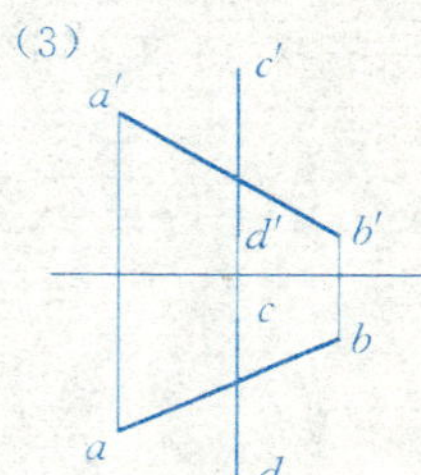

______

（4）

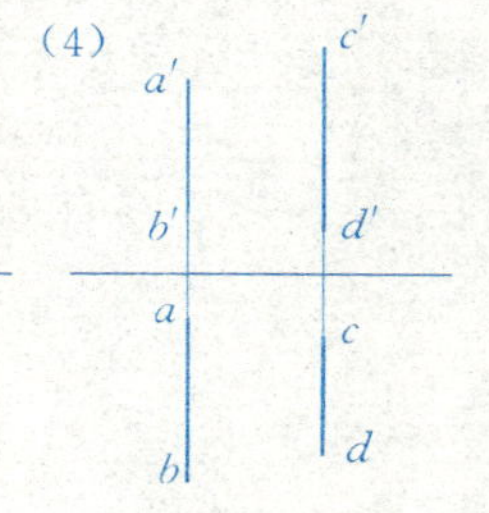

______

16　过点 K 作水平线 KL 与已知直线 AB 相交

（1）（2）（3）

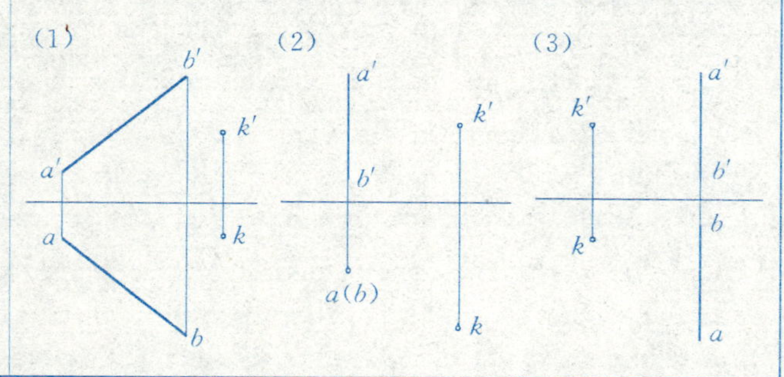

7. 直线的投影（四）	班级		姓名		学号		成绩		7

17　判别下列两直线是否垂直

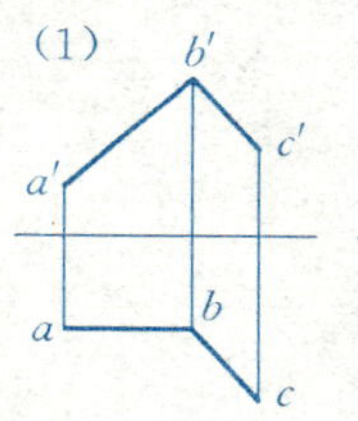

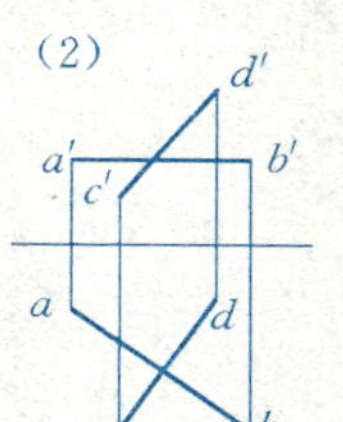

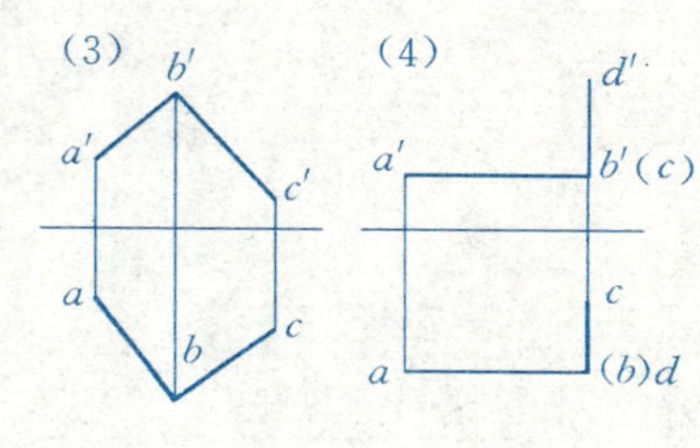

18　过 K 点作直线 KL 与直线 MN 垂直

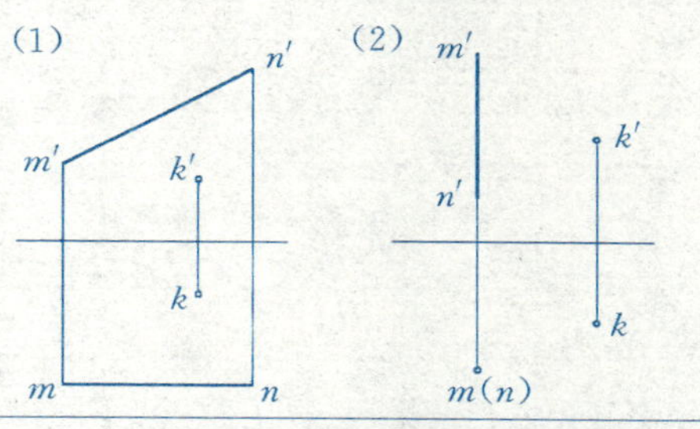

19　分别作一距 V 面为 15 的正平线 EF 和距 H 面为 10 的水平线 GH 均与直线 AB、CD 都相交

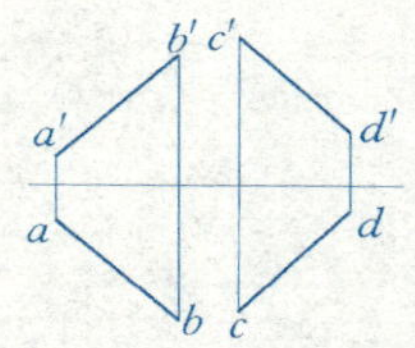

20　判别下列两相交直线重影点的可见性

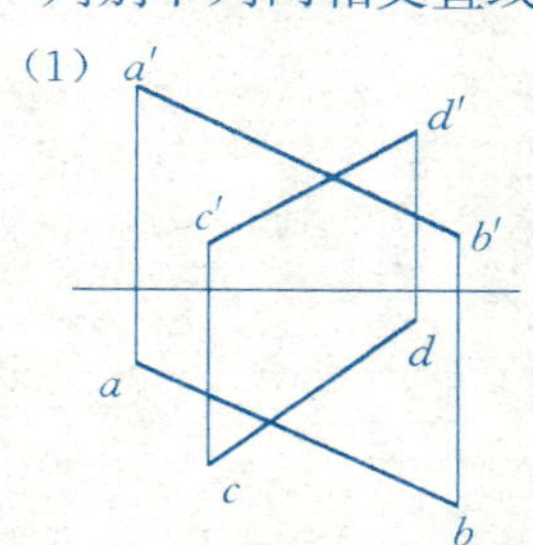

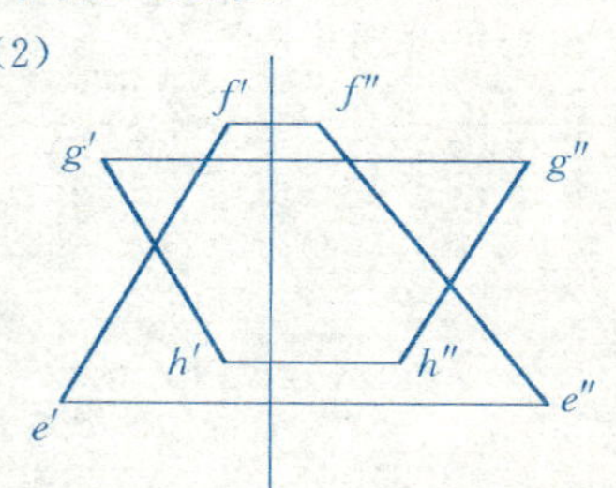

21　作正平线与下列三直线均相交

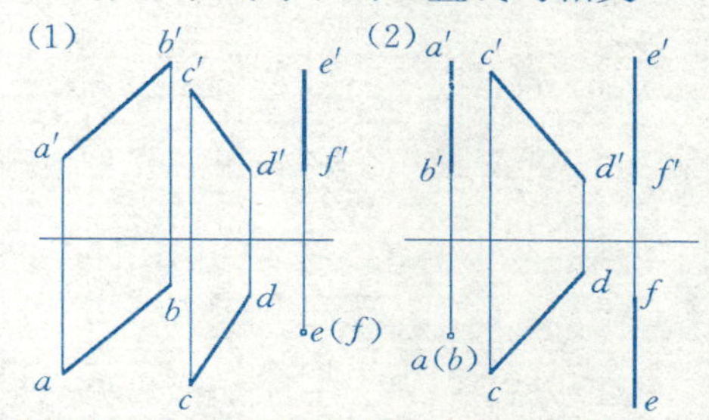

22　求点 C 到直线 AB 的距离

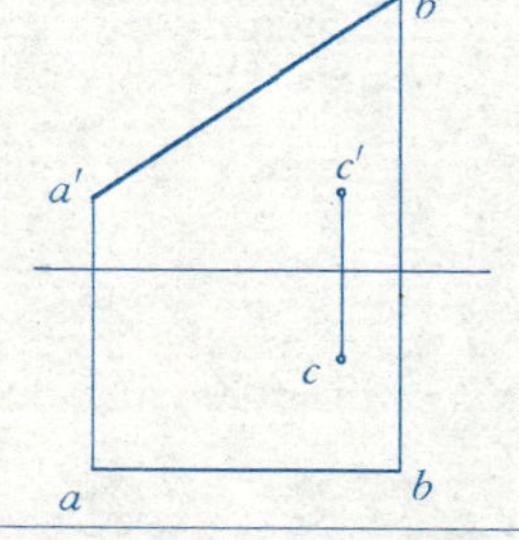

23　作一直线与直线 AB、CD 相交，且平行于直线 EF

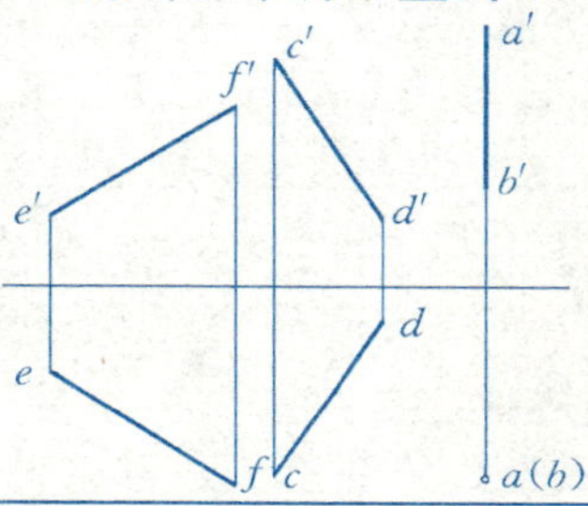

24　已知点 K 到直线 AB 的距离为 25，求点 K 的 V 面投影

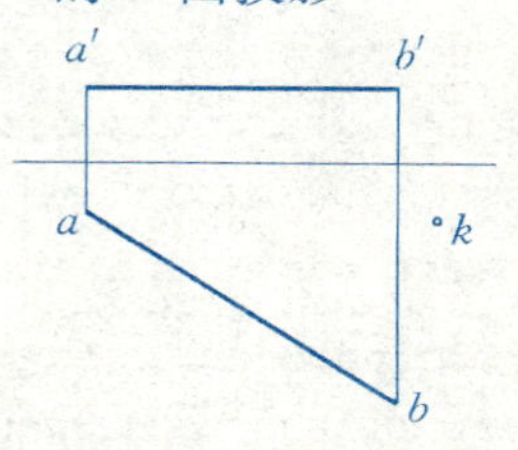

25　已知正方形 $ABCD$ 的对角线 AC 在正平线 EF 上，完成其投影

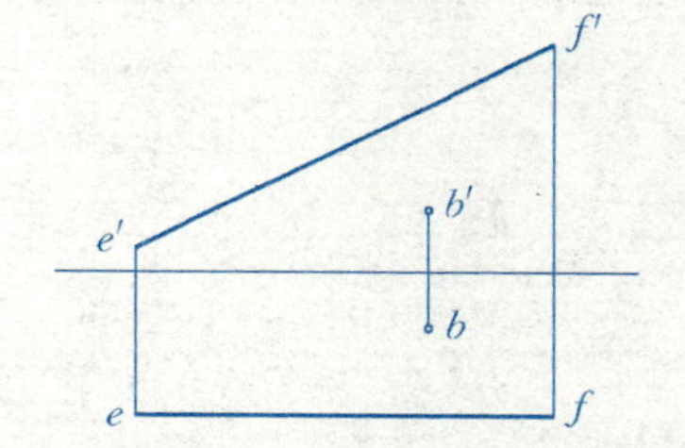

26　已知垂直于 H 面的正方形 $ABCD$ 对角线 AC 的投影，求此正方形的投影

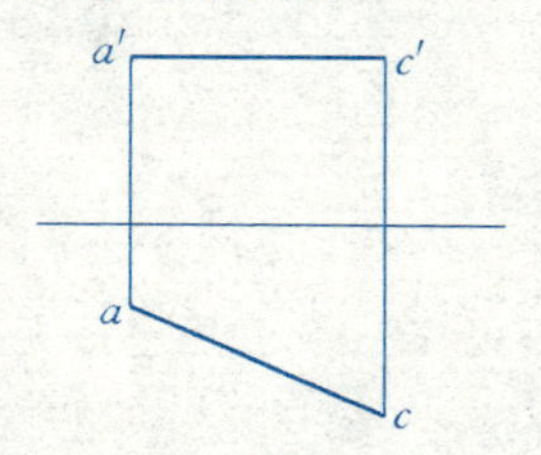

8. 平面的投影（一）	班级		姓名		学号		成绩		8

1　补全平面的第三投影，并判别各平面的空间位置

（1）

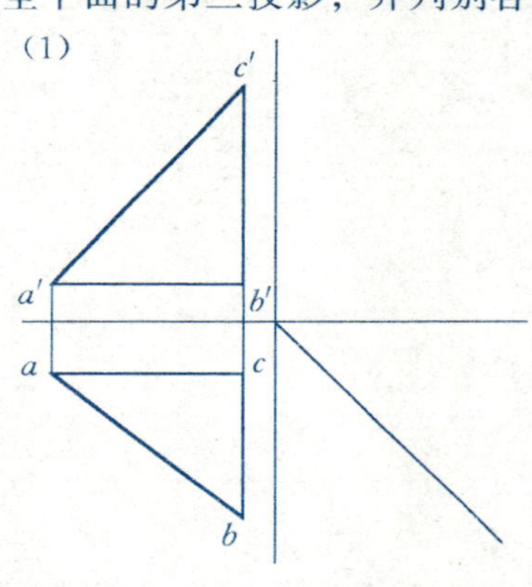

（2）

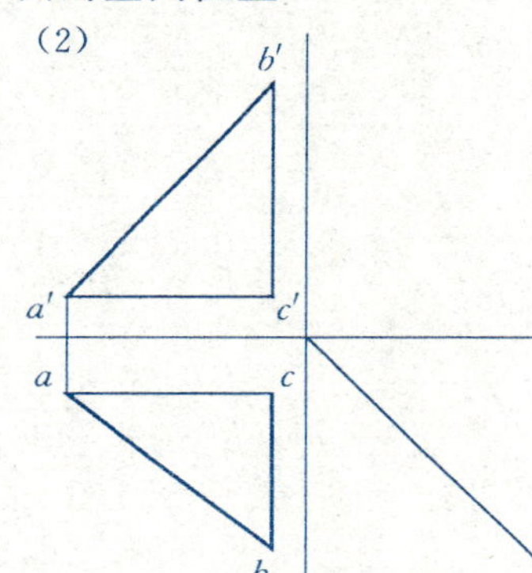

（3）

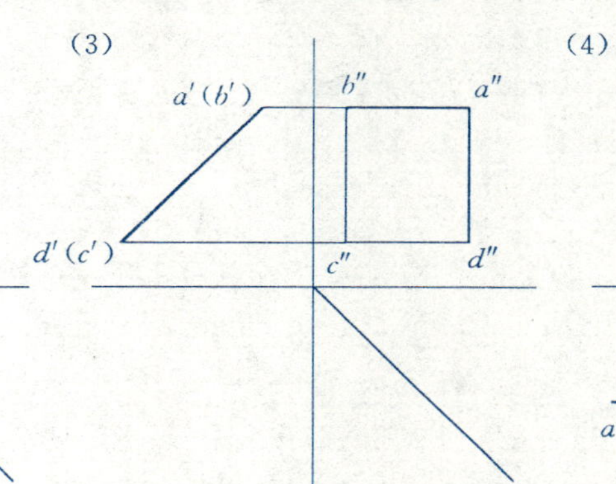

（4）

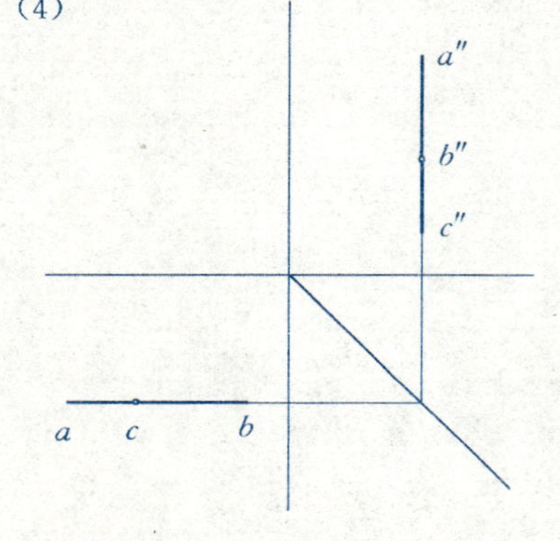

2　作出符合下列条件的迹线平面

（1）过点 A 作铅垂面，$\beta=30°$

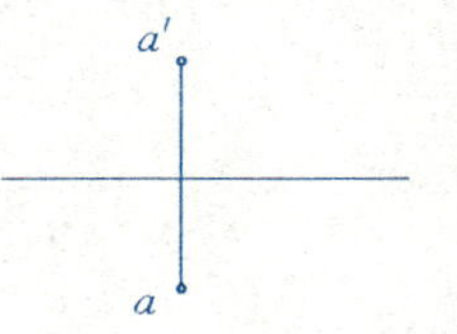

（2）过点 A、B 两点作水平面

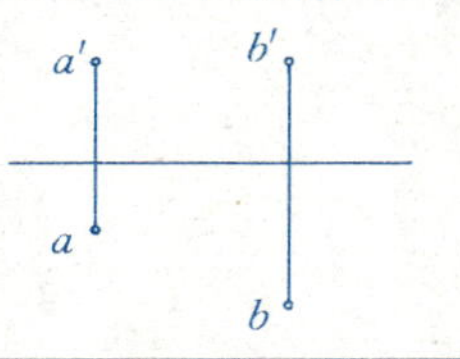

3　已知正方形 $ABCD$ 对角线 AC 的投影，正方形与 V 面的倾角为 30°，B 点在 A 点右方，完成其三面投影

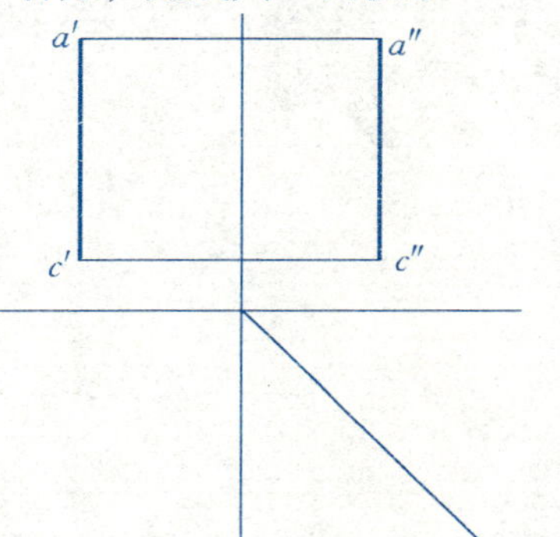

4　已知矩形 $ABCD$ 的部分投影，AD 边的实长为 25，试完成其两面投影

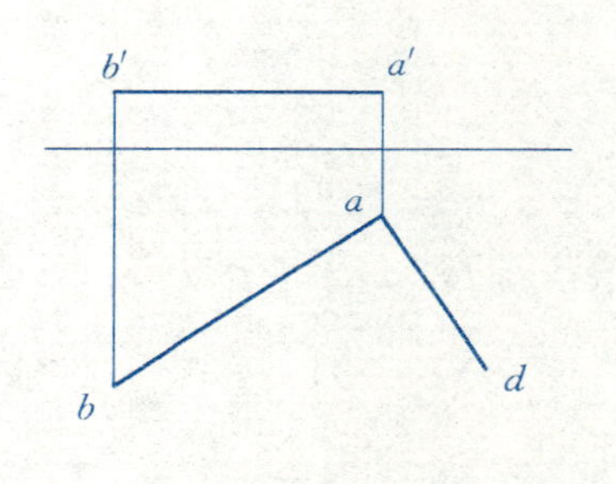

5　已知垂直于 W 面的菱形 $ABCD$，$\alpha=60°$，对角线 AC 为侧平线，$AC=30$，另一对角线 $BD=25$，求菱形 $ABCD$ 的三面投影

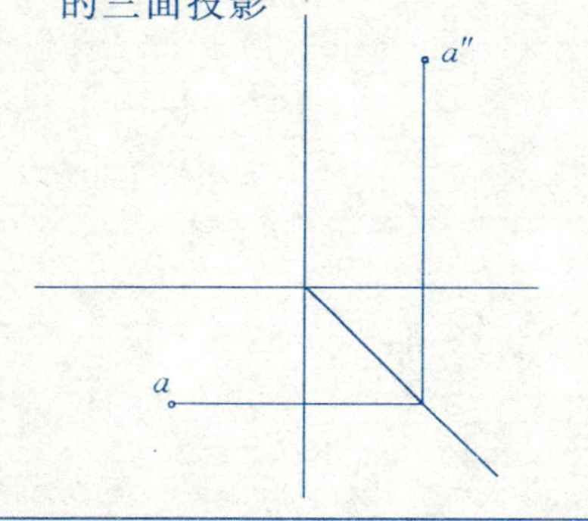

9. 平面的投影（二）

班级		姓名		学号		成绩		9

6　已知点和直线在平面上，完成另一投影

(1)

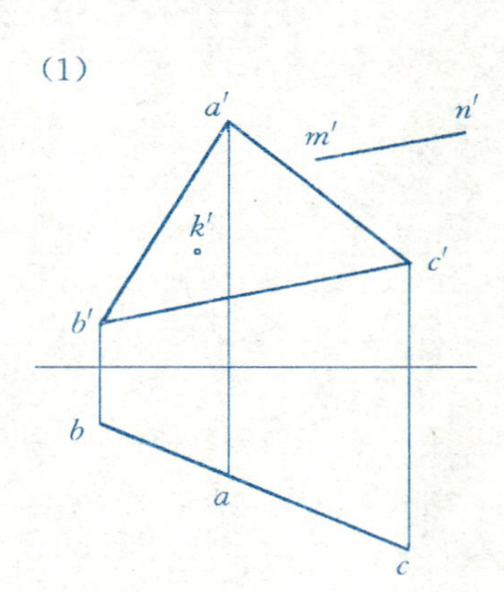

(2)

a'　b'　e'　d'　c'　a　b　n　m　f　d　c

7　在平面内过 A 点作一水平线 AD 和距 V 面为 20 的正平线 EF

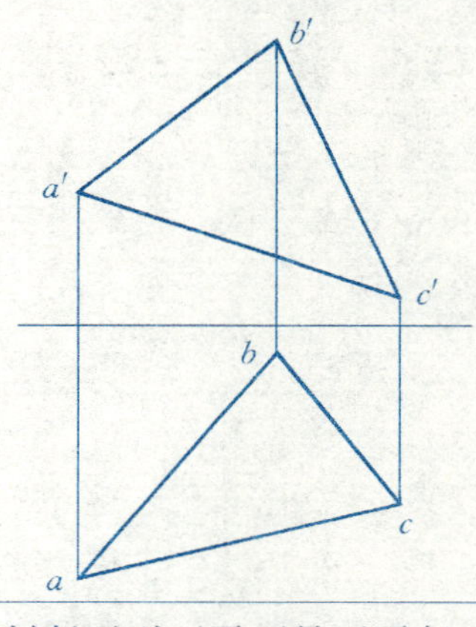

8　补全五边形 $ABCDE$ 的投影

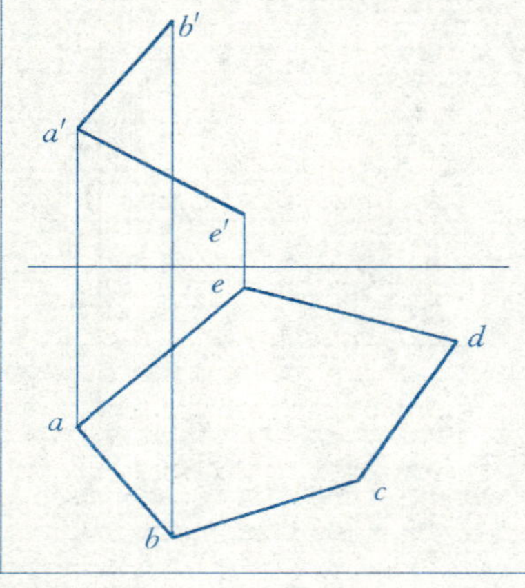

9　判断下列直线与平面是否平行

(1)

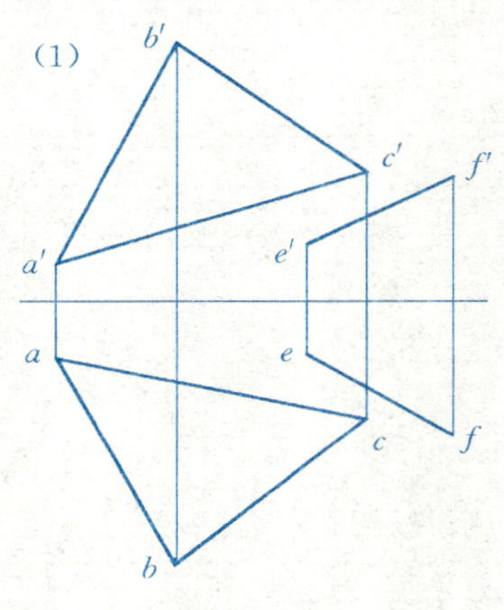

(2)

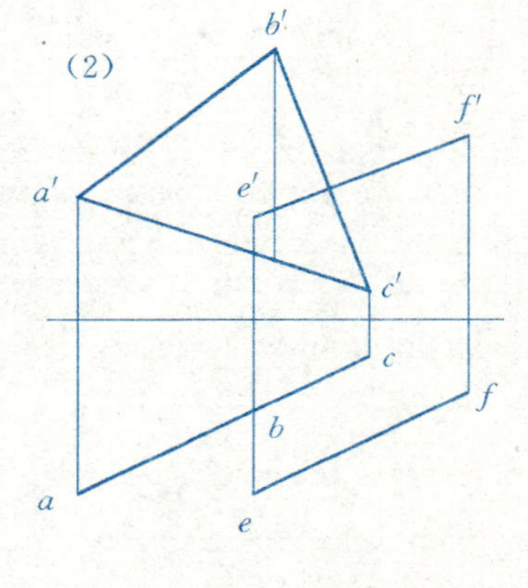

10　判断下列两平面是否平行

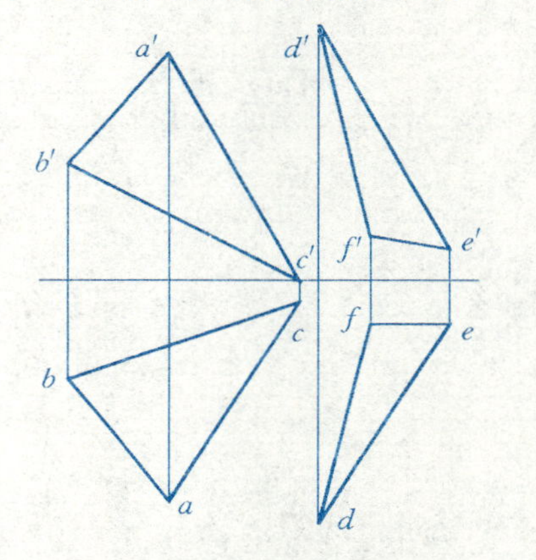

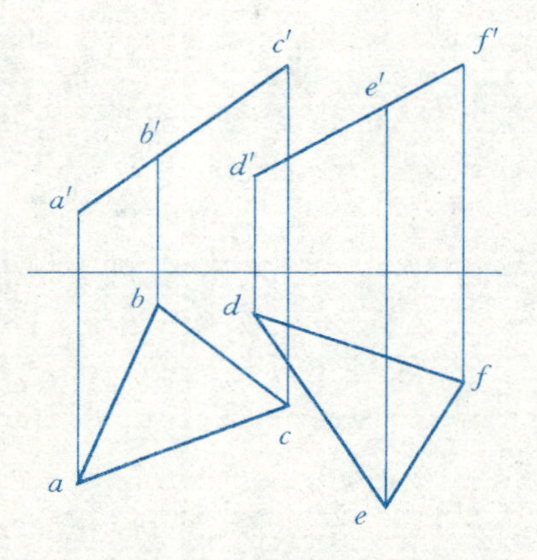

10. 平面的投影（三）	班级		姓名		学号		成绩		10

11　求直线与平面的交点，并判别可见性

(1)

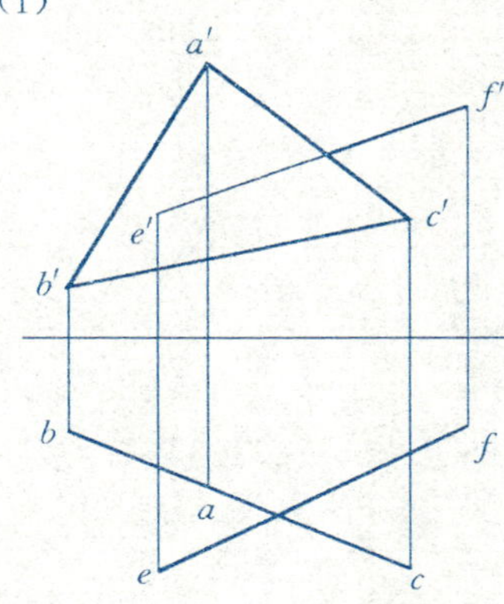

(2)

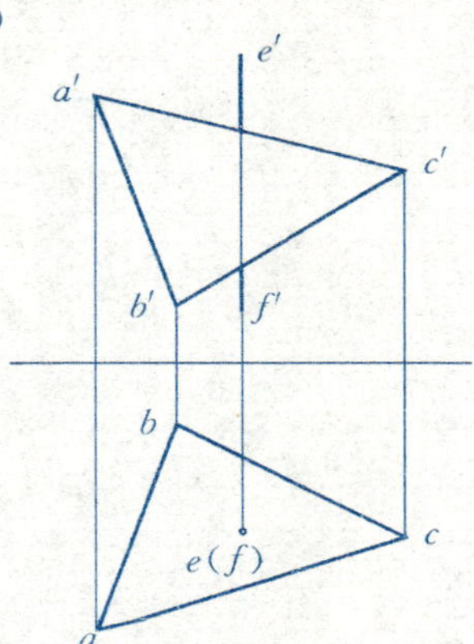

(3)

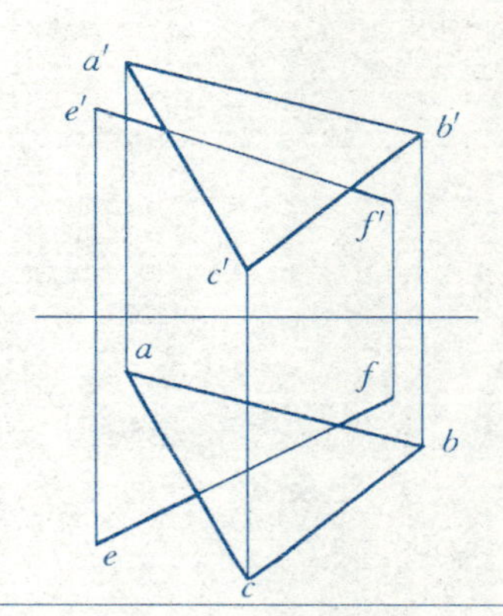

(4)

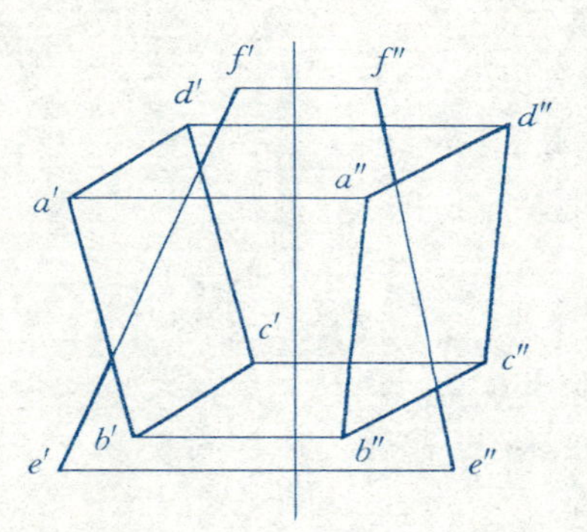

12　求两平面的交线，并判别可见性

(1)

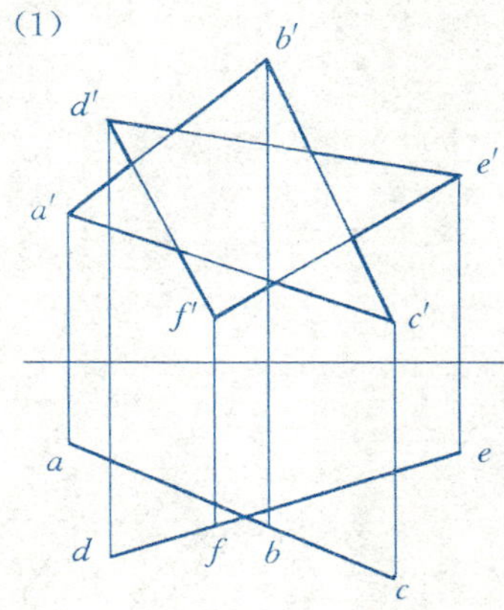

(2)

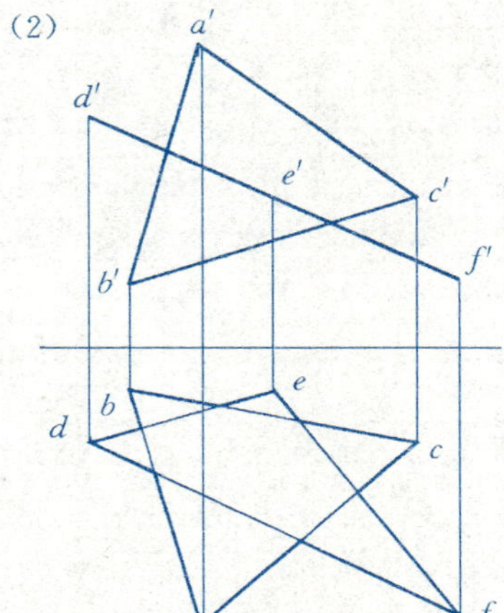

(3)

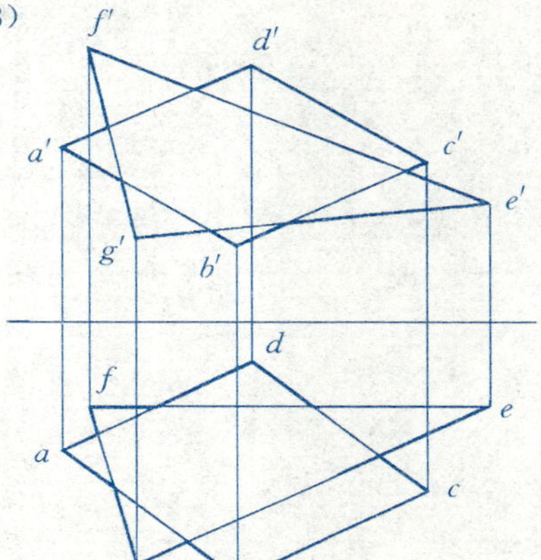

(4)

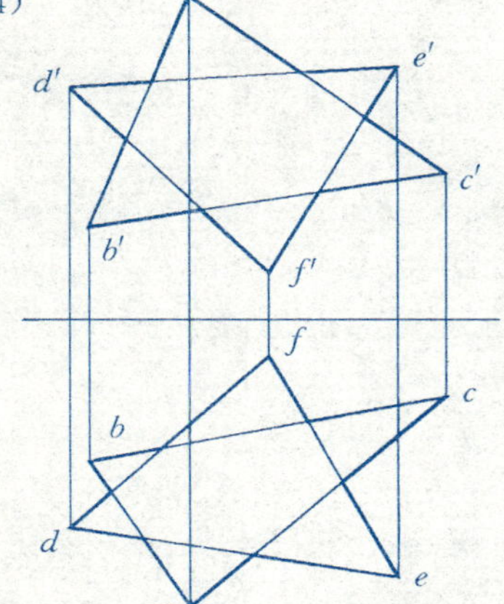

11. 点、直线、平面综合题（一）	班级		姓名		学号		成绩		11

1 判断下列直线与平面是否垂直

(1)

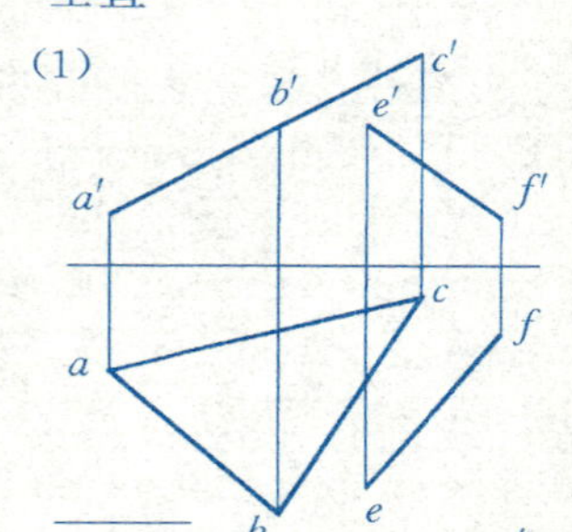

(2)

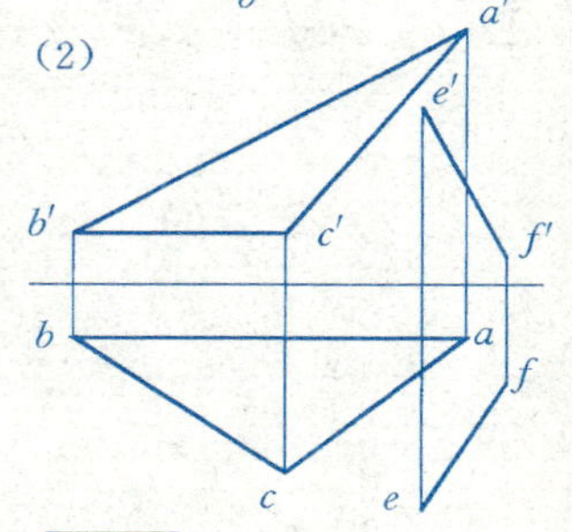

(3)

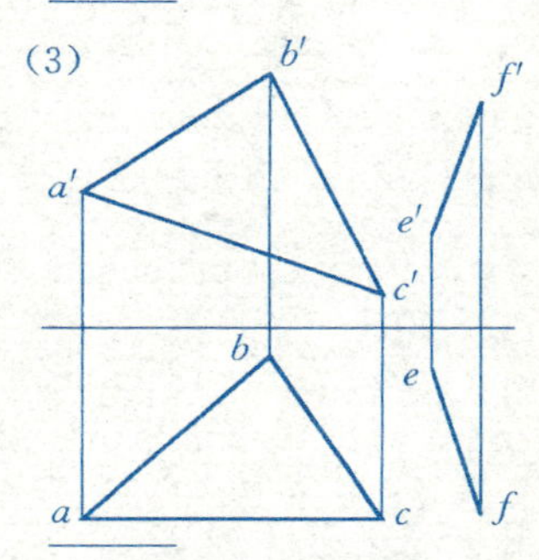

2 过点作直线与已知平面垂直

(1)

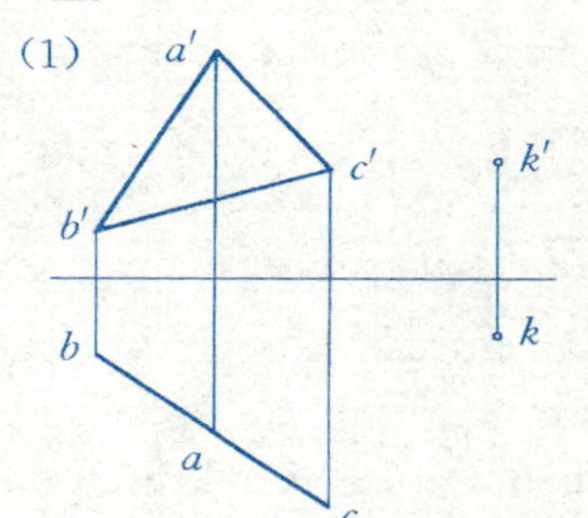

(2)

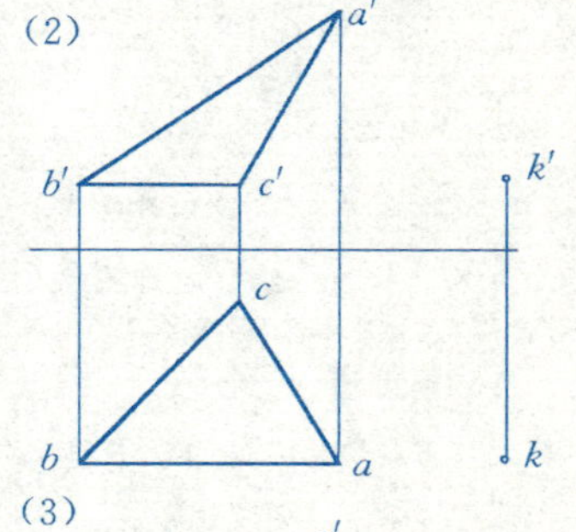

(3)

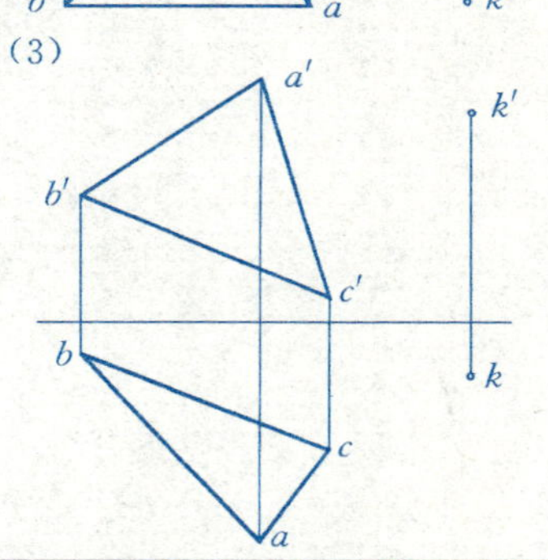

3 求点到直线的距离

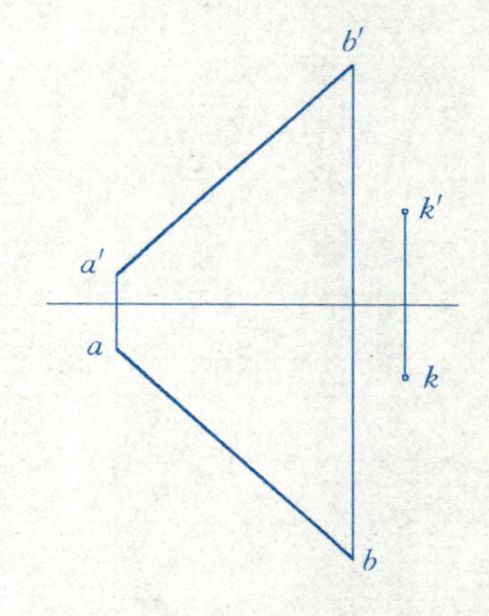

4 求点到平面的距离

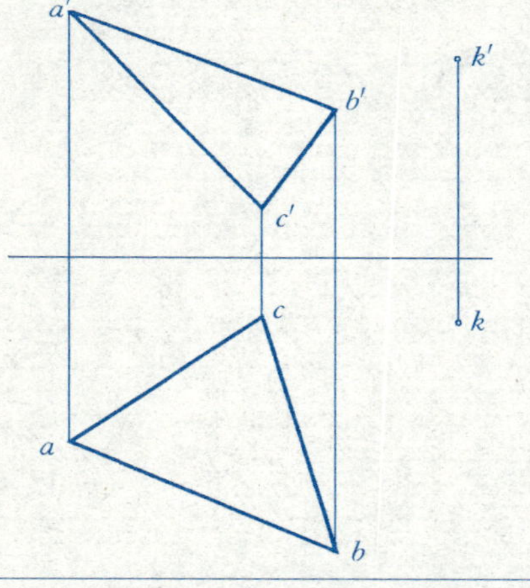

5 过点 K 作平面平行直线 AB，且垂直于直线 CD，完成平面及直线投影

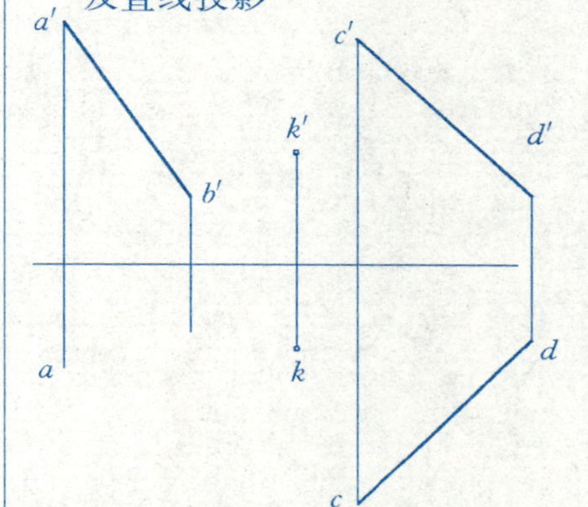

6 过点 K 作平面 ABC 的垂线 KL，使 $KL=25$

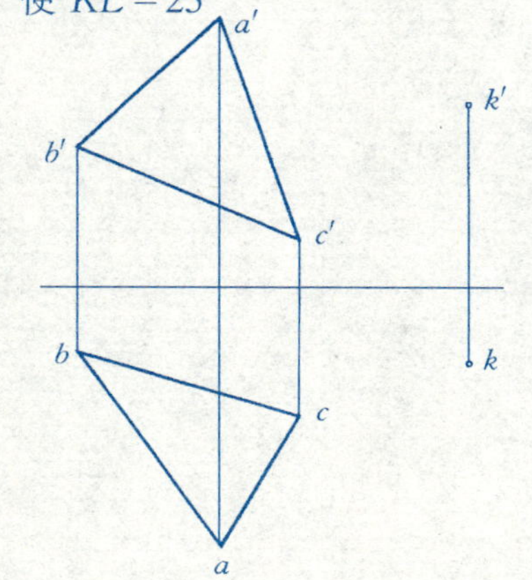

12．点、直线、平面综合题（二）	班级		姓名		学号		成绩		12

7　过直线 GH 作平面与已知平面 ABC 垂直

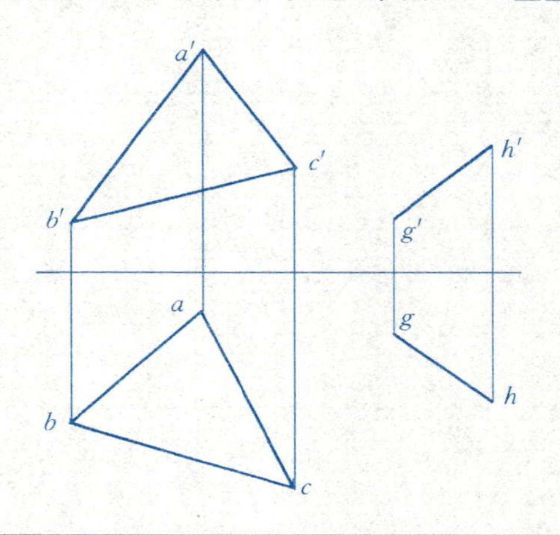

8　过 A 点作一平面，使其与两平面 BCD 和 $EFGH$ 都垂直

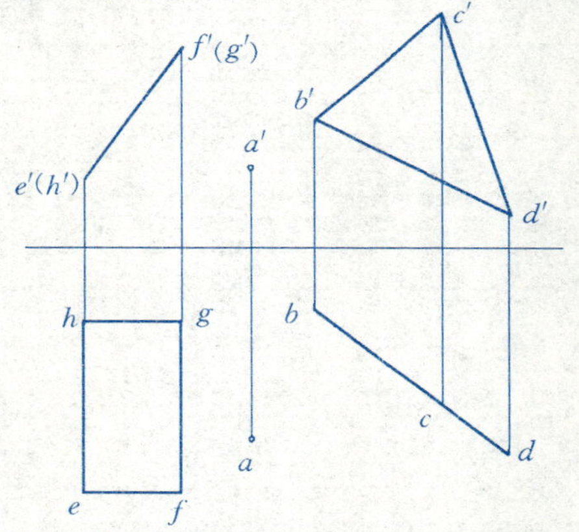

9　过顶点 C 作△ABC 的垂线，使其垂线的实长为 30

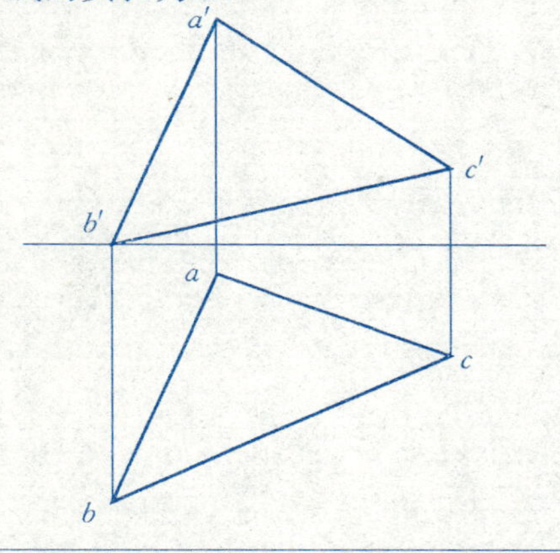

10　已知等腰△ABC 的顶点 C 在直线 DE 上，求△ABC 的投影

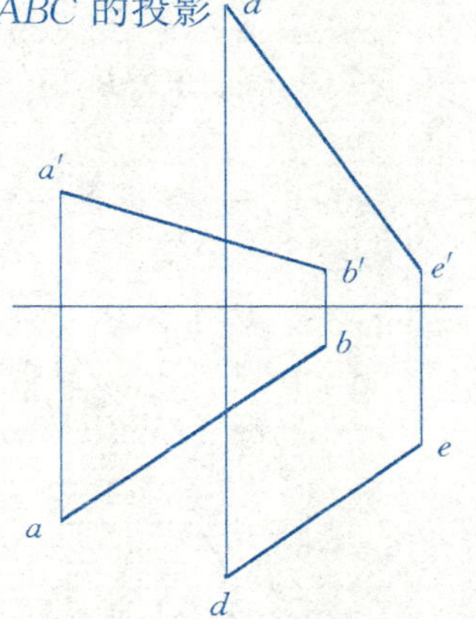

11　过 K 点作直线 KL 与直线 AB、CD 均相交

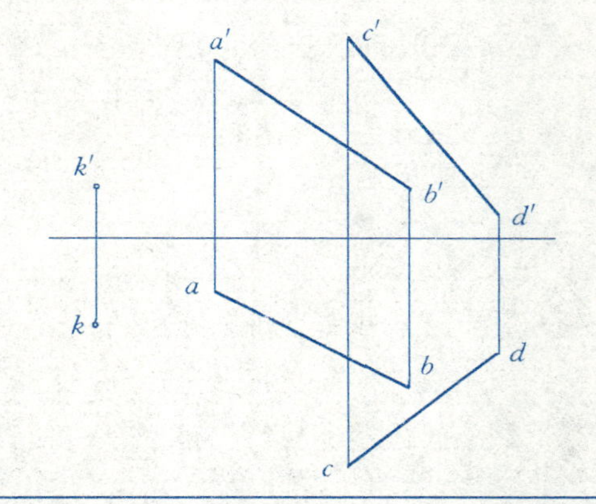

12　求两交叉直线 AB、CD 的公垂线 KL，并求最短距离

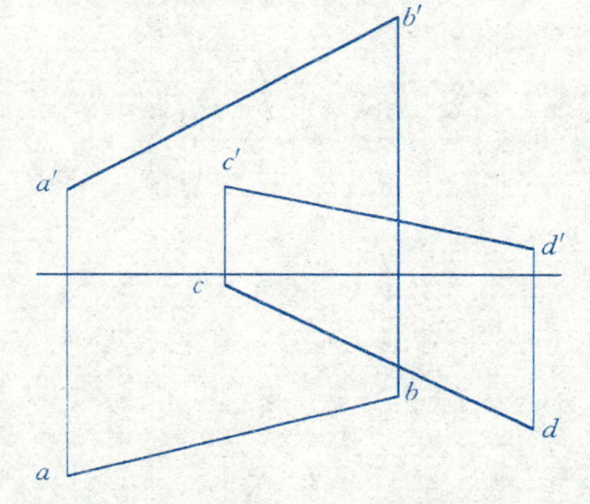

13. 投影变换

班级		姓名		学号		成绩		13

1 已知 AB 与 H 面的倾角为 30°，求 $a'b'$ 投影（换面法）

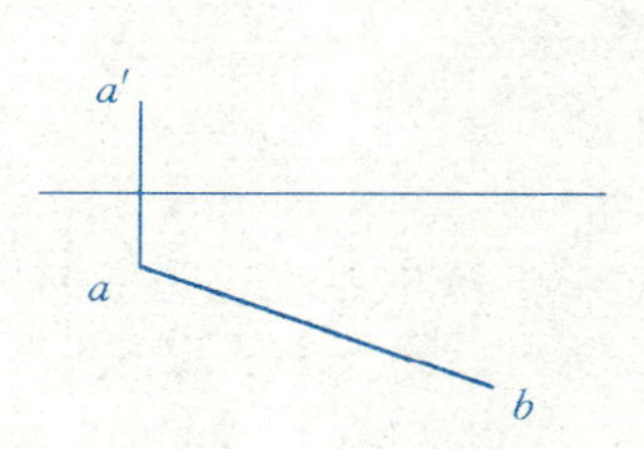

2 求 C 点到 AB 直线的距离（换面法）

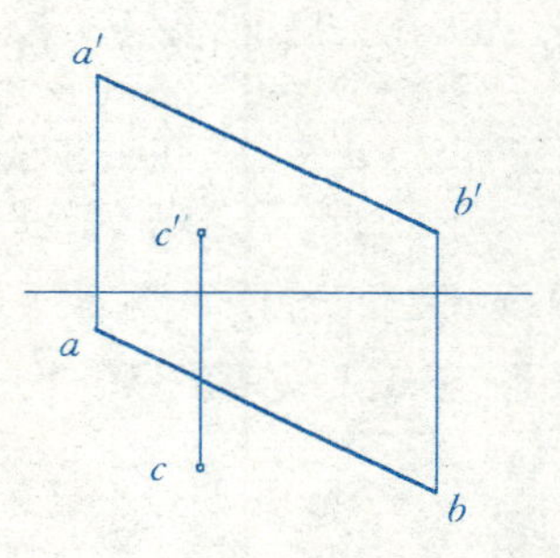

3 已知 K 点到 ABC 平面的距离为 10，求 K 点的正立投影（换面法）

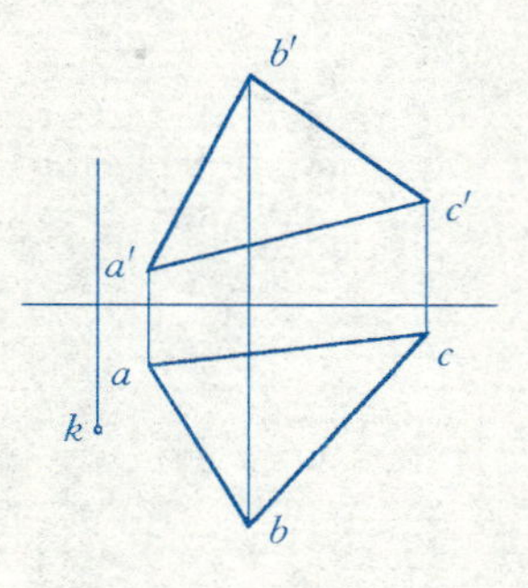

4 求矩形平面 $ABCD$ 的 V 面投影（换面法）

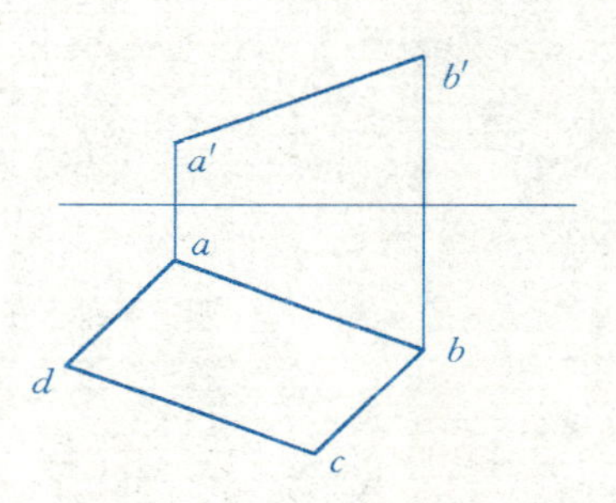

5 求 AB、BC 的夹角实形（换面法）

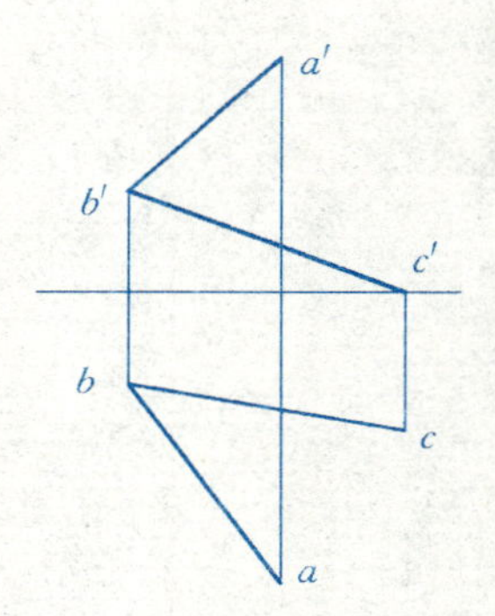

6 求直线 AB 对 H 面的倾角（旋转法）

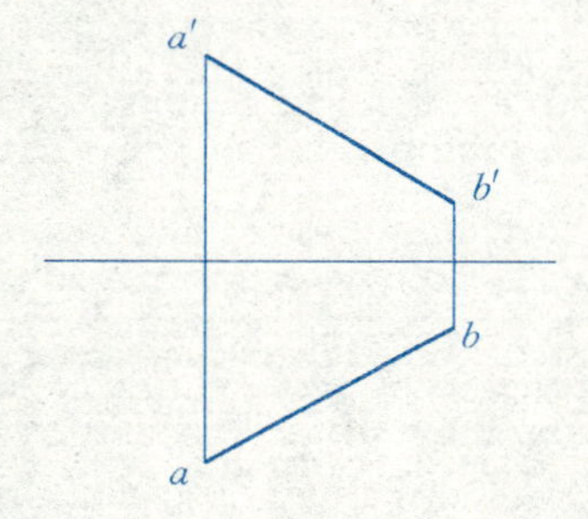

14. 平面立体的投影及其表面取点、线	班级		姓名		学号		成绩		14

1 补画侧面投影图

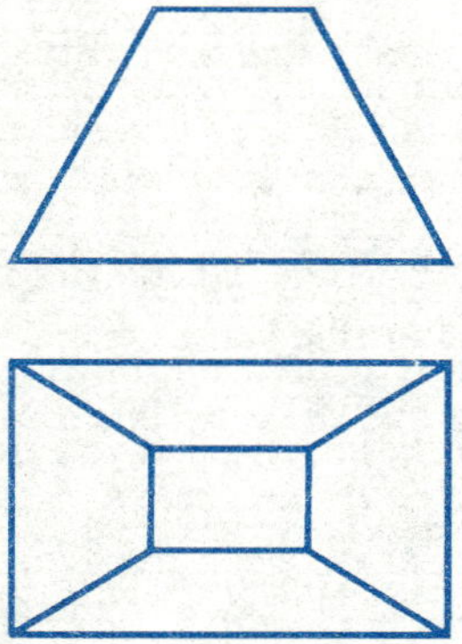

2 已知正三棱锥高 22，试完成其 V、W 面投影

3 已知正三棱柱和正六棱锥同置于水平面上，正六棱锥高 18，试完成他们的 V、W 面投影

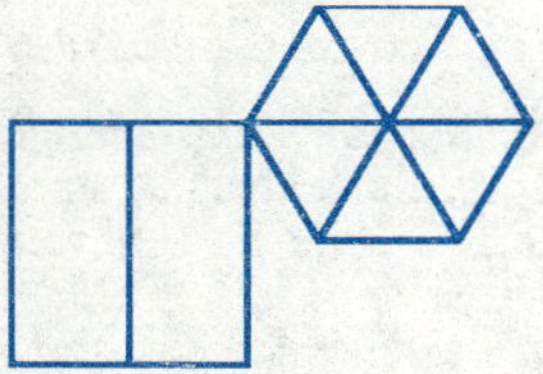

4 补全三棱锥的侧面投影，并求出 A、B 两点的其他面投影

a'

(b)

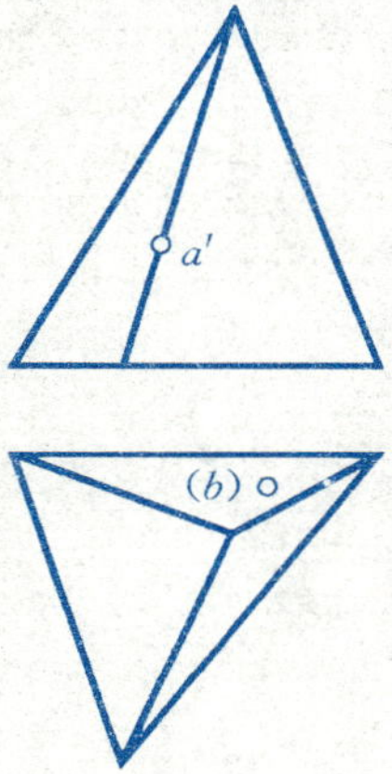

5 补全三棱台的侧面投影，并求出 A、B 两点的其他面投影

a'

b

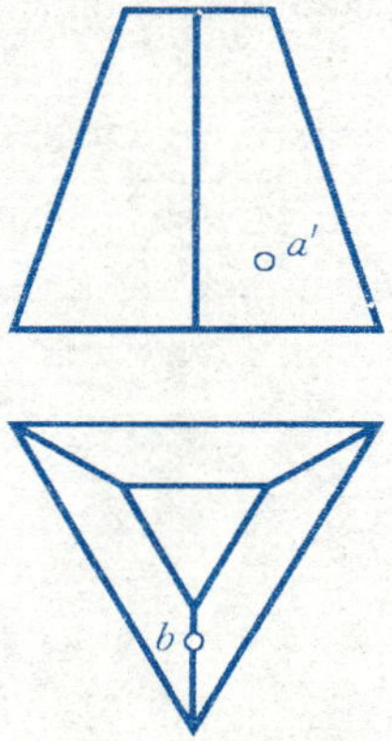

6 补全五棱柱的侧面投影，并求其表面直线 AB 的另外两面投影

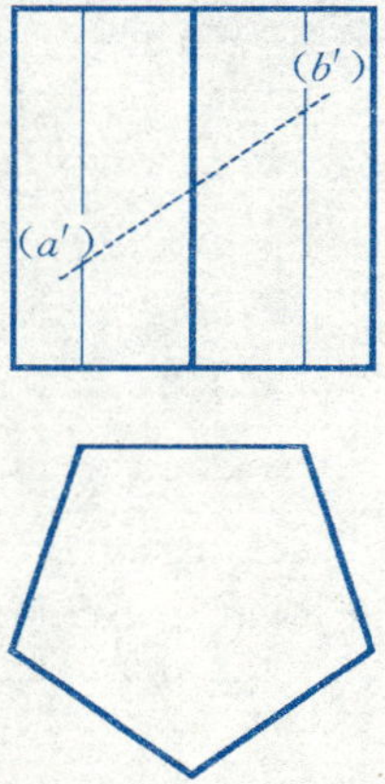

(b')

(a')

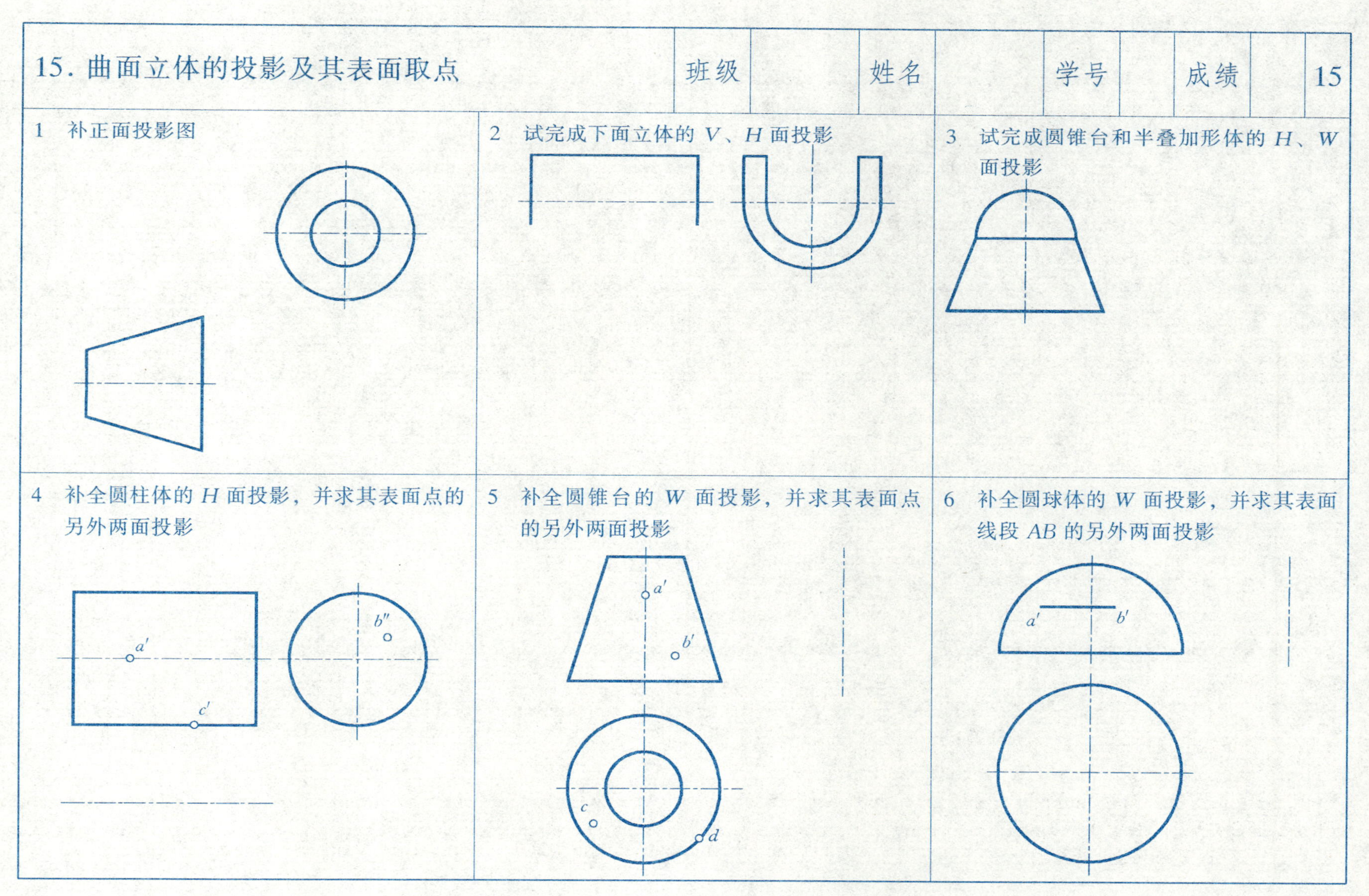
15. 曲面立体的投影及其表面取点
班级
姓名
学号
成绩
15
1 补正面投影图
2 试完成下面立体的 V、H 面投影
3 试完成圆锥台和半叠加形体的 H、W 面投影
4 补全圆柱体的 H 面投影，并求其表面点的另外两面投影
a′
c′
b″
5 补全圆锥台的 W 面投影，并求其表面点的另外两面投影
a′
b′
c
d
6 补全圆球体的 W 面投影，并求其表面线段 AB 的另外两面投影
a′
b′

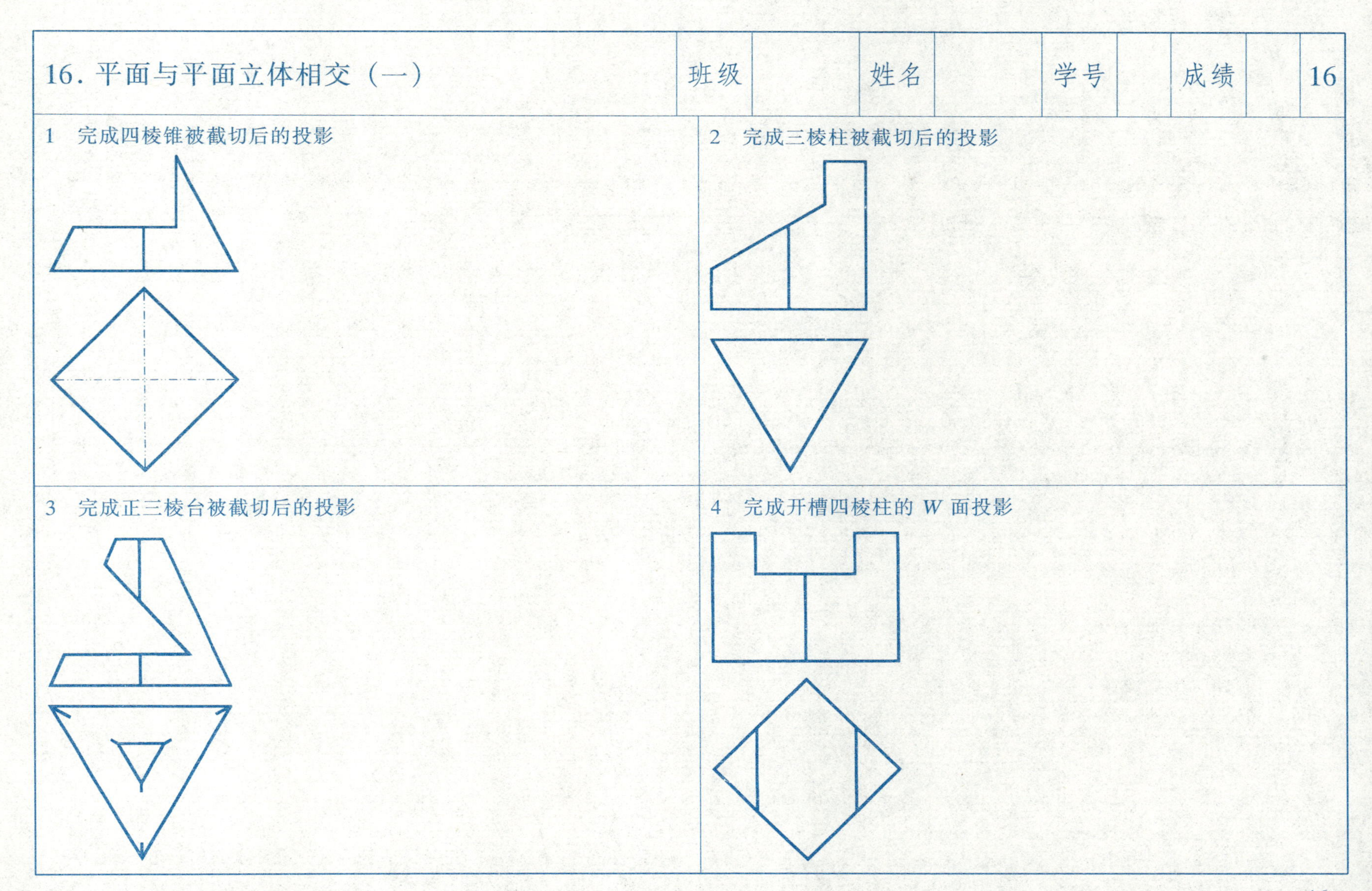
16. 平面与平面立体相交（一）
班级
姓名
学号
成绩
16
1　完成四棱锥被截切后的投影
2　完成三棱柱被截切后的投影
3　完成正三棱台被截切后的投影
4　完成开槽四棱柱的 W 面投影

17. 平面与平面立体相交（二）

班级		姓名		学号		成绩		17

5　完成穿孔三棱柱的 *W* 面投影

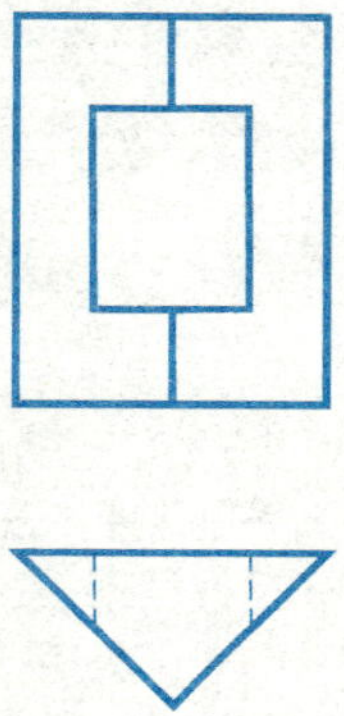

6　完成穿孔四棱柱的 *W* 面投影

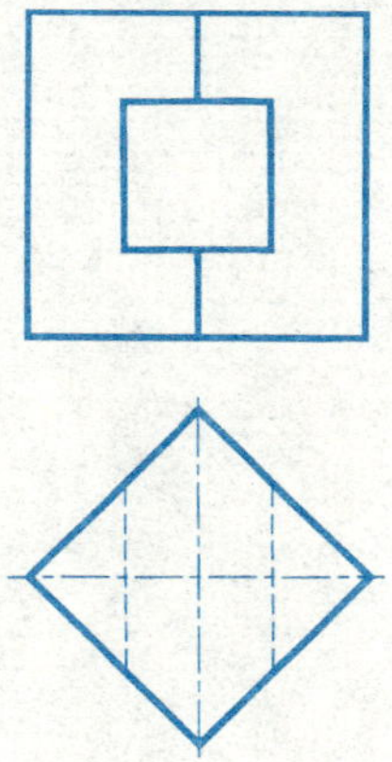

7　分析立体截交线的投影，补画其 *W* 面投影

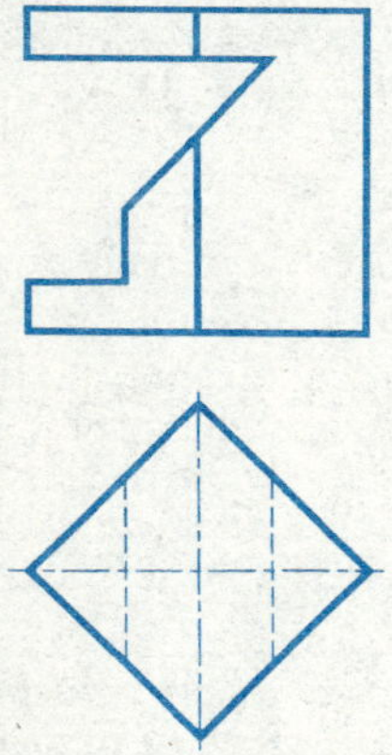

8　补全穿孔四棱锥的三面投影

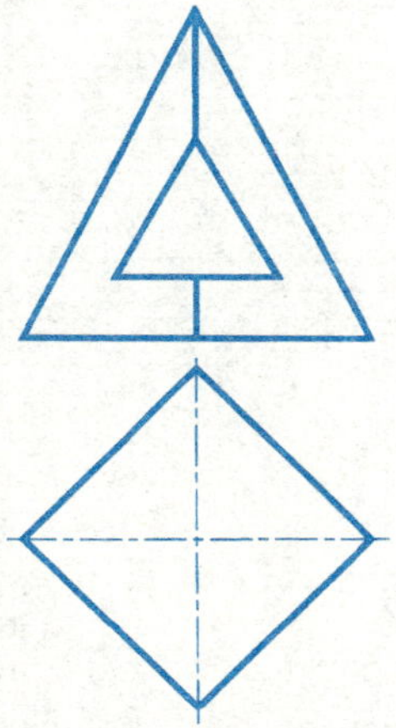

9　补全开槽四棱锥的三面投影

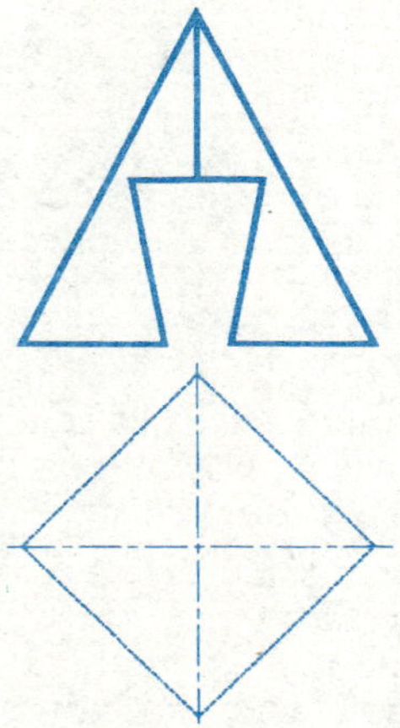

10　完成开槽三棱台的三面投影

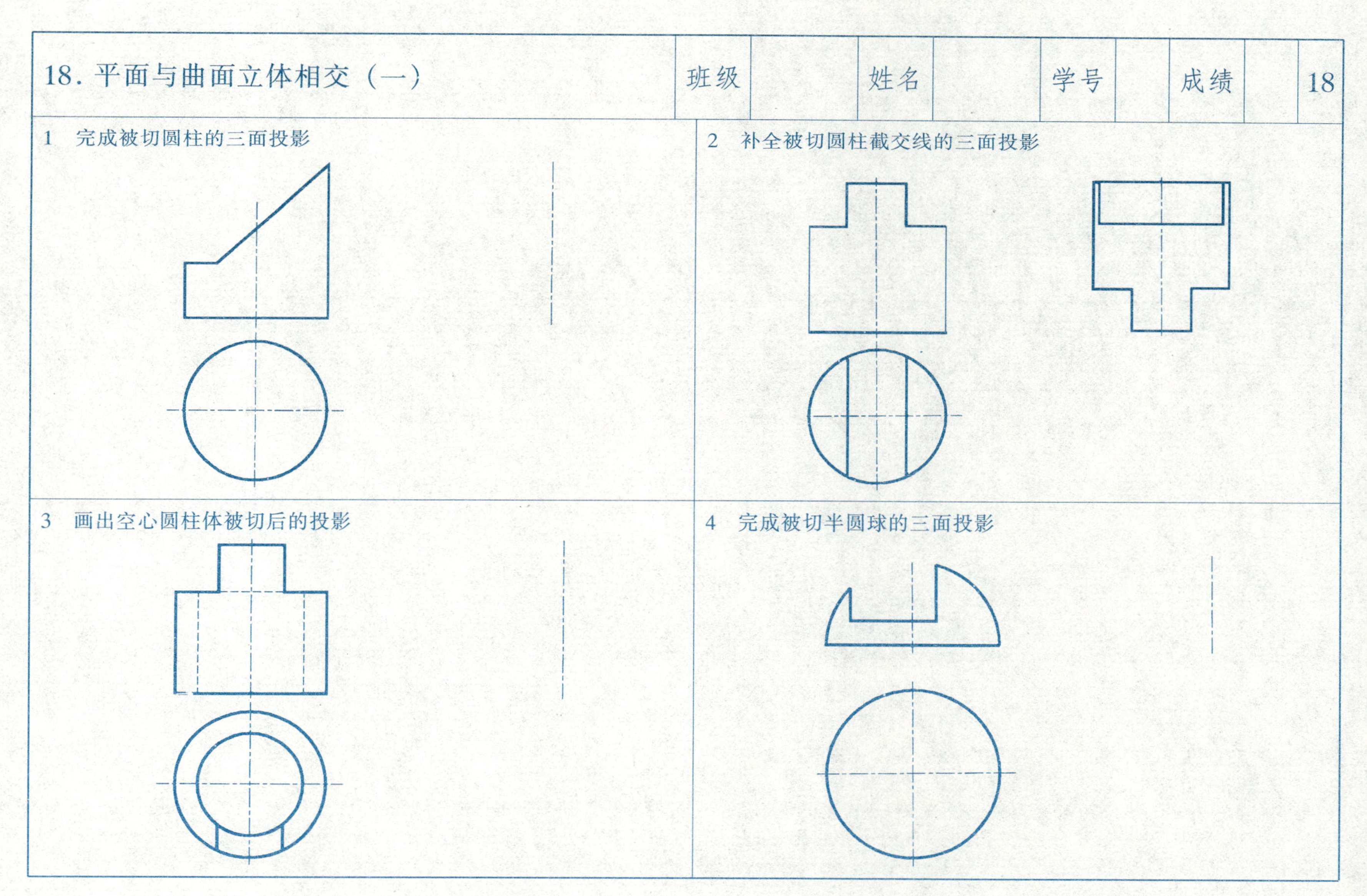

18. 平面与曲面立体相交（一）
班级
姓名
学号
成绩
18
1　完成被切圆柱的三面投影
2　补全被切圆柱截交线的三面投影
3　画出空心圆柱体被切后的投影
4　完成被切半圆球的三面投影

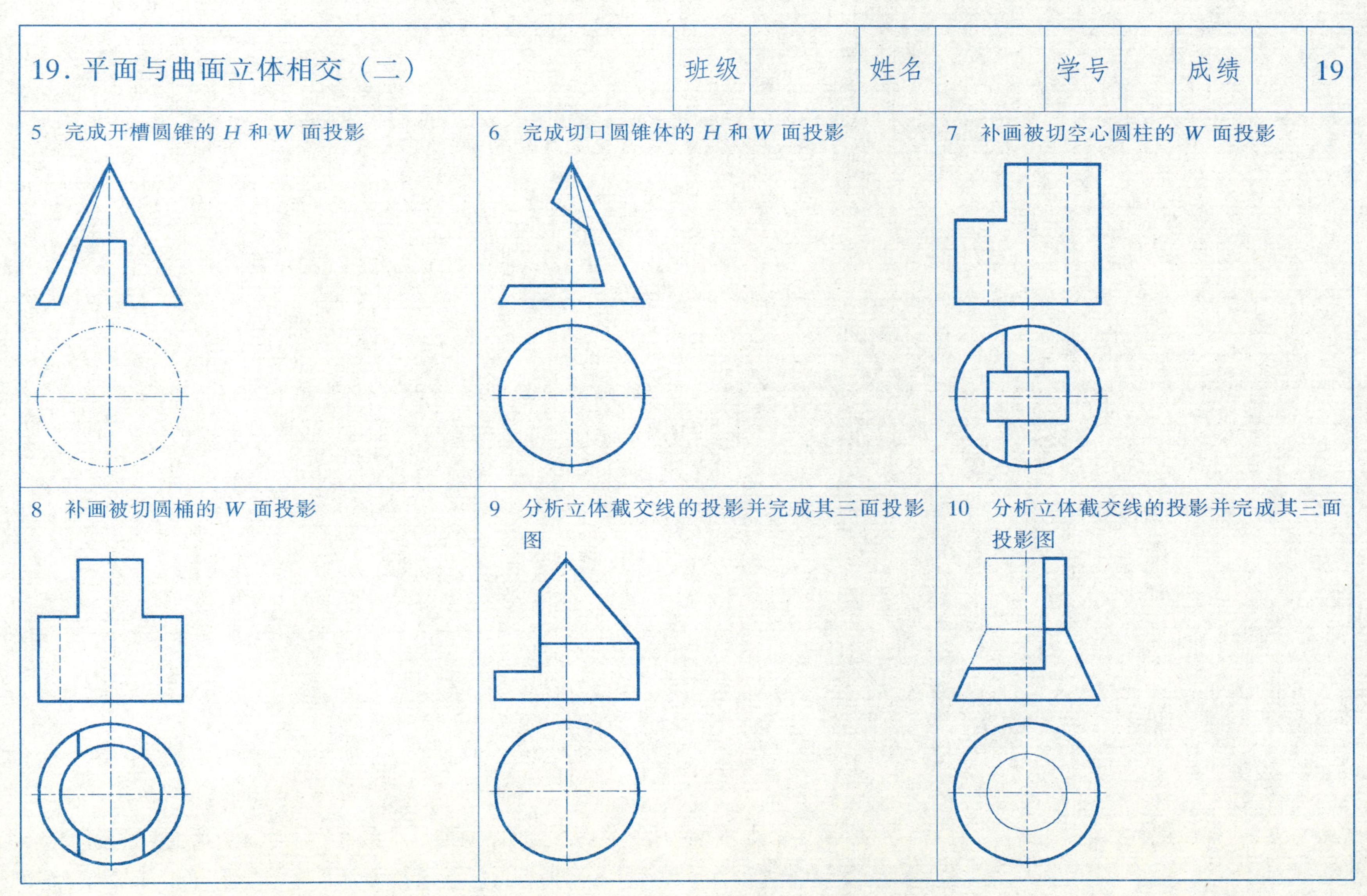
19. 平面与曲面立体相交（二）
班级
姓名
学号
成绩
19
5 完成开槽圆锥的 H 和 W 面投影
6 完成切口圆锥体的 H 和 W 面投影
7 补画被切空心圆柱的 W 面投影
8 补画被切圆桶的 W 面投影
9 分析立体截交线的投影并完成其三面投影图
10 分析立体截交线的投影并完成其三面投影图

20. 直线与立体的贯穿点	班级		姓名		学号		成绩		20

1

2

3

4

5

6

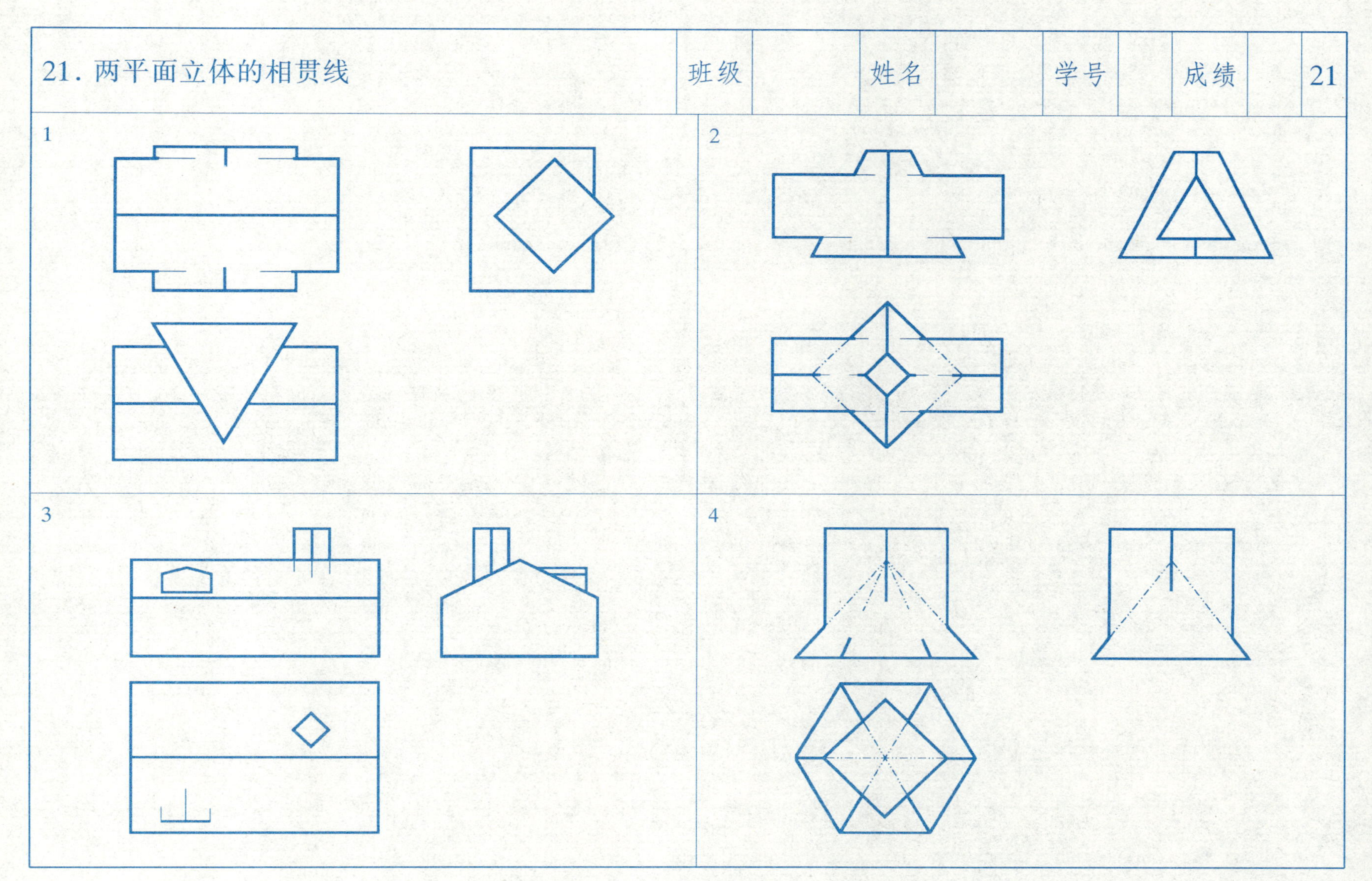

21. 两平面立体的相贯线
班级
姓名
学号
成绩
21
1
2
3
4

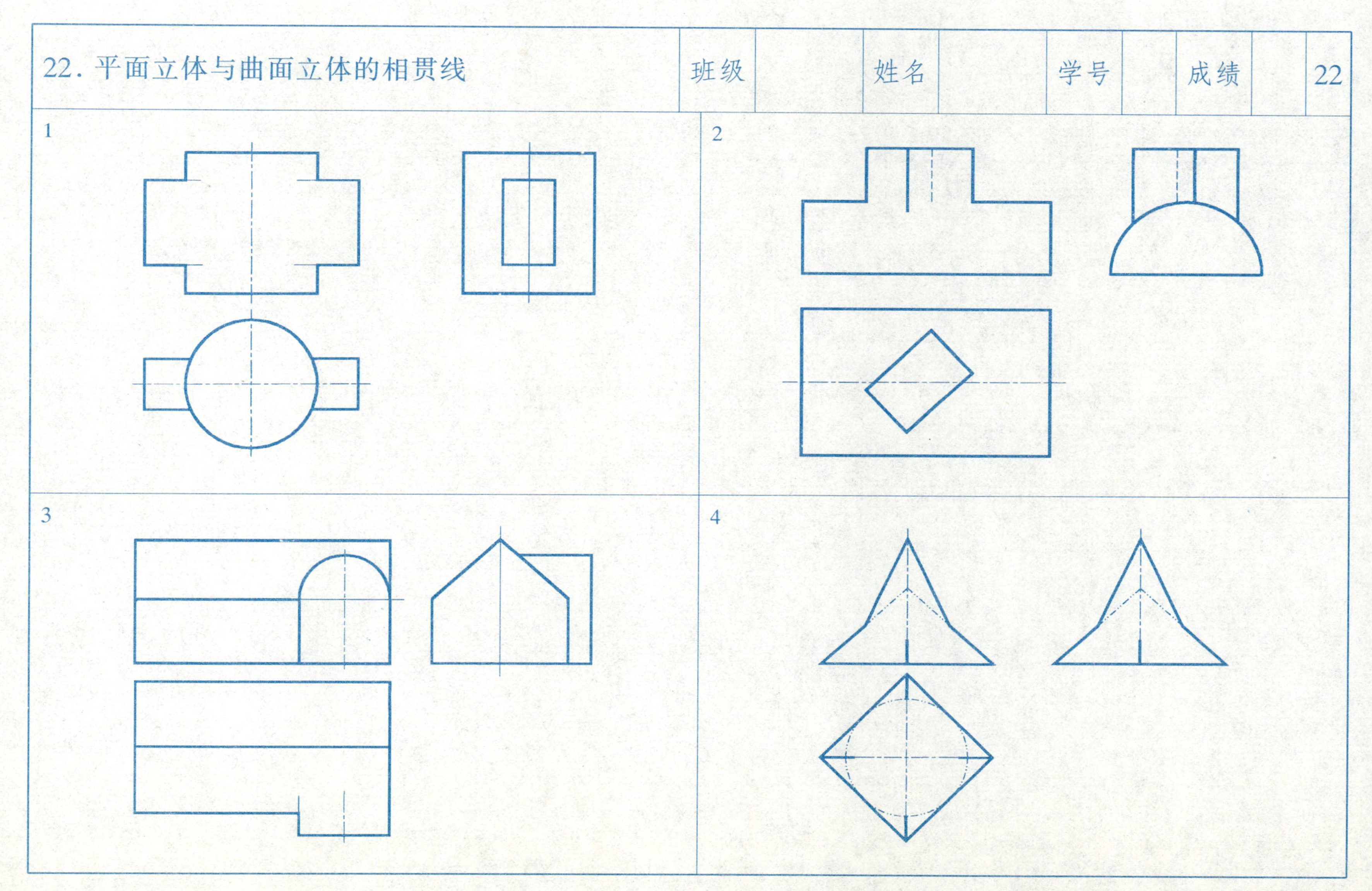
22. 平面立体与曲面立体的相贯线
班级
姓名
学号
成绩
22
1
2
3
4

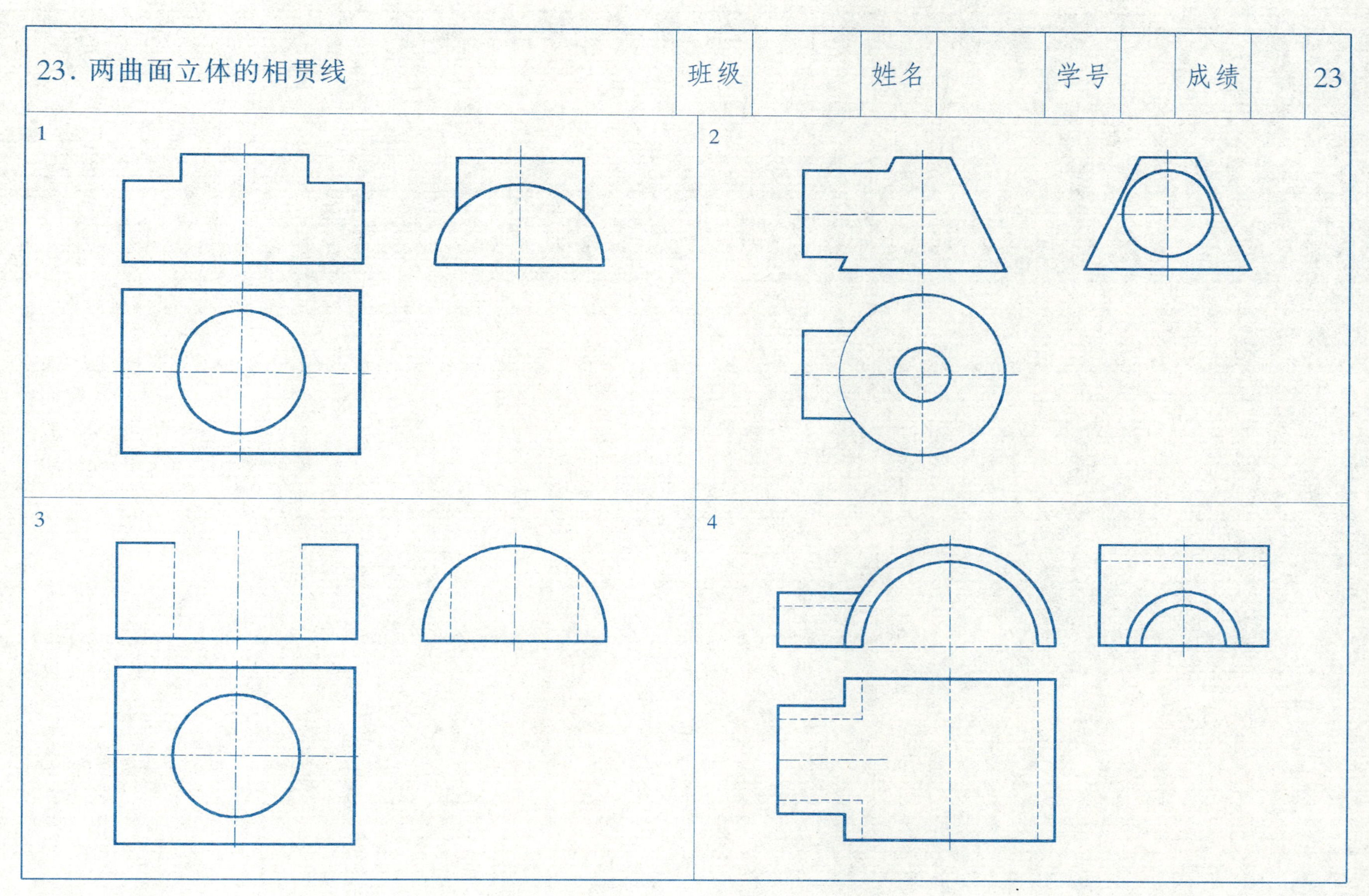
23. 两曲面立体的相贯线
班级
姓名
学号
成绩
23
1
2
3
4

24. 相贯线的特殊情况	班级		姓名		学号		成绩		24

1

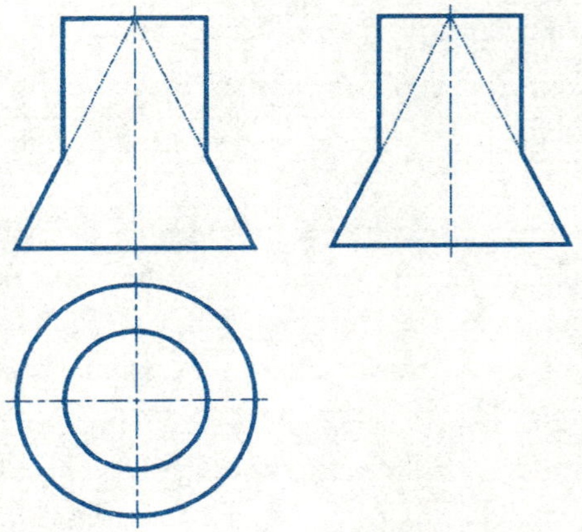

2

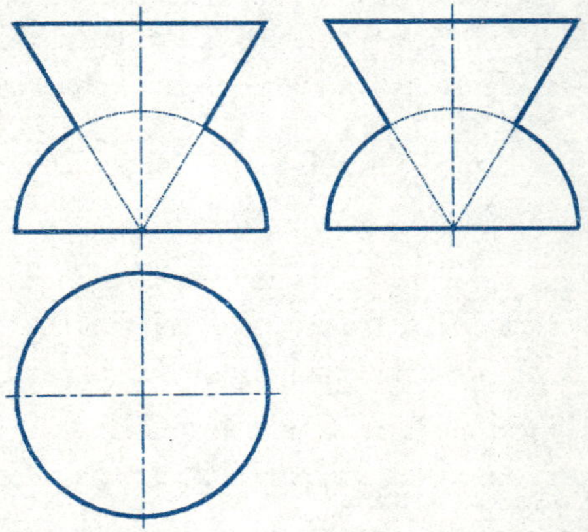

3

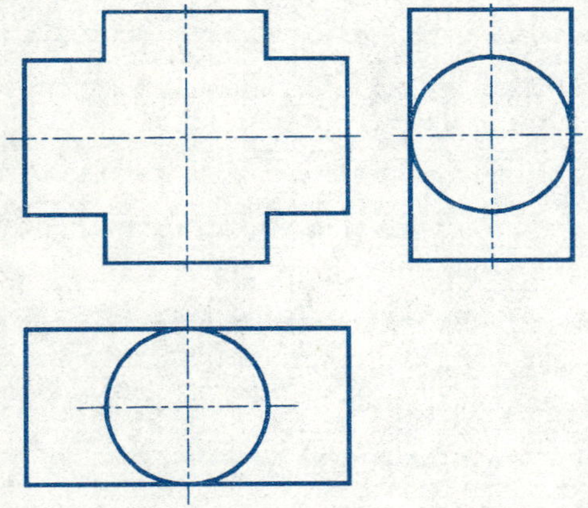

4

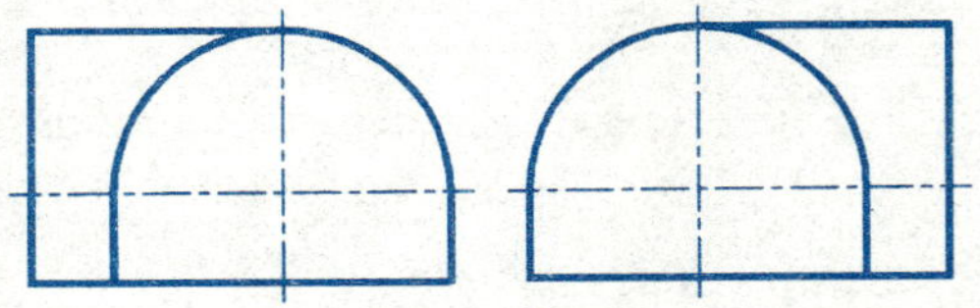

5

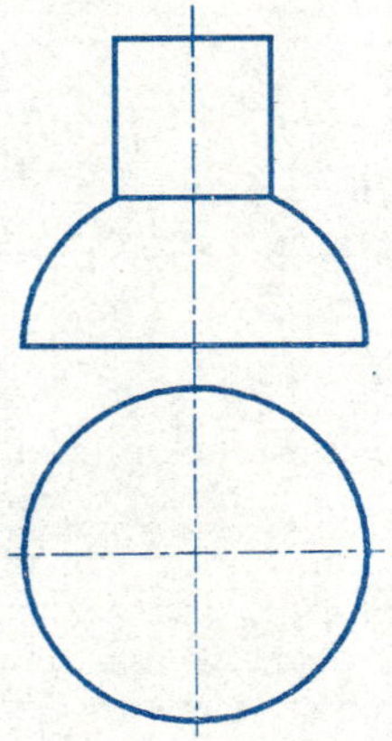

6

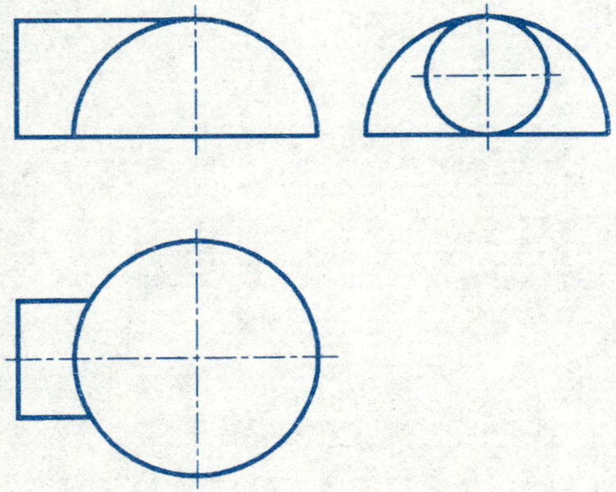

25. 曲线与曲面

班级		姓名		学号		成绩		25

1 以直线 AB 和曲线 CD 为导线，V 面为导平面，试绘锥状面的投影图

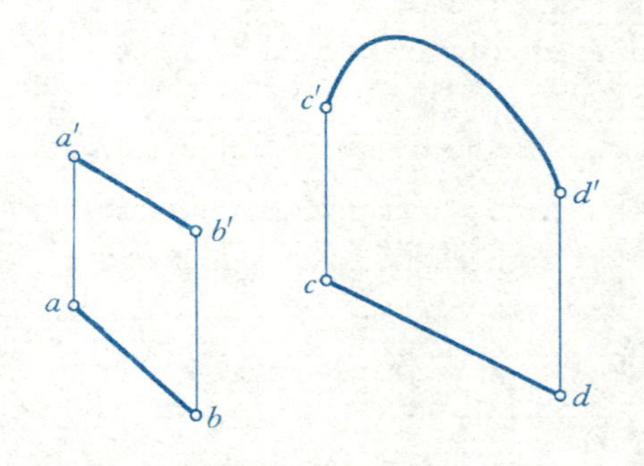

2 已知直导线 AB、CD 的投影，V 面为导平面，求作双曲抛物面的投影

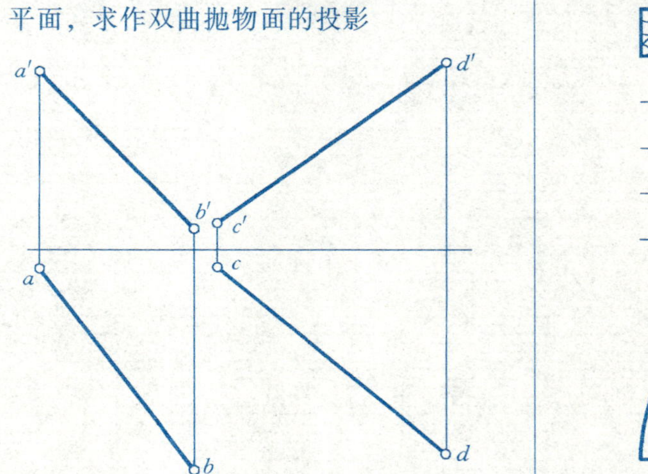

3 已知楼房门前的一对称螺旋坡道的水平投影，试完成其正面投影

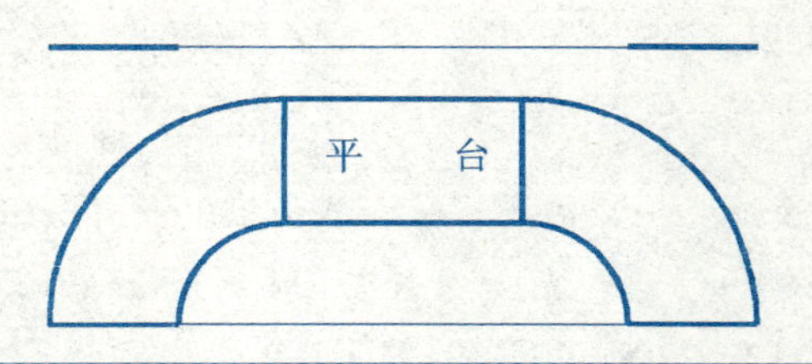

4 试完成螺旋楼梯扶手的正面投影

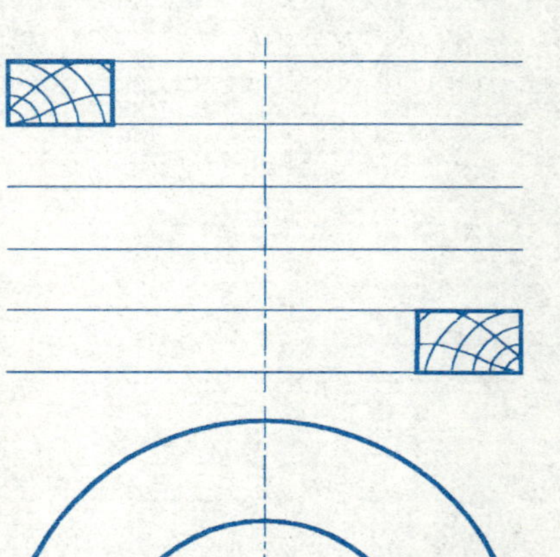

5 已知圆柱螺旋楼梯的内外直径、层高 H 和楼板厚，踏步高为 $H/12$，试绘制该楼梯的投影

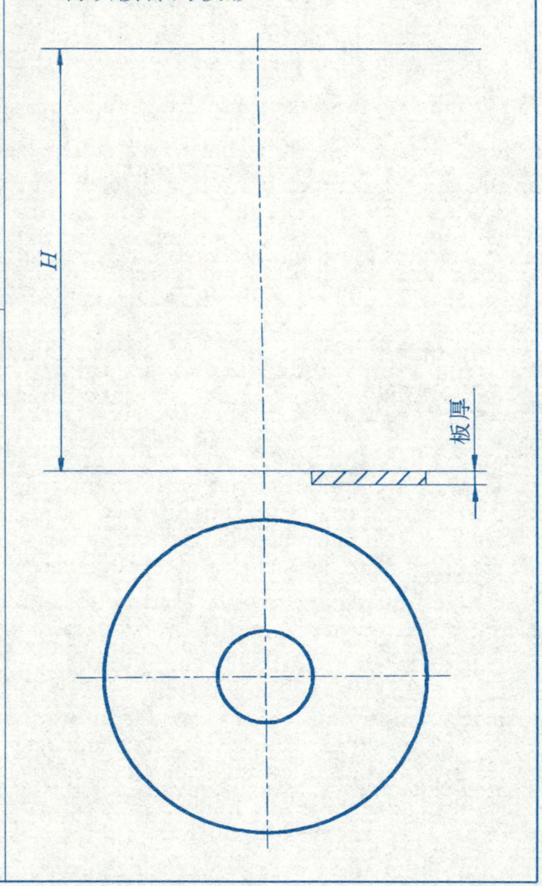

26. 组合体视图的画法	班级		姓名		学号		成绩		26

1　根据轴测图画三视图（尺寸由轴测图量取）

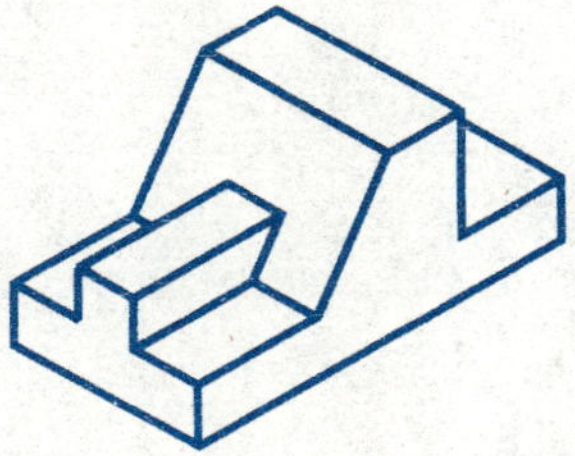

2　根据轴测图画三视图（尺寸由轴测图量取）

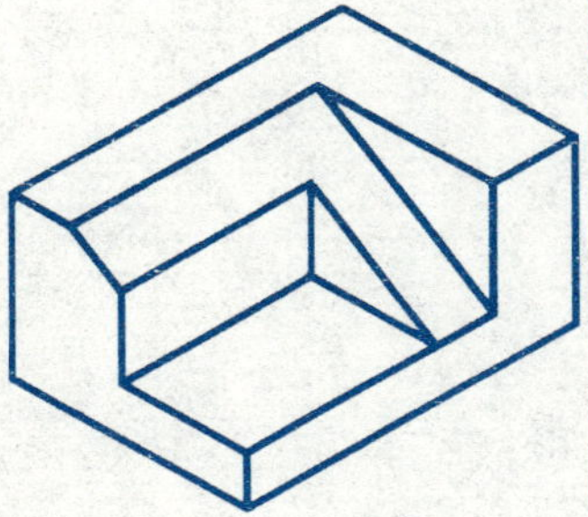

3　根据轴测图画三视图（尺寸由轴测图量取）

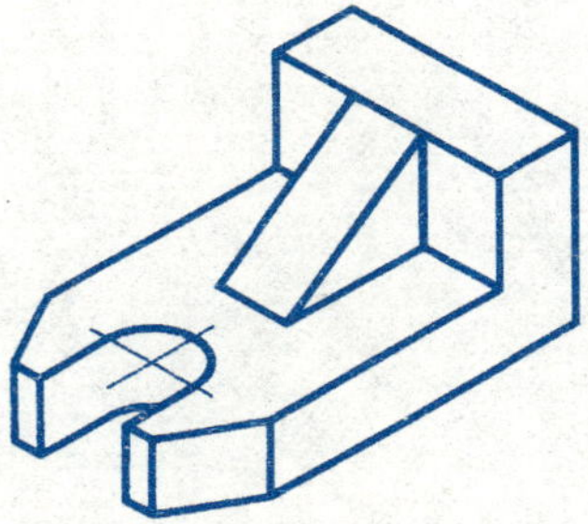

4　根据轴测图画三视图（尺寸由轴测图量取）

27. 组合体视图的尺寸注法	班级		姓名		学号		成绩		27

1　根据三视图标注形体尺寸（尺寸由视图量取）

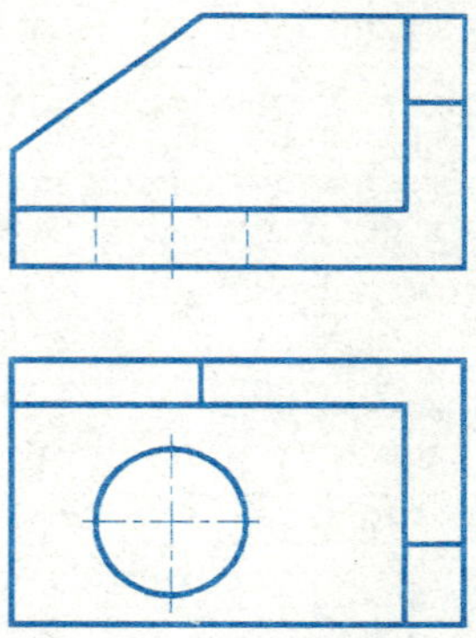

2　根据三视图标注形体尺寸（尺寸由视图量取）

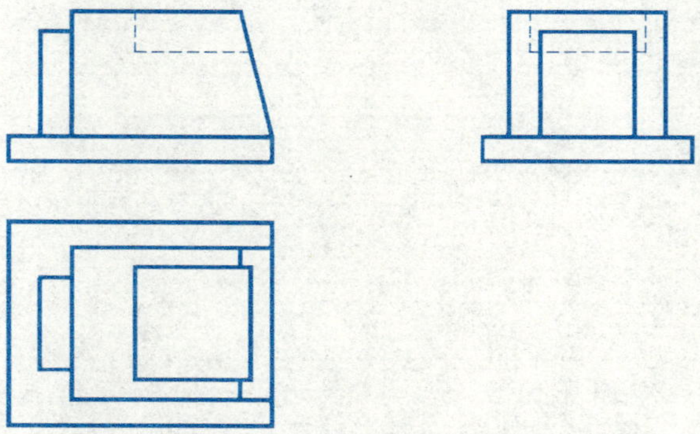

3　根据三视图标注形体尺寸（尺寸由视图量取）

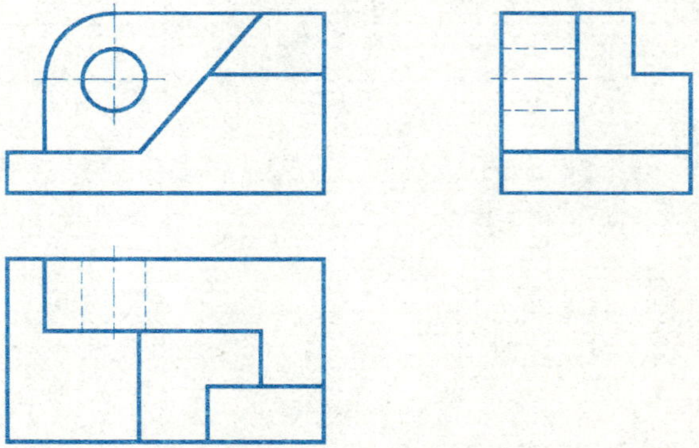

4　根据三视图标注形体尺寸（尺寸由视图量取）

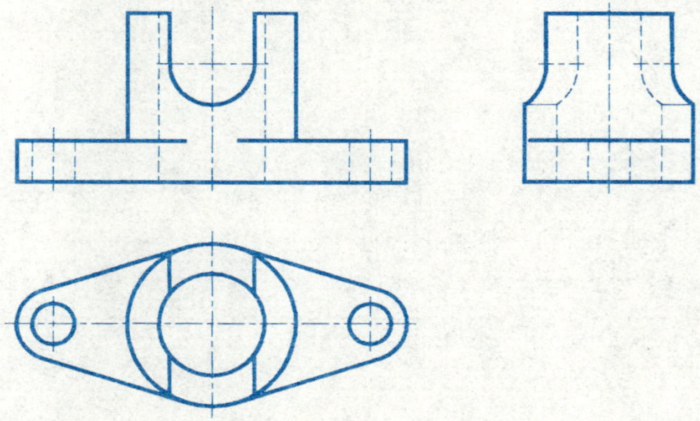

28. 组合体作业	班级		姓名		学号		成绩		28

一、作业名称　组合体的视图

二、作业要求　按教师指定的分题，画组合体的视图，并标注尺寸

三、作业指示　1. 选择合适的比例

2. 选择必要的视图表达

3. 尺寸应正确、齐全、清晰

4. 图线、字体应符合标准

第一分题：

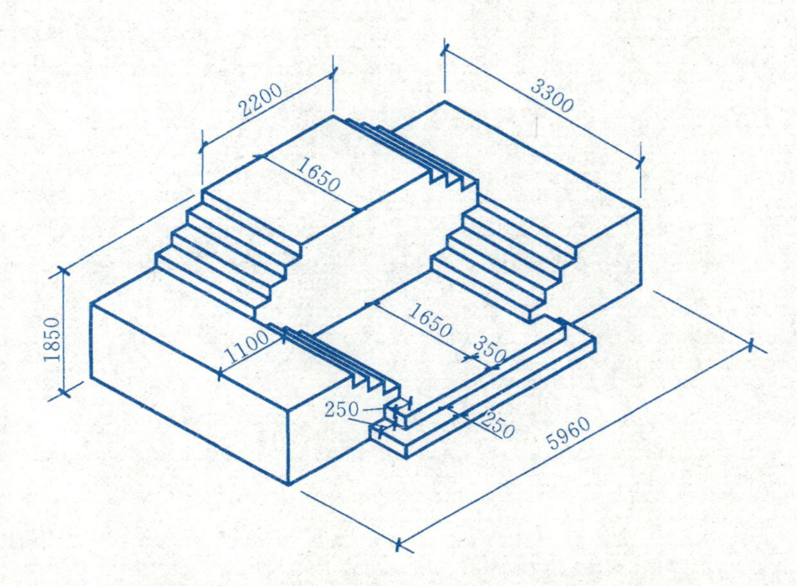

注：1. 除图中已标注的尺寸外，台阶的踏步高为 185，踏步宽为 260

2. 尺寸单位：mm

第二分题：

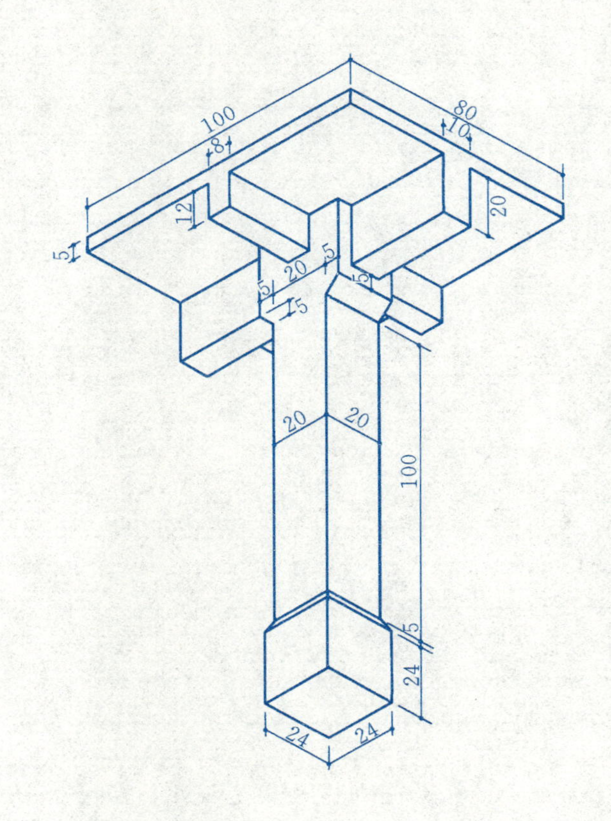

注：尺寸单位：cm

29. 轴测图（一）

班级　　姓名　　学号　　成绩　　29

1　根据已知的两视图画正六棱锥的正等测图（尺寸由视图中量取）

2　根据三视图画物体的正等测图（尺寸由三视图中量取）

3　根据三视图画组合体的正等测图（尺寸由三视图中量取）

4　根据三视图画出组合体的正等测图（尺寸由三视图中量取）

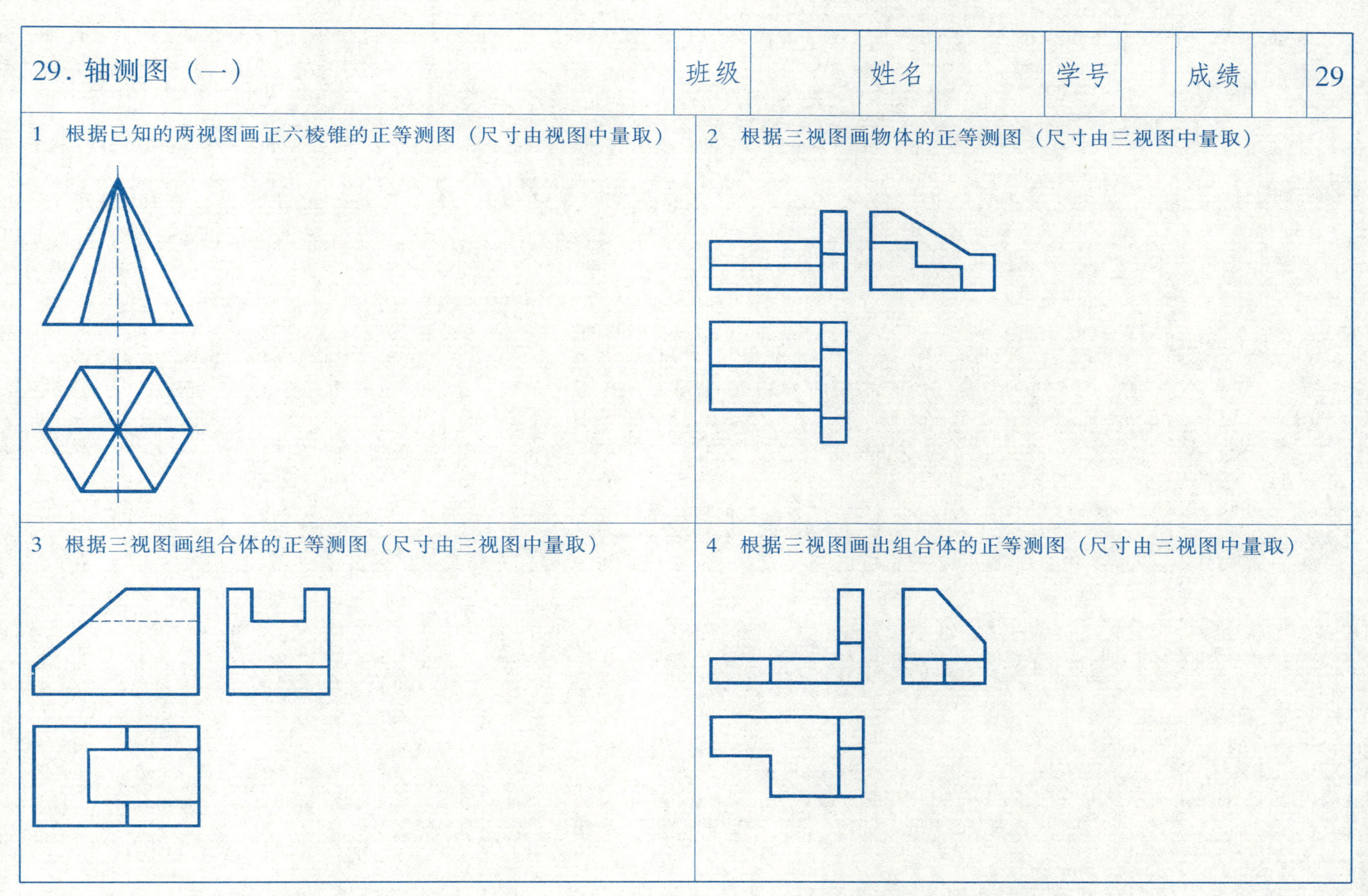

30．轴测图（二）	班级		姓名		学号		成绩		30

5　根据已知的两视图补画切口圆柱的正等测图（尺寸由视图中量取）

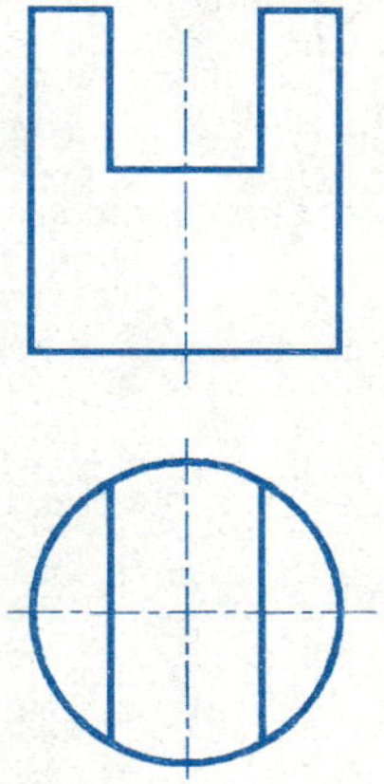

6　根据两视图补画物体的正等测图（尺寸由视图中量取）

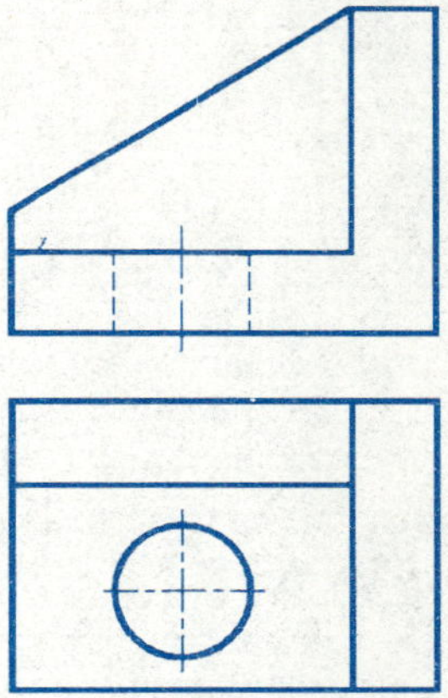

7　根据两视图补画立体的正等测图（尺寸由视图中量取）

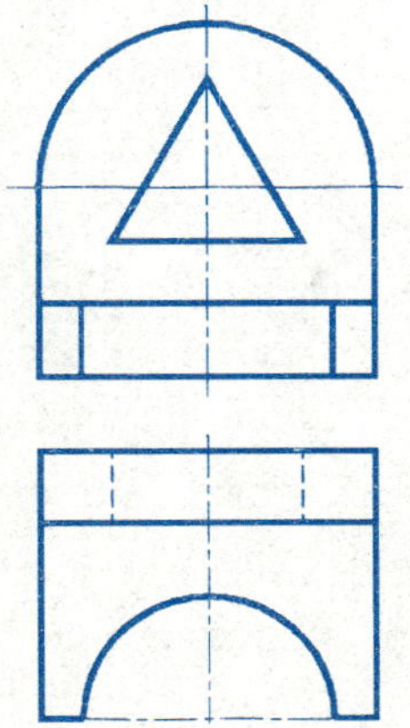

8　根据两视图补画其正等测图（尺寸由视图中量取）

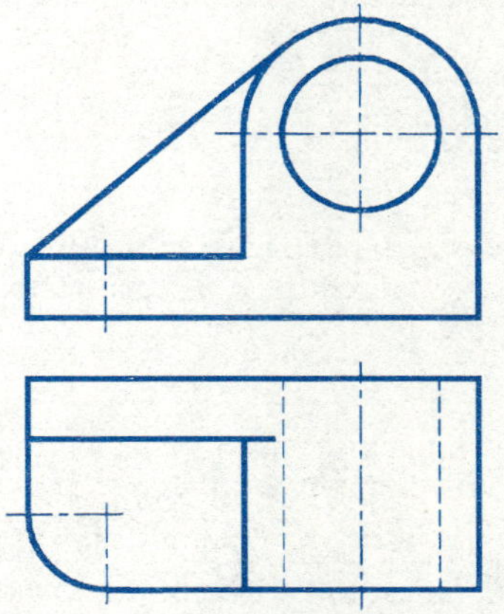

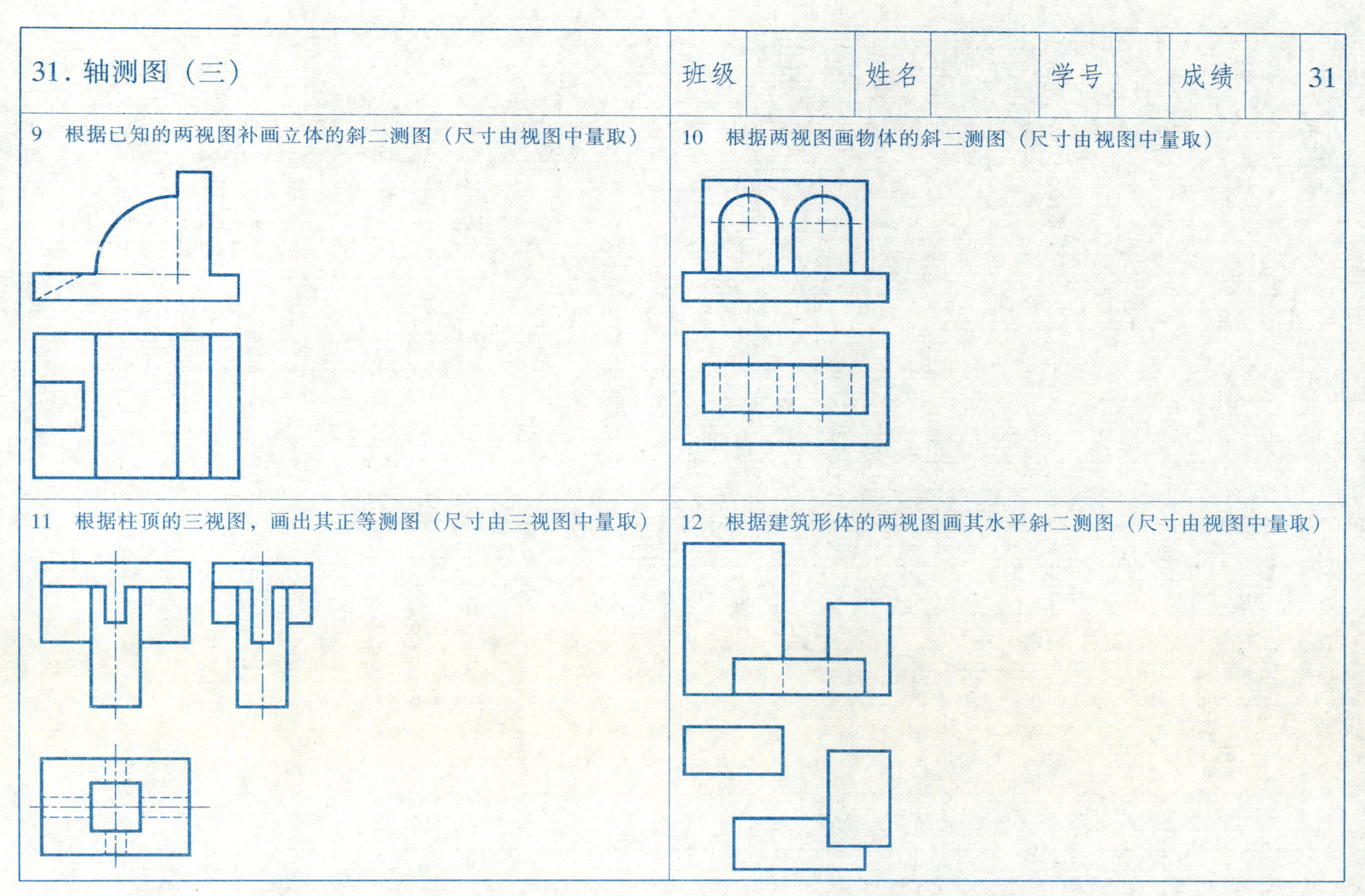
31. 轴测图（三）
班级
姓名
学号
成绩
31
9　根据已知的两视图补画立体的斜二测图（尺寸由视图中量取）
10　根据两视图画物体的斜二测图（尺寸由视图中量取）
11　根据柱顶的三视图，画出其正等测图（尺寸由三视图中量取）
12　根据建筑形体的两视图画其水平斜二测图（尺寸由视图中量取）

32. 组合体视图的识读之补漏线	班级		姓名		学号		成绩		32

1

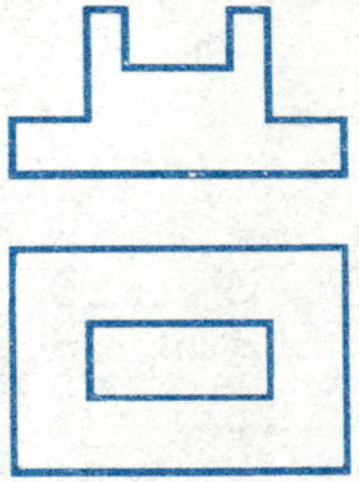

2

3

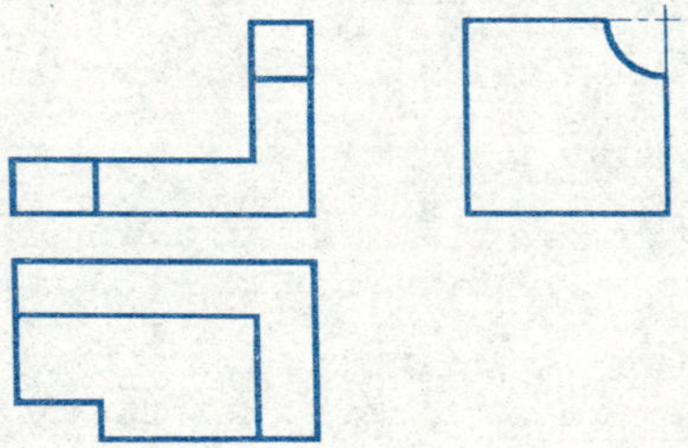

4

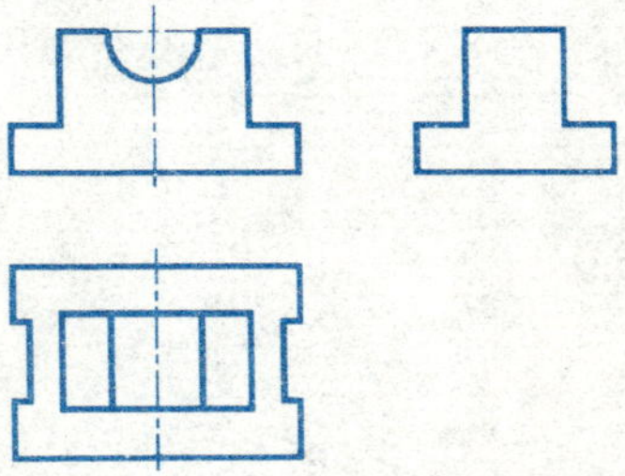

5

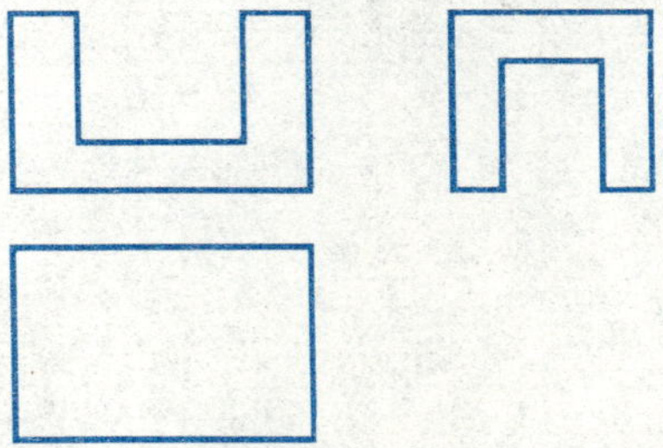

6

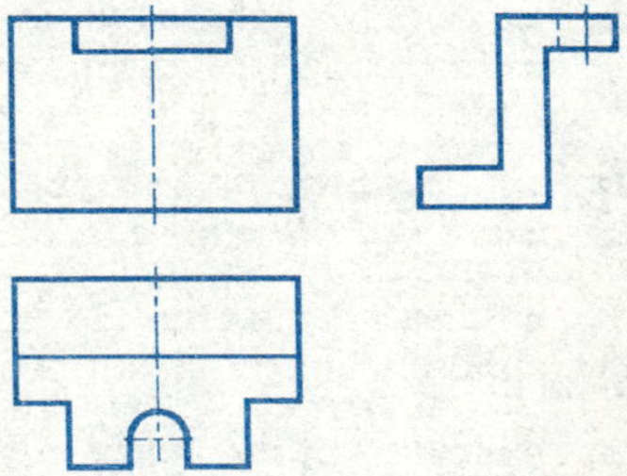

7

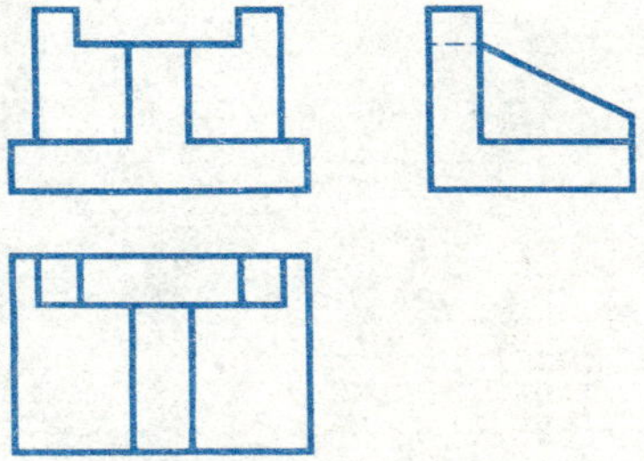

8

9

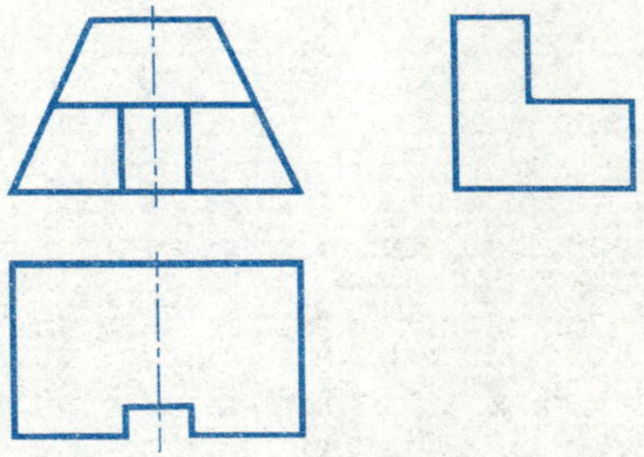

33．组合体视图的识读之补视图（一）	班级		姓名		学号		成绩		33

1

2

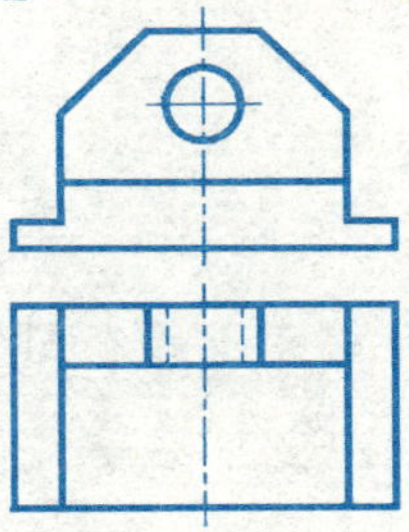

3

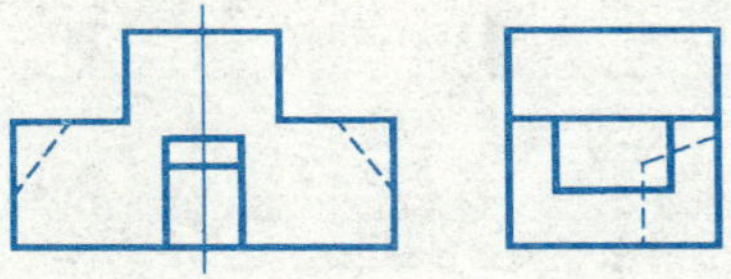

4

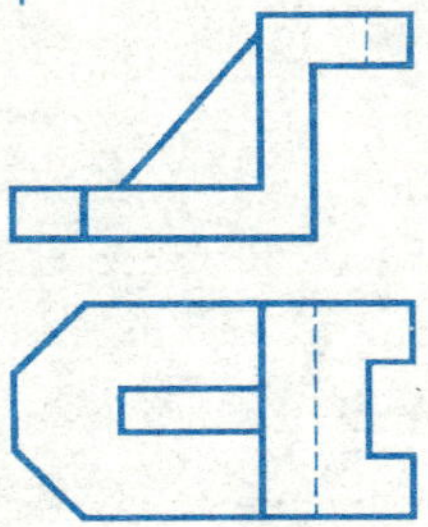

5

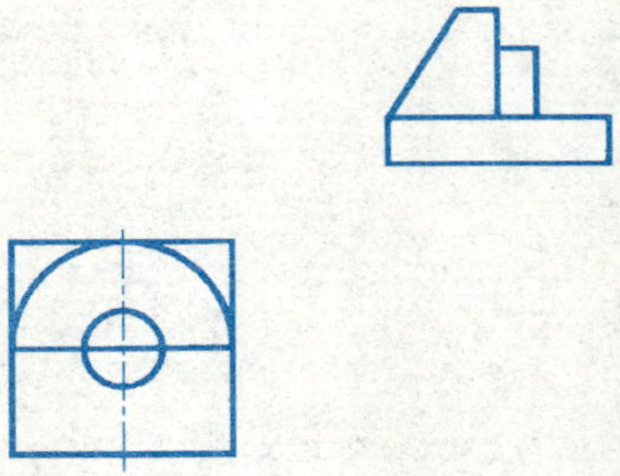

6

7

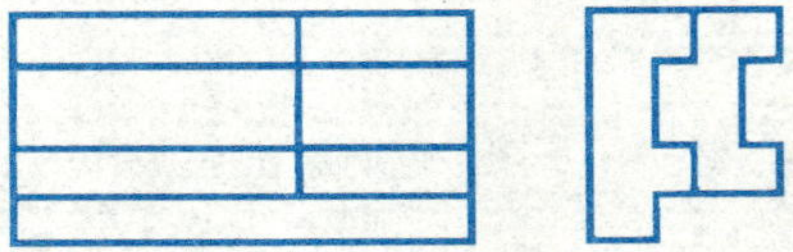

8

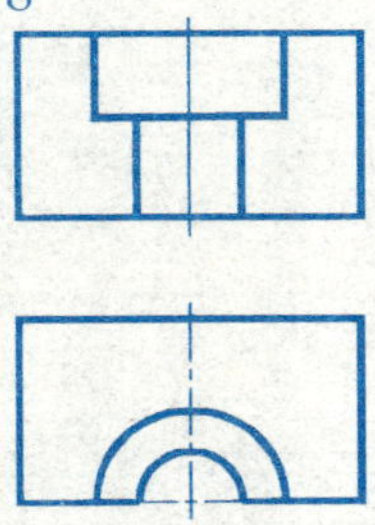

9

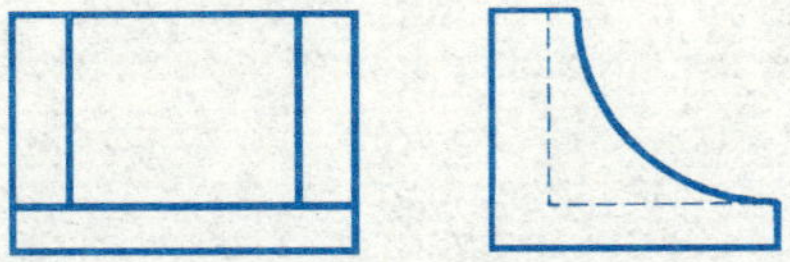

34．组合体视图的识读之补视图（二）	班级		姓名		学号		成绩		34

10

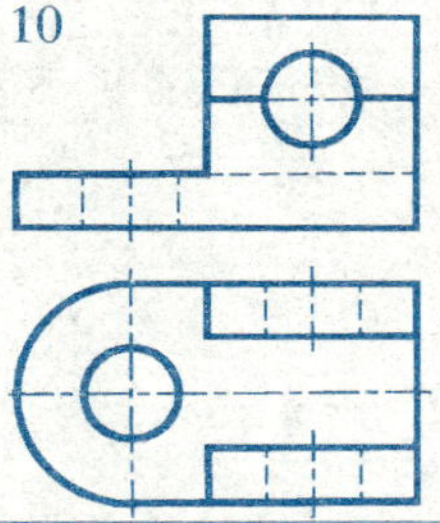

11

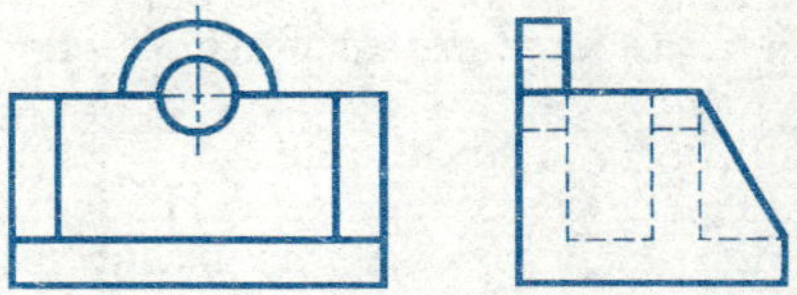

12

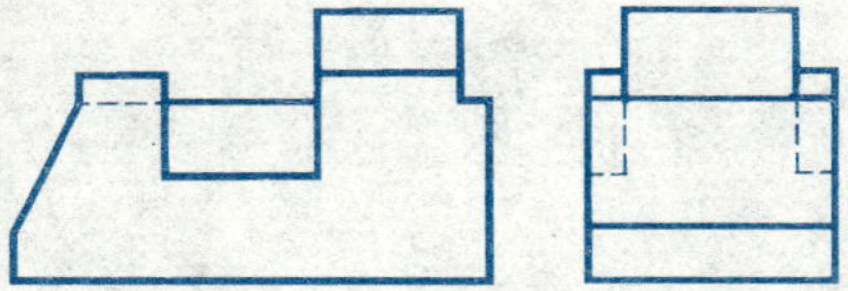

13

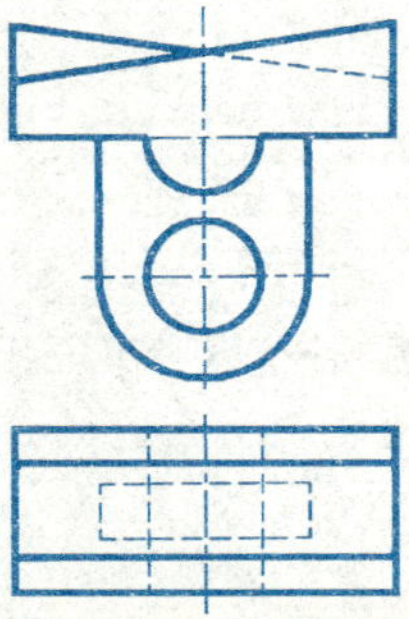

14

15

16

17

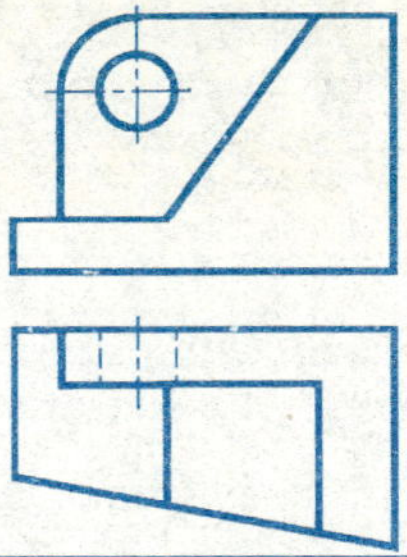

18

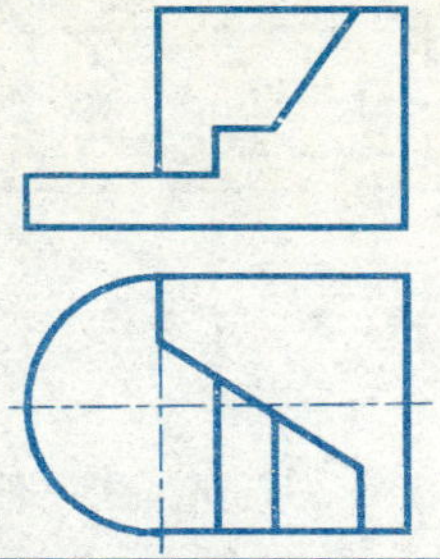

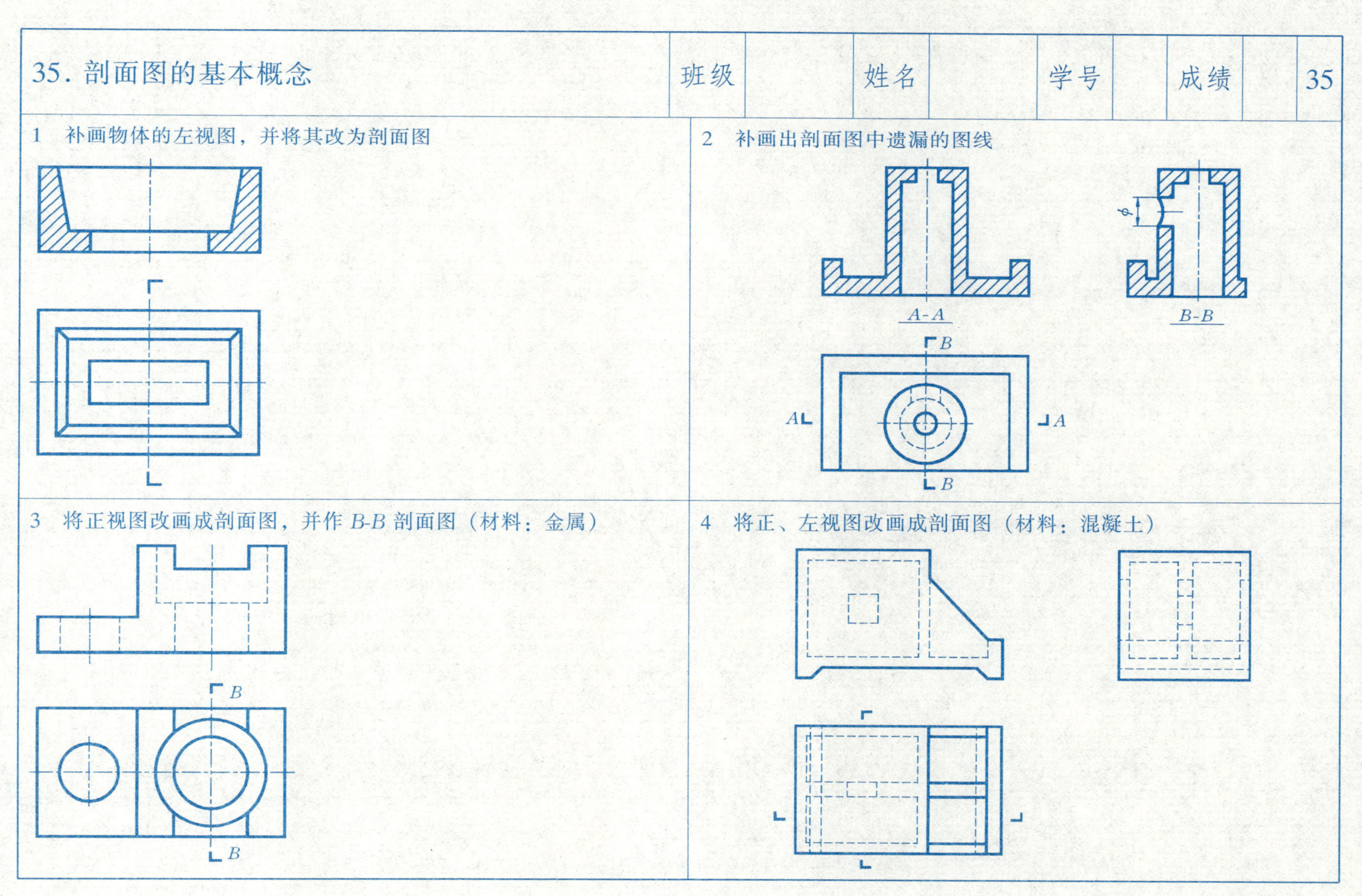
35. 剖面图的基本概念
班级
姓名
学号
成绩
35
1 补画物体的左视图，并将其改为剖面图
2 补画出剖面图中遗漏的图线
A-A
B-B
B
A
A
B
3 将正视图改画成剖面图，并作 B-B 剖面图（材料：金属）
B
B
4 将正、左视图改画成剖面图（材料：混凝土）

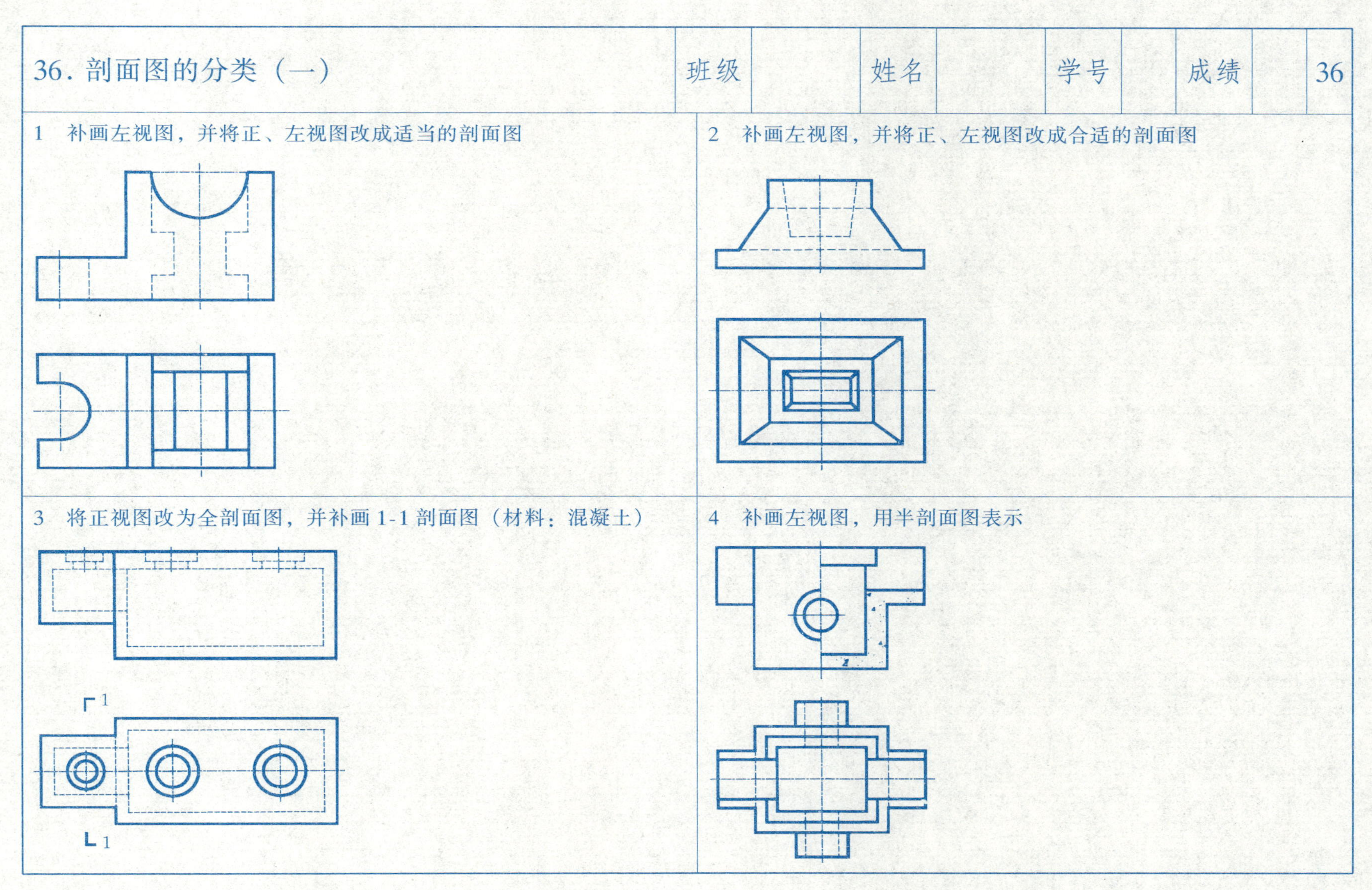
36. 剖面图的分类（一）
班级
姓名
学号
成绩
36
1 补画左视图，并将正、左视图改成适当的剖面图
2 补画左视图，并将正、左视图改成合适的剖面图
3 将正视图改为全剖面图，并补画 1-1 剖面图（材料：混凝土）
1
1
4 补画左视图，用半剖面图表示

37. 剖面图的分类（二）

班级		姓名		学号		成绩		37

5　将正视图改成 *A-A* 阶梯剖面图，并作出 *B-B* 全剖面图（材料：混凝土）

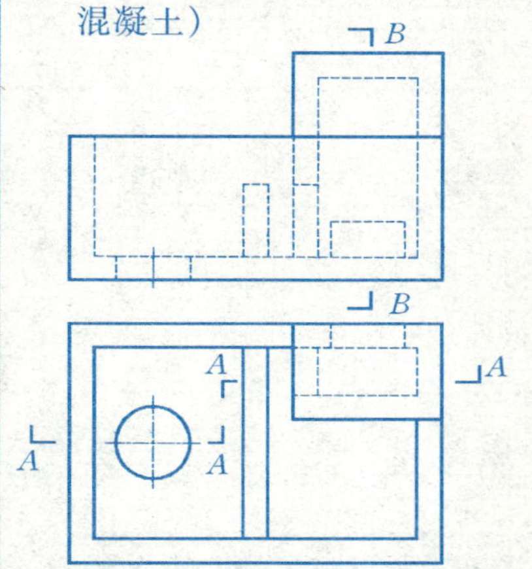

6　将正视图改成 *A-A* 阶梯剖面图，并作出 *B-B* 全剖面图（材料：混凝土）

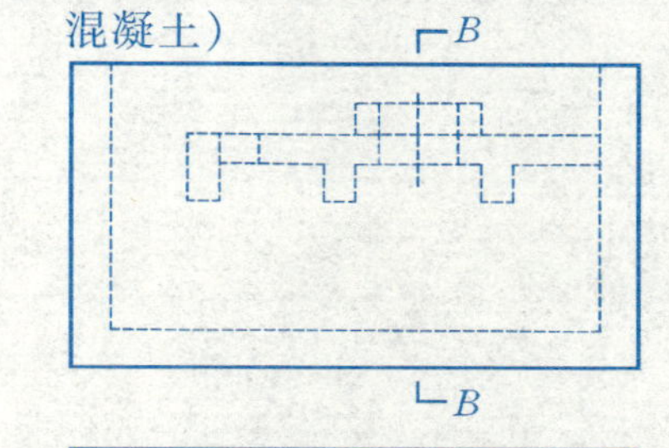

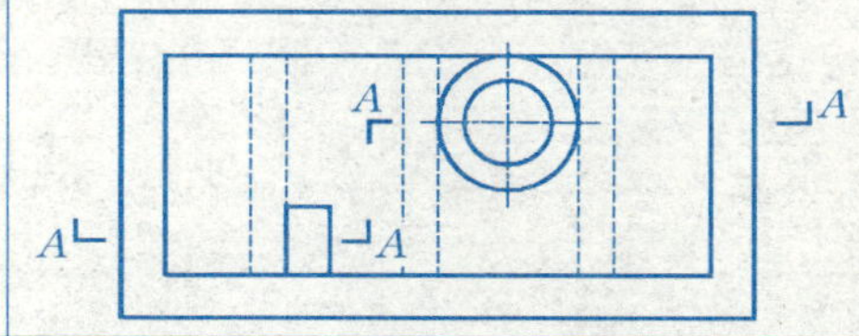

7　已知组合体的 1-1、3-3 剖面，试画出 2-2 剖面图（要求用半剖面图）

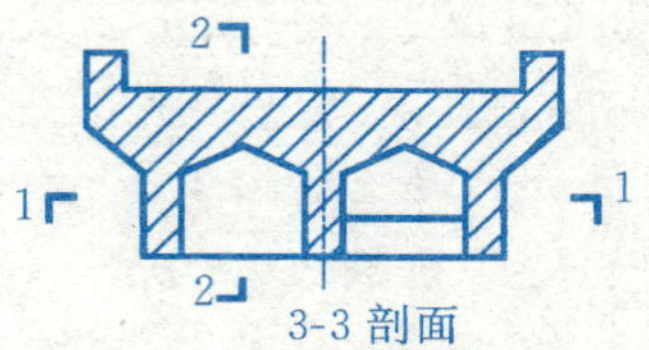

3-3 剖面

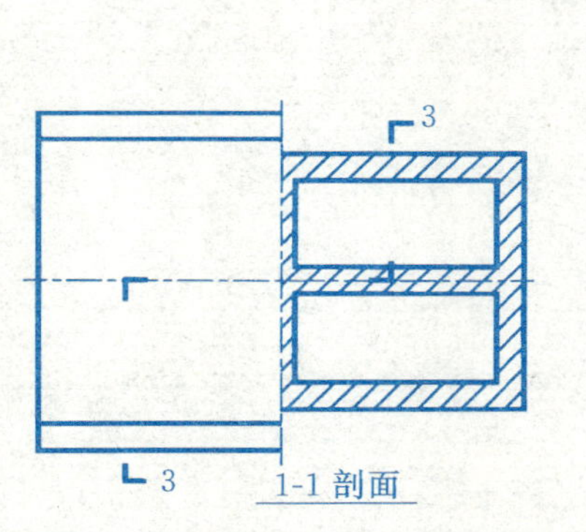

1-1 剖面

8　已知正面图和 1-1 剖面图，试画出 2-2 剖面图

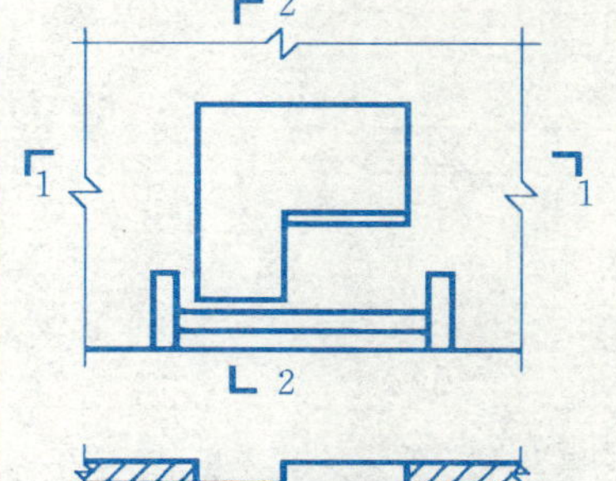

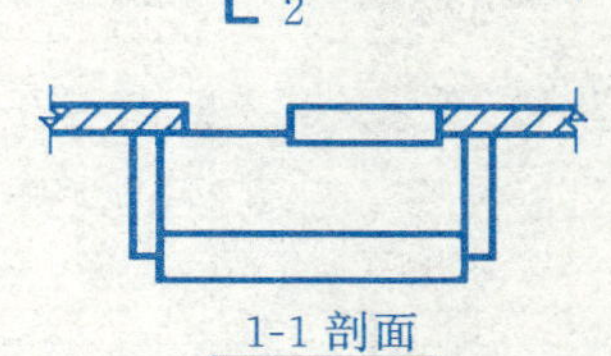

1-1 剖面

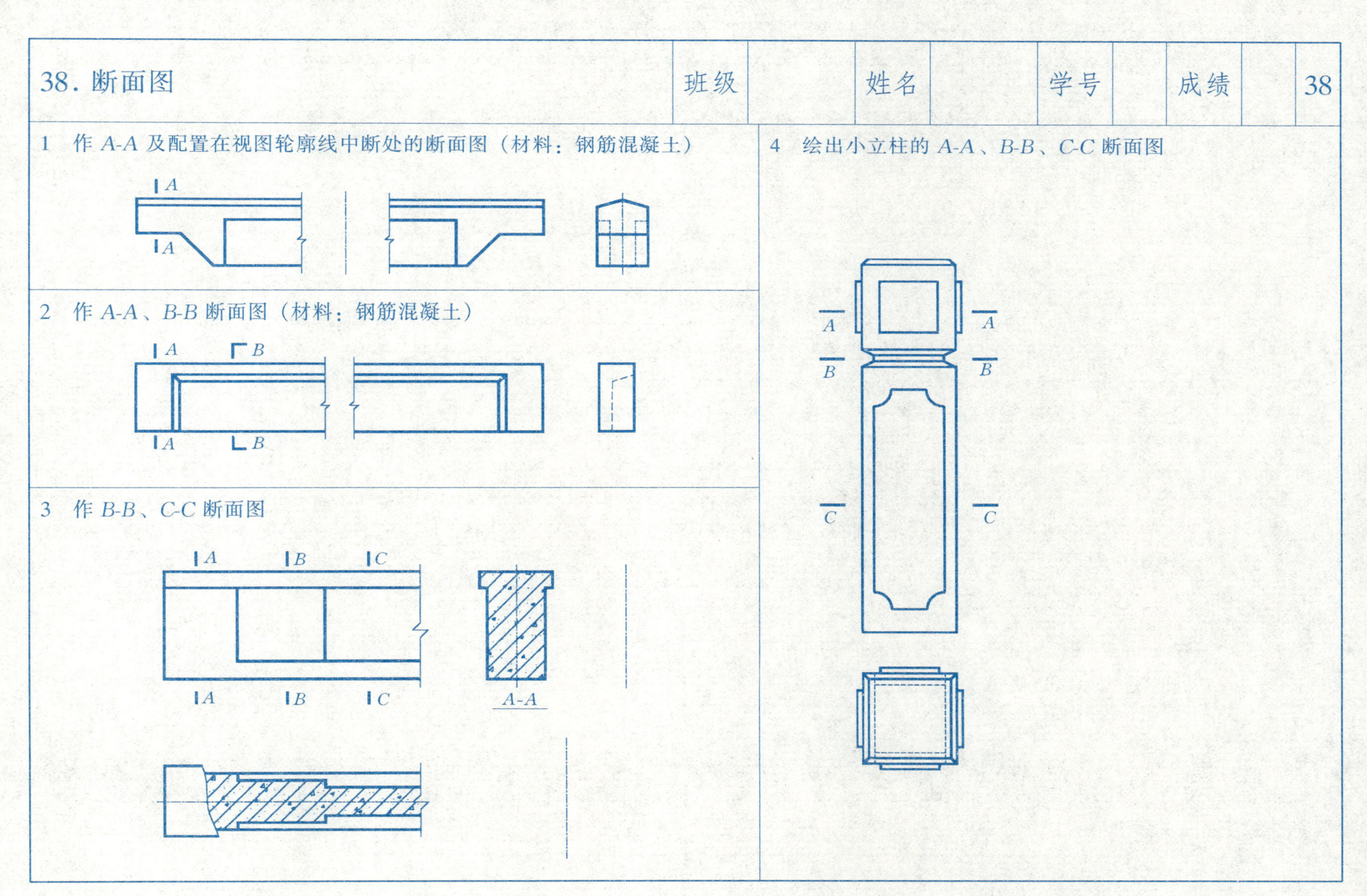
38. 断面图
班级
姓名
学号
成绩
38
1 作 A-A 及配置在视图轮廓线中断处的断面图（材料：钢筋混凝土）
A
A
2 作 A-A、B-B 断面图（材料：钢筋混凝土）
A
B
A
B
3 作 B-B、C-C 断面图
A
B
C
A
B
C
A-A
4 绘出小立柱的 A-A、B-B、C-C 断面图
A
A
B
B
C
C

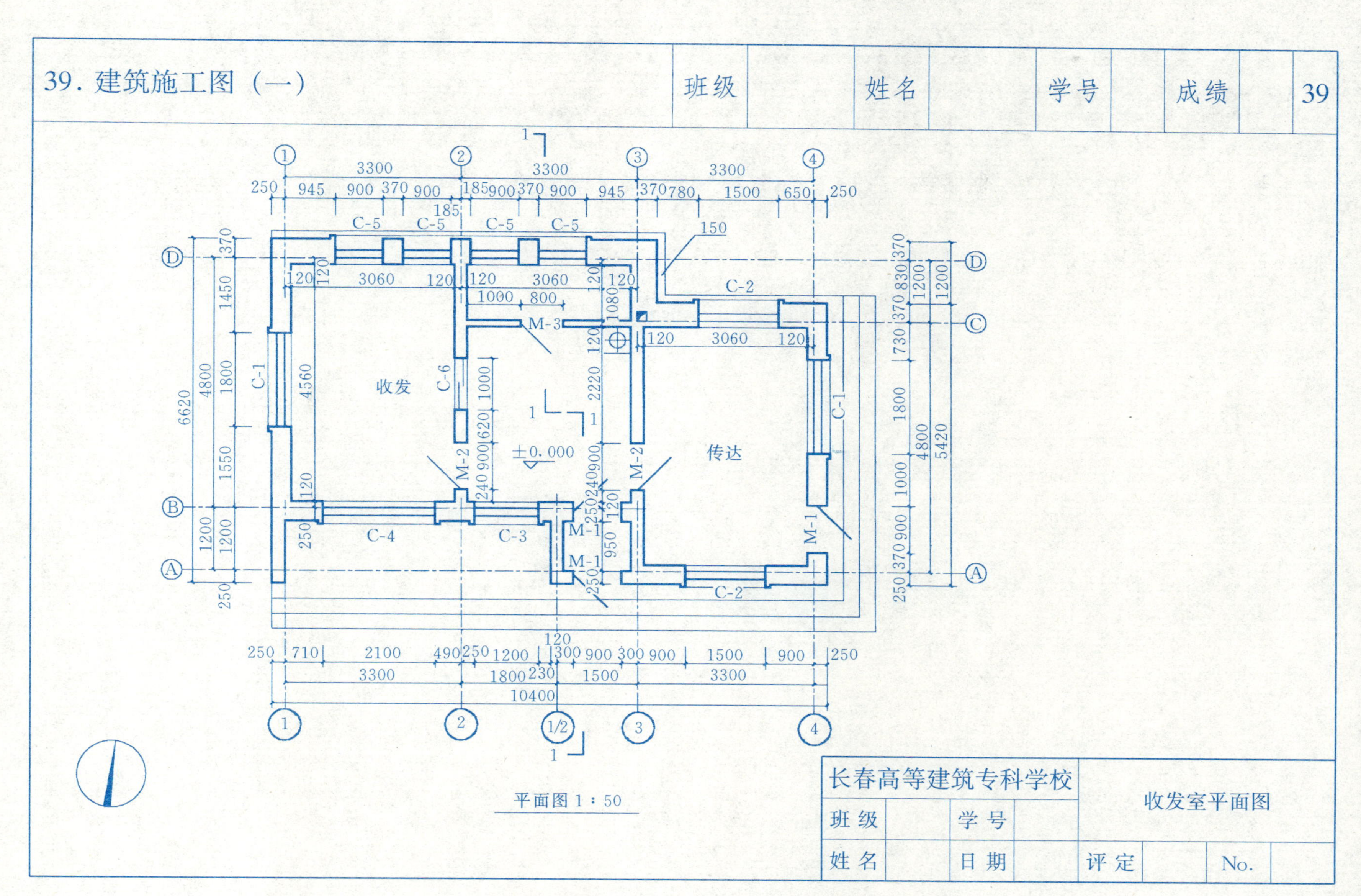
收发
传达
±0.000
C-1
C-2
C-3
C-4
C-5
C-6
M-1
M-2
M-3
平面图 1∶50
长春高等建筑专科学校
收发室平面图
班 级
学 号
姓 名
日 期
评 定
No.

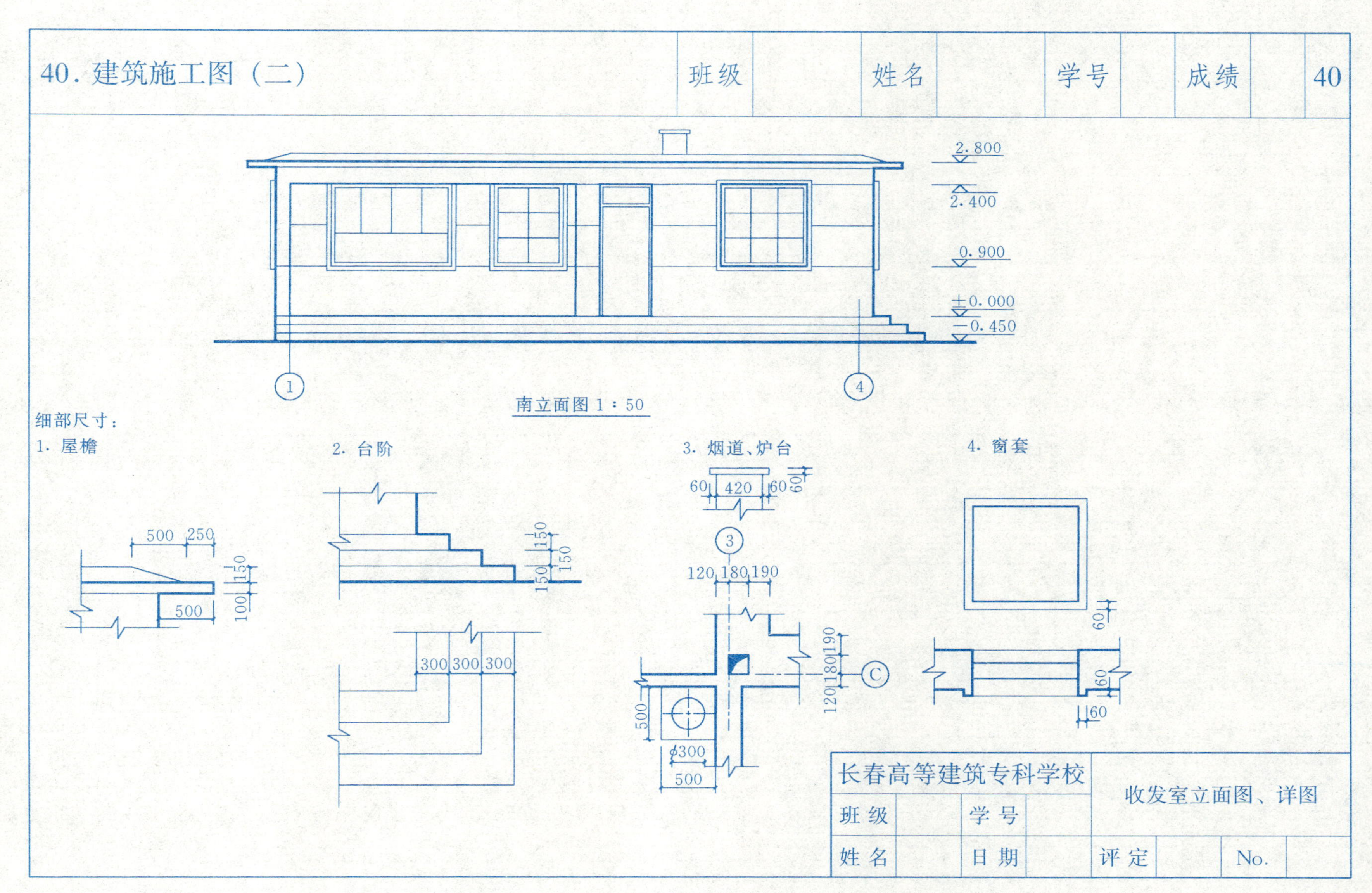
40. 建筑施工图（二）
班级
姓名
学号
成绩
40
2.800
2.400
0.900
±0.000
-0.450
1
4
南立面图 1：50
细部尺寸：
1. 屋檐
500
250
150
100
500
2. 台阶
150
150
150
300
300
300
3. 烟道、炉台
60
420
60
60
3
120
180
190
190
180
120
C
500
ϕ300
500
4. 窗套
60
60
60
长春高等建筑专科学校
收发室立面图、详图
班 级
学 号
姓 名
日 期
评 定
No.

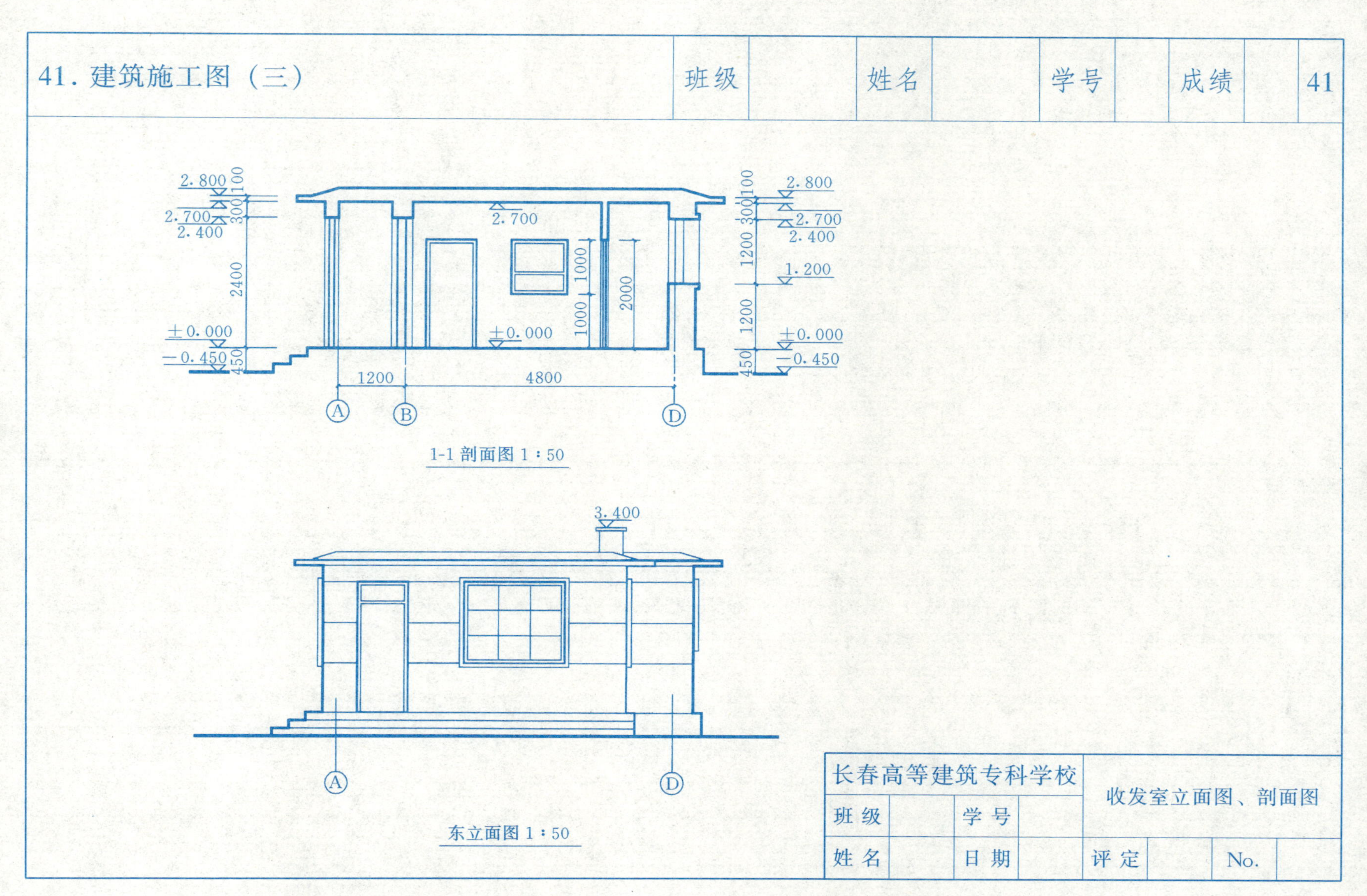

长春高等建筑专科学校				收发室立面图、剖面图	
班 级		学 号			
姓 名		日 期		评 定	No.

42. 装饰施工图（一）

班级		姓名		学号		成绩		42

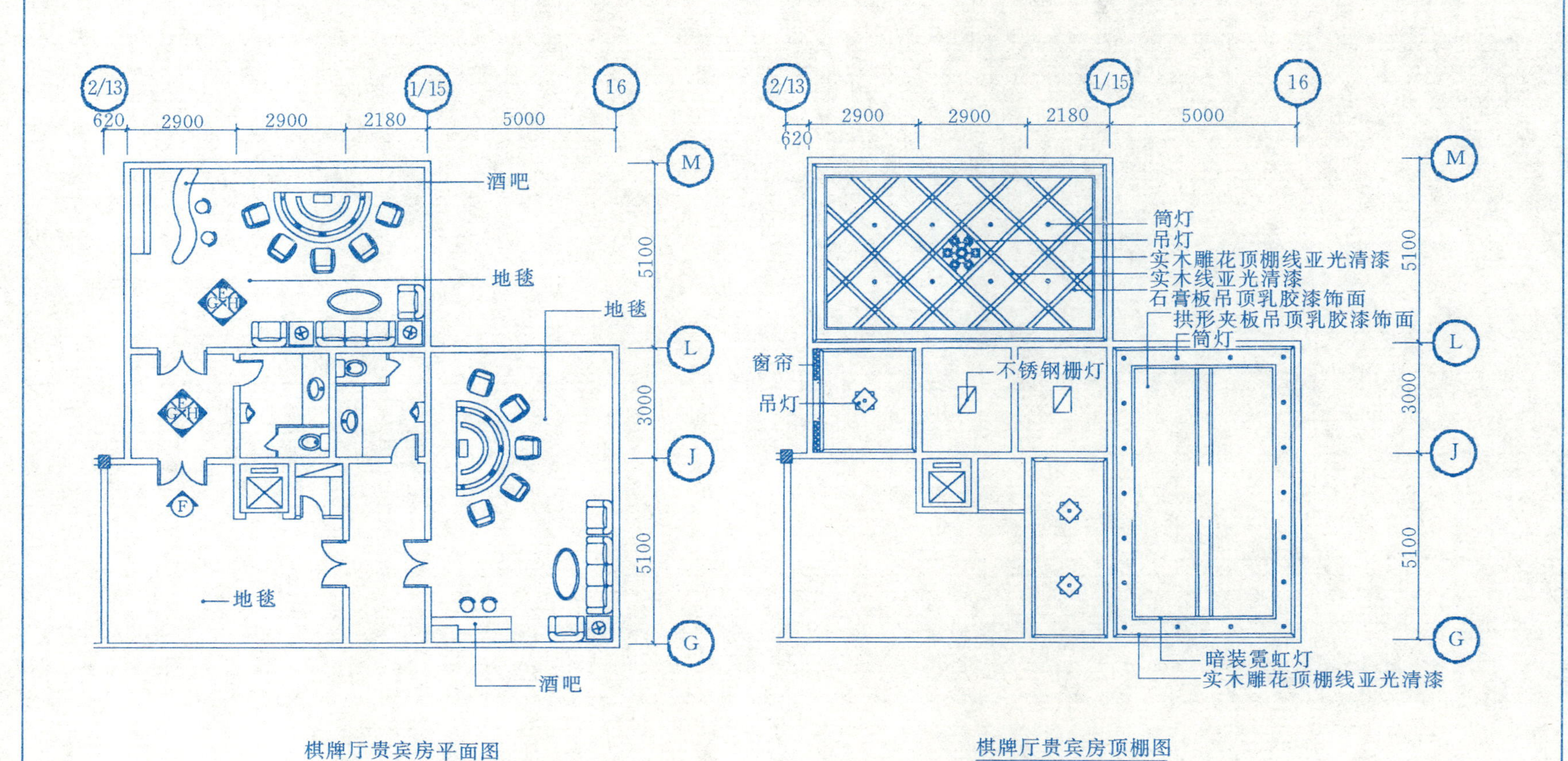

棋牌厅贵宾房平面图

棋牌厅贵宾房顶棚图

43. 装饰施工图（二）	班级		姓名		学号		成绩		43

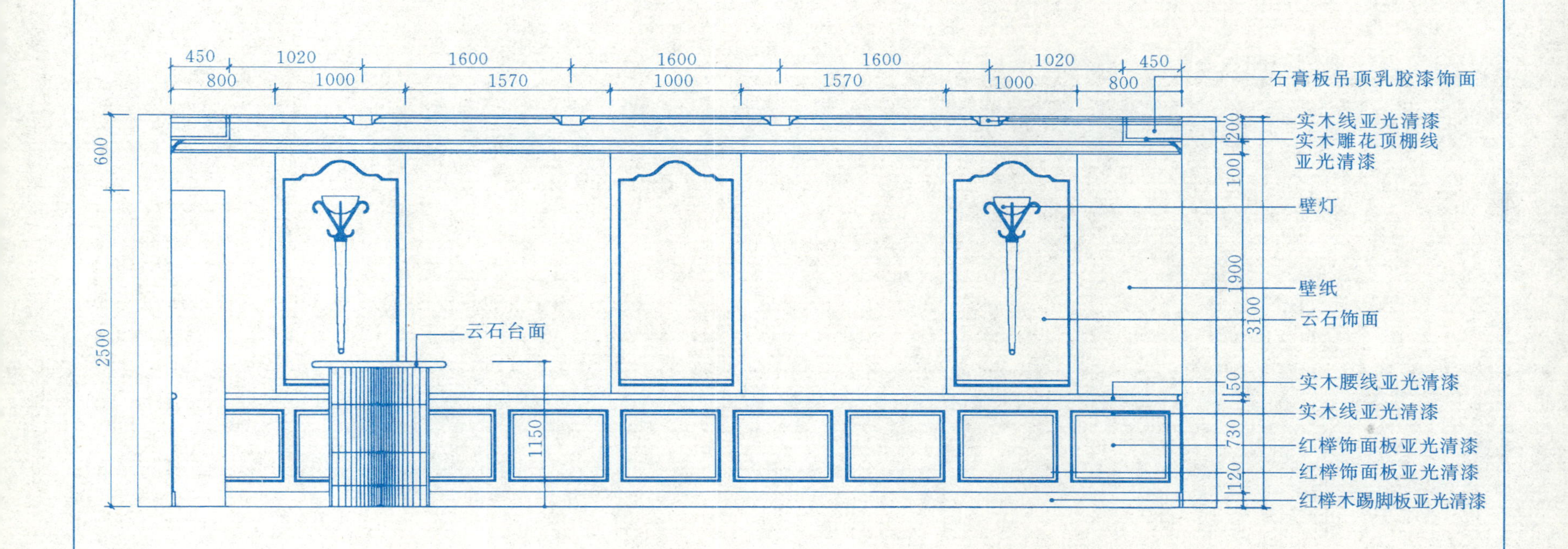

Ⓐ 立面图

44. 装饰施工图（三）	班级		姓名		学号		成绩		44

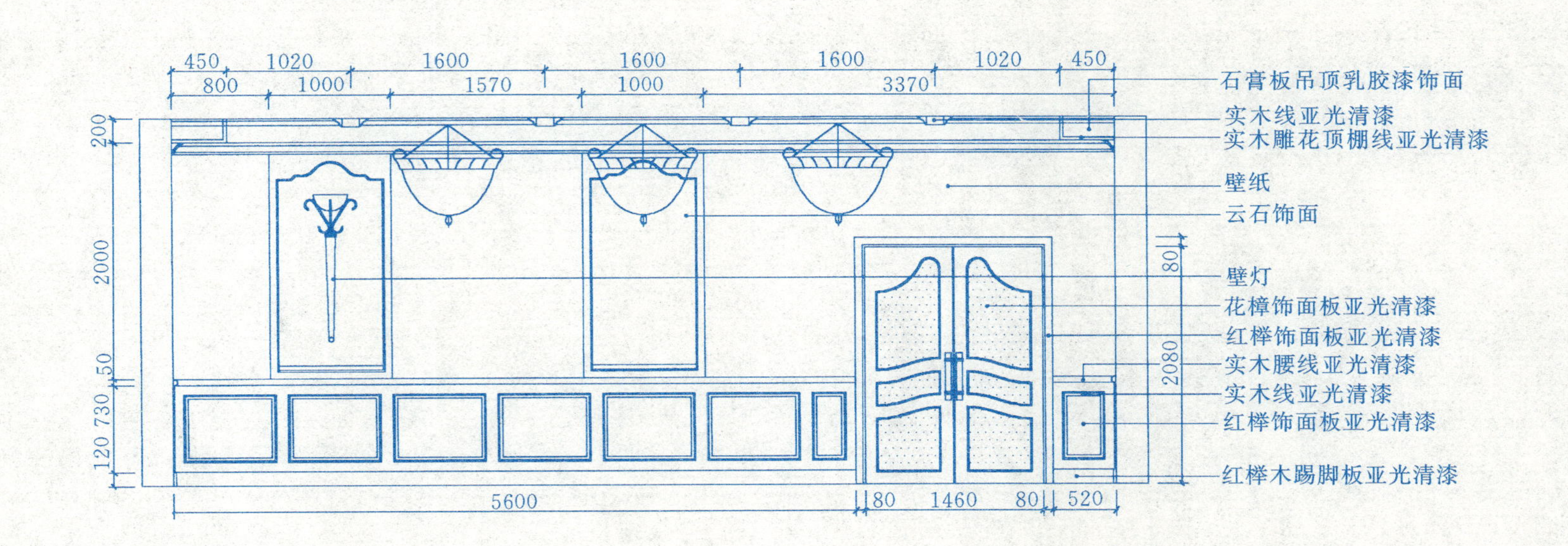

Ⓑ 立面图

45. 装饰施工图（四）	班级		姓名		学号		成绩		45

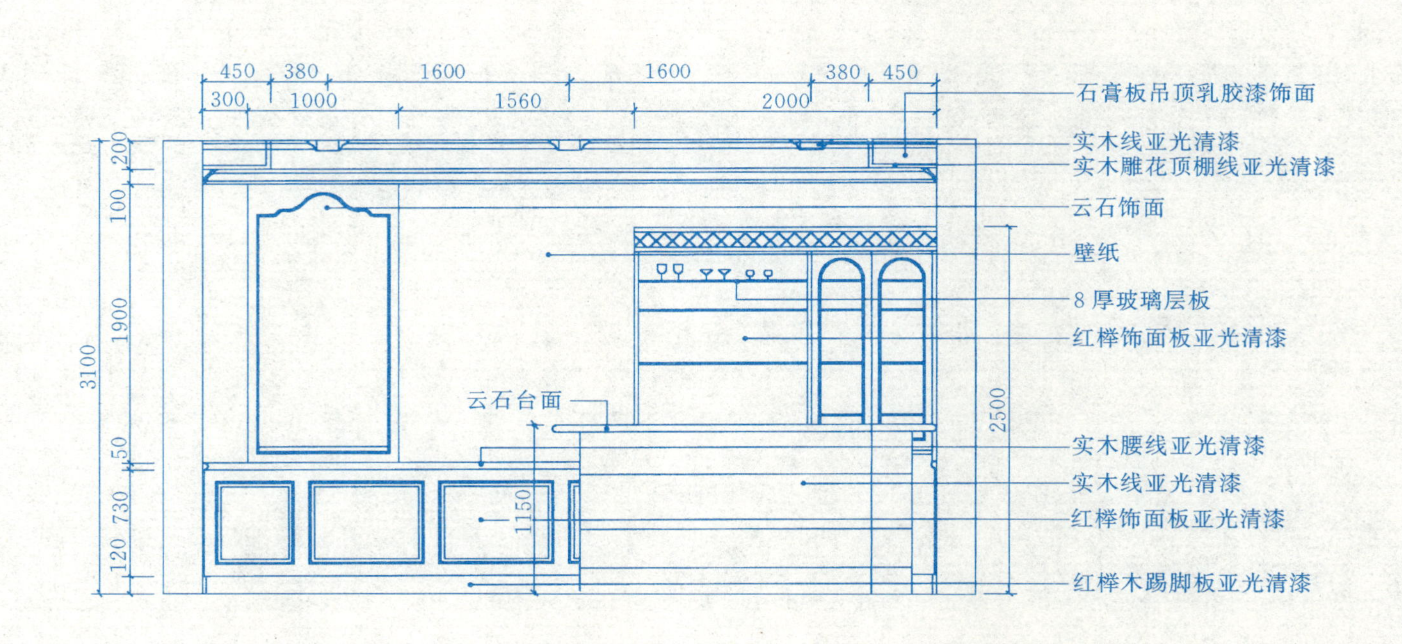

Ⓒ 立面图

46. 装饰施工图（五）	班级		姓名		学号		成绩		46

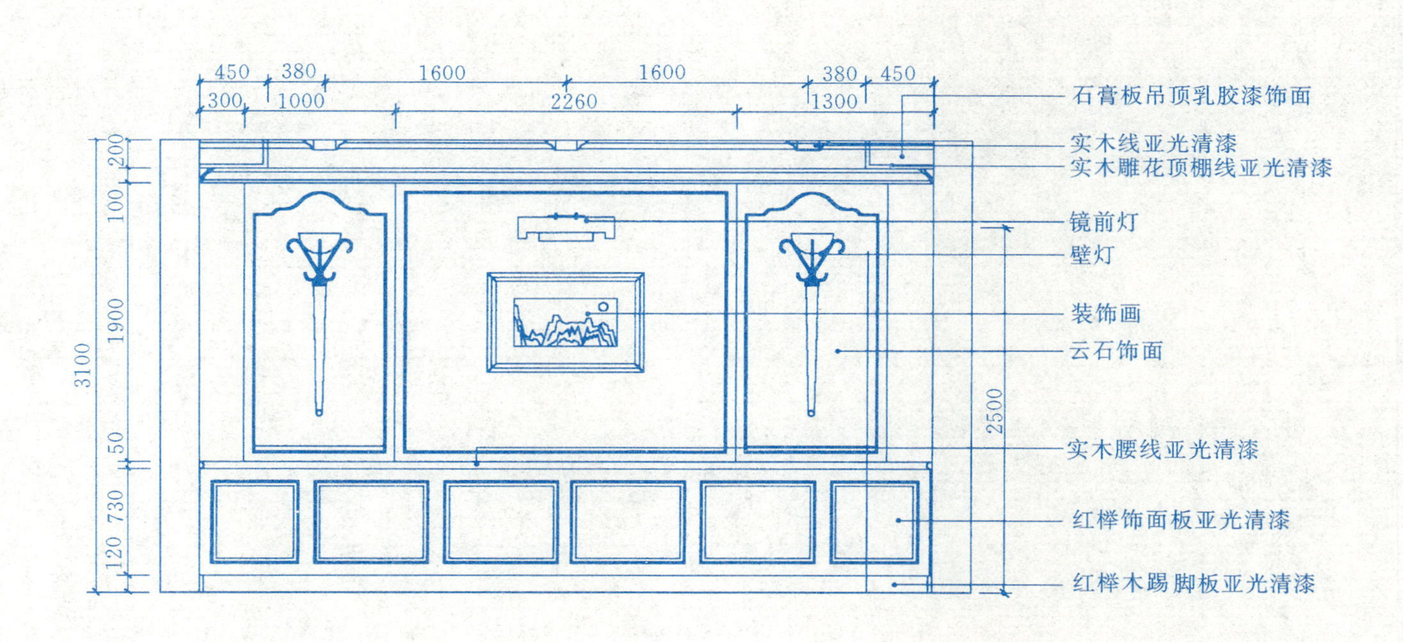

Ⓓ 立面图

47. 结构施工图	班级		姓名		学号		成绩		47

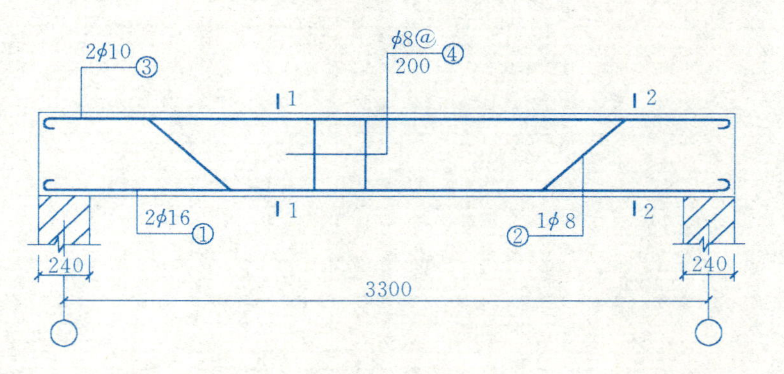

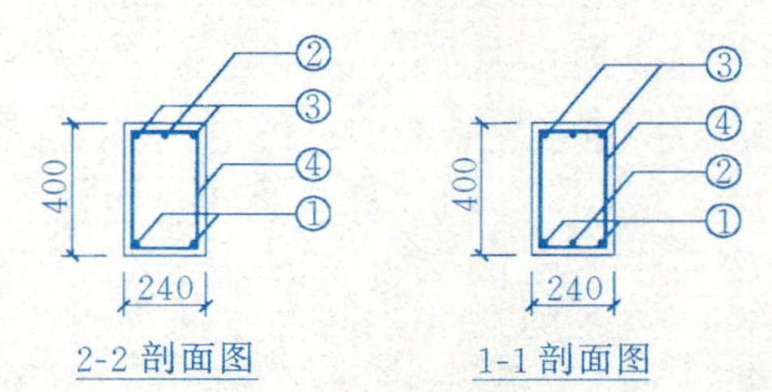

L-1 1∶50

1. 抄绘 L-1 施工图（1∶50）
2. 图中 1 号钢筋直径________ mm，为________级钢
3. 2 号钢筋称为________筋，为________级钢
4. 图中箍筋的编号为________号，数量为________根

48. 点、直线的落影（一）

班级		姓名		学号		成绩		48

1　求作点 A、B 在 V、H 面落影

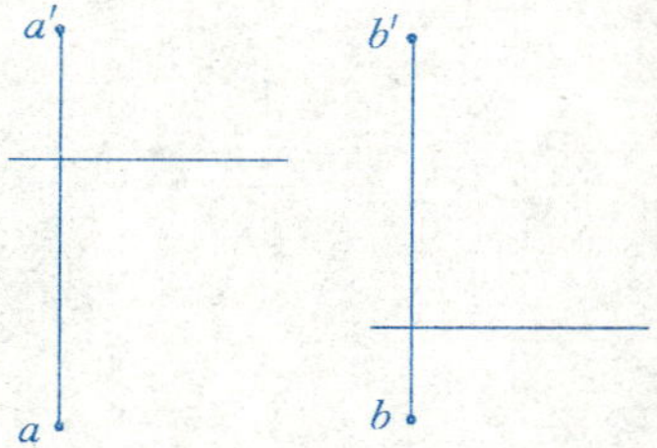

a'　a　b'　b

2　求作点 C 在 P 平面上落影

c'　c　P_H

3　求作点 D 在 Q 平面上落影

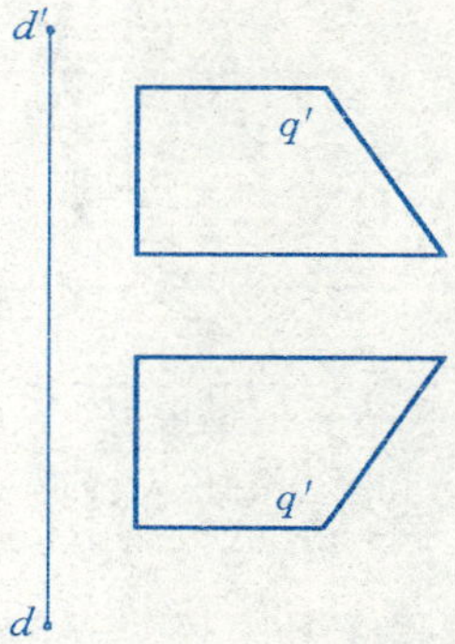

d'　q'　q'　d

4　求作点 E 在 R 平面上落影

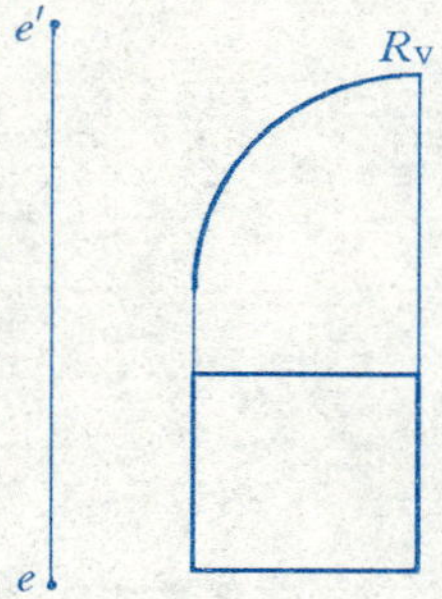

e'　R_V　e

5　求作直线 AB 在 V、H 面上落影

(1)　a'　b'　a　b

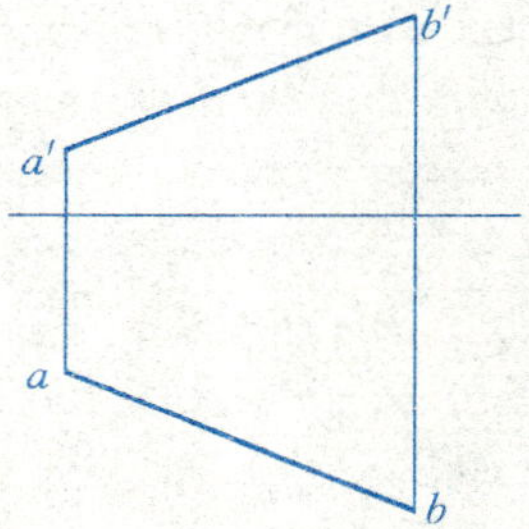

(2)　a'　b'　a　b

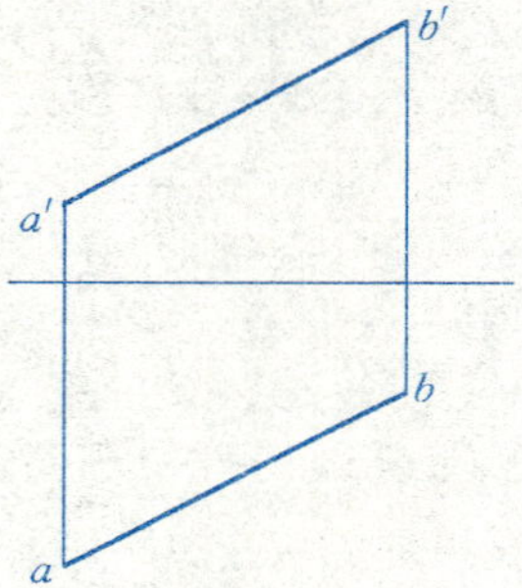

(3)　a'　b'　a　b

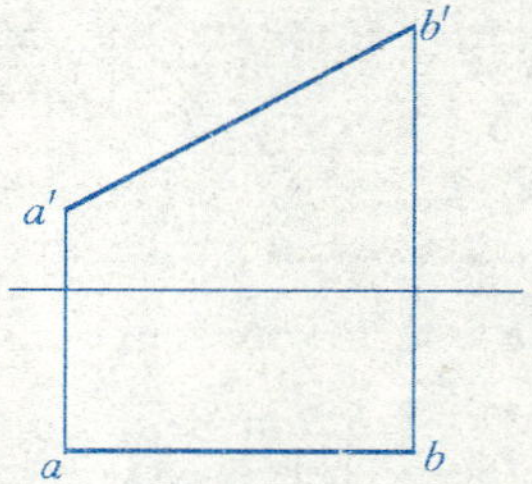

(4)　a'　b'　ab

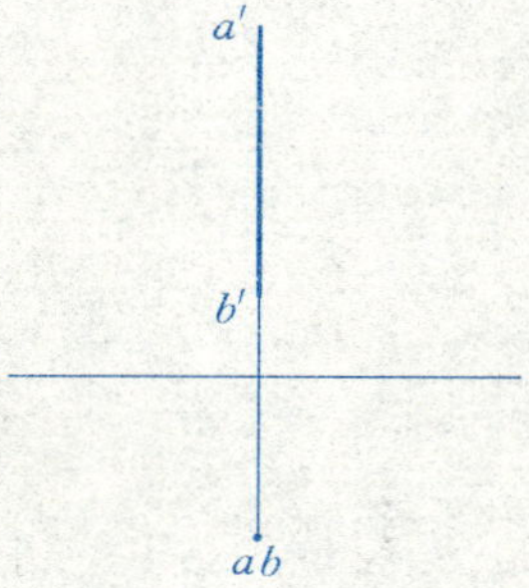

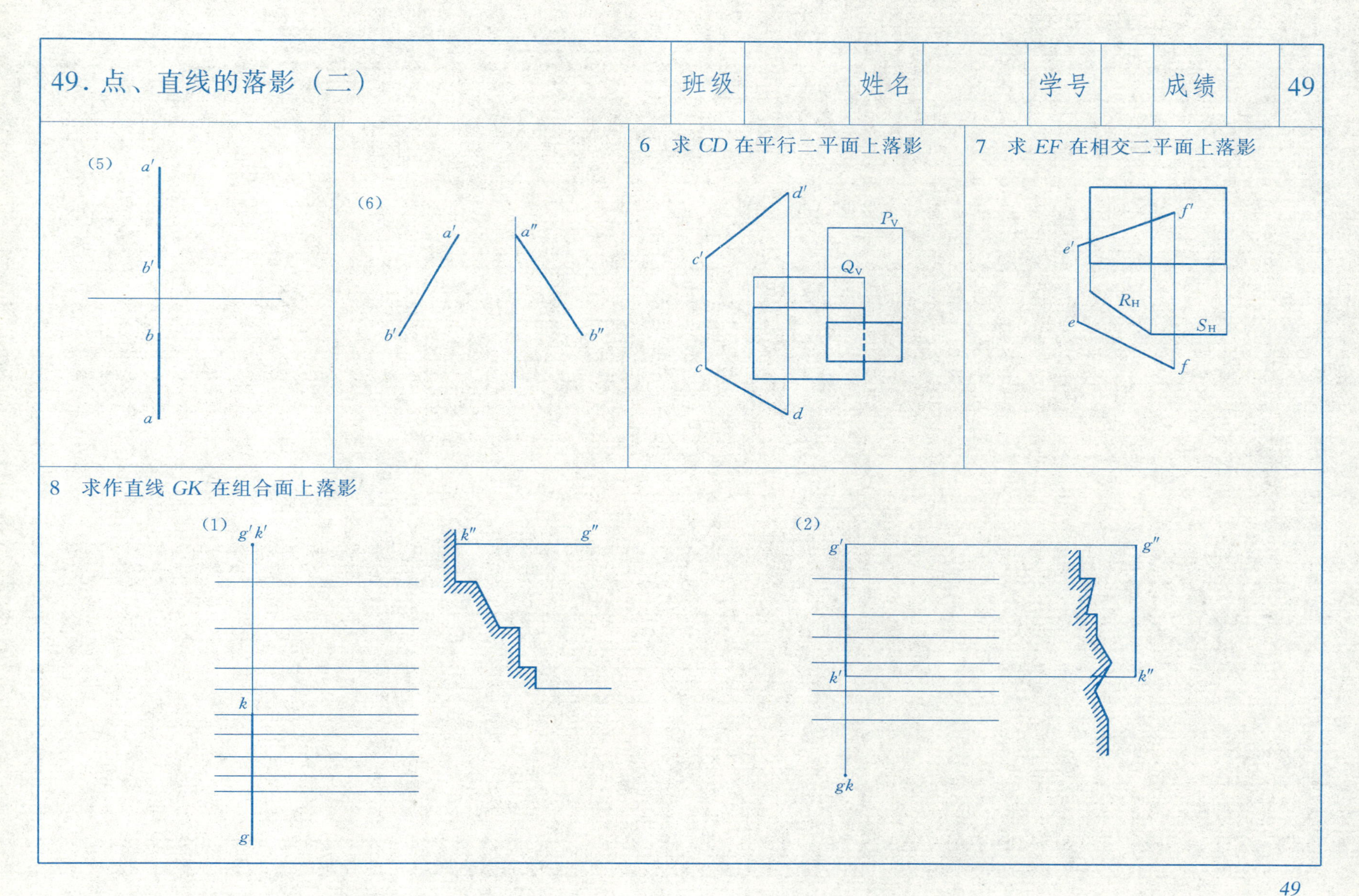
49. 点、直线的落影（二）
班级
姓名
学号
成绩
49
(5)
a′
b′
b
a
(6)
a′
b′
a″
b″
6 求 CD 在平行二平面上落影
d′
c′
c
d
P_V
Q_V
7 求 EF 在相交二平面上落影
f′
e′
e
f
R_H
S_H
8 求作直线 GK 在组合面上落影
(1)
g′k′
k
g
k″
g″
(2)
g′
g″
k′
k″
gk

50. 平面的落影

班级		姓名		学号		成绩		50

1　求各平面图形的落影

(1)

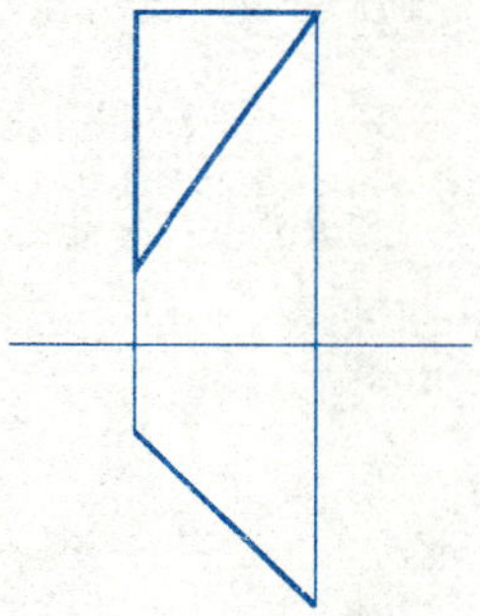

(2)

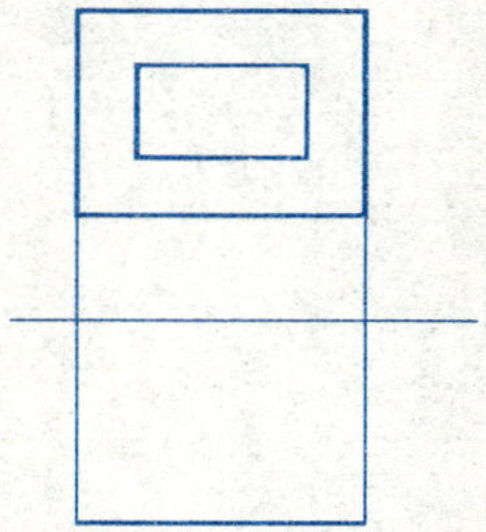

(3)

(4)

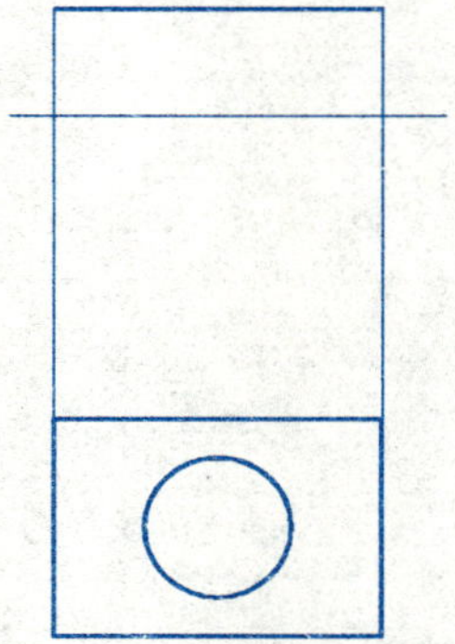

(5)

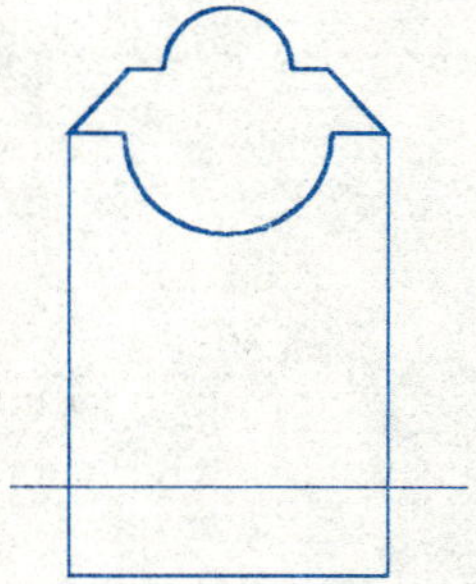

(6)

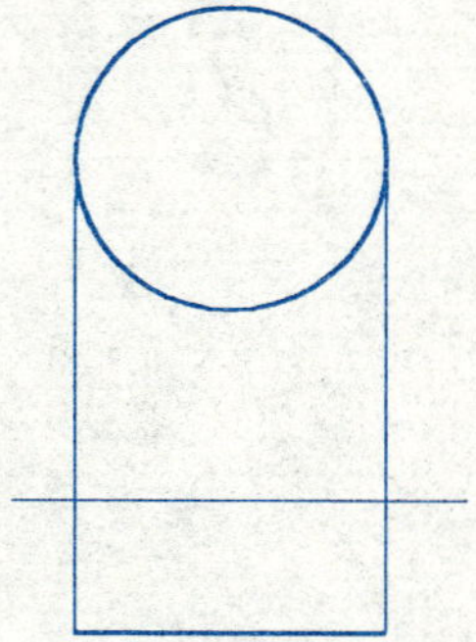

51. 平面立体阴影（一）	班级		姓名		学号		成绩		51

1　求各平面立体的阴影

（1）

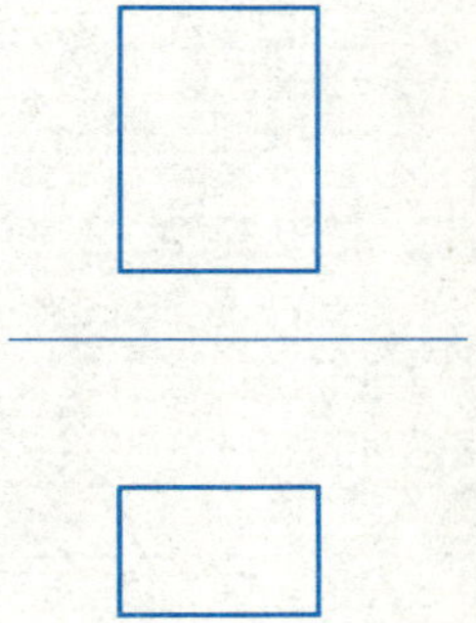

（2）

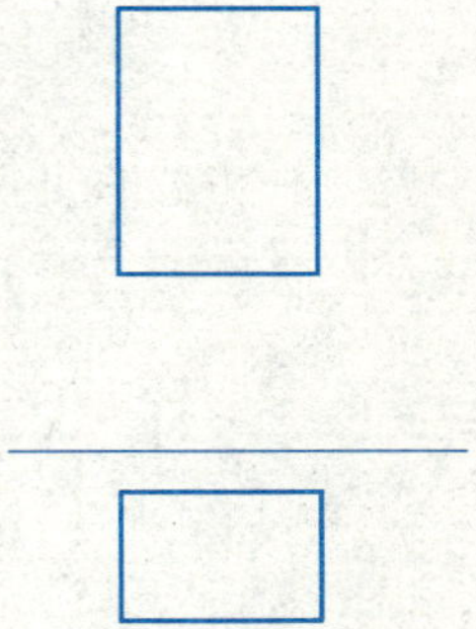

（3）

（4）

（5）

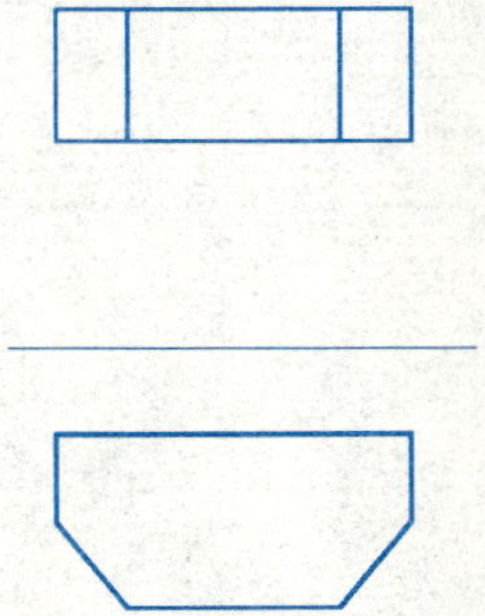

（6）

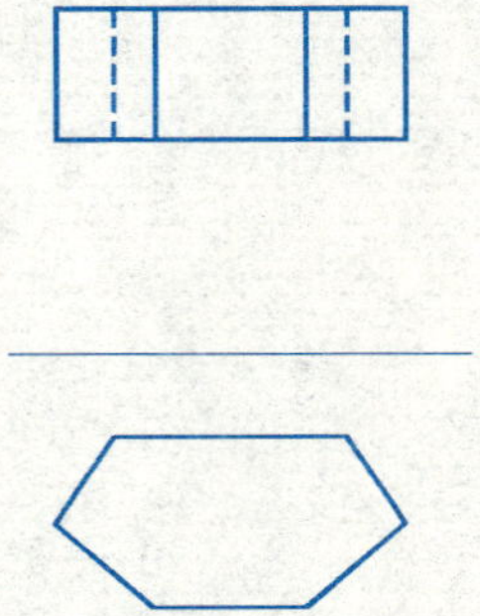

（7）

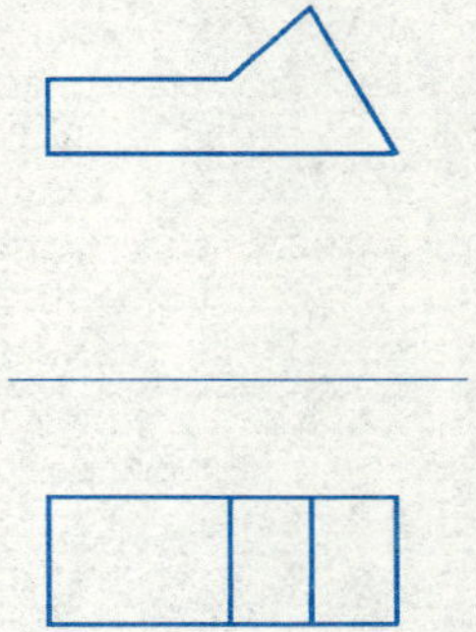

（8）

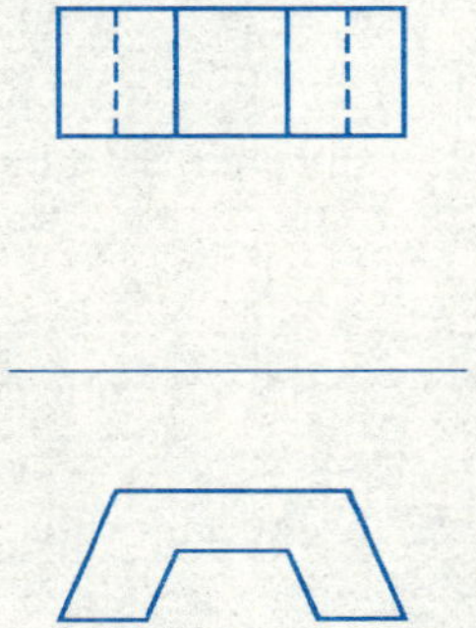

52. 平面立体阴影（二）	班级		姓名		学号		成绩		52

2 求下列各组合立体的阴影

（1）

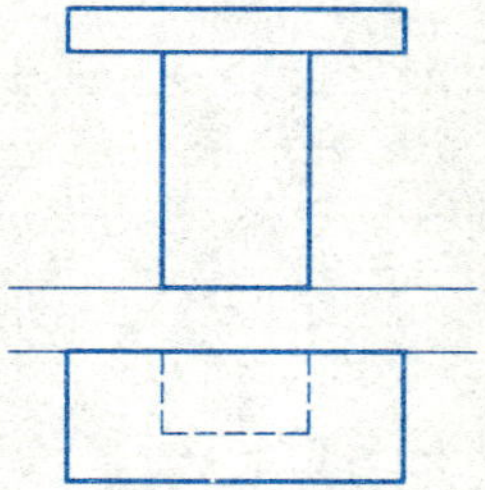

（2）

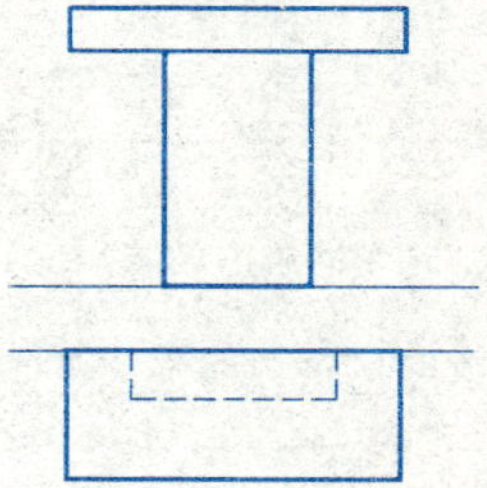

（3）

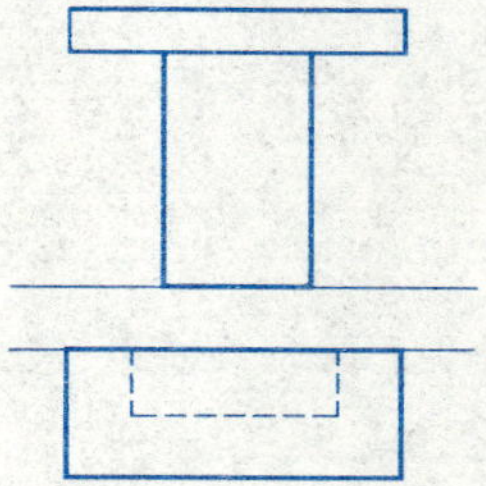

（4）

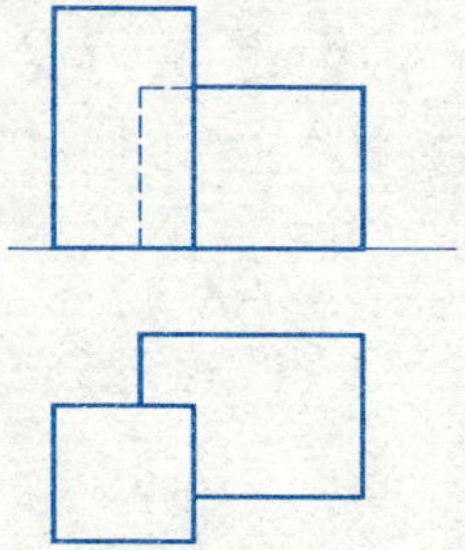

（5）

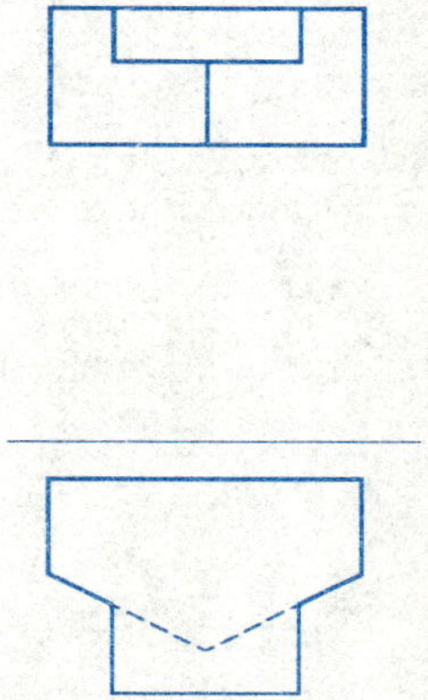

（6）

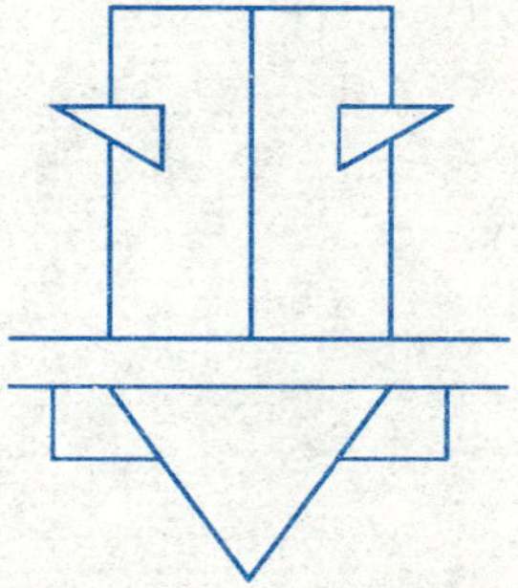

（7）

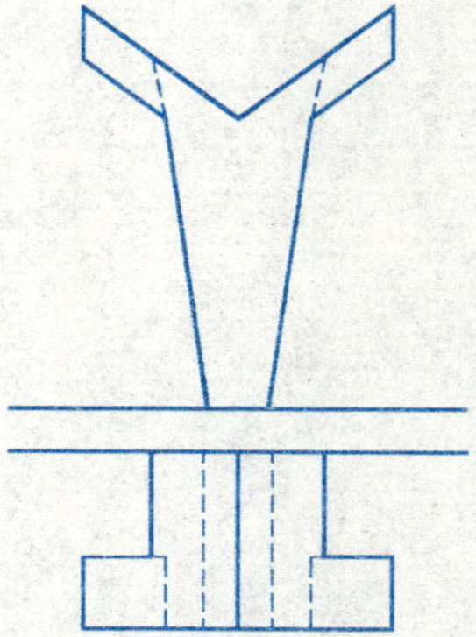

（8）

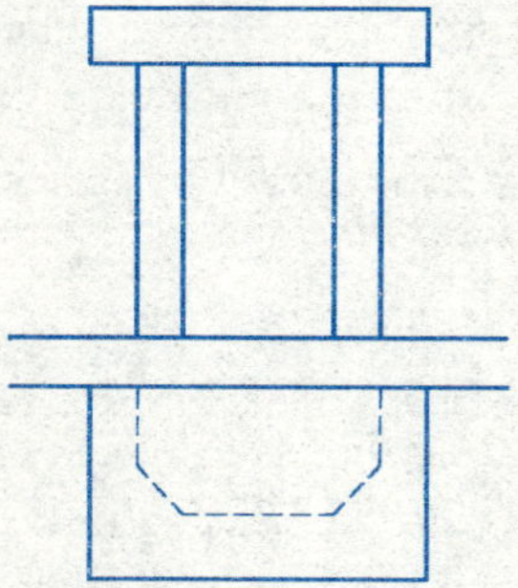

53. 建筑形体阴影（一）	班级		姓名		学号		成绩		53

1　求下列各建筑形体的阴影

(1)

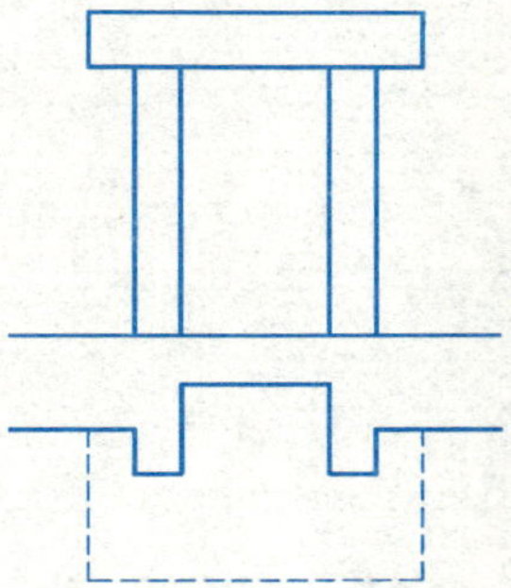

(2)

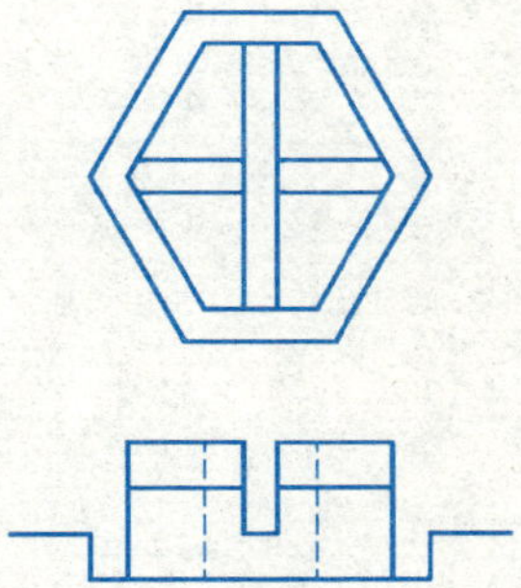

(3)

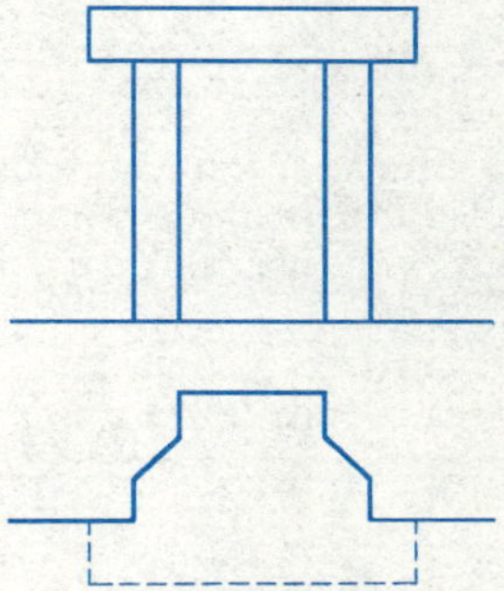

(4)

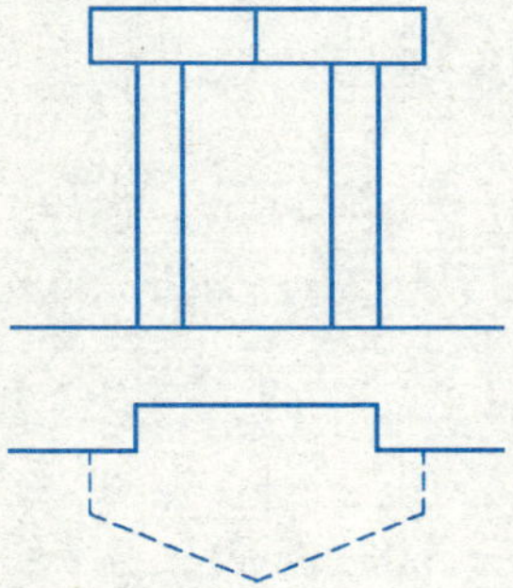

(5)

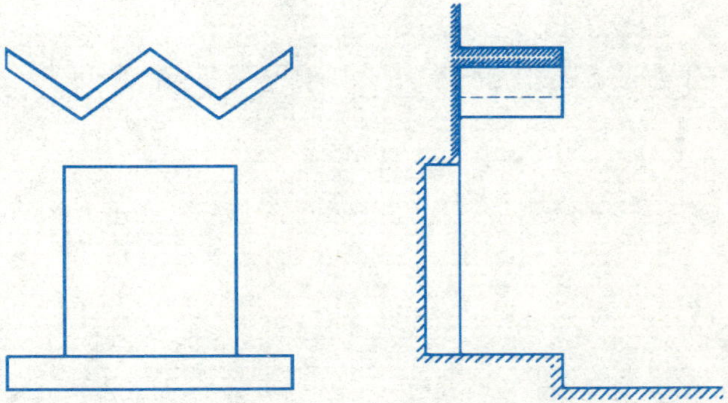

(6)

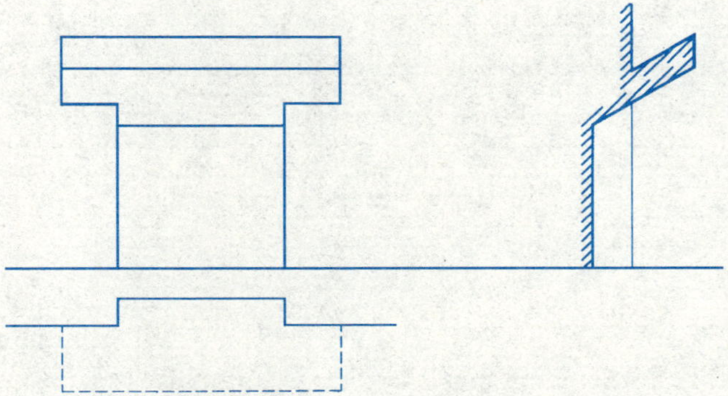

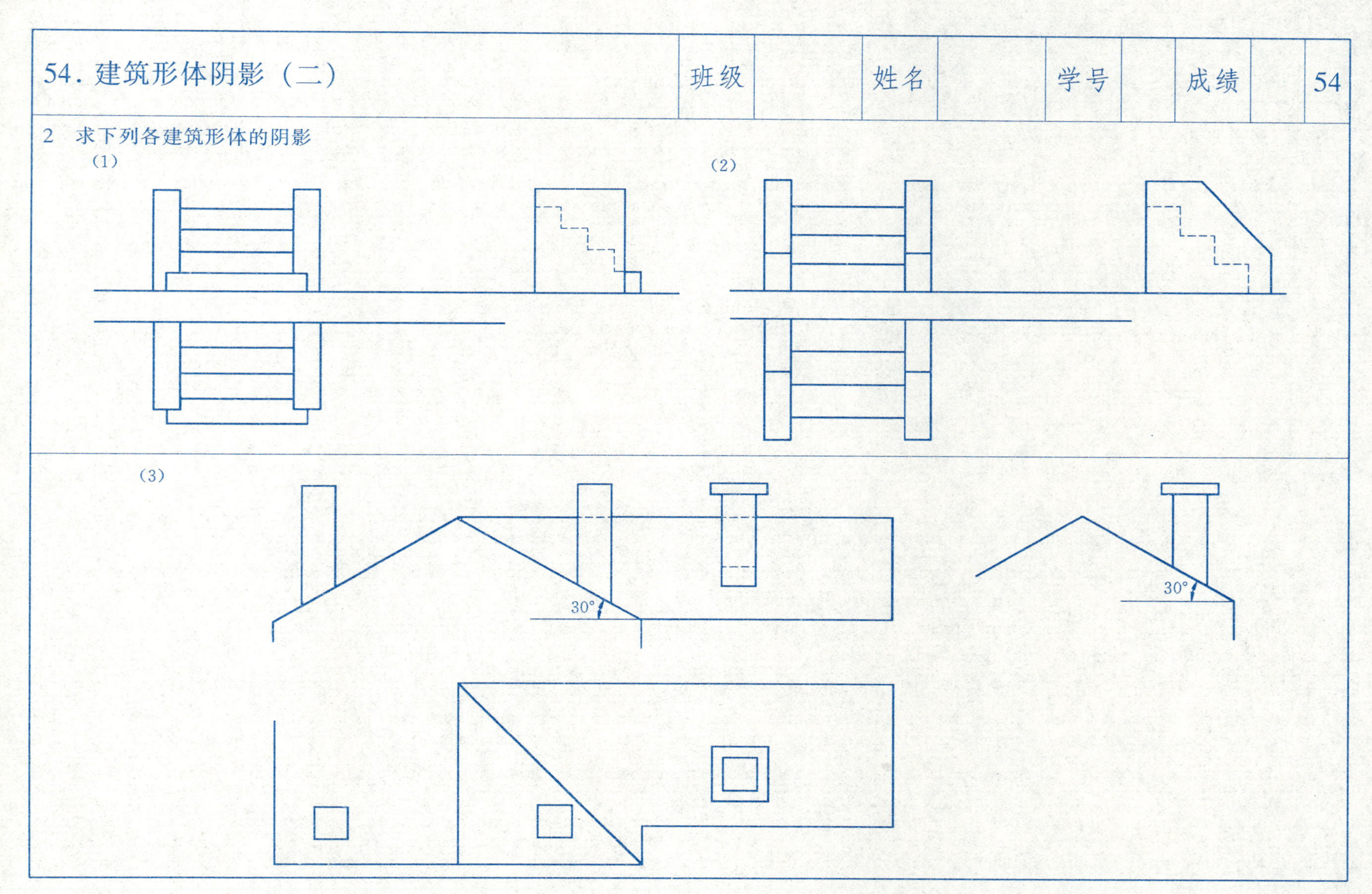
54. 建筑形体阴影（二）
班级
姓名
学号
成绩
54
2 求下列各建筑形体的阴影
(1)
(2)
(3)
30°
30°

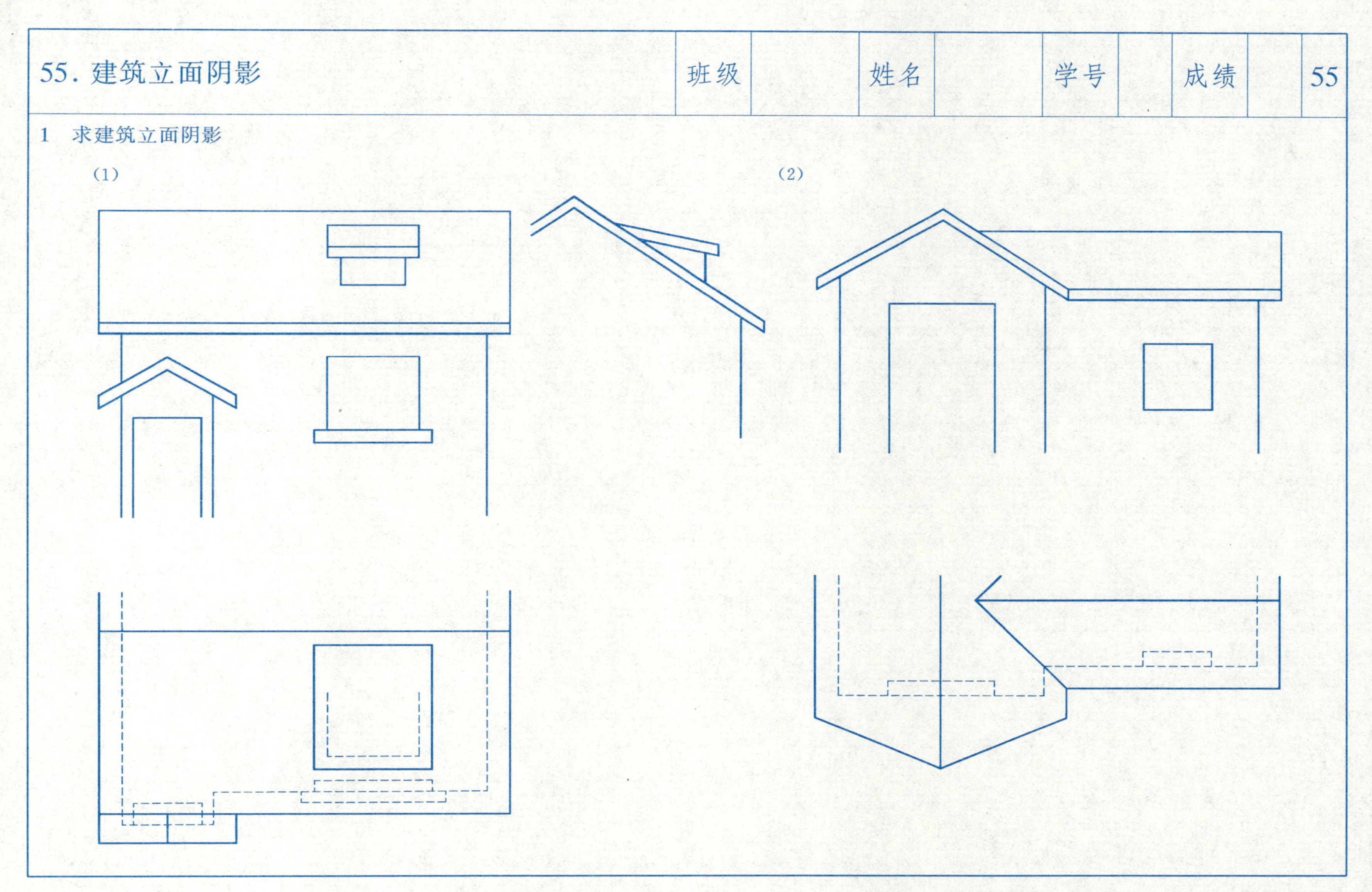
55. 建筑立面阴影
班级
姓名
学号
成绩
55
1 求建筑立面阴影
(1)
(2)

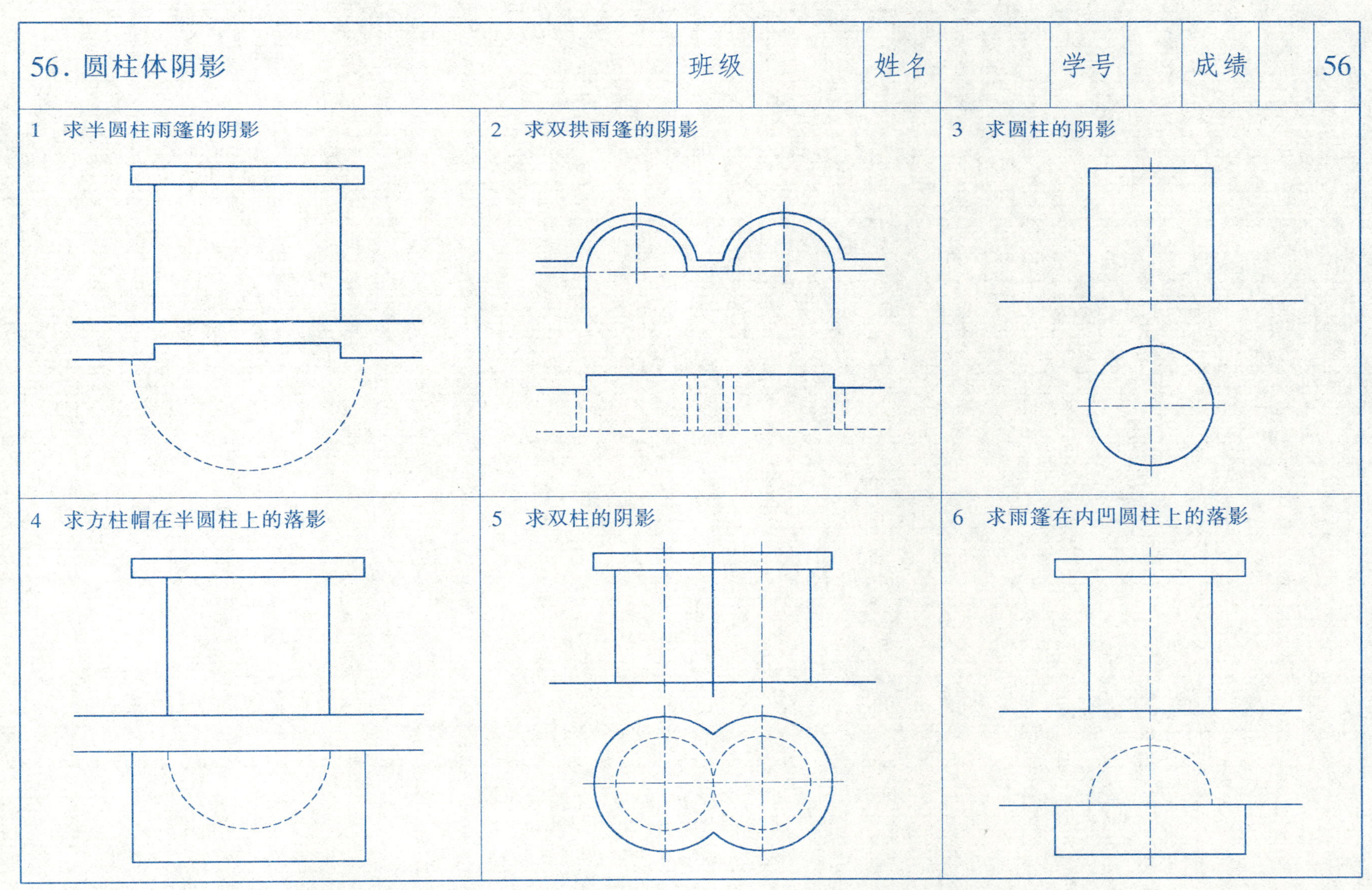
56. 圆柱体阴影
班级
姓名
学号
成绩
56
1 求半圆柱雨篷的阴影
2 求双拱雨篷的阴影
3 求圆柱的阴影
4 求方柱帽在半圆柱上的落影
5 求双柱的阴影
6 求雨篷在内凹圆柱上的落影

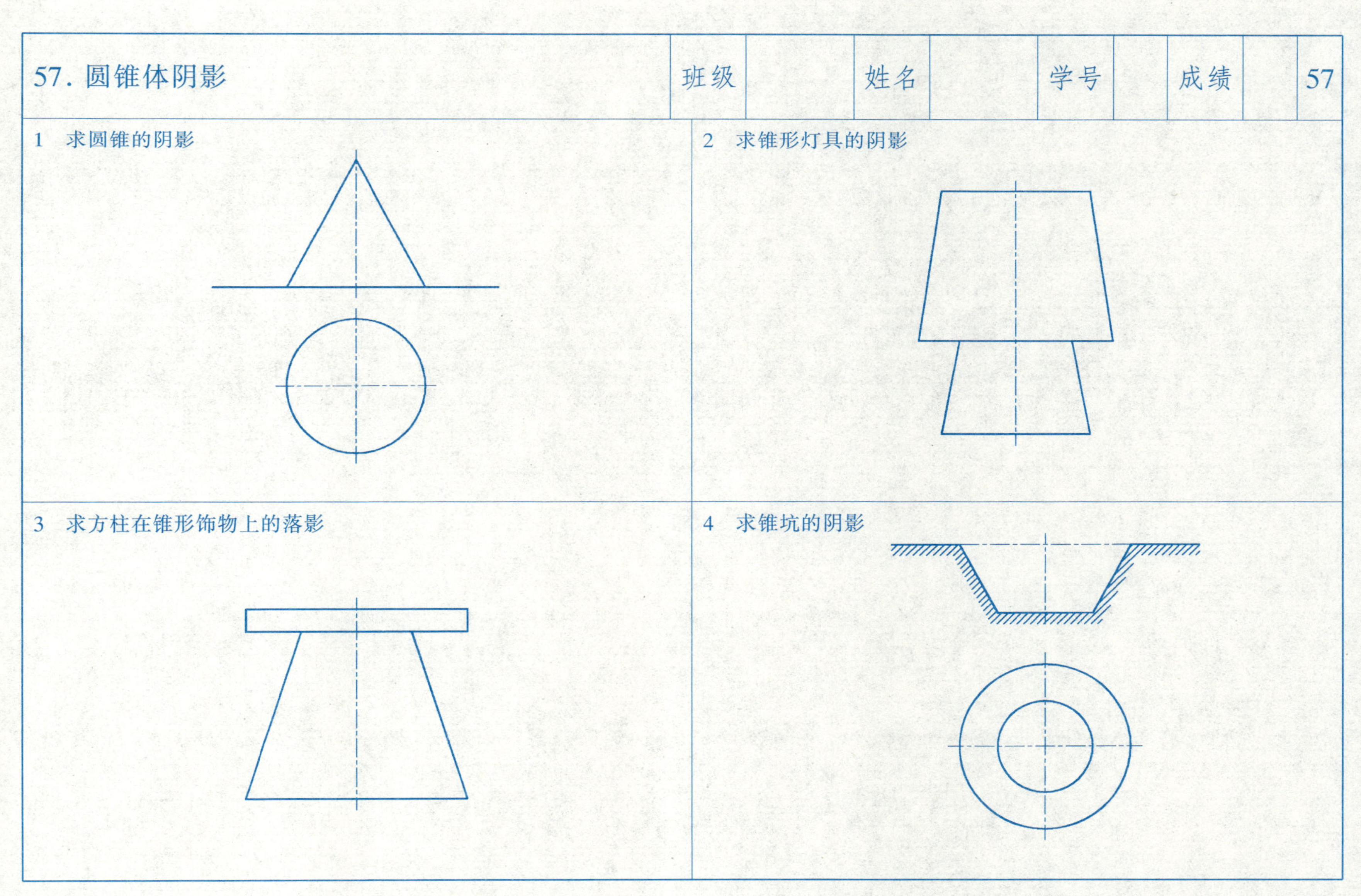
57. 圆锥体阴影
班级
姓名
学号
成绩
57
1 求圆锥的阴影
2 求锥形灯具的阴影
3 求方柱在锥形饰物上的落影
4 求锥坑的阴影

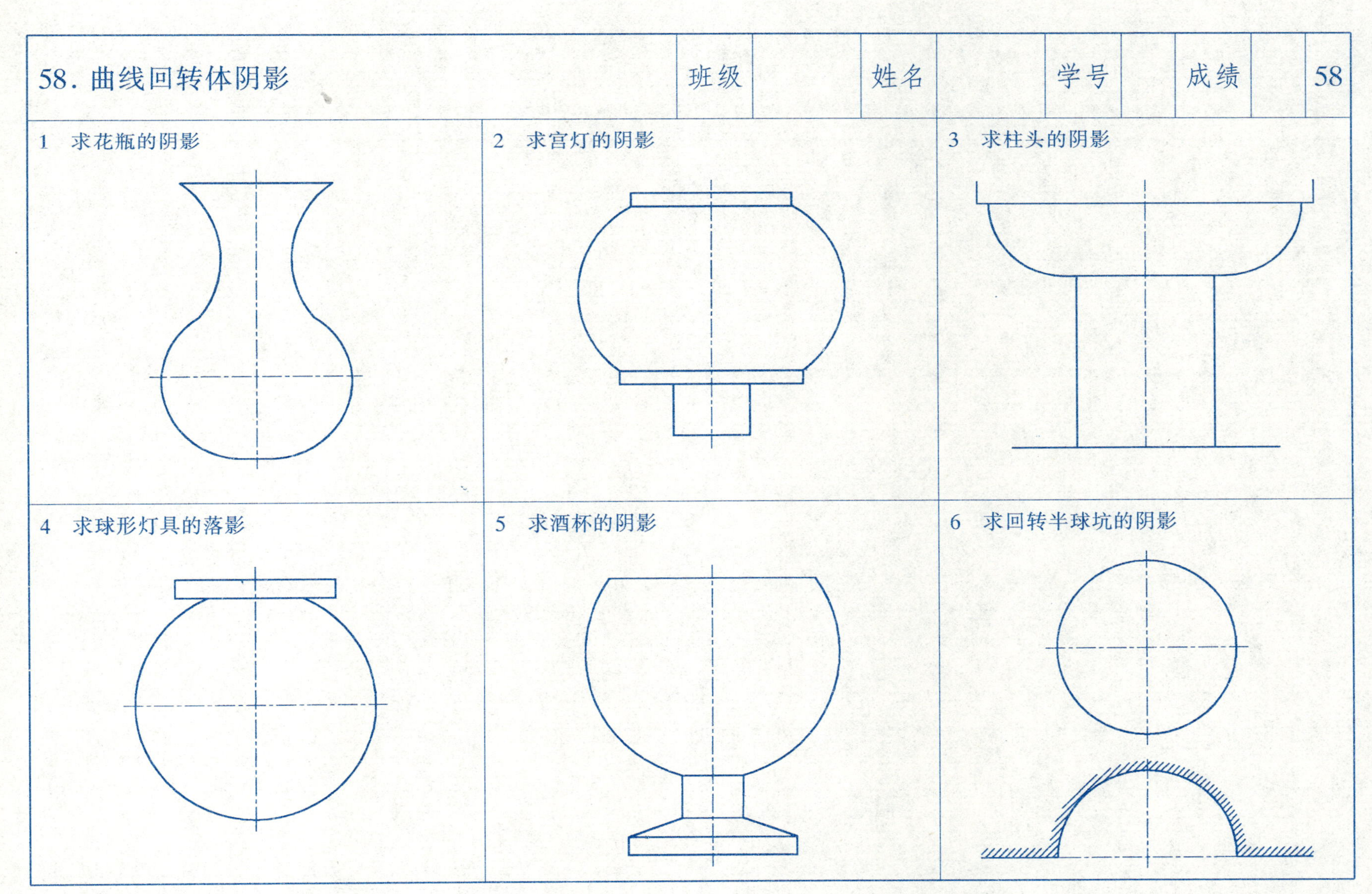
58. 曲线回转体阴影
班级
姓名
学号
成绩
58
1 求花瓶的阴影
2 求宫灯的阴影
3 求柱头的阴影
4 求球形灯具的落影
5 求酒杯的阴影
6 求回转半球坑的阴影

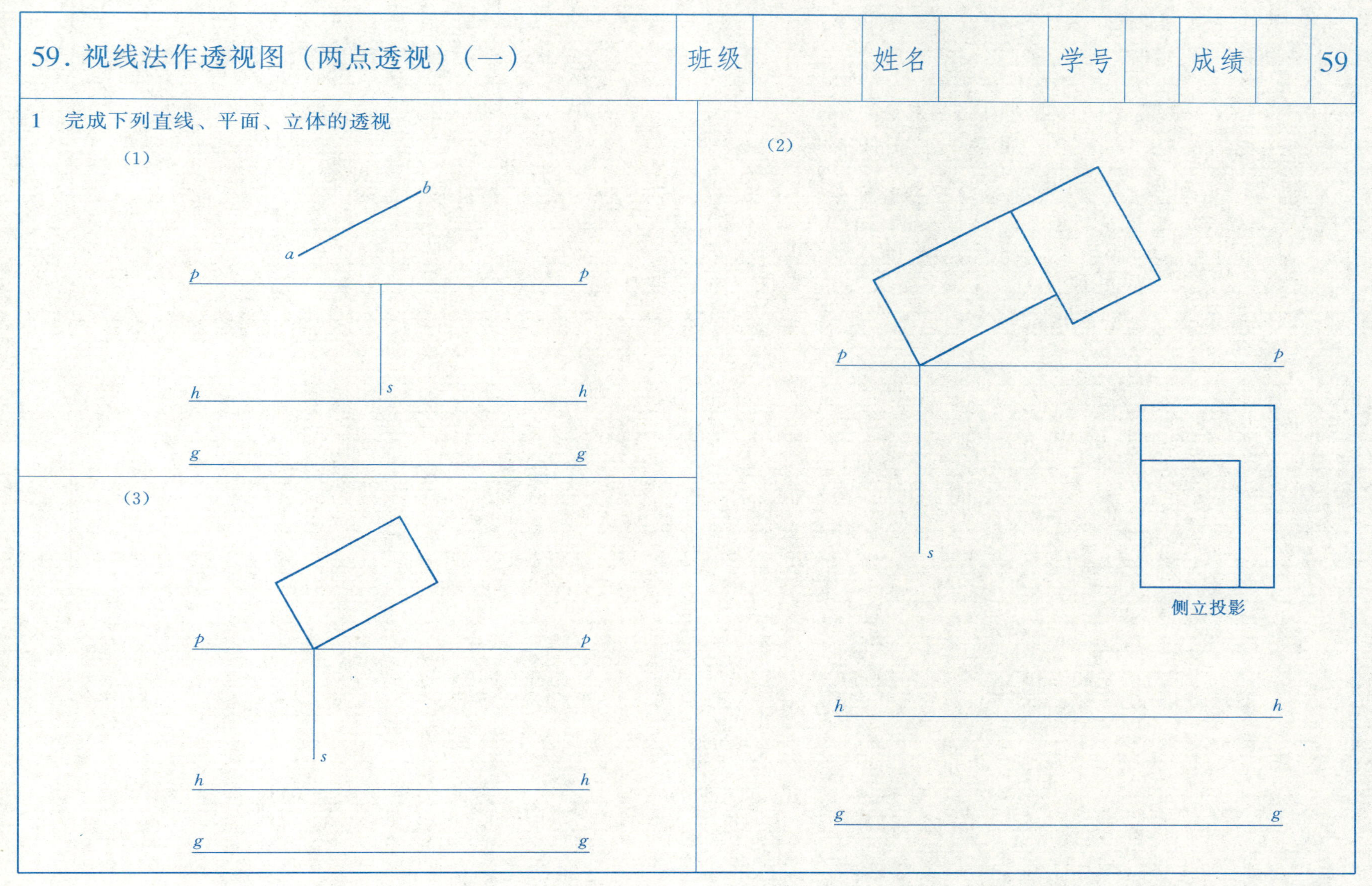
59. 视线法作透视图（两点透视）（一）
班级
姓名
学号
成绩
59
1 完成下列直线、平面、立体的透视
(1)
b
a
p
p
s
h
h
g
g
(2)
p
p
s
侧立投影
h
h
g
g
(3)
p
p
s
h
h
g
g

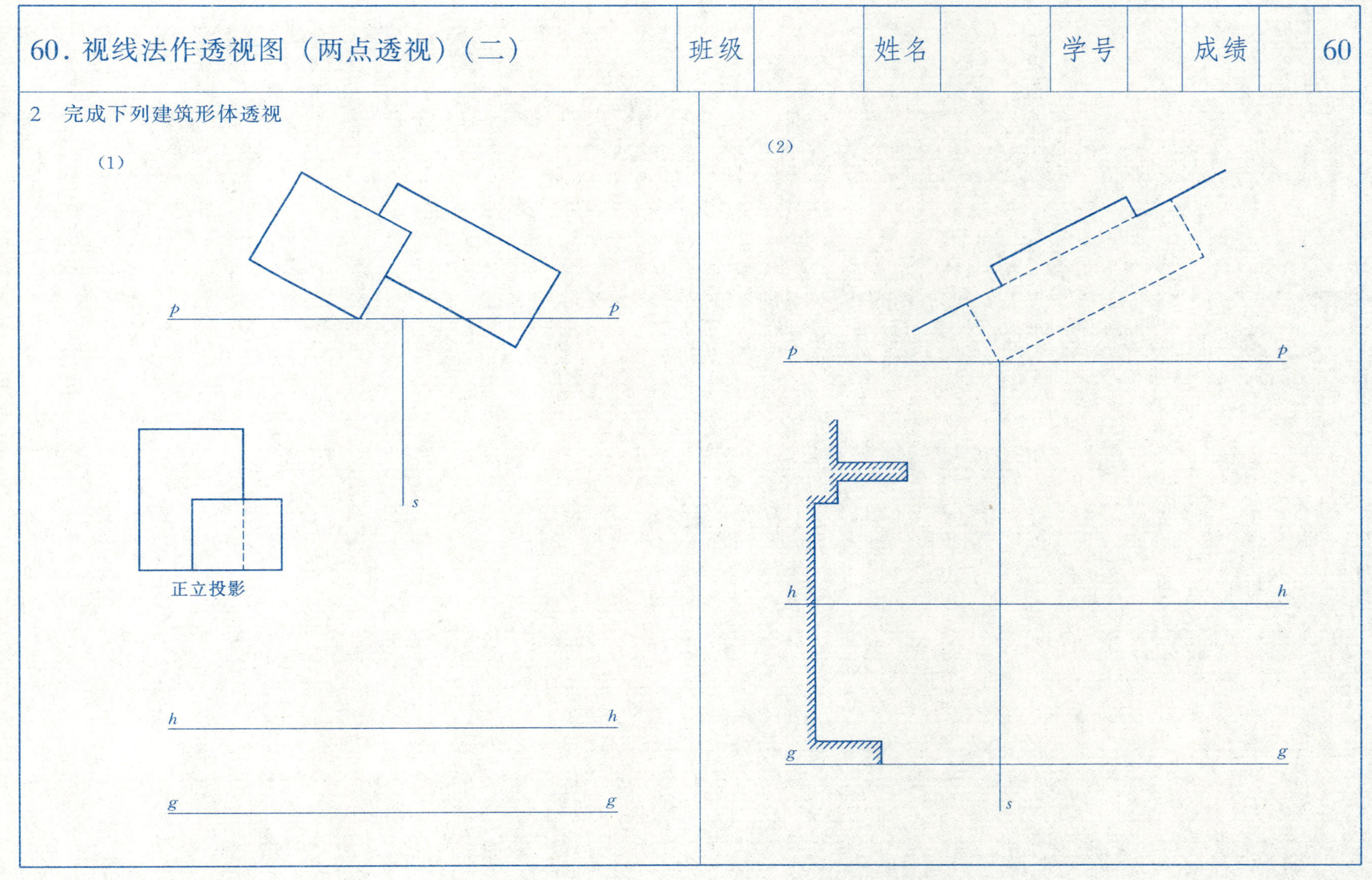
60. 视线法作透视图（两点透视）（二）
班级
姓名
学号
成绩
60
2 完成下列建筑形体透视
(1)
p
p
s
正立投影
h
h
g
g
(2)
p
p
h
h
g
g
s

61. 视线法作透视图（两点透视）（三）

班级		姓名		学号		成绩		61

3 作坡顶建筑透视图

p p

侧立投影

s

h h

g g

4 作建筑形体透视图

p p

正立投影

s

h h

g g

62. 视线法作透视图（两点透视）（四）	班级		姓名		学号		成绩		62

5 作建筑形体透视图

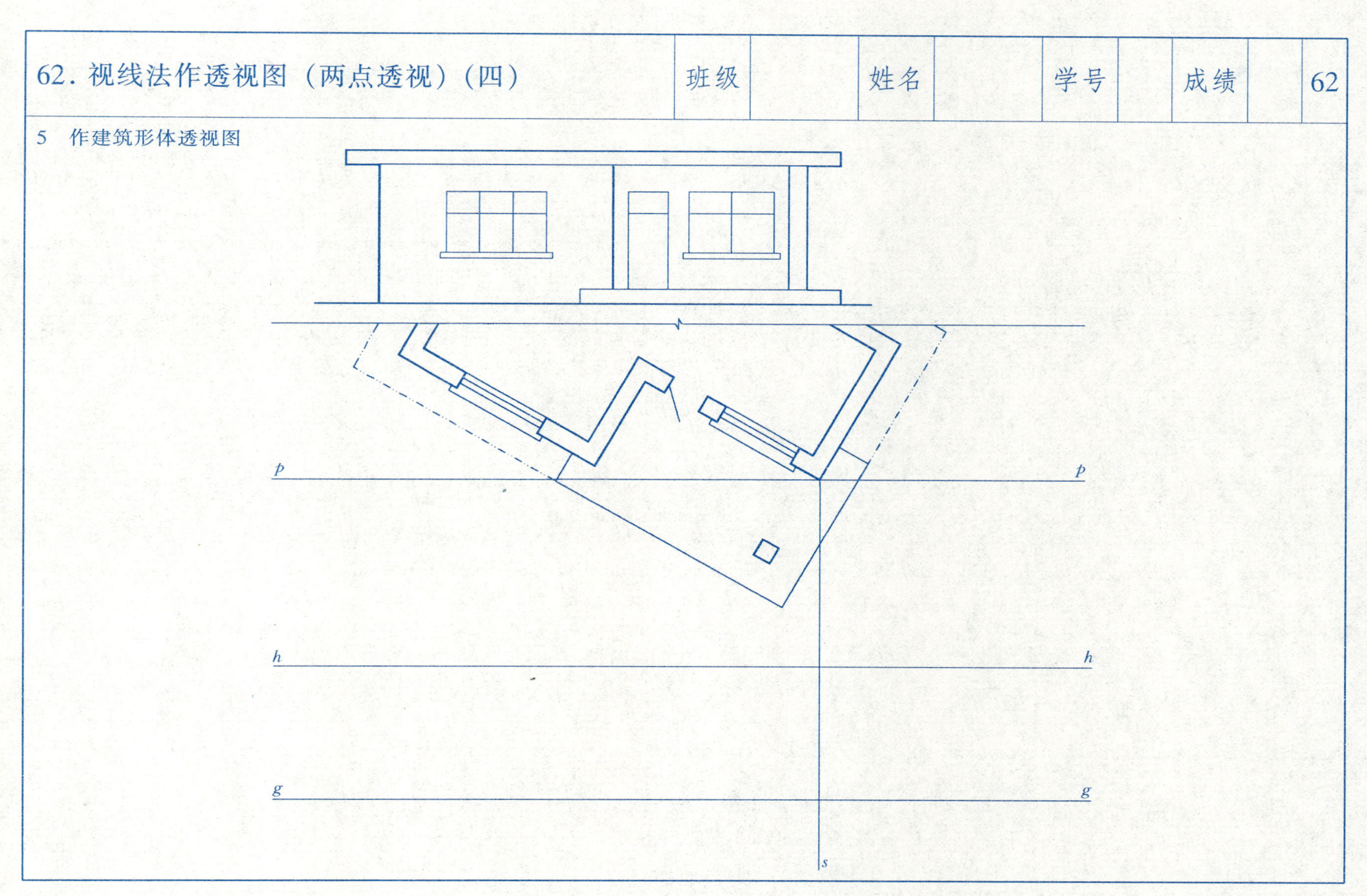

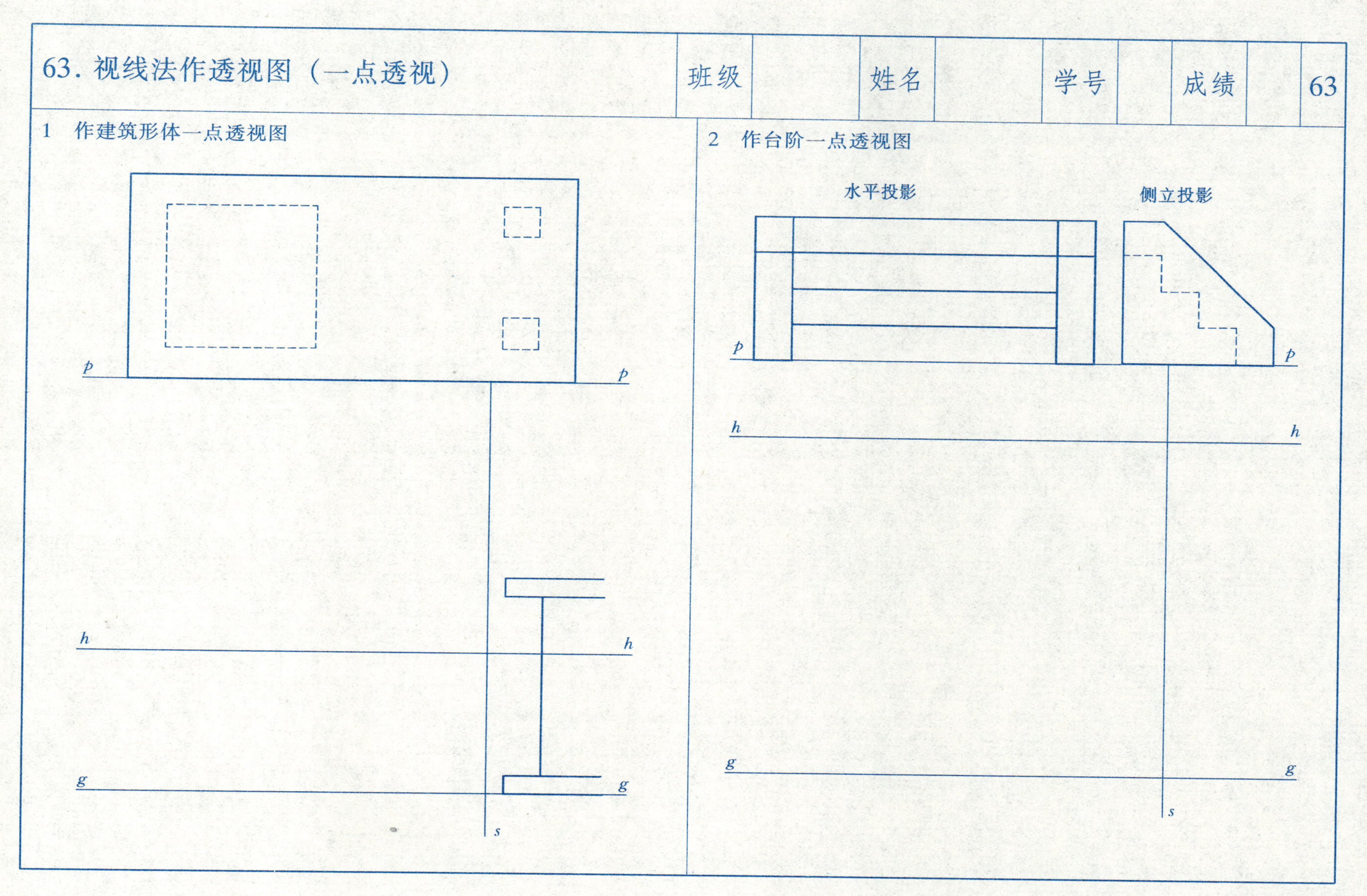
63. 视线法作透视图（一点透视）
班级
姓名
学号
成绩
63
1 作建筑形体一点透视图
p
p
h
h
g
g
s
2 作台阶一点透视图
水平投影
侧立投影
p
p
h
h
g
g
s

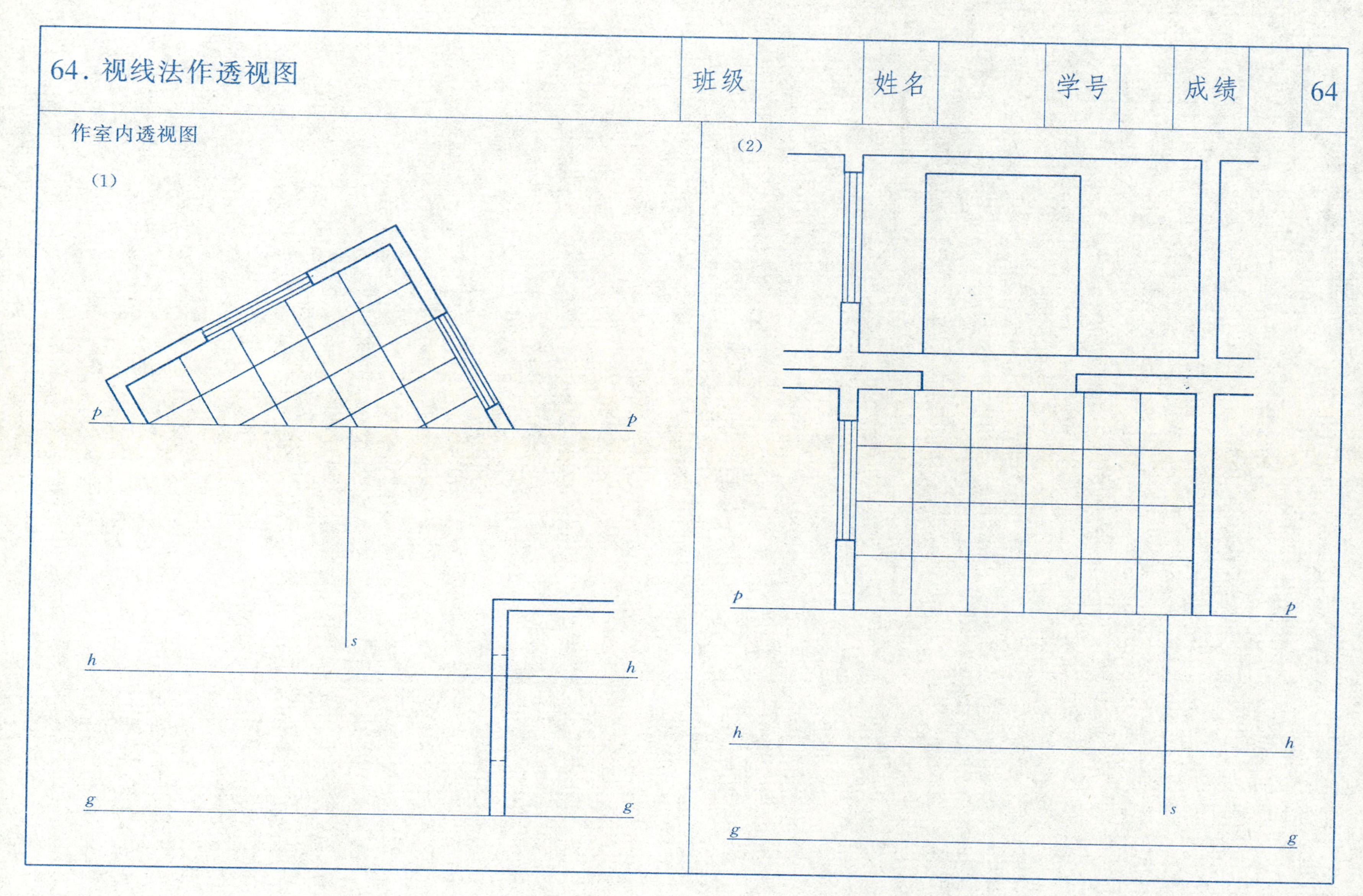
64. 视线法作透视图
班级
姓名
学号
成绩
64
作室内透视图
(1)
p
p
s
h
h
g
g
(2)
p
p
h
h
s
g
g

65. 量点法作透视图

班级		姓名		学号		成绩		65

1 量点法作不同基线透视图

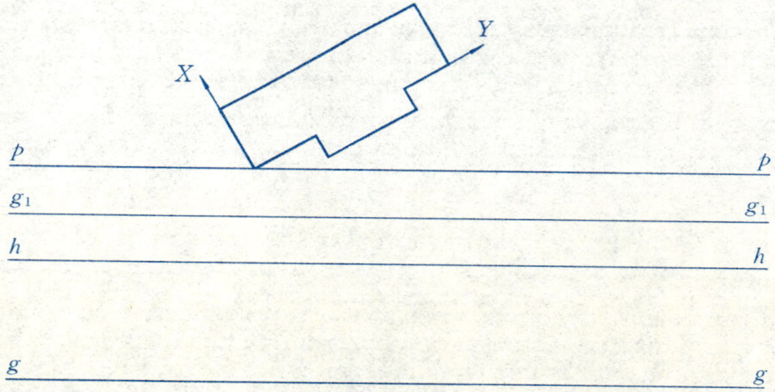

X Y p p g_1 g_1 h h g g

2 已知水平线上各点实际距离及透视方向，AE 透视长度，求各点透视

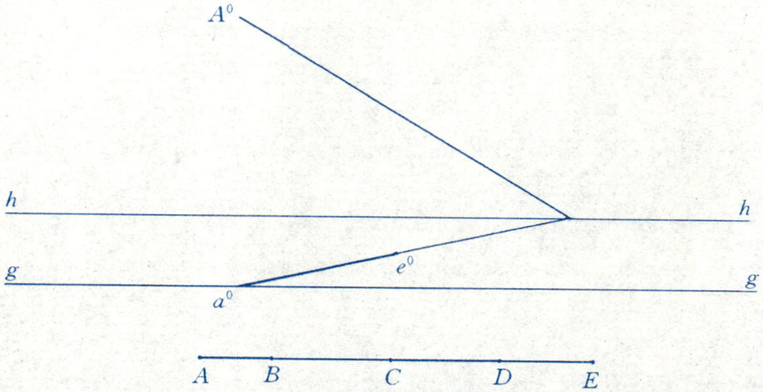

A^0 h h g g e^0 a^0

A B C D E

实际距离

3 量点法作建筑形体透视图

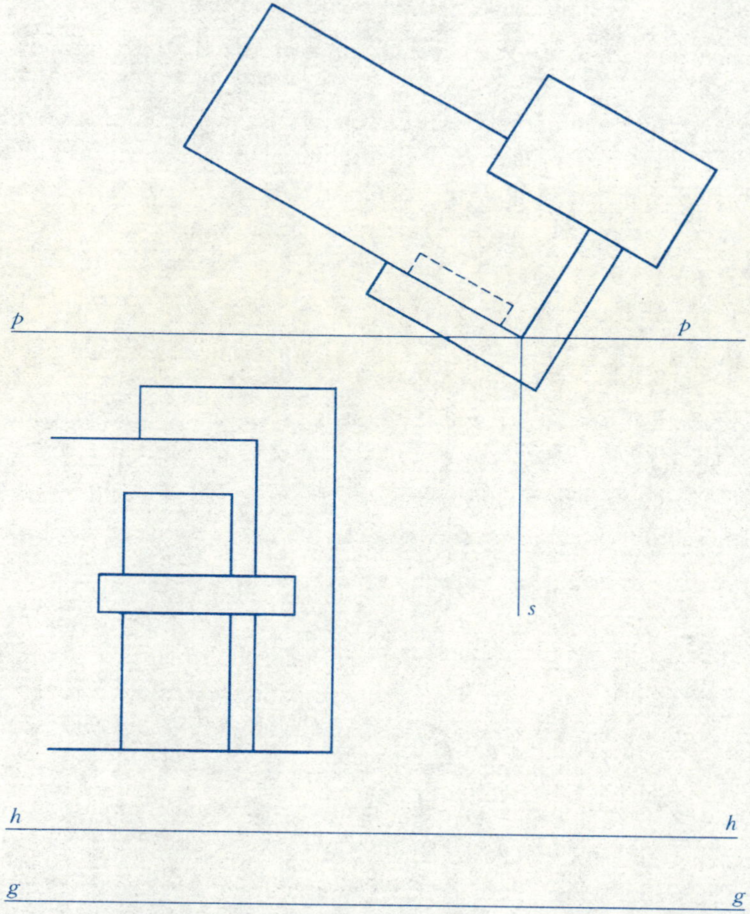

p p s h h g g

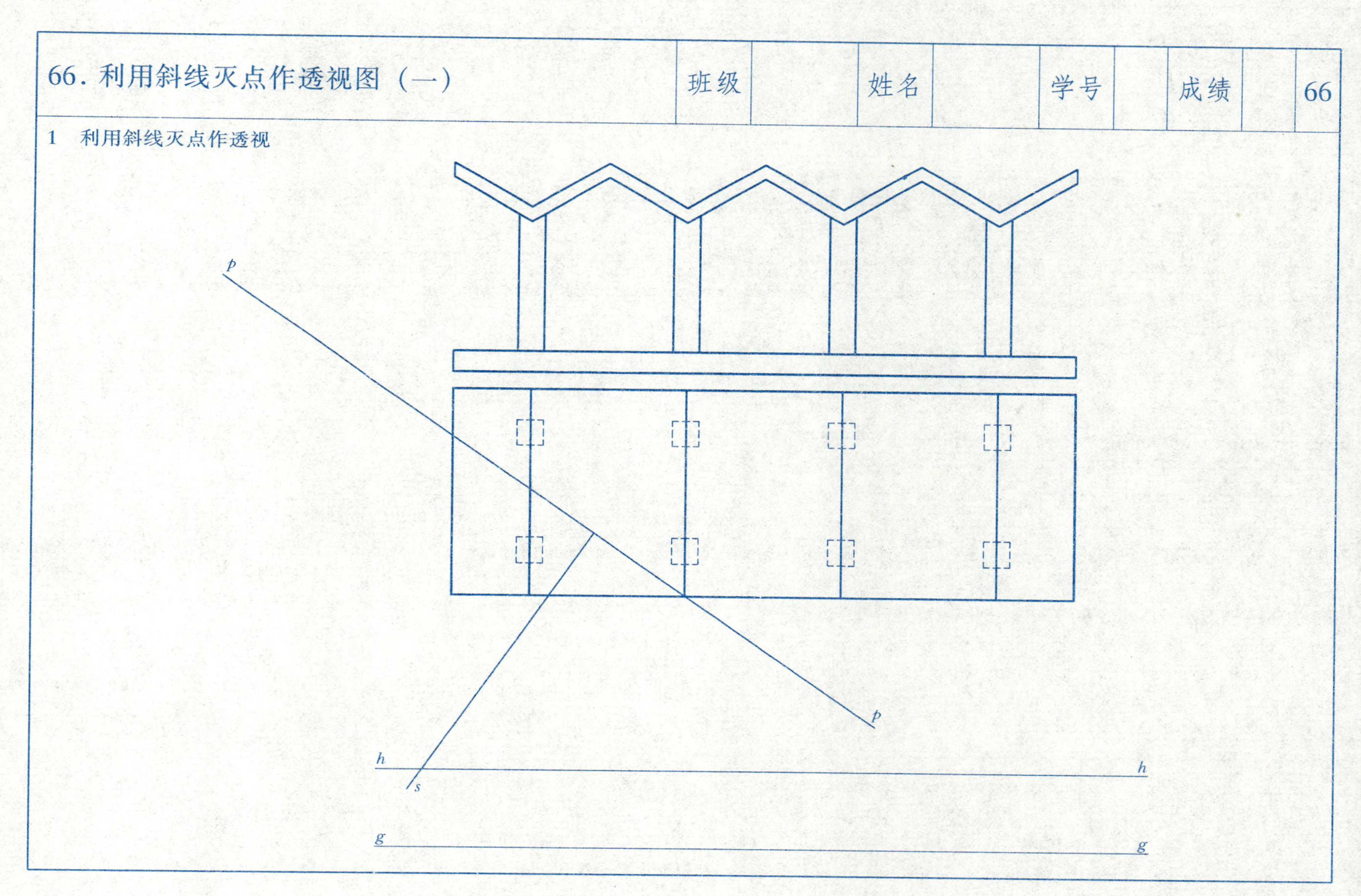
66. 利用斜线灭点作透视图（一）
班级
姓名
学号
成绩
66
1 利用斜线灭点作透视
p
p
h
h
s
g
g

67. 利用斜线灭点作透视图（二）	班级		姓名		学号		成绩		67

2 利用斜线灭点法作建筑形体透视图

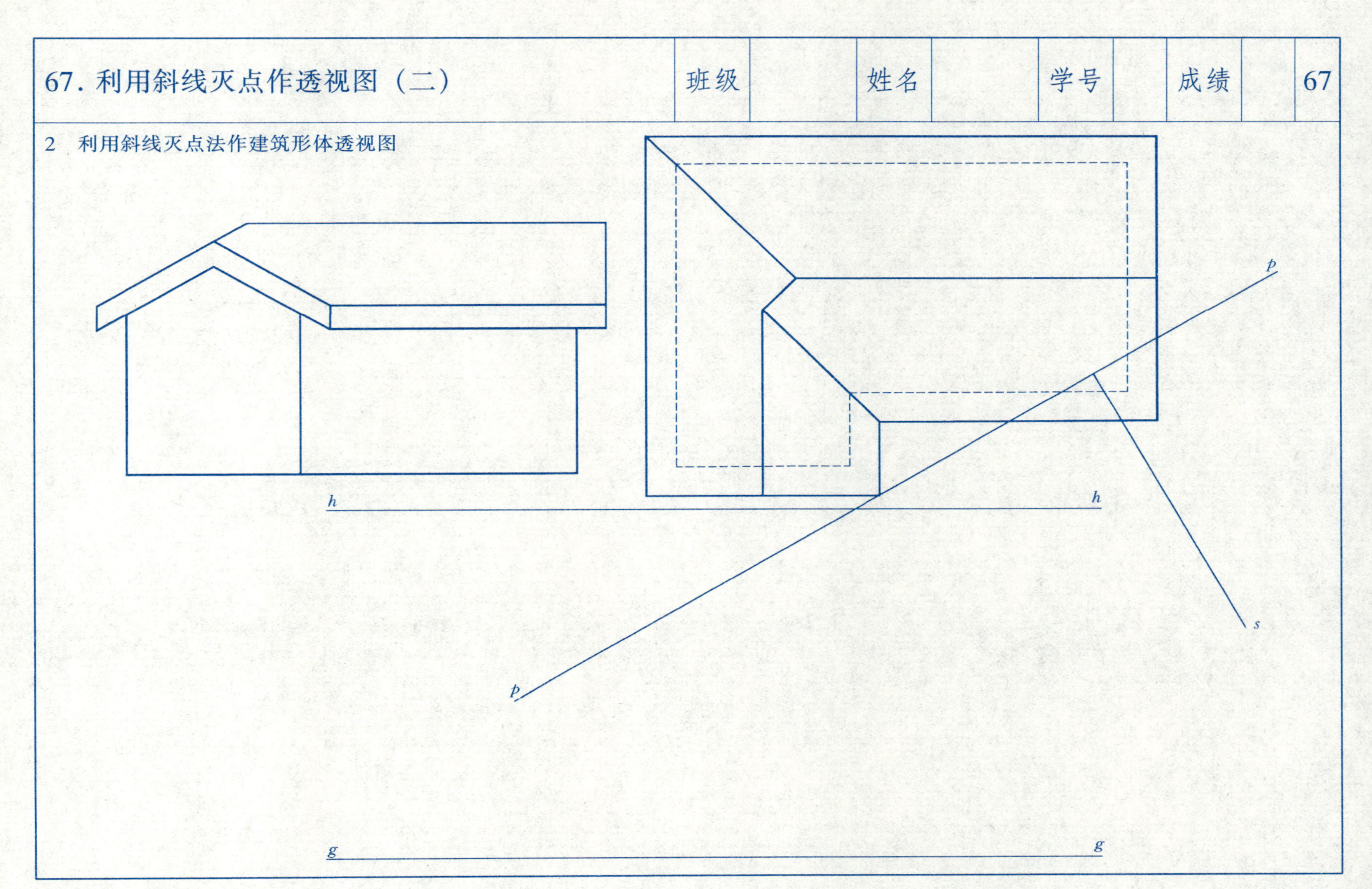

68. 利用一个灭点作透视图	班级		姓名		学号		成绩		68

利用一个灭点法作建筑形体透视图

p p

h h

s

g g

69．透视图简捷作法	班级		姓名		学号		成绩		69

按所给条件，用简捷画法作透视

(1) 已知线段长度，求透视

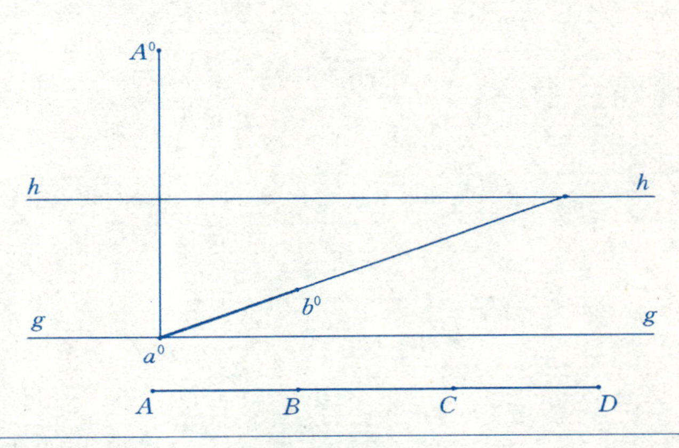

(2) 用简捷画法作3个连续等宽壁柱透视

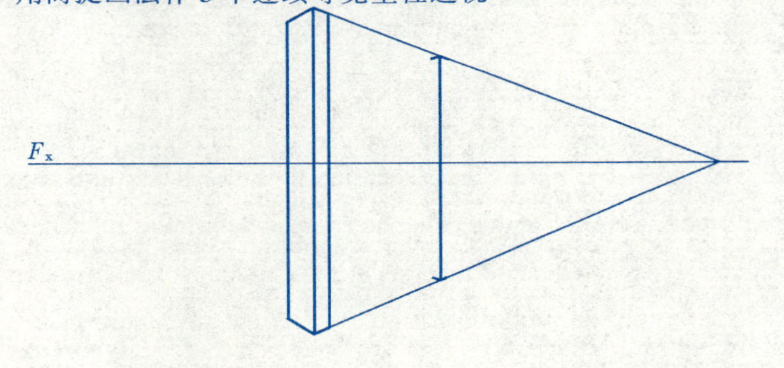

(3) 将所给矩形分成相等的九个矩形

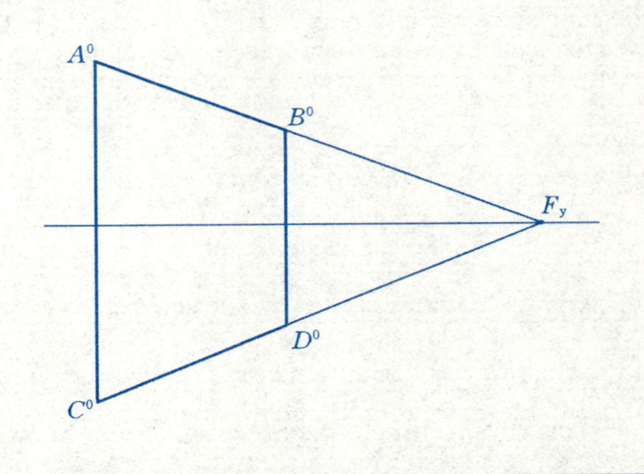

(4) 用网格求出建筑形体透视

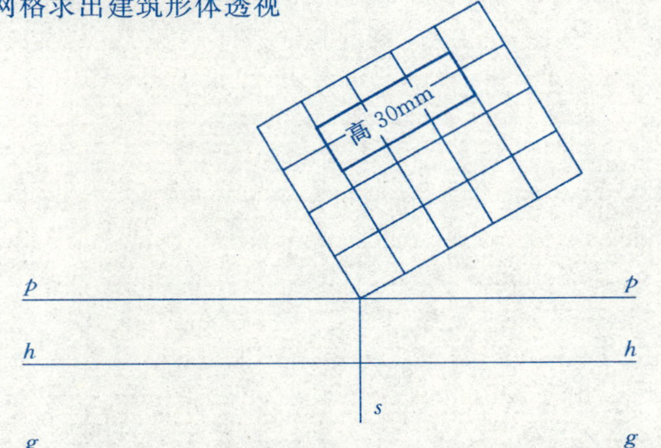

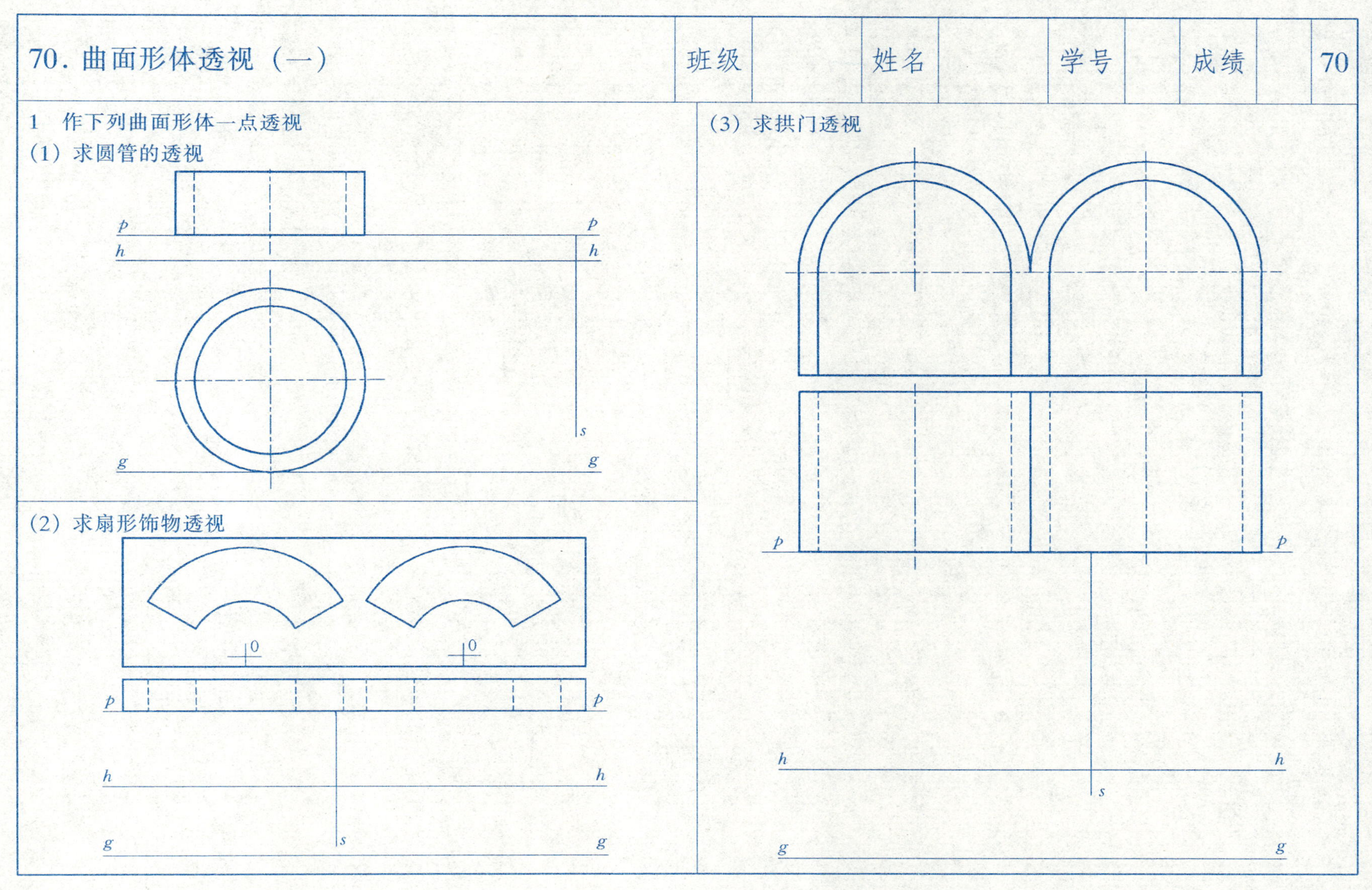
70. 曲面形体透视（一）
班级
姓名
学号
成绩
70
1 作下列曲面形体一点透视
(1) 求圆管的透视
p
p
h
h
s
g
g
(2) 求扇形饰物透视
0
0
p
p
h
h
s
g
g
(3) 求拱门透视
p
p
h
h
s
g
g

71. 曲面形体透视（二）

班级		姓名		学号		成绩		71

（4）求作门柱的透视

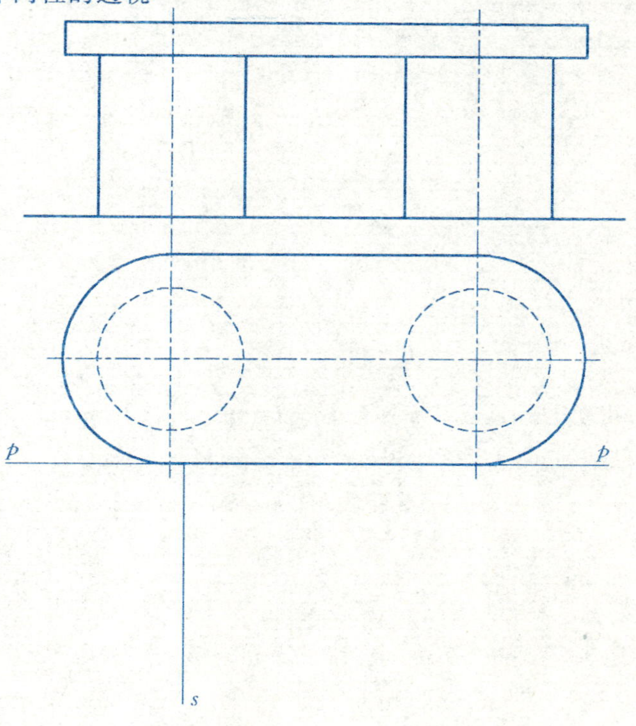

（5）求饰物的透视

p
p
s
h
h
g
g

72. 曲面形体透视（三）	班级		姓名		学号		成绩		72

2 求下列曲面形体两点透视

(1) 作窗洞透视

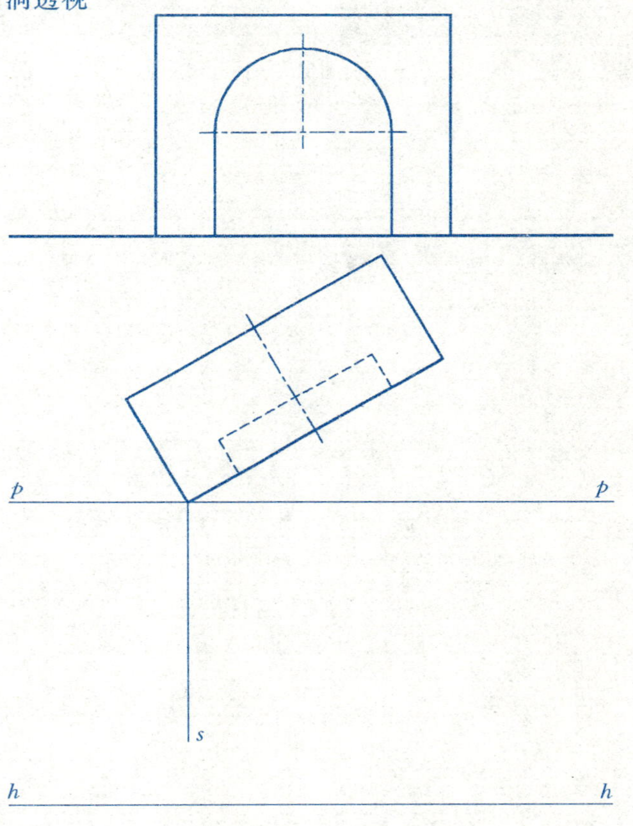

(2) 作半圆柱雨篷透视

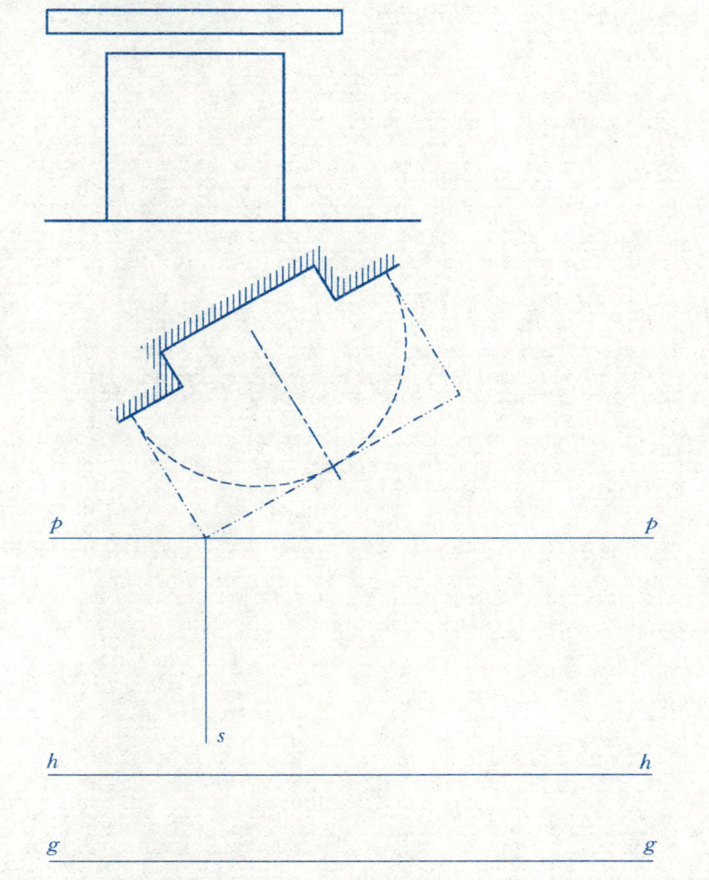

73. 曲面形体透视（四）

班级		姓名		学号		成绩		73

（3）作曲面雨篷透视

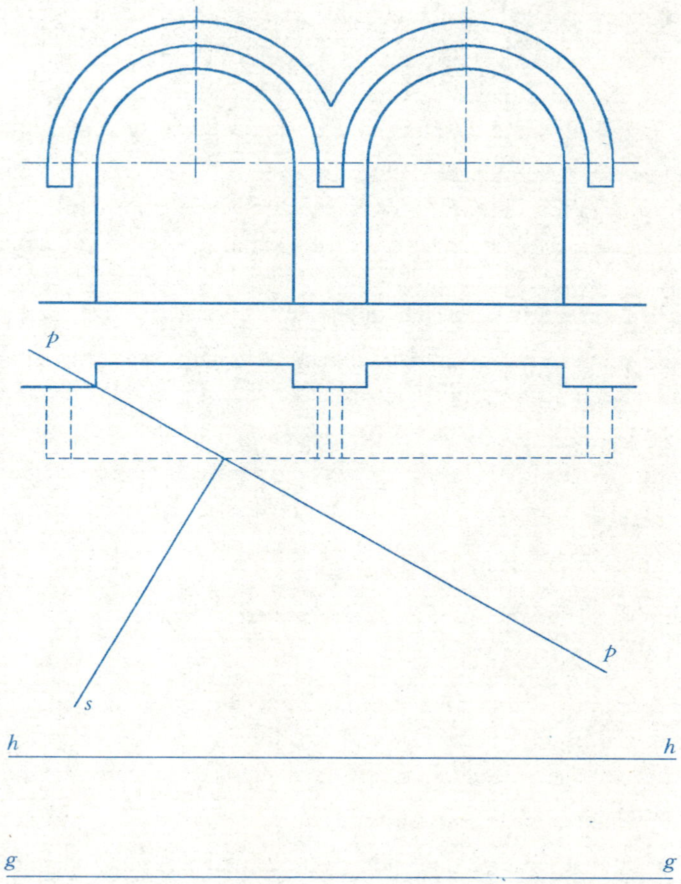

p

p

s

h h

g g

（4）作相交十字拱透视

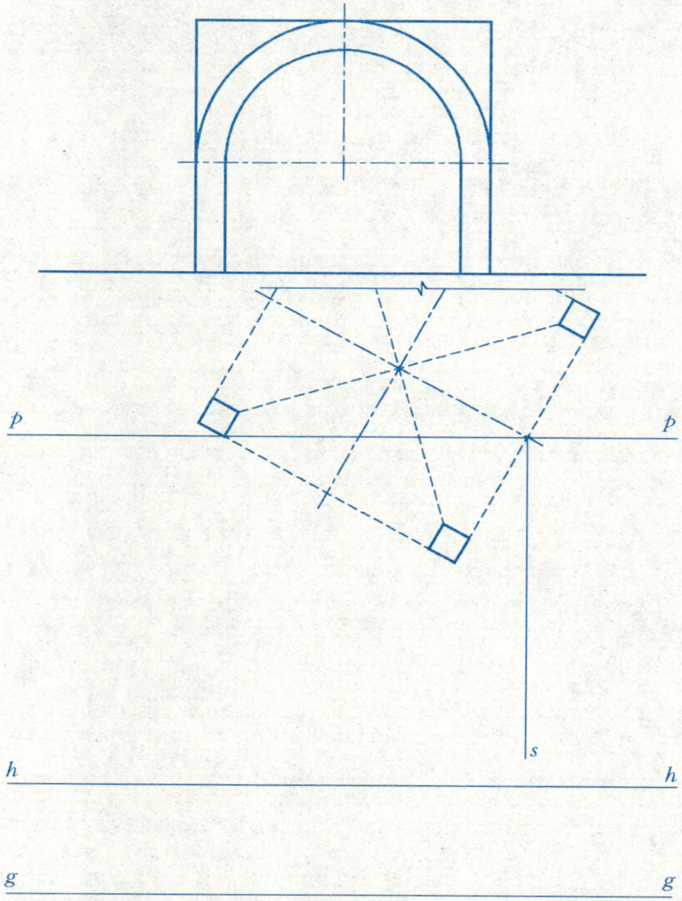

p p

s

h h

g g

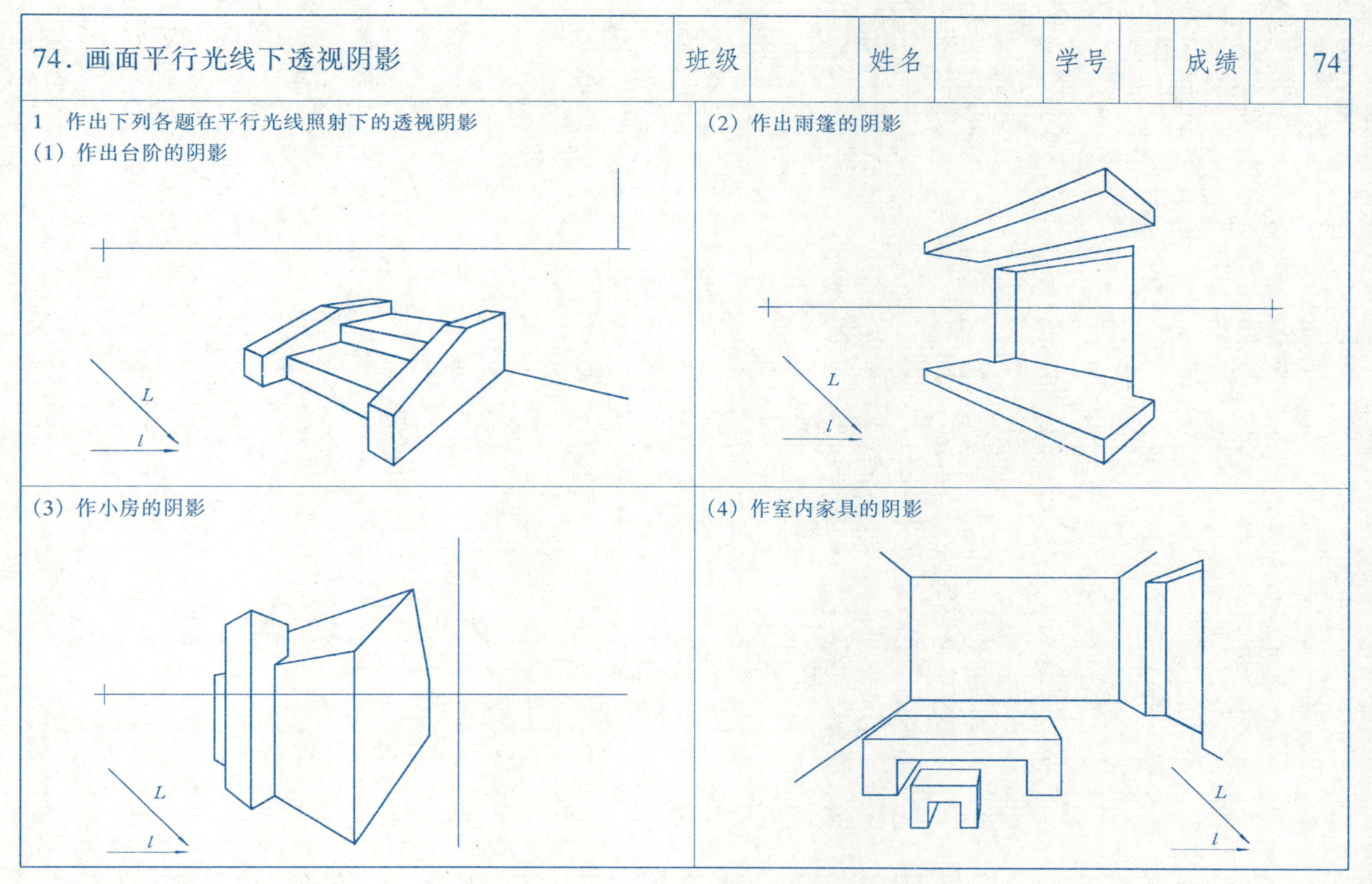
74. 画面平行光线下透视阴影
班级
姓名
学号
成绩
74
1 作出下列各题在平行光线照射下的透视阴影
(1) 作出台阶的阴影
L
l
(2) 作出雨篷的阴影
L
l
(3) 作小房的阴影
L
l
(4) 作室内家具的阴影
L
l

75. 画面相交光线下透视阴影	班级		姓名		学号		成绩		75

作出下列各题在相交光线照射下的透视阴影

(1)

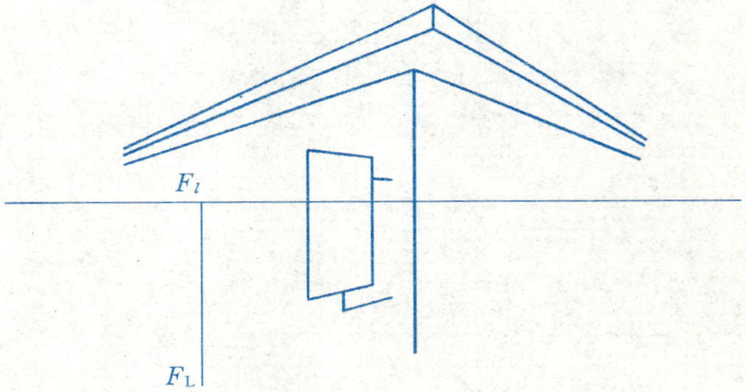

F_l

F_L

(2)

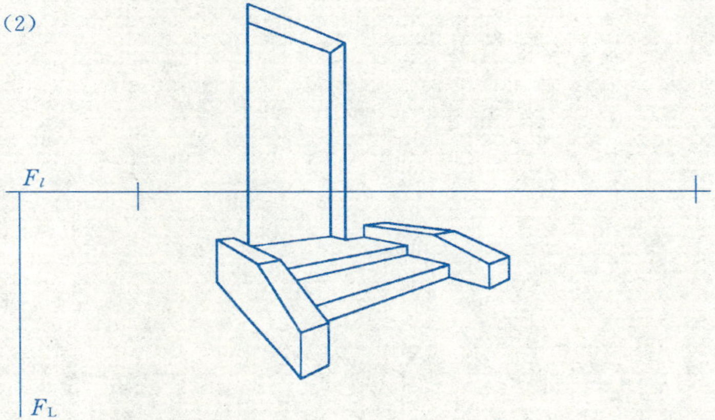

F_l

F_L

(3)

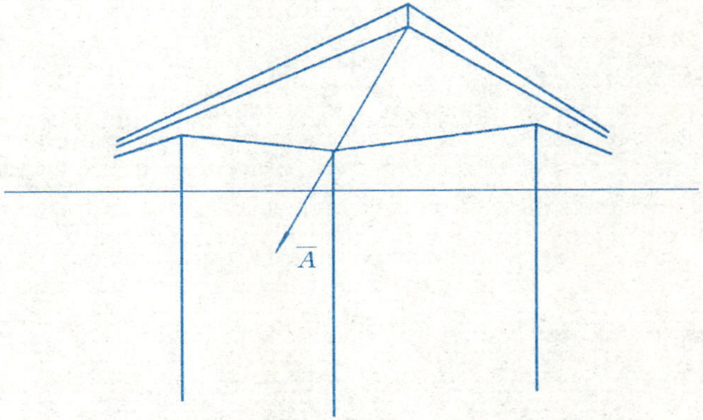

$\overline{A}$

(4)

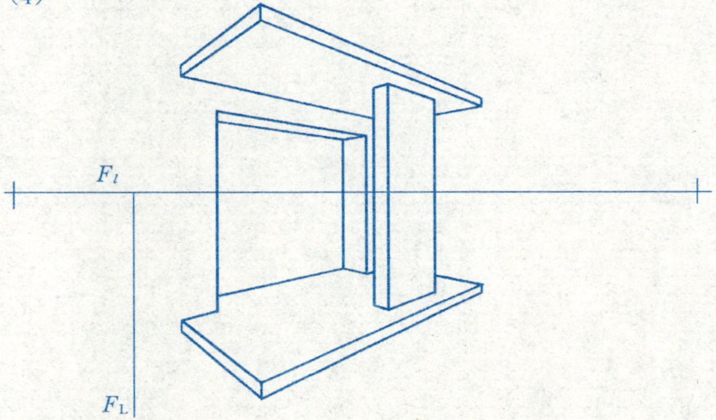

F_l

F_L

76. 画面相交、辐射光线下透视阴影	班级		姓名		学号		成绩		76

1　作出在相交光线照射下的室内透视阴影

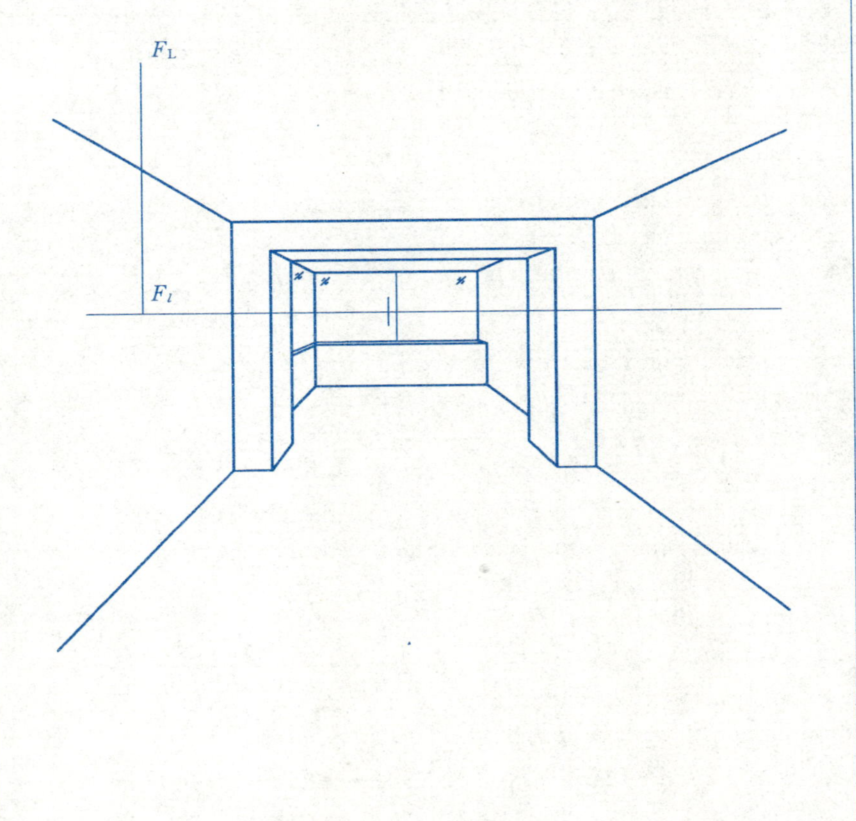

2　作出在灯光辐射下的室内透视阴影

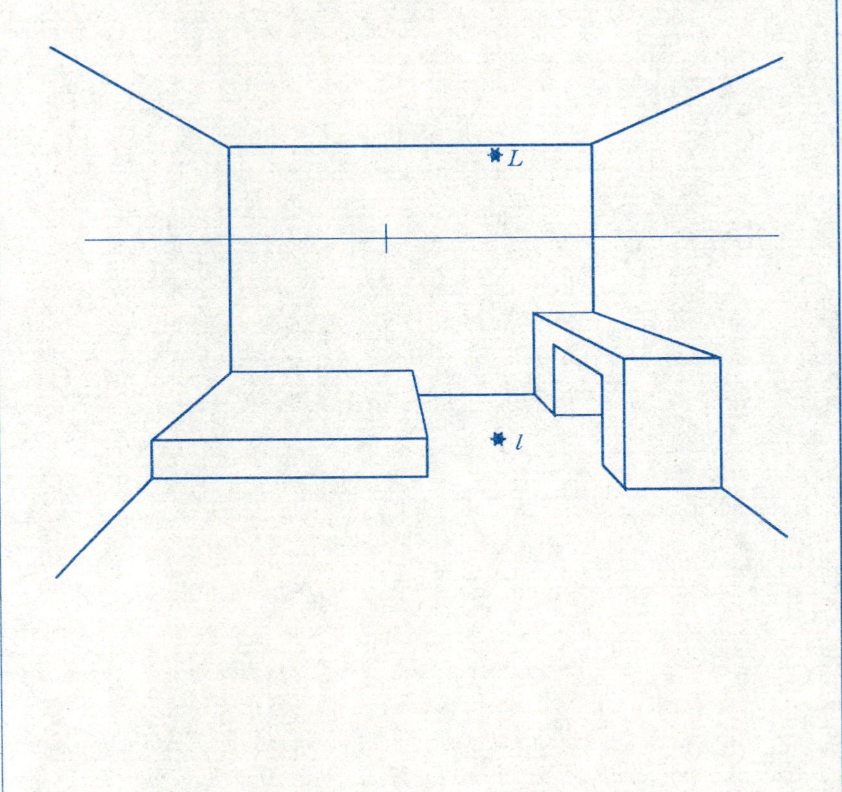

77. 水中倒影	班级		姓名		学号		成绩		77

作出水中倒影

(1)

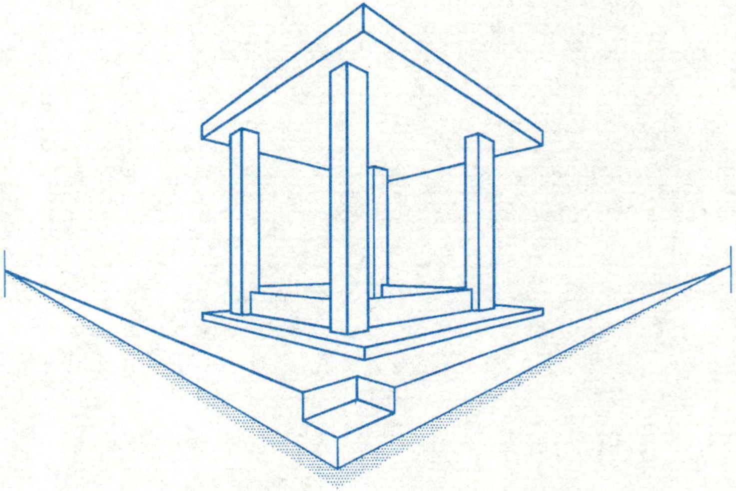

(2)

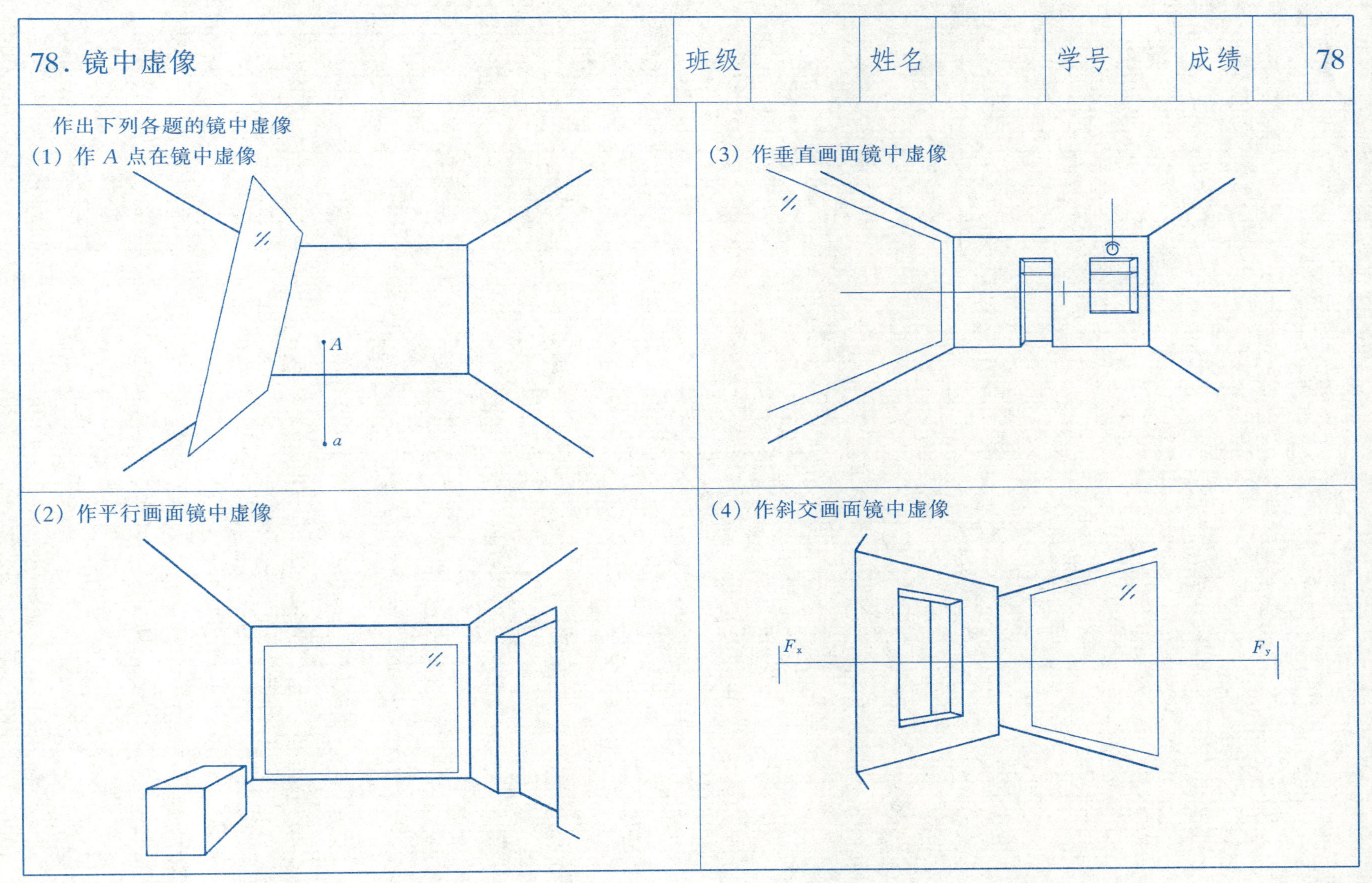
78. 镜中虚像
班级
姓名
学号
成绩
78
作出下列各题的镜中虚像
(1) 作 A 点在镜中虚像
A
a
(3) 作垂直画面镜中虚像
(2) 作平行画面镜中虚像
(4) 作斜交画面镜中虚像
F_x
F_y

教育部高职高专规划教材

建筑装饰制图

（建筑装饰技术专业适用）

本系列教材编审委员会组织编写

顾世权　　　　主编
白丽红　栾　蓉　编

中国建筑工业出版社

图书在版编目（CIP）数据

建筑装饰制图/顾世权主编. —北京：中国建筑工业出版社，2000. 12
教育部高职高专规划教材
ISBN 978-7-112-04221-0

Ⅰ. 建…　Ⅱ. 顾…　Ⅲ. 建筑装饰-建筑制图-高等学校：技术学校-教材　Ⅳ. TU238

中国版本图书馆 CIP 数据核字（2000）第 54477 号

本书是根据建设部人事教育司组织审定的高职高专建筑装饰技术专业培养方案所确定的培养目标对建筑装饰制图课程的要求编写的。书中采用了《房屋建筑制图统一标准》GBJ 1-86、《建筑制图标准》GBJ 104-87、《建筑结构制图标准》GBJ 105-87 等现行的一系列国家标准。

本书分为上下两篇，共 17 章。参考教学时数 130～140 学时。上篇主要内容为：绪论，制图的基本知识和技能，投影基本知识，点、直线和平面的投影，投影变换，工程曲面，投影图，建筑施工图，装饰施工图，结构施工图等 10 章；下篇主要内容为：阴影的基本概念和基本规律，平面立体与建筑形体的阴影，曲面立体的阴影，透视图的基本概念与基本规律，透视图的基本画法及视点、画面的选择，曲线、曲面、曲面形体的透视，透视图中的阴影及虚像等 7 章。

本书由高职高专建筑装饰技术教材编审委员会组织审稿，并经编审委员会复审通过，作为高职高专建筑装饰技术专业的建筑装饰制图课程的教材。本书也可供建筑设计、建筑工程等专业的职工业余大学、函授、电视大学等相关专业选做教材及相关专业的工程技术人员学习参考。

本书同时出版与本书配套的《建筑装饰制图习题集》供选用。

教育部高职高专规划教材

建筑装饰制图

（建筑装饰技术专业适用）

本系列教材编审委员会组织编写

顾世权　主编

白丽红　栾　蓉　编

*

中国建筑工业出版社出版、发行（北京西郊百万庄）

各地新华书店、建筑书店经销

北京建筑工业印刷厂印刷

*

开本：787×1092毫米　1/16　印张：29¼　字数：587千字

2000年12月第一版　2013年11月第二十二次印刷

定价：**49.00**元（含习题集）

ISBN 978-7-112-04221-0

(20880)

高职高专建筑装饰技术专业系列教材
编审委员会名单

前　言

本书是高职高专建筑装饰技术专业系列教材。

本书是根据该专业的培养目标中要求毕业生懂设计、能施工、会管理的总体要求制定的建筑装饰制图编写提纲，经建设部人教司和中国建筑工业出版社共同组织的高职高专建筑装饰技术专业教材编审会议讨论通过后编写的。

本书编写中注意到高职高专的特点，从培养应用型人才这一总目标出发，认真体现基础理论、基本知识和基本技能，“以应用为目的，以必需够用为度”的原则，满足教学的需要。同时，为适应不同培养方向选用，对有些内容进行了适当的加深和拓宽（如阴影透视部分）。书中的各种画法和表达方法按国家现行有关标准、规范的要求和规定编写。

本书由长春工程学院顾世权主编、河南省建筑职工大学白丽红、扬州大学栾蓉参编。顾世权完成绪论、第10、11、12、13、14、15、16、17章的编写；白丽红完成第1、2、3、4、9章的编写；栾蓉完成第5、6、7、8章的编写（并得到该院邹得华的大力支持）；长春工程学院于春艳完成了第1、2、3、10、11章等插图的计算机绘制。本书编写中参考了一些书籍（目录列后），在此特向有关的编著者表示衷心的感谢。

本书由黑龙江建筑职业技术学院马松雯主审，蔡惠芳参审，两同志详细审定了书稿并提出宝贵的修改意见，在此一并致以谢意。

由于编者水平有限，加之时间仓促，书中难免存在缺点和错误，恳请使用本教材的师生和有关同志提出批评指正。

目　录

下篇　阴 影 透 视

绪　论

一、本课程的目的、性质和任务

工程图样是“工程技术界的共同语言”，是用来表达设计意图，交流技术思想的重要工具，也是用来指导生产、施工、管理等技术工作的重要技术文件。土木建筑工程、建筑装饰工程，都是先进行设计，绘制出设计图样，然后按图样进行施工和组织管理施工的，所以土木建筑工程和建筑装饰技术工程方面的技术人员，都必须熟练地绘制和阅读本专业土木工程专业的工程图样。因此，在本专业的教学计划中设置了建筑装饰制图这门主干技术基础课。为学生的绘图、读图能力奠定基础，并通过自修课的学习和工程实践的锻炼，不断提高专业素质，达到本专业人才培养目标的要求。

本门课程的主要任务是：

(1) 学习各种投影法的基本理论及其应用；

(2) 学习和贯彻制图国家标准和有关规定；

(3) 培养绘制和阅读本专业及相关专业工程图样的能力；

(4) 培养空间想象能力和空间几何问题的分析、图解能力；

(5) 培养认真负责的工作态度和严谨细致的工作作风。

二、本课程的内容和要求

本课程分为上下两篇：

上篇包括制图的基本知识和技能、画法几何、投影图、土建施工图和装饰施工图等五部分；下篇包括建筑立面阴影、透视图、透视阴影和倒影与虚像四部分。

通过对本门课程的学习应达到以下要求：

(1) 掌握各种投影法的基本理论和作图方法；

(2) 能图解一般空间几何问题；

(3) 能正确运用绘图工具和仪器，绘制符合国家制图标准的建筑工程图样和装饰工程图样；

(4) 能正确阅读一般工程的建筑工程、装饰工程图样；

(5) 能绘制工程图样立面阴影；

(6) 能绘制一般工程的透视图并加绘透视阴影；

(7) 能绘制透视图中的水中倒影和镜中虚像。

三、本课程的学习方法

本门课程基础理论比较抽象，对初学者是全新的概念，不易接受，所以必须加强实践性教学环节，保证完成一定数量的作业和习题，将投影理论的学习和培养立体空间概念结合起来，逐步培养空间想象能力。工程图样的绘制和阅读是个严谨细致的工作，一定要有耐心，一丝不苟。

学习时要讲究学习方法，逐步增强自学能力。

(1) 树立全心全意为社会主义建设事业服务的思想，在学习中端正态度，自觉地刻苦钻研，克服困难，不断前进。

(2) 努力培养空间想象能力，即平面图形与空间立体的转换过程，这是初学者最重要的一步。

(3) 课前预习并作好听课和自学学习笔记。包括空间分析、解题步骤，在理解的基础上认真完成作业。

(4) 工程图样是用于指导施工的，所以从一开始就要严格按照国家标准和有关规定正确地绘制工程图样，养成一丝不苟，认真负责的工作态度。

(5) 本课程只是奠定了初步基础，要结合后继课的学习和工程实践，不断提高，达到培养目标的要求，做一个优秀的工程技术人员。

上篇　装饰制图

第1章　装饰制图的基本知识和技能

第1节　装饰制图的基本知识

为了做到房屋建筑制图规格的基本统一，清晰简明，保证图面质量，提高制图效率，符合设计、施工、存档等的要求以及适应工程建设的需要，1986年底国家计划委员会颁布了修订后的《建筑制图标准》，共分为六本，《房屋建筑制图统一标准》GBJ1—86为其中之一，自1987年7月1日起实行。

建筑装饰工程图样与房屋建筑工程图样密切相关，装饰工程必须依赖于建筑工程，装饰工程是建筑工程的一个组成部分，其制图原理和图示标识形式大致相同。由于目前尚无统一的装饰制图标准，装饰制图沿用了《房屋建筑制图统一标准》GBJ1—86，以保证建筑装饰工程图和建筑工程图相统一，便于识读、审核和管理。装饰工程所涉及的范围很广，除了与建筑有关，还与家具等设施及不同材质的铝、铜、铁、钢、木等的结构处理有关，所以装饰施工图中有建筑制图、家具制图和机械制图等几种画法及符号并存的现象，形成了装饰施工图的自身特点。本节主要介绍GBJ1—86有关图幅、图线、字体、比例等制图标准，其他标准规定在专业施工图中介绍。

一、图幅

（一）图纸幅面

图纸幅面是指图纸的大小。为了使图纸整齐，便于装订和保管，国家标准对建筑工程及装饰工程的幅面作了规定。图纸的幅面应根据所画图样的大小来选定图纸的幅面及图框尺寸，幅面及图框尺寸应符合表1-1规定。

图纸幅面及图框尺寸（mm）　　**表1-1**

幅面代号 尺寸代号	A0	A1	A2	A3	A4
$b\times l$	841×1189	594×841	420×594	297×420	210×297
c	10			5	
a	25				

在表1-1中b及l分别代表图幅长边和短边的尺寸，其短边与长边之比为$1:\sqrt{2}$，a和c分别表示图框线到图纸边线的距离。图纸以短边作垂直边称为横式，以短边作水平边称为立式。一般$A1\sim A3$图纸宜横式，必要时，也可立式使用，如图1-1所示。单项工程中每一个专业所用的图纸，不宜多于两种幅面。目录及表格所采用的$A4$幅面，可不在此限。

当需要微缩复制图纸时，其一边上应附有一段准确的法定单位尺度，四个边上均应附有对中标志，尺度的总长应为100mm，分格为10mm。对中标志应画在幅面线中点处，线宽应为0.35mm，伸入图框内应为5mm，如图1-1所示。

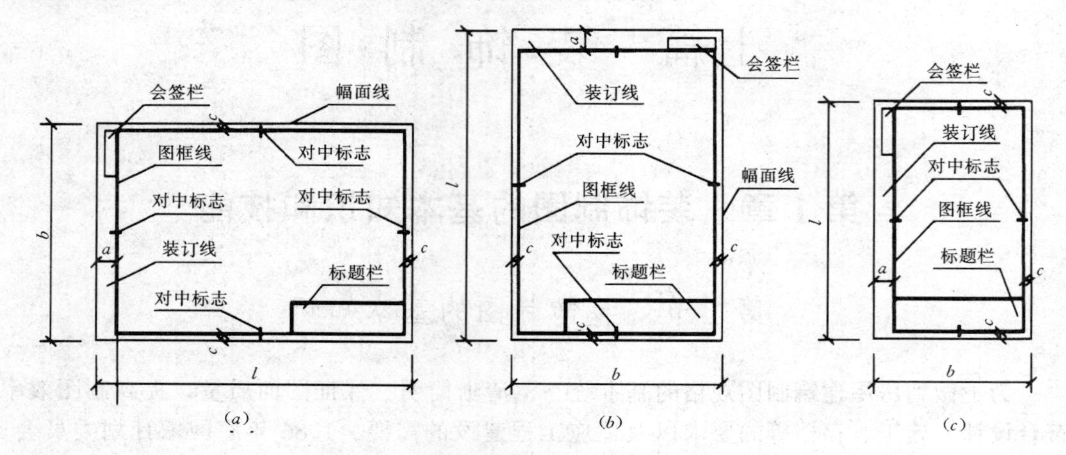

图1-1 图纸幅面格式及尺寸代号

(*a*) *A*0～*A*3横式幅面；(*b*) *A*0～*A*3立式幅面；(*c*) *A*4幅面

如有特殊需要，允许加长*A*0～*A*3图纸幅面的长度，其加长部分应符合表1-2的规定。

图纸长边加长尺寸（mm） **表1-2**

幅面代号	长边尺寸	长边加长后尺寸
*A*0	1189	1338 1487 1635 1784 1932 2081 2230 2378
*A*1	841	1051 1261 1472 1682 1892 2102
*A*2	594	743 892 1041 1189 1338 1487 1638 1784 1932 2081
*A*3	420	631 841 1051 1261 1472 1682 1892

注：有特殊需要的图纸，可采用$b \times l$为841mm×892mm与1189mm×1261mm的幅面。

（二）标题与会签栏

在图框内侧右下角的表格称为标题栏（简称图标），用以填写建筑单位名称、工程名称、设计单位名称、图名、图号、设计编号以及设计人、制图人、审核人的签名和日期等。横式使用图纸，应按图1-1（*a*）形式布置；立式使用的图纸，应按图1-1（*b*）形式布置；立式使用的*A*4图纸，应按图1-1（*c*）形式布置。

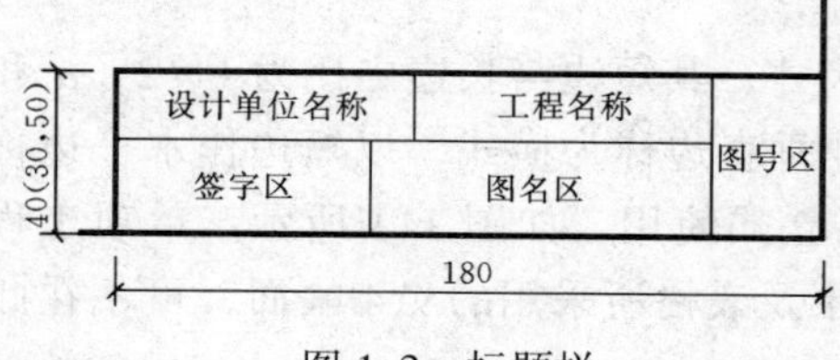

图1-2 标题栏

图标长边的长度，应为180mm；短边的长度宜采用40mm、30mm、50mm，图标应按图1-2的格式分区。涉外工程图标内，各项主要内容的中文下方应附有译文，设计单位名称的上方，应加“中华人民共和国”字样。各地市区所用图标的具体格式、内容及尺寸，可由设计单位根据需要自行决定。学生作业所用图标，建议采用图 1-3 格式。

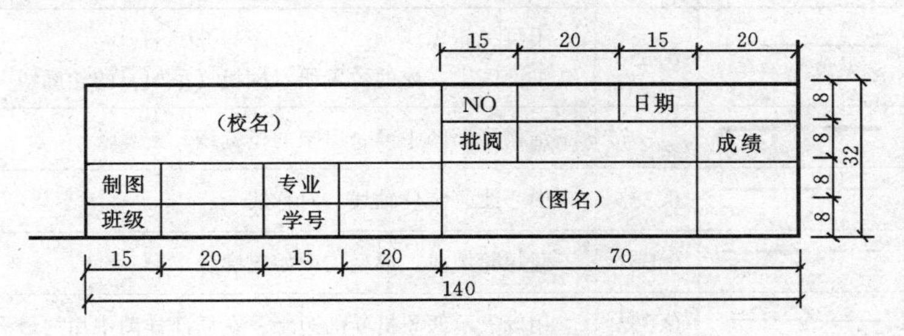

图 1-3　学生作业标题栏

需要会签的图纸，在图框外的左上角有一会签栏，它是各专业负责人签字的表格。会签栏的格式如图 1-4 所示。

二、图线

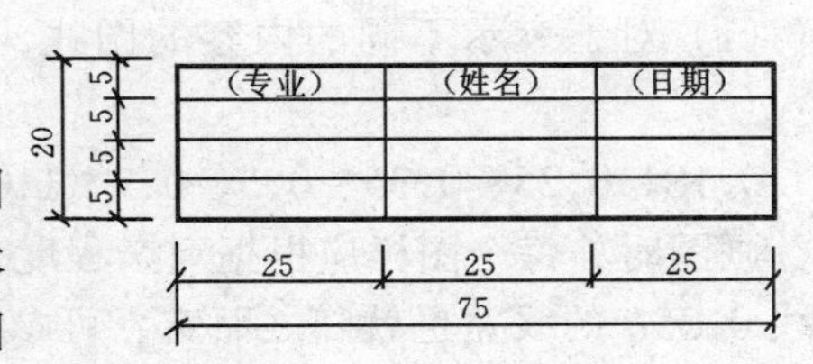

图 1-4　会签栏

工程图样，主要是采用粗细线和线型不同的图线来表达不同的设计内容。图线是构成图样的基本元素。因此，熟悉图纸的类型及用途，掌握各类图线的画法是建筑装饰制图的最基本技术。

（一）线型的种类和用途

为了使图样主次分明、形象清晰，建筑装饰制图采用的图线分为实线、虚线、点划线、折断线、波浪线几种；按线宽度不同又分为粗、中、细三种。各类图线的线型、宽度及用途见表 1-3。

图线的线型、宽度及用途　　　　**表 1-3**

名　称	线　型	线　宽	一　般　用　途
粗实线	━━━━━	b	主要可见轮廓线 平面图及剖面图上被剖到部分的轮廓线、建筑物或构筑物的外轮廓线、结构图中的钢筋线、剖切位置线、地面线、详图符号的圆圈、图纸的图框线
中粗实线	─────	$0.5b$	可见轮廓线 剖面图中未被剖到但仍能看到而需要画出的轮廓线、标注尺寸的尺寸起止 45°短线、剖面图及立面图上门窗等构配件外轮廓线、家具和装饰结构的轮廓线
细实线	─────	$0.35b$	尺寸线、尺寸界线、引出线及材料图例线、索引符号的圆圈、标高符号线、重合断面的轮廓线、较小图样中的中心线
粗虚线	━ ━ ━ ━	b	总平面图及运输图中的地下建筑物或构筑物等，如房屋地面下的通道、地沟等位置线
中粗虚线	─ ─ ─ ─ ─	$0.5b$	需要画出看不见的轮廓线 拟建的建筑工程轮廓线

续表

名称	线型	线宽	一般用途
细虚线	- - - - - - - -	0.35*b*	不可见轮廓线 平面图上高窗的位置线、搁板（吊柜）的轮廓线
粗点划线	━━ ━ ━━	*b*	结构平面图中梁、屋架的位置线
细点划线	—·—·—	0.35*b*	中心线、定位轴线、对称线
细的双点划线	—··—··—	0.35*b*	假想轮廓线、成型前原始轮廓线
折断线	—\/—	0.35*b*	用以表示假想折断的边缘，在局部详图中用的最多
波浪线	～～～	0.35*b*	构造层次的断开界线

（二）图线的画法要求

（1）对于表示不同的内容的图线，其宽度（称为线宽）*b*，应在下列线宽系列中选取：

0.18、0.25、0.35、0.5、0.7、1.0、1.4、2.0（mm）

画图时，每个图样应根据复杂程度与比例大小，先确定基本线宽 *b*，中粗线 0.5*b* 和细线 0.35*b* 的线宽也就随之而定，可参照表 1-4 中适当的线宽组。

线宽组 **表 1-4**

线宽比	线宽组					
b	2.0	1.4	1.0	0.7	0.5	0.35
0.5*b*	1.0	0.7	0.5	0.35	0.25	0.18
0.35*b*	0.7	0.5	0.35	0.25	0.18	

注：1. 需要微缩的图纸，不宜采用 0.18mm 线宽；

2. 在同一张图纸内，各不同线宽组中的细线，可统一采用较细的线宽组的细线。

（2）在同一张图纸内，相同比例的图样，应选用相同的线宽组，同类线应粗细一致。

（3）相互平行的图线，其间隔不宜小于其中的粗线宽度，且不宜小于 0.7mm。

（4）虚线、点划线或双点划线的线段长度和间隔，宜各自相等。

（5）点划线或双点划线，在较小图形中绘制有困难时，可用实线代替。

（6）点划线或双点划线的两端，不应是点。点划线与点划线交接或点划线与其他图线交接时，应是线段交接，如图 1-5（*a*）所示。

（7）虚线与虚线交接或虚线与其他图线交接时，应是线段交接。虚线为实线的延长线时，不得与实线连接，如图 1-5（*b*）所示。

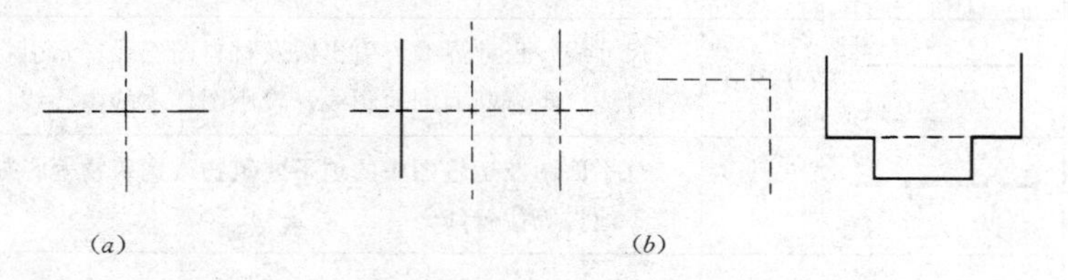

图 1-5　图线交接的正确画法

（*a*）点划线交接；（*b*）虚线与其他线交接

(8) 图线不得与文字、数字或符号等重叠、混淆，不可避免时，应首先保证文字等的清晰，如图 1-6 所示。

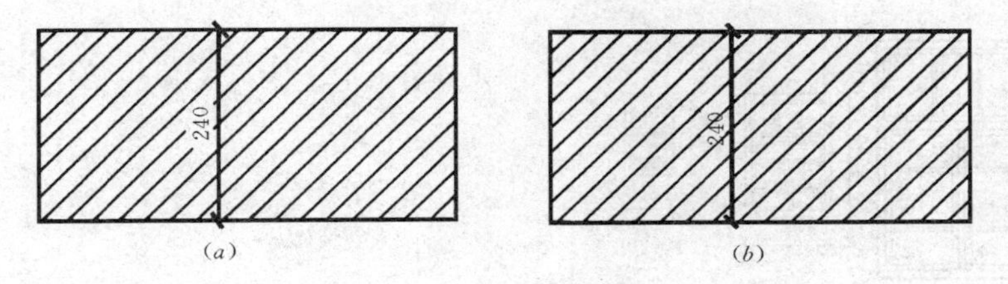

图 1-6　尺寸数字处的图线应断开
(a) 正确；(b) 错误

三、字体

用图线绘成图样，须用文字及数字加以注解，表明其大小尺寸、有关材料、构造做法、施工要点及标题。在图样上所需书写的文字、数字或符号等，必须做到：笔画清晰、字体端正、排列整齐；标点符号应清楚正确。如果图样上的文字和数字写得潦草难以辨认，不仅影响图纸的清晰和美观，而且容易造成差错，造成工程损失。

(一) 汉字

图样上及说明的汉字，应采用长仿宋字体，大标题、图册封面等汉字也可写成其他字体，但应易于辨认。汉字的简化书写，必须遵守国务院颁布的《汉字简化方案》和有关规定。

长仿宋体字有笔划粗细一致、起落转折、顿挫有力、笔锋外露、棱角分明、清秀美观、挺拔刚劲又清晰好认的特点，所以是工程图样上最适宜的字体。

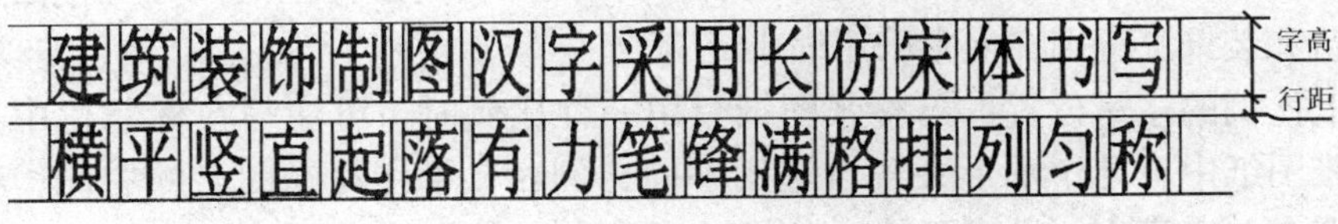

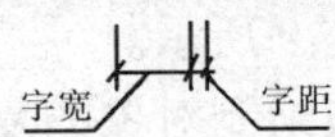

图 1-7　字格

为了字写得大小一致，排列整齐，在写字前应先画好格子，再进行书写。字高与字宽之比为 3∶2，字距约为字高的 1/4，行距约为字高的 1/3，如图 1-7 所示。

字的大小用字号表示，字号即为字的高度，各字号的高度和宽度的关系应符合表 1-5 的规定。

长仿宋体字宽高关系（mm）　表 1-5

字号	20	14	10	7	5	3.5
字高	20	14	10	7	5	3.5
字宽	14	10	7	5	3.5	2.5

图样上如需写更大的字，其高度应按 $\sqrt{2}$ 的比值递增。汉字的字高应不小于 3.5mm。

仿宋体字的书写要领是：横平竖直，起落分明，填满方格，结构均匀。

(二) 数字及字母

数字及字母在图样上的书写分直体和斜体两种。它们和中文字混合书写时应稍低于书写仿宋字体的高度。斜体书写应向右倾斜，并与水平线成75°。图样上数字应采用阿拉伯数字，其字高应不小于2.5mm。

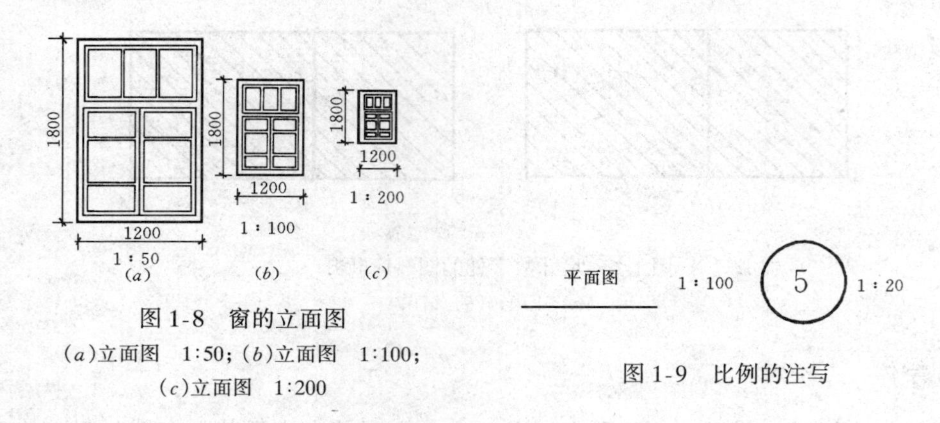

图1-8　窗的立面图

(a)立面图　1:50；(b)立面图　1:100；(c)立面图　1:200

图1-9　比例的注写

四、比例

图样的比例是图形与实物相对应的线性尺寸之比：

$$比例=\frac{图线画出的长度}{实物相应部位的长度}$$

图纸上使用比例的作用，是为了将建筑结构和装饰结构不变形地缩小或放大在图纸上。比例应用阿拉伯数字表示，如1:1、1:2、1:10等。1:10表示图纸所画物体比实体缩小10倍，1:1表示图纸所画物体与实体一样大。

比例的大小是指比值的大小。比值大于1的比例称为放大比例，比值小于1的比例称为缩小比例。如图1-8所示采用不同比例绘制窗的立面图，图样上的尺寸标注必须为实际尺寸。建筑和装饰工程图样上常采用缩小比例。

图纸上比例的注写位置：当整张图纸只用一种比例时，可注写在标题栏中比例一项中；如一张图纸中有几个图形并各自选用不同比例时，可注写在图名的右侧，比例的字高，应比图名的字高小一号或两号，如图1-9所示。

工程图样的绘制应根据图样的用途与被绘制对象的复杂程度选择合适的比例和图纸幅面，以确保所示物体图样的精确和清晰。

根据国际GBJ1—86规定，建筑工程图样制图时，应优先选用表1-6中常用比例。

建筑装饰工程选用的比例　　**表1-6**

常用比例	1:1 1:100	1:2 1:200	1:5 1:500	1:10 1:1000	1:20	1:50
可用比例	1:3 1:150	1:15 1:250	1:25 1:300	1:30 1:400	1:40 1:600	1:60

第2节　绘图工具和仪器介绍

建筑和装饰工程图样一般都是借助制图工具和仪器绘制的，因此了解它们的性能，熟练掌握它们的正确使用方法，经常维护、保养，才能保证制图质量、提高绘图速度。

在绘图的时候，最常用的绘图工具和仪器有图板、丁字尺或一字尺、三角板、比例尺（三棱尺）、圆规、分规，还有绘图笔、橡皮、模板等。

一、图板、丁字尺、三角板

图板是铺放图纸用的工具，常见的是两面贴有胶合板的空芯板，四周镶有硬木条。板面要平整、无节疤，图板的四边要求十分平直和光滑。画图时，丁字尺靠着图板的左边上下滑动画平行线，这时左边就叫“工作边”。

图板是绘图的主要工具，应防止受潮湿或日光晒；板面上也不可以放重的东西，以免图板变形走样或压坏板面；贴图纸宜用透明胶带纸，不宜使用图钉。不用时将图板竖向放置保管。图板有几种规格，可根据需要选用，它的常用规格见表1-7。

图板的规格（mm）　　表1-7

图板的规格代号	0	1	2
图板尺寸（宽×长）	900×1200	600×900	450×600

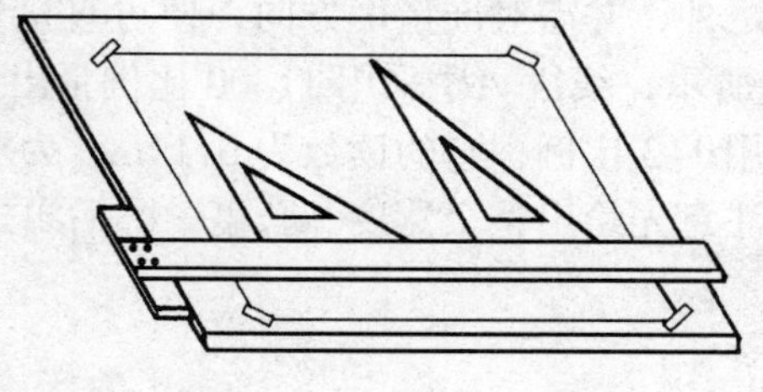

图1-10　图板和丁字尺

与图板相配的还有丁字尺或一字尺、三角板。丁字尺、一字尺是用来画水平线的。丁字尺是由尺头和尺身两部分组成，尺头应牢固地连接在尺身上，尺头内侧应与尺身上边保持垂直。

使用丁字尺时，必须将尺头紧靠图板在左侧工作边滑动，画出不同高度的水平线，如图1-11所示。丁字尺、一字尺尺身的上侧（常用刻度线）是供画线用的，不要在下侧画线。丁字尺用后应悬挂起来，以防发生弯曲或不慎折断。

三角板是工程制图的主要工具之一，与丁字尺或一字尺配合使用，三角板靠着丁字尺或一字尺的尺身上侧画垂直线（图1-12）、各种角度倾斜线和平行线（图1-13）。

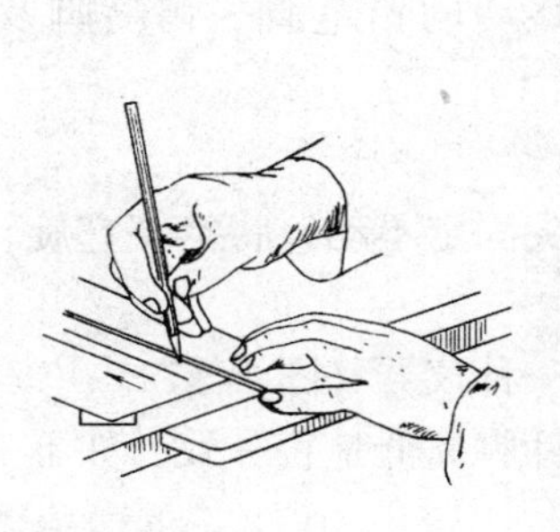

图1-11　丁字尺画水平线

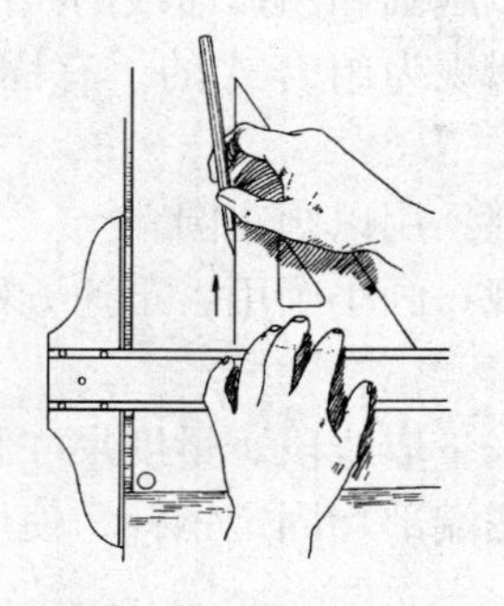

图1-12　用三角板和丁字尺配合画垂直线

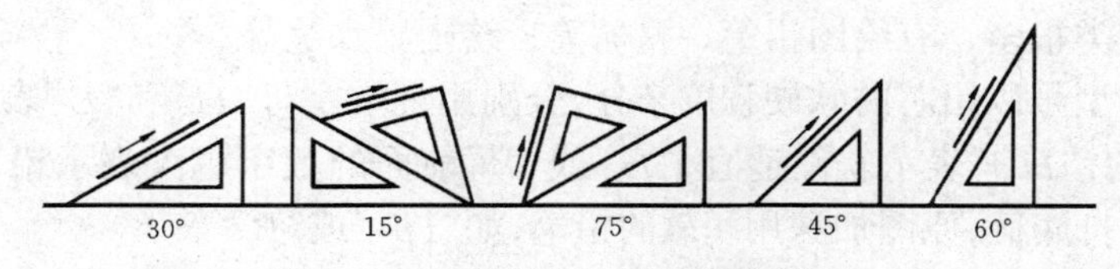

图1-13　三角板与丁字尺配合画线

三角板以透明胶制材料制成，一幅有两块。三角板应注意保护其板边的平直、光滑和角度的精确。

二、比例尺

比例尺是绘图时用来缩小线段长度的尺子。比例尺通常制成三棱柱状，故又称为三棱尺（图1-14）。一般为木制或塑料制成，比例尺的三个棱面刻有六种比例，通常有1∶100、1∶200、1∶300、1∶400、1∶500、1∶600，比例尺上的数字以米为单位。

利用比例尺直接量度尺寸，尺子比例应与图样上比例相同，先将尺子置于图上要量距离之外，并需对准量度方向，便可直接量出；若有不同，可采用换算方法求得。如图1-15所示，线段*AB*采用1∶300比例量出读数为11m；若用1∶30比例，它的读数为1.1m；若用1∶3比例，它的读数为0.11m。为求绘图精确起见，使用比例尺时切勿累计其距离，应注意先绘出整个宽度和长度，然后再进行分割。

图1-14　比例尺

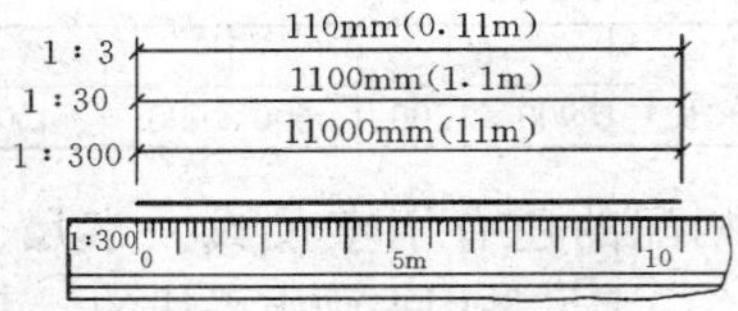

1∶3　110mm(0.11m)
1∶30　1100mm(1.1m)
1∶300　11000mm(11m)
1∶300　0　5m　10

图1-15　比例换算

比例尺不可以用来画线，不能弯曲，尺身应保持平直完好，尺子上的刻度要清晰、准确，以免影响使用。

三、圆规和分规

（一）圆规

圆规是用来画圆和圆弧曲线的绘图仪器。

通常用的圆规为组合式的，有固定针脚及可移动的铅笔脚、鸭嘴脚及延伸杆（图1-16）。

弓形小圆规：用以画小圆。

精密小圆规：画小圆用，迅速方便，使用时针尖固定不动，将笔绕它旋转。

（二）分规

分规是用来量取线段、量度尺寸和等分线段的一种仪器（图1-17）。

分规的两腿端部均固定钢针，使用时要检查两针脚高低是否一致，如不一致则要放松螺丝调整。

四、绘图笔

绘图笔的种类很多，有绘图铅笔、鸭嘴笔、绘图墨水笔等。

绘图铅笔的型号以铅芯的软硬程度来分，分别用笔端字母“*H*”和“*B*”表示，“*H*”表示硬的，“*B*”表示软的，“*HB*”表示软硬适宜，“*H*”或“*B*”前面的数字越大表示铅芯越硬或越软。一般用“*H*”铅笔打底稿，原图加深用稍软的铅笔，如“*HB*”或“*B*”等。

鸭嘴笔和绘图墨水笔是画墨线用的、鸭嘴笔已很少使用。绘图墨水笔按画线笔尖的粗细口径分为多种规格，可按不同线型粗细选用，画线方法与铅笔类同。

五、曲线板、模板、擦图片

（一）曲线板

曲线板是用来绘制非圆弧曲线的工具。曲线板的种类很多，曲率大小各不相同。有单块的，也有多块成套的。如图 1-18 所示，就是单块曲线板。

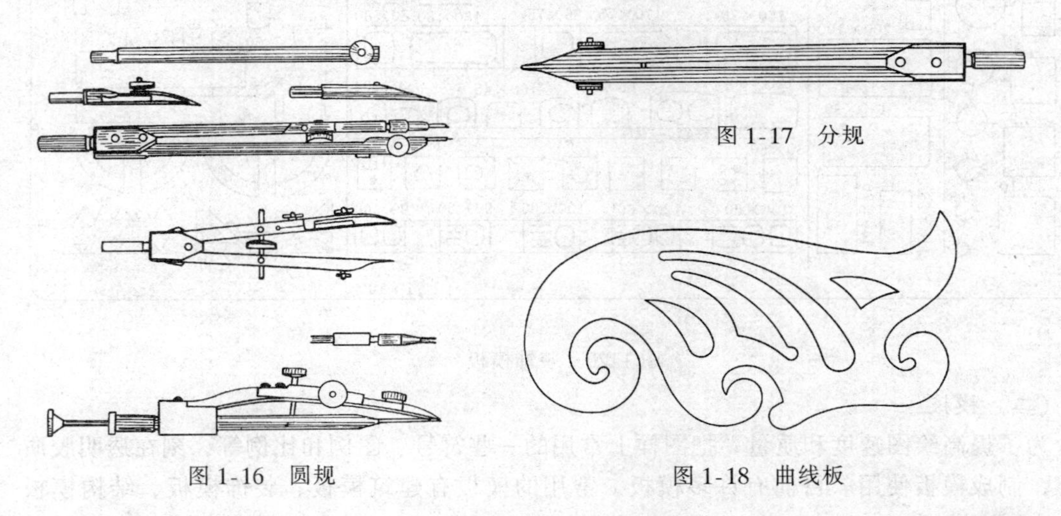

图 1-17 分规

图 1-16 圆规

图 1-18 曲线板

曲线板画非圆弧曲线的方法：先定出曲线上的若干点，然后连点成曲线。具体画法可用铅笔徒手轻轻将各点连成整齐、连续而且清晰的曲线，再选择曲线板合适的一段，画出相叠合的一段曲线，曲线后边留一小段不画，画好此线段后，移动曲线板与线的后一段相合。要使曲线连续光滑，必须使曲线板与前一段的曲线叠合一小段，各连接处的切线要互相叠合。

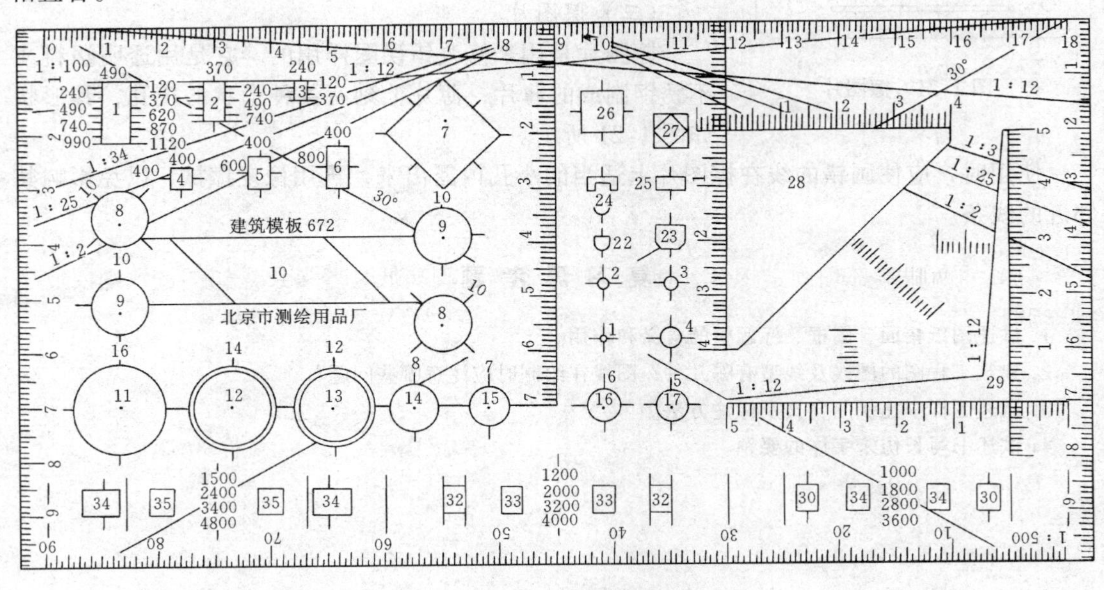

图 1-19 建筑模板

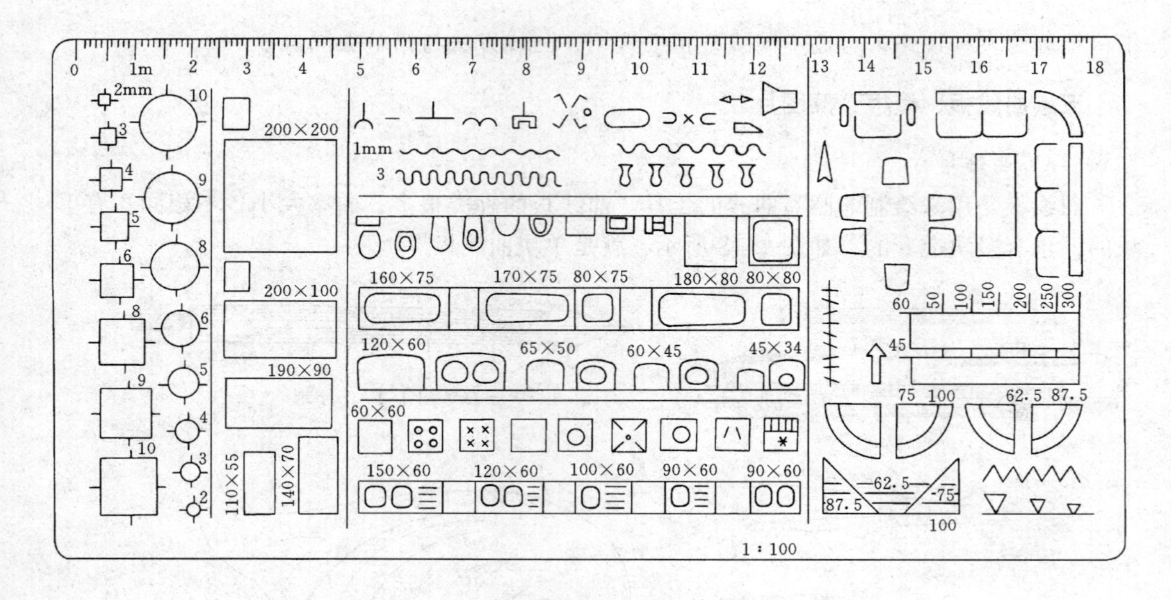

图 1-20　装饰模板

（二）模板

为了提高绘图速度和质量，把图样上常用的一些符号、图例和比例等，刻在透明胶质板上，制成模板使用。目前有许多模板，常用的模板有建筑模板、装饰模板、结构模板……。

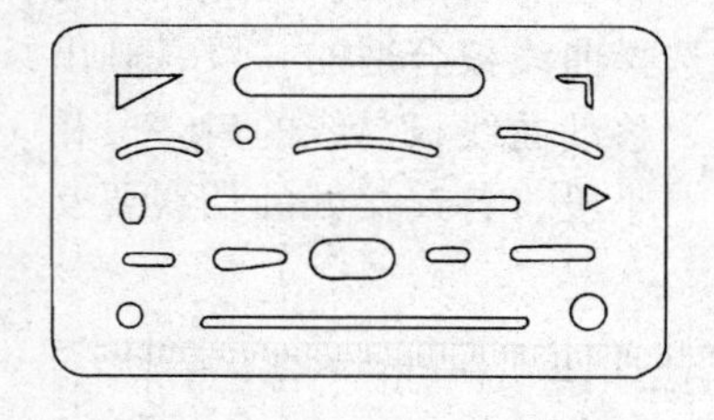

图 1-21　擦图片

在模板上刻有可用以画出各种图例的孔，如柱、卫生设备、沙发、详图索引符号、指北针、标高及各种形式的钢筋等（图 1-19、图 1-20），其大小已符合一定比例，只要用笔在孔内画一周，图例就画出来了。

（三）擦图片

擦图片是用来修改错误图样用的。它是用透明塑料或不锈钢制成的薄片，薄片上刻有各种形状的模孔，其形状如图 1-21 所示。

使用时，应使画错的线在擦图片上适当的小孔内露出来，再用橡皮擦拭，以免影响其邻近的线条。

复习思考题

1. 试述图纸幅面、图框、标题栏的含义和作用。
2. 建筑工程图的图线及线型有哪几种？图线在绘制时应注意哪些问题？
3. 试述图样中比例的含义及标注方法。
4. 试述书写长仿宋字体的要领。

第2章 投影的基本知识

第1节 投影的基本知识

一、投影的概念

晚上，把一本书对着电灯，如果书本与墙壁平行，如图2-1（a）所示，这时，在墙上就会有一个形状和书本一样的影子。晴朗的早晨，迎着太阳把一本书平行放在墙前，墙上出现的影子和书的大小差不多，如图2-1（b）所示。因为太阳离书本的距离要比电灯离书本的距离远得多，所以阳光照到书本上的光线就比较接近平行。影子在一定程度上反映了物体的形状和大小。

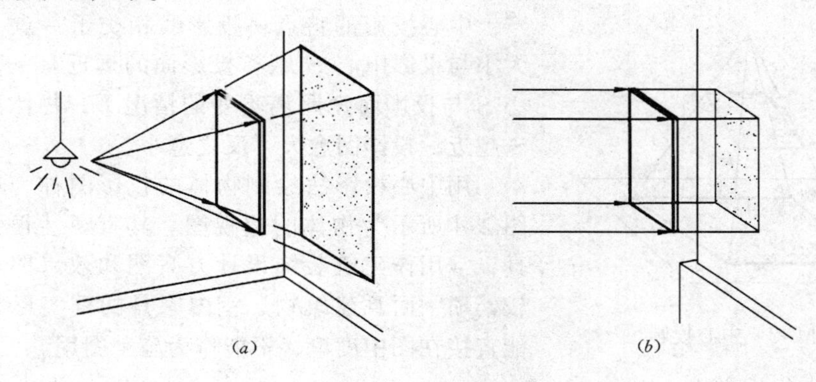

图2-1 投影的产生
（a）光线由灯光发射出来；（b）光线由太阳发射出来

但是需要指出的是，物体在光线的照射下所得到的影子是一片黑影，只能反映物体底部的轮廓，而上部的轮廓则被黑影所代替，不能表达物体的真面目，如图2-2(a)所示。人们对这种自然现象作出科学的总结与抽象：假设光线能透过物体而将物体上的各个点和线都在承接影子的平面上，投落下它们的影子，从而使这些点、线的影子组成能反映物体的图形，如图2-2(b)所示。我们把这样形成的图形称为投影图，通常也可将投影图称为投影，能够产生光线的光源称为投影中心，而光线称为投影线，承接影子的平面称为投影面。

由此可知，要产生投影必须具备三个条件：投影线、物体、投影面，这三个条件又称为投影的三要素。

工程图样就是按照投影原理和投影作图的基本规则而形成的。

二、投影的分类

根据投影中心距离投影面远近的不同，投影分为中心投影和平行投影两种。

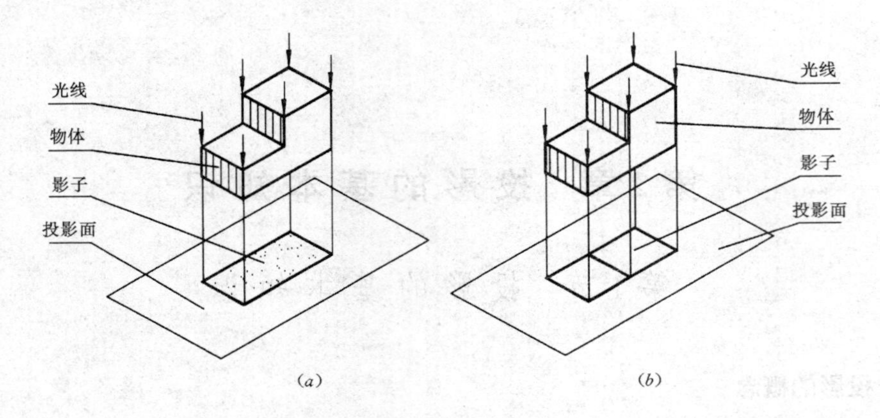

图 2-2　影子与投影

(*a*) 影子；(*b*) 投影

(一) 中心投影

投影中心 S 在有限的距离内，由一点发射的投影线所产生的投影，称为中心投影(图 2-3)。

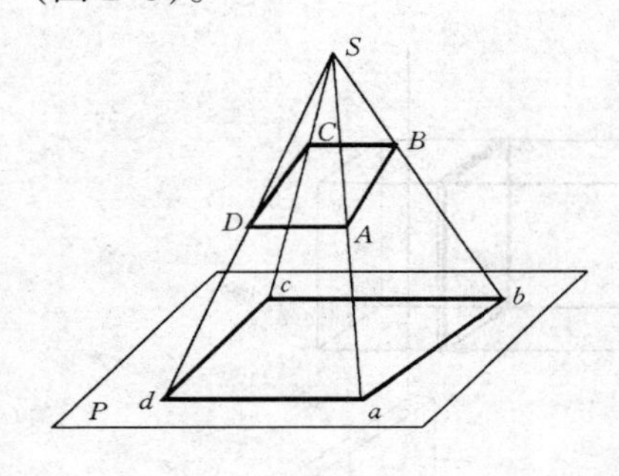

图 2-3　中心投影

中心投影的特点：投影线相交于一点，投影图的大小与投影中心 S 距离投影面的远近有关，在投影中心 S 与投影面 P 距离不变的情况下，物体离投影中心 S 越近，投影图愈大，反之愈小。

用中心投影法绘制物体的投影图称为透视图，如图 2-4 所示为物体的透视图。其直观性很强、形象逼真，常用作建筑装饰设计方案图和效果图。但绘制比较繁琐，而且建筑物、室内家具的真实形状和大小不能直接在图中度量，不能作为施工图用。

(二) 平行投影

把投影中心 S 移到离投影面无限远处，则投影线可视为互相平行，由此产生的投影，称为平行投影。

平行投影的特点：投影线互相平行，所得投影的大小与物体离投影中心的远近无关。

根据互相平行的投影线与投影面是否垂直，平行投影又分为斜投影和正投影。

1. 斜投影

投影线斜交投影面，所作出物体的平行投影，称为斜投影（图 2-5)。

用斜投影法可绘制斜轴测图，如图 2-6 所示，投影图有一定的立体感，作图简单，但不能准确地反映物体的形状，视觉上出现变形和失真，只能作为工程的辅助图样。

2. 正投影

投影线与投影面垂直，所作出的平行投影称为正投影，也称为直角投影（图 2-7)。

用正投影法在三个互相垂直相交，并平行于物体主要侧面的投影面上作出物体的多面正投影图，按一定规则展平在一个平面上，如图 2-8 所示，用以确定物体。

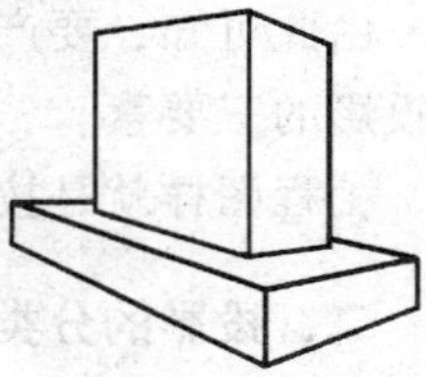

图 2-4　透视图

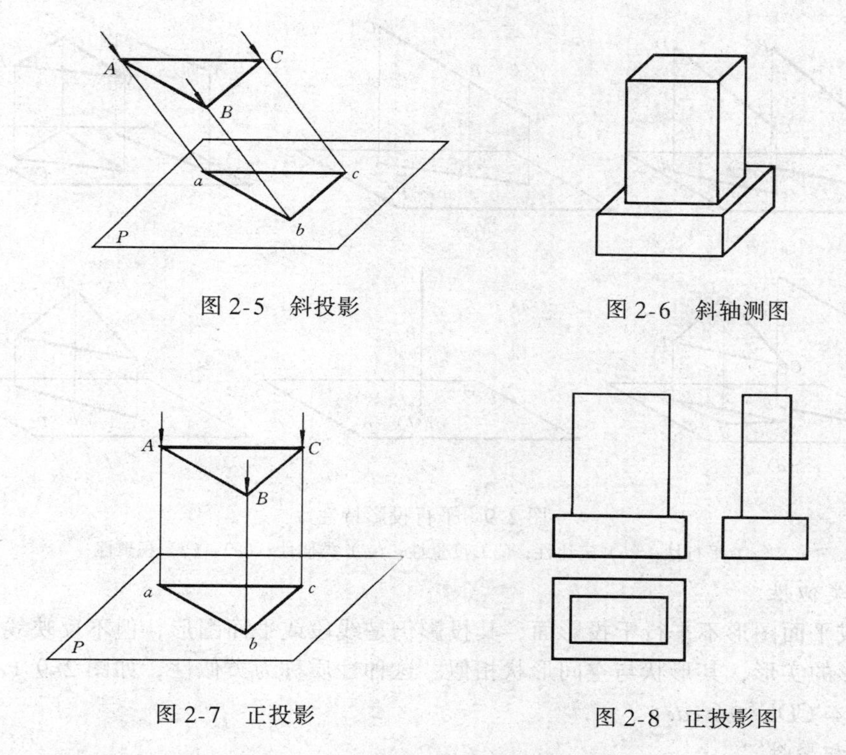

图 2-5　斜投影　　图 2-6　斜轴测图

图 2-7　正投影　　图 2-8　正投影图

这种投影图的图示方法简单，真实地反映物体的形状和大小，即度量性好，是用于绘制施工图的主要图示方法。但这种图缺乏立体感，只有学过投影知识，经过一定的训练才能看懂。

第 2 节　平行投影特性及正投影图

一、平行投影特性

（一）平行性

空间两直线平行（$AB /\!/ CD$），则其在同一投影面上的投影仍然平行（$ab /\!/ cd$），如图2-9（a）所示。

通过两平行直线 AB 和 CD 的投影线所形成的平面 $ABba$ 和 $CDdc$ 平行，而两平面与同一投影面 P 的交线平行，即 $ab /\!/ cd$。

（二）定比性

点分线段为一定比例，点的投影分线段的投影为相同的比例，如图 2-9（b）所示，$AB:BC=ab:bc$。

（三）度量性

线段或平面图形平行于投影面，则在该投影面上反映线段的实长或平面图形的实形，如图 2-9（c）所示，$AB=ab$，$\triangle CDE \cong \triangle cde$。也就是线段的实长或平面图形的实形，可直接从平行投影中确定和度量。

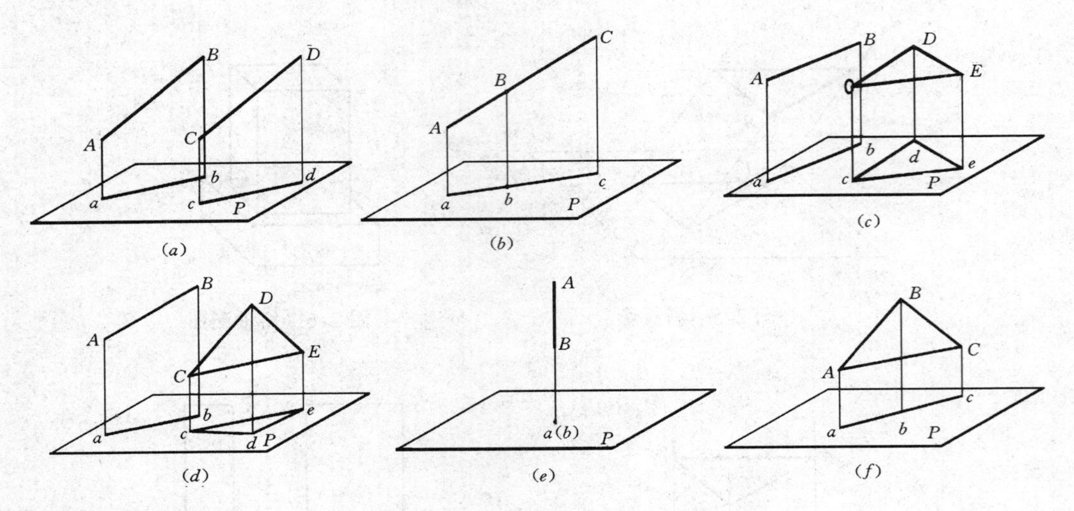

图 2-9　平行投影特性

(*a*) 平行性；(*b*) 定比性；(*c*) 度量性；(*d*) 类似性；(*e*)、(*f*) 积聚性

(四) 类似性

线段或平面图形不平行于投影面，其投影仍是线段或平面图形，但不反映线段的实长或平面图形的实形，其形状与空间形状相似。这种性质称为类似性，如图 2-9 (*d*) 所示，$ab<AB$，$\triangle CDE \backsim \triangle cde$。

(五) 积聚性

直线或平面图形平行于投影线（正投影则垂直于投影面）时，其投影积聚为一点或一直线。如图 2-9 (*e*)、(*f*) 所示，该投影称为积聚投影，这种特性称为积聚性。

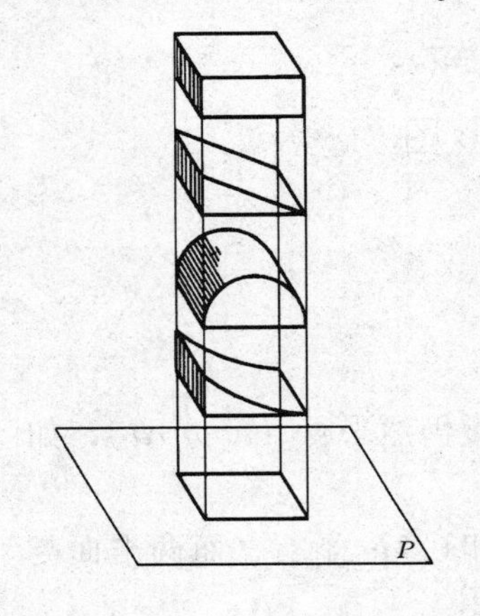

图 2-10　各种形状物体单面投影

二、正投影图

当投影方向、投影面确定后，物体在一个投影面上的投影图是唯一的，但一个投影图只能反映它的一个面的形状和尺寸，并不能完整地表示出它的全部面貌。如图 2-10 所示，用正投影法将物体向投影面 *P* 投影，所得到的投影完全相同。该投影图可以看成物体Ⅰ的投影，又可以看成物体Ⅱ的投影，还可以看成物体……。这是因为物体是由长、宽、高三个向度确定的，而一个投影图只反映其中两个向度。由此可见，要准确而全面地表达物体的形状和大小，一般需要两个或两个以上投影图。

(一) 投影面的设置

若物体需画三个投影图确定其形状和大小，就需要有三个投影面。我们把三个互相垂直相交的平面作为投影面，由这三个投影面组成的投影面体系，称为三投影面体系，如图 2-11 所示。处于水平位置的投影面称水平投影面，用 *H* 表示；处于正立位置的投影面称为正立投影面，用 *V* 表示；处于侧立位置的投影面称为侧立投影面，用 *W* 表示。三个互相垂直相交投影面的交线称为投影轴，分别是 *OX*、*OY* 轴、*OZ* 轴，三个投影轴 *OX*、*OY*、*OZ* 相交于一点 *O*，称为原点。

（二）正投影图形成

如图2-11所示，现将长方体放置于三投影面体系中，使长方体上、下面平行于 H 面；前、后面平行于 V 面；左、右面平行于 W 面。再用正投影法将长方体向 H 面、V 面、W 面投影，在三组不同方向平行投影线的照射下，得到长方体的三个投影图，称为长方体的正投影图。

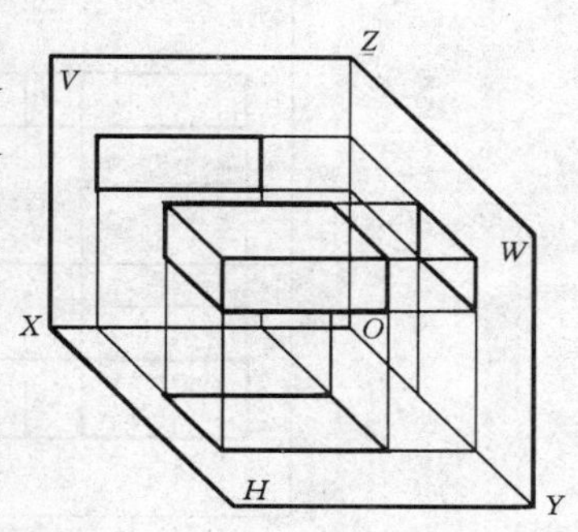

图2-11　正投影的形成

长方体在水平投影面的投影为一矩形，称为长方体的水平投影图。它既是长方体上、下面投影的重合，矩形的四条边也是长方体前、后面和左、右面投影的积聚。由于上、下面平行于 H 面，所以，它又反映了长方体上、下面的真实形状以及长方体的长度和宽度。但是它反映不出长方体的高度（图2-11）。

长方体在正立投影面的投影也为一矩形，称为长方体的正面投影图。它既是长方体前、后面投影的重合，矩形的四条边也是长方体上、下面和左、右面投影的积聚。由于前、后面平行于 V 面，所以它又反映了长方体前、后面的真实形状以及长方体的长度和高度。但是它反映不出长方体的宽度（图2-11）。

长方体在侧立投影面的投影为一矩形，称为长方体的侧面投影图。矩形是长方体左、右面投影的重合，矩形的四条边又分别是长方体上、下面和前、后面投影的积聚。由于长方体左、右面平行于 W 面，所以它又反映出长方体左、右面的的真实形状以及长方体的宽度和高度（图2-11）。

由此可见，物体在相互垂直的投影面上的投影，可以比较完整地反映出物体的上面、正面和侧面的形状。

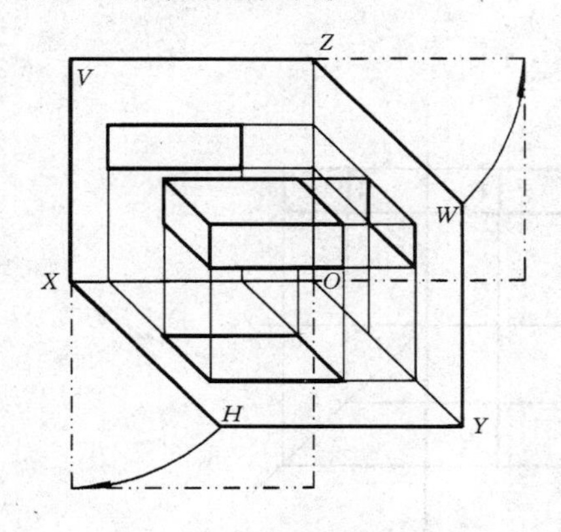

图2-12　投影体系展开

（三）投影面展平规则

图2-11所示的是长方体的正投影图形成的立体图，为了使三个投影图绘制在同一平面图纸上，方便作图，须将三个互相垂直相交的投影面展平到同一平面上。

展平规则：V 面不动，H 面绕 OX 轴向下旋转90°；W 面绕 OZ 轴向后旋转90°，使它们与 V 面展成在一平面上，如图2-12所示。这时 Y 轴分为两条，一根随 H 面旋转到 OZ 轴的正下方与 OZ 轴在同一直线上，用 Y_H 表示；一根随 W 面旋转到 OX 轴的正右方与 OX 轴在同一直线上，用 Y_W 表示，如图2-13（*a*）所示。

H、V、W 面的位置是固定的，投影面的大小与投影图无关。在实际绘图时，不必画出投影面的边框，也不必注写 H、V、W 字样，如图2-13（*b*）所示。待到对投影知识熟知后，投影轴 OX、OY、OZ 也不必画出。

（四）正投影图规律

在物体的三面投影图中，如图2-13所示：

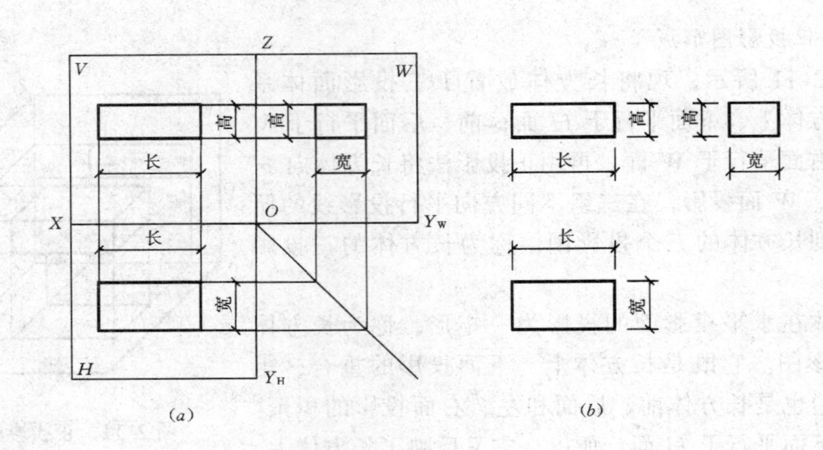

图 2-13　展开后正投影图

（*a*）正投影图；（*b*）无轴正投影图

(1) 水平投影图和正面投影图在 *X* 轴方向都反映长方体的长度，它们的位置左右应对正，即为“长对正”。

(2) 正面投影图和侧面投影图在 *Z* 轴方向都反映长方体的高度，它们的位置上下应对齐，即为“高平齐”。

(3) 水平投影图和侧面投影图在 *Y* 轴方向都反映长方体的宽度，这两个宽度一定相等，即为“宽相等”。

归纳起来，正投影图规律是：长对正、高平齐、宽相等。

物体在三投影面体系中的上下、左右、前后六个方位的位置关系，如图 2-14 所示，每个投影图可相应反映出四个方位。根据投影图的方位，可以判断点、线、面的相对位置，对识读工程图样很有帮助。

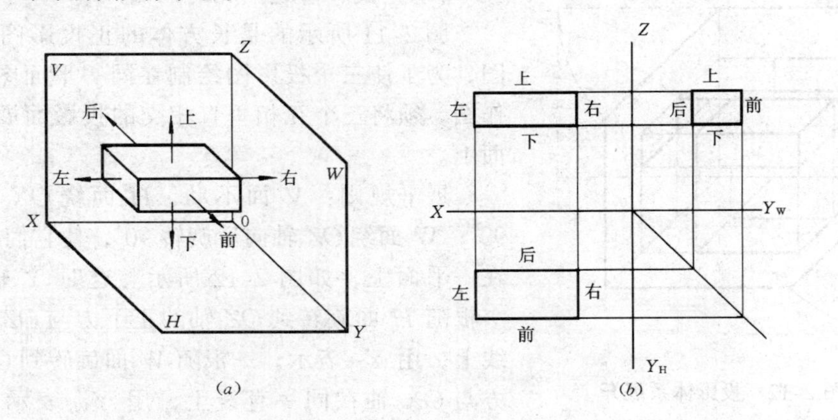

图 2-14　物体在投影体系中的方位

（*a*）直观图；（*b*）投影图

三、镜像投影

在实际工程中，建筑物的某些工程构造的装饰图形直接用正投影法绘制时，难于表达其真实情况，容易造成误解。对于这类图样可采用与正投影法不同的镜像投影法绘制。

（一）镜像投影的形成

假设将玻璃镜置于物体下面代替水平投影面 H，在镜面中得到反映物体底面形状的平面图形，称为镜面投影图，如图 2-15 所示，在图名后注写“镜像”二字。

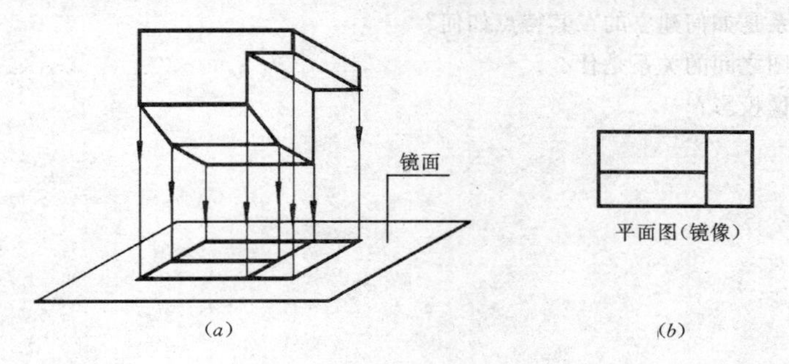

图 2-15　镜像投影法

（a）镜像投影的形成；（b）平面图（镜像）

（二）镜像投影图的应用

用镜像投影法绘制建筑室内顶棚的装饰平面图。

对顶棚平面图的表现若采用正投影法绘制，如图 2-16（b）所示，吊顶图样均为虚线，不利于识读图样；若采用仰视法绘制，如图 2-16（c）所示，吊顶图样与实际情况相反，易造成施工误解，采用镜像投影法，将地面视为一面玻璃镜，从中得到正确的顶棚平面图（镜像），如图 2-16（d）所示。

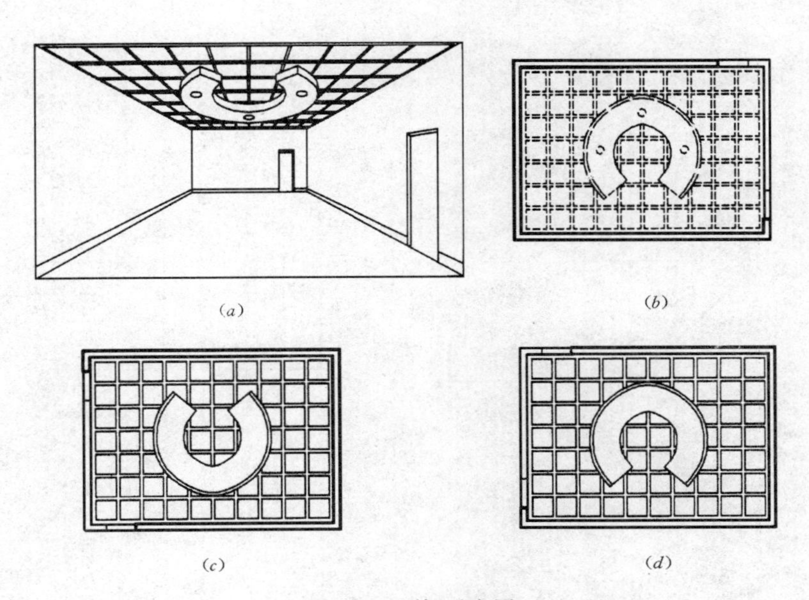

图 2-16　顶棚示意图

（a）吊顶透视图；（b）用正投影法绘制顶棚平面图；

（c）用仰视法绘制顶棚；（d）用镜像投影法绘制顶棚平面图

复 习 思 考 题

1. 投影分成几类？其特点是什么？
2. 平行投影特性有哪些？
3. 投影面体系是如何建立的？其特点如何？
4. 三面投影图之间的关系是什么？
5. 什么是镜像投影？

第3章　点、直线、平面的投影

在投影理论中，对于物体只研究其形状、大小、位置，而它的物理性质、化学性质等都不涉及到，这种物体称为形体。任何形体都是由点、线、面基本元素构成的，点是构成形体的最基本的元素，点的投影是研究线、面、体投影的基础。

第1节　点 的 投 影

一、点的投影

如图3-1所示，过空间点 A 向投影面 H 作投影线，该投影线与投影面的交点 a，即是点 A 在 H 投影面上的投影，仅凭 a 不能确定点 A 的位置。

点的投影仍然是点。

二、点的三面投影

如图3-2所示，作出点 A 在三投影面体系中的投影。过点 A 分别向 H 面、V 面和 W 面作投影线，投影线与投影面的交点 a、a'、a''，就是点 A 的三面投影图。点 A 在 H 面上的投影 a，称为点 A 的水平投影；点 A 在 V 面上的投影 a'，称为点 A 的正面投影；点 A 在 W 面上的投影 a''，称点 A 的侧面投影。

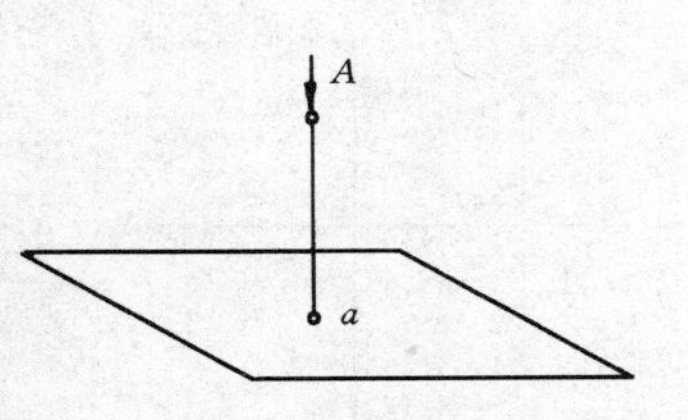

图3-1　点的投影形成

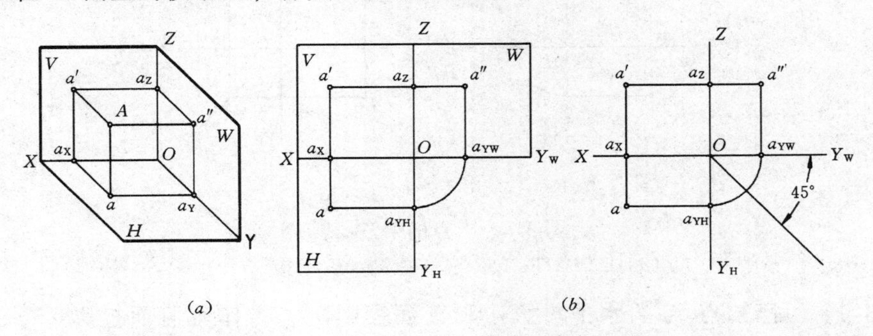

图3-2　点的三面投影图

（a）直观图；（b）投影图

在投影法中，空间点用大写字母表示，而其在 H 面的投影用相应的小写字母表示，在 V 面的投影用相应的小写字母右上角加一撇表示，在 W 面的投影用相应的小写字母右上角加两撇表示。如点 A 的三面投影，分别是用 a、a'、a''表示。

三、点的投影规律

在图 3-2 中，过空间点 A 的两点投影线 Aa 和 Aa' 决定的平面，与 V 面和 H 面同时垂直相交，交线分别是 $a'a_x$ 和 aa_x，因此，OX 轴必然垂直于平面 $Aa a_x a'$，也就是垂直于 aa_x 和 $a'a_x$。aa_x 和 $a'a_x$ 是互相垂直的两条直线，即 $aa_x \perp a'a_x$、$aa_x \perp OX$、$a'a_x \perp OX$。当 H 面绕 OX 轴旋转至与 V 面成为一平面时，点的水平投影 a 与正面投影 a' 的连线就成为一条垂直于 OX 轴的直线，即 $aa' \perp OX$（图 3-2b）。同理可分析出，$a'a'' \perp OZ$。a_y 在投影面展平之后，被分为 a_{yH} 和 a_{yW} 两个点，所以 $aa_{yH} \perp OY_H$，$a''a_{yw} \perp OY_w$，即 $aa_x = a''a_Z$。

从上面分析可以得出点在三投影面体系中的投影规律：

(1) 点的水平投影和正面投影的连线垂直于 OX 轴，即：$aa' \perp OX$。

(2) 点的正面投影和侧面投影的连线垂直于 OZ 轴，即：$a'a'' \perp OZ$。

(3) 点的水平投影到 X 轴的距离等于点的侧面投影到 Z 轴的距离，即 $aa_x = a''a_z$。

这三条投影规律，就是被称为“长对正、高平齐、宽相等”的三等关系。它也说明，在点的三面投影图中，每两个投影都有一定的联系性。只要给出点的任何两面投影，就可以求出第三个投影。

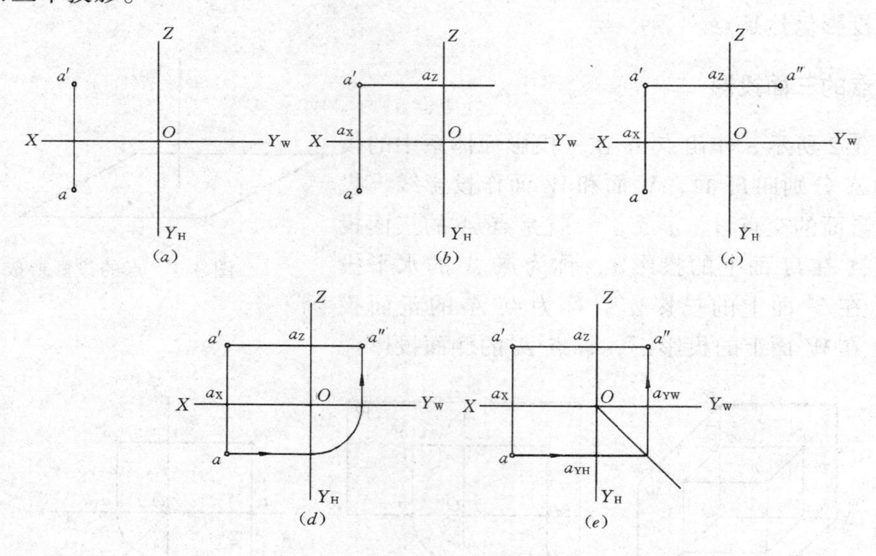

图 3-3　求点的第三投影

（a）已知条件；（b）、（c）、（d）、（e）作图方法

【例 3-1】　已知点 A 的水平投影 a 和正面投影 a'，求作其侧面投影 a''，如图 3-3（a）所示。

分析：已知 A 点的两个投影，根据投影规律求出 a''。

作图：

(1) 过 a' 引 OZ 轴的垂线 $a'a_z$（图 3-3b）；

(2) 在 $a'a_z$ 的延长线上截取 $a_z a'' = aa_x$，a'' 即为所求。

如图 3-3（d）、（e）中，箭头所示步骤。

四、点的坐标

在图 3-2（a）中，四边形 Aaa_xa'是矩形，Aa 等于 $a'a_x$，即 $a'a_x$ 反映点 A 到 H 面的距离；Aa'等于 aa_x，即 aa_x 反映点 A 到 V 面的距离。由此可知：点到某一投影面的距离，等于该点在另一投影面上的投影到相应投影轴的距离。

在 H、V、W 投影体系中，若把 H、V、W 投影面看成坐标面，三条投影轴相当于三条坐标轴 OX、OY、OZ，三轴的交点为坐标原点。空间点到三个投影面的距离就等于它的坐标，也就是点 A 到 W 面、V 面和 H 面的距离 Aa''、Aa'、和 Aa 称为 x 坐标、y 坐标和 z 坐标。空间点的位置可用 A（x，y，z）形式来表示，很明显，A 点的水平投影 a 的坐标是（x，y，0）；正面投影 a'的坐标是（x，0，z）；侧面投影 a''的坐标是（0，y，z）。

如图 3-4 所示：

$Aa''=aa_{yH}=a'a_z=oa_x$ （点 A 的 x 坐标）

$Aa'=aa_x=a''a_z=oa_y$ （点 A 的 y 坐标）

$Aa=a'a_x=a''a_{yw}=oa_z$ （点 A 的 z 坐标）

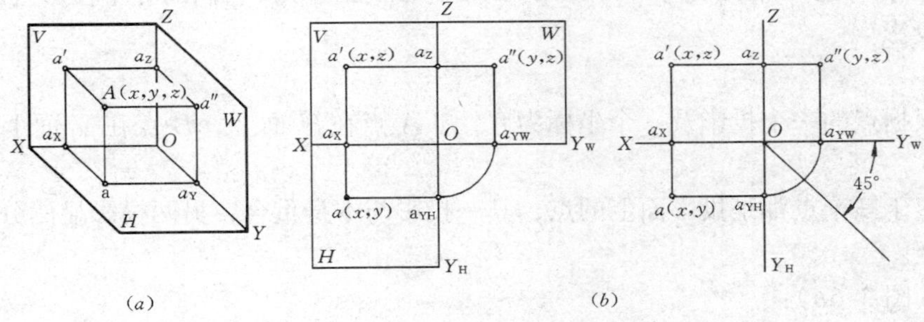

图 3-4 点的投影与直角坐标的关系

（a）直观图；（b）投影图

显然，空间点的位置不仅可以用其投影确定，也可以由它的坐标确定。若已知点的三面投影，就可以量出该点的三个坐标；或已知点的坐标，就可以作出该点的三面投影。

【例 3-2】 已知点 A 的坐标（15，10，20），点 B 的坐标（5，15，0），求作 A、B 两点的三面投影图。

分析：根据已知条件：A 点的坐标 $x_A=15$，$y_A=10$、$z_A=20$；B 点的坐标 $x_B=5$，$y_B=15$，$z_B=0$，由于点的三个投影与点的坐标关系：a（x，y）、a'（x，z）、a''（y，z），因此可作出点的投影。

作图：

（1）作出投影轴，即坐标轴。在 OX 轴上截取 x 坐标 15，过截取点 a_x 引 OX 轴的垂线。则 a（15，10）和 a'（15，20）必在这条垂线上，如图 3-5（a）；

（2）在作出的垂线上，截取 $y_A=10$ 得 a，截取 $z_A=20$ 得 a'（图 3-5b）；

（3）过 a'引 OZ 轴的垂线 $a'a_z$，从 OZ 向右截取 $y_A=10$ 得 a''（图 3-5c）；

（4）同法作 B 点的投影，因 $z_B=0$，B 点在 H 面上，b'在 OX 轴上，b''在 OY_w 轴

上。

从图 3-5 中可知：

当空间位于投影面上，它的一个坐标等于零，它的三个投影中必有两个投影位于投影轴上；当空间点位于投影轴上，它的两个坐标等于零，它的投影中有一个投影位于原点；当空间点在原点上，它的坐标均为零，它的投影均位于原点上。在投影面、投影轴或坐标原点上的点，称为特殊位置点。

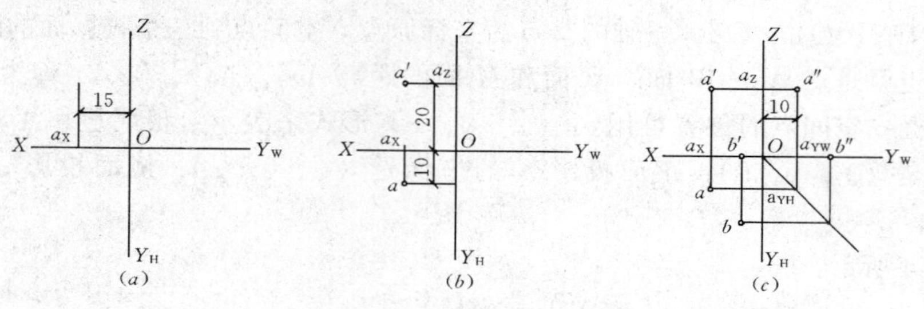

图 3-5　根据坐标作三面投影

【例 3-3】　已知点 A 的 $z=0$，B 的 $y=0$、C 的 $x=0$ 及它们的一个投影（图 3-6a），求它们的投影。

分析：

（1）根据点的一个投影及一个坐标为 0，知 A 点在 H 面上，B 点在 V 面上，C 点在 W 面上；

（2）由于三个点都是投影面上的点，其一投影与本身重合，另两投影显然分别在相应的投影轴上。

作图（图 3-6b）：

（1）过 a 向 OX 轴引垂线，垂足即 a'；由 a 向 OY_H 引垂线，交 OY_H 于 a_{Y_H}，以 O 为圆心，以 Oa_{YH}为半径画弧，交 OY_w 于 a''；

（2）过 b'向 OX 轴引垂线，垂足即 b；由 b'向 OZ 引垂线，垂足即为 b''；

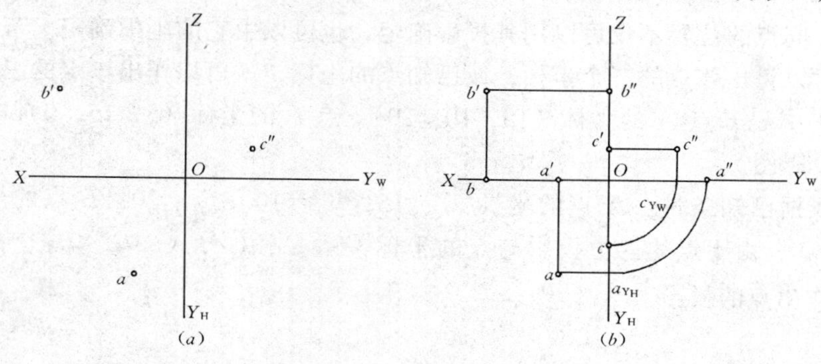

图 3-6　根据投影和坐标作两面投影

（a）已知条件；（b）作图方法

（3）由 c''向 OZ 轴引垂线，垂足即 c'；由 c''向 OY_W 引垂线，交 OY_W 于 c_{YW}，以 O 为圆心，以 Oc_{Y_W}为半径画弧，交 OY_H于 c。

五、两点相对位置及可见性判断

(一) 两点相对位置

两点相对位置，是指两点间的上下、左右和前后关系，可利用它们在投影图中各组同名投影的坐标值来判断。

也就是：x 坐标值大者在左，小者在右；y 坐标值大者在前，小者在后；z 坐标值大者在上，小者在下。在 V 面投影反映其左右、上下关系；在 H 面投影反映其前后、左右关系；在 W 面投影反映其前后、上下关系（图 3-7）。

在图 3-8 中，$oa_x > ob_x$、$oa_{yH} > ob_{yH}$、$oa_Z > ob_Z$，故点 A 在 B 的左前上方。

【例 3-5】 点 B 在点 A 的正前方 10 处，求作点 B 的投影图（图 3-9a）。

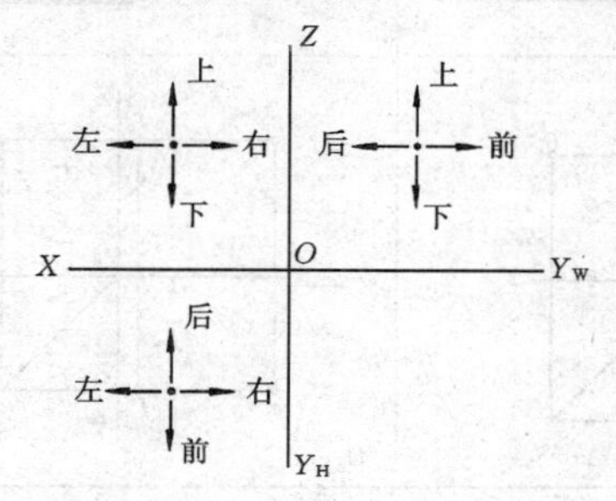

图 3-7 点在投影图中的方位

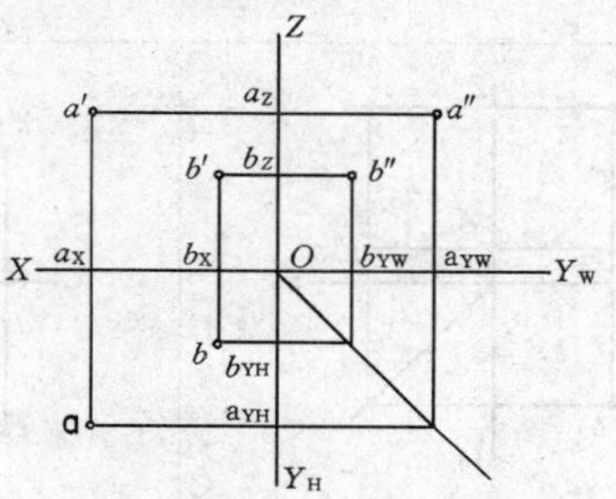

图 3-8 两点相对位置

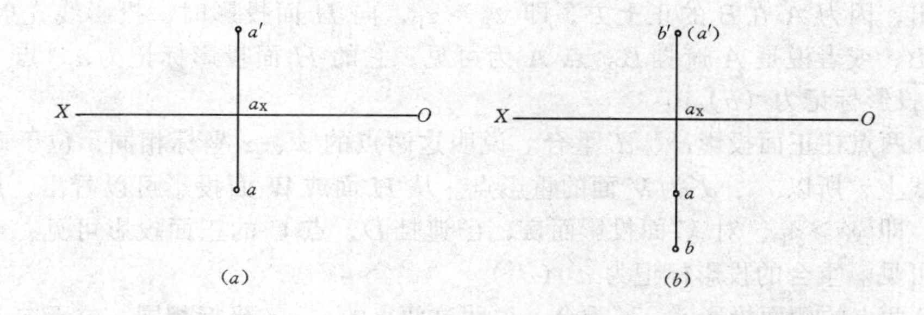

图 3-9 已知点 B 对已知点 A 的相对位置，求 B 的投影

(a) 已知条件；(b) 作图方法

分析：由于点 B 在点 A 的正前方，说明点 B 的 x、z 坐标都与点 A 相同，只是 y 坐标较点 A 起前 10，因此，B 点的正面投影 b' 重合于 A 点的正面投影 a'，而 H 面投影 b 距 OX 轴较 a 远 10。

作图（图 3-9b）：

(1) b' 重合于 a'；

(2) 延长 $a_x a$，在延长线上截取 $ab=10$。

为简单起见，在画法几何中给出的未加标明的线性尺寸的数据，一律以毫米为单位。

(二) 点的重影及可见性判断

若两点位于某一投影面的同一条投影线上，则它们在该投影面上的投影必然重合，这两点投影称为该投影的重影点。

在表 3-1 中：

在投影面的重影点 **表 3-1**

	H 面的重影点	V 面的重影点	W 面的重影点
直观图	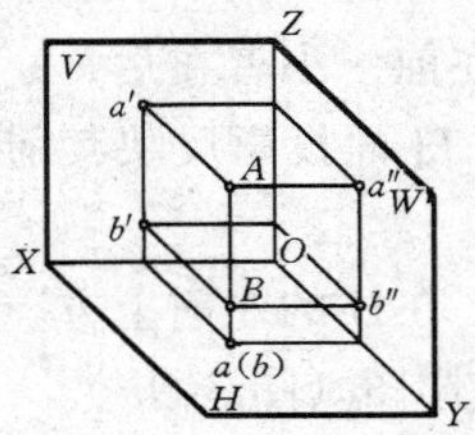	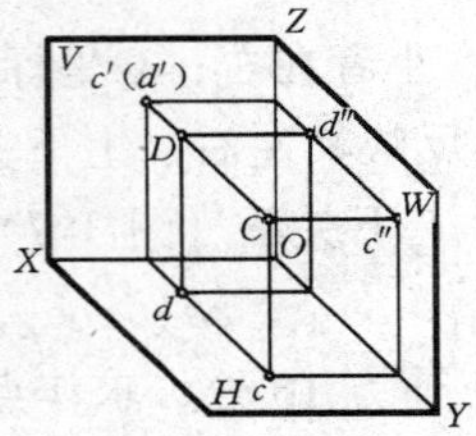	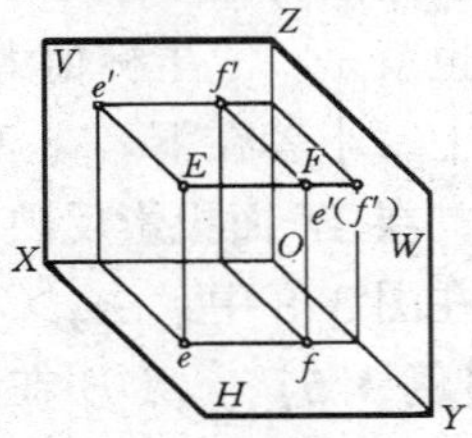
投影图	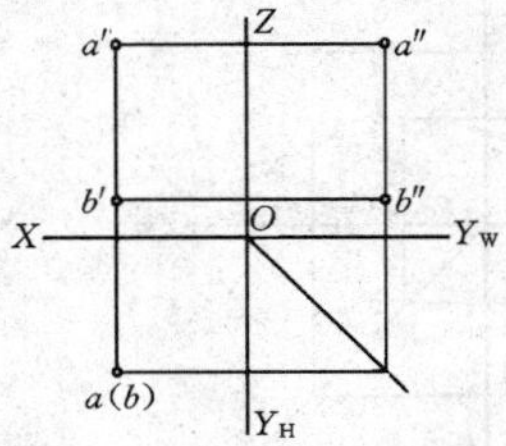	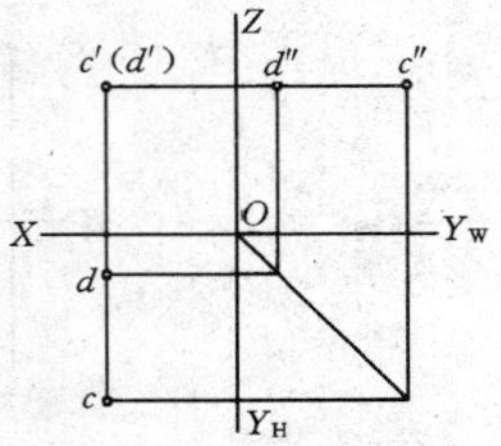	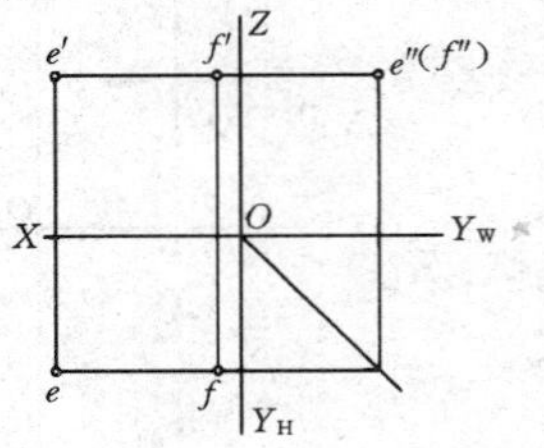

A、B 两点的水平投影 a、b 重合。说明这两点的 x、y 坐标相同，位于 H 面的同一条投影线上，所以 a、b 为 H 面的重影点。A、B 两点的相对高度，可在 V 面投影或 W 面投影看出，因为 A 在 B 的正上方，即 $z_A > z_B$，向 H 面投影时，投影线先射到点 A，后射到点 B，或者说是 A 遮挡 B。点 A 为可见，它的 H 面投影标记为 a，点 B 为不可见，其 H 投影标记为（b）。

C、D 两点在正面投影 c'、d' 重合。说明这两点的 x、z 坐标相同，位于向 V 面的同一投影线上，所以 c'、d' 为 V 面的重影点。从 H 面或 W 面投影可以看出，点 C 在点 D 的前方，即 $y_C > y_D$，对 V 面投影而言，C 遮挡 D，点 C 的正面投影可见，点 D 的正面投影不可见。重合的投影标记为 c'（d'）。

E、F 两点的侧面投影 e''、f'' 重合。说明这两点的 y、z 坐标相同，位于向 W 面的同一投影线上。所以 e''、f'' 为 W 面的重影点。从 H 面或 W 面投影可以看出，点 E 在点 F 的左方，即 $x_E > x_F$，对 W 面投影而言，点 E 可见，点 F 为不可见，重合的投影标记为 e''（f''）。

由以上分析可知，可见性是对一个投影面投影而言的，只有两点的某一投影重合为一点，才有可见与不可见的问题。要判定该投影的可见性，必须根据其他投影判定它们的位置关系，或根据该两点的坐标来确定，坐标大者为可见，坐标小者为不可见。

第 2 节　直线的投影

一、直线投影图作法

由初等几何可知：两点可以确定一直线，直线的投影可以由直线上任意两点的投影决定。若已知直线上的点 A（a，a'，a''）和 B（b，b'，b''），那么就可以画出线段 AB 的投影图（图 3-10）。

由此可知，求作直线的投影，只要作出直线上的两点投影，同面投影连线即可。

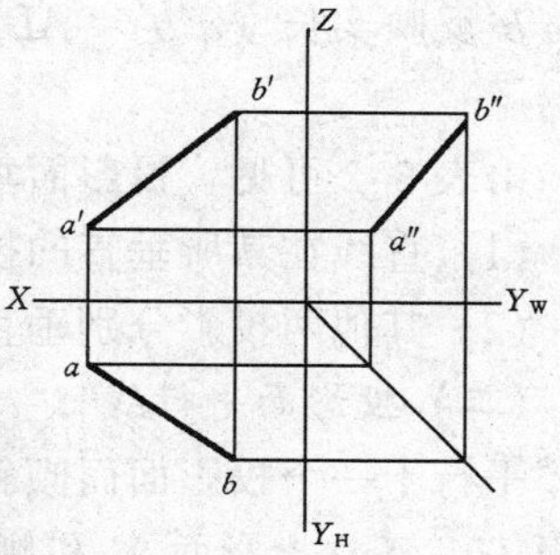

图 3-10　直线投影图作法

二、特殊位置直线

直线在三面投影体系中，当直线平行于一个投影面或直线垂直于投影面时，统称为特殊位置直线，前者称为投影面平行线，后者称为投影面垂直线。

（一）投影面垂直线

垂直于某一投影面的直线，称为投影面垂直线。将垂直于 H 面、V 面和 W 面的直线分别称为铅垂线、正垂线和侧垂线。它们的直观图、投影图和投影特性见表 3-2。

投　影　面　垂　直　线　　　　表 3-2

直线的位置	直　观　图	投　影　图	特　　性
垂直于 H 面（铅垂线）	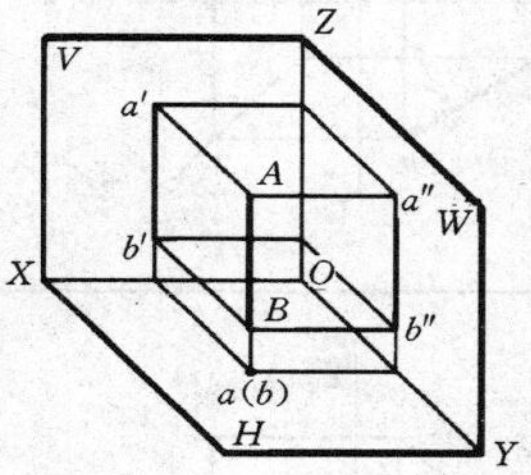	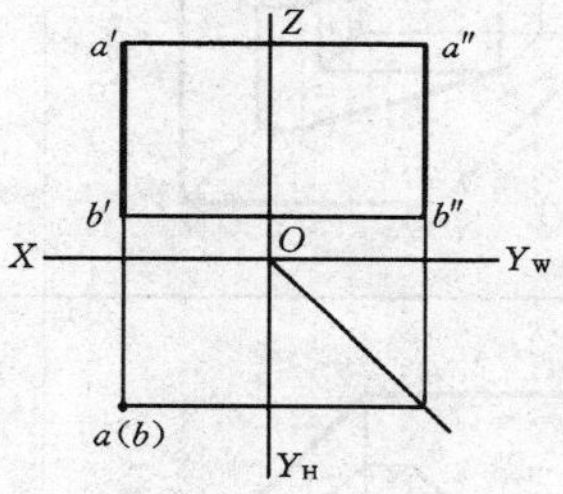	1. ab 积聚成一点 2. $a'b' \perp OX$ $a''b'' \perp OY_W$ 3. $a'b' = a''b'' = AB$
垂直于 V 面（正垂线）	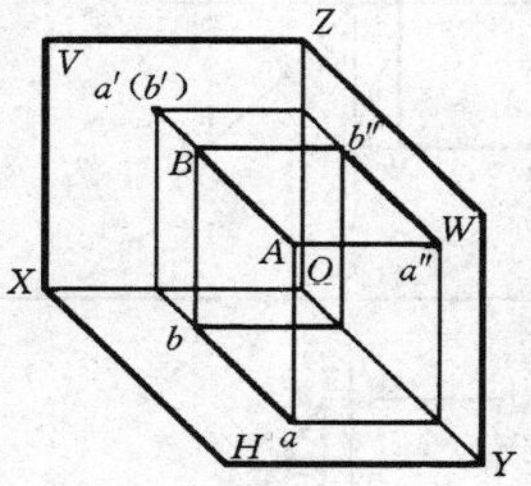	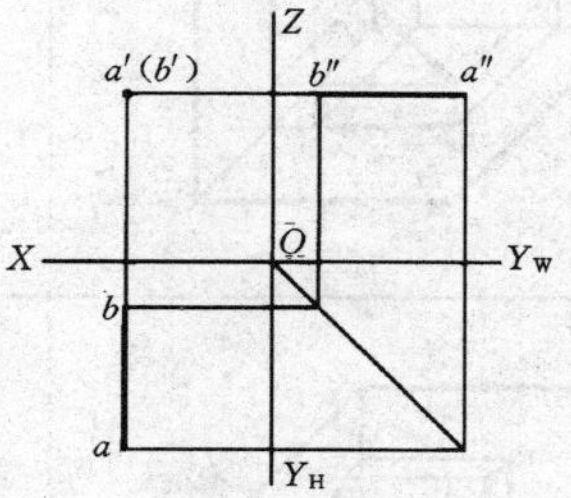	1. $a'b'$ 积聚成一点 2. $ab \perp OX$ $a''b'' \perp OZ$ 3. $ab = a''b'' = AB$
垂直于 W 面（侧垂线）	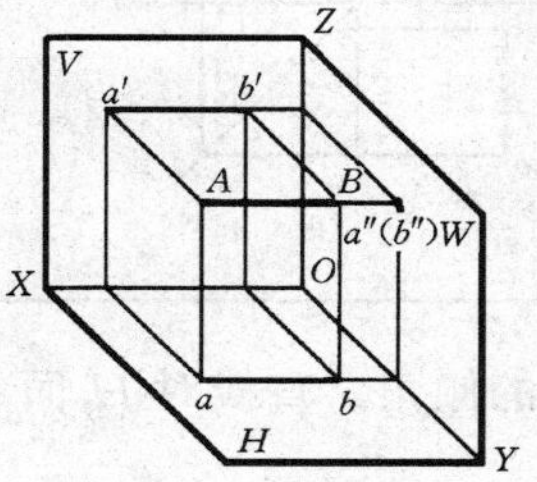	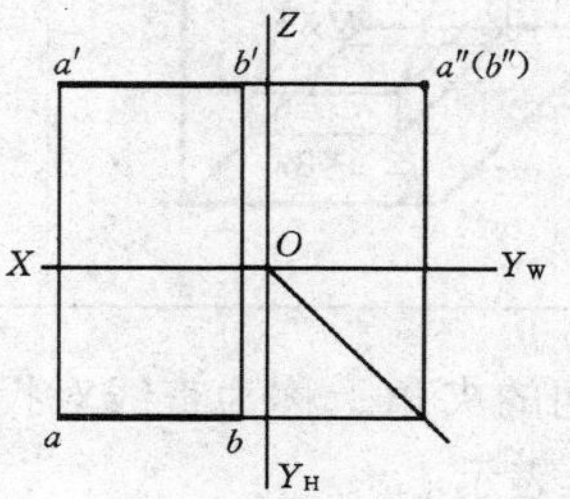	1. $a''b''$ 积聚成一点 2. $ab \perp OY_H$ $a'b' \perp OZ$ 3. $ab = a'b' = AB$

直线 AB 垂直于 H 面，其水平投影积聚为一点 a（b）；正面投影 $a'b'$ 垂直于 OX 轴，

且 $a'b'$ 反映实长（$a'b'=AB$）；侧面投影 $a''b''$ 垂直于 OY 轴，且 $a''b''$ 反映实长（$a''b''=AB$）。

由表 3-2 可见，投影面垂直线的投影特性为：

(1) 直线在其所垂直的投影面投影积聚为一点；

(2) 其他两投影分别垂直于相应的投影轴，且反映线段的实长。

（二）投影面平行线

平行于一个投影面而倾斜于另两个投影面的直线，称为投影面平行线。平行于水平投影面 H、正立投影面 V 和侧立投影面 W 的直线，分别称为水平线、正平线和侧平线。它们的直观图、投影图和投影特性见表 3-3。

投 影 面 平 行 线 **表 3-3**

直线的位置	直 观 图	投 影 图	特 性
平行于 H 面（水平线）	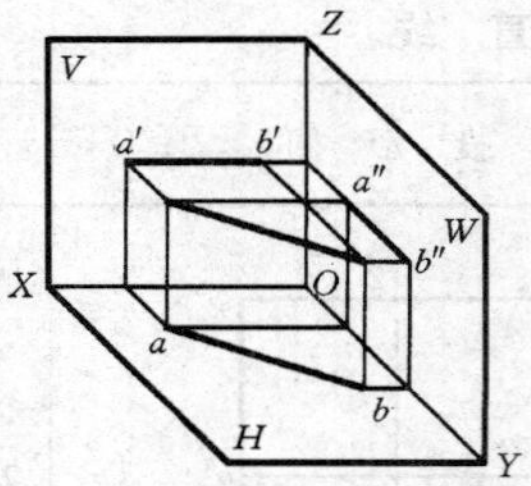	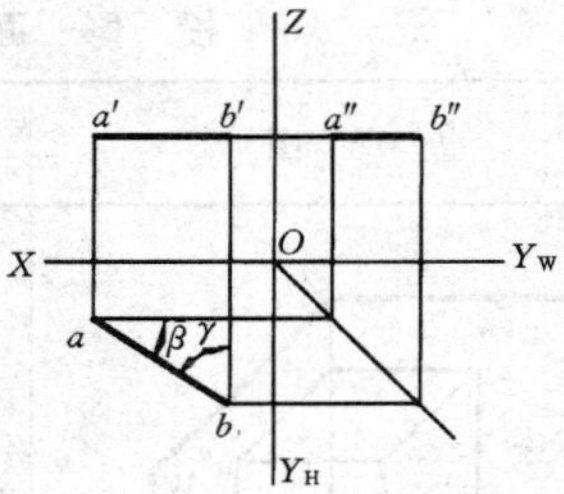	1. $a'b' /\!/ OX$ $a''b'' /\!/ OY_W$ 2. $ab=AB$ 3. 反映 β、γ 实角
平行于 V 面（正平线）	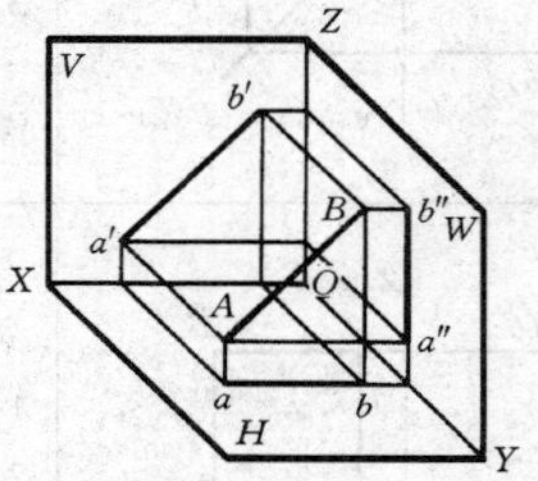	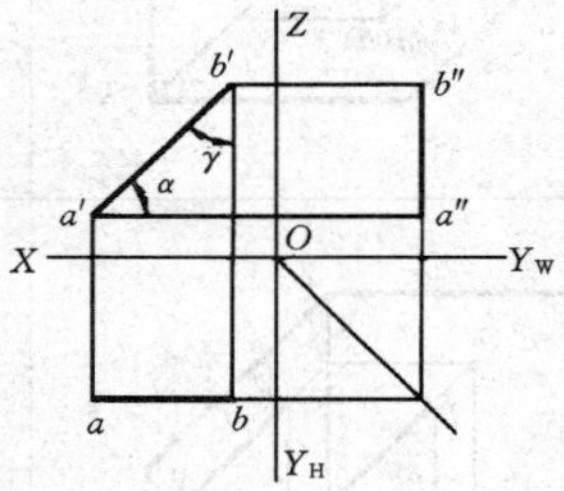	1. $ab /\!/ OX$ $a''b'' /\!/ OZ$ 2. $a'b'=AB$ 3. 反映 α、γ 实角
平行于 W 面（侧平线）	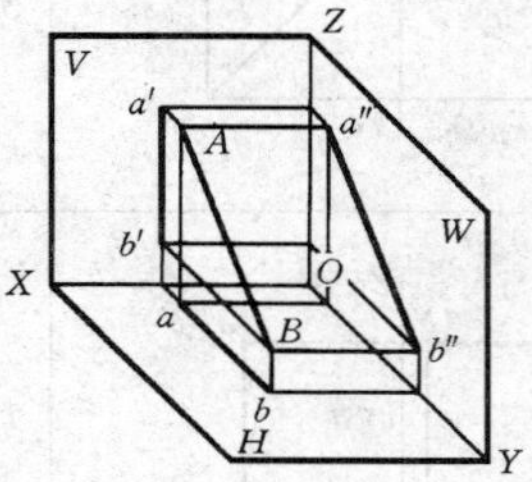	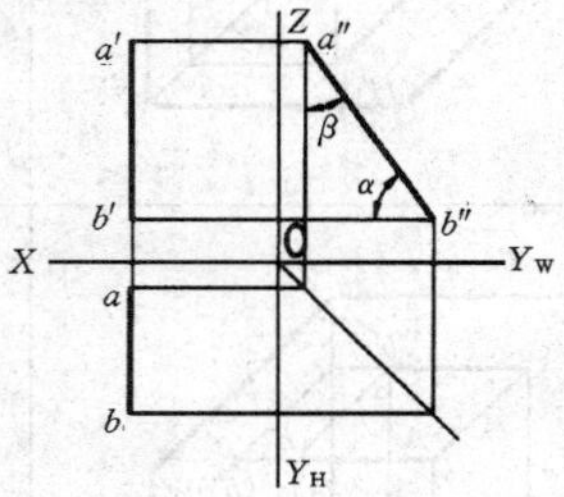	1. $a'b' /\!/ OZ$ $ab /\!/ OY$ 2. $a''b''=AB$ 3. 反映 α、β 实角

直线与投影面之间的夹角，称为直线对投影面的倾角。直线对 H 面、V 面和 W 面的倾角分别用 α、β 和 γ 表示。

在表 3-3 中，直线 AB 平行于 H 面，水平投影 ab 反映线段 AB 的实长（$ab=AB$），ab 和 OX 轴的夹角反映直线与正立投影面 V 的倾角 β，ab 与 OY_H 轴的夹角反映直线与侧

立投影面 W 的倾角 γ。直线 AB 的正面投影 $a'b'$ 平行于 OX 轴，侧面投影 $a''b''$ 平行于 OY_W 轴。

由表 3-3 可知，投影面平行线的投影特性为：

(1) 直线在所平行的投影面投影反映实长，此投影与投影轴的夹角，反映直线与相应投影面的倾角；

(2) 直线的其他两投影平行于相应的投影轴，但不反映实长。

【例 3-4】 已知直线 AB 的水平投影 ab，并知 AB 对 H 面的倾角为 30°，A 距水平投影面 H 为 5，A 在 B 的左下方，求 AB 的正面投影 $a'b'$（图 3-11a）。

分析：由 AB 的水平投影 ab 可知 AB 是正平线；正平线的正面投影与 OX 轴的夹角反映直线与 H 面的倾角。又知点到水平投影面 H 的距离等于正面投影到 OX 轴的距离，可以求出 a'。

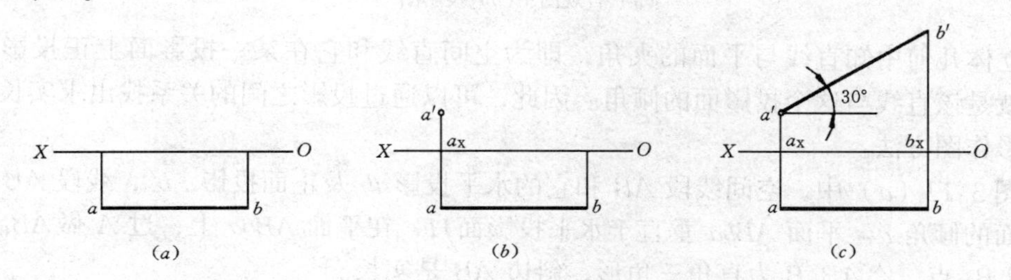

图 3-11　求正平线的一投影
(a) 已知条件；(b)、(c) 作图方法

作图（图 3-11b、c）：

(1) 过 a 作 OX 轴的垂线 aa_x，在 aa_x 的延长线上截取 $a'a_x=5$（图 3-11b）；

(2) 过 a' 作与 OX 轴成 30°的直线，与过 b 作 OX 轴垂线 bb_x 的延长线相交，因 A 在 B 的左下方，得 b'（图 3-11c）。

三、一般位置直线

(一) 投影特性

在图 3-12 中，直线 AB 与三个投影面都倾斜，称为一般位置直线。

一般位置直线的投影特性：

(1) 直线倾斜于投影面，故三个投影均倾斜于投影轴；

(2) 直线的三个投影与投影轴的夹角，均不反映直线与任何投影面的倾角，α、β、γ 均为锐角；

(3) 各投影的长度小于直线（AB）的实长，它们分别是：

$$ab = AB\cos\alpha$$
$$a'b' = AB\cos\beta$$
$$a''b'' = AB\cos\gamma$$

(二) 一般位置直线的实长和倾角的求法

一般直线 AB 与三个投影面均倾斜，其投影均不反映线段的实长及其对投影面的倾角。为求出直线上两点间线段的实长及其对投影面的倾角，用直角三角形法求解。

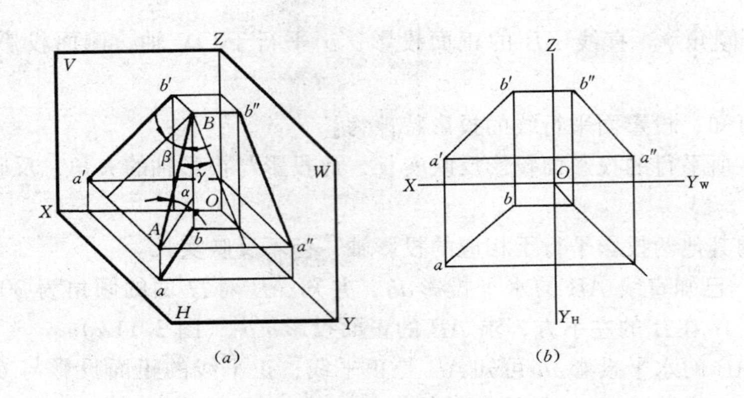

图 3-12　一般位置直线

（a）直观图；（b）投影图

在立体几何中知直线与平面的夹角，即为空间直线和它在某一投影面上正投影的夹角，也就是该直线与这个投影面的倾角。因此，可以通过投影之间的关系找出求实长和倾角的投影作图方法。

在图 3-13（a）中，空间线段 AB 和它的水平投影 ab 及正面投影 $a'b'$，线段 AB 与水平投影面的倾角 α。平面 $ABba$ 垂直于水平投影面 H，在平面 $ABba$ 上，过 A 做 $AB_0 /\!/ ab$ 交 Bb 于 B_0 点。$\triangle AB_0B$ 为直角三角形，斜边 AB 是实长。

在直角三角形 AB_0B 中：$\angle BAB_0 = \alpha$，

$AB_0 = ab =$ 线段的水平投影

$BB_0 = Bb - Aa = z_B - z_A = \triangle z$

其中 $z_B - z_A$ 为 B 与 A 到 H 面的距离差。

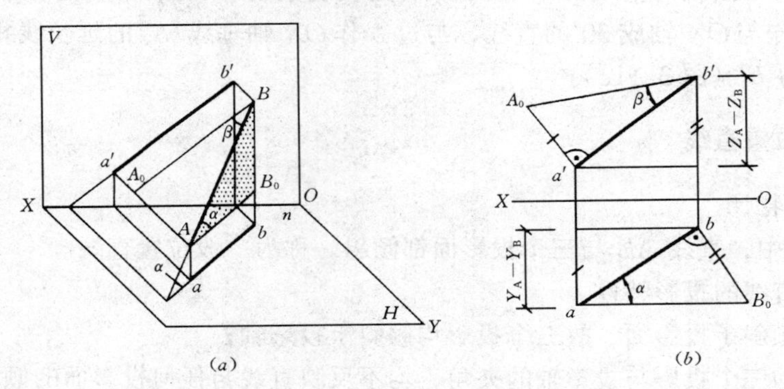

图 3-13　求一般位置直线 AB 的实长和倾角

（a）直观图；（b）投影图

在图 3-13（b）中，ab、$a'b'$ 均为已知，因此知道了它们的坐标值。故只需利用一个投影及线段两点对该投影面的坐标差为两条直角边作直角三角形，其斜边为线段的实长，斜边与投影的夹角是直线对该投影面的倾角。

直角三角形法求一般线段 AB 的实长和倾角 α 的作法为：过端点 b（或 a）作 ab 的垂线；在垂线上量取 $bB_0 = z_B - z_A$（或 $aA_0 = z_B - z_A$），连 aB_0（或 bA_0）即为线段 AB

的实长，aB_0 与 ab 的夹角即是直线 AB 对 H 面的倾角 α。

同理可得出求 AB 线对 V 面倾角 β 的直角三角形作法，如图 3-13 所示。

在图 3-13（a）中，过点 B 引 BA_0 平行于 $a'b'$，则三角形 BA_0A 为直角三角形，其斜边是空间线段 AB，AB 与 A_0B 的夹角 β，即是线段 AB 对正立投影面 V 的倾角。

在直角三角形 BA_0A 中：$\angle ABA_0=\beta$

$BA_0=a'b'=$ 线段的正面投影

$AA_0=Aa'-Bb'=y_A-y_B=\triangle y$

在图 3-13（b）中，以 $a'b'$ 为一直角边，过 a'（或 b'）作 $a'b'$ 的垂线；在该垂线上量取 $a'A_0=y_A-y_B$，连 A_0b'，即为线段 AB 的实长，$b'A_0$ 与 $a'b'$ 的夹角即是 AB 对 V 面的倾角 β。

由此可知，利用投影图，求线段的实长和 α 角时，一般以水平投影 ab 为一直角边，以正面投影 $a'b'$ 两端点到 OX 轴的距离差为另一直角边作直角三角形；若求线段的实长和 β 角时，以正面投影 $a'b'$ 为一直角边，以水平投影 ab 两端点到 OX 轴的距离差为另一直角边作直角三角形。若只求实长，利用水平投影或正面投影作直角三角形均可。

在以上求一般线段的实长和倾角的直角三角形法中：直角三角形法是由四个参数构成，即（1）线的实长；（2）投影长；（3）线段另一投影两点到投影轴的距离差（即坐标差）；（4）直线与投影面的倾角。已知任意两个参数，便可求出其余两个参数，如表 3-4 所示。

直角三角形法参数关系　　　表 3-4

直线的投影	坐标差	倾　角	简　　图
H 面投影	$\triangle z$	α	AB　Δz　α　ab
V 面投影	$\triangle y$	β	AB　Δy　β　$a'b'$
W 面投影	$\triangle x$	γ	AB　Δx　γ　$a''b''$

【例 3-5】　已知点 A 和过点 A 的线段 AB 的 V 面投影以及线段与 H 面倾角 $\alpha=30°$，求作线段 AB 的 H 面投影，如图 3-14（a）所示。

分析：由线段 AB 的 $a'b'$ 可得 z 坐标差，又知线段与 H 面的倾角 $\alpha=30°$，即可作出直角三角形（一条边是 $\triangle z$，所对的锐角为 30°）。在直角三角形中可得到另一条直角边即 AB 的 ab 长度，再根据 b 和 b' 的连线垂直于 OX 轴的投影规律，即可定出 b 的位置，此题有两解。

作图（图 3-14b）：

（1）以 $\triangle z$ 为直角边，所对锐角 $\alpha=30°$ 作直角三角形，另一直角边即为 AB 的 H 面投影 ab 的长度；

（2）自 b' 作 OX 轴的垂线；以 a 为圆心，ab 为半径画弧，交垂线 b_1、b_2；

（3）连接 ab_1、ab_2。

ab_1、ab_2 为此题两解。

说明：解此类习题的关键是作直角三角

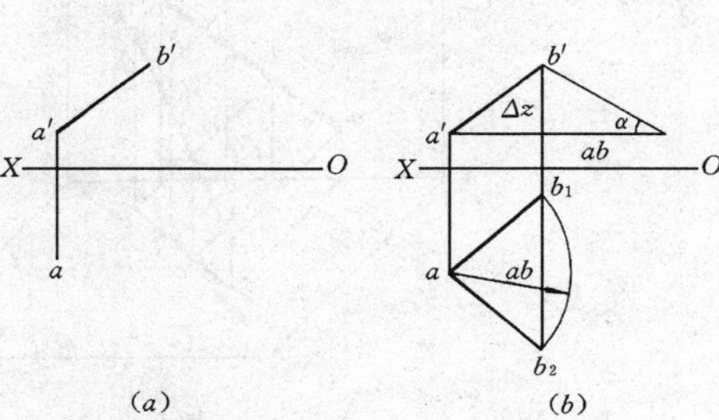

图 3-14　求作直线 AB 的水平投影

（a）已知条件；（b）作图方法

形，除直角外再有两个条件即可，如斜边和锐角；两直角边；直角边和锐角等。因此要从题目的已知条件中，分析出来可以构成直角三角形的因素，从而加以利用。如：

已知点 A 的投影，$AB=30$，$\alpha=60°$，求 AB 的二投影。

已知 $a'b'$，B 点的 H 面投影 b 及实长 L，求 AB 的 H 面投影。

已知点 A 的两个投影 a、a' 和 α、β，求过点 A 的直线（解此题可任设实长，利用 α、β 作出两个直角三角形，然后求出直线的方向，此题有多解）。

总之，解这类习题反复运用直角三角法，有的题目有多解，可以丰富空间想象力。

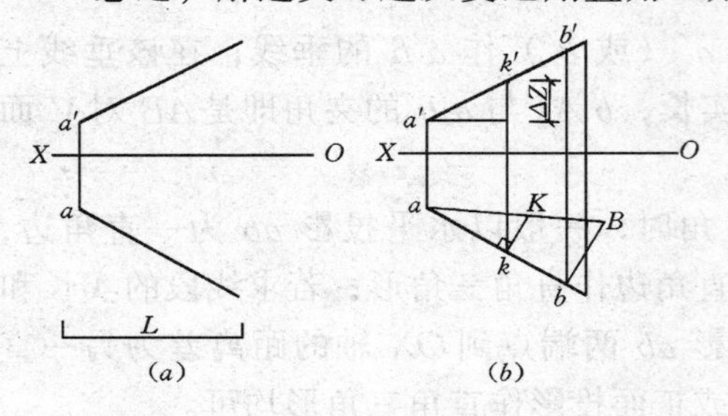

图 3-15　求作直线 AB 的两面投影

（a）已知条件；（b）作图方法

【例 3-6】　在已知直线上截取线段 AB 等于 L（图 3-15a）。

分析：已知线段 AB 的实长 L 及方向线段的投影，在方向线上任取一点 K，应用直角三角形法，求 AK 的边长，在 AK 上截取 aB 为 L 求出 B，再求出 b 和 b'。

作图（图 3-15b）：

（1）在已知直线上截取一线段 AK，并求出实长。以 ak 和 kK 为两直角边作直角三角形，kK 等于 A、K 两点到 H 的距离之差；

（2）在直角三角形的斜边上截取 aB 为已知长 L，从点 B 作直线平行于 kK 得点 b；这就是长度等于 L 所求线段的水平投影 ab；

（3）利用点 b 找到点 b'，$a'b'$ 是所求线段 AB 的正面投影。

四、直线上的点

属于直线上点的投影特点：

（一）点在直线上，其各面投影必在直线的同面投影上，且符合点的投影规律，如图 3-16 所示。

在图 3-16 中，e 在 ab 上，e' 在 $a'b'$ 上，所以空间点 E 在直线 AB 上。f 在 ab 上，但 f' 不在 $a'b'$ 上，所以空间点 F 不在直线 AB 上。

反之如果点的各个投影均在直线的同面投影上，且各投影符合点的投影规律，投影的

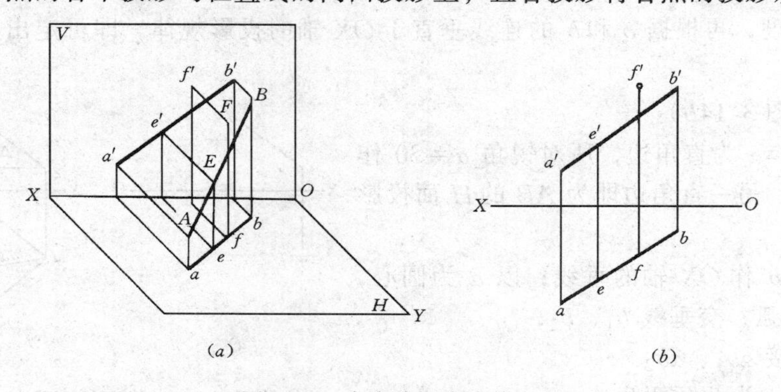

图 3-16　点在或不在直线上

（a）直观图；（b）点 E 在直线上，点 F 不在直线上

连线垂直于相应的投影轴，则该点属于该直线。

（二）点分直线段为一定比例的两段，则该点的投影分直线段的同面投影成相同比例的两段，这种性质称为定比性。

在图3-16（a）中，点E分空间线段AB为AE和EB两投影，其投影e分ab为ae和eb。设$AE:EB=m:n$，线段AB和通过AB所作的投影线与其投影形成一个垂直H面的平面$ABba$过线段上E点所作的投影Ee必然在这个平面内，$Aa /\!/ Bb /\!/ Ee$，线段AB与ab被一组平行投影线Aa、Bb、Ee所截割，所以$AE:EB=ae:eb=m:n$。同理可得：$a'e':e'b'=AE:EB=m:n$及$a''e'':e''b''=AE:EB=m:n$。

【例3-7】 已知线段AB的投影ab和$a'b'$，求作线段AB上一点C的投影，使$AC:CB=3:2$（图3-17a）。

分析：若点分线段成定比例，那末该点的投影分线段的同面投影为相同的比例，$AC:CB=ac:cb=a'c':c'b'=3:2$。利用平面几何作图方法把$ab$（或$a'b'$）分成3:2，从而求出点$C$，再根据点在直线上的投影特点，即可求出另一投影。

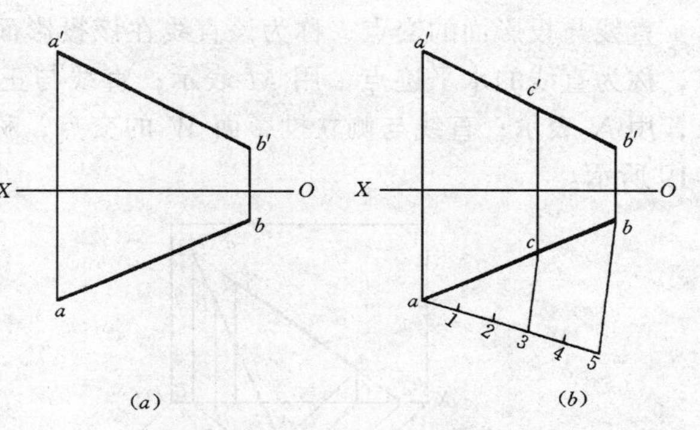

图3-17　求作线段上一点C的投影

（a）已知条件；（b）作图方法

作图（3-17b）：

（1）过点a作一直线，在直线上截取任意长度的五段相等的线段；

（2）连点5和b，过点3作$c3 /\!/ b5$与ab交于点c；

（3）过c作OX轴的垂线交$a'b'$于c'。因此，从点A量起，点C分线段成3:2。c、c'即是C的两面投影。

【例3-8】 已知线段EF的两面投影及其上点D的正面投影d'，求其水平投影d（图3-18a）。

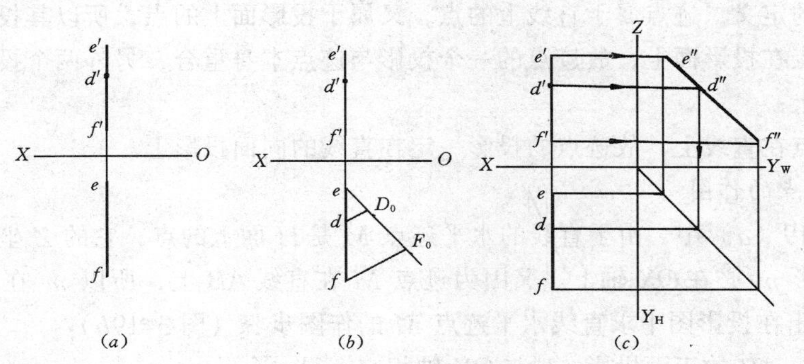

图3-18　补全线段EF上点D的投影

（a）已知条件；（b）（c）作图方法

分析：点D属于直线上的点，利用定比关系求作；还可以利用点的投影均应在直线的同面投影上，作出侧面投影来作。

作法一（图 3-18b）：

（1）过水平投影 ef 的 e 引任意直线 eF_0，在该线上定出 D_0 和 F_0 两点，使 $eD_0=e'd'$，$D_0F_0=d'f'$；

（2）连 fF_0，过 D_0 引直线平行于 fF_0 交 ef 于 d，即为所求。

作法二（图 3-18c）：

（1）补绘出直线的侧面投影 $e''f''$；

（2）根据点的投影，由 d' 求 d''，由 d'' 求出水平投影 d。

五、直线的迹点

（一）定义

直线与投影面的交点，称为该直线在该投影面上的迹点；直线与水平投影面 H 的交点，称为直线的水平迹点，用 M 表示；直线与正立投影面 V 的交点，为直线的正面迹点，用 N 表示；直线与侧立投影面 W 的交点，称为直线的侧面迹点，用 S 表示，如图 3-19 所示。

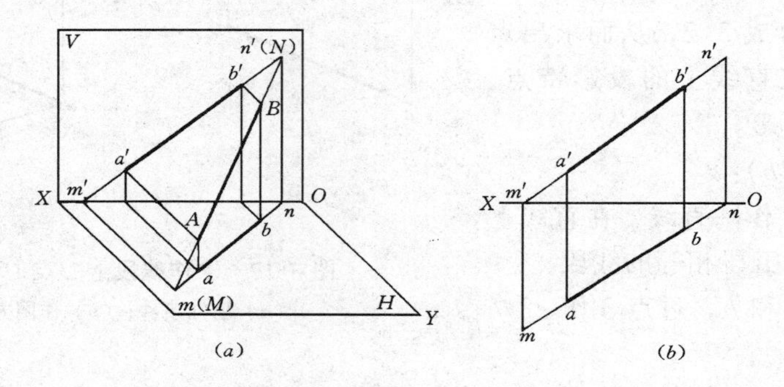

图 3-19　直线的迹点

（a）直观图；（b）投影图

（二）迹点的投影特点

按迹点的定义，迹点属于直线上的点，又属于投影面上的点，所以其投影特点为：

（1）迹点在投影面上，故迹点的一个投影与迹点本身重合，另外两个投影则分别在相应的投影轴上；

（2）迹点在直线上，故迹点的投影一定在直线的同面投影上。

（三）迹点的作图

在图 3-19（a）中，由于直线的水平迹点 M 是 H 面上的点，它的 Z 坐标为零，因此它的正面投影 m' 必在 OX 轴上。又因为迹点 M 在直线 AB 上，所以 m' 在 $a'b'$ 上，m 在 ab 上。故得出在投影图中求直线水平迹点 M 的作图步骤（图 3-19b）：

（1）延长 AB 的正面投影 $a'b'$ 与 OX 轴相交，得 m'；

（2）过点 m' 引 OX 轴的垂线，使它与 AB 的水平投影 ab 的延长线相交，得出水平面迹点 M 的水平投影 m，即为直线水平面迹点 M 的位置。M 与 m 重合。图中标记为 $m(M)$。

用类似的方法，求直线 AB 的正面迹点 N，则：

（1）延长 AB 的水平投影 ab 与 OX 轴相交，得 n；

（2）过点 n 作 OX 轴的垂线交 $a'b'$ 延长线于 n'，n' 即为正面迹点的正面投影，也就是正面迹点 N 的位置，N 与 n 重合，图中标记为 n'（N）。

【例 3-9】 作侧平线 AB 的迹点（图 3-20a）。

分析：AB 为侧平线，产生正面迹点 N 和水平面迹点 M，且正面迹点的水平投影 n 和水平迹点的正面投影 m' 与直线的两投影和 OX 轴的交点相重合。要作点 n' 和 m，一般可先找出其侧面投影 $m''n''$，延长侧面投影 $a''b''$ 使其两端与 OZ 轴和 OY_W 轴相交，再由 m'' 和 n'' 找到 n' 和 m。（也可据定比关系在 V、H 投影上直接得出 N、M。）

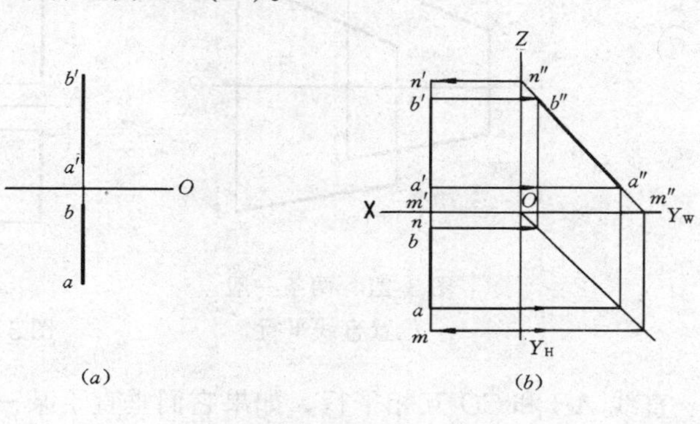

图 3-20 求作直线的迹点

（a）已知条件；（b）作图方法

作图（图 3-20b）：

（1）作直线的侧面投影 $a''b''$；

（2）延长 $a''b''$ 分别与 OZ 轴和 OY_W 轴相交，得 n'' 和 m''，即为正面迹点 N 和水平面迹点 M 的侧面投影；

（3）根据点在直线上的投影特性，由 n'' 和 m'' 求出 n' 和 m；

（4）延长 $b'a'$、ab 于 OX 相交于一点，即是 n 和 m'。

第 3 节　两条直线的相对位置

两条直线的相对位置有三种情况：平行、相交和交叉。下面分别讨论它们的投影特点。

一、平行两直线

（一）投影特点

根据平行投影特性可知：空间两直线相互平行，则它们的同面投影也相互平行，且投影比等于空间比。

（二）投影图

在图 3-21 中，直线 AB 和 CD 是一般位置直线，它们的水平投影和正面投影互相平行，即 $ab /\!/ cd$、$a'b' /\!/ c'd'$，可以断定它们在空间也相互平行，$AB /\!/ CD$。但也有例外，若两条直线均为某投影面平行线时，若无直线所平行的投影面上的投影，仅根据另两投影的平行是不能确定它们在空间是否平行。如图 3-22 中，侧平线 AB 和 CD，虽然 $ab /\!/ cd$、$a'b' /\!/ c'd'$，但不能确定 AB 和 CD 是否平行，还需要画出它们的侧面投影，才可以得出结论。当 $a''b'' /\!/ c''d''$ 时，$AB /\!/ CD$。

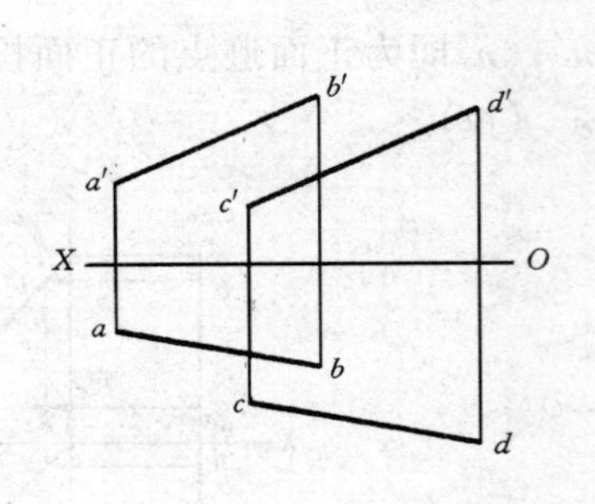

图 3-21 两条一般位置直线平行

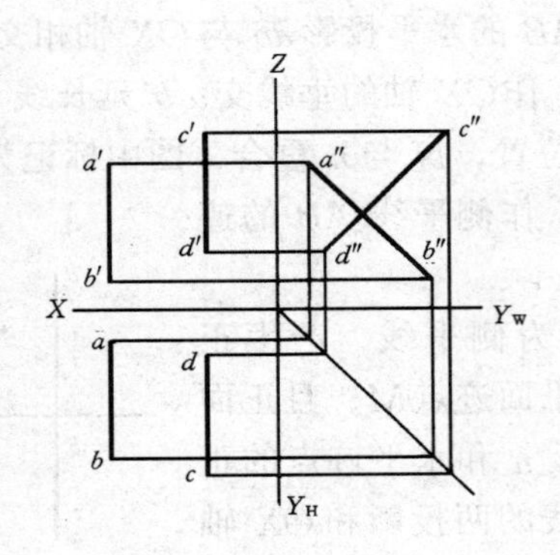

图 3-22 两条侧平线不平行

直线 AB 和 CD 互相平行，如果它们垂直于某一投影面，则在该投影面上的投影积聚为两点，反映出两直线在空间的真实距离（图 3-23）。

【例 3-10】 将平行四边形 $ABCD$ 的两面投影补全（图 3-24a）。

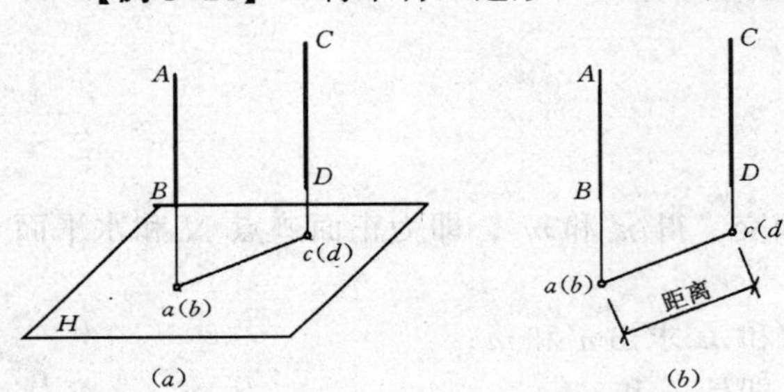

图 3-23 两条侧垂线平行

分析：平行四边形的对边互相平行。ab、$a'b'$；ad、$a'd'$ 为已知，利用平行两直线的投影特点，可求出平行四边形另外两边的两面投影。

作图（图 3-24b）：

(1) 过 d 作 $cd \parallel ab$，过 b 作 $bc \parallel ad$，cd 与 bc 相交于 c；

(2) 过 d' 作 $a'b'$ 的平行线；

(3) 过 c 作 OX 轴垂直线延长交 $a'b'$ 的平行线于 c'；

(4) 连接 $b'c'$。

【例 3-11】 过点 C 作直线 CD，使之与直线 AB 平行，并使 $AB:CD=3:2$（图 3-25a）。

分析：要使 $CD \parallel AB$，根据平行投影特点，只需作 $cd \parallel ab$、$c'd' \parallel a'b'$ 即可；要使 $AB:CD=3:2$，则应根据定比性，先在 AB 上取一点 E，使 $AE:EB=3:2$，再取 $CD=AE$ 即可。

作图（图 3-25b）：

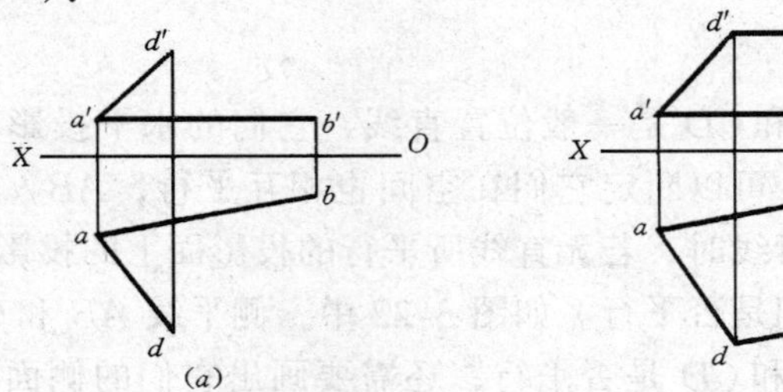

图 3-24 补全四边形 $ABCD$ 的两面投影

（a）已知条件；（b）作图方法

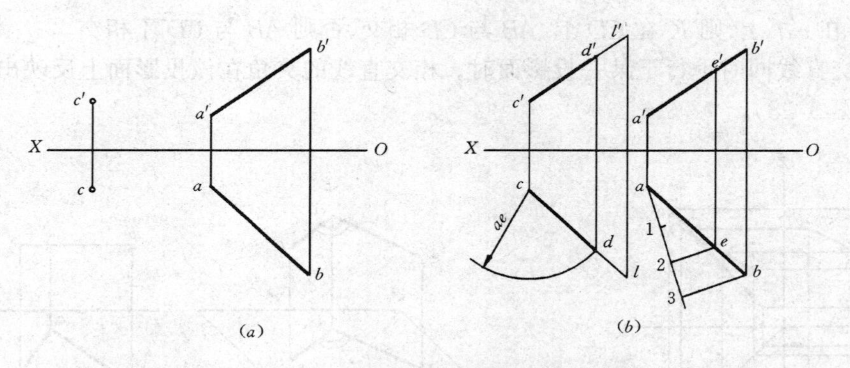

图 3-25　求作已知直线的平行线

（a）已知条件；（b）作图方法

（1）过 c 作 $cl \parallel ab$、$c'l' \parallel a'b'$；

（2）过 a 任作一直线，截此直线为三等分，等分点为 1、2、3；

（3）连 $b3$，过 2 作 $e2 \parallel b3$，交 ab 于 e，求出 e'；

（4）在 cl 上取 $cd = ae$，在 $c'l'$ 上取 $c'd' = a'e'$。

二、相交两直线

（一）投影特点

空间两直线相交，则它们的同面投影相交，且交点符合点的投影规律。

（二）投影图

图 3-26 中，一般位置直线 AB 和 CD 相交于 K，因点 K 既属于 AB 又属于 CD，所以 k 必属于 ab 又属于 cd，即 k 为 ab 和 cd 的交点。同理，k' 是 $a'b'$ 和 $c'd'$ 的交点，因为 k、k' 为空间一点的两面投影，所以必有 $kk' \perp OX$ 轴。

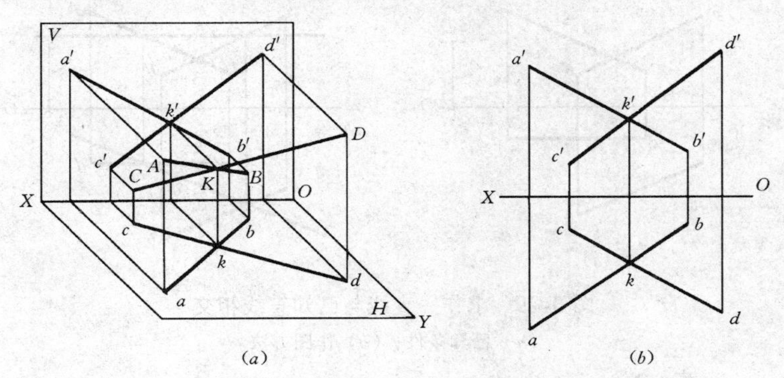

图 3-26　两一般位置直线相交

（a）直观图；（b）投影图

在投影图中判断两直线是否相交：对于一般位置直线，只要根据两对同面投影判断即可，如图 3-26(b)，可判断 AB 和 CD 相交。但是当两直线中有一条直线是投影面平行线时，应利用直线在所平行的投影面内投影判断。在图 3-27 中，直线 AB 和侧平线 CD 的水平投影、正面投影均相交，但不能确定它们在空间是否相交，还需画出它们的侧面投影 $a''b''$、$c''d''$ 才能得结论。从图中可知，正面投影的交点和侧面投影的交点的连线不垂直于 OZ 轴，也就是交点不符合点的投影规律，所以直线 AB 与侧平线 CD 不相交。也可用点在直线上的投影特点判断，若

k 在 cd、k' 在 $c'd'$ 上，则 K 在 CD 上，AB 与 CD 相交，否则 AB 与 CD 不相交。

两相交直线同时平行于某一投影面时，相交直线的夹角在该投影面上反映出夹角的真实大小（图 3-28）。

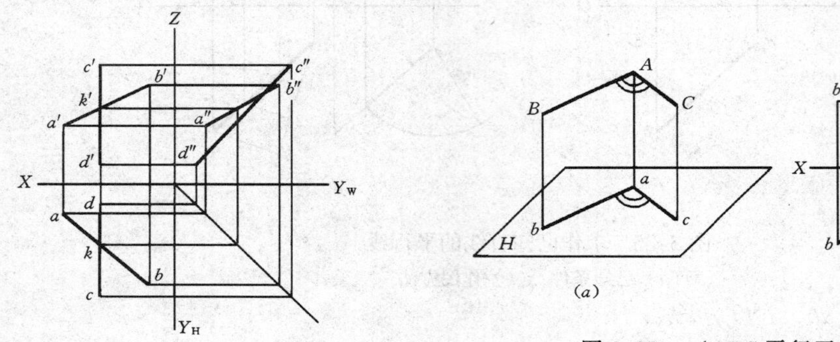

图 3-27 判断两直线是否相交

图 3-28 ∠ABC 平行于水平投影面

（a）直观图；（b）投影图

【例 3-12】 距水平投影面 H 的距离为 l 作直线 MN 与直线 AB 和 CD 相交（图 3-29a）。

分析：所求直线 MN 距离水平投影面 H 为 l，所以 MN 必是一条水平线，它的正面投影 $m'n'$ 平行于 OX 轴并相距为 l，它与已知直线的同面投影的交点为 m' 和 n'，在 ab 和 cd 上分别作出水平投影 n 和 m，连线即为所求。

作图（图 3-29b）：

（1）在正面投影图上，距离 OX 轴 l 作 OX 轴的平行线，分别与 $a'b'$ 和 $c'd'$ 交于 n' 和 m'；

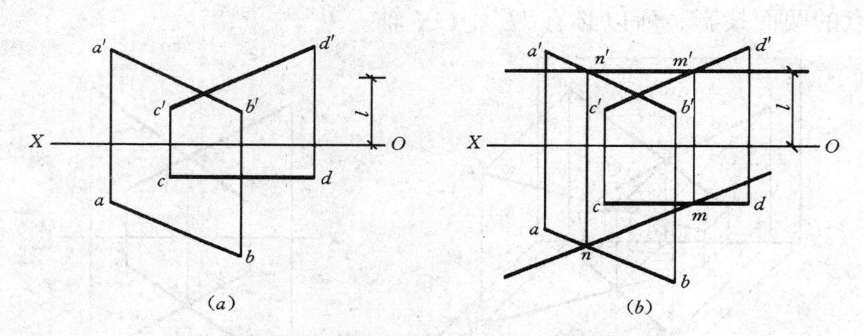

图 3-29 求作一直线与已知直线相交

（a）已知条件；（b）作图方法

（2）过 m' 和 n' 作 OX 轴的垂线分别交 cd 于 m、交 ab 于 n；

（3）连接 mn，即为所求。

三、交叉两直线

空间两直线既不平行也不相交，称为交叉两直线。

两交叉直线的三对同面投影不可能对对平行，至少有一对相交；如果两对或两对以上的同面投影相交，其交点不符合点在 H、V、W 投影体系中的投影规律（图 3-22、图 3-27），均为交叉两直线。

图 3-30 所示均为交叉两直线，在画投影图时，注意可见性，在图 3-30(a)中，正面投影 $a'b' /\!/ c'd'$，水平投影 ab 和 cd 交于一点，该点既属于直线 AB 上的点Ⅰ的水平投影，又属于直线 CD 上的点Ⅱ的水平投影。因此，这个点实际是空间两直线两个不同点的水平投影相重合，可以看出 1′在 2′的上方，故在水平投影面上 1 可见，2 不可见，写成 1(2)。

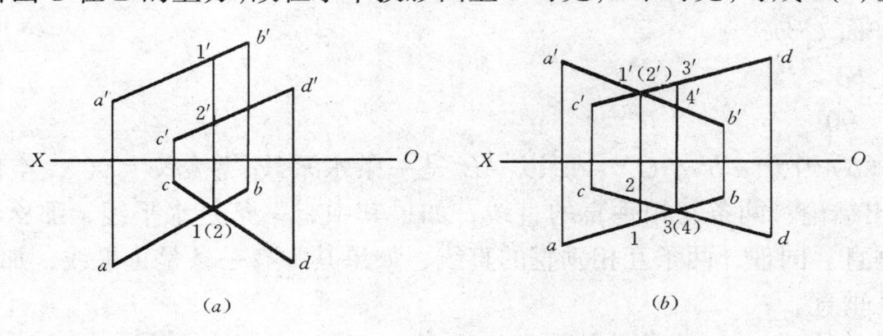

图 3-30　交叉两直线

(a) 水平投影有重影点；(b) 水平投影、正面投影均有重影点

重影点Ⅰ、Ⅱ的坐标有如下关系：

$$x_{Ⅰ}=x_{Ⅱ} \qquad y_{Ⅰ}=y_{Ⅱ} \qquad z_{Ⅰ}\neq z_{Ⅱ}$$

由于一个方向坐标值不相等（$z_{Ⅰ}\neq z_{Ⅱ}$），就以此来判断可见性。坐标大者可见，坐标小者不可见。

在图 3-30（b）中，两直线的同面投影均相交，但两对投影的交点连线不垂直于 OX 轴，即说明两直线无交点、不相交。CD 线上的点Ⅱ和 AB 线上的点Ⅰ，在 V 面上投影重合于$a'b'$和$c'd'$的交点 1′（2′），因 $y_{Ⅰ}>y_{Ⅱ}$，故Ⅰ、Ⅱ两重影点的 V 面投影，点 1′可见，点 2′不可见，写成 1′（2′）；CD 线上的点Ⅲ与 AB 线上的点Ⅳ在 H 面上投影重合，因 $z_{Ⅲ}>z_{Ⅳ}$，故Ⅲ、Ⅳ两重影点的 H 面投影，点 3 可见，点 4 不可见，写成 3（4）。

由此可知，对水平投影上的重影点可见性，按 z 坐标大小而定；对正面投影的重影点可见性，按 y 坐标大小而定；对侧面投影上的重影点可见性，按 x 坐标的大小而定。大者可见。

四、垂直两直线

两直线之间的夹角，可以是锐角、钝角、直角。一般情况下，投影不反映两直线夹角的真实大小，如果一个角不变形地反映在某一投影面上，那么这个角的两边平行于该投影面。但是对于直角，只要有一边平行于某一投影面则该直角在该投影面上的投影仍然是直角。

（一）两直线垂直相交

在图 3-31（a）中，直线 AB 和 BC 的夹角$\angle ABC=90°$，其中一边 AB 是一条水平线，则$\angle ABC$ 在水平投影面的投影$\angle abc$ 仍然是直角。

已知：$AB\perp BC$，$AB /\!/ H$

求证：$\angle abc=90°$

证明：$\because AB /\!/ H$

而 $Bb\perp H$

$\therefore AB \perp Bb$

又 $AB \perp BC$

$\therefore AB \perp$ 平面 $CBbc$

又 $\because ab // AB$

$\therefore ab \perp$ 平面 $CBbc$

故：$ab \perp bc$

$\angle abc = 90°$

图 3-31（b）中，$a'b' // OX$，所以 AB 是一条水平线，$\angle abc = 90°$，空间 $\angle ABC = 90°$。由此得出结论：两条互相垂直的直线，如果其中有一条是水平线，那么它们的水平投影必互相垂直。同理，两条互相垂直的直线，如果其中有一条是正平线，那么它们的正面投影必相互垂直。

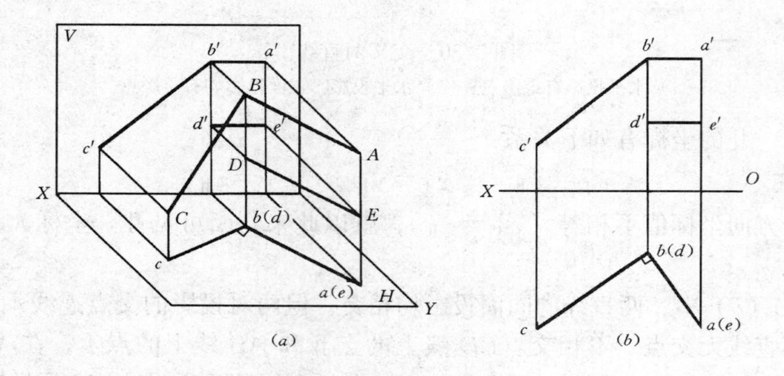

图 3-31　直角的投影

（a）直观图；（b）投影图

（二）两直线垂直交叉

在图 3-31（a）中，直线 DE 属于平面 $ABba$ 中的直线，$DE // AB$，所以 $DE // H$ 与 BC 垂直，$DE \perp$ 平面 $CBbc$，此时 $ed \perp cb$。图 3-31（b）中有交叉垂直两直线 ED 和 BC 的投影图。

因此，上述结论既适用于互相垂直的相交两直线，又适用于互相垂直的交叉两直线。

在图 3-32 中，相交两直线 AB 和 BC 及交叉两直线 EF 和 GH，由于它们的水平投影均垂直，而且其中 AB 和 EF 是水平线，所以它们在空间也是互相垂直的。

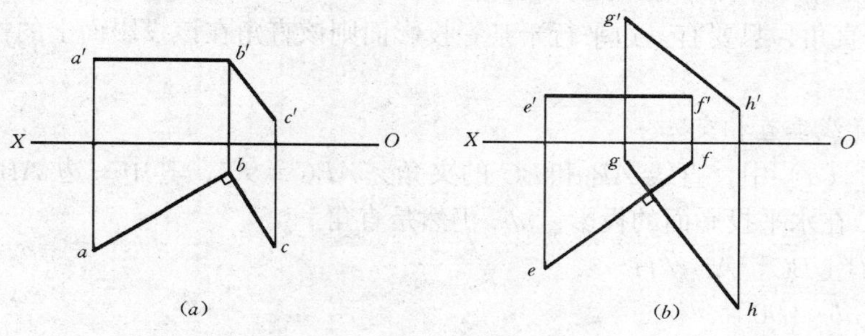

图 3-32　判断两直线是否垂直

（a）垂直相交；（b）垂直交叉

【例 3-13】 求 A 点到直线 BC 的距离（图 3-33*a*）。

分析：求 A 到 BC 的距离，过 A 作 BC 的垂线求出垂足 D，A 到 D 的距离即为所求。因为 BC 是一条正平线，直角在 V 面反映，再用直角三角形法求出垂线的实长。

作图（图 3-33*b*）：

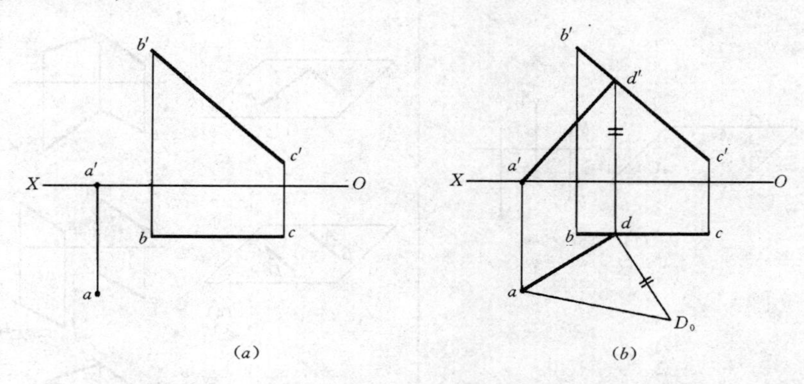

图 3-33 求点到正平线的距离

（*a*）已知条件；（*b*）作图方法

（1）过 a' 作 $b'c'$ 的垂线，交 $b'c'$ 于 d'；

（2）求出 d，连接 ad；

（3）用直角三角形法求出 AD 的实长，aD_0 即为 A 到直线 BC 的距离。

第 4 节 平 面 的 投 影

一、平面的表示方法

（一）几何元素表示法

由几何学可知，平面可由下列几何元素来确定（图 3-34）：

（1）不在同一直线上的三点；

（2）一直线和直线外一点；

（3）两相交直线；

（4）两平行直线；

（5）平面图形。

以上五种表示平面的方式，对同一平面来说，无论用哪一种方式表示，它所确定的平面位置是不变的，这五种表示方式是可以互换的。后四种表示平面方式都可以从三点表示平面的基本方式转化而来。例如，将图 3-34（1）中 AB 连接起来就转入为图 3-34（2）的形式，将图 3-34（2）中 AC 连接起来转化为图 3-34（3）的形式，……。

（二）迹线表示法

图 3-35（*a*）中，平面 P 与投影面的交线，称为平面迹线。平面 P 与水平投影面 H 的交线，称为水平迹线，用 P_H 表示；它与正立投影面 V 的交线，称为正面迹线，用 P_V 表示；它与侧立投影面 W 的交线，称为侧面迹线，用 P_W 表示，P_V、P_W、P_H 两两分别

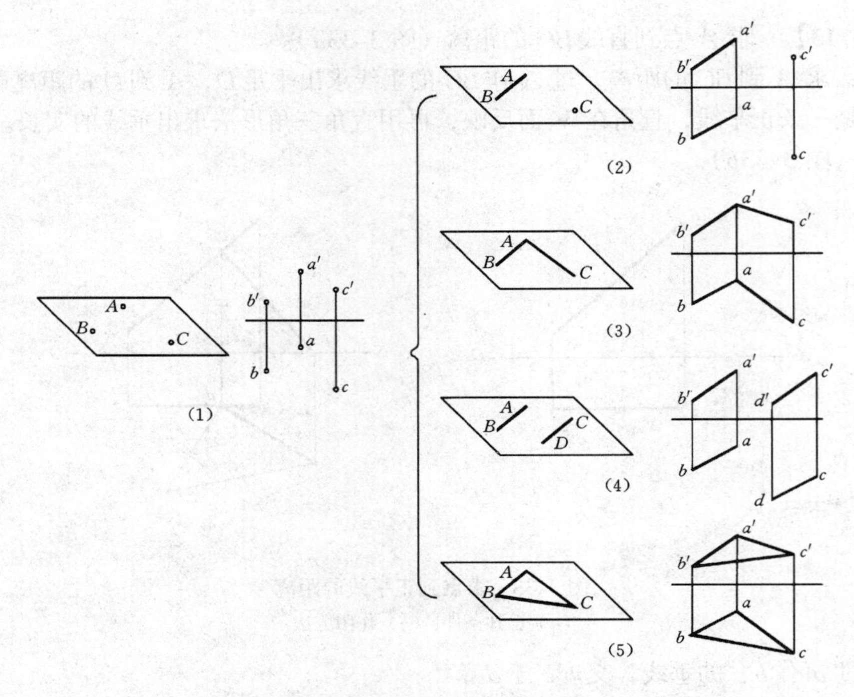

图 3-34　用几何元素表示平面

交于 OZ 轴、OY 轴、OX 轴于一点，该点称为迹线的集合点，以 P_Z、P_Y、P_X 表示。因为迹线是平面内相交的两条直线，所以三条迹线中任意两条可以确定平面的空间位置。图 3-35（a）中，P_H、P_V 是平面 P 的一对相交直线。

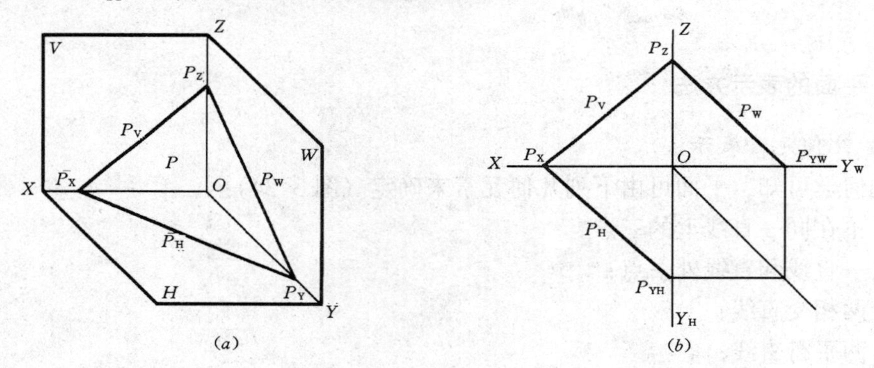

图 3-35　用迹线表示平面

（a）直观图；（b）投影图

迹线是在投影面上的线，它在该投影面上的投影与其本身重合，以其迹线表示；其他两投影与相应的投影轴重合，一般都不标注，如图 3-35（b）所示。

用几何元素表示的平面可以转换为迹线表示的平面。图 3-36（a）可知：因为平面内的直线，其迹点必然落在平面的同面迹线上，所以求作平面的迹线可归结为作该平面上两条直线的迹点。

图 3-36（a）中，平面 P 是由相交两直线 AB、CD 决定的。图 3-36（b）中，求作

由相交两直线 AB、CD 决定的平面 P 的迹线，可先作出 AB 和 CD 的水平迹点 M_1、M_2 和正面迹点 N_1、N_2；用直线连接所求的同面迹点 m_1m_2、$n_1'n_2'$，得水平迹线 P_H 和正面迹线 P_V，且 P_H 和 P_V 相交于 OX 轴的同一个点 P_X。

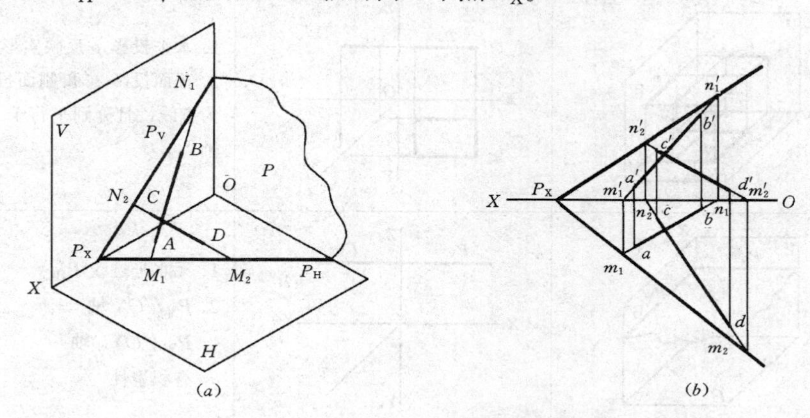

图 3-36　用两相交直线表示平面转换为用迹线表示平面

（a）直观图；（b）投影图

二、平面的三种空间位置

平面在三投影面体系中，有三种空间位置：

(1) 平面平行于某一投影面，垂直于另两个投影面——投影面的平行面；

(2) 平面垂直于某一投影面，倾斜于另两个投影面——投影面的垂直面；

(3) 平面与三个投影面都倾斜——一般位置平面。

前面两种位置平面统称为特殊位置平面。平面与投影面的夹角，称为平面对投影面的倾角，仍用 α、β、γ 分别表示平面对投影面 H、V、W 的倾角。

(一) 投影面的平行面

投影面的平行面因其所平行的投影面不同分为：

平行于水平投影面 H 的平面，称为水平面；

平行于正立投影面 V 的平面，称为正平面；

平行于侧立投影面 W 的平面，称为侧平面。

它们的直观图、投影图和投影特性见表 3-5。

从表 3-5 可分析归纳平面图形表示投影面的平行面的投影特性为：

(1) 平面在它所平行的投影面的的投影反映实形；

(2) 平面在另外两个投影面上的投影积聚为一直线，且分别平行于相应的投影轴。

从表 3-5 可分析归纳迹线表示投影面的平行面的投影特性为：

(1) 平面在所平行的投影面上无迹线；

(2) 平面在另外两个投影面上的迹线分别平行于相应的投影轴。

(二) 投影面的垂直面

投影面的垂直面因其所垂直的投影面不同分为：

投影面的平行面　　表3-5

名称		直观图	投影图	投影特性
水平面	图形平面	V Z p' p'' P W X p H Y	Z p' p'' X O Y_W p Y_H	1. 水平投影 p 反映实形 2. 正面投影 p' 和侧面投影 p'' 均积聚为直线，且分别平行于 OX 轴和 OY 轴
	迹线平面	V P_V Z P_W P W X H Y	Z P_V P_W X O Y_W Y_H	1. 无水平迹线 P_H 2. $P_V // OX$ 轴 $P_W // OY_W$ 轴 有积聚性
正平面	图形平面	V Z q' W X Q q'' H q Y	Z q' q'' X O Y_W q Y_H	1. 正面投影 q' 反映实形 2. 水平投影 q 和侧面投影 q'' 均积聚为直线，且分别平行于 OX 轴和 OZ 轴
	迹线平面	V Z W Q Q_W X H Q_H Y	Z Q_W X O Y_W Q_H Y_H	1. 无正面迹线 Q_V 2. $Q_H // OX$ 轴 $Q_W // OZ$ 轴 有积聚性
侧平面	图形平面	V Z r' R r'' W X r H Y	Z r' r'' X O Y_W r Y_H	1. 侧面投影 r'' 反映实形 2. 水平投影 r 和正面投影 r' 均积聚为直线，且分别平行于 OY_H 和 OZ 轴
	迹线平面	V Z R_V W R O X R_H H Y	Z R_V X O Y_W R_H Y_H	1. 无侧面迹线 R_W 2. $R_H // OY_H$ 轴 $R_V // OZ$ 轴 有积聚性

（1）垂直于水平投影面 H、倾斜于正立投影面 V 和侧立投影面 W 的平面，称为铅垂面；

（2）垂直于正立投影面 V、倾斜于水平投影面 H 和侧立投影面 W 的平面，称为正垂面；

（3）垂直于侧立投影面 W、倾斜于水平投影面 H 和正立投影面 V 的平面，为侧垂面。

它们的直观图、投影图和投影特性见表 3-6。

投 影 面 的 垂 直 面 **表 3-6**

名称		直观图	投影图	投影特性
铅垂面	图形平面			1. 水平投影 p 积聚为一直线，并反映对 V、W 面的倾角 β、γ 2. 正面投影 p' 和侧面投影 p'' 是 P 相类似的图形，且面积缩小
	迹线平面			1. P_H 有积聚性，它与 OX 轴的夹角反映 β；它与 OY_H 的夹角反映 γ 2. $P_V \perp OX$ 轴 $P_W \perp OY_W$ 轴
正垂面	图形平面			1. 正面投影 q' 积聚为一直线，并反映对 H、W 面的倾角 α、γ 2. 水平投影 q 和侧面投影 q'' 是 Q 相类似的图形，且面积缩小
	迹线平面			1. Q_V 有积聚性，它与 OX 轴的夹角反映 α；它与 OZ 轴的夹角反映 γ 2. $Q_H \perp OX$ 轴 $Q_W \perp OZ$ 轴
侧垂面	图形平面			1. 侧面投影 r'' 积聚为一直线，并反映对 H、V 的倾角 α、β 2. 水平投影 r 和正面投影 r' 是 R 相类似的图形，且面积缩小
	迹线平面			1. R_W 有积聚性，它与 OY_W 轴的夹角反映 α，它与 OZ 轴的夹角反映 β 2. $R_V \perp OZ$ 轴 $R_H \perp OY_H$ 轴

从表 3-6 可分析归纳平面图形表示投影面的垂直面的投影特性为：

(1) 平面在它所垂直的投影面上投影积聚成直线（即有积聚性），此直线与投影轴的夹角等于空间平面与另两个投影面的倾角；

(2) 平面在另外两个投影面上的投影不反映实形，是与空间平面相类似的图形，面积缩小。

从表 3-6 可分析归纳迹线表示投影面的垂直面的投影特性为：

(1) 平面在它所垂直的投影面上的迹线有积聚性，此迹线与投影轴的夹角等于空间平面与相应投影面的倾角；

(2) 平面在另外两个投影面上的迹线分别垂直于相应的投影轴。

【例 3-14】 已知正方形 $ABCD$ 平面垂直于 V 面以及 AB 的两面投影，求作此正方形的三面投影图（3-37a）。

分析：因为正方形是一正垂面，AB 边是正平线，所以 AD、BC 是正垂线，$a'b'$ 长即为正方形各边的实长。

作图（图 3-37b）

(1) 过 a、b 分别作 $ad \perp OX$ 轴、$bc \perp OX$ 轴，且截取 $ad = a'b'$，$bc = a'b'$；

(2) 连 dc 即为正方形 $ABCD$ 的水平投影；

(3) 正方形 $ABCD$ 是一正垂面，正面投影积聚 $a'b'$，分别求出 a''、b''、c''、d'' 连线，即为正方形 $ABCD$ 的侧面投影。

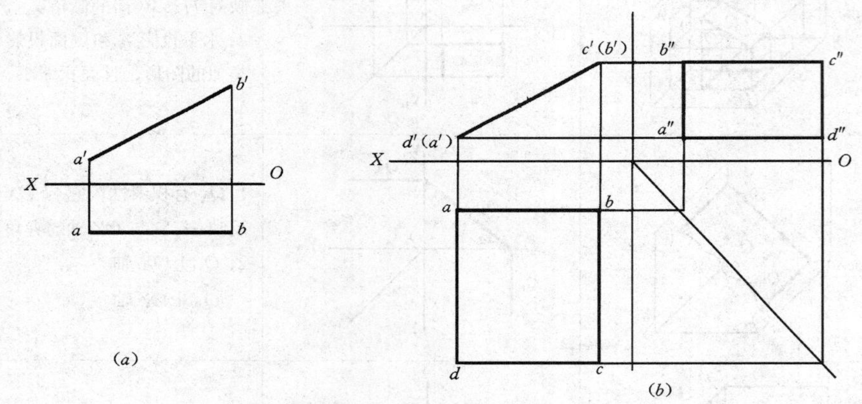

图 3-37　求作正方形的三面投影

(a) 已知条件；(b) 作图方法

【例 3-15】 已知直线 AB，求作包含直线 AB 的正垂面 P（图 3-38a）。

分析：所求正垂面 P 的正面迹线 P_V 有积聚性，直线 AB 在平面 P 内，则其正面投影 $a'b'$ 必与 P_V 重合。

作图（图 3-38b）：

(1) 过 $a'b'$ 作平面 P 的正面迹线 P_V 与 OX 轴交于 P_X，即为迹线的集合点；

(2) 过 P_X 作 OX 轴垂线得 P_H，为平面的水平迹线。P_V、P_H 为所求平面的两条迹线。

(三) 一般位置平面

图 3-39 中，三角形 ABC 对水平投影面 H、正立投影面 V 和侧立投影面 W 都倾斜，

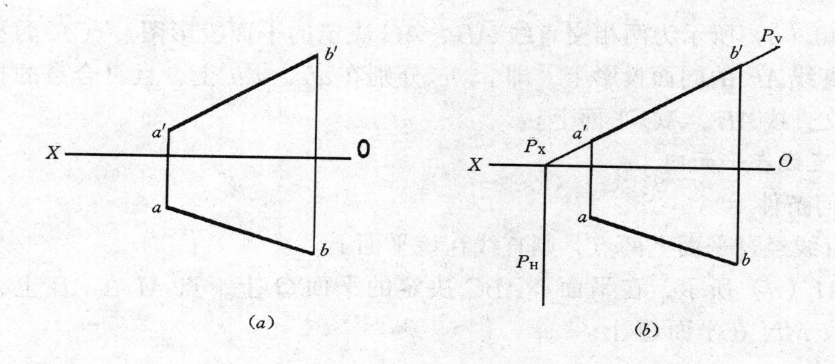

图 3-38　过直线作投影面垂直面

（a）已知条件；（b）作图方法

是一般位置平面。

由平行投影特性可知：三角形 ABC 在 H、V 和 W 投影面上的投影都是三角形，但面积小于实形。

平面图形表示的一般位置平面的投影特性为：

（1）三面投影都不反映空间平面图形的实形，相类似于空间平面图形，且面积小于空间平面图形的面积；

（2）平面图形的三面投影不反映该平面与投影面的倾角。

迹线表示的一般位置平面的投影特性（图 3-39c）：

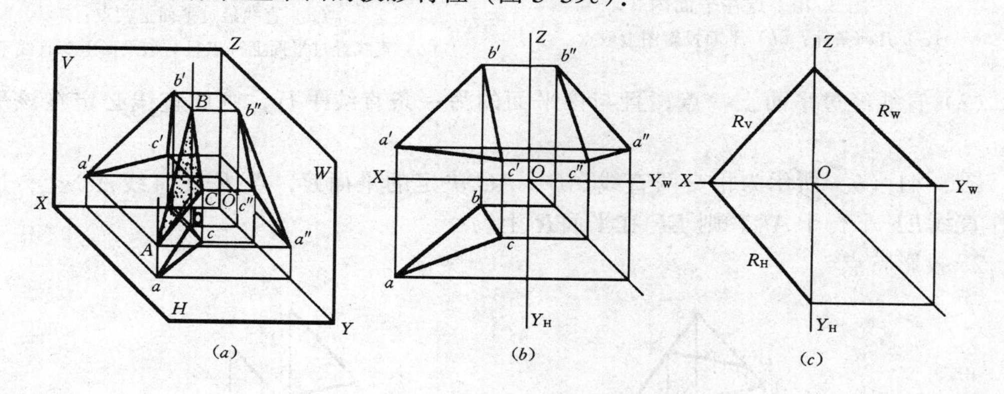

图 3-39　一般位置平面

（a）直观图；（b）平面图形平面投影图；（c）迹线平面投影图

三条迹线均倾斜于投影轴。

三、平面上的点和直线

（一）点在平面内

1. 几何条件

点在平面内一直线上，则该点必在该平面上。

如图 3-40（a）所示，点 E 在已知平面 P 内一直线 AB 上，所以点 E 在平面 P 上。

2. 投影特点

图 3-40（b）所示为两相交直线 AB、AC 决定的平面投影图。点 E 的投影在已知平面 P 内一直线 AB 的同面投影上，即 e、e' 分别在 ab、$a'b'$ 上，且符合点的投影规律，则 E 在两相交直线 AB、AC 平面上。

（二）直线在平面内

1. 几何条件

（1）直线经过平面上两点，则直线在该平面上。

图 3-41（a）所示，在平面△ABC 决定的平面 Q 上，点 M 在 AB 上，点 N 在 BC 上，则直线 MN 在平面 Q 上。

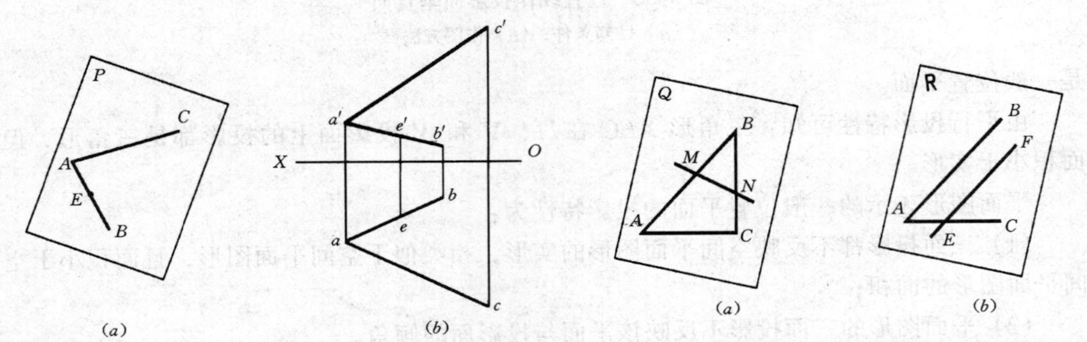

图 3-40　点在平面内

（a）几何条件；（b）平面投影图上取点

图 3-41　平面内取直线几何条件

（a）直线经过平面上两点；

（b）直线经过平面上一点且与该平面上一直线平行

（2）直线经过平面上一点，且与该平面的另一条直线平行，则此直线必定在该平面上。

图 3-41（b）所示为相交两直线 AB、AC 决定的平面 R，点 E 在直线 AC 上，过点 E 作直线 EF 平行于 AB，则 EF 在平面 R 上。

2. 投影特点

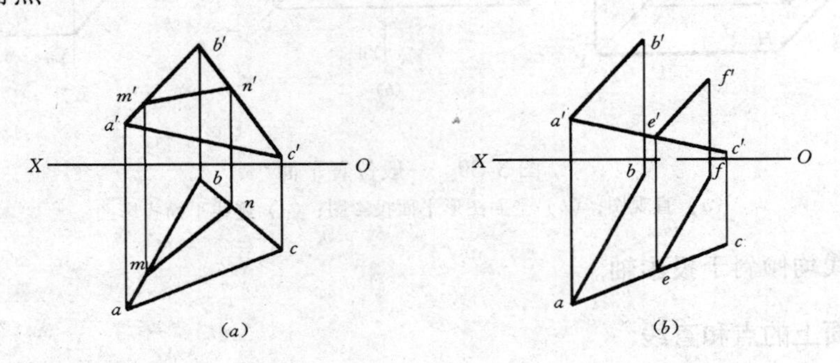

图 3-42　在平面投影图上取线

（a）直线经过平面上两点 M、N；（b）直线经过平面上一点且与该平面上另一直线 AB 平行

图 3-42（a）所示为△ABC 决定平面的投影图。点 M、N 的投影分别在直线 AB、AC 的同面投影上，则直线 MN 在平面△ABC 上。

图 3-34（b）所示为两相交直线 AB、AC 决定的平面投影图。点 E 的投影在直线

AC 的同面投影上，即 e 在 ac 上，e' 在 $a'c'$ 上；过 E 作直线 EF 的投影平行 AB 的同面投影，即 $ef /\!/ ab$、$e'f' /\!/ a'b'$，则直线 EF 在两相交直线 AB、AC 决定的平面内。

从点和直线在平面内的几何条件可知，要在平面内取点，需要先在平面内取线；要在平面内取线，又需先在平面内取点。

【例 3-16】 已知△ABC 内一点 M 的水平投影 m，求作其正面投影 m'（图 3-43a）。

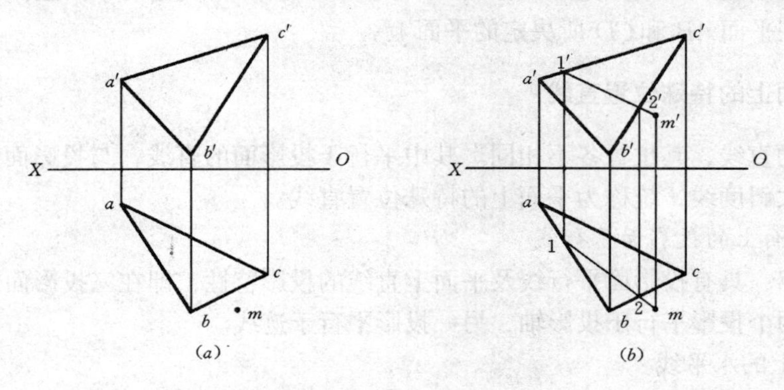

图 3-43　求作平面△ABC 内点 M 的正面投影
（a）已知条件；（b）作图方法

分析：点 M 在平面△ABC 上，必然经过平面上一直线；过 M 在平面△ABC 上作辅助线ⅠⅡ，点的投影必然落在辅助线ⅠⅡ的同面投影上。

作图（图 3-43b）：

(1) 在△abc 内过 m 任意作一辅助直线的水平投影 12，根据 12 作其正面投影 1′2′；

(2) 过 m 作 OX 轴垂线交 1′2′的延长线于 m'，即为所求点 M 的正面投影。

【例 3-17】 试判断 EF 是否在直线 AB、CD 两平行线所决定的平面内（图 3-44a）

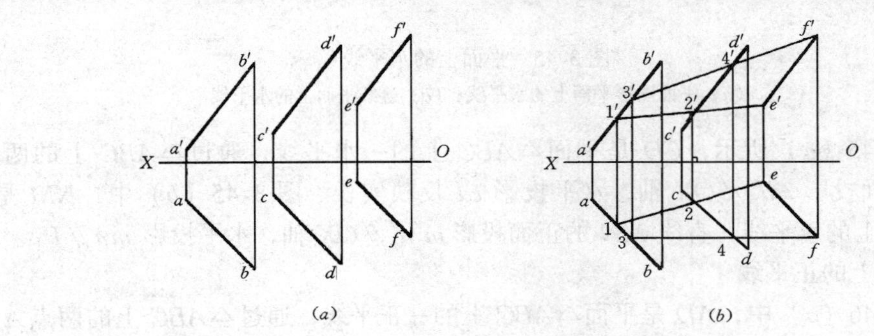

图 3-44　判断 EF 是否在平面内
（a）已知条件；（b）作图方法

分析：直线在平面上，必然经过平面上两点，若线上一点不在平面内，则此线不在平面上。为此可在面上取辅助线，根据点在线上，点的投影必然在线的同面投影上；以及点在线上，线在面上，则点必在面上，判断 EF 是否平面上。

作图（图 3-44b）：

(1) 在水平投影上过 e 任作一直线与 ab 相交于 1，与 cd 相交于 2，把 12 作为给定平面内的直线ⅠⅡ的水平投影，并求 $1'2'$；

(2) 延长 $1'2'$ 可知 E 的正面投影 e' 在 $1'2'$ 上。E 在 AB、CD 两平行直线所决定的平面内；

(3) 同理判定 F 在直线ⅢⅣ上。所以 F 在 AB、CD 所决定的平面上。

故 EF 在平面 AB 和 CD 所决定的平面上。

四、平面上的特殊位置直线

平面上的直线，其位置各不相同。其中平行于投影面的直线，与投影面成倾角最大的直线——最大斜度线，统称为平面上的特殊位置直线。

(一) 平面上的投影面平行线

投影特点：具有投影面平行线及平面上直线的投影特性，即在三投影面体系中，平面上的直线有两个投影平行于投影轴，另一投影平行于迹线。

1. 平面上的水平线

平面上平行于水平投影面的直线，称为平面上的水平线。

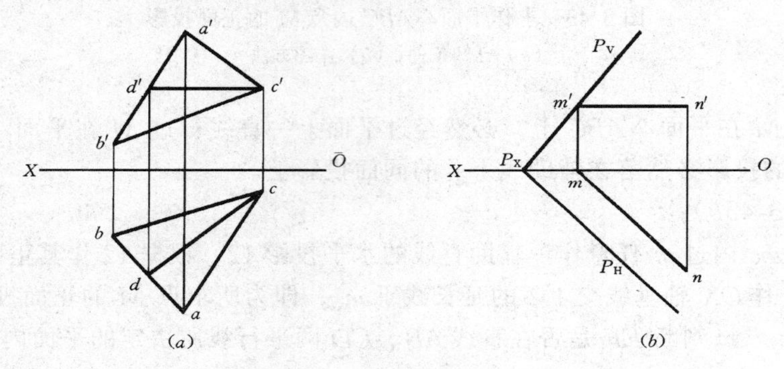

图 3-45 平面上的水平线

(a) 平面图形平面上的水平线；(b) 迹线平面上的水平线

如图 3-45 (a) 所示，CD 是平面△ABC 上的一水平线，通过△ABC 上的两点 C、D，同时正面投影 $c'd' /\!/ OX$ 轴，水平投影 cd 反映实长。图 3-45 (b) 中，NM 是迹线表示平面 P 上的水平线，直线 MN 的正面投影 $m'n' /\!/ OX$ 轴，水平投影 $mn /\!/ P_H$。

2. 平面上的正平线

在图 3-46 (a) 中，AD 是平面△ABC 上的一正平线，通过△ABC 上的两点 A、D，同时水平投影 $ad /\!/ OX$ 轴，正面投影 $a'd'$ 反映实长。图 3-34 (b) 中，MN 是迹线表示平面 P 上的正平线，直线 MN 的正面投影 $m'n' /\!/ P_V$，水平投影 $mn /\!/ OX$ 轴。

【例 3-18】 在由点 A、B 和 C 所确定的平面上，作一距水平投影面 H 为 12 的水平线（图 3-47a）。

分析：平面内作水平线，其正面投影平行于 OX 轴，它到 OX 轴的距离反映水平线到 H 面的距离。

作图（图 3-47b）：

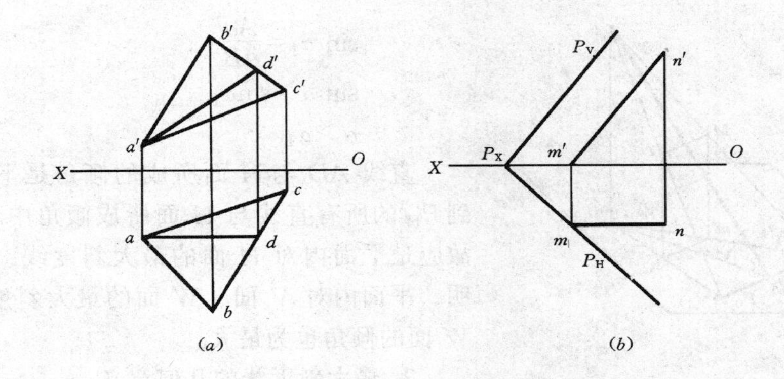

图 3-46　平面上的正平线

(a) 平面图形平面上的正平线；(b) 迹线平面内的正平线

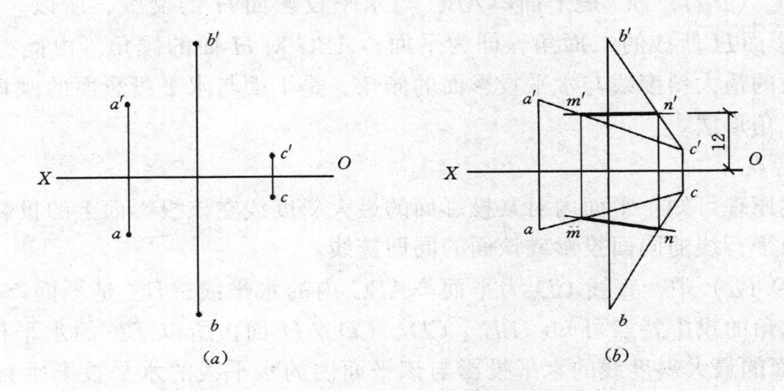

图 3-47　在平面内作水平线

(a) 已知条件；(b) 作图方法

(1) 三点表示平面用另一种方法——两相交直线来表示，连接 AC 和 BC；

(2) 在正面投影上作距 OX 轴为 12 的且平行于 OX 轴的直线，分别与 $a'c'$、$b'c'$ 交于 m'、n'；

(3) 由 m'、n' 作 OX 垂线，分别与 ac、bc 相交于 m、n，连接 mn。MN 即为所求的水平线。

(二) 平面内的最大斜度线

1. 最大斜度线定义

在平面内对某投影面成倾角最大的直线，称为该平面对此投影面的最大斜度线，它必垂直于平面内该投影面的平行线。

图 3-48 中，AD 是平面△ABC 中对 H 面的最大斜度线，AD 与 H 面的倾角 α 为最大，BC 为平面△ABC 的水平迹线 P_H，MN 为平面△ABC 内的水平线，AB 是平面△ABC 内的任意直线，所以 $AD \perp MN$、$AD \perp BC$ (P_H)。

下面证明最大斜度线对投影面所成的倾角为最大。在图 3-48 中，直角三角形 ADa 和直角三角形 ABa，Aa 是公共边，$AB > AD$。

$$\sin\alpha = \frac{Aa}{AD}$$

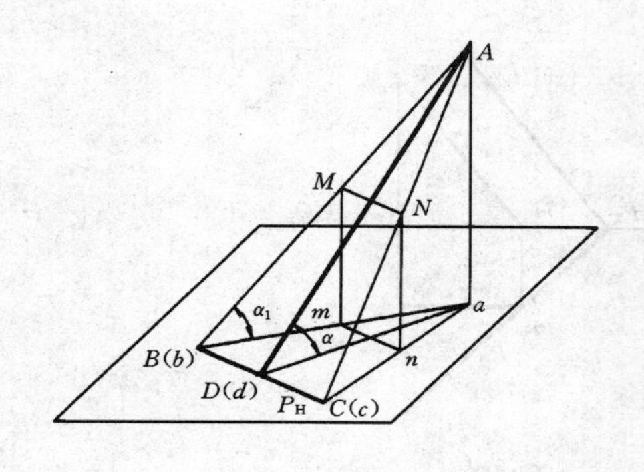

图 3-48 平面对 H 面的最大斜度线

$$\sin \alpha_1 = \frac{Aa}{AB}$$

$$\therefore \quad \sin \alpha > \sin\alpha_1$$

$$\alpha > \alpha_1$$

直线 AD 与 H 面所成的倾角是平面内过点 A 到 P_H 的所有直线与 H 面所成倾角中最大的一条，故应是平面内对 H 面的最大斜度线，同理可以证明，平面内对 V 面、W 面的最大斜度线对 V 面、W 面的倾角也为最大。

2. 最大斜度线的几何意义

从图 3-48 中可知，直线 AD 及其水平投影 ad 同时垂直于 BC（P_H），BC 是平面△ABC 与水平投影面 H 的交线，所以∠ADa 是平面△ABC 与投影面 H 所成的二面角，即为平面△ABC 对 H 面的倾角。由此得出：平面上对水平投影面的最大斜度线与水平投影面的倾角，是平面与水平投影面的倾角 α，求此倾角可用直角三角形法。

3. 投影特点

根据上述原理可知：平面内对某投影面的最大斜度线在该投影面上的投影，必垂直于同一投影面的平行线的同面投影或该面的同面迹线。

在图 3-49（a）中，直线 CD 为平面△ABC 内的水平线，BE 是平面△ABC 内最大斜度线。由直角的投影特点可知：$BE \perp CD$、$CD /\!/ H$ 面，所以 BE 的水平投影 $be \perp cd$，即平面对 H 面的最大斜度线的水平投影与该平面内的水平线的水平投影垂直。同理平面对 V 面的最大斜度线的正面投影与该平面内的正平线的正面投影垂直。平面对 W 面的最大斜度线的侧面投影与该平面内的侧平线的侧面投影垂直。

图 3-49(b)中，直线 AB 垂直于平面 P 的水平迹线 P_H，所以 $ab \perp P_H$。即平面 P 对 H 的最大斜度线的水平投影垂直于平面 P 的水平迹线。同理平面对 V 面的最大斜度线的正面投影垂直于平面的正面迹线。平面对 W 面的最大斜度线的侧面投影垂直于平面的侧面迹线。

【例 3-19】 在由点 C 和直线 AB 所决定的平面上，求作过点 A 对 H 面的最大斜度线，并且求平面对 H 面的 α 角（图 3-50a）。

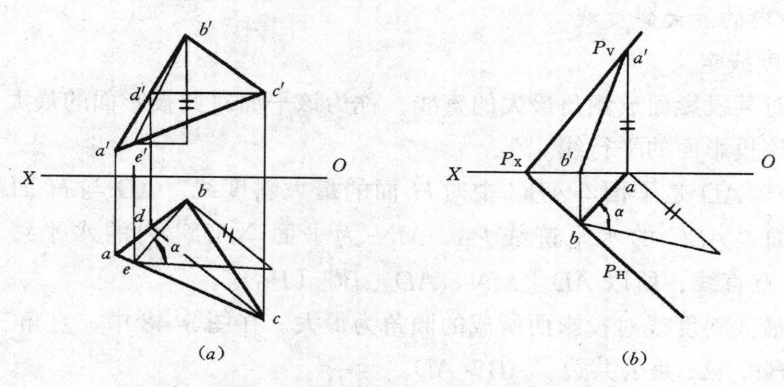

图 3-49 对 H 面的最大斜度线的投影特点

（a）平面图形平面的最大斜度线；（b）迹线平面的最大斜度线

分析：平面的最大斜度线垂直于平面上的任一水平线。最大斜度线和水平线的水平投影互相垂直，最大斜度线与 H 面的倾角就是平面与 H 面的倾角 α。

作图（图 3-50b）：

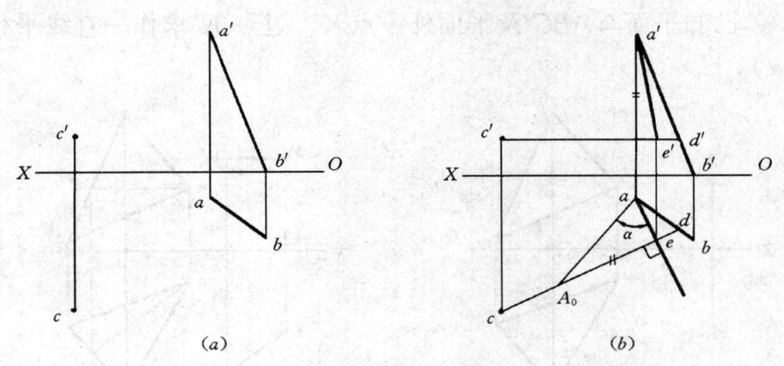

图 3-50　求作平面的最大斜度线

（a）已知条件；（b）作图方法

（1）过 C' 作 $c'd' /\!/ OX$ 轴，d' 在 $a'b'$ 上，求出 cd，CD 即是平面内的水平线；

（2）过 a 作 $ae \perp cd$ 交 cd 于 e，求出 $a'e'$，AE 即是平面内一条对 H 面的最大斜度线；

（3）用直角三角形法，求出 AE 与 H 面的倾角 α。以 ae 为一直角边，以 A、E 的 Z 坐标差为另一直角边作直角三角形 A_0ae，则 $\angle A_0ae$ 是平面与 H 面的倾角 α。

第 5 节　直线与平面、平面与平面的相对位置

直线与平面、平面与平面的相对位置有三种情况：平行、相交和垂直。

一、平行关系

（一）直线与平面平行

1. 几何条件

如果直线与平面内某一直线平行，则此直线平行于该平面。

2. 投影特点

图 3-51 中，直线 L 平行于平面 P 内的直线 M（$l /\!/ m$）、（$l' /\!/ m'$），所以直线 L 平行于平面 P。

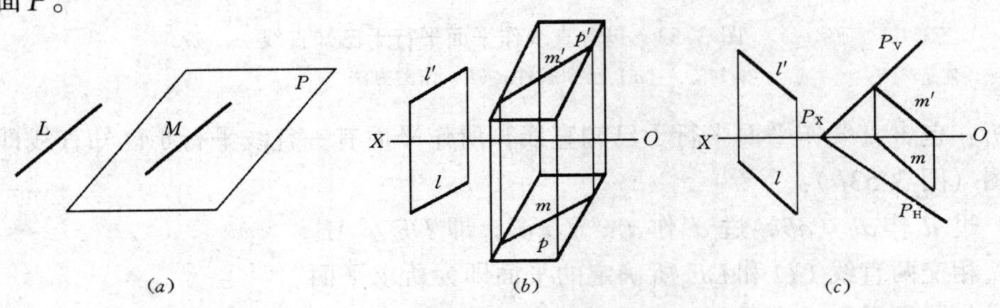

图 3-51　直线与平面平行

（a）直线与平面平行的几何条件；（b）、（c）直线与平面平行的投影特点

由此得出结论：直线平行于平面，直线的投影与平面内一直线的同面投影平行。

利用上述几何条件和投影特点，可以作直线平行于平面；作平面平行于直线；判断直线与平面是否平行。

【例 3-20】 已知平面△*ABC* 及平面外一点 *K*，过点 *K* 求作一直线平行于△*ABC* 和 *H* 面（图 3-52*a*）。

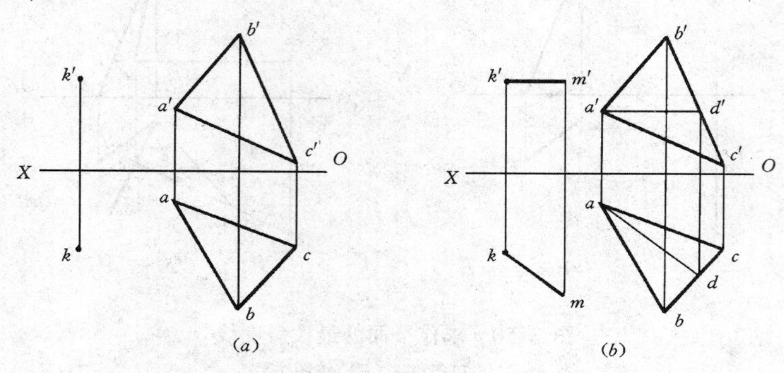

图 3-52　过点作水平线与平面平行

（*a*）已知条件；（*b*）作图方法

分析：满足条件的直线必是水平线，此直线又要与平面△*ABC* 平行，这就必须平行于△*ABC* 内的一条水平线。只要过 *K* 点作一直线与平面内的水平线平行即可。

作图（图 3-52*b*）：

（1）在平面△*ABC* 内任作一水平线 *AD*（*ad*、*a'd'*）；

（2）过 *k'* 作 *k'm'* // *a'd'* // *OX* 轴，过 *k* 作 *km* // *ad*，则直线 *KM*（*km*、*k'm'*）即为所求。

【例 3-21】 已知直线 *AB* 和 *CD*，包含直线 *CD* 作平面平行于直线 *AB*（图 3-53*a*）。

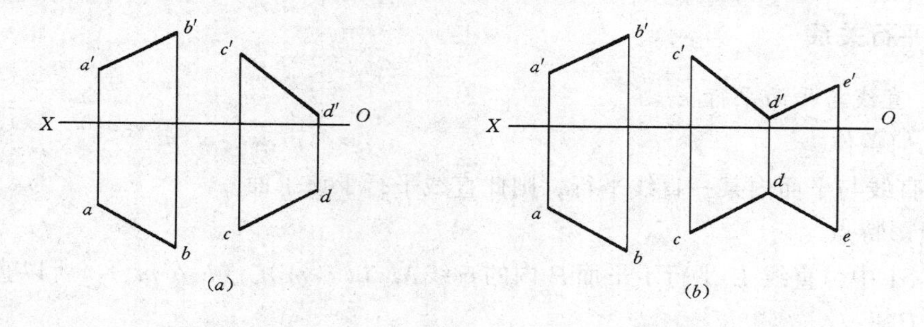

图 3-53　包含直线作平面平行于已知直线

（*a*）已知条件；（*b*）作图方法

分析：包含直线作平面平行于已知直线，所作平面有一直线平行于已知直线即可。

作图（图 3-53*b*）：

（1）过 *d* 作 *de* // *ab*，过 *d'* 作 *d'e'* // *a'b'*，即 *DE* // *AB*；

（2）相交两直线 *CD* 和 *DE* 所确定的平面即为所求平面。

直线与平面平行，当平面处于特殊位置（平面是投影面垂直面或平行面时，平面的某投影具有积聚性，则直线的投影与平面的同面积聚投影（或有积聚性的迹线）必然相互平行。图 3-54（a）所示为铅垂面 P 和直线 AB 平行，因为 $ab /\!/ P_H$；图 3-54（b）所示为水平面 R 和直线 AB 平行，因为 $a'b' /\!/ R_V$。

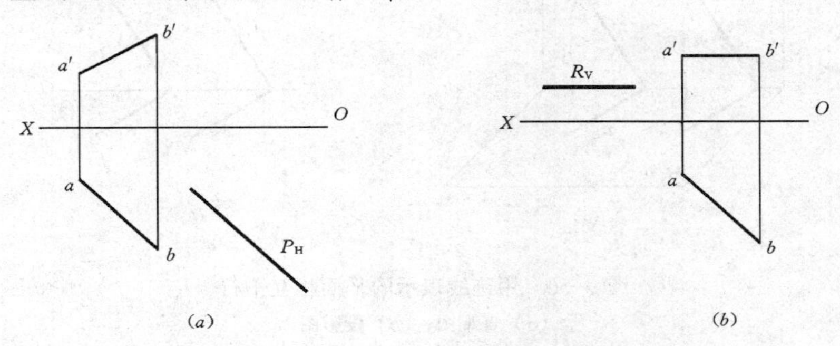

图 3-54 直线与特殊位置平面平行

（a）直线与铅垂面平行；（b）直线与水平面平行

（二）平面与平面平行

1. 几何条件

如果一平面上的相交两直线对应地平行于另一平面上的相交两直线，则两平面互相平行。

2. 投影特点

图 3-55 中，平面 P 中的两相交直线 AB 和 BC 对应平行于平面 R 中的两相交直线 A_1B_1 和 B_1C_1，即 $ab /\!/ a_1b_1$、$a'b' /\!/ a_1'b_1'$，$bc /\!/ b_1c_1$、$b'c' /\!/ b_1'c_1'$，所以由 AB、BC 所确定的平面与由 A_1B_1、B_1C_1 所确定的平面平行。

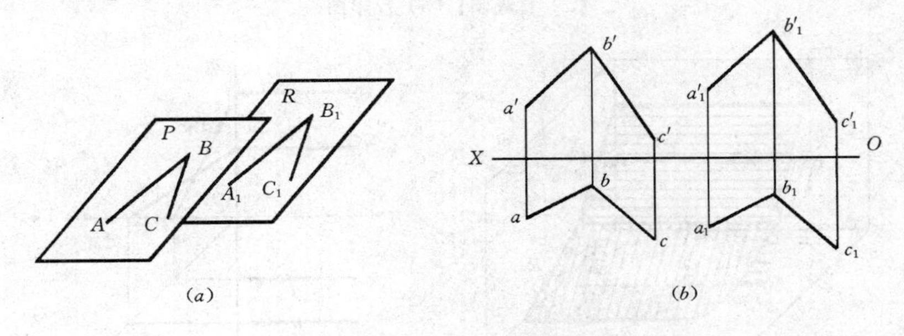

图 3-55 平面与平面平行

（a）平面与平面平行的几何条件；（b）平面与平面平行的投影特点

利用上述几何条件和投影特点，可以作平面和已知平面平行，判断两个已知平面是否平行。

图 3-56 中，平面 P、R 用迹线表示，只要两平面的各组同面迹线都对应平行，即 $P_H /\!/ R_H$、$P_V /\!/ R_V$，则两平面相互平行。

两平面平行，当两平面均垂直于同一投影面时，平面在所垂直的投影面的投影具有积聚性，则该两平面具有积聚性投影相互平行（或有积聚性的迹线平行），如图 3-57 所示。

需要指出的是：在图 3-58 中，平面 P 和平面 R 在 V 面、H 面的正面迹线和水平迹线都相互平行，即 $P_H /\!/ R_H$、$P_V /\!/ R_V$，但侧面迹线不平行，即 P_W 与 R_W 不平行，所以平面 P 和平面 R 不平行。

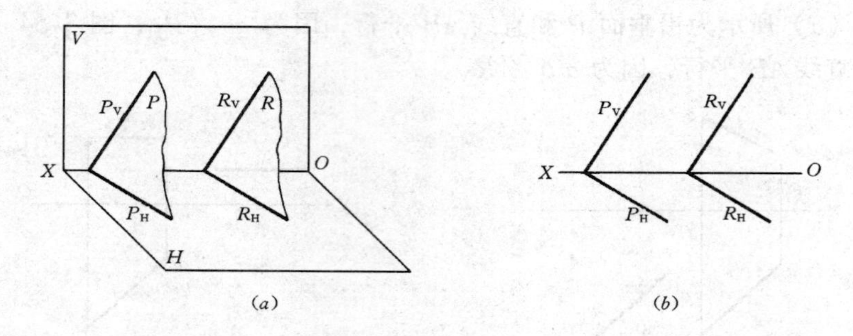

图 3-56　用迹线表示的平面相互平行

（*a*）直观图；（*b*）投影图

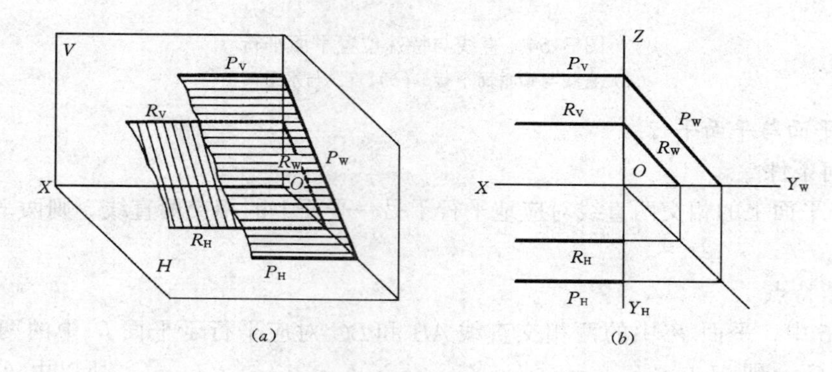

图 3-57　两侧垂面平行

（*a*）直观图；（*b*）投影图

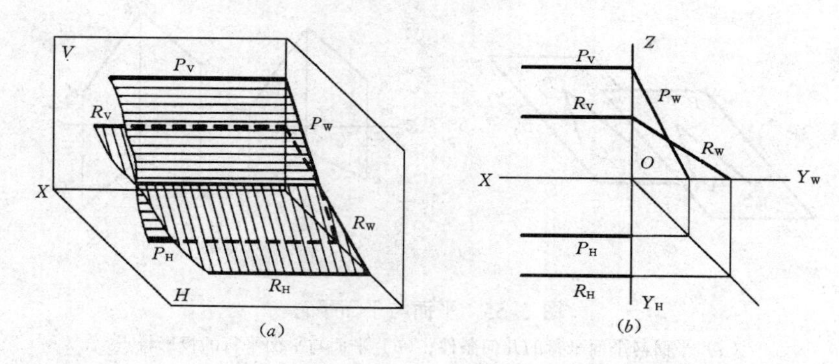

图 3-58　两侧垂面相交

（*a*）直观图；（*b*）投影图

【例 3-22】　已知平面△*ABC* 和平面外一点 *K*，过 *K* 点作一平面与平面△*ABC* 平行（图 3-59*a*）。

分析：根据两平面平行的几何条件，平面内有相交两直线与另一平面内对应的相交两直线平行，则两平面相互平行。因此只要过 *K* 点作出两条直线平行于△*ABC* 的两条边即可。

作图（图 3-59*b*）：

（1）过 *k* 作 $km /\!/ ab$、$kn /\!/ ac$；

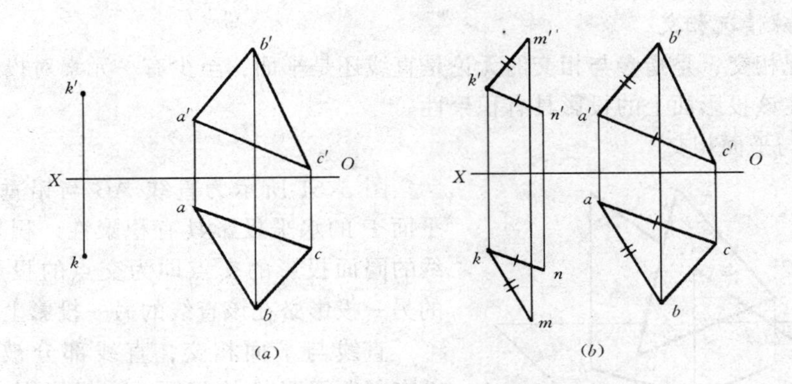

图 3-59　过点作平面与已知平面平行

（a）已知条件；（b）作图方法

（2）过 k' 作 $k'm' /\!/ a'b'$、$k'n' /\!/ a'c'$；

（3）由 KM 和 KN 相交两直线所确定的平面平行于平面△ABC。

【例 3-23】　试判断已知三角形 ABC 和 EFG 是否平行（图 3-60a）。

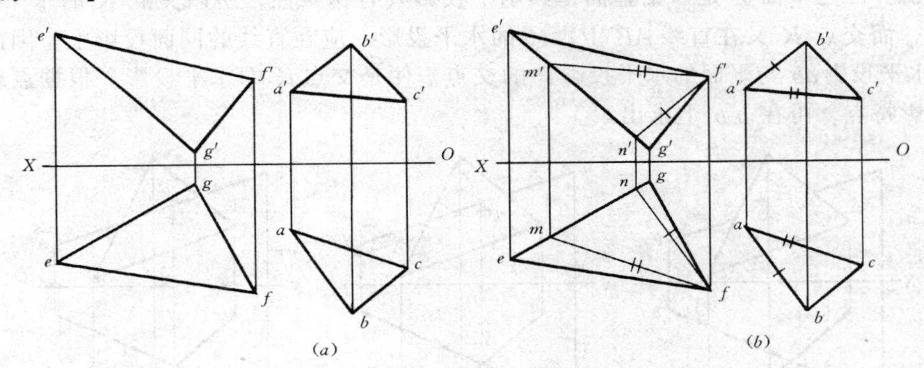

图 3-60　判断两平面是否平行

（a）已知条件；（b）作图方法

分析：根据两平面平行的几何条件，如果能在三角形 EFG 中作出一对相交直线对应平行于三角形 ABC 的 AB、AC 边，则三角形 ABC 和 EFG 相互平行。反之则不平行。

作图（图 3-60b）：

（1）在△$g'e'f'$ 中过 f' 作 $f'n' /\!/ a'b'$，并求出 fn，图中 $fn /\!/ ab$，所以 $FN /\!/ AB$，故△ABC 与 FN 平行；

（2）在△$g'e'f'$ 中过 f' 作 $f'm' /\!/ a'c'$，并求出 fm，图中 $fm /\!/ ac$，所示 $FM /\!/ AC$，故△ABC 与 FM 平行。

由此可判定△ABC 和△EFG 平行。

二、相交关系

直线与平面相交，其交点必是直线与平面的共有点，它既在直线上又在平面上；平面与平面相交，其交线必是两平面的共有线，它既在平面Ⅰ上又在平面Ⅱ上，求交点、交线，利用共有性求解。

（一）特殊情况相交

特殊情况相交，是指参与相交的无论是直线还是平面，至少有一元素对投影面处于特殊位置，它在该投影面上的投影具有积聚性。

1. 直线与平面相交

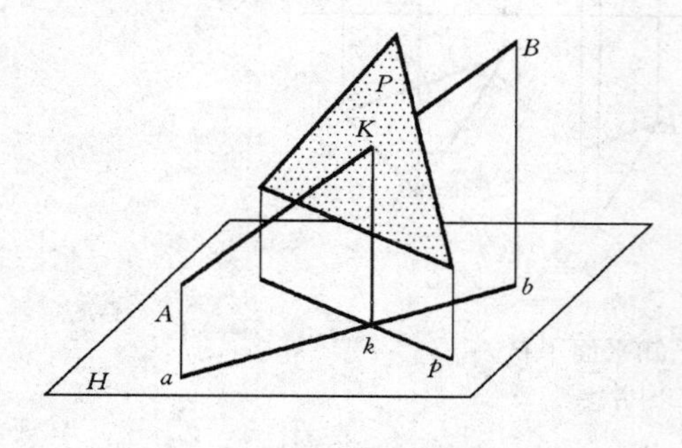

图 3-61　直线与铅垂面相交

图 3-61 所示为直线 AB 与铅垂面 P 相交。平面 P 的水平投影具有积聚性，积聚投影与直线的同面投影的交点即为交点的投影，而交点的另一投影必在该直线的另一投影上。

直线与平面相交，直线部分被平面遮挡，就有判断可见性的问题。在投影图上被平面挡住的线段画虚线，交点是可见与不可见的分界点。

【例 3-24】　求作直线 AB 与铅垂面 P 的交点，并判断可见性（图 3-62a）。

分析：因为平面 P 是一铅垂面，其水平投影具有积聚性，所以交点 K 的水平投影 k 在 p 上，而交点 K 又在直线 AB 上，K 的水平投影 k 应在直线的同面投影上。因此直线 AB 的水平投影 ab 与平面的水平投影 P 的交点 k 便是交点 K 的水平投影。根据点在直线上的投影特点，可在 $a'b'$ 上求出 k'。

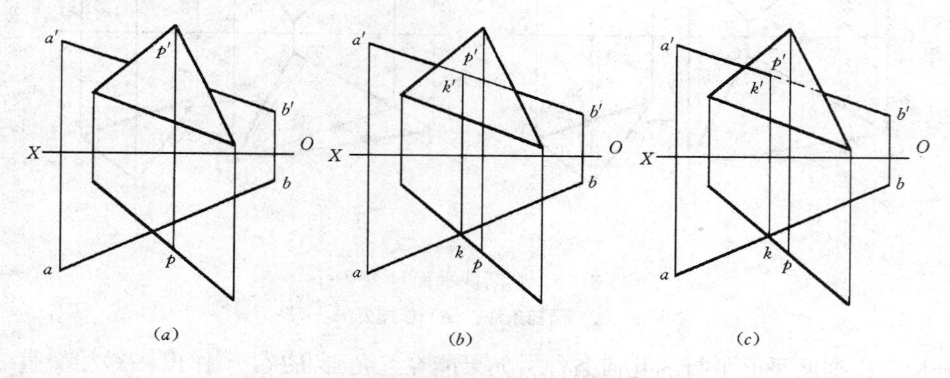

图 3-62　求作直线与铅垂面的交点

（a）已知条件；（b）求直线与平面的交点；（c）判断可见性

直线与平面相交的投影可见性，是对直线与平面某一投影的重影部分而言，不重影部分均为可见。当向 H 面投影时，直线位于平面上面的一段水平投影为可见；位于平面下面的一段，其水平投影与平面重影部分为不可见。当向 V 面投影时，直线位于平面前面的一段，其正面投影为可见；位于平面后面的一段，其正面投影与平面的重影部分为不可见。判断水平投影重影部分的可见性，利用正面投影去分析它们的上下关系；判断正面投影重影部分的可见性，利用水平投影去分析它们的前后关系。因为平面 P 垂直于水平投影面，H 面投影不判断可见性。

作图（图 3-62b）：

由 ab 与 p 的交点 k，向 OX 轴作垂线，与 $a'b'$ 交于 k'，则 k、k' 即为直线 AB 与铅垂面 P 的交点 K 的两面投影。

判断可见性（图 3-62*c*）：

从水平投影上可以看出，*ak* 在 *p* 面之前，所以其正面投影 $a'k'$ 为可见，$b'k'$ 与 p' 重影部分为不可见。因为平面 *P* 为铅垂面，所以直线的水平投影 *ak* 和 *bk* 均为可见。

【例 3-25】 求作铅垂线 *MN* 与△*ABC* 的交点，并判断可见性（图 3-63*a*）。

分析：直线 *MN* 是一条铅垂线，水平投影具有积聚性，因为交点具有共有性，所以交点的水平投影与铅垂线的水平投影重合。可用平面内取点求出交点的正面投影。

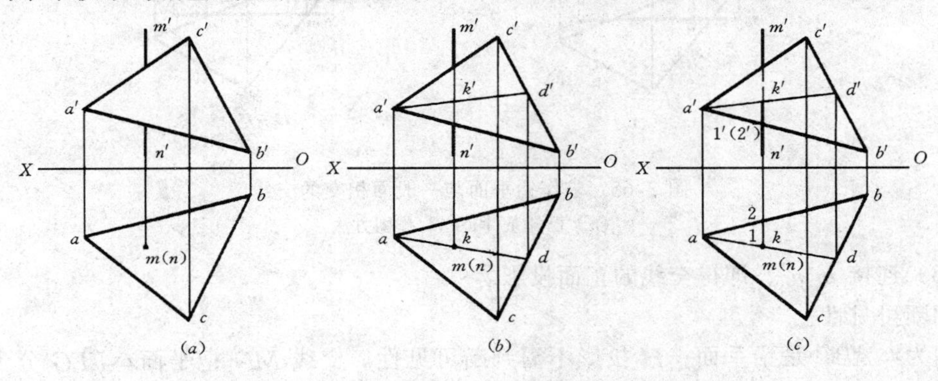

图 3-63　求作铅垂线与平面的交点

（*a*）已知条件；（*b*）求作直线与平面的交点；（*c*）判断可见性

作图（图 3-63*b*）：

(1) 过直线 *MN* 的水平投影 *m*（*n*）作辅助线 *AD* 的水平投影 *ad*；

(2) 求出 *AD* 的正面投影 $a'd'$，$m'n'$ 与 $a'd'$ 的交点 k' 即为交点 *K* 的正面投影。

判断可见性（图 3-63*c*）：

直线 *MN* 的 *H* 面投影积聚为一点，不判断可见性，需判断 *V* 面投影的可见性。利用两交叉直线对 *V* 面的重影点，来判断其正面投影的可见性。在 *V* 面投影上，直线 *MN* 上的点Ⅰ（1，1′）和 *AB* 边上的点Ⅱ（2，2′）它们的正面投影重影，从水平投影可以看出 *ab* 上的点 2 在后，故 $k'n'$ 为可见，$m'k'$ 和△$a'b'c'$ 的重影部分为不可见，画成虚线。

2. 平面与平面相交

图 3-64 中，△*ABC* 为铅垂面，△*DEF* 为一般位置平面。求交线时，可用垂直面与一般位置直线相交求交点的方法，两次求得的交点连接起来即得交线。是前一问题的应用。

【例 3-26】 求作铅垂面△*ABC* 和平面△*EFG* 的交线（图 3-65*a*）。

分析：因为铅垂面△*ABC* 的水平投影具有积聚性而交线具有共有性，所以水平投影与△*efg* 的重影部分，即为交线的水平投影。

作图（图 3-65*b*）：

(1) △*ABC* 的水平投影具有积聚性，得交线的水平投影 *mn*；

(2) *M* 在 *GF* 上，*N* 在 *GE* 上。由 *m*、*n* 分别向 *OX* 轴作垂线与 $g'f'$ 和 $g'e'$ 相交于 m'、n'；

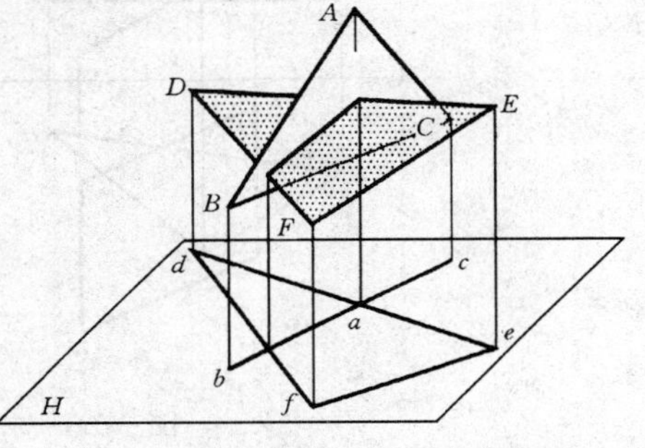

图 3-64　铅垂面与一般面相交

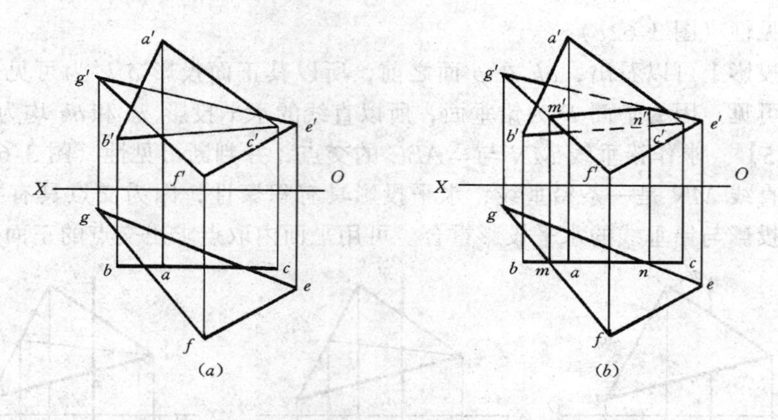

图 3-65　求作铅垂面与一般面相交的交线

（a）已知条件；（b）作图方法

（3）连接 $m'n'$，即得交线的正面投影。

判断可见性：

因为△*ABC* 是铅垂面，*H* 投影不需判断可见性。交线 *MN* 把平面△*EFG* 分为两部分，从水平投影可以看出 *MNEF* 在平面△*ABC* 的前方，所以正面投影 $m'n'e'f'$ 可见，$m'n'g'$ 与△$a'b'c'$ 重影部分为不可见，画成虚线。

【例 3-27】　求作水平面△*ABC* 与正垂面 *P* 的交线，并判断可见性（图 3-66*a*）。

分析：水平面△*ABC* 和正垂面 *P* 的正面投影均具有积聚性，而交线具有共有性，所以△$a'b'c'$ 与 p' 的交点，即为交线的正面投影，故这两个平面的交线是一条正垂线。

作图（图 3-66*b*）：

（1）在 *V* 面投影中，$a'b'c'$ 与 p' 的交点，即为交线的正面投影 m'（n'）；

（2）过 m'（n'）向下作 *OX* 轴垂线，垂线在△*abc* 与 *p* 的重影部分范围内的线段 *mn*，即是交线 *MN* 的正面投影。

判断可见性：

因为△*ABC* 是水平面，*P* 是正垂面，所以 *V* 面投影不需判断可见性。交线 *MN* 把平面△*ABC* 和 *P* 各分为两部分，判断 *H* 面投影可见性，从正面投影可以看出，*MNAB* 在平面 *P* 的下方，*MNC* 在平面 *P* 的上方，所以 *mnc* 和 *p* 重影部分为可见，其余部分为不可见。

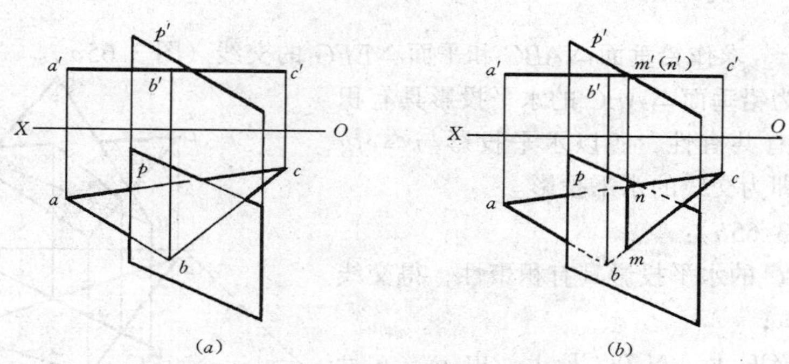

图 3-66　求作水平面与正垂面的交线

（a）已知条件；（b）作图方法

当两个铅垂面相交，其交线为一铅垂线。如图 3-67 所示，两铅垂面的水平投影有积聚性，而交线具有共有性，所以积聚投影的交点即为交线的水平投影，交线是一条铅垂线。

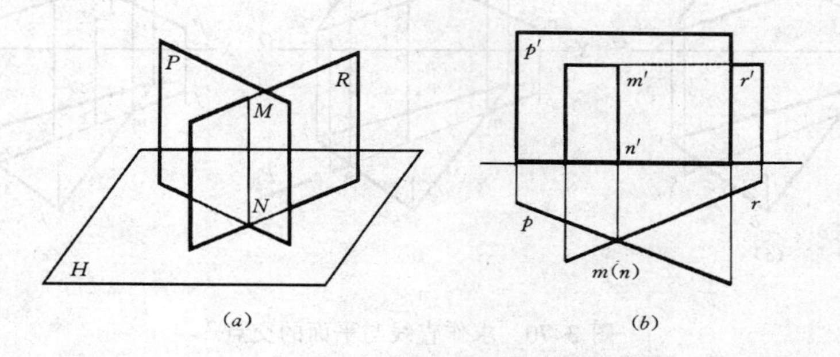

图 3-67 两铅垂面相交
(*a*) 直观图；(*b*) 投影图

同理，两个正垂面相交，交线为一条正垂线；两个侧垂面相交，交线为侧垂线(图 3-68)。

(二) 一般情况相交

一般情况相交，是指参与相交的无论是直线还是平面在投影体系中均处于一般位置。

1. 直线与平面相交

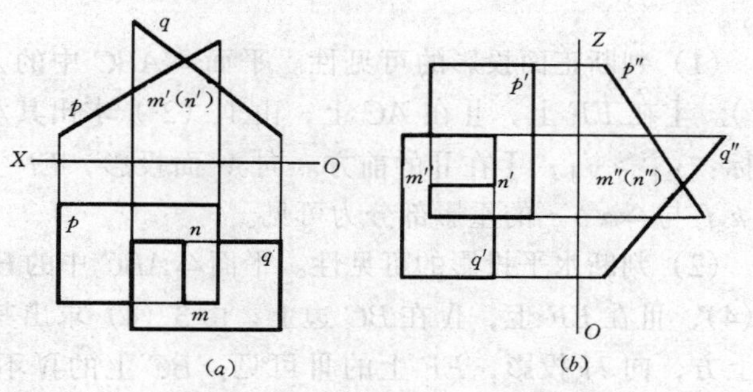

图 3-68 两垂直面相交
(*a*) 正垂面相交；(*b*) 侧垂面相交

图 3-69 所示为一般位置直线 *FE* 和一般位置平面△*ABC* 相交，所以它们的投影均无积聚性，不能利用积聚性求交点的投影。可通过直线 *FE* 作辅助平面 *P*，求出平面 *P* 与三角形 *ABC* 的交线 *MN*，*MN* 与直线 *FE* 的交点，即为直线 *FE* 和平面△*ABC* 的交点。这种求交点的方法称为辅助平面法。

通过辅助平面法求交点，具体分为三个步骤：

(1) 包含已知直线作一辅助平面。为使作图简单，辅助平面选择为特殊位置平面；

(2) 求出辅助平面和已知平面的交线；

(3) 已知直线和上述交线的交点，即为直线与平面的交点。图 3-70 所示为求直线 *EF* 和平面△*ABC* 的交点投影作图方法。

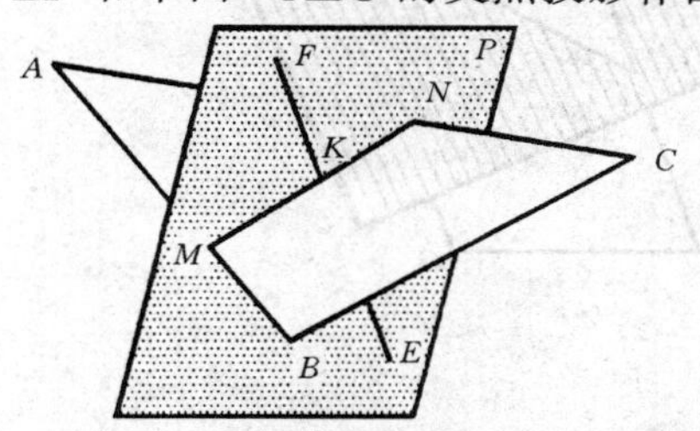

图 3-69 一般直线与一般平面相交

作图（图 3-70*b*）：

(1) 过直线 *EF* 作铅垂面 *P*，则 P_H 与 *ef* 重合；

(2) 求出平面 *P* 与平面△*ABC* 的交线 *MN*，因为 *P* 的水平投影具有积聚性，直接定出 *mn*，再求出 *m′n′*；

(3) 交线的正面投影 *m′n′* 和 *e′f′* 的交点 *k′*，即为交点的正面投影，过 *k′* 向下作 *OX* 轴垂线和 *ef* 相交，

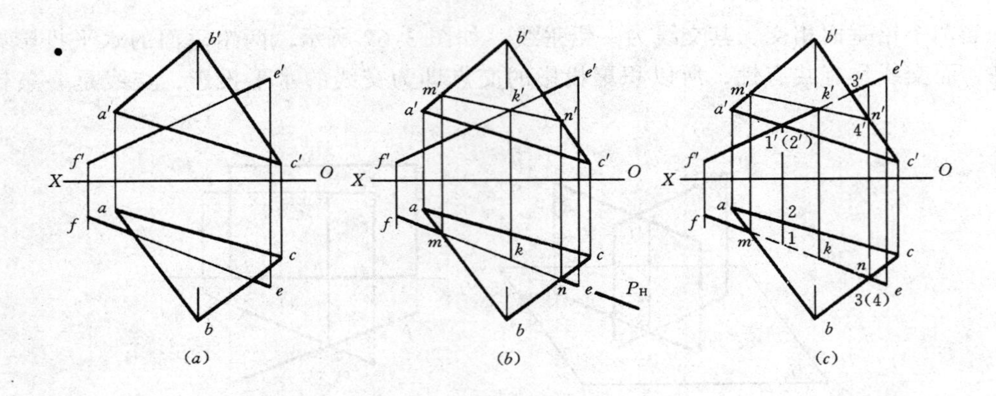

图 3-70　求作直线与平面的交点

（*a*）已知条件；（*b*）求作交点；（*c*）判断可见性

求出交点的水平投影 *k*。

判断可见性：

因为直线 *EF* 和平面△*ABC* 均处于一般位置，*H* 面、*V* 面投影均要分别判断可见性。

（1）判断正面投影的可见性。平面△*ABC* 中的 *AC* 边和 *EF* 的正面投影重影点为 1′（2′）。Ⅰ在 *EF* 上，Ⅱ在 *AC* 上，由 1′（2′）求出其水平投影 1、2。比较Ⅰ、Ⅱ两点的 *y* 坐标：$y_{\text{I}} > y_{\text{II}}$，Ⅰ在Ⅱ的前方。向 *V* 面投影，*EF* 上的Ⅰ可见，*AC* 上的Ⅱ不可见，所以 $k'f'$ 与△$a'b'c'$ 的重影部分为可见。

（2）判断水平投影的可见性。平面△*ABC* 中的 *BC* 边和直线 *EF* 的水平投影重影点为 3（4），Ⅲ在 *EF* 上，Ⅳ在 *BC* 边上，由 3（4）求出其正面投影 3′、4′，$z_{\text{III}} > z_{\text{IV}}$，Ⅲ在Ⅳ的上方，向 *H* 投影，*EF* 上的Ⅲ可见，*BC* 上的Ⅳ不可见，所以 *ke* 与△*abc* 重影部分可见。

2. 平面与平面相交

图 3-71 所示为平面△*ABC* 和平面 *EFGH* 相交，交线是两平面的共有线，同时存在于两平面上。交线的投影，是两平面两个共有点的同面投影的连线。图 3-71（*a*）所示为平面 *EFGH* 全部穿过△*ABC*，称为全交，图 3-71（*b*）所示为平面 *EFGH* 部分穿过△*ABC*，称为互交。

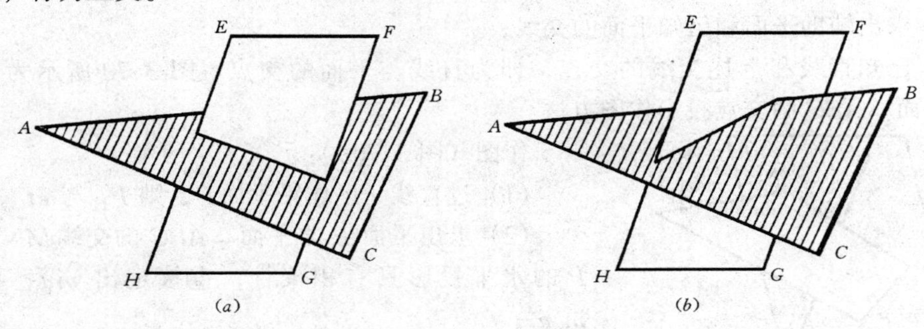

图 3-71　两图形平面相交

（*a*）全交；（*b*）互交

根据不同情况，求交线的方法可归纳为两种。

（1）利用“线面交点”的方法求交线

在两平面相交时，保留一平面，再将另一平面转化成直线相交平面，分别求出它们和平面的交点，即可连成直线。

图 3-72 所示，求△*ABC* 和△*DEF* 的交点，只要分别求出△*DEF* 的两边 *DE*、*DF* 与△*ABC* 的交点 *M*、*N*，连接 *MN*，即得两平面交线。

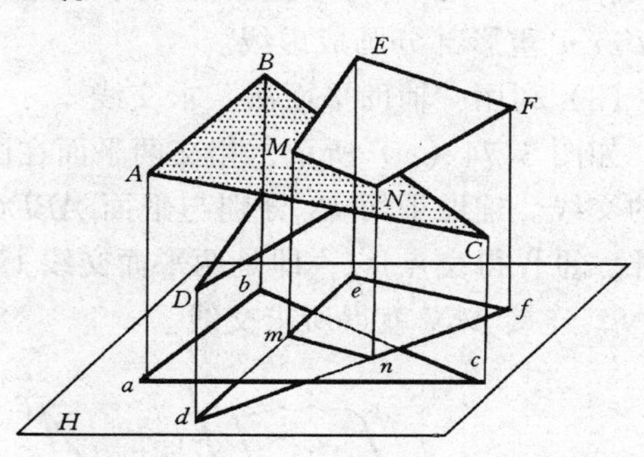

图 3-72 用“线面交点”法求交线

【例 3-28】 求平面△*ABC* 和△*DEF* 的交线（图 3-73*a*）。

分析：为使直线和平面的交点尽可能在平面图形的范围之内，求交点时所选择的直线，应与相交平面的各投影都有重影部分，所以在 *DE* 和 *DF*、*BC* 中选两条，求与另一平面的交点。

作图（图 3-73*b*）：

（1）求△*DEF* 的 *DE* 与△*ABC* 的交点 *M*，作法同图 3-70（*b*）；

（2）求△*DEF* 的 *DF* 与△*ABC* 的交点 *N*，作法同图 3-70（*b*）；

（3）连接 *m*、*n* 和 *m′*、*n′*。直线 *MN* 即为两平面的交线。

判断可见性（图 3-73*c*）：

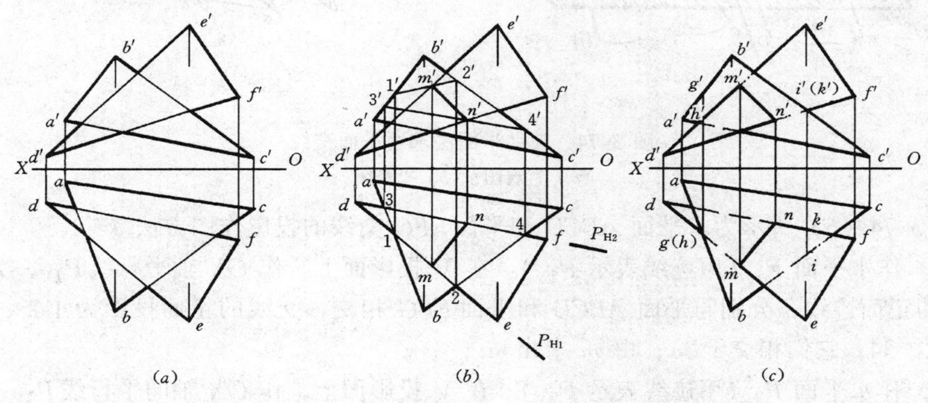

图 3-73 求两一般平面的交线

（*a*）已知条件；（*b*）求作交点；（*c*）判断可见性

两平面相交，其重影部分的可见性，以交线的同面投影为界分为可见与不可见两部分。

（1）判断水平投影的可见性。可在 *ab*、*bc* 和 *de*、*df* 四边的四个重影点任选取一点的投影来判断。图中取 *ab* 和 *de* 的交点，标为 *g*（*h*），*G* 在 *AB* 上，*H* 在 *DE* 上，求出它们的正面投影 *g′*、*h′*，可见 $z_G > z_H$，*G* 在 *H* 的上方，向 *H* 面投影，*G* 可见，*ab* 画成实线。因为平面是连续的，以 *mn* 为界，*mnd* 与 *abc* 重影部分是不可见的，*md*、*nd* 与△*abc* 重影部分画成虚线。*mnef* 与△*abc* 重影部分为可见，*me*、*nf* 与△*abc* 重影部分画成实线，bc 与 $mnef$ 重影部分画成虚线；

(2) 判断正面投影可见性。在 $a'c'$、$b'c'$和$e'd'$、$d'f'$的四个重影点中任选一个判断。图中取 $d'f'$和$b'c'$的交点，标为 i'（k'）。I 在BC 上，K 在DF 上，求出 i、k，可见 $y_I > y_K$，I 在K 的前方，向 V 面投影，k'为不可见，$b'c'$画成实线。因为平面是连续的，以 $m'n'$为界，$m'n'f'e'$与$\triangle a'b'c'$重影部分为不可见，$m'e'$、$n'f'$与$\triangle a'b'c'$重影部分画成虚线。$d'm'n'$与$\triangle a'b'c'$重影部分为可见，$d'm'$、$d'n'$与$\triangle a'b'c'$重影部分画成实线，$a'c'$与$d'm'n'$重影部分画成虚线。

(3) 利用“辅助平面法”求交线

如图 3-74（a）所示，相交两平面在图形有限范围内不相交时，可用辅助平面法求它们的交线。辅助平面 P_1 分别与平面 $ABDC$、平面 GEF 相交，交线为ⅠⅡ、ⅢⅣ，延长ⅠⅡ、ⅢⅣ得交点 M，即是两平面交线上的点。同理，利用辅助平面 P_2 求出交线上另一点 N，连接 MN 就得所求交线。

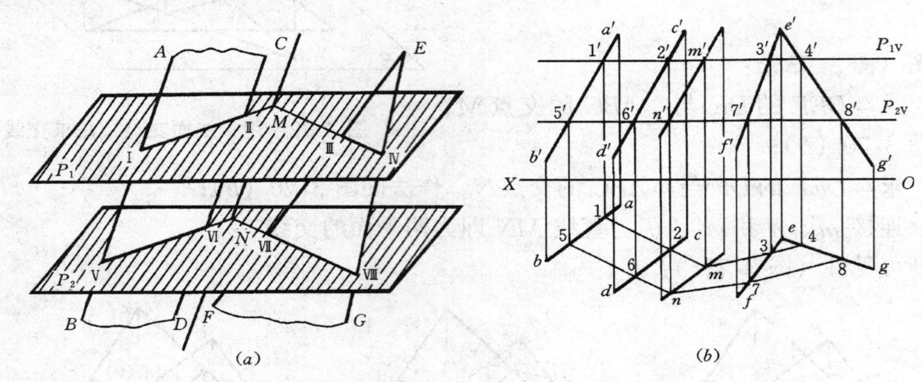

图 3-74　辅助平面法求两平面交线

（a）直观图；（b）投影图

图 3-74（b）所示为求平面 $ABCD$ 和平面EFG 交线的投影作图方法。

(1) 作水平面 P_1（用迹线表示 P_{1V}）。在 V 投影面上，作 OX 轴平行线P_{1V}，为水平面 P_1 的正面迹线，分别与平面 $ABCD$ 和平面EFG 相交，交线的正面投影为 $1'2'$、$3'4'$，求出 12、34，它们相交于 m；由 m 求出m'；

(2) 作水平面 P_2（用迹线表示 P_{2V}）。在 V 投影面上，作 OX 轴的平行线P_{2V}，为水平面 P_2 的正面迹线，分别与平面 $ABCD$、平面 EFG 相交，交线的正面投影 $5'6'$、$7'8'$，求出 56、78，它们相交于 n，由 n 求出n'；

(3) 连接 mn、$m'n'$，MN 即为两平面的交线。

三、垂直问题

（一）直线与平面垂直

1. 几何条件

直线与平面内两相交直线垂直，则此直线与该平面垂直。

图 3-75（a）中，直线 MN 与平面P 中的任意两相交直线L_1、L_2 相互垂直，则直线 MN 垂直于平面P。

2. 投影特点

图3-75（b）中，如果直线MN与平面P相互垂直，则它一定垂直于平面内的所有直线，若AⅡ和CⅠ分别是平面内的水平线和正平线。由一边平行于投影面的直角投影特点可知：直线MN的水平投影mn应垂直于AⅡ的水平投影$a2$，直线MN的正面投影$m'n'$应垂直于CⅠ的正面投影$c'1'$。同理，在图3-75c中，$mn \perp P_H$，$m'n' \perp P_V$。

由此可以得出结论：若直线与平面垂直，直线的正面投影必垂直于该平面内正平线的正面投影，直线的水平投影必垂直于该平面内的水平线的水平投影。同时，直线垂直于该平面的同面迹线。

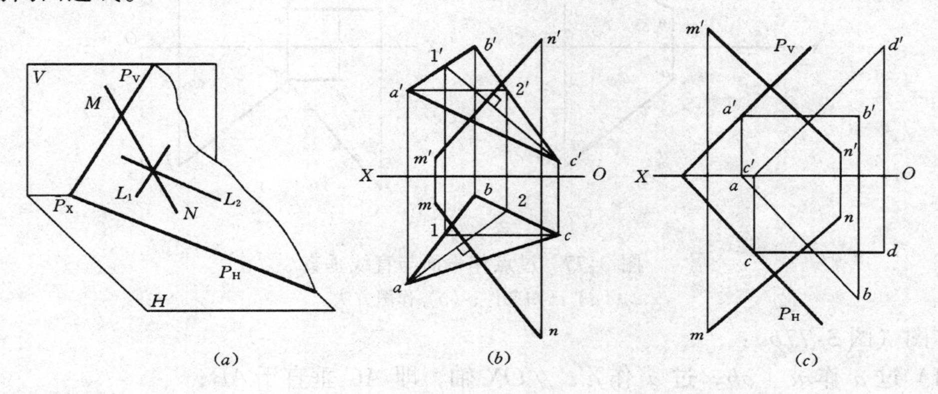

图3-75　直线与平面垂直

（a）直线与平面垂直的几何条件；（b）、（c）直线与平面垂直的投影特点

根据上述几何条件和投影特点，可以在投影图上过一点作直线垂直于平面，或过一点作平面垂直于直线，解决直线与平面垂直的其他作图问题。

【例3-29】　判断直线MN是否与平面△ABC垂直（图3-76a）。

作图判断（图3-76b）：

(1) 在平面△ABC内作一正平线AE。过a作ae∥OX轴，由ae求出$a'e'$；

(2) 判断MN是否垂直于AE，由正面投影可以看出：$a'e'$与$m'n'$垂直，也就是MN垂直于AE；

(3) 在平面△ABC内作一水平线CD。过c'作$c'd'$∥OX轴，由$c'd'$求出cd；

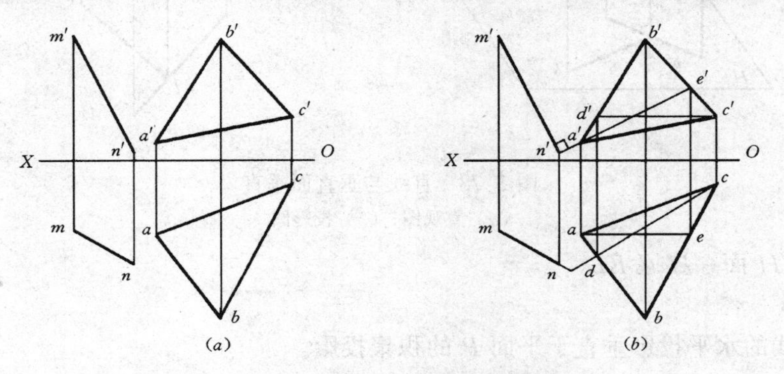

图3-76　判断直线与平面是否垂直

（a）已知条件；（b）作图方法

(4) 判断 MN 是否垂直于 CD，由水平投影可以看出：dc 与 mn 不垂直，也就是 MN 不垂直于 CD。故直线 MN 不垂直于平面 $\triangle ABC$。

【例 3-30】 过点 A 作平面垂直于直线 AB（图 3-77a）。

分析：过点 A 作一条水平线 AC 和正平线 AD 垂直于 AB，则相交两直线 AC、AD 确定的平面即为所求。

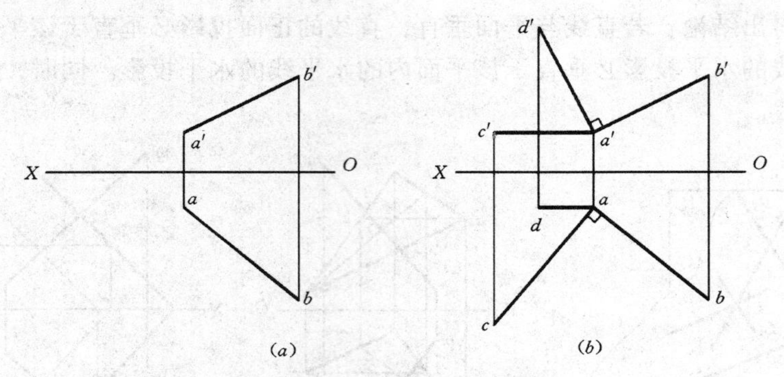

图 3-77 过点作平面与直线垂直

（a）已知条件；（b）作图方法

作图（图 3-77b）：

(1) 过 a 作 $ac \perp ab$，过 a' 作 $a'c' /\!/ OX$ 轴，即 AC 垂直于 AB；

(2) 过 a' 作 $a'd' \perp a'b'$，过 a 作 $ad /\!/ OX$ 轴，即 AD 垂直于 AB。两相交直线 AC、AD 所确定的平面即为所求平面。

直线与平面垂直，垂直的直线（或平面）处于特殊位置，即直线（或平面）垂直于或平行于某投影面，与之相垂直的平面（或直线）必定也处于特殊位置。

图 3-78 中，平面 P 是一铅垂面，KL 垂直于平面 P，故 KL 必定是一水平线。P 面的水平投影具有积聚性。

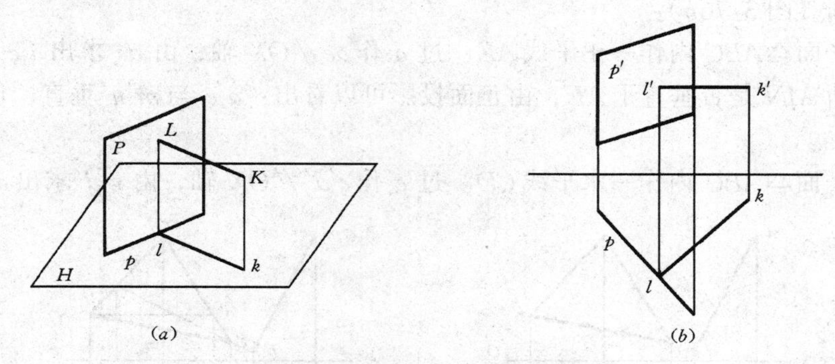

图 3-78 直线与垂直面垂直

（a）直观图；（b）投影图

$\because KL /\!/ H$ 面　$kl \perp\!\!\!\!= KL$

$\therefore kl \perp p$

即水平线的水平投影垂直于平面 P 的积聚投影。

由此可知，要作投影面垂直面的垂线，可先作出直线的一投影和平面的积聚投影垂直，所作的另一投影一定平行于相应的投影轴。

判断直线和投影面垂直面是否垂直，应先看平面的积聚投影和直线的同面投影是否垂直。如果平面的积聚投影和直线的同面投影互相垂直，然后看直线的另一投影是否平行于投影轴，如果平行于投影轴，则直线与投影面垂直面相垂直。反之，两者不垂直。

（二）平面与平面垂直

1. 几何条件

直线垂直于平面，则包含此直线的一切平面都和该平面垂直。如图 3-79（*a*）所示。

含 *MN* 的所有平面 P_1、P_2、……都与平面 *Q* 垂直。反之，只要平面 *P* 包含一条与平面 *Q* 垂直的直线 *MN*，则平面 *P* 垂直于平面 *Q*。

2. 投影特点

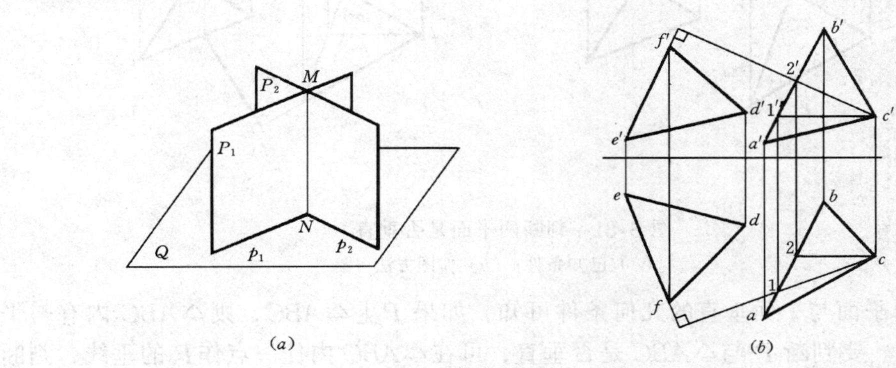

图 3-79　平面与平面垂直

（*a*）平面与平面垂直的几何条件；（*b*）平面与平面垂直的投影的特点

图 3-79（*b*）所示，平面△*ABC* 与平面△*DEF* 相互垂直，平面△*DEF* 内的直线 *EF* 的投影分别垂直于平面△*ABC* 内水平线 *C*Ⅰ和正平线 *C*Ⅱ的同面投影。即 $ef \perp c1$、$e'f' \perp c'2'$。

由此得出结论：两平面垂直，任何一个平面上有一条直线的投影，垂直于另一个平面上两条相交的投影面平行线所平行的同面投影。

【例 3-31】　过直线 *AB* 作一平面与平面△*CDE* 互相垂直（图 3-80*a*）。

分析：如果一平面包含另一平面的一条垂线，那末两平面相互垂直。要过 *AB* 求作平面，先在 *AB* 上任一点（如点 *B*）作已知平面的垂线。

作图（图 3-80*b*）：

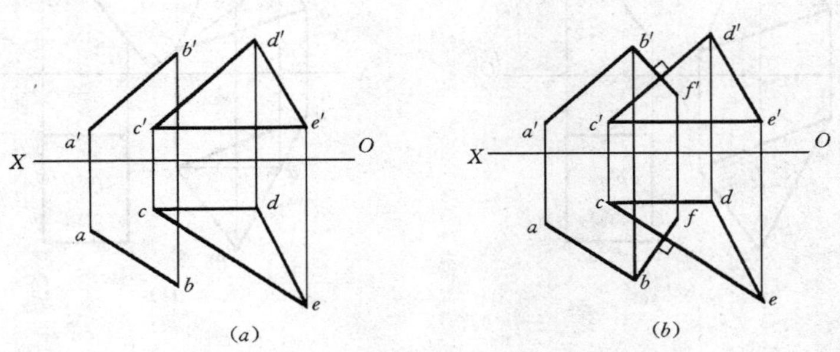

图 3-80　过直线作平面与已知平面垂直

（*a*）已知条件；（*b*）作图方法

（1）在△CDE 中 CE、CD 分别是水平线和正平线；

（2）过 b 作 $bf \perp ce$，过 b' 作 $b'f' \perp c'd'$，则 AB 和 BF 两相交直线所确定的平面即为所求。

【例 3-32】 判断平面 P 与平面△ABC 是否垂直（图 3-81a）。

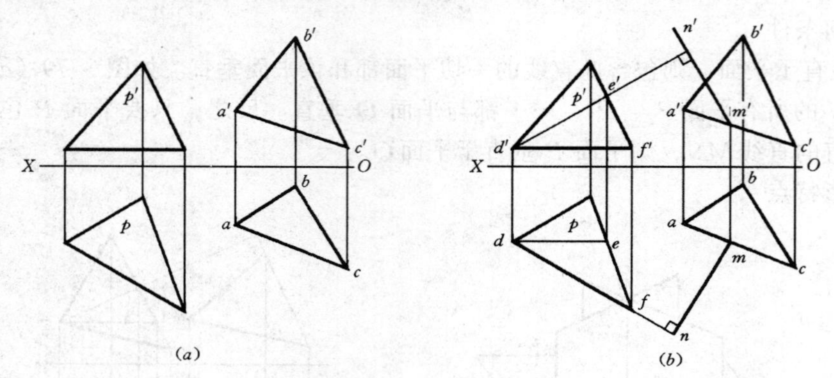

图 3-81 判断两平面是否垂直

（a）已知条件；（b）作图方法

分析：由平面与平面垂直的几何条件可知，如果 $P \perp$△ABC，则△ABC 内有与平面 P 垂直的直线。要判断 P 与△ABC 是否垂直，可在△ABC 内任一点作 P 的垂线，判断该垂线是否在△ABC 内。

作图（图 3-81b）：

（1）在平面 P 中任取一水平线 DF 和正平线 DE；

（2）过△ABC 内任一点 M 作平面 P 的垂线 MN，也就是 $mn \perp df$，$m'n' \perp d'e'$；

（3）根据平面内的直线投影特点可以判断 MN 不在平面△ABC 内，这说明△ABC 内不包含平面 P 的垂线，故平面 P 与△ABC 不垂直。

【例 3-33】 判断△ABC 与正垂面 P 是否垂直（图 3-82a）。

分析：因为与正垂面垂直的直线只能是正平线，所以，要判断△ABC 与正垂面 P 是否垂直，只要检验△ABC 内正平线的正面投影与 P 是否垂直即可。

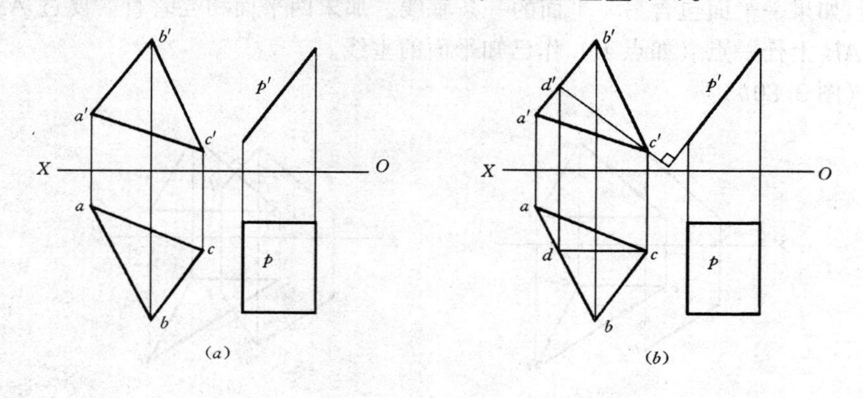

图 3-82 判断一般面与正垂面是否垂直

（a）已知条件；（b）作图方法

作图（图 3-82b）：

（1）在△ABC 内作一正平线 CD；

（2）由正面投影可知，$c'd' \perp p'$，故可判定△$ABC \perp P$。

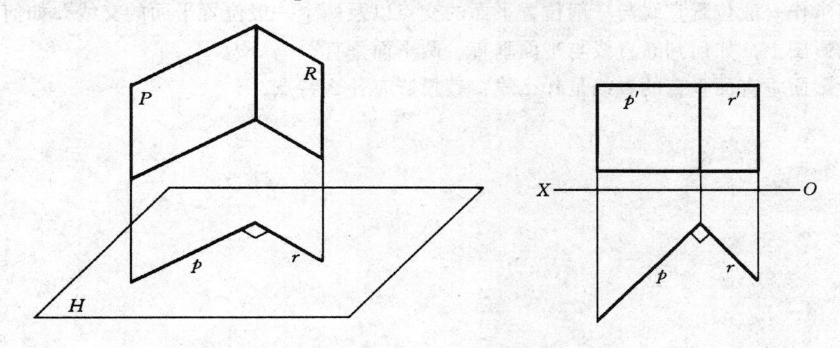

图 3-83 两个铅垂面相互垂直

（a）直观图；（b）投影图

当相互垂直的两个平面都垂直于某一投影面时，两平面的积聚投影相互垂直，如图3-83所示。

复 习 思 考 题

1. 点的投影具有哪些投影规律？已知点的两个投影求第三投影的根据是什么？

2. 如何根据投影图判定两点的相对位置？

3. 重影点的定义和特征是什么？如何判定重影点的可见性？

4. 已知点 A 在 W 面上，它的三投影各自在何处？已知点 B 在 X 轴上，它的三投影有何特点？

5. 投影面平行线和投影面垂直线各有几种？它们都有哪些投影特性？

6. 在投影图上，用直角三角形法，如何求一般位置线段的实长和其与投影面倾角？

7. 属于直线上的点有哪些投影特点？

8. 什么是迹点？试述迹点的投影特点。

9. 特殊位置直线的迹点，其投影有何特点？

10. 试述平行两直线、相交两直线及交叉两直线的投影特点。

11. 两交叉直线同面投影交点的含义是什么？如何判定其可见性？

12. 两直线相互垂直，具备什么条件时，在一个投影面上投影反映垂直？在哪个投影面反映？

13. 为什么在 H/V 投影体系中一般位置的两平行直线，由它们的两面投影就可确定平行关系，而两条平行的侧平线就不能确定？

14. 判定两直线相交时，其中有一条直线是侧平线，有几种判定方法？

15. 在投影图上有哪些表示平面的方法？

16. 在投影图上，P_H、P_V、P_W 是平面上的三条线投影呢？还是一条线的三个投影？

17. 投影面的垂直面、投影面的平行面和一般位置平面各有何投影特性？

18. 在 V/H 投影体系中，两投影都是三角形，能否确定是一般位置平面？

19. 用几何元素表示的平面如何转换为用迹线表示的平面？

20. 怎样在平面上取点和直线？

21. 怎样在平面内取投影面的平行线？

22. 什么叫平面的最大斜度线？其投影特点如何？怎样求作平面对投影面的倾角？

23. 在投影图上，如何判断直线与平面、平面与平面是否平行？

24. 如何求作投影面垂直面与一般位置直线的交点、投影面垂直线与一般位置平面的交点、特殊位置平面与一般位置平面的交线？

25. 如何求作一般位置直线与一般位置平面的交点以及两个一般位置平面的交线？如何判断可见性？

26. 在投影图上，如何判断直线与平面垂直、两平面垂直？

27. 与投影面垂直面垂直的直线是什么线？其投影有什么特点？

第4章　投　影　变　换

第1节　投影变换概念

从第三章学习讨论可知，当直线或平面对投影面处于特殊位置时，其投影反映实长、实形；对投影面处于垂直位置时，其投影具有积聚性。这样它们在投影图中便会直接反映某种度量特性或作图的简便性。而一般位置直线和平面没有上述投影特性，解决问题就较为复杂（表4-1、表4-2）。

投影图直接反映度量度　　　　**表 4-1**

	实长、倾角	实　形	距　离	夹　角
特殊位置				
	$AB=a'b'$	△ABC 的实形△abc	K 到 AB 的距离	平面 P 与 Q 的夹角 θ
一般位置				
	不能反映实长、倾角	不能反映实形	不能反映距离	不能反映夹角

投影作图简便性　　　　**表 4-2**

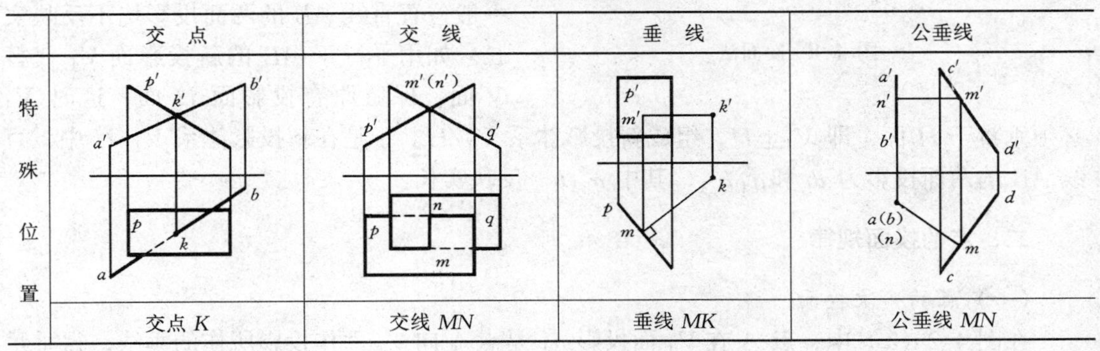

	交　点	交　线	垂　线	公垂线
特殊位置				
	交点 K	交线 MN	垂线 MK	公垂线 MN

续表

	交点	交线	垂线	公垂线
一般位置	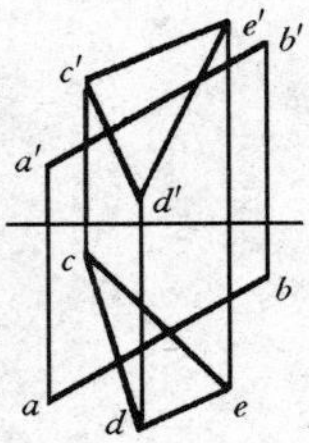	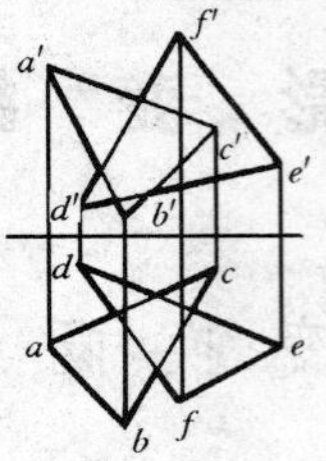	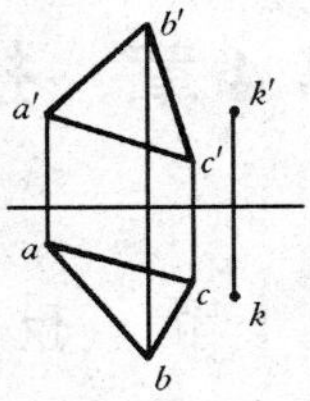	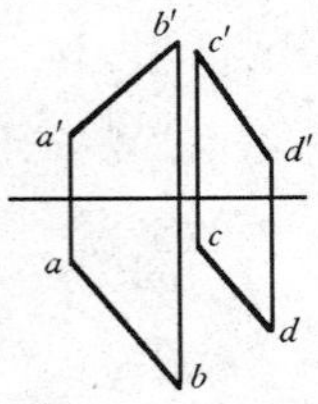
	不能反映交点	不能反映交线	不反映垂线	不反映公垂线

投影变换就是研究如何变换原有的投影为新投影，使空间几何元素由一般位置变换为特殊位置，达到简化解题的目的。

常用的投影变换方法有两种：换面法和旋转法。

第2节　换　面　法

空间几何元素不动，用新的投影面代替原有的投影面中的一个，新投影面和保留投影面组成新的投影体系，使空间几何元素在新投影体系中处于有利于解题的特殊位置，并将空间几何元素向新体系进行正投影，这种投影变换的方法称为换面法。

如图 4-1 所示，线段 AB 平行于新投影面 V_1，其新投影 $a_1'b_1'$ 反映实长及倾角 α。

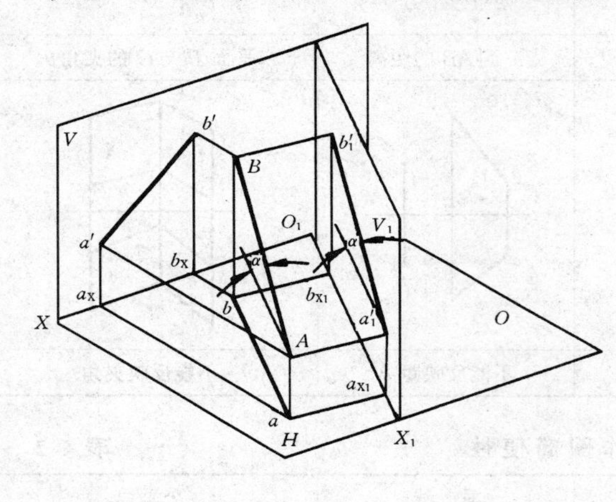

图 4-1　换面法

一、建立新投影体系的条件

换面法是用新的投影面代替原投影面，新投影面的设置要符合下列两个条件：

(1) 新投影面必须垂直于原投影体系中保留的那个投影面；

(2) 新投影面必须与空间几何元素处于有利于解题的特殊位置。

图 4-1 所示，在 V/H 投影体系中，一般位置直线 AB 的两面投影均不反映实长。如用平行于 AB 的新投影面 V_1 代替 V 面，保留原有投影面 H 面，这时 V_1 必须垂直于 H 面，即 $V_1 \perp H$，组成新投影体系 V_1/H。于是在新投影体系 V_1/H 中，直线 AB 的两面投影为 ab 和 $a_1'b'_1$，其中 $a'_1b'_1$ 反映实长。

二、点的换面规律

（一）点的一次换面

在图 4-2（a）中，点 A 在 V_1 面投影 a_1' 是点 A 向 V_1 面作投影所作的垂线，得垂足

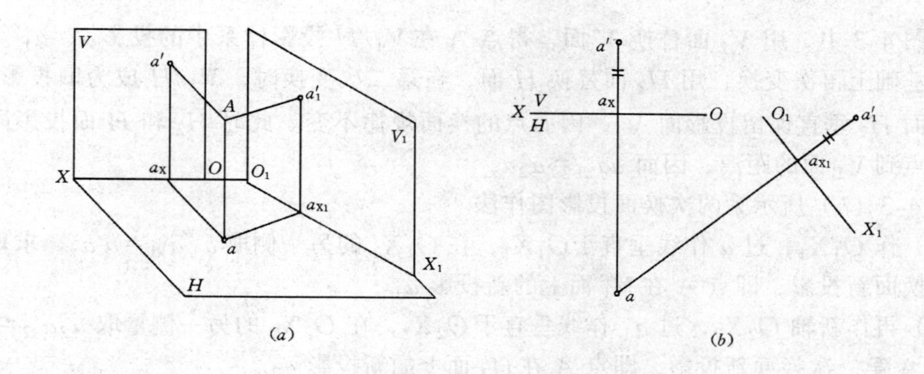

图 4-2　点的一次换面

（a）直观图；（b）投影图

a_1'，称为新投影。而 a'为被替换的投影，a 为保留投影。V_1 面和 H 面的交线 O_1X_1 则称为新投影轴。点 A 的空间位置可以由投影体系 V/H 决定，也可以由新投影体系 V_1/H 确定。前者的投影规律完全适用于后者。两投影体系存在联系因素，即是共有的保留投影面 H。由于这个因素，两投影体系均有相同的水平投影 a，又因为 V 面和 V_1 面都垂直于保留的投影面 H，所以在这两个投影面上的投影高度（z）必定相等，都能反映点 A 到 H 面的距离。

将 V_1 面及 H 面分别绕 O_1X_1 及 OX 轴旋转展平，与 V 面成一个平面，则得图 4-2（b）所示的投影图。根据正投影规律，图中 A 点的投影必有 $aa_1' \perp O_1X_1$ 轴，$a_1'a_{x1} = a'a_x$。由此得出，当新、旧投影面同时垂直于保留投影面时，点的换面规律为：

（1）点的新投影与保留投影的连线垂直于新投影轴；

（2）点的新投影到新投影轴的距离等于被替换的投影到原投影轴的距离。

（二）点的二次换面

点的二次换面，是在上述一次换面的基础上再进行一次换面，它的原理和换面规律与一次换面完全类同。

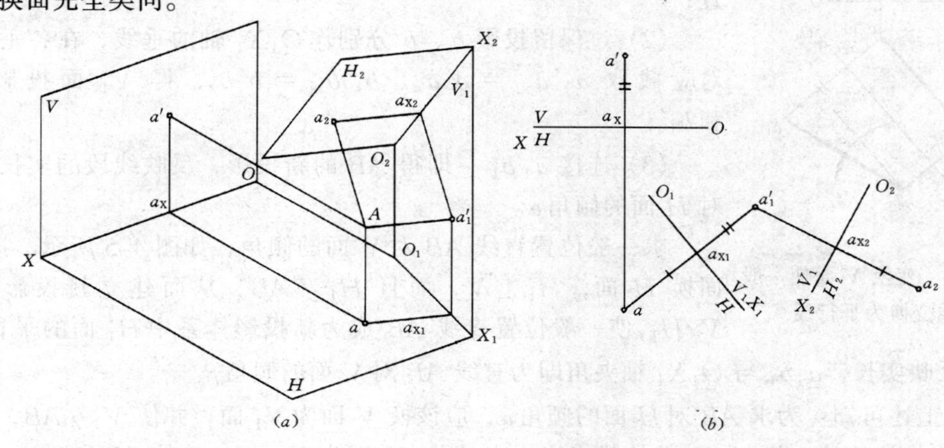

图 4-3　点的两次换面

（a）直观图；（b）投影图

在图 4-3 中，用 V_1 面替换 V 面，得点 A 在 V_1/H 投影体系中的投影 a、a_1'。又在 V_1/H 基础上再次变换，用 H_2 面替换 H 面，在第二次变换时，V_1/H 成为旧投影体系，新投影面 H_2 垂直保留投影面 V_1，因而点的换面规律不变。此时 H_2 和 H 面投影同时反映空间点到 V_1 面的距离，因而 $aa_{x1}=a_2a_{x2}$。

图 4-3（b）所示为两次换面投影图作法。

（1）作 O_1X_1，过 a 作线垂直于 O_1X_1，在 O_1X_1 的另一侧取 $a_1'a_{x1}=a'a_x$，求得点 A 第一次换面新投影，即点 A 在 V_1 面上的新投影 a_1'；

（2）再作新轴 O_2X_2，过 a_1' 作线垂直于 O_2X_2，在 O_2X_2 的另一侧量取 $a_2a_{x2}=aa_{x1}$，求得点 A 第二次换面新投影，即点 A 在 H_2 面上的新投影 a_2。

在点 A 两次换面时，新投影轴 O_1X_1 和 O_2X_2 的方向都是任意选取的，但求直线、平面空间几何元素的度量问题及定位问题时，新投影轴的方向不能任意选定，必须根据解题需要选择。

在多次换面时，每次只能更换一个投影面，可按下列次序之一更换投影面：

$V/H \rightarrow V_1/H \rightarrow V_1/H_2$…… $V/H \rightarrow V/H_1 \rightarrow V_2/H_1$……。

三、基本换面方法

（一）把一般位置直线换成投影面平行线

根据投影面平行线的投影特性：当直线平行于投影面时，它在该投影面上的投影倾斜于投影轴，且反映实长和倾角，其余投影则平行于相应的投影轴。为求直线 AB 的实长，再根据点的换面规律，即可得出更换 V 面，使一般位置直线转换为 V_1/H 体系中的 V_1 面平行线。如图 4-1 所示，设立一新投影面 V_1，使 $V_1 \perp H$，且 $V_1 /\!/ AB$，那么 AB 的新投影 $a_1'b_1'$ 可反映 AB 的实长和 α 角。因为 $V_1 /\!/$ 平面 $AabB$，所以 $ab /\!/ O_1X_1$ 轴。

图 4-4 所示为投影图作法：

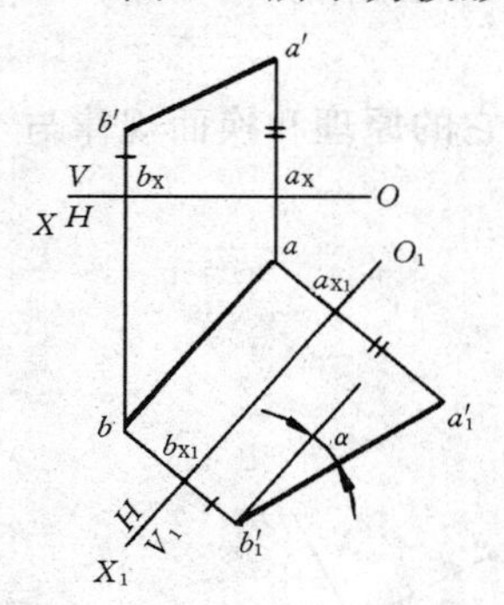

图 4-4　变换 V 面使一般线变换为平行线

（1）在 AB（ab、$a'b'$）投影图中，作新轴 $O_1X_1 /\!/ ab$。其间距与解题无关，可适当选取。新投影轴表示了新投影面的位置；

（2）过保留投影 a、b 分别作 O_1X_1 轴的垂线，在各垂线上对应截取 $a_1'a_{x1}=a'a_x$、$b_1'b_{x1}=b'b_x$，得 V_1 面投影 a_1' 和 b_1'；

（3）连接 $a_1'b_1'$，即得 AB 的新投影，反映线段的实长及其对 H 面的倾角 α。

求一般位置直线 AB 对 V 面的倾角，如图 4-5 所示。用 H_1 面换 H 面，$H_1 \perp V$，而且 $H_1 /\!/ AB$，从而建立新投影体系 V/H_1，使一般位置直线 AB 成为新投影体系中 H_1 面的平行线。a_1b_1 反映实长，a_1b_1 与 O_1X_1 轴夹角即为直线 AB 对 V 面的倾角 β。

从上述可知：为求 AB 对 H 面的倾角 α，应该换 V 面为 V_1 面，并使 $V_1 /\!/ AB$，新轴 $O_1X_1 /\!/ ab$；为求 AB 对 V 面的倾角 β，应该换 H 面为 H_1 面，并使 $H_1 /\!/ AB$，新轴 $O_1X_1 /\!/ a'b'$。

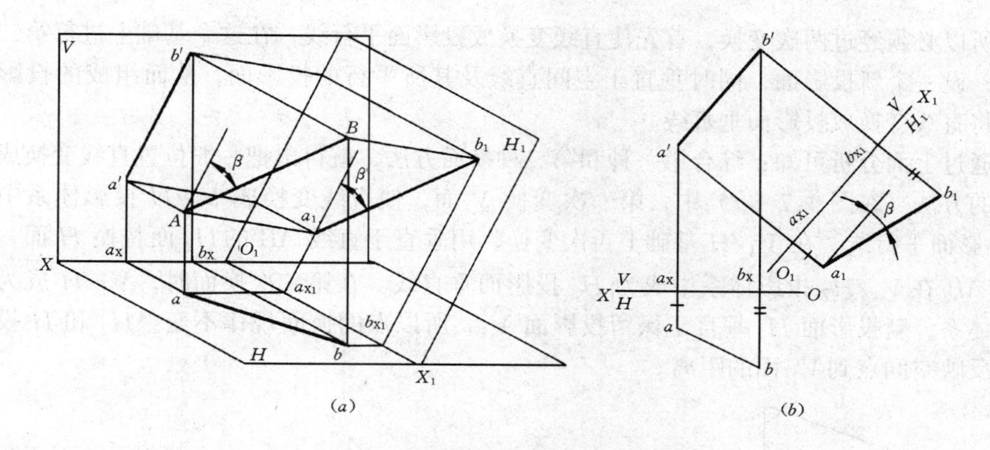

图 4-5　变换 H 面使一般线变换为平行线

（a）直观图；（b）投影图

（二）把投影面平行线变换成投影面垂直线

图 4-6（a），直线 AB 是一条水平线，若将 AB 变换成投影面垂直线，新投影面 V_1 是铅垂面。在新投影体系 V_1/H 中，AB 是 V_1 面垂直线，AB 在新投影面的投影 $a_1'b_1'$ 积聚为一点。

如图 4-6（b）所示为投影图作法：

（1）在 AB（ab，$a'b'$）投影图中，作新轴 $O_1X_1 \perp ab$；

（2）在保留投影 ab 的延长线上截取 $a_1'a_{x1}=a'a_x$ 和 $b_1'b_{x1}=b'b_x$，从而得出直线在 V_1 面新投影 $a_1'b_1'$，积聚为一点，此即为所求的新投影。

将投影面平行线变换为投影面垂直线时，应选择哪个投影面变换，要根据所给直线位置而定。如给出的是水平线，则应变换 V 面；给出的是正平线，则应变换 H 面。

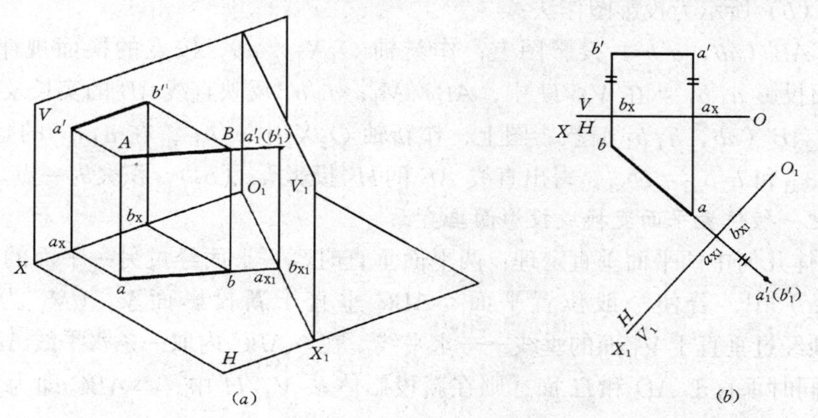

图 4-6　变换 V 面使平行线变换为垂直线

（a）直观图；（b）投影图

（三）把一般位置直线变换成投影面垂直线

要把一般位置直线变换成投影面垂直线，仅更换一次投影面不能完成。这是因为与一般位置直线垂直的平面仍属一般位置平面，不可能和任何一个原有的投影面构成正投影体系，所以必须经过两次变换，首先使直线变换成投影面平行线，在这个基础上进行第二次换面，设一个新投影面，同时垂直于空间直线及其所平行的投影面，从而组成的投影体系，将直线变换成投影面垂直线。

通过上面分析可知：综合第一种和第二种换面方法，就得出把一般位置直线变换成垂直线的方法。在图 4-7（a）中，第一次变换 V 面，使直线变换成 V_1/H 投影体系中的 V_1 投影面平行线。在 V_1/H 基础上再次变换，用垂直于直线 AB 的 H_2 面替换 H 面，使直线 AB 在 V_1/H_2 投影体系中成为 H_2 投影面垂直线。在第二次换面时，V_1/H 成为旧投影体系，新投影面 H_2 垂直于保留投影面 V_1，所以点的换面规律不变。H_2 和 H 投影同时反映空间点到 V_1 面的距离。

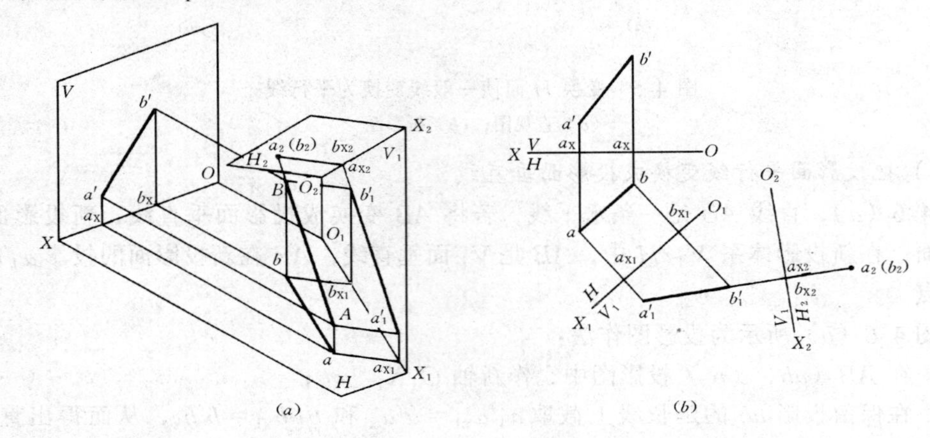

图 4-7 变换 V 面、H 面使一般线变成垂直线

（a）直观图；（b）投影图

图 4-7（b）所示为投影图作法：

(1) 在 AB（ab，$a'b'$）投影图上，作新轴 $O_1X_1 /\!/ ab$，按点的换面规律求出直线 AB 在 V_1 面投影 $a_1'b_1'$。在 V_1/H 中，$AB /\!/ V_1$，$a_1'b_1'$反映直线 AB 的实长及倾角 α；

(2) 在 AB（ab，$a_1'b_1'$）投影图上，作新轴 $O_2X_2 \perp a_1'b_1'$，在 $a_1'b_1'$的延长线上截取 $a_2a_{x2}=aa_{x1}$ 和 $b_2b_{x2}=bb_{x1}$，得出直线 AB 的 H_2 投影 a_2（b_2），积聚为一点。

（四）把一般位置平面变换成投影面垂直面

根据立体几何中两平面垂直定理：两平面垂直时，一平面经过另一平面的一条垂线。在图 4-8（a）中，若使一般位置平面 $\triangle ABC$ 垂直于新投影面 V_1（V_1 为铅垂面），$\triangle ABC$ 必须经过垂直于 V_1 面的垂线——水平线。在 $\triangle ABC$ 内取一条水平线 AD，设置新投影面 V_1 同时垂直于 AD 和 H 面，则在新投影体系 V_1/H 中，$\triangle ABC$ 即为 V_1 面的垂直面。

图 4-8（b）所示为投影图作法：

(1) 过 a' 作 $a'd' /\!/ OX$ 轴，求出其水平投影 ad；

(2) 作新轴 $O_1X_1 \perp ad$；

(3) 根据点的换面规律，求出 $\triangle ABC$ 各顶点在 V_1 面的新投影 a_1'、b_1'、c_1'；

(4) 连接 $a_1'b_1'c_1'$，即为 $\triangle ABC$ 的积聚投影，反映了 $\triangle ABC$ 对 H 面的倾角 α。

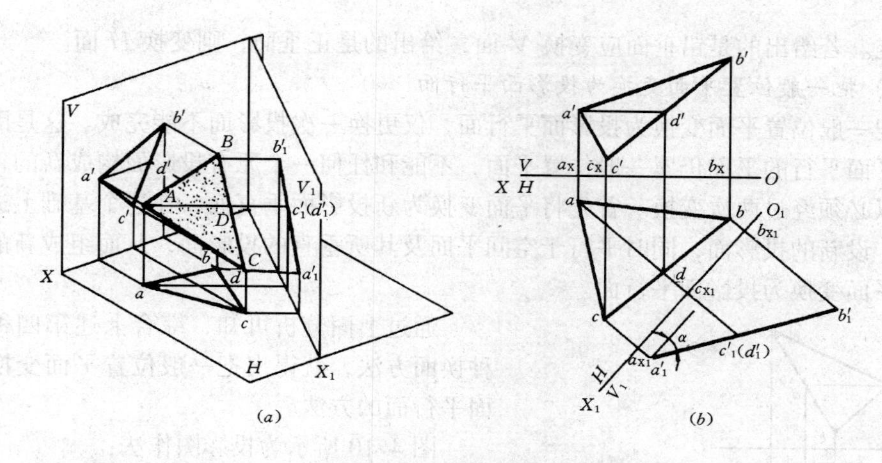

图 4-8　变换 V 面使一般面变换为垂直面

（a）直观图；（b）投影图

如需求平面对 V 面的倾角 β，则在平面内取一条正平线，变换 H 面，使新投影面 H_1 与该正平线垂直，平面在新投影体系 V/H_1 中，垂直于 H_1 面。

（五）把投影面垂直面变换成投影面平行面

在图 4-9（a）中，平面△ABC 为一铅垂面，变换 V 面，使△ABC 在新投影体系 V_1/H 中成为投影面平行面，在新投影面 V_1 面上的投影反映实形；保留投影面 H 上的投影积聚，且平行于新投影轴 O_1X_1。

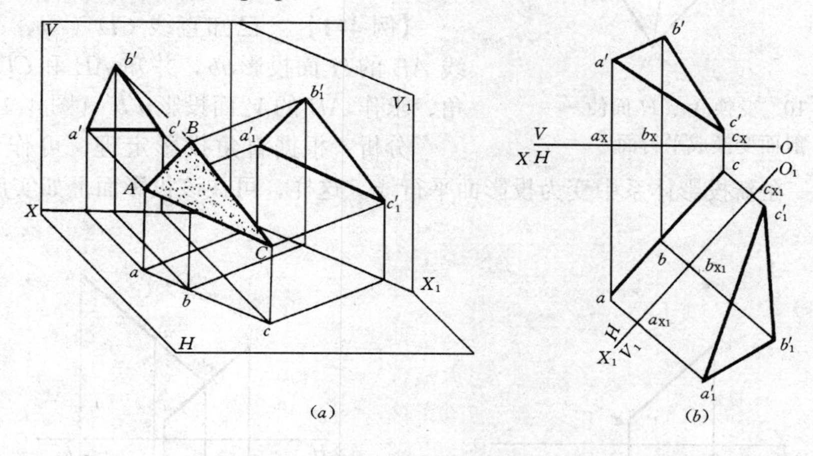

图 4-9　变换 V 面使垂直面变换为平行面

（a）直观图；（b）投影图

图 4-9（b）所示为投影图作法：

（1）在△ABC（△abc，△$a'b'c'$）投影图中，作新轴 $O_1X_1 // abc$；

（2）根据点的换面规律，过 a、b、c 分别作 O_1X_1 轴垂线，在垂线上截取 $a_1'a_{x1} = a'a_x$、$b'_1b_{x1} = b'b_x$、$c_1'c_{x1} = c'c_x$；

（3）连接 $a_1'b_1'c_1'$，即为△ABC 在 V_1 面上的新投影，反映△ABC 的实形。

将投影面垂直面变换为投影面平行面时，应选择哪个投影面变换，要根据所给平面的位置而定。若给出的是铅垂面应变换 V 面，给出的是正垂面，则变换 H 面。

（六）把一般位置平面变换为投影面平行面

要把一般位置平面变换为投影面平行面，仅更换一次投影面不能完成。这是因为与一般位置平面平行的平面仍属一般位置平面，不能和任何一个原有投影面构成新的正投影体系，所以必须经过两次变换。首先将平面变换为新投影面垂直面，在这个基础上进行第二次换面，设新的投影面，同时平行于空间平面及其所垂直的投影面，从而组成新的投影体系，将平面变换为投影面平行面。

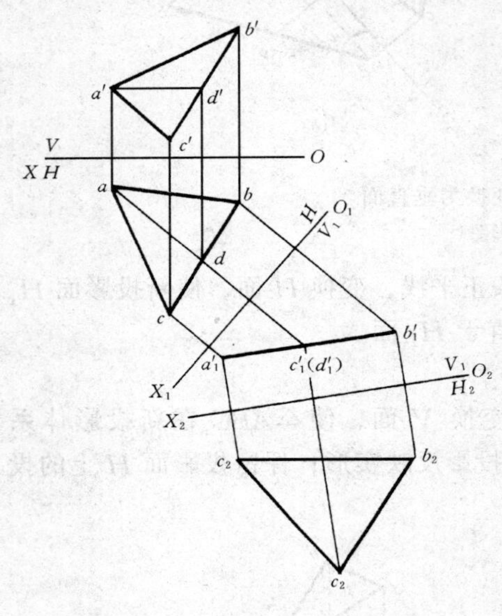

图 4-10　变换 V、H 面使一般面变换成平行面

通过上面分析可知，综合上述第四种和第五种换面方法，就得出把一般位置平面变换为投影面平行面的方法。

图 4-10 所示为投影图作法：

(1) 在△ABC 内作一水平线 AD：过 a' 作 $a'd' /\!/ OX$，求出其水平投影；

(2) 作新轴 $O_1X_1 \perp ad$，根据点的换面规律，求出△ABC 在 V_1 面的投影 $a_1'b_1'c_1'$，积聚为一直线；

(3) 作新轴 $O_2X_2 /\!/ a_1'b_1'c_1'$，根据点的换面规律，求出△ABC 在 H_2 面的投影 $a_2b_2c_2$，反映△ABC 的实形。

【例 4-1】　已知直线 CD（cd，$c'd'$）及直线 AB 的 H 面投影 ab，并知 AB 和 CD 相交成直角，求作 AB 的 V 面投影 $a'b'$（图 4-11a）。

分析：根据直角投影定理，可作新投影面，使两直线之一在新投影体系中变为投影面平行线。这样，可在该投影面上如实反映两直线的垂直关系。

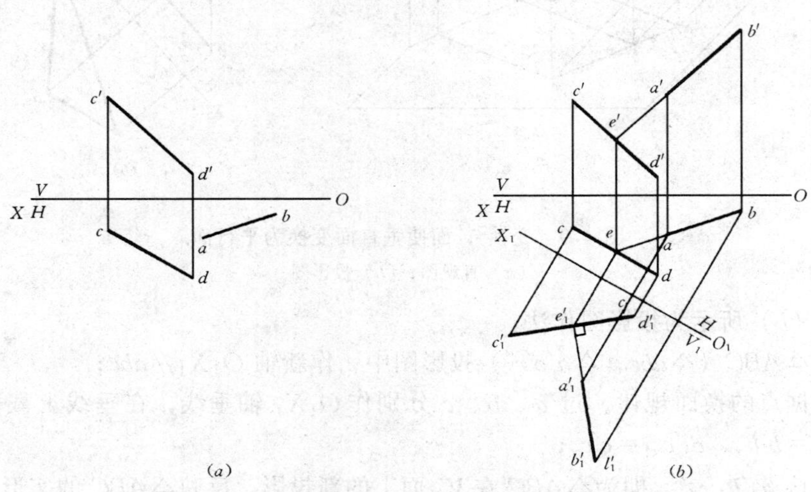

图 4-11　求作直线 AB 的 V 面投影

（a）直观图；（b）作图方法

作图（图 4-11b）：

（1）作新轴 $O_1X_1 /\!/ cd$，求出 $c_1'd_1'$；

（2）延长 ba 交 cd 于 e，求出 e_1'；

（3）过 e_1' 作 $e_1'l_1' \perp c_1'd_1'$；

（4）过 a、b 作 O_1X_1 的垂线交 $e_1'l_1'$ 于 a_1'、b_1'；

（5）由新投影、保留投影关系返回得 $a'b'$。$a'b'$ 即为所求。

【例 4-2】 求进料漏斗两相邻侧面的夹角 θ（图 4-12a）。

分析：求两相邻侧面的夹角 θ，需使两平面的交线 CD 垂直于某投影面，两平面在该投影面上的投影为相交两直线，它们之间的夹角为两平面间的夹角 θ。而 CD 为一般位置直线，将 CD 变换为投影面垂直线需要两次换面（图 4-12b）。

作图（图 4-12c）：

（1）作新轴 $O_1X_1 /\!/ c'd'$，在 V/H_1 中，$CD /\!/ H_1$。求出两相邻侧面在 H_1 面上投影 $a_1b_1c_1d_1$ 和 $c_1d_1e_1f_1$；

（2）作新轴 $O_2X_2 \perp c_1d_1$，在 V_2/H_1 中，$CD \perp V_2$。求出两相邻侧面在 V_2 面的投影 $a_2'b_2'c_2'd_2'$ 和 $c_2'd_2'e_2'f_2'$，两平面积聚投影的交角 $\angle a_2'd_2'e_2'$ 即为两相邻侧面的夹角 θ。

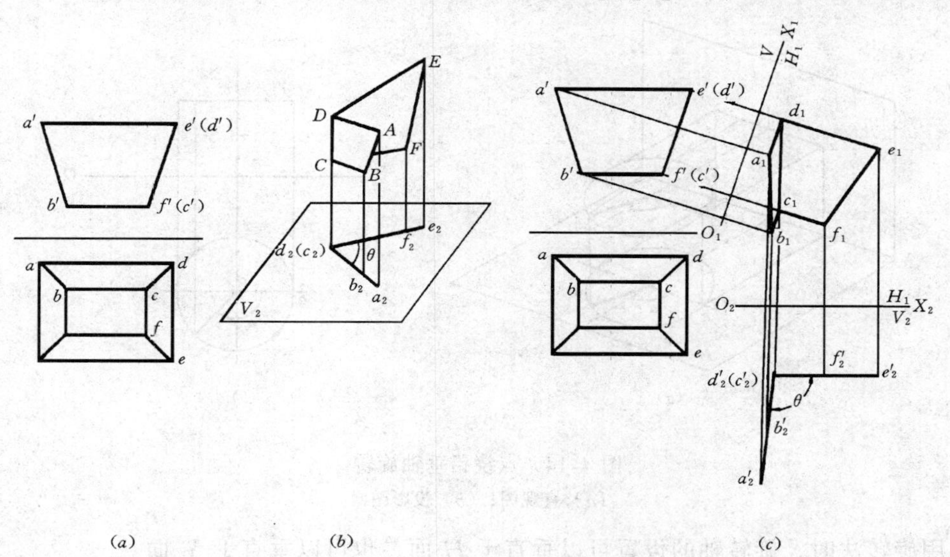

图 4-12 求两邻侧面的夹角

（a）直观图；（b）示意图；（c）作图方法

第 3 节 旋 转 法

投影面保持不动，使空间几何元素绕垂直于某一投影面的轴旋转，以改变与投影面的相对位置，方便解题，这种投影变换的方法称为旋转法。

如图 4-13 所示，线段 AB 绕铅垂轴 OO 旋转成正平线 AB_1，则新投影 $a'b_1'$ 反映实长及倾角 α。

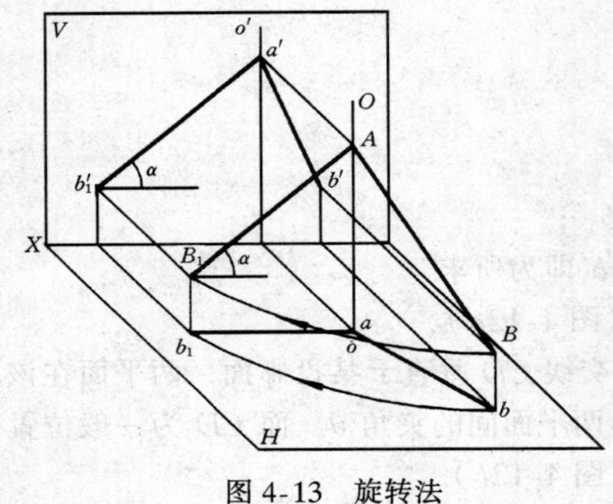

图 4-13　旋转法

一、点的旋转规律

如图 4-14 所示，当点绕一过 O 点的铅垂直线旋转时，它的旋转轨迹为圆，该圆所在的平面为旋转平面，它必垂直于旋转轴并平行于 H 面。所以，轨迹圆的 H 面投影反映实形，旋转半径 OA 等于投影半径 oa。而 V 面投影积聚为过 a' 且平行于 OX 轴的线段，其长度为轨迹圆的直径。

若使点 A 绕轴旋转 α 角到达 A_1 时，其 A 点的水平投影也按相同方向旋转 α 角到 a_1，其正面投影则沿 OX 轴平行线方向移动为一线段 $a'a_1'$。

由此可得出点的旋转规律为：

点绕垂直于某一投影面的轴旋转时，它在轴所垂直的投影面上的投影作圆周运动，而在另一投影面上的投影作平行于投影轴的直线运动。

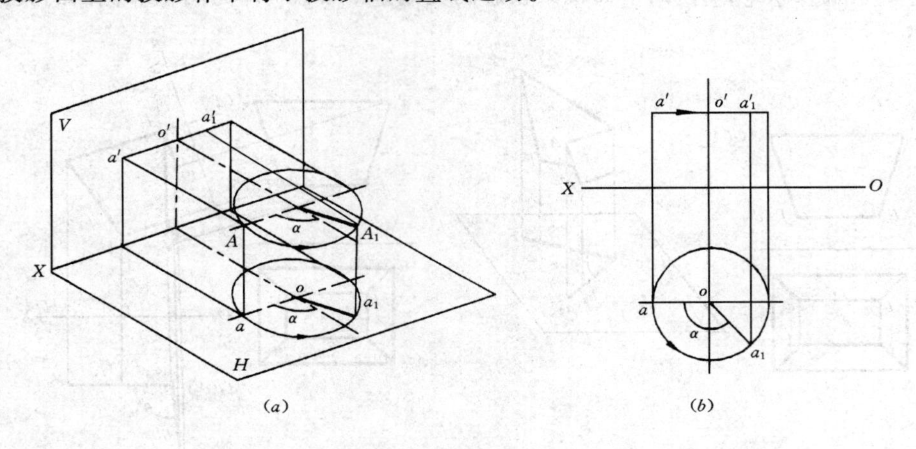

图 4-14　点绕铅垂轴旋转

(a) 直观图；(b) 投影图

应用旋转法时，旋转轴的设置可以垂直于 H 面，也可以垂直于 V 面。

二、直线的旋转

直线的旋转可用直线上两点的旋转来决定，但必须遵循三同原则，即绕同一轴、按同一方向、旋转同一角度，以保证其相对位置不变。

图 4-15 为将一般位置直线 AB 绕铅垂轴旋转成正平线。

图 4-15 为投影图作法：

(1) 旋转水平投影，以 a 为圆心旋转 ab 为 ab_1，$ab_1 = ab$；

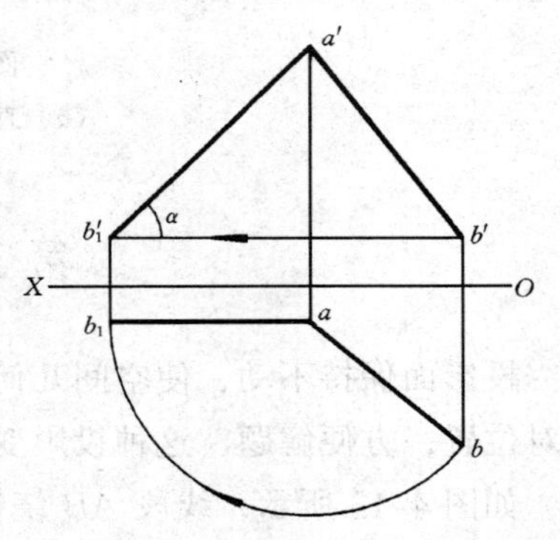

图 4-15　将一般直线旋转成正平线

（2）过 b' 作 OX 轴平行线，与过 b_1 的 OX 垂线相交；

（3）连接 $a'b_1'$，则 AB_1（ab_1，$a'b_1'$）即为所求的正平线，其投影 $a'b'_1$ 反映直线的实长及对 H 面的倾角 α。

由此得出：当直线绕垂直于某一投影面的轴旋转时，它们对该投影面的倾角不变，而对另一投影面的倾角则随着旋转而改变。

复习思考题

1. 投影变换的目的是什么？投影变换是建立在什么条件下？

2. 试述点的换面规律及其作图方法。

3. 运用换面法将一般位置直线通过一次换面就能变换成投影面平行线，为什么通过两次换面才能变换成垂直线？

4. 运用换面法将一般位置平面通过一次换面就能变换成投影面垂直面，新投影轴为什么要垂直于平面上一平行线方向？

5. 点的垂直轴旋转法的旋转规律有哪些？

6. 直线的垂直轴旋转法要遵守哪些原则？

7. 求一般位置直线的实长及 α 角，当使用垂直轴旋转法时，轴应该垂直哪个投影面，旋转角度如何确定？

第5章 立体的投影

第1节 平面立体的投影

所有表面均由平面围成的立体被称为平面立体。平面立体分为棱柱、棱锥和棱台。其中棱线互相平行的为棱柱；棱线交于一点的为棱锥；棱锥被截去锥顶则形成棱台。通常可以棱线数来命名平面立体，例如三棱柱、四棱锥、六棱台等。

一、平面立体的投影

(一) 棱柱体

常见的棱柱体有以正多边形为底面的正三、四、五、六棱柱等。现以正六棱柱为例讨论作其三面投影图的方法。

1. 形体特征的分析

由图5-1 (a) 可知，正六棱柱包括八个外表面。其中上、下两表面分别被称为上、下底面，它们均为全等的正六边形且互相平行；另外六个矩形外表面称为棱面，它们互相全等且与底面垂直。六棱柱的六条棱线与底面垂直，长度相等且等于棱柱的高。

2. 摆放位置的选择

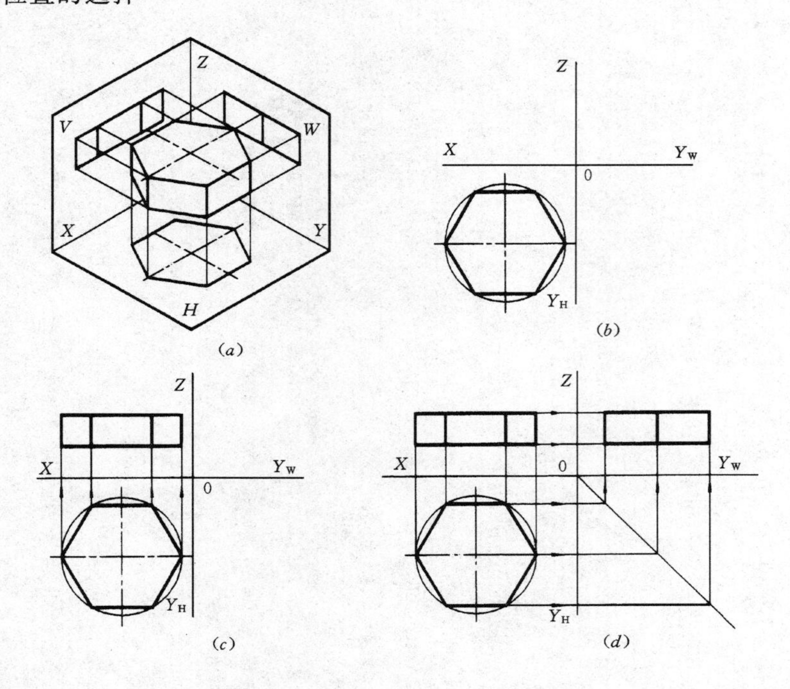

图5-1 正六棱柱的投影图

根据前面所述，选择物体的摆放位置如图 5-1（a）所示。此时底面为水平面；最前和最后的两个棱面为正平面；其余为铅垂面。

3. 投影图的分析

H 面投影：正六边形。它既是上、下两底面的投影（反映实形且上下对齐重叠在一起），又是六棱柱六个棱面的积聚投影；同时六边形的六个顶点还是六棱柱六条棱线的积聚投影。

V 面投影：横放的“目”字，由三个大小不等的矩形框组合而成。其中间的矩形为六棱柱前后两表面的投影（真形）；左右两个略小的矩形则为六棱柱另外四个棱面的投影（类似形）；三个矩形组合成一个大的矩形外框，该外框的上下两条边也就是棱柱上下两底面的积聚投影。

W 面投影：横放的“日”字，由两个大小完全相等的矩形组成。这两个矩形分别代表了棱柱的四个斜向的棱面（两两重合，为类似形）；而棱柱的前后两个棱面则积聚成为大外框的两条竖向的边。

4. 作图步骤

（1）根据视图分析先绘制物体的 H 面投影，如图 5-1（b）所示；

（2）由投影规律中的“长对正”绘出六棱柱的 V 面投影（矩形的高即正六棱柱的高），如图 5-1（c）所示；

（3）根据“宽相等，高平齐”画物体的 W 面投影，如图 5-1（d）所示。

5. 投影特征

如图 5-2 所示，基本体中柱体的投影特征可归纳为四个字“矩矩为柱”。这句话的含义是：只要是柱体，则必有两个投影的外框是矩形；反之，若某一物体两个投影的外框都是矩形，则该物体一定是柱体。而第三个投影可用来判别是何种柱体。图 5-2（a）所示的是一正五边形，故它所表达的一定是一个正五棱柱；同理图 5-2（b）、图 5-2（c）分别表示的是正三棱柱和一“L”形柱。

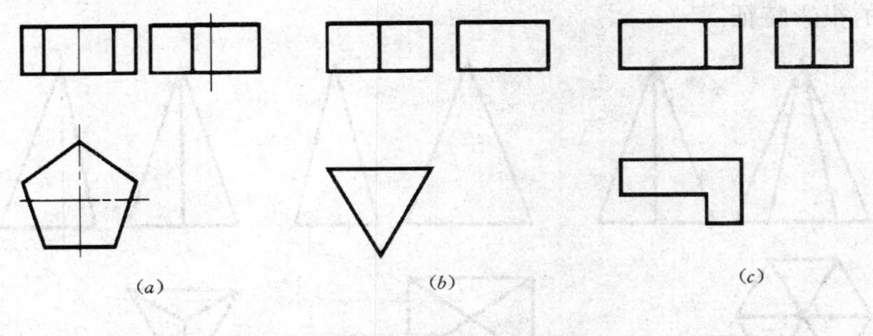

图 5-2　柱体的投影特征

（a）正五棱柱；（b）正三棱柱；（c）“L”形柱

（二）棱锥体

常见的棱锥体有正三棱锥、正四棱锥等，图 5-3 所示为一正三棱锥。

1. 分析形体

正三棱锥又称四面体，如图 5-3 所示。其底面为正三角形，三个棱面为三个相等的等腰三角形。

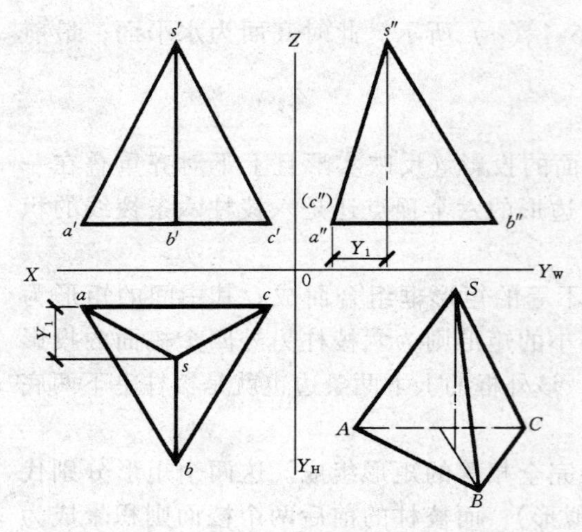

图 5-3 正三棱锥的投影图

2. 摆放位置

底面水平放置，轴线竖直通过底面的形心且与底面垂直，绕轴旋转物体，使物体的后棱面△*SAC* 垂直于 *W* 面，此时物体的另两个棱面△*SAC* 和△*SBC* 均为一般位置平面，如图 5-3 中的立体图所示。

3. 投影分析

如图 5-3 所示，正三棱锥底面的 *H* 面投影为正三角形（真形），*V*、*W* 两面投影分别积聚为两条水平线；后棱面为侧垂面，故 *W* 面投影积聚为一斜线，*H* 和 *V* 面投影均为三角形（类似形）；而左右两棱面因为是一般位置平面，故三面投影均为类似形。需要注意的是：因为这两个棱面左右对称分布，所以其正面投影亦左右对称，而侧面投影则重合为一个三角形。

4. 作图步骤

与上例相同，本例也遵循同样的作图顺序：即 *H* 面投影——*V* 面投影——*W* 面投影。之所以这样做，是因为在本例中 *H* 面投影不仅表达了底面的真形，亦反映了物体摆放的平面位置。在此投影中底面三角形的形心，也就是棱锥轴的积聚投影，又是锥顶 *S* 的水平投影 *s*，再加上棱锥的高，可很容易地确定锥顶的正面投影。其作图结果如图 5-3 所示。

5. 投影特征

如图 5-4，依上法可得出以下结论：若物体有两面投影的外框线均为三角形，则该物体一定是锥体；反之，凡是锥体，则必有两面投影的外框线为三角形。故谓“三三为锥”，此即为锥体的投影特征。

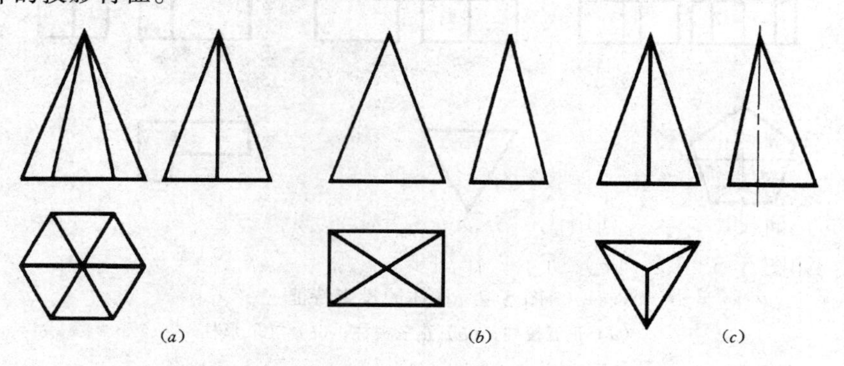

图 5-4 锥体的投影特征

二、平面立体上点和直线的投影

（一）作图依据

在第三章中已讲述了有关平面上的点和直线的投影，本节求平面立体上的点和直线的投影就运用了这些基本原理，即平面立体上的点和线一定在立体的表面上。

（二）解题思路

上述的求解问题是指已知立体的三面投影和它表面上某点（线）的一面投影，要求点（线）的另两面投影，而求线往往又可分解为先求点后再连线。故通常将这类问题统称为立体表面取点。其具体解题思路可归纳为：读图——分析——求解——标记四个步骤，即通过认真看图，仔细分析点（包括直线上的点）的具体位置，并分析点所在平面或直线的空间位置，然后确定合适的求解方法，最后再对求出的点的投影进行标记（若是求直线，还需将所求的点的同面投影连接成线，即为该直线的投影）。

（三）求解方法

由于点的位置各不相同，所以表面取点的方法也各异。常见的有以下几种：

1. 线上取点法

当点位于立体表面的某条棱线或边线上时，可利用线上点的“从属性”求解，这种方法即为线上取点法，亦可称为从属性法。

【例 5-1】 如图 5-5 所示，M、N 分别是立体表面上的两个点。已知 M 点的正面投影 m'、N 点的水平投影 n，试求 M、N 的另外两面投影。

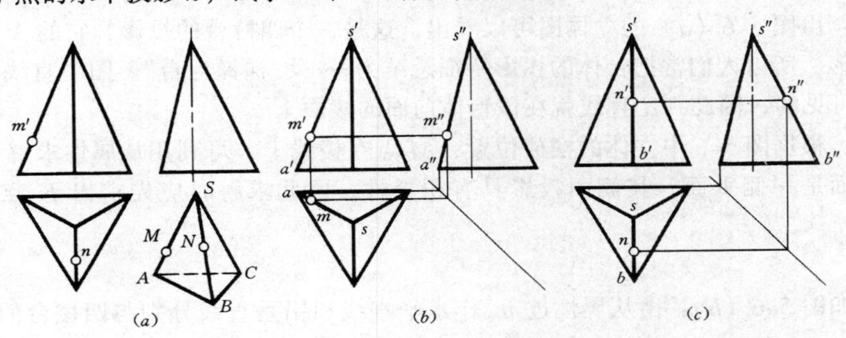

图 5-5 利用从属性法在平面立体表面求点
（a）已知条件；（b）、（c）作图方法

读图：根据基本体的投影特征“三三为锥”可知，上图所示的是一正三棱锥，点 M 和 N 分别是其棱线 SA 和 SB 上的点。

分析：本例中正三棱锥的棱线 SA 是一条一般位置直线，其上的 M 点的水平和侧面投影可直接利用从属性求出。而棱线 SB 是侧平线，必须先求出 N 点的侧面投影，然后再求出它的正面投影；或者利用比例法直接求出其正面投影。

求解：如图 5-5（b）、（c）所示，作图步骤如下：

（1）过 m' 作铅垂线与直线 SA 的水平投影 sa 相交于 m 点，过 m 作水平线与直线 SA 的侧面投影 $s''a''$ 相交于 m''，m、m'' 即为棱线 SA 上点 M 的水平与侧面投影。

（2）过 n 作水平线与 45°斜线相交，过此交点作铅垂线与直线 SB 的侧面投影 $s''b''$ 相交于 n''，过 n'' 作水平线与直线 SB 的正面投影 $s'b'$ 相交于 n'，n'、n'' 即为棱线 SB 上点 N 的正面、侧面投影。

标记：如图 5-5 所示。

2. 积聚性法

当点所在的立体表面的投影具有积聚性时，如直棱柱的侧面和底面，可利用面上取点法先求出点的积聚投影，这种方法即为积聚性法。

【例 5-2】 如图 5-6 所示，已知立体表面上直线 MK 的正面投影 $m'k'$，试作直线 MK 的水平投影和侧面投影。

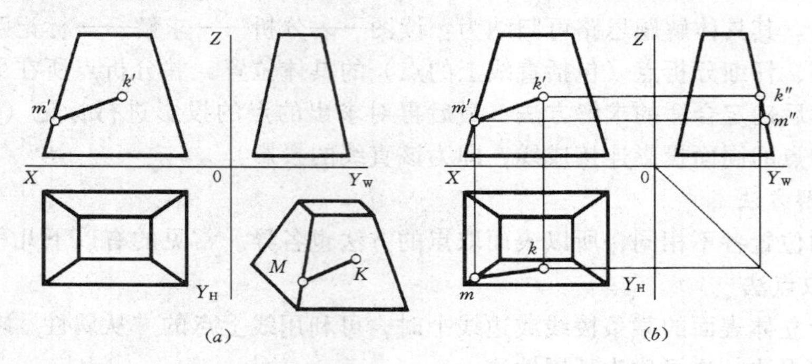

图 5-6　利用积聚性法求立体表面的线

（a）已知条件；（b）作图方法

读图：由图 5-6（a）的立体图可以看出，这是一个四棱台的投影，它的 V、W 面投影均为梯形，所以人们常把台体的投影特征总结为——“梯梯为台”。图中直线 MK 的投影$m'k'$是可见的，因此判定直线就在该台体前面的棱面上。

分析：根据图 5-6 中立体的摆放位置，M 点在棱线上，可利用从属性求解，而 K 点所在的棱面是一侧垂面，其侧面投影具有积聚性，因此求解时应先求出 K 点的侧面投影 k''。

求解：

(1) 如图 5-6（b），由从属性过 m'作水平直线和铅垂直线分别与四棱台的另两面投影交于 m、m''；

(2) 利用积聚性过 k'作水平直线与四棱台的侧面投影相交于 k''，再根据投影规律，求出 K 点的水平投影 k；

(3) 连接 mk，mk、$m''k''$即为直线 MK 的投影（注意：因直线在侧垂面上，故其侧面投影就在面的投影上，无需画出）。

3. 辅助线法

当点所在的立体的表面无积聚性投影时，必须利用作辅助线的方法来帮助求解，这种方法就是辅助线法。

【例 5-3】 如图5-7所示，已知立体表面点 K 的正面投影 k'，试求其水平、侧面投影 k、k''。

读图及分析：由读图可知，该立体是一正三棱锥，点 K 的正面投影是可见的，故 K 点在棱锥的左棱面上。因为左棱面是一般位置面，其投影无积聚性，所以求点时需用辅助线法。

求解：如图 5-7（a）所示，常用的辅助线有两种：

(1) 连接锥顶 S 和待求点 K，交底边 AB 于 M 点，SM 即为所作的辅助线；

(2) 过待求点 K 作底边 AB 的平行线 KN 交棱线 SA 于 N 点，KN 也可用来辅助求解。

具体作图步骤如图 5-7（*b*）、（*c*）所示。

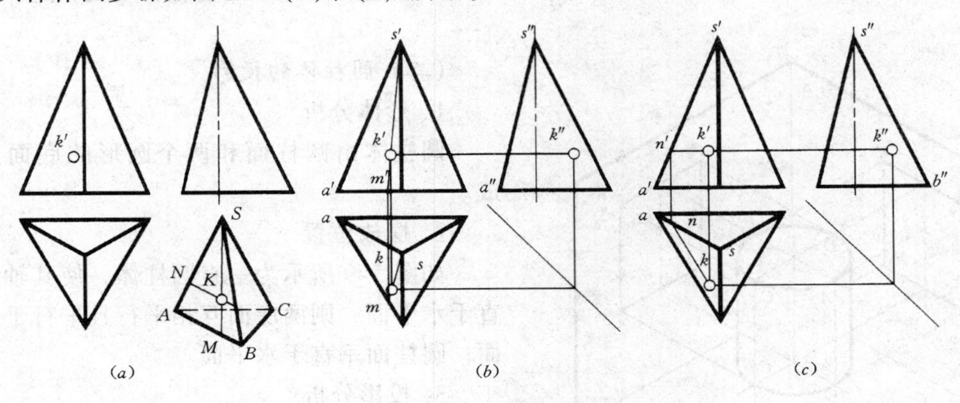

图 5-7　利用辅助线法求立体表面的点

第 2 节　曲面立体的投影

一、曲面立体的投影

（一）回转曲面体的有关概念

1. 回转体的形成

由曲面或曲面和平面围成的立体称为曲面体。常见的曲面体有圆柱、圆锥、圆球等。由于这些物体的曲表面均可看成是由一根动线绕着一固定轴线旋转而成，故这类形体又可称为回转体。如图 5-8 所示，图中的固定轴线称为回转轴，动线称为母线。

当母线为直母线且平行于回转轴时，形成的曲面为圆柱面，如图 5-8（*a*）所示。

当母线为直母线且与回转轴相交时，形成的曲面为圆锥面。圆锥面上所有母线交于一点，称为锥顶，如图 5-8（*b*）所示。

由圆母线绕其直径回转而成的曲面称为圆球面，如图 5-8（*c*）所示。

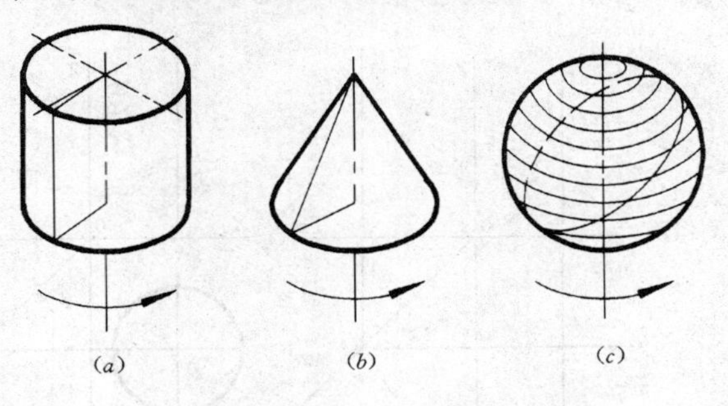

图 5-8　回转面的形成

2. 素线和轮廓素线

素线　母线绕回转轴旋转到任一位置时，称为素线。

轮廓素线　将物体置于投影体系中，在投影时能构成物体轮廓的素线，称为轮廓素线。

显然轮廓素线的确定与投影体系及物体的摆放方位有关，不同的方位将产生不同的轮廓素线。通常当圆柱竖放时，我们常说的四条轮廓素线分别为：从前向后看时圆柱面上最左与最右的两条素线，和从左向右看时圆柱面上最前与最后的两条素线。

3. 纬圆

由回转体的形成可知，母线上任意一点的运动轨迹为圆，该圆垂直于轴线，此即为纬圆。

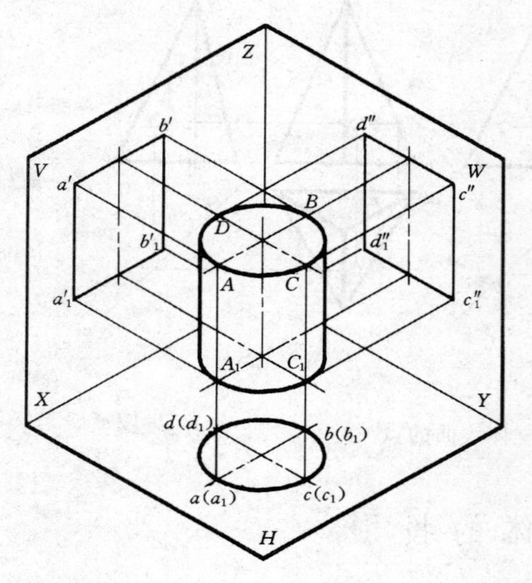

图 5-9　圆柱体分析

(二) 圆柱体的投影

1. 形体分析

圆柱体由圆柱面和两个圆形的底面所围成。

2. 摆放位置

如图 5-9 所示为一直圆柱体，使其轴线垂直于水平面，则两底面互相平行且平行于水平面；圆柱面垂直于水平面。

3. 投影分析

H 面投影：为一圆形。它既是两底面的重合投影（真形），又是圆柱面的积聚投影。

V 面投影：为一矩形。该矩形的上下两边线为上下两底面的积聚投影，而左右两边线则是圆柱面的左右两条轮廓素线。

W 面投影：亦为一矩形。该矩形与 V 面投影全等，但含义不同。V 面投影中的矩形线框表示的是圆柱体中前半圆柱面与后半圆柱面的重合投影，而 W 面投影中的矩形线框表示的是圆柱体中左半圆柱面与右半圆柱面的重合投影。

4. 作图步骤

如图 5-10 所示，圆柱投影图的作图步骤如下：

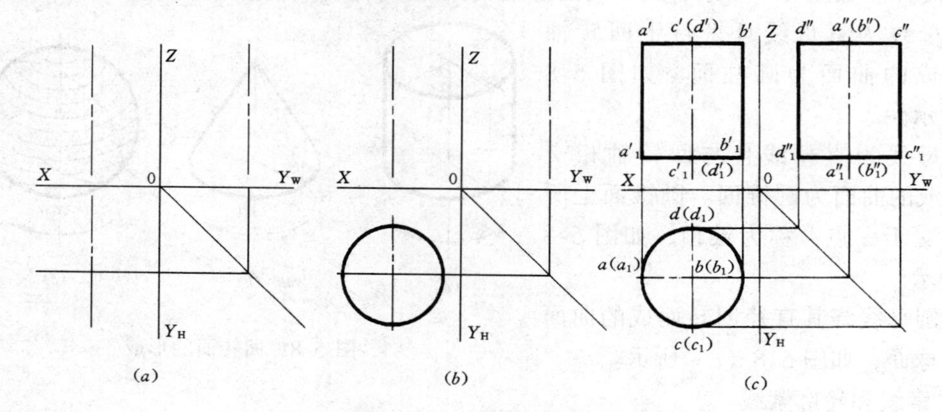

图 5-10　圆柱的投影

(1) 作圆柱体三面投影图的轴线和中心线；

(2) 由直径画水平投影圆；

(3) 由“长对正”和高度作正面投影矩形；

(4) 由“高平齐，宽相等”作侧面投影矩形。

注意：圆柱面上最左、最右的两条轮廓素线，在侧面投影中不能画出（因为圆柱面是光滑的）；同样最前、最后的两条轮廓素线，在正面投影中也不能画出。这些轮廓素线在投影图中的位置，图中均有字母标出，读者可仔细推敲。

5. 投影特征

由上图可以看出，圆柱投影也符合柱体的投影特征——矩矩为柱。

（三）圆锥体的投影

1. 形体分析

圆锥体由圆锥面和底面围成。

2. 摆放位置

如图 5-11 所示，一直立的圆锥，轴线放置与水平面垂直，底面平行于水平面。

3. 投影分析

由于圆锥面同圆柱面一样，都是由母线绕轴线旋转而成的回转曲面，且本例中圆锥体的轴线也垂直于水平面，故它们的投影亦有许多共同之处。如：

（1）因为圆锥的底面平行于水平面，所以水平投影为圆且反映底面实形；

（2）圆锥面的 V、W 面投影也相等，且为两全等三角形——此即为“三三为锥”；

（3）同圆柱一样，圆锥的 V、W 面投影也代表了圆锥面上不同的部位。正面投影是前半部投影与后半部投影的重合，而侧面投影是圆锥左半部投影与右半部投影的重合。

具体如图 5-11 所示。

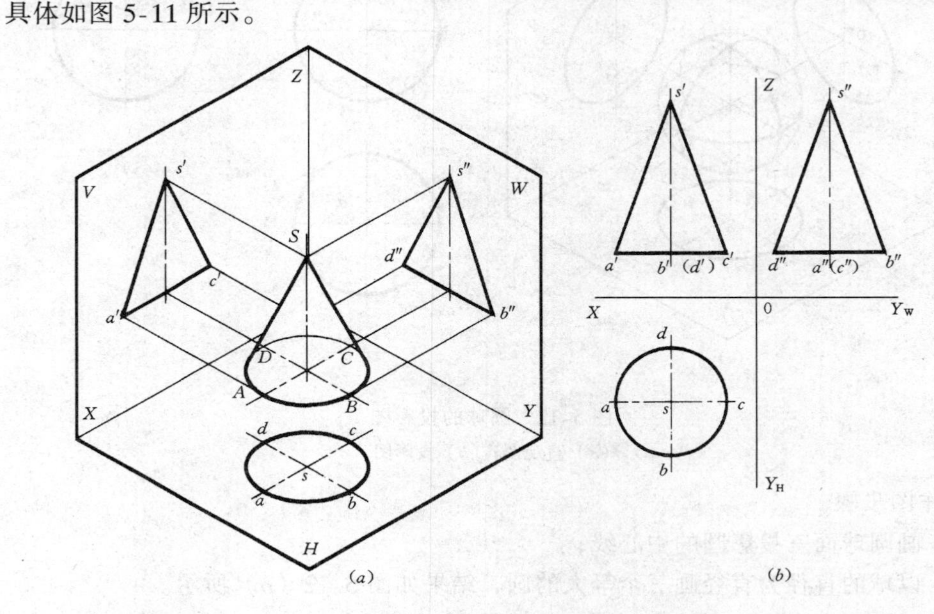

图 5-11　圆锥体的投影图

（a）直观图；（b）投影图

4. 作图步骤

如图 5-11（b）所示。

（1）画锥体三面投影的轴线和中心线；

（2）由直径画圆锥的水平投影图；

（3）由“长对正”和高度作底面及圆锥顶点的正面投影并连接成等腰三角形；

（4）由“宽相等，高平齐”作侧面投影等腰三角形。

（四）圆球体的投影

1. 形体分析

圆球体由圆球面围成。

2. 摆放位置

由于圆球面的特殊性，圆球的摆放位置在作图时几乎无需考虑。但一旦摆放位置确定，其有关的轮廓素线是和位置相对应的，这一点希望读者特别注意。

3. 投影分析

如图 5-12（a）所示，球体的三面投影均为与球的直径大小相等的圆，故又称为“三圆为球”。V、H 和 W 面投影的三个圆分别是球体的前、上、左三个半球面的投影，后、下、右三个半球面的投影分别与之重合；三个圆周代表了球体上分别平行于正面、水平面和侧面的三条素线圆的投影。由（a）图我们还可看出：圆球面上直径最大的平行于水平面和侧面的圆 A 与圆 C 其正面投影分别积聚在过球心的水平与铅垂中心线上。

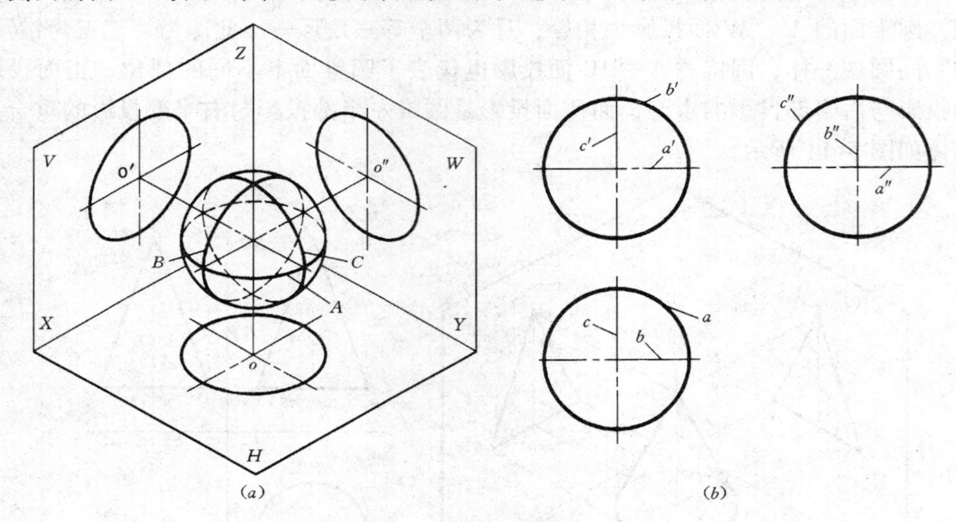

图 5-12　圆球的投影图

（a）直观图；（b）投影图

4. 作图步骤

（1）画圆球面三投影圆的中心线；

（2）以球的直径为直径画三个等大的圆，结果如图 5-12（b）所示。

二、曲面立体上点和直线的投影

与平面立体一样，曲面立体表面取点也有几种方法，现叙述如下：

1. 线上取点法

当点位于曲面立体的轮廓素线上时，可利用线上取点法求解。

【例 5-4】　如图5-13（a）所示，已知立体表面点 K 的侧面投影 k''，试求其另外两面投影。

读图及分析：由“三圆为球”可知，该立体为一球体，K 点在其侧视方向的轮廓素

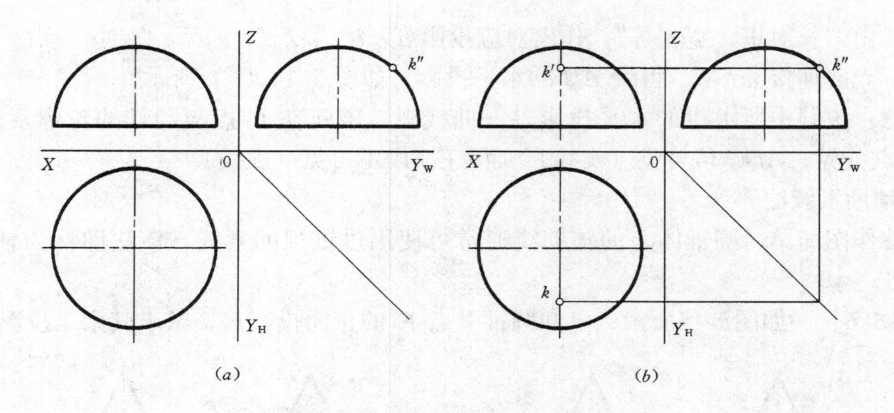

图 5-13　利用线上取点法求圆球表面的点
（a）已知条件；（b）作图方法

线上。根据线上取点法，其投影一定在相应的轮廓素线的投影上。

求解：如图 5-13（b）所示，过 k''点根据"高平齐、宽相等"分别求得 K 点的投影 k'、k。

2. 积聚性法

【例 5-5】　如图5-14（a）所示，已知圆柱表面上线 AB 的正面投影 $a'b'$，求其另外两面投影。

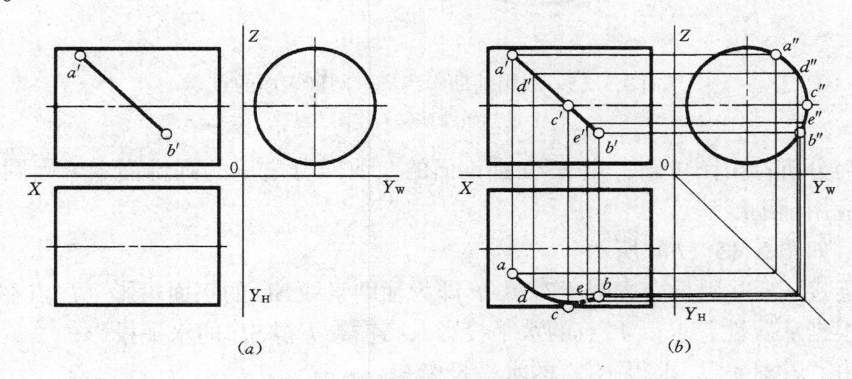

图 5-14　利用积聚性法求圆柱表面的线
（a）已知条件；（b）作图方法

读图及分析：由题意及图 5-14 可知，线 AB 是一段位于立体前半个圆柱面上的椭圆弧。由前面的知识可知，求曲线的投影需要求出一系列的控制点（本题中的 A、B、C 点）和中间点（D、E 点）。因为该圆柱面的侧面投影积聚为圆，故线 AB 的侧面投影就是在此圆上的一段圆弧。

求解：

(1) 根据控制点和中间点的选择原则，在圆柱的正面投影图上标出 a'、b'、c'、d' 和 e'；

(2) 根据面上点的积聚性，分别过 a'、b'、c'、d'、e'作水平线与圆柱的侧面投影交于 a''、b''、c''、d''、e''；

(3) 由“长对正，宽相等”，作出对应投影 a、b、c、d、e；

(4) 光滑连接 $adceb$，得线 AB 的水平投影，如图 5-14（b）所示。

注意：该题中所求得的水平投影是一曲线弧，该弧在 C 点与圆柱的轮廓素线相切，且以 C 点分界，ADC 段可见（实线），而 CEB 段不可见（虚线）。

3. 辅助素线法

为使作图简单，圆锥体上的辅助线通常可使用过锥顶的素线，该法即称为辅助素线法。

【例 5-6】 如图5-15所示，已知圆锥上点 K 的正面投影 k'，试求其余二投影。

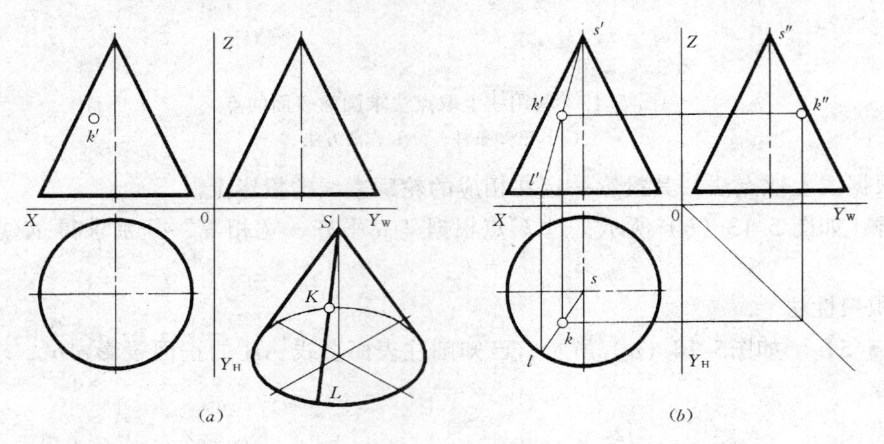

图 5-15 利用辅助素线法求圆锥表面的点

（a）已知条件；（b）作图方法

读图与分析：由图可知，点 K 在圆锥面的左前四分之一的圆锥面上。因圆锥面无积聚性，故应用辅助线法。

求解：如图 5-15（b）所示。

(1) 连接 $s'k'$ 并延长交底圆于 l'，$s'l'$ 即为辅助素线 SL 的正面投影（L 点在底圆上）；

(2) 根据从属性，求得 L 点的水平投影 l，连接 sl 得 SL 的水平投影；

(3) 由“长对正”，求得 K 点的水平投影 k；

(4) 根据“宽相等，高平齐”，求得 K 点的侧面投影 k''。因 K 点在圆锥的左前表面，故 k、k'' 均可见。

4. 辅助纬圆法

对于圆锥（圆台）、圆球等回转体，亦可先求出其纬圆的三面投影，然后再在其上找出点的各个投影，该法称为辅助纬圆法。

【例 5-7】 如图5-16所示，已知球面上 K 点的正面投影 k' 可见，试求其另两面投影 k、k''。

读图与分析：如图 5-16（a）所示，过圆球面上 K 点可作一水平的纬圆，该纬圆的正面投影积聚为水平线；而水平投影反映实形为一圆形，点 K 到球的竖直轴线的距离即为该圆的半径。

求解：如图 5-16（a）所示。

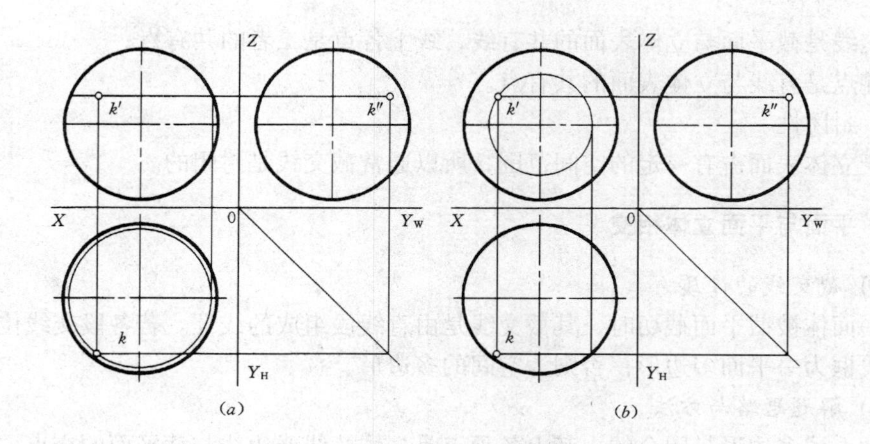

图 5-16　利用辅助纬圆法求圆球表面的点

（1）过 k' 作水平直线于圆球的轮廓线相交，求得纬圆的半径；

（2）在水平投影图上作圆球轮廓线的同心圆（纬圆）；

（3）根据“长对正”，在纬圆上求出 K 点的水平投影 k；

（4）由投影规律求得 k''。

注意：由于圆球的特殊性，此题亦可按图 5-16（*b*）中的方法求解，即过 K 点作一平行于正面的纬圆，具体作法如图 5-16（*b*）所示。

第 3 节　平面、直线与平面立体相交

一、基本概念

1. 名词

如图 5-17 所示，平面、直线与立体相交，其有关名词如下：

截平面：是指用来截切立体的平面（图 5-17*a* 中的 P 平面）；

截断面：立体被截切后所形成的表面（图 5-17*a* 中由四边形 $ABCD$ 所包围的面积）；

截断体：立体被截切后所剩下的部分（图 5-17*a* 中的台体）；

截交线：截断面的边缘轮廓线（图 5-17*a* 中的四边形 $ABCD$）；

贯穿点：直线与立体表面的交点（图 5-17*b* 中的 M、N 点）。

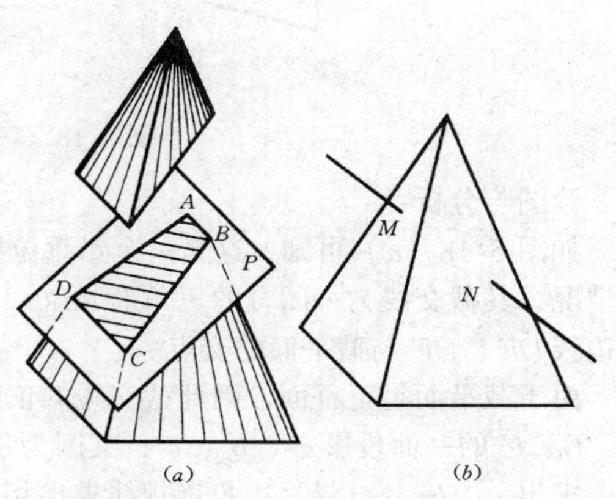

图 5-17　平面、直线与平面立体相交

2. 性质

求解平面、直线与立体相交的问题，其关键就是作出立体表面的截交线和贯穿点。而截交线、贯穿点具有以下的基本性质：

（1）共有性

截交线是截平面与立体表面的共有线，线上各点是二者的共有点；

贯穿点是直线与立体表面的共有点。

（2）封闭性

由于立体表面占有一定的空间范围，所以通常截交线是封闭的。

二、平面与平面立体相交

（一）截交线的性质

当平面体被截平面截切时，其截交线是由直线段组成的线框。若各段交线位于同一平面时，线框为一平面多边形；否则为空间的多边形。

（二）解题思路与方法

通常上述多边形是闭合的，其上各顶点是立体棱线或边线与截平面的交点。因此求平面立体的截交线实质上就是求出立体表面上与截平面相交的一系列的点。其解题思路可归纳为：找点——求点——连线——整理。具体解释如下：

找点：通过对立体截交线空间形式的分析，确定多边形的边数（也即所需求出的交点个数），并在已有投影图中找出其已知投影进行标注。

求点：运用已学立体表面取点的知识，求出各顶点的另外的投影。

连线：根据已有投影的连线顺序，依次连接所求各点，得到截交线的投影。

整理：通过仔细检查，将立体中被截切的部分除去，对全图统一整理。

【例 5-8】 如图5-18所示，求三棱柱被正垂面截断后截交线的投影。

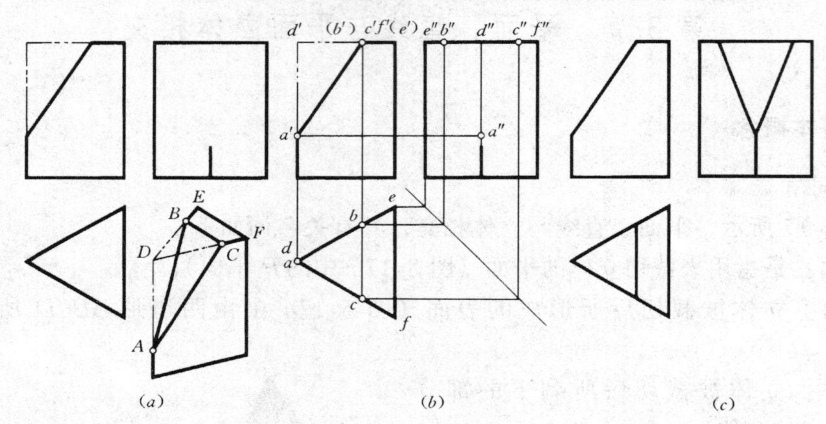

图 5-18 三棱柱的截交线

读图与分析：

如图 5-18（*a*）可知，这是一个铅垂位置的三棱柱被单一的正垂位置的截平面所截断的情况，其截交线为一闭合的三角形 *ABC*。三角形的三个顶点分别为立体的棱线 *D* 和顶面边线 *DE*、*DF* 与截平面的交点。

由于截平面是正垂面，因此截交线的正面投影积聚在斜线上，由此可找到截交线上点 *A*、*B*、*C* 的一面投影 a'、b'、c'；又因为三棱柱的表面也具有积聚性，故可根据积聚性法，求出 a、b、c，最后由投影规律求出相应的 a''、b''、c''。

作图步骤：

（1）如图 5-18（b）所示，根据读图分析在立体的 V 面投影中找出 a'、b'、c'；

（2）由积聚性法和投影规律，求出相应的点的投影 a、a''、b、b''、c、c''，如图 5-18（b）所示；

（3）依次连接 ab、bc、ca、$a''b''$、$b''c''$、$c''a''$；

（4）检查后擦去被截部分（图中的 DB、DC 和 DA），将剩余部分轮廓线统一地描粗加深，如图 5-18（c）所示。

【例 5-9】 如图5-19所示，补全切口四棱锥的水平投影和侧面投影。

读图与分析：如图 5-19（a）所示，本例中正四棱锥的左侧被正垂面、水平面联合截切了一个缺口。由于两截平面同时与四棱锥的四个棱面均相交，再加上两截平面间的交线，因此缺口的空间形状应是两个相交的五边形，它们共有八个交点连成了九条交线。

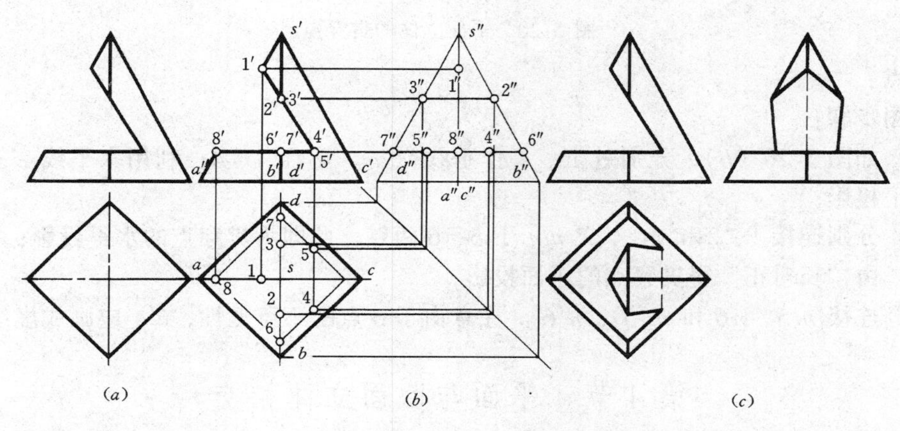

图 5-19 切口四棱锥的投影

作图步骤：

（1）根据“三三为锥”，先补出四棱锥未被切割时的侧面投影；

（2）标出八个交点的正面投影 1′、2′、3′、4′、5′、6′、7′、8′；

（3）根据立体表面取点的方法，求出各点的另两面投影，如图 5-19（b）所示；

（4）按照正面投影的顺序，依次连接各表面交线；

（5）检查后修去被切部分，同时将未切部分的轮廓线补画完整得图 5-19（c）。

注意：①由于本题中的一个截平面是水平面，故为了解题方便，表面取点应使用平行于底面边线的辅助线法，如图 5-19（b）；②要仔细检查，防止漏线（如图中侧面投影上的虚线）。

三、直线与平面立体相交

【例 5-10】 如图5-20所示，已知三棱锥及直线 MN 的两面投影，求作贯穿点的投影。

读图与分析：求贯穿点的实质就是求直线与立体表面的交点，本题中由于三棱锥的棱面皆为一般位置平面，直线 MN 又是一般位置直线，故应用辅助平面法求解。该题中可选过直线 MN 的正垂面为辅助面，该辅助面与三棱锥棱面的交线分别和直线 MN 相交成

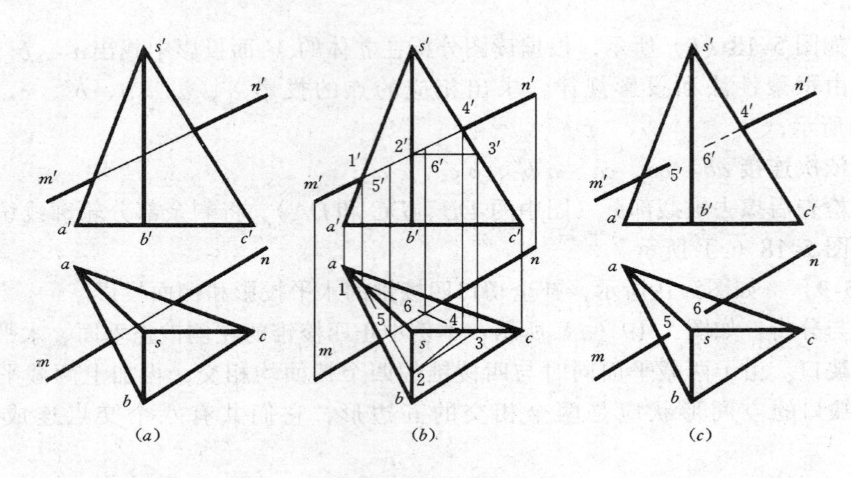

图 5-20 平面立体的贯穿点

为贯穿点。

作图步骤：

(1) 如图 5-20（*b*），分别过 1′、4′作垂线交 *sa*、*sc* 于 1、4；利用水平线 2′3′求得 2 点的水平投影；

(2) 分别连接 1、2 和 1、4 交 *mn* 于 5、6 两点，此即为贯穿点的水平投影；

(3) 由“长对正”得贯穿点的正面投影；

(4) 连接 *m*5、*n*6 和 *m*′5′、*n*′6′。注意由于 6 点的不可见性，6′4′应画成虚线。

第 4 节　平面与曲面立体相交

一、截交线的性质及求解思路

由于曲面体的表面是由曲面和平面围成或全部由曲面围成，故曲面体的截交线是由平面曲线或平面曲线和直线段组成。其求解思路可归纳为：求控制点——补中间点——连线三个步骤。所谓控制点是指曲面体上的轮廓素线或底面边线与截平面的交点，由于这些点对截交线的范围、走向以及不同投影方向时的可见性等均起到一定的控制作用，故称为控制点，而位于控制点间的点则常被称为中间点。

二、圆柱的截交线

由于截平面与圆柱轴线相对位置的不同，圆柱截交线可分为三种，其具体形状见表 5-1。

【例 5-11】 如图5-21所示，求切口圆柱体的截交线，补画其水平投影。

分析：由题意知该圆柱一共被三个截平面组合切出切口，其截交线除上述截平面与立体的交线（分别为圆弧、圆柱素线和大半个椭圆）外，还应包括截平面间的交线。因为三个截平面的位置不同，所以在 *H* 面上截交线的投影也不同：铅垂截平面的截交线（圆弧）积聚为直线段；水平截平面的截交线（圆柱素线）加上两条截平面交线则构成一矩形（反映实形）；正垂截平面的截交线（椭圆）仍为椭圆。

圆 柱 截 交 线 **表 5-1**

截平面位置	平行于轴线	垂直于轴线	倾斜于轴线
轴测图			
投影图			
截交线	平行二直线	圆	椭 圆

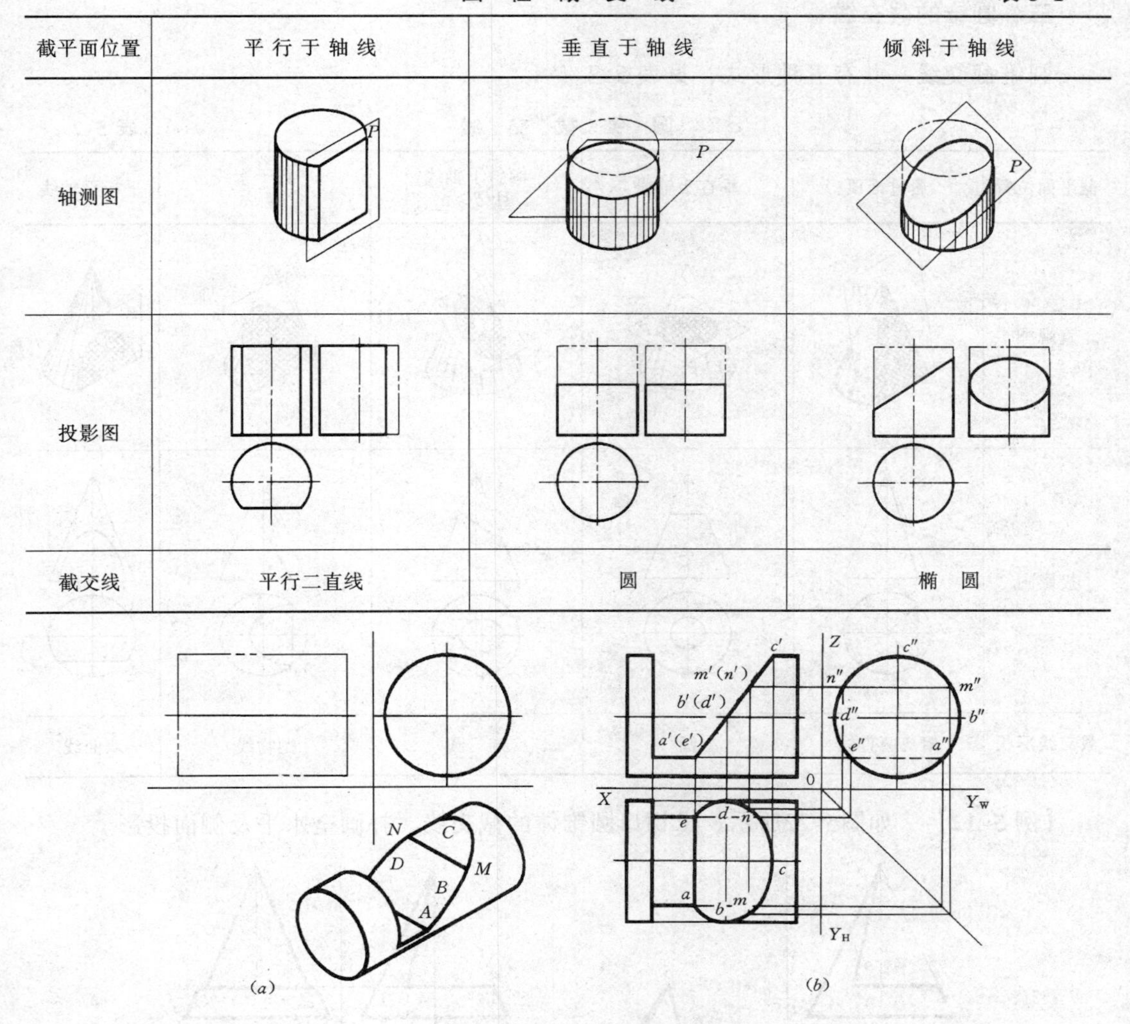

图 5-21 切口圆柱体的截交线

作图步骤：如图 5-21（*b*）所示。

（1）假想圆柱未被截切画出其水平投影；

（2）画出正垂切面的截交线椭圆，求作大半个椭圆需要五个控制点（*A*、*B*、*C*、*D*、*E*）和两个中间点（*M*、*N*），其具体作法可参考立体表面取点；

（3）画水平切面的截交线（圆柱素线），它们的右端点 *A* 和 *E* 前面步骤中已经求出；

（4）画铅垂切面的截交线（圆弧的积聚投影），因为该截交线为大半个圆弧，故其积聚投影等于圆弧的直径（即直线段应与圆柱的前后轮廓素线相交）；

（5）连接图中 *ae*，此为截平面间的交线投影（另一条交线和圆弧的积聚投影重合）；

（6）仔细检查，将多余的线段擦去后描粗加深。

三、圆锥的截交线

圆锥截交线一共有五种形式，见表 5-2。

圆 锥 截 交 线 **表 5-2**

截平面位置	通过锥顶	垂直于轴线	倾斜于轴线 且 $\theta>\alpha$	平行于素线 $\theta=\alpha$	平行于轴线
直观图					
投影图					
截交线形状	相交两直线	圆	椭 圆	抛物线	双曲线

【例 5-12】 如图5-22所示，求切口圆锥体的截交线，补画全水平及侧面投影。

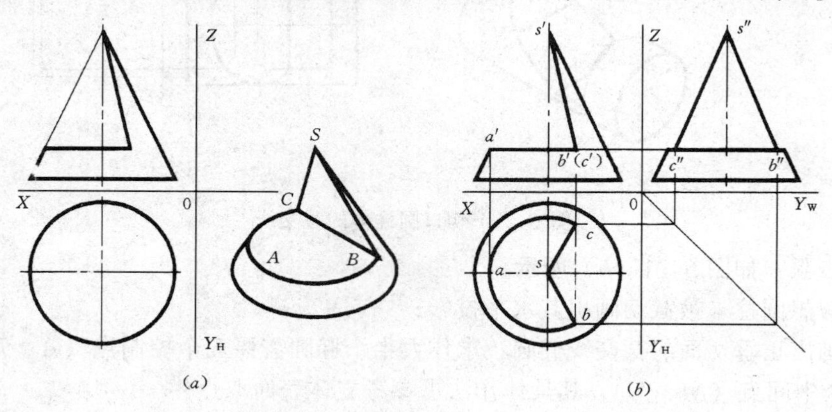

图 5-22 被切圆锥的截交线

分析：该圆锥直立放置被两个截平面截切（正垂面和水平面），由于正垂面过锥顶，其截交线为两条在锥顶相交的直线，它们的三面投影仍为直线；水平面的截交线是圆弧，其投影分别为 H 面上的圆弧（反映实形）和 V、W 面上的水平直线（积聚投影）；因为有两个截平面，故求解时还需画出两平面交线的投影，该直线为正垂线，它在 V 面的投影积聚为点。

作图步骤：如图 5-22（b）所示。

(1) 补画圆锥的侧面投影（按未截切时画）；

(2) 求作水平截面的截交线：①过 a' 作“长对正”得 a，以 s 为圆心，sa 为半径画圆弧与过 b'（c'）点所作的垂线交于 b、c，此即为圆弧的水平投影；②由投影规律得水平圆弧的侧面投影，因为是大半个圆弧，故侧面投影的长度应等于圆的直径，而不是 $b''c''$ 线段的长；

(3) 连接 sb、sc、$s''b''$、$s''c''$ 得正垂截面的截交线；

(4) 作两截平面的交线，注意该线的水平投影 bc 应画虚线。

四、圆球的截交线

圆球的截交线在任何情况下都是圆。此圆的大小与截平面距球心的距离有关：截平面离球心越远，截交线圆的直径越小；当截平面过球心时，截交线圆的直径即为球的直径。截平面在投影体系中的位置决定了截交线投影的形状，通常取投影面的平行面为截平面，此时截交线必有一面投影反映实形，另外两面则积聚为相应投影轴的平行线（其长度等于截交线圆的直径）。

【例 5-13】 如图5-23（a）所示，试补全被切半圆球的水平和侧面投影。

读图与分析：该圆球的截交线由三部分组成：两个对称的侧平截面截切所得到的截交线是圆的一部分（弓形，共两个）；水平截面截切所得的是圆的中部（鼓形）。

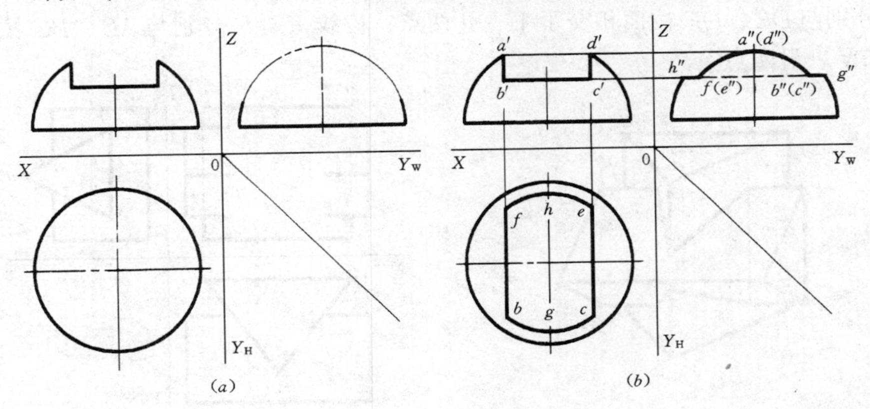

图 5-23 被切圆球的截交线

弓形的侧面投影反映实形且重合，正面及水平投影积聚为铅垂线（在水平投影中即为鼓形的两边）；鼓形的水平投影反映实形，而侧面投影积聚成为弓形的水平边线。

由于本题中截交线皆为圆，故解题的重心应放在寻找圆的圆心和半径上。

作图步骤：如图 5-23（b）所示。

(1) 作截交线的水平投影：由 V 面上 b' 和 c' 处引水平线交圆的轮廓线得鼓形半径，在 H 面上以上述半径作圆弧 bc、ef，连接鼓形的两直线 bf、ce。

(2) 作截交线的侧面投影：根据“高平齐”找到 a''、(d'')，以此高为半径作同心圆弧交槽底线于 f''、b''，圆弧 $f''a''b''$ 和 $e''d''c''$ 即为弓形的投影。连接 $b''f''$，此线为弓形的底，由于不可见，故应画成虚线。

(3) 仔细检查后擦去作图线和被切轮廓，描粗加深完成全图。

第5节 两 立 体 相 贯

一、基本概念

两立体相交称为立体相贯，其表面产生的交线被称为相贯线。故相贯线即立体表面所共有的线，求解立体相贯线也就是求解立体表面的共有点。

二、两平面立体相贯

两平面立体相贯时相贯线为闭合的空间折线，它的转折点应为其中一个立体上的棱线与另一立体表面的交点（亦可能是两棱线的交点）。所以求两平面立体相贯时，可按先求点（参与相贯的棱线和边线与另一立体棱面或底面的交点），再连线（依次连接各交点）的方法进行。

【例 5-14】 如图5-24所示，试求两三棱柱相交时相贯线的投影。

读图与分析：由图 5-24（*b*）可知，三棱柱 *ABC* 垂直于 *H* 面，其棱线为铅垂线；而三棱柱 *DEF* 水平放置，其棱线是侧垂线。

在本例中，参与相贯的棱线有 *B*、*E*、*F*，棱面有 *AB*、*BC*、*DE*、*DF* 和 *EF*。其中棱线 *B* 分别与 *DE*、*DF* 棱面相交于Ⅰ、Ⅱ两点，棱线 *E*、*F* 分别与 *AB*、*BC* 棱面相交于Ⅲ、Ⅳ和Ⅴ、Ⅵ四点。

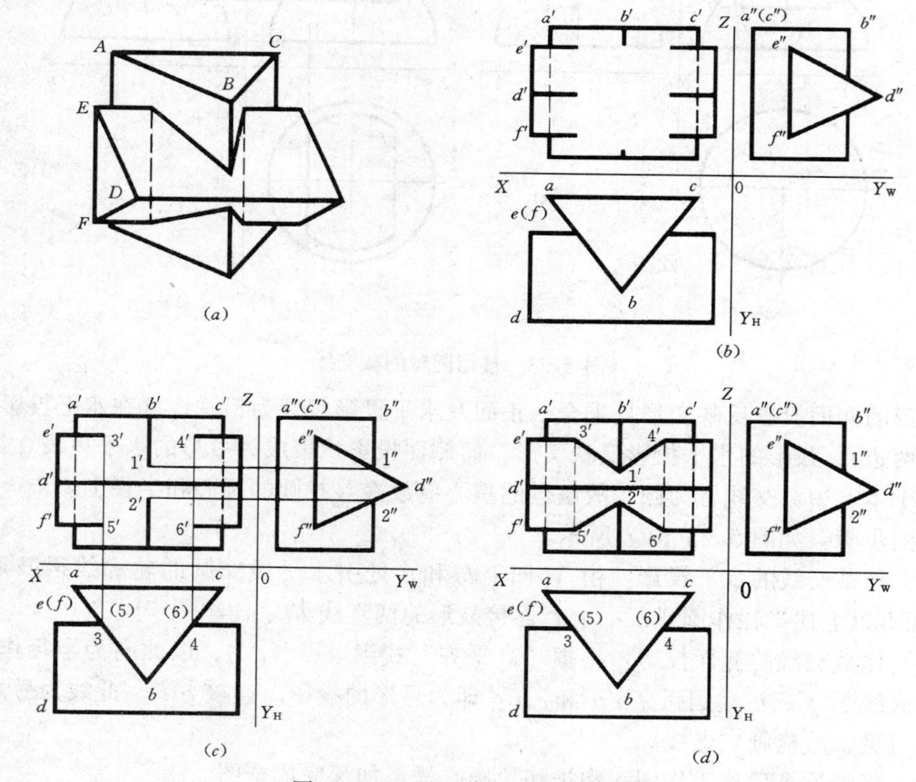

图 5-24 两三棱柱相贯线的投影

由于本题中的 DE、DF 棱面是侧垂面，而 AB、BC 棱面又是铅垂面，故求交点时可运用积聚性法。

作图步骤：如图 5-24（c）所示。

（1）由积聚性，找出棱线 B 与棱面 DE、DF 交点Ⅰ、Ⅱ的侧面投影 $1''$、$2''$ 及棱线 E、F 与棱面 AB、BC 交点Ⅲ、Ⅳ、Ⅴ、Ⅵ的水平投影 3（5）、4（6）；

（2）根据"高平齐，长对正"，分别作出它们的另外两面投影；

（3）根据连线原则依次连接相贯线。连线原则为：只有位于同一立体的同一棱面上而又同时位于另一立体的同一棱面上的两点才能连接。据此本题中应连接 $1'3'$、$3'5'$、$5'2'$、$2'6'$、$6'4'$ 和 $4'1'$，如图 5-24（d）所示；

（4）判别可见性。根据分析判别，棱线 A、C 的一部分和相贯线ⅢⅤ、ⅣⅥ的正面投影均不可见，故连线时应画成虚线，如图 5-24（d）所示。

三、平面立体与曲面立体相贯

平面立体与曲面立体相交，其相贯线通常由若干段平面曲线或平面曲线与直线段所组成。这些直线或曲线段实际上也就是曲面立体的截交线（截平面即平面立体的某些表面）。因此求平、曲面立体的相贯线亦可看成是求曲面立体的截交线（截平面超过一个时）。和两平面立体相贯线的求法相同，平、曲相贯也应先求转折点，然后再连线。

【例 5-15】 如图5-26（a）所示，已知圆锥薄壳基础的主要轮廓线，试求其相贯线的投影。

读图与分析：根据图 5-25 可知，圆锥薄壳基础由一四棱柱和圆锥组成。因为两立体的轴线重合，所以相贯线为如图所示四条首尾相接的双曲线（分别是四棱柱的棱面和圆锥面的交线），相贯线的转折点就是四棱柱的四条棱线与圆锥面的交点。

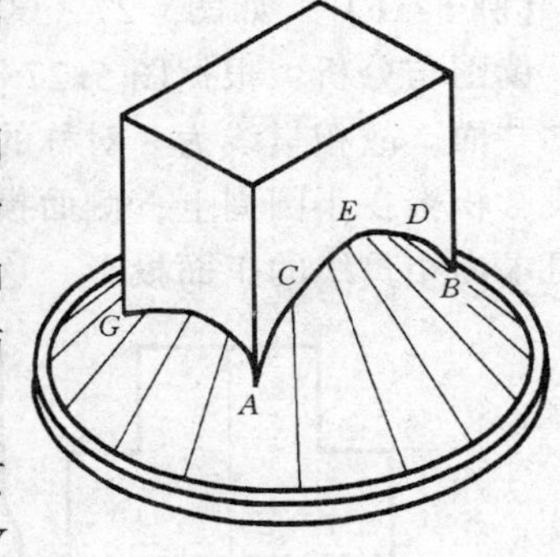

图 5-25 薄壳基础立体图

当立体选择合适的位置（如图 5-26a）放置时，相贯线的投影在 H 面上与四棱柱棱面的积聚投影重合；在 V 面上为曲线 $ACEDB$ 的投影；在 W 面上即为曲线 AG 的投影。

作图步骤：如图 5-26（b）所示。

（1）分别求出相贯线上转折点的投影；

（2）再用素线法求出曲线上的中间点的投影，如图中的 C 点和 D 点等；

（3）依次连线；

（4）判别可见性。本题中立体具有对称性，故相贯线均可见。

四、两曲面立体相贯

（一）相贯线的求法

两曲面立体的相贯线一般情况下为封闭的空间曲线，特殊情况下也可能是平面曲线或直线段的组合。求相贯线的方法通常是利用积聚性法，有时也可用辅助平面法。

辅助平面法是求解曲面立体相贯线时常用的方法。在使用辅助平面法时，辅助平面的

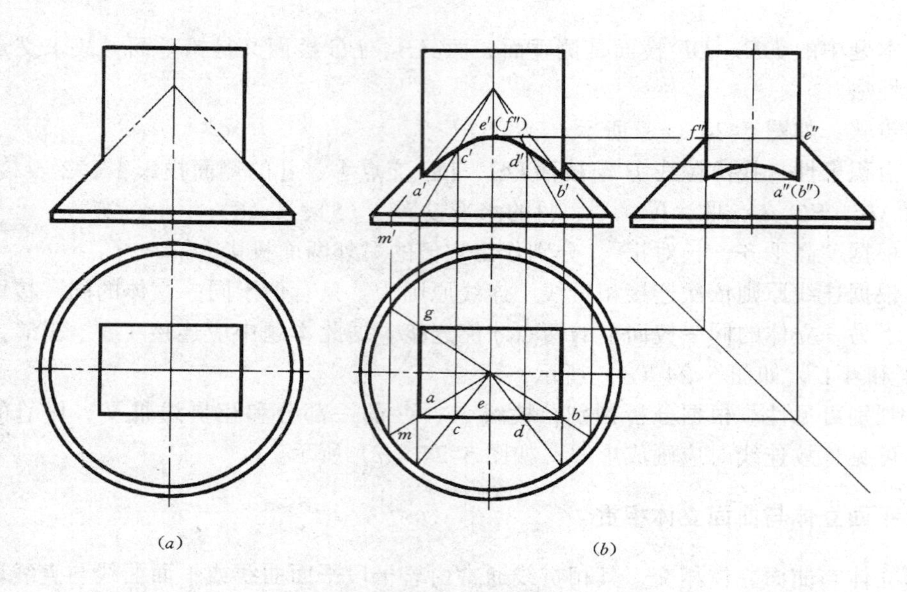

图 5-26　薄壳基础相贯线的投影

选择尤为重要，通常可取垂直于回转体轴线的平面为辅助面（对于圆柱体则可取平行于轴线），这样可使其与两相贯体的交线是圆或直线，以便于解题。

【例 5-16】　如图5-27，试求正交两圆柱体的相贯线。

读图与分析：根据图 5-27（*a*）所示，两大小圆柱的轴线分别为铅垂线和侧垂线，且两轴共面，故相贯线为一对称的、封闭的空间曲线。根据积聚性和共有性，该相贯线的水平投影积聚在小圆周上；侧面投影则积聚在大圆周的上部（与小圆柱重叠的部分），由此即可求出相贯线的正面投影。这种方法就称为积聚性法。

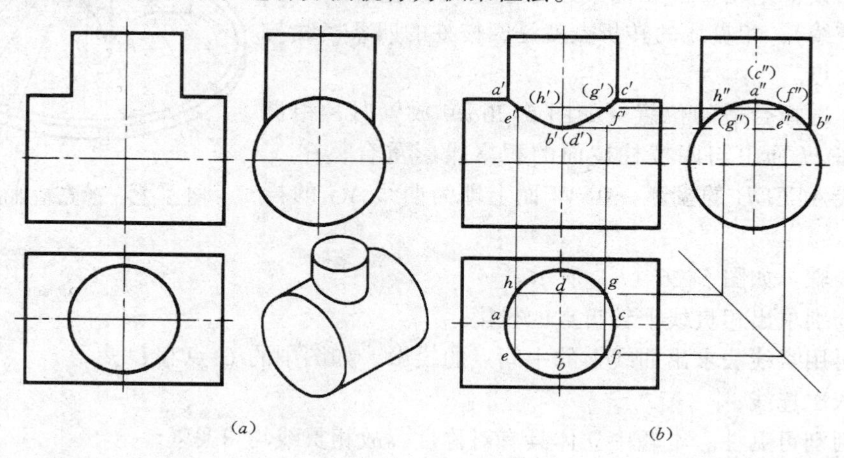

图 5-27　正交两圆柱的相贯线

作图步骤：如图 5-27（*b*）所示。

（1）求控制点：所谓控制点通常是指相贯线上最左、最右、最上、最下、最前和最后的点，在本题中即 *A*、*B*、*C*、*D* 四点；

（2）求中间点：找出小圆柱上四条前后左右对称素线的水平投影（积聚为 *e*、*f*、*g*、

h 四点)，再根据投影规律求出对应投影；

(3) 光滑连接各点的正面投影，完成全图如图 5-27 (b) 所示。

注意：

(1) 由于两圆柱的外表面相互贯穿，故在共有部分原有的轮廓素线（如图中 AC）已不复存在，所以图中 a'和 c'之间不应再连线。

(2) 圆柱内外表面相贯线的分析。图 5-28 中共有三个不同的立体，其中图 (a) 是两圆柱外表面相交，图 (b) 是两圆孔内表面相交，而图 (c) 则是一圆柱的外表面与一圆孔相交。由图 5-28 中的投影图和立体图可以看出，虽然三个图中两相交表面的位置不同，但从实质上讲其相贯线的性质未变，所以相贯线的求解方法亦不变。本例中由于形体形状、投影位置、圆柱直径大小及两轴线的相对位置均选择相同，所以它们的相贯线的形状、大小和位置也都相同，这一点请读者注意比较。

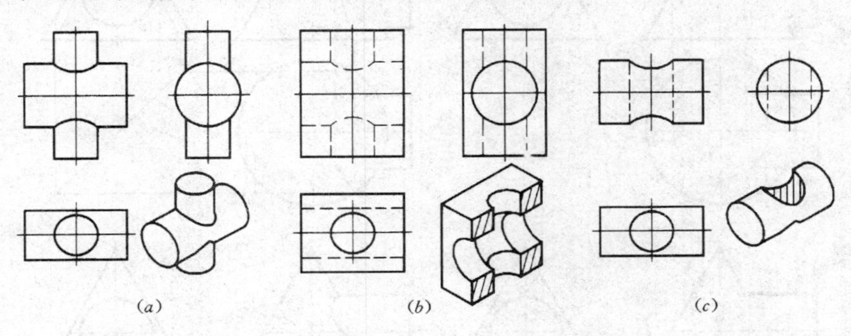

图 5-28　圆柱内外表面相贯线的分析

【例 5-17】　如图5-29，试求轴线正交的圆柱与圆锥的相贯线。

读图与分析：

(1) 交线的空间形状及投影：如图 5-29 (a) 所示，圆柱侧垂放置，其全部素线均与圆锥的左半个锥面相交，交线即为两立体的相贯线，这是一个封闭的空间曲线。因为圆柱的侧面投影积聚为圆，所以相贯线的侧面投影也积聚为圆。

(2) 辅助平面法：由于圆锥面不具有积聚性，故本题求解时应使用辅助平面法。如图 5-29 (b) 所示，选择一水平面为辅助平面，该平面与圆柱的截交线为两条平行的素线；与圆锥的截交线为圆。根据截交线上点的共有性，这两条截交线的交点一定就是相贯线上的点。解题时只要在不同的位置选择辅助平面，就可以求得相应的交点。此法称为辅助平面法。

(3) 控制点：本题中共有控制点六个，它们分别是图中的 A、B、C、D、E 和 F。其中 A、C 两点是相贯线上的最上和最下的点；B、D 两点是相贯线上最前和最后的点，同时也是相贯线水平投影上可见与不可见的分界点；而 E 和 F 点则是相贯线上的最右点，它们位于圆锥面上左半面上的两条素线上（这两条素线应与圆柱面相切）。

作图步骤：

(1) 求控制点。如图 5-29 (c) 所示，求出相贯线上最上、最下、最前和最后的点 (A、C、B、D)。其中 B、D 两点可利用辅助平面法求出（辅助平面为过圆柱轴线的水平面)。

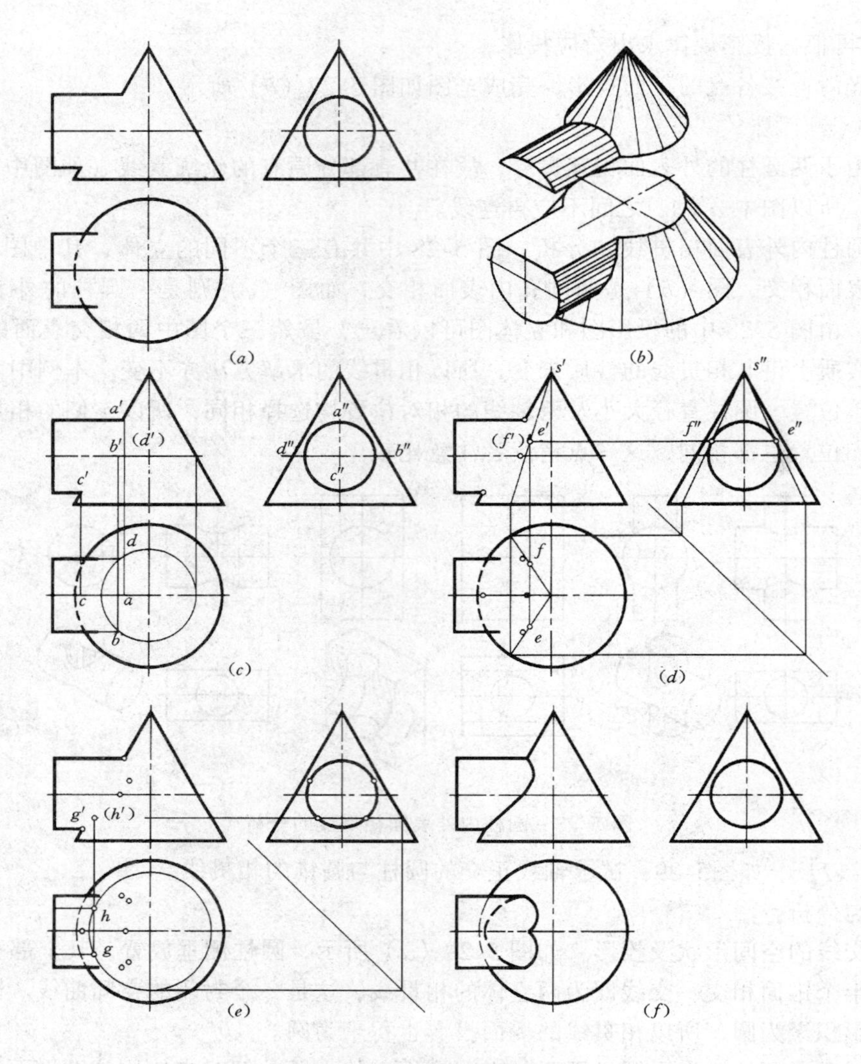

图 5-29　圆柱与圆锥正交

如图 5-29（d）所示，求出相贯线上的最右点（E 和 F 点），本题中使用的是圆锥面上的辅助素线法。

（2）求中间点。如图 5-29（e）所示，在圆柱轴线以下作一水平面，利用辅助平面法求得中间点 G、H 的对应投影。

（3）判别可见性。根据读图分析，相贯线的水平投影有一部分不可见，其分界点为 B、D 两点，为此如图 5-29（f）所示，光滑连接各点的同面投影，完成全图。

（二）相贯线的特殊情况

由前面的叙述可知，两曲面立体的相贯线在特殊情况下可能是平面曲线，有时还可能是直线。具体如下：

1．相贯线为平面曲线

（1）当两回转体共轴线时，其相贯线是垂直于轴线的圆。如图 5-30（a）所示，这是两个共轴的圆柱和圆球，其相贯线为垂直于轴线的圆（水平圆），该圆的水平投影反映实形，正面及侧面投影均积聚为水平直线。

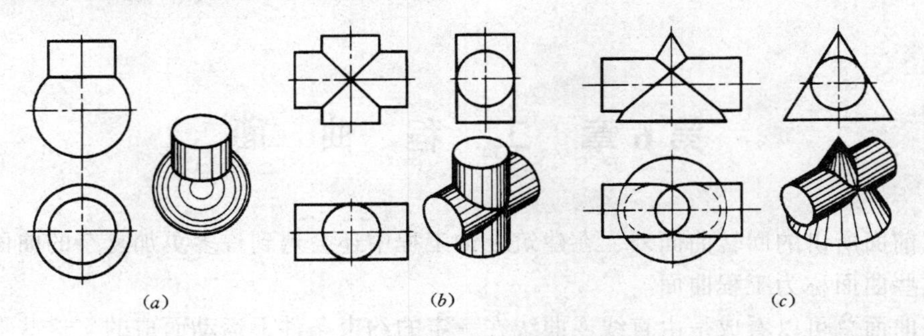

图 5-30　相贯线的特殊情况之一

(2) 当轴线相交的两圆柱或圆柱与圆锥共同外切于一个球面时，它们的相贯线是两个相等的椭圆，如图 5-30 (*b*)、(*c*) 所示。其中图 (*b*) 为两等径正交圆柱，它们的相贯线是两个大小相等的正垂椭圆，在与两轴线平行的投影面（*V* 面）上，相贯线的投影为直线；图 (*c*) 为轴线正交的圆锥和圆柱相贯，它们的相贯线也是两个大小相等的正垂椭圆，其正面投影同样积聚为直线。

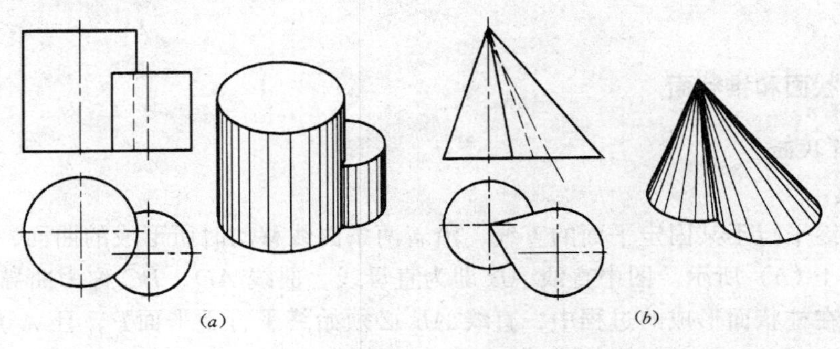

图 5-31　相贯线的特殊情况之二

2. 相贯线为直线

(1) 当两圆柱轴线平行时，相贯线为平行二直线，如图 5-31 (*a*) 所示；

(2) 当两圆锥共顶时，相贯线为过锥顶的两条素线（直线），如图 5-31 (*b*) 所示。

复 习 思 考 题

1. 平面立体投影图的主要特点是什么？
2. 什么叫立体表面取点？试说出几种常用的立体表面取点方法。
3. 圆柱截交线的求解方法有哪些？
4. 试述圆锥截交线的五种形式。
5. 什么是立体的相贯线？两曲面立体的相贯线，其性质是什么？
6. 常用的求立体相贯线的方法有哪些？

第6章　工　程　曲　面

除了前面所讲的回转曲面外，在建筑装饰工程中还会遇到许多更加复杂的曲面，通常我们将这些曲面称为工程曲面。

任何曲面总可以看成是由直线或曲线在一定的约束条件下运动而成的。这些形成曲面的动线被称为母线；其约束条件可能是点、线或平面，它们分别被称为定点、导线和导平面；处于任意位置的母线就称为素线。无数的素线组合在一起就形成了曲面。

曲面的种类很多，其分类方法也很多。本章只介绍其中的最常见的一些曲面（包括柱状面、锥状面、双曲抛物面和螺旋面），研究这些曲面的形成和它们的图示方法。

第1节　柱状面、锥状面和双曲抛物面

一、柱状面和锥状面

（一）柱状面

1. 形成

一条始终平行于某固定平面的直线，沿着两条曲线移动时所形成的曲面，被称为柱状面，如图6-1（*b*）所示。图中直线 *AB* 即为直母线，曲线 *AD*、*BC* 称为曲导线，平面 *P* 为导平面。在柱状面形成的过程中，直线 *AB* 必须始终平行于平面 *P*，且 *A* 点沿 *AD*、*B* 点沿 *BC* 移动，此即为曲面形成的约束条件。

2. 图示方法

图6-1（*a*）为上述柱状面的投影图。由图可知，画柱状面的投影图时，为了表示出

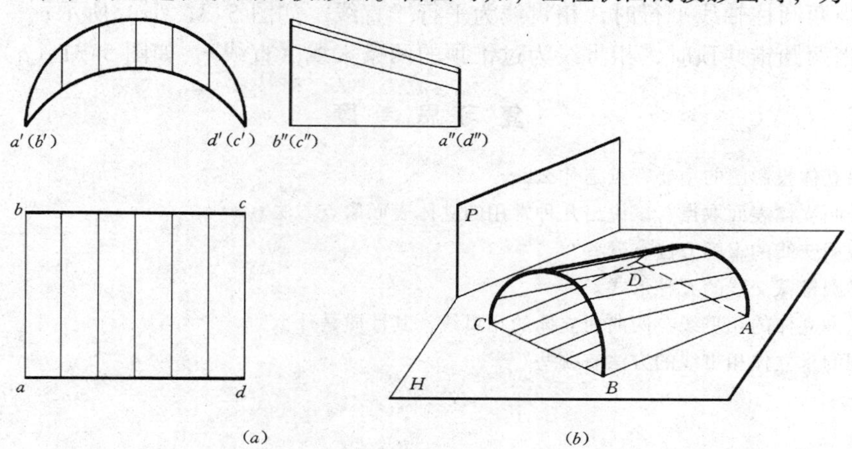

图6-1　柱状面的形成和投影
（*a*）投影图；（*b*）直观图

曲面的特点，除画出曲面的轮廓素线外，还必须画出柱状面的曲导线 AD、BC 和一系列素线的投影。

从如图所示的方向投影时，柱状面素线的正面和水平投影互相平行。

(二) 锥状面

1. 形成

由直母线沿着一根直导线和一根曲导线移动，且在移动过程中母线始终平行于一个导平面，这样得到的曲面被称为锥状面。图 6-2 所示就是一个锥状面的例子。

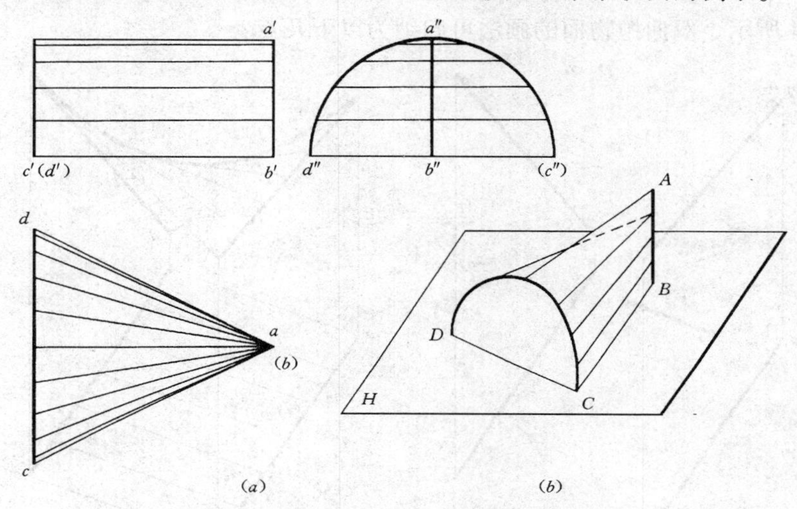

图 6-2　锥状面的形成和投影

2. 图示方法

图 6-2 中（a）所示的是锥状面的投影图。图中同样也画出了锥状面的直导线 AB 和曲导线 CD 的投影。

二、双曲抛物面

1. 形成

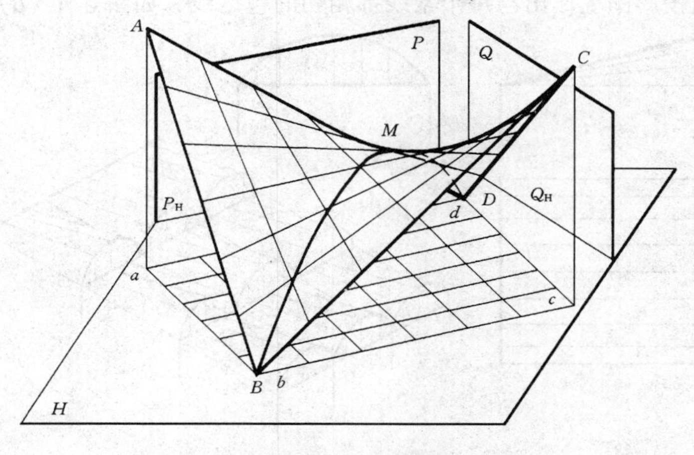

图 6-3　双曲抛物面的形成

由直母线沿着两条交叉的直导线移动（该直母线必须始终平行于一个导平面）所形成的曲面被称为双曲抛物面。图 6-3 所示即为一双曲抛物面，图中 *AD* 为直母线，交叉直线 *AB* 和 *CD* 为直导线。由曲面形成的约束条件可知，曲面上的所有素线均平行于导平面 *P*。

在图 6-3 中，如果将 *AB* 看成直母线，交叉直线 *AD* 和 *BC* 为直导线，同样也可以得到这个双曲抛物面，此时的导平面应为 *Q* 平面。由此可见，同一个双曲抛物面可以有两组不同的素线，它们分属于不同的直导线和导平面。

2. 图示方法

如图 6-4 所示，双曲抛物面的画法可归纳为以下几点：

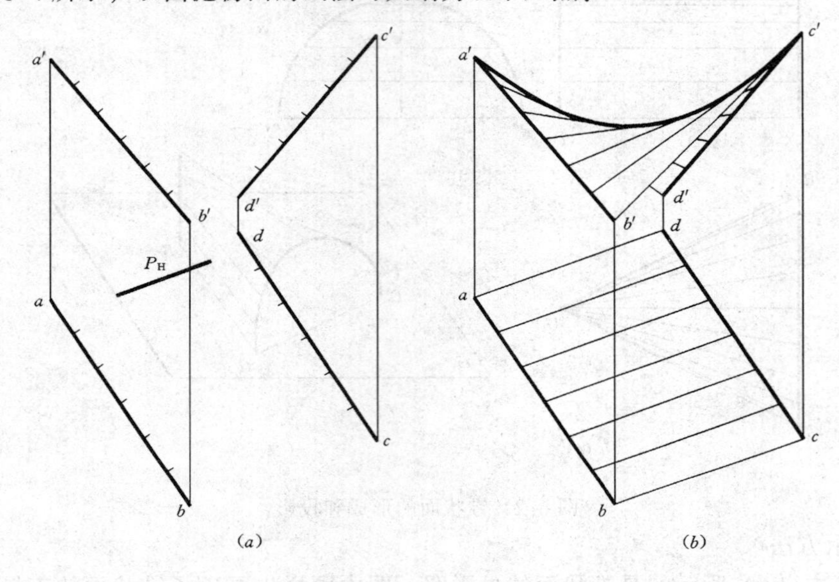

图 6-4　双曲抛物面的画法

(1) 分别画出交叉直线 *AB*、*CD* 和导平面 *P* 的两面投影，如图 6-4（*a*）所示；

(2) 将直导线分为若干等分（本例中分为六等分）；

(3) 分别连接各等分点的对应投影，如 *ad*、*bc*、*a′d′* 和 *b′c′* 等。如图 6-4（*b*）所示；

(4) 在正面投影图上作出与每个素线都相切的包络线，如图 6-4（*b*）所示。由几何

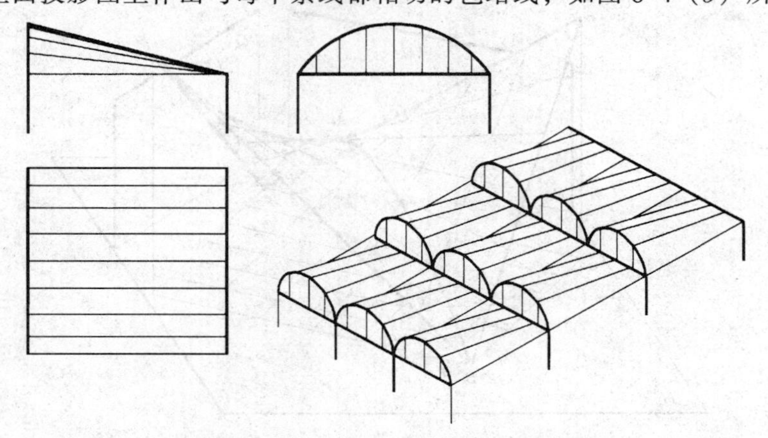

图 6-5　锥状面的应用实例

知识可知，这是一条抛物线。

三、应用实例

上述三种曲面有一共同的特点，即它们的母线均为直线，故通常这类曲面又被称为直母线曲面，或称为直纹曲面。在实际工程施工中，这类曲面除导线有曲线外，其他模架及模板均可用直木料。因此制作简单，费用节省，故而被广泛采用。图 6-5 即为它们的应用实例之一。

第 2 节　螺　　旋　　面

在建筑装饰工程中，螺旋面的应用也比较广泛，如室内设计中常见的螺旋楼梯等。本节介绍螺旋面的形成和画法。由于螺旋面的形成是以螺旋线为基础的，故首先介绍螺旋线的画法。

一、柱面螺旋线

1. 形成

如图 6-6 所示，一动点沿着一直线等速上升，同时该直线又绕着与其本身平行的另一

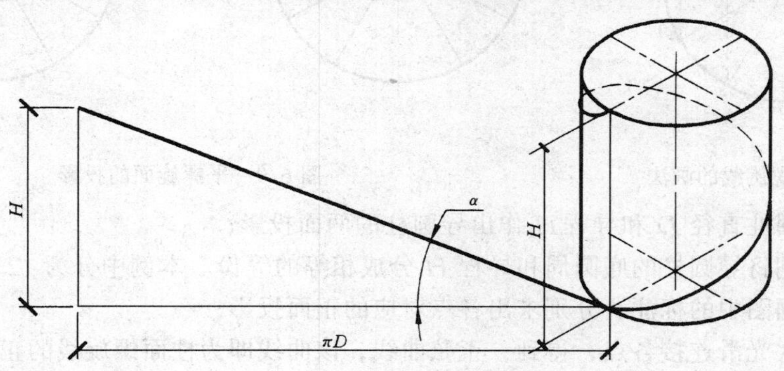

图 6-6　柱面螺旋线的形成

轴线作等速回转，此时动点的运动轨迹被称为柱面螺旋线。图中的圆柱被称为导圆柱；动点回转一周时，其上升的高度称为导程。

如图 6-6 所示，将螺旋线展开可得到一直角三角形。该三角形的斜边长即为螺旋线长，底边长度为圆柱周长 πD，三角形的高就是导程 H。在三角形中，斜边与底边的夹角 α 称为升角。升角 α 与导程 H 和导圆柱直径 D 的关系如下：

$$\tan\alpha = H/\pi D$$

如图 6-7 所示，由于动点的回转方向不同，螺旋线又分为左旋（图 6-7*a* 所示）

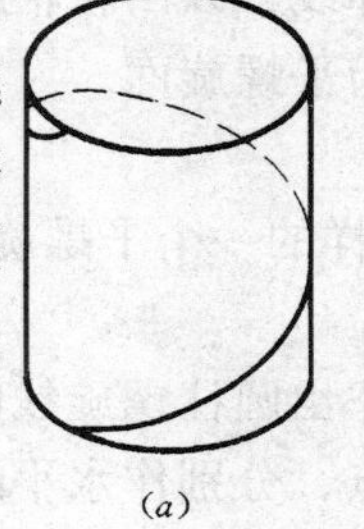

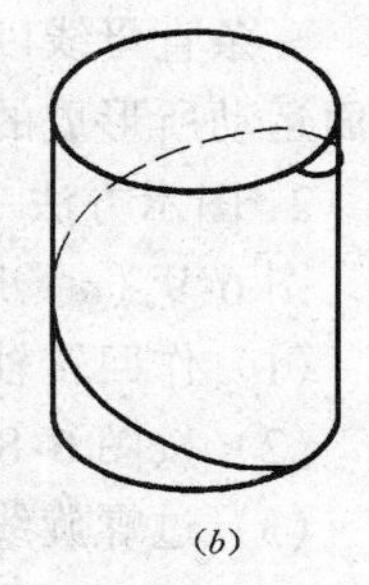

图 6-7　螺旋线的左旋和右旋

（*a*）左旋；（*b*）右旋

和右旋（图 6-7*b* 所示）两种。

2. 图示方法

如图 6-6，柱面螺旋线的水平投影与导圆柱的投影重合。因此只需讨论柱面螺旋线正面投影的画法。其绘图步骤如下：

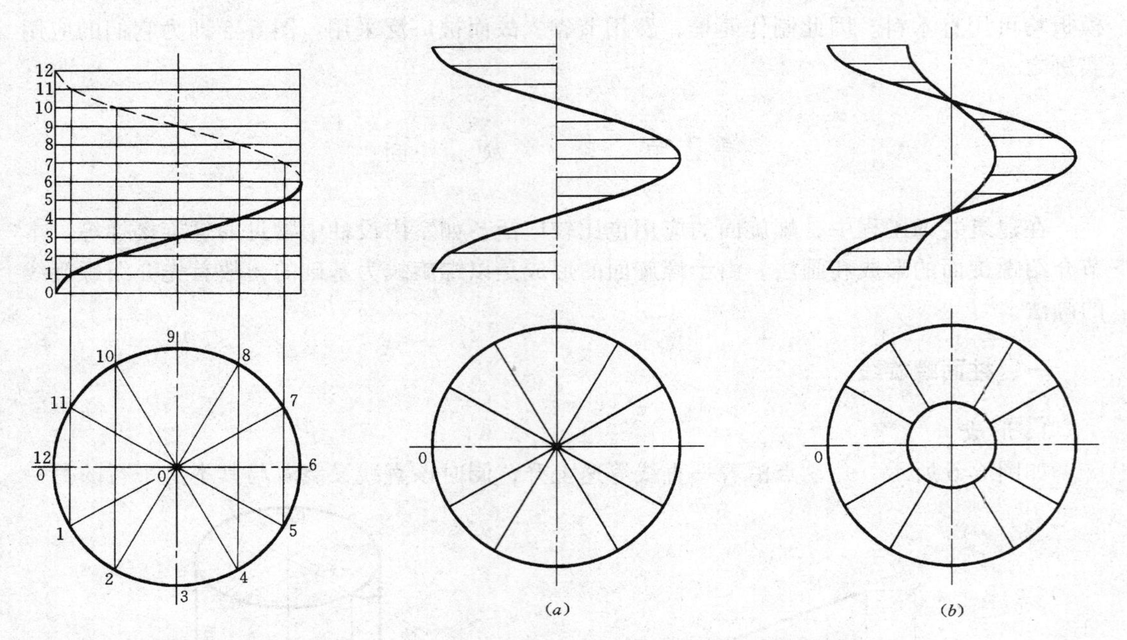

图 6-8　柱面螺旋线的画法　　　　图 6-9　平螺旋面的投影

（1）由圆柱直径 D 和导程 H 作出导圆柱的两面投影；

（2）分别将导圆柱的底圆周和导程 H 分成相等的等份。本例中分为 12 等分；

（3）根据图中的标注，分别求出各点对应的正面投影；

（4）依次光滑连接各点，得到一正弦曲线，该曲线即为柱面螺旋线的正面投影，如图 6-8 所示。

二、平螺旋面

1. 形成

一条直母线以螺旋线为曲导线，以回转轴线为直导线，并始终平行于与轴线垂直的导平面运动所形成的曲面，被称为平螺旋面。

2. 图示方法

图 6-9（*a*）所示的就是这样的一个平螺旋面。下面介绍平螺旋面的作图步骤：

（1）作回转轴线；

（2）按图 6-8 所示的方法作出圆柱螺旋线的两面投影；

（3）过螺旋线上的各等分点，分别作水平线和回转轴线相交——此即为平螺旋面的素线。

图 6-9（*b*）所示的是一个空心圆柱螺旋面的两面投影图。

三、平螺旋面的应用

平螺旋面在工程上的应用非常广泛。螺旋楼梯就是平螺旋面在建筑装饰工程中的应用实例。图 6-10（a）即为一螺旋楼梯的立体图。

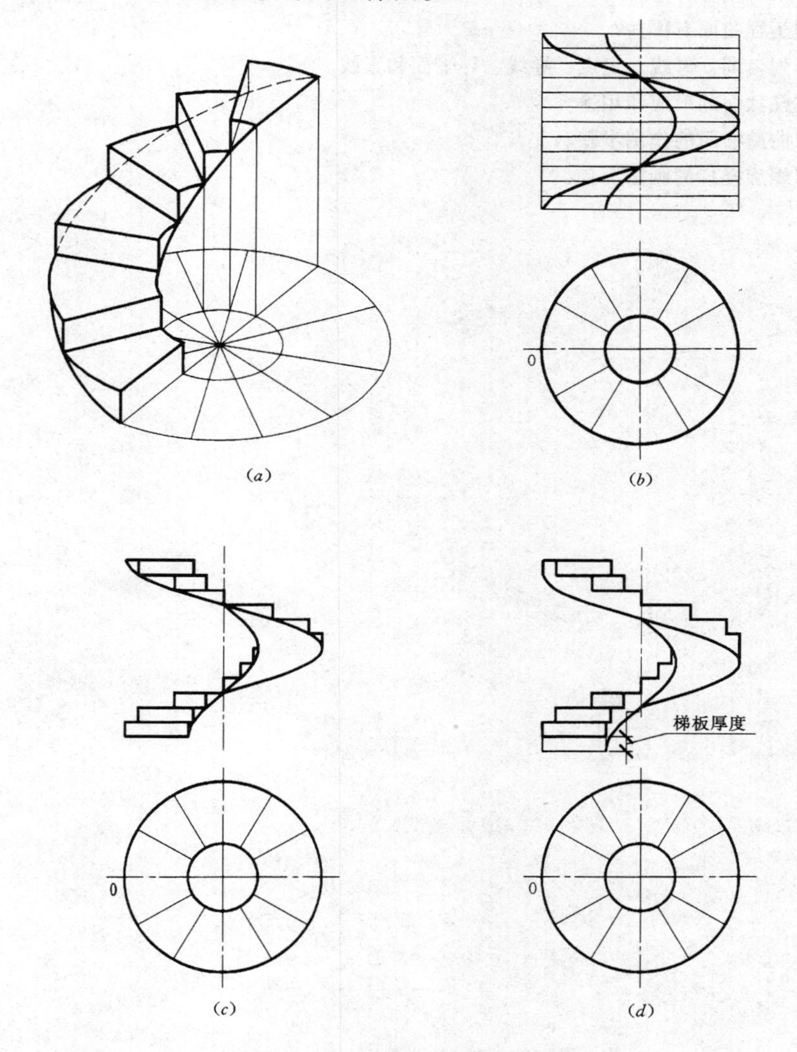

图 6-10　螺旋楼梯的画法

由图 6-10 可知，螺旋楼梯的每个踏步都是由一扇形的踏面、矩形的踢面、一平螺旋面的底面及里外两个圆柱面围成的。

螺旋楼梯的画法如下：

（1）确定螺旋面的导程 H 及内外圆柱直径 $D1$、$D2$；

（2）根据导程和楼梯的梯级数，选取合适的等分数（本例中选为 12 等分），画出空心平螺旋面的两面投影，如图 6-10（b）；

（3）根据平面投影中的每个扇形，作出踏面和踢面的正面投影，如图 6-10（c）。其中不可见梯段的投影不画；

（4）将可见部分梯段的底面螺旋线下移一个梯板的厚度；

（5）描粗加深可见轮廓线，得图 6-10（d）。

复 习 思 考 题

1. 常见的工程曲面有哪些?
2. 解释下列名词：母线、定点、导线、导平面和素线。
3. 试简述柱状面的形成和用途。
4. 试述双曲抛物面的作图步骤。
5. 试说出螺旋楼梯的画法。

第7章　投　影　图

第1节　组合体视图

由棱（圆）柱、棱（圆）锥及球等一些基本几何体，经过叠加或切割并组合而成的物体被称为组合体。由于组合体的形状、结构都比较复杂，且与工程形体十分接近，所以对组合体视图的研究是学习各种专业图样的基础。

一、视图的名称

工程制图中的视图即前面所讲的投影图，它主要用来表达物体的外部形状和结构。由于组合体比较复杂，为了准确、清晰地表达其形状和结构，除了前面所讲的三面投影图之外，工程图还包括以下几种：

（一）六面基本视图

在原有三投影面体系的基础上再增加三个新的投影面，可得到一六面投影体系。立体在此体系中向各投影面作正投影时，所得到的六个投影图即称为六面基本视图。如图7-1所示，六个基本视图的名称和形成方法如下：

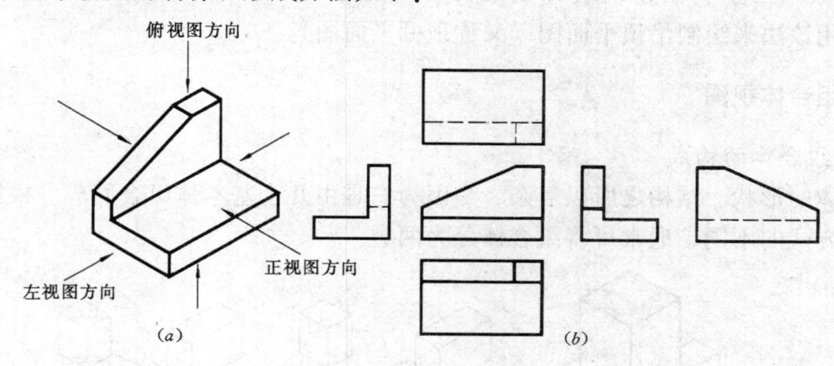

图7-1　六面基本视图的形成

正视图——从前向后投影所得的视图；
俯视图——从上向下投影所得的视图；
左视图——从左向右投影所得的视图；
右视图——从右向左投影所得的视图；
仰视图——从下向上投影所得的视图；
后视图——从后向前投影所得的视图。

以上六个视图可如图7-1（*b*）所示的排列，也可根据图纸的大小而如图7-2所示配置，但如图7-2所示配置时，应在每个视图的下方标上视图的名称。

由图7-1(*b*)可知，六个基本视图间仍然满足“长对正，宽相等，高平齐”的投影

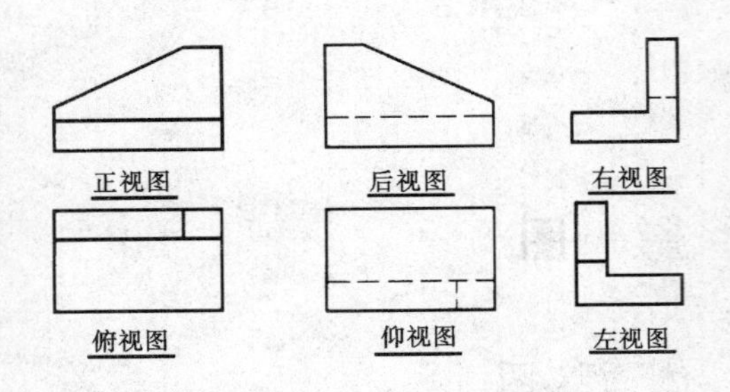

图 7-2　六面视图的配置

规律，即正、俯、仰视图间“长对正”；正、左、右、后视图间“高平齐”；俯、左、右、仰视图间“宽相等”。除后视图外，其他视图还符合“里后外前”的关系，即靠近正视图的是立体的后面，远离正视图的是立体的前面。另外正视图和后视图所表达立体的上、下位置关系一致，但左、右位置关系恰恰相反。

实际画图时，通常无需将全部六个视图都画出，而应根据立体的形状特点和复杂程度，选择其中的几个基本视图进行绘制。

（二）镜像视图

按制图标准规定，当某些立体用基本视图表达不够清晰时，可采用如图 7-3 所示的镜像视图表示。图 7-3 所示的立体，当使用基本视图表示时，其俯视图中虚线较多。若在立体的正下方放置一面镜子，然后画出立体在镜面中的成像，此时虚线将变成实线，这种方法所得的视图即为镜像视图。

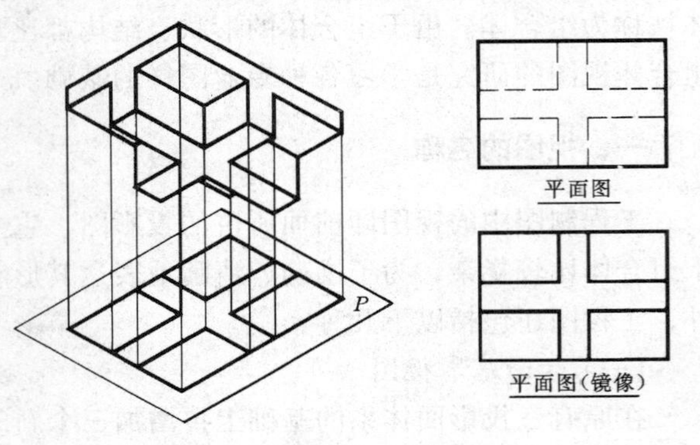

图 7-3　镜像视图

采用镜像视图时，应在图名的后面加注“镜像”二字。在建筑装饰制图中，常采用该法来绘制吊顶平面图（又称顶棚平面图）。

二、组合体视图

（一）组合体的构成

组合体的形状、结构之所以复杂，是因为它是由几个基本体组合而成。根据其各部分间的组合方式的不同，通常可将组合体分为两类：

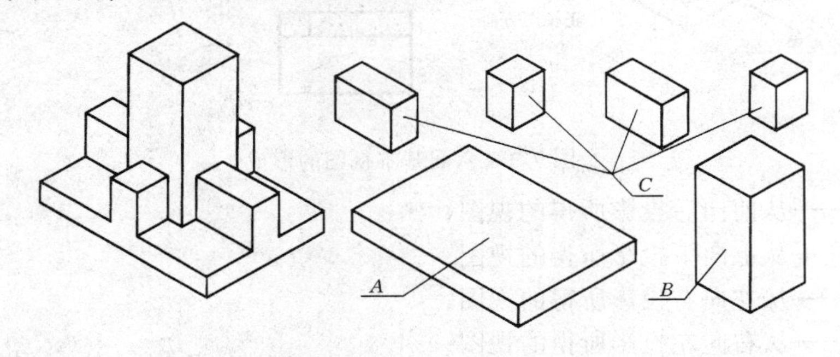

图 7-4　叠加型组合体

（1）叠加型组合体。如果组合体的主要部分是由若干个基本形体叠加而成为一个整体，该组合体被称为叠加型组合体。如图 7-4 所示，立体由三部分叠加而成，A 为一水平放置的长方体，B 是一个竖立在正中位置的四棱柱，C 为四块支撑板。

（2）切割型组合体。从一个基本形体上切割去若干基本形体而形成的组合体被称为切割型的组合体。图 7-5 所示的组合体，可看成是在一长方体（A）的左上方切去一个三棱柱（B），然后再在它的右上方切槽（C）而形成的。

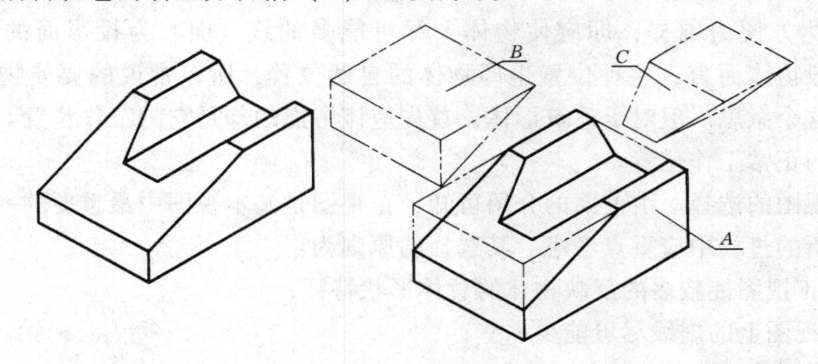

图 7-5 切割型组合体

（二）形体分析法

形体分析法是认识组合体构成的基本方法，其实质是：假想组合体是由一些基本形体组合而成的，通过对这些基本形体的研究，间接地完成对复杂组合体的研究。其目的可用八个字来描述，即"化繁为简，化难为易"。应用形体分析法能解决有关组合体的各种问题：

(1) 利用形体分析的成果及基本立体的投影特性，可以迅速、准确地绘制出组合体的视图；

(2) 以形体分析法指导组合体的尺寸标注，可给初学者带来很大的方便；

(3) 读图能力的培养是制图课的重要任务之一，应用形体分析法可帮助我们逐部分读图并最终读懂全图。

总之，形体分析法是解决组合体问题的一种行之有效的方法，在后面的学习中应牢牢地把握这一方法。

（三）组合体视图的画法

绘制组合体的视图应按照先分析、再画图的步骤进行：

1. 视图分析

视图分析是绘制组合体视图的首要步骤，它通常包括以下几个方面的分析：

(1) 物体的形体分析。如图 7-6（a）为一台阶，通过形体分析可以确定，它由三大部分叠加而成。其中两边的边墙可看成是两个棱线水平的六棱柱；中间的三级踏步则可看

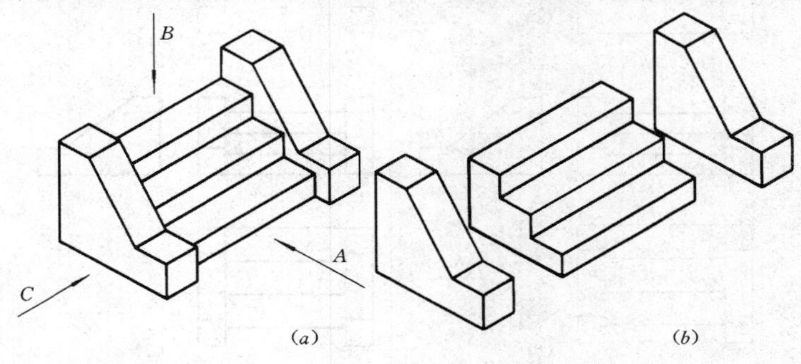

图 7-6 台阶的形体分析

成为一个横卧的八棱柱，见图 7-6（*b*）。

（2）物体摆放位置的确定。物体的摆放位置是指物体相对于投影面的位置，该位置的选取应以表达方便为前提，即应使物体上尽可能多的线（面）为投影面的特殊位置线(面)。对一般物体而言，这种位置也即物体的自然位置，所以常说的要使物体“摆平放正”也就是这个意思。但对于建筑形体，首先应该考虑的却是它的工作位置。图 7-6 所示的就是台阶的正常工作位置。

（3）正视图的选择。由前面的介绍可知，正视图是基本视图中最重要的一个视图，所以在视图分析的过程中应重点考虑。其选择的原则为：

1）应使正视图能较多的反映物体的总体形状特征；

2）应使视图上的虚线尽可能少一些；

3）应合理利用图纸的幅面。

在对具体物体进行分析时，应综合考虑上述几点。如图 7-6 所示的台阶，如果选 *C* 向投影为正视图，它能较清晰地反映台阶踏步与两边墙的形状特征，而若从 *A* 向投影，则能很清晰地反映台阶踏步与两边墙的位置关系，即结构特征。但为了能同时满足虚线少的条件，应选 *A* 向作为正视图的投影方向。

（4）视图数量的确定。此处的视图数量是指准确、清晰地表达物体时所必需的最少视图个数。确定视图数量的方法为：通过对物体形体的分析，确定物体各组成部分所需的视图数量，再减去标注尺寸后可以省去的视图数量，从而得出最终所需的视图数量及其名称。如图 7-6 中的台阶，在选取 *A* 向为正视图方向后，根据形体分析，可确定应用三个视图来表示：*A* 向为正视图；*C* 向为左视图；*B* 向为俯视图。

2．画图步骤（图 7-7）

（1）选比例、定图幅、布置视图、画作图基准线

布置视图时应使视图之间及视图与图框之间间隔匀称并留有标注尺寸的空隙。为了方便定位，可先画出各视图所占范围（一般用矩形框表示），然后目测并调整其间距，使布

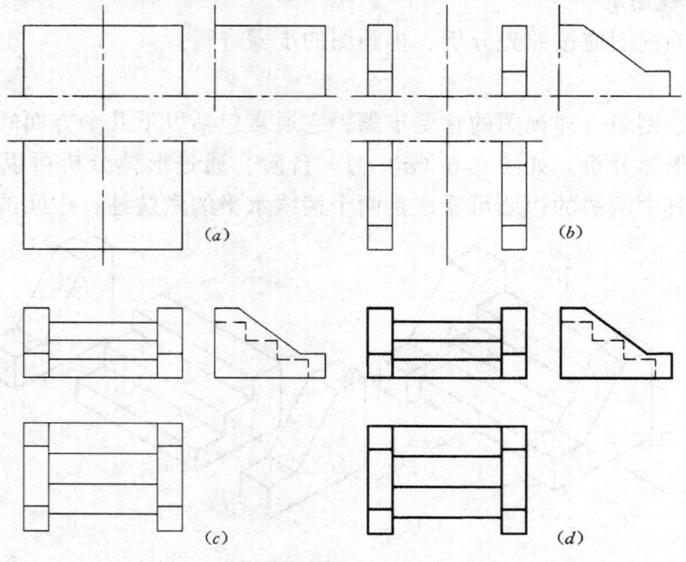

图 7-7　台阶的画图步骤

图均匀，最后画出各视图的对称轴线或基准线，如图 7-7（*a*）所示。

（2）绘制视图的底稿

根据形体分析的结果，按照先画边墙再画踏步的顺序逐个绘制它们的三视图。如图 7-7（*b*）、（*c*）所示。

（3）检查，描深

底稿完成后应作仔细检查。其检查的主要内容有：

1）有无实际不存在的交线。因为形体分析法对组合体的分解是假想的，故按此法解题时，将可能在物体的各组成部分之间产生一些实际并不存在的交线。如图7-8 中的"×"处，因实际物体该处两表面是平齐的，所以交线不存在，在检查时就应擦去。（图 7-7 中无此种情况）；

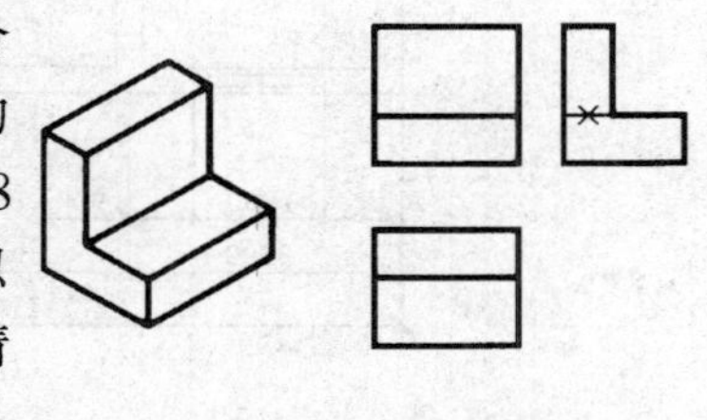

图 7-8　物体表面交线

2）分析可见性。在组合过程中，物体各部分间存在着遮挡与被遮挡的关系。由此而产生的不可见轮廓线应用虚线表示。如图 7-7（*c*）中左视图上的踏步轮廓线，应画成虚线。

将上面检查后发现的错误一一订正，然后统一地描粗加深。如图 7-7（*d*）所示。

第 2 节　组合体的尺寸标注

一、尺寸标注的规定与方法

（一）尺寸标注的基本规定

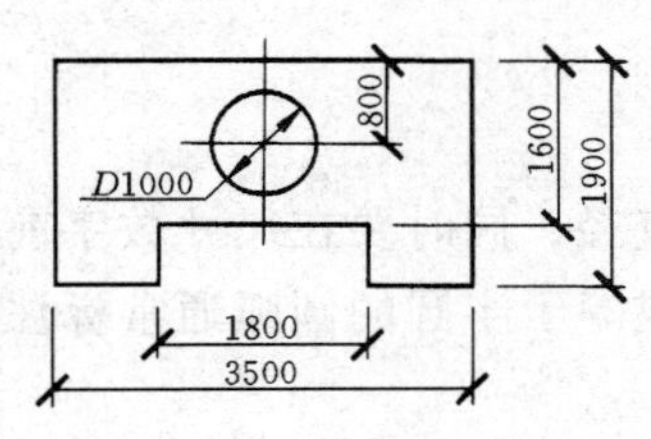

图 7-9　尺寸标注四要素

尺寸是工程图中必不可少的组成部分之一。如图 7-9，一个完整的尺寸应该包括以下四个要素：

（1）尺寸界线

尺寸界线由细实线绘制，用以表示所注尺寸的范围。通常它应与被注线段垂直。

（2）尺寸线

尺寸线同样由细实线绘制，它用来表示尺寸的度量方向。尺寸线应与被注轮廓线平行，且它不可被其它图线代替。

（3）尺寸起止符

尺寸起止符用以表示尺寸的起点和终点。在建筑工程图中用如图 7-9 所示的 45°小短划线表示，该线长度约为 2～3mm；标注圆弧半径、直径、角度和弧长时，则必须使用箭头，如图 7-10 所示。

（4）尺寸数字

尺寸数字表示图示立体的大小。按照国标如不加说明，尺寸数字的单位一律为毫米，且其值与绘图时的比例及作图误差均无关。

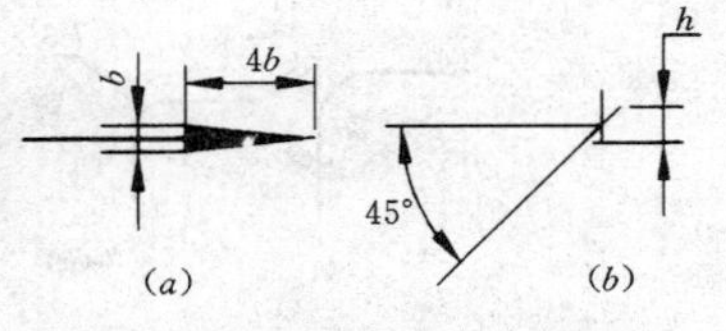

图 7-10　尺寸起止符

（二）尺寸的标注方法

1．线性尺寸的注法

如图 7-11（*a*）所示，线性尺寸的标注原则有以下几点：

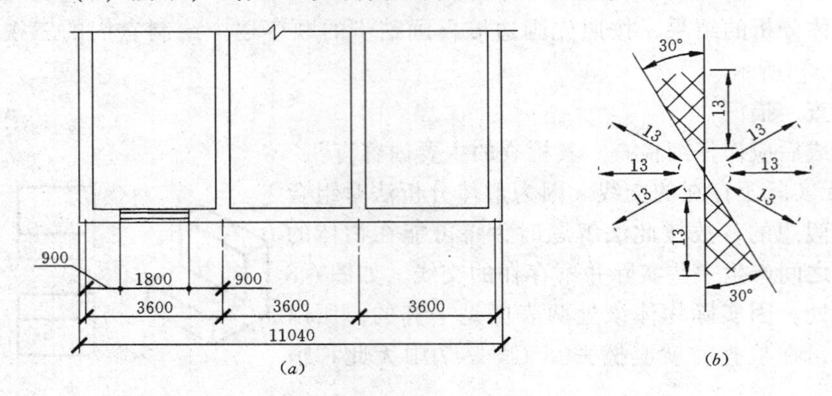

图 7-11　线性尺寸的标注

(1) 同一方向相邻的线性尺寸，标注时应排列在同一尺寸线上；

(2) 同一方向平行的尺寸，其尺寸线也平行，且小尺寸在内，大尺寸在外，两尺寸线的间距不小于 5mm；

(3) 当尺寸界线间的距离较小时，可将部分尺寸数字（甚至包括箭头）移出至尺寸线以外。对于相邻且连续标注的小尺寸，可利用引出线将尺寸数字引出后注写，中间部分的尺寸起止符改用圆点代替；

(4) 尺寸数字按图 7-11（*b*）所示方向书写。即水平尺寸的数字写在尺寸线的正上方，字头向上；竖直尺寸数字写在尺寸线的左方，字头向左；斜向尺寸数字写在尺寸线的斜上方，字头与尺寸线垂直。但需要注意的是，图 7-11（*b*）中填实的 30°角的范围内尽量不标注尺寸。

2．圆和圆弧尺寸的注法

(1) 如图 7-12 所示，完整的圆或大于半圆的圆弧应标注直径，同时要在尺寸数字前加标直径符号“*Φ*”（金属材料）或“*D*”（其他材料）。小于或等于半圆的圆弧通常标注

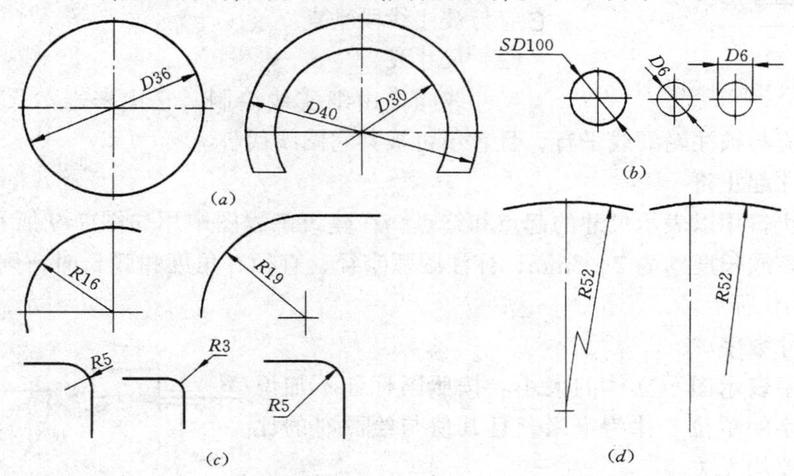

图 7-12　圆及圆弧尺寸的标注

半径，并在尺寸数字前加注半径符号“R”；

(2) 与线性尺寸不同的是，圆或圆弧标注时的尺寸界线即用圆或弧自身代替，而尺寸线是过圆心的直径或半径；

(3) 当直径或半径较小时，可将尺寸数字和箭头画在圆或弧的外侧（箭头应指向圆心），如图 7-12（c）所示。

3. 角度的注法

如图 7-13 所示，角度标注的各组成部分分别为：

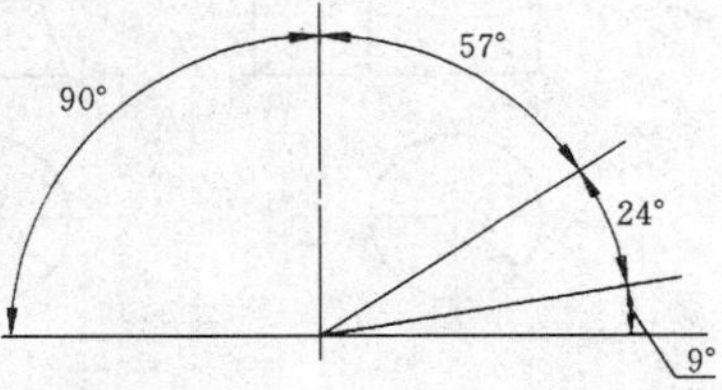

图 7-13　角度的标注

尺寸界线——通常是角的两条边线或其延长线；

尺寸线——以角的顶点为圆心的圆弧，它的两端应带有箭头；

尺寸数字——可写在尺寸线的中断处或尺寸线旁，但数字和字母的字头一定要竖直向上。

二、基本形体尺寸标注

基本形体是组成组合体的基础，研究组合体的尺寸注法，首先应掌握基本形体的尺寸注法。

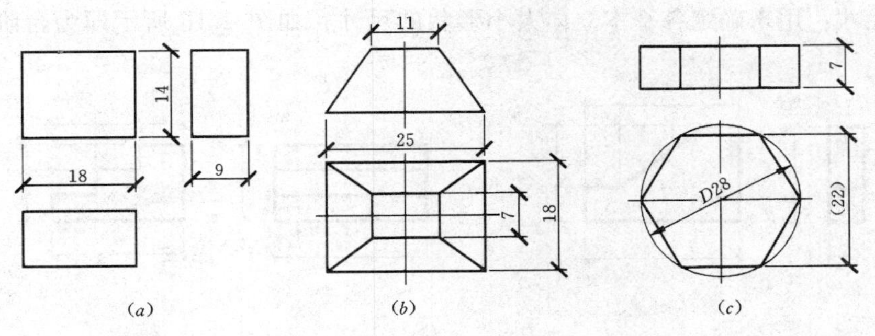

图 7-14　平面立体的尺寸标注

1. 平面立体的尺寸注法

平面立体的尺寸数量与立体的具体形状有关，但总体看来，这些尺寸分属于三个方向，即平面立体上的长度、宽度和高度方向。如图 7-14 分别为长方体、四棱柱和正六棱柱的尺寸注法。其中正六棱柱俯视图中所标的外接圆直径，既是长度尺寸，也是宽度尺寸。故图 7-14（c）中的宽度尺寸 28 应省略不标。

2. 回转体的尺寸注法

由回转体的形成可知，回转体的尺寸标注应分为径向尺寸标注和轴向尺寸标注。如图 7-15 所示为回转体的尺寸标注举例。其中圆柱、圆锥、圆台的尺寸亦可集中标注在非圆视图上，此时组合体的视图数目可以减少一个，如图 7-15（b）中所示。对于圆球只需标注径向尺寸，但必须在直径符号前加注“S”。

三、组合体尺寸标注

(一) 标注尺寸的基本要求

(1) 除了要满足上述尺寸标注的基本规定外，组合体的尺寸标注还必须保证尺寸齐

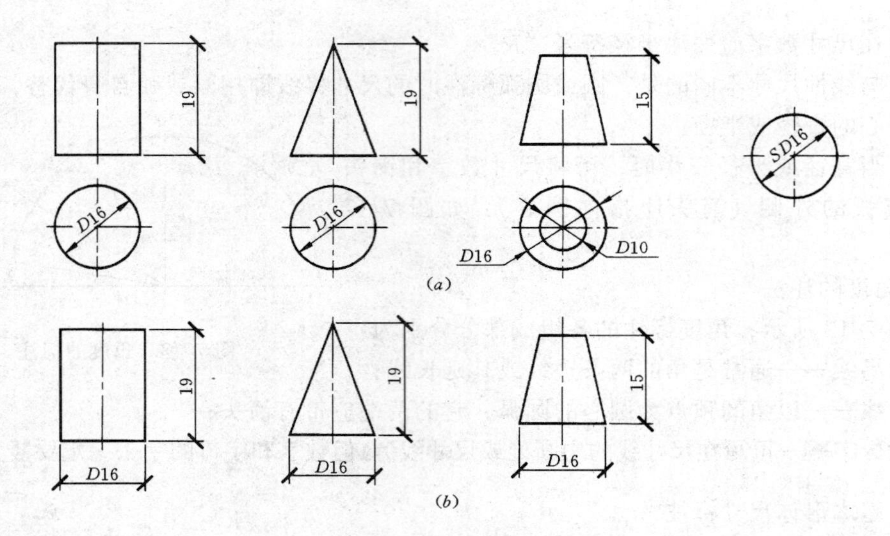

图 7-15　回转体的尺寸标注

全。所谓尺寸齐全是指下述的三种尺寸缺一不可。

定形尺寸：用来确定各基本立体大小形状的尺寸，如图 7-16 所示即为台阶各部分的定形尺寸；

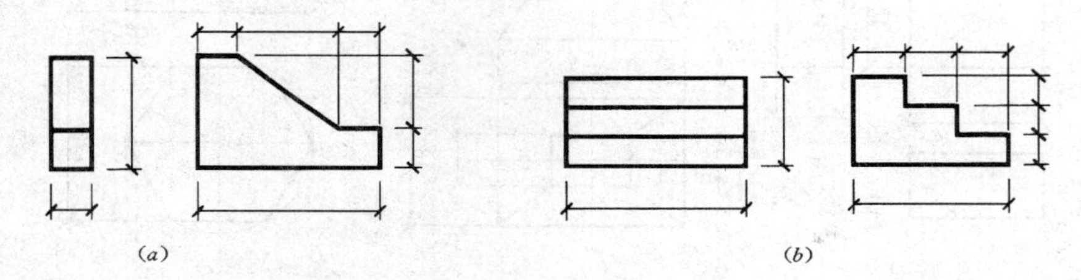

图 7-16　台阶的定形尺寸

定位尺寸：用来确定各基本体间相对位置的尺寸；

总体尺寸：指组合体的总长、总宽和总高尺寸。

(2) 为了确保尺寸齐全，除了要借助于形体分析法外，还必须掌握合理的标注方法。下面以台阶为例说明组合体尺寸标注的方法和步骤：

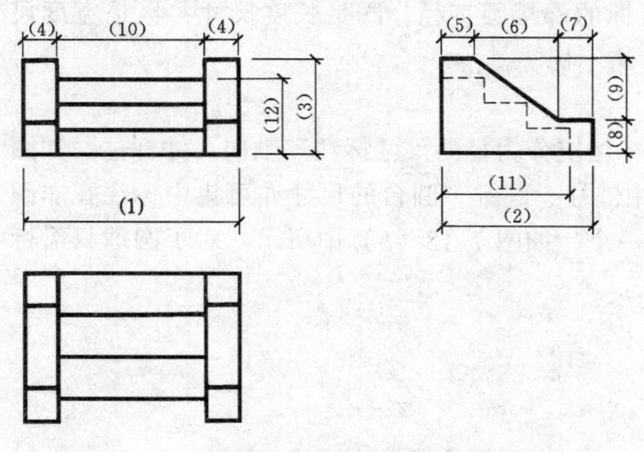

图 7-17　组合体尺寸标注举例

第一，标注总体尺寸。如图 7-17，首先标注图中(1)、(2)和 (3) 三个尺寸，它们分别为台阶的总长、总宽和总高。在建筑设计中它们是确定台阶形状的最基本也是最重要的尺寸，故应首先标出。

第二，标注各部分的定形尺寸。图 7-17 中 (4)、(5)、(6)、(7)、(8)、(9)均为边墙的定形尺寸，(10)、(11)、(12)为踏步的定形尺寸。而尺寸(2)、(3)既是台阶的总宽、总高，同时也是边墙的宽和高，故在此不必重复标注。由于台阶踏步的踏面宽和踢面高是均匀布置的，所以其定形尺寸亦可采用踏步数×踏步宽（或踏步数×踢面高）的形式，即图中尺寸（11）可标成 3×280＝840，（12）也可标为 3×150＝450。

第三，标注各部分间的定位尺寸。本图中台阶各部分间的定位尺寸均与定形尺寸重复，例如：图中尺寸（10）既是边墙的长，也是踏步的定位尺寸。

第四，检查、调整。由于组合体形体通常都比较复杂，且上述三种尺寸间多有重复，故此项工作尤为重要。通过检查，补其遗漏，除其重复。

（二）有关的注意事项

为便于读图，组合体的尺寸标注还应注意以下几点：

（1）为了保证图形的清晰，尺寸应尽量标注在视图以外；

（2）定形尺寸应尽量标注在形状特征明显处；

（3）与两视图相关的尺寸应尽量标注在两视图之间，如图 7-17 中的（1）、（2）、（3）分别位于正视图和俯视图、正视图和左视图以及左视图和俯视图间；

（4）为了保证尺寸的清晰，虚线上尽量不标注尺寸；

（5）应合理地选择定位尺寸的尺寸基准。在标注组合体的尺寸时，常用的尺寸基准有物体的对称线、中心线、底面和一些重要端面等。如图 7-17 中长、宽、高的基准分别为台阶的左右对称线、后端面及底面；

（6）截交线与相贯线的合理标注。在标注带有截交线和相贯线的组合体时，对于那些可自然获得的尺寸，则不应标注。如图 7-18 所示，图中加（ ）号的尺寸不应标注。

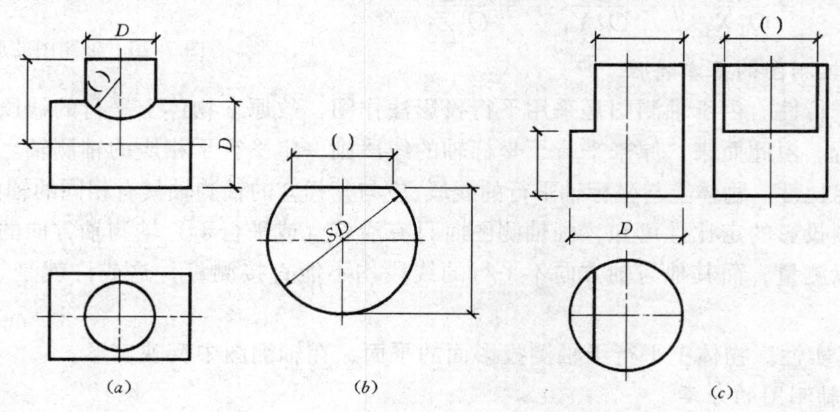

图 7-18 截交线和相贯线的尺寸标注

第 3 节 轴测投影图

一、基本概念

如前所述，视图（图 7-19 左所示）能够比较全面地反映空间物体的形状和大小，具有表达准确、作图简便的优点，被广泛应用于工程实际。但因其缺少立体感，往往给读图带来很大的麻烦。而轴测图具有立体感强的优点，故常被用来作为辅助性的图样。

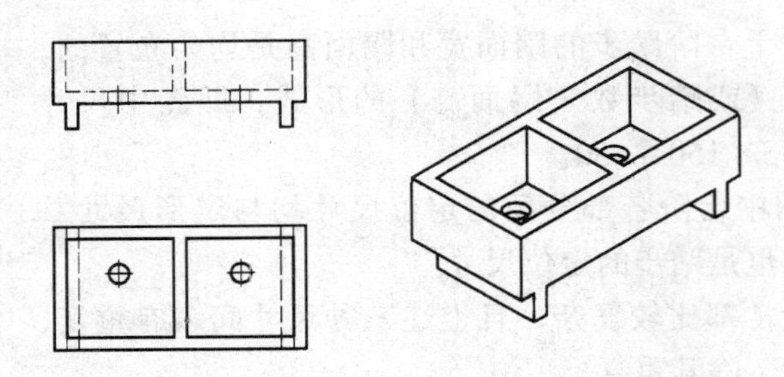

图 7-19　视图与轴测图

（一）轴测图的形成

如图 7-20 所示，在立方体上建立空间直角坐标系 OX_1、OY_1、OZ_1，将物体连同坐标系一起沿着 S 方向（不平行于任何一条坐标轴），向 P 平面作平行投影，此时所得到的投影图即称为轴测投影图，简称轴测图。其中：

（1）P 平面称为轴测投影面；

（2）S 方向称为轴测投影方向；

（3）OX_1、OY_1、OZ_1 称为坐标轴；

（4）OX、OY、OZ 称为轴测轴，它们即为坐标轴在轴测投影面上的投影。

（二）轴间角和轴向变化率

轴间角和轴向变化率是作轴测图的依据。其定义如下：

轴间角：三个轴测轴之间的夹角称为轴间角，如 $\angle XOY$、$\angle YOZ$、$\angle ZOX$。

轴向变化率：轴测图中沿轴测轴方向的线段长度与物体上沿坐标轴方向的对应线段长度之比，即称为轴向变化率。通常用 p、q、r 表示：

$$p=\frac{OX}{O_1X_1};q=\frac{OY}{O_1Y_1};r=\frac{OZ}{O_1Z_1}$$

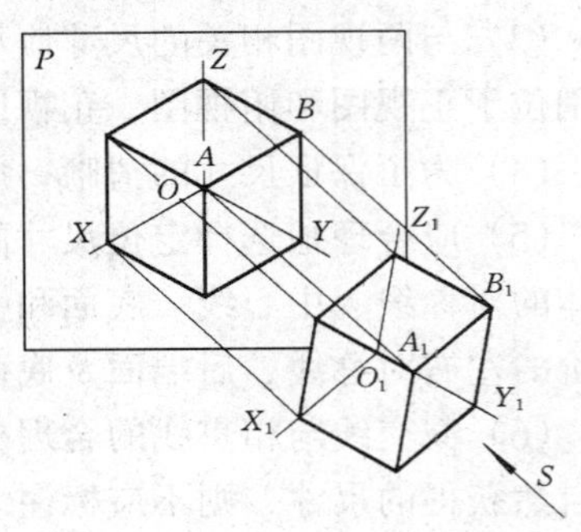

图 7-20　轴测图的形成

（三）轴测图的基本特性

（1）平行性。由于轴测图是采用平行投影法作图，故原来物体上平行的线段在轴测图上仍然平行。由此而来，原来平行于坐标轴的线段则一定平行于相应的轴测轴。

（2）定比性。物体上与坐标轴平行的线段，应与其相应的轴测轴具有相同的轴向变化率。

由轴测投影的定比性可知，画轴测图时只有沿着（或平行于）轴测轴方向的线段，其长度才可以测量，而其他与轴方向不平行的线段均不能直接测量，这或许就是“轴测图”的由来。

（3）真实性。物体上平行于轴测投影面的平面，在轴测图中反映实形。

（四）轴测图的分类

轴测图的分类方法有两种：

（1）按投影方向分。当投影方向 S 垂直于轴测投影面 P 时，称为正轴测图；当投影方向 S 倾斜于轴测投影面 P 时，称为斜轴测图。

（2）按轴向变化率是否相等分。当 $p=q=r$ 时，称为正（或斜）等测图；当 $p=q\neq r$ 时，称为正（或斜）二测图。

在装饰制图中常用的轴测图有三种：正等测、正面斜二测和水平斜等测。

二、平面体正等轴测图

（一）正等测图的特点

如图7-21所示，当物体的三个坐标轴和轴测投影面P的倾角相等时，物体在P平面上的正投影即为物体的正等测图。其特点如下：

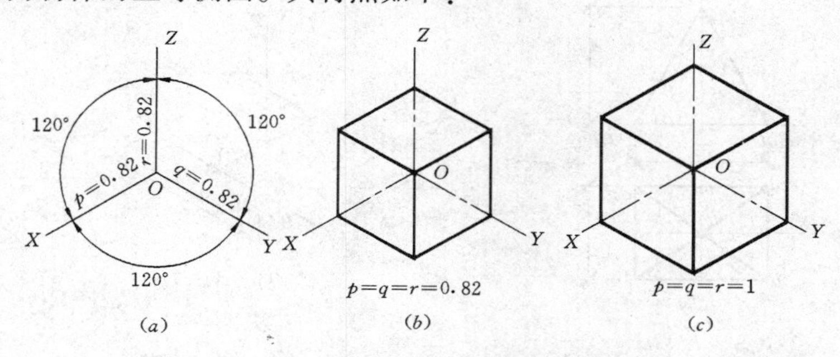

图 7-21　正等测图的轴间角和轴向变化率

1．轴间角相等

$\angle XOY=\angle YOZ=\angle ZOX=120°$，如图 7-21（$a$）所示。通常 OZ 轴总是竖直放置，而 OX、OY 轴的方向可以互换。

由几何原理可知，正等测图的轴向变化率相等，即 $p=q=r=0.82$，如图 7-21（b）所示。为了简化作图，制图标准规定 $p=q=r=1$，如图 7-21（c）所示。这就意味着用此比例画出的轴测图，从视图上要比理论图形大 1.22 倍，但这并不影响其对物体形状和结构的描述。

（二）平面体正等测图的画法

画轴测图的方法很多，常用的画平面体轴测图的方法有坐标法、特征面法、叠加法和切割法四种。

1．坐标法

按物体的坐标值确定平面体上各特征点的轴测投影并连线，从而得到物体的轴测图，这种方法即为坐标法。坐标法是所有画轴测图的方法中最基本的一种，其他方法都是以该方法为基础的。

【例 7-1】　作图 7-22 所示四棱锥的正等测图。

分析：四棱锥的底面水平，故可确定作图思路为：先作出四棱锥底面的正等测图，然后依次连接底面各顶点及棱锥顶点，从而得出物体的轴测图。

作图：

(1) 确定坐标原点和坐标轴：该步骤应在物体视图上进行，如图 7-22（a）所示。为了作图简便，应妥善选择坐标原点。通常可将坐标原点设在物体的可见点上，并尽量位于物体的对称中心。

(2) 作底面的正等测图：

1）先确定 OX、OY、OZ 轴的方向，通常 OZ 轴的方向即为物体的高度方向，故总是竖直放置，而 OX 和 OY 的方向是可以互换的。本题的取法如图 7-22（b）所示；

2）分别在 OX 和 OY 轴的正、负方向上各截取锥底的长度和宽度的一半 x 和 y，然后过各截点作轴测轴的平行线，即可得到四棱锥底面四个顶点 A、B、C、D 的正等测投影。如图 7-22（b）所示；

(3) 作四棱锥顶点的正等测图：在 OZ 轴上从 O 点向上量取棱锥的高 z，得四棱锥顶点的正等测投影。如图 7-22（c）所示；

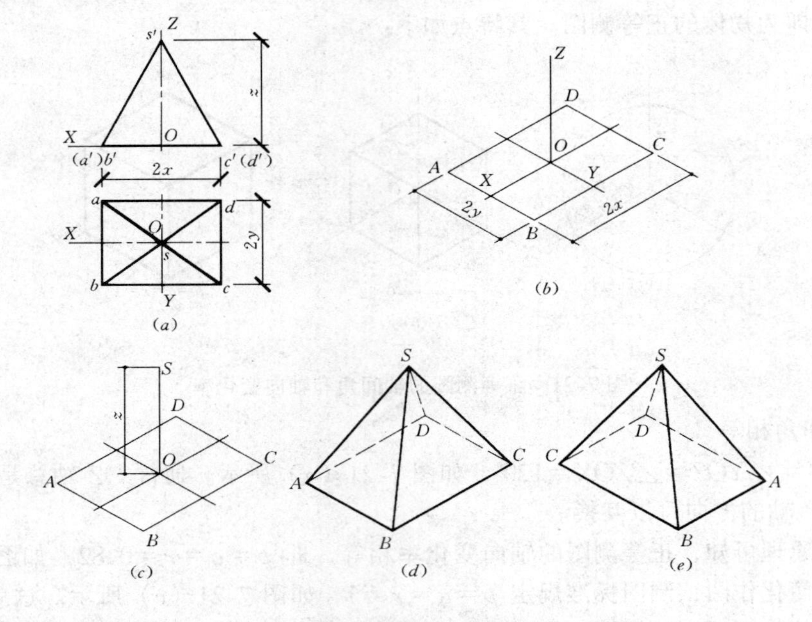

图 7-22　用坐标法画轴测图

(4) 依次连接四棱锥顶点与底面对应点，检查后擦去作图线，描粗加深可见轮廓线，完成全图。如图 7-22（*d*）所示。

注意：

(1) 通常轴测图中只画出物体的可见部分，图中虚线不画；

(2) 比较图 7-22（*d*）、（*e*）可知，调换 *OX* 和 *OY* 轴的方向，实际上就是改变了观察方向，不影响物体的形状结构。前者是从物体的左前上方观察物体所得，而后者则是从物体的右前上方观察物体所得；

(3) 根据“定比性”，与轴不平行的线段不能测量，所以在求作底面四边形时，须按照上述步骤进行，不能直接确定 *A*、*B*、*C*、*D* 四点。

2. 特征面法

这是一种适用于柱体的绘制轴测图的方法。当柱体的某一端面较为复杂且能够反映柱体的形状特征时，我们可先画出该面的正等测图，然后再“扩展”成立体，这种方法被称为特征面法。

【例 7-2】　作出如图 7-23 所示物体的正等测图。

分析：由图可知，左视图反映了物体的形状特征，所以画图时应先画出物体左端面的正等测图，然后向长度方向延伸即可。

作图：

(1) 设坐标原点 *O* 和坐标轴，如图 7-23（*a*）所示；

(2) 作物体左端面的正等测图，如图 7-23（*b*）所示。注意：此时图中的两条斜线必须留待最后画出，其长度不能直接测量；

(3) 过物体左端面上的各顶点作 *X* 轴的平行线，并截取物体的长度 *x*，然后顺序连接各点得物体的正等测图；

(4) 仔细检查后，描粗可见轮廓线，得物体的正等测图，如图 7-23（*c*）所示。

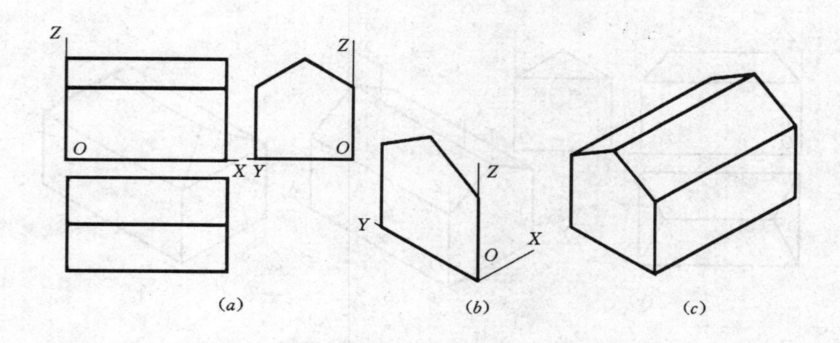

图 7-23　用特征面法画轴测图之一

【例 7-3】　作出图 7-24 所示物体的正等测图。

分析：本题是一道典型例题，其前端面和左端面均反映物体的形状特征，故应分别以它们为特征面画图，具体步骤如下。

作图：

(1) 分别作前端面和左端面的正等测图，如图 7-24（b）所示。注意轴测轴的位置及两端面的准确位置；

(2) 沿两端面分别作 OX 和 OY 轴的平行线并使之对应相交；

(3) 检查并作其表面交线，描粗物体的可见轮廓线，完成轴测图，如图 7－24（c）所示。

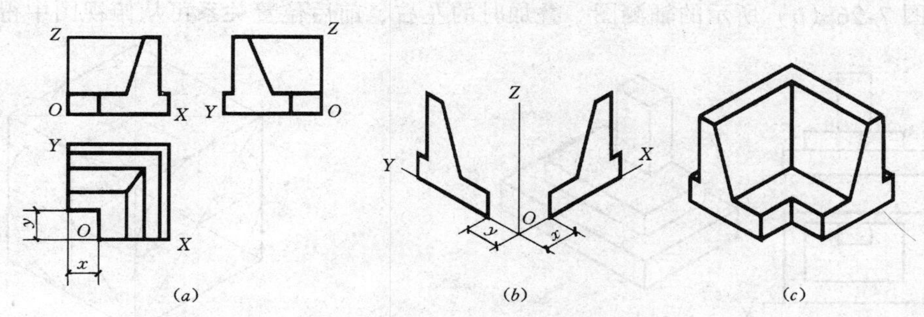

图 7-24　用特征面法画轴测图之二

3. 切割法

当物体被看成为由基本体切割而成时，可按先画基本体然后再切割的顺序来画轴测图，这种方法就叫做切割法。

【例 7-4】　作图 7-25 所示物体的正等测图。

分析：该物体可看成为例 7－2 中的五棱柱被切去了两个三棱锥后所得到的立体，因而作图时可先作出五棱柱的正等测图，然后再切角。

作图：

(1) 设定坐标轴如图 7－25（a）所示；

(2) 由特征面法先画出五棱柱的轴测图，如图 7－25（b）所示；

(3) 如图沿 OX 轴的方向截取长度 x 得到三棱锥的顶点；

(4) 检查后擦去被切部分及有关的作图线，描粗加深物体的轮廓，如图 7－25（c）

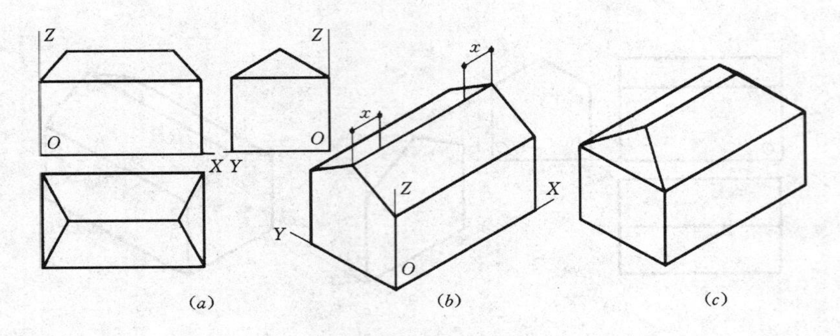

图 7-25　用切割法画轴测图

所示。

4．叠加法

对于那些由几个基本体相加而成的物体，我们可以逐一画出其轴测图，然后再将各部分叠加起来，这种方法称为叠加法。

【例 7-5】　作图 7-26（*a*）所示物体的正等测图。

分析：该物体由上、中、下三部分叠加而成，可由下而上的逐步画出其轴测图。

作图：

(1) 设定坐标轴，如图 7-26（*a*）所示；

(2) 分别画下部长方形底板、中间长方形板以及上部的四棱柱的正等测图，并叠加组合成如图 7-26（*b*）所示的轴测图。叠加时的左右、前后位置关系可从俯视图中得到。

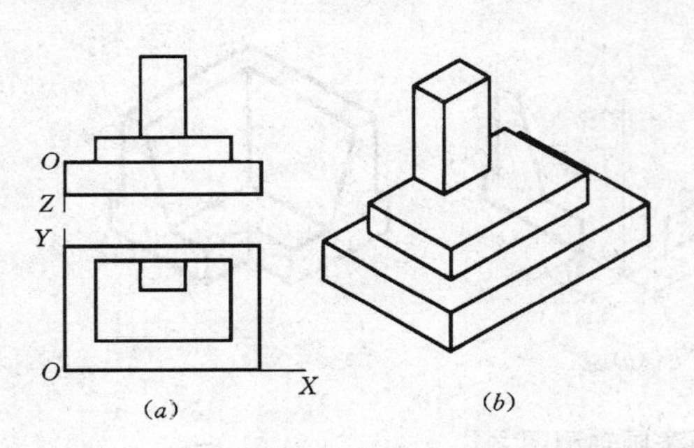

图 7-26　用叠加法画轴测图

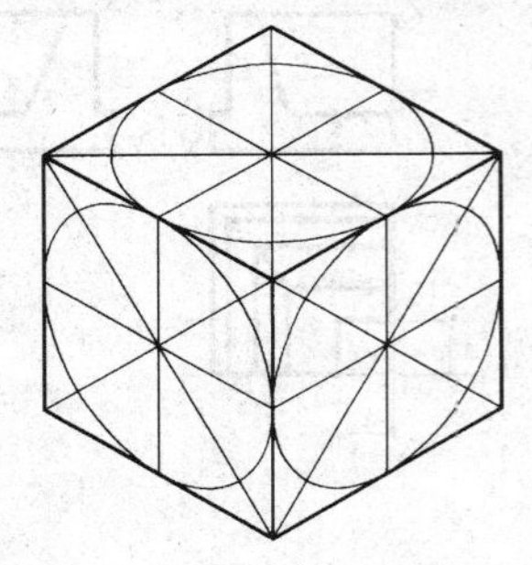
图 7-27　圆的正等测图

三、曲面体正等轴测图

（一）平行于坐标面的圆的正等测图

平行于坐标面的圆的轴测投影是椭圆。如图 7-27 所示，位于立方体表面上的内切圆的正等测图都是椭圆，且大小相等。绘制这些椭圆可用四心扁圆法（又称为菱形法）。这是一种椭圆的近似画法，具体作法如下。

【例 7-6】　作图 7-28（*a*）所示圆柱体的正等测图。

分析：该圆柱竖直放置，其顶圆和底圆平行于水平面，轴线为铅垂线。画图时，可先利用菱形法画出水平圆的正等测图，然后再利用特征面法画出柱体。

作图：

(1) 如图 7-28 (*a*) 所示设坐标系，同时作圆的外接正方形，切点的水平投影为 *a*、*b*、*c*、*d*。

(2) 用菱形法画出顶圆的正等测图，如图 7－28 (*b*) 所示。具体步骤为：

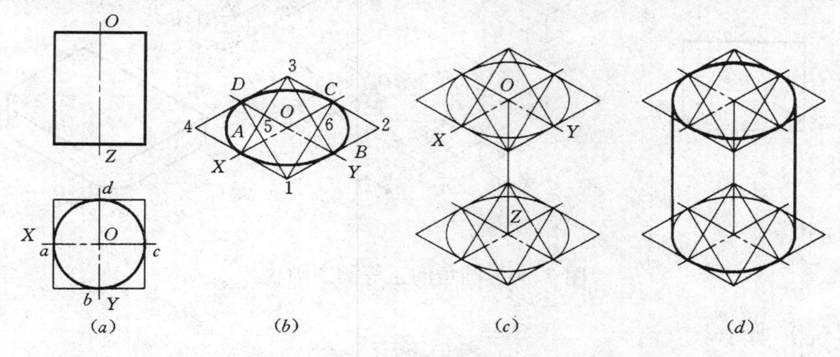

图 7-28　圆柱的正等测图画法

1) 作与顶圆坐标轴相对应的轴测轴 *OX*、*OY*，且在它们上面分别截得 *A*、*B*、*C*、*D* 四点；

2) 过点 *A*、*B*、*C*、*D* 作 *OX*、*OY* 轴的平行线得菱形，此即为圆外接正方形的轴测投影；

3) 将菱形的两钝角顶点 1、3 与其四边中点 *A*、*B*、*C*、*D* 分别连线，得 *C*1、*D*1、*A*3、*B*3，它们两两相交得 5、6；

4) 分别以点 1 为圆心、1*C* 长为半径作圆弧 *CD*；以点 3 为圆心、3*A* (长度等于 1*C*) 为半径作圆弧 *BA*；以点 5 为圆心、5*A* 为半径作圆弧 *AD*；以点 6 为圆心、6*B* (长度等于 5*A*) 为半径作圆弧 *BC*。四段圆弧相连，近似成一椭圆，故又称为扁圆。

(3) 沿 *Z* 轴方向向下移动顶圆圆心 (高度为圆柱的高) 得底圆的圆心，然后再同样的作出底圆的正等测图。如图 7-28 (*c*) 所示。

(4) 作出两椭圆的公切线，检查后描粗加深完成全图，如图 7－28 (*d*)。

注意：对于轴线为正垂线或侧垂线的圆柱，其画法与上例基本相同。只是由于它们的端面圆的位置不同，所以作菱形时选择的轴测轴也不同。具体可参照图 7-29。

(二) 圆角的正等测图

圆角即四分之一圆柱，其画法和圆柱相同。

【例 7-7】　作出如图 7-30 所示物体的正等测图。

分析：该物体可采用切割法，先作出圆角的外接长方体的正等测图，然后再切去两个带有四分之一椭圆弧的小三角块。

作图：

(1) 设坐标系，作圆角外接矩形的正等测图。

(2) 作外接长方体的正等测图，如图 7－30 (*b*) 所示。

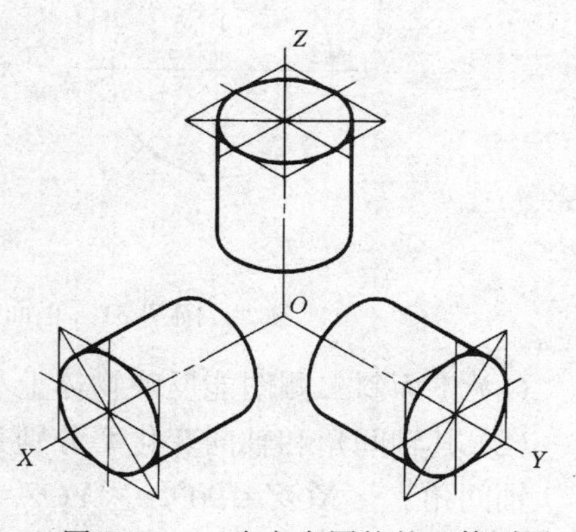

图 7-29　三个方向圆柱的正等测图

(3) 在外接长方体的顶面上用菱形法作椭圆，

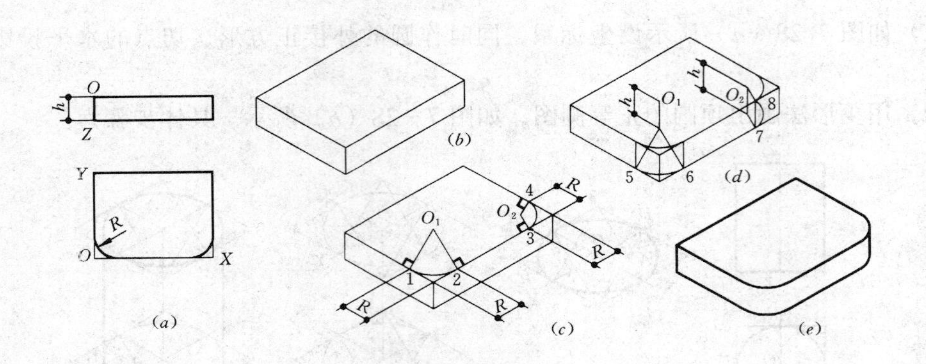

图 7-30　圆角的正等测图画法

如图 7－30（c）所示。

1）在顶面上截取半径 R 得 1、2、3、4 四点；

2）分别过四点作其所在边的垂线，得交点 O_1、O_2；

3）分别以 O_1、O_2 为圆心，$1O_1$、$3O_2$ 为半径画弧 1 2 和 3 4，得到顶面圆角的正等测图。

(4) 利用平移法作底面圆角的正等测图，如图 7-30（d）所示。

(5) 沿 Z 轴方向平移圆心 O_1、O_2 和切点 1、2、3、4，移动距离等于板厚，然后重复步骤 3，得弧 5 6、7 8。

(6) 作弧 3 4 和 7 8 的公切线，擦去作图线，描粗加深，得图 7-30（e）。

四、斜轴测图

装饰工程中常用的斜轴测图有两种：正面斜二测图和水平斜等测图。

(一) 正面斜二测图的特点和画法

1. 形成及特点

如图 7-31 所示，将物体与轴测投影面 P 平行放置，然后用斜投影法作出其投影，此投影即称为物体的斜二测图，若 P 平面平行正立面，则称为正面斜二测图。其特点如下：

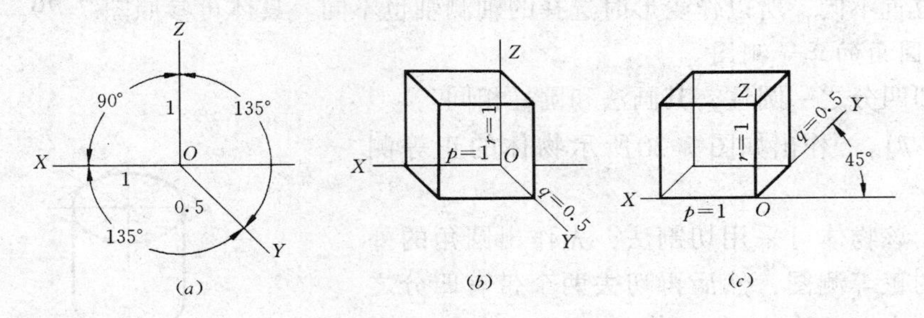

图 7-31　正面斜二测图的轴间角和轴向变化率

(1) 正面斜二测图能反映物体上与 V 面平行的外表面的实形。

(2) 其轴间角和轴向变化率分别为：

轴间角：$\angle XOZ = 90°$，$\angle YOZ = \angle YOX = 135°$；

轴向变化率：$p = r = 1$，$q = 0.5$。

2．正面斜二测图的画法

由于斜二测图能反映物体正面的实形，所以常被用来表达正面（或侧面）形状较复杂的柱体。画图时应使物体的特征面与轴测投影面平行，然后利用特征面法求出物体的斜二测图。

【例 7-8】 作出拱门的正面斜二测图。

分析：如图 7-32 所示，拱门由地台、门身及顶板三部分组合而成，其中门身的正面形状带有圆弧较复杂，故应将该面作为正面斜二测图中的特征面。

作图：

（1）根据分析选取如图 7-32（*b*）所示的轴测轴；

（2）作地台的斜轴测图，并在地台面上确定拱门前墙的位置线，如图 7-32（*c*）所示；

（3）如图 7-32（*d*）所示，画出拱门的前墙面（应与图 7-32*a* 中的完全一致）。同时确定 *Y* 方向；

（4）利用平移法完成拱门的斜轴测图，如图 7-32（*e*）所示；

（5）画出顶板（注意顶板与拱门的相对位置），完成全图，如图 7-32（*f*）所示。

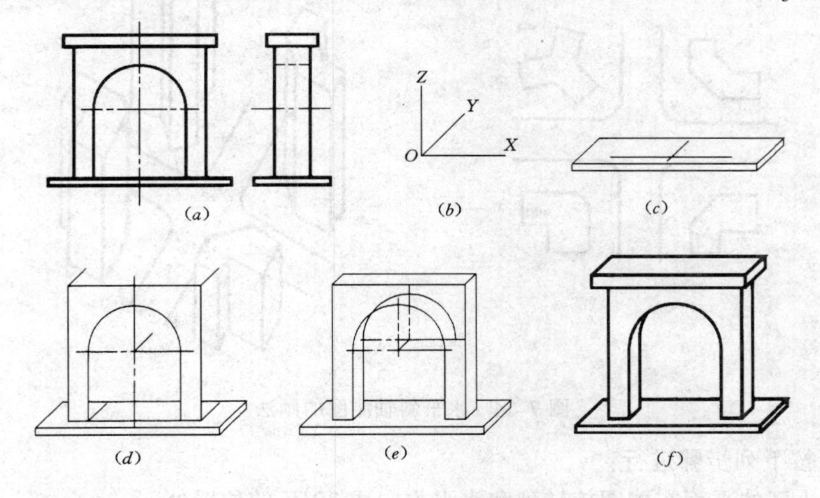

图 7-32 正面斜二测图的画法

（二）水平面斜轴测图的特点和画法

1．形成及特点

如图 7-33（*a*）所示，保持物体及其与投影面的位置不变，*P* 平面平行于水平投影面，投影线与 *P* 平面倾斜，所得的轴测图被称为水平面斜轴测图。考虑到建筑形体的特点，习惯上将 *OZ* 轴竖直放置，即如图 7-33（*b*）所示。水平面斜轴测图的特点有：

（1）能反映物体上与水平面平行的表面的实形。

（2）轴间角分别为：$\angle XOY=90°$，$\angle YOZ$ 和 $\angle ZOX$ 则随着投影线与水平面间的倾角变化而变化。通常可令 $\angle ZOX=120°$，则 $\angle YOZ=150°$。

轴向变化率：$p=q=1$ 是始终成立的；当 $\angle ZOX=120°$ 时，$r=1$ 亦成立。

（3）具体作图时，只需将建筑物的平面图绕着 *Z* 轴旋转（通常取逆时针向旋转 30°），

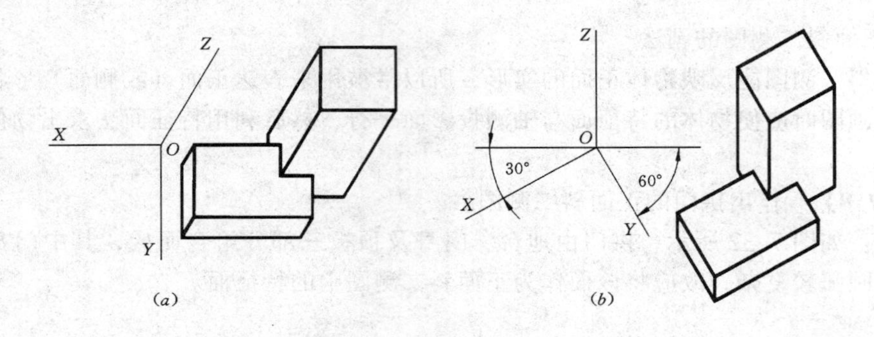

图 7-33　水平面斜轴测图

然后再画高度尺寸即可。

2. 画图举例

【例 7-9】　作出如图 7-34（*a*）所示建筑小区的水平斜轴测图。

图 7-34　水平斜轴测图的画法

作图可按下列步骤进行：

(1) 将小区的平面布置图旋转到和水平方向成 30°角的位置处；

(2) 从各建筑物的每个角点向上引垂线，并在垂线上量取相应的高度，画出建筑物的顶面的投影；

(3) 检查后擦除多余的图线，同时加深可见轮廓线，完成全图，如图 7-34（*b*）所示。

第 4 节　视 图 的 阅 读

通过看视图而去想象与之对应的物体的形状和结构，这一过程被称为视图的阅读，简称读图。读图能力的培养是《建筑装饰制图》课程的主要任务之一，也是本课程学习时的难点之一。掌握正确的读图方法，可为今后阅读专业图样打下良好的基础。

读图的方法很多。常用的读图方法有以下几种：

一、形体分析法

（一）思路和必备的基础知识

形体分析法是读图方法中最基本和最常用的方法。其思路为：先将物体分解为几个简单的基本几何体的组合，然后逐个想象出各基本几何体及部分的形状，再根据它们的相对位置和组合方式综合得出物体的总体形状及结构。

为了能顺利地运用形体分析法读图，要求读者必须熟悉一些常见的基本几何体（有关内容在本书的前面已有介绍）及其“矩矩为柱，三三为锥，梯梯为台和三圆为球”的视图特征。同时为了准确地将组合体分解，还必须牢固掌握“长对正，宽相等，高平齐”的视图投影规律以及各立体间的相对位置关系。

（二）读图步骤

应用形体分析法读图，其步骤可概括为“分、找、想、合”四个字。现以图 7-35 所示三视图的识读为例加以说明。

1. 分——分解一个视图

这是用形体分析法读图时的第一步，分解对象应是物体三视图中的某一个，该步骤的空间意义是假想着将物体分解成几部分。为了使分解的过程顺利，应从投影重叠较少（即结构特征较明显）的视图着手，本题中的左视图就是这样的视图。如图 7-35（*a*），将物体的左视图按线框分解为 a''、b''和 c''。注意：此处的分解宜粗，有关细节（如图中的虚线框 d''等），可留待物体的基本结构清楚后再进一步分析。

2. 找——找出对应投影

找对应投影的依据是“长对正，宽相等，高平齐”的投影规律。在图 7-35（*a*）中找到的 a''、b''、c''的对应投影分别为正视图中的a'、b'、c'和俯视图中的a、b、c。

3. 想——分部分想形状

“想”的基础是对基本立体投影的熟悉程度。根据已有的a、a'、a''和b、b'、b''以及c、c'、c''，对照基本立体投影特征中的“矩矩为柱”，可以看出：A——为一水平放置的带有两个圆角的底板；B——为一竖直放置的带有一个圆角的三角形板；C——为一三角形支撑板。

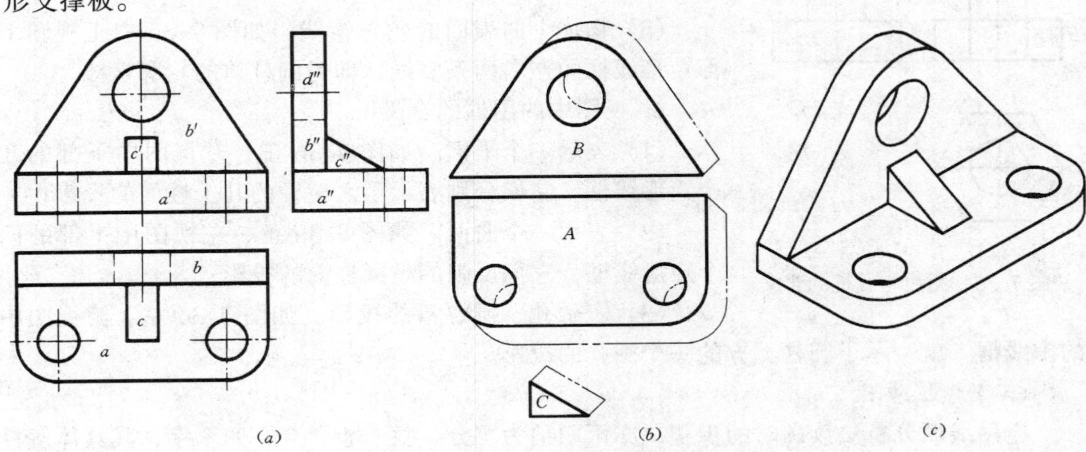

图 7-35　形体分析法读图的步骤

前三步骤可重复进行，逐步深入将物体的各个细节想象清楚。本题进一步分析的各部分形体形状如图 7-35（*b*）。

4. 合——合起来想整体

“合”的过程是一个综合思考的过程。它要求读者熟练掌握视图与物体的位置对应关系。在本题中，根据左视图可以判定：底板 *A* 在最下面；*B* 板在 *A* 板的后上方；而 *C* 板则在 *A* 板的上方，同时在 *B* 板的前方。再由正视图补充得到：*B* 板的下底边与 *A* 板长度相等，而 *C* 板左右居中放置。最后综合上述，得物体的总体形状如图 7-35（*c*）所示。

二、线面分析法

（一）有关的基本知识

当物体或物体的某一部分是由基本形体经多次切割而成，且切割后其形状与基本形体差异较大时（如后面图 7-37 所示物体的左半部分）；或虽然是基本形体，但由于工作时的需要而偏离了其正常的摆放位置时，再用形体分析法读图将非常困难，此时可运用线面分析法。

所谓线面分析法，是指根据直线、平面的投影特性，通过对物体上的某些边线或表面的投影进行分析而进行读图的一种方法。与形体分析法比较后可以发现，形体分析法是以基本形体为读图单元，而线面分析法则是将几何元素中的直线和平面（尤其是平面）作为读图单元。

正确地理解视图中图线和线框的含义，将对顺利读图有很大帮助。故现以图 7-36 所示的物体视图为例进行讨论。

1. 视图中的图线的含义

（1）物体上具有积聚性的表面。如图 7-36 俯视图中的正六边形，其六条边线就是正六棱柱的六个棱面的积聚投影；

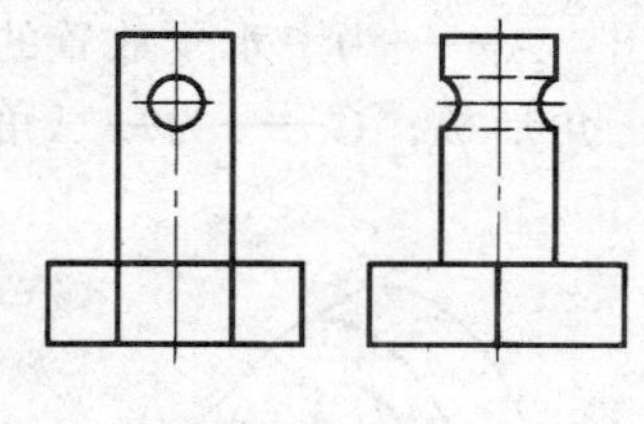

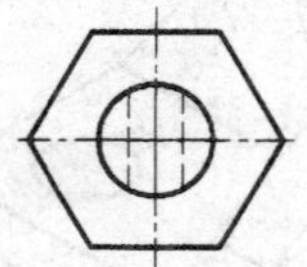

图 7-36　图线与线框的含义

（2）物体上两表面的交线。如图 7-36中左视图下部的两矩形框的公共边线，就是正六棱柱左前方和左后方两个棱面交线的投影；

（3）物体上曲表面的轮廓素线。如图 7-36 中正视图上部矩形线框的左右两条竖线，即为圆柱体的轮廓素线。

2. 视图中的图框的含义

（1）表示一个平面。如图 7-36 正、左视图中下部的几个矩形线框，它们分别表示了六棱柱的几个棱面的投影；

（2）表示一个曲面。如图 7-36 正、左视图中上部的两个矩形线框，它们反映的是圆柱面的投影；

（3）表示孔、洞、槽的投影。如图 7-36 左、俯视图中的虚线框，就表示了圆柱上方的一个圆孔的投影。

（二）读图步骤

应用线面分析法读图时的步骤，亦可归纳为“分、找、想、合”四个字，其具体解释如下：

1．分——分线框

物体视图中的每个线框通常都代表了物体上的一个表面，因此读图时，应对视图上所有的线框进行分析，不得遗漏。为了避免漏读某些线框，通常应从线框最多的视图入手，进行线框的划分。例如图 7-37 所示的物体，可将它的左视图分为 a''、b''、c''、d''四个线框（线框 e''可由后面的步骤分析得到）。

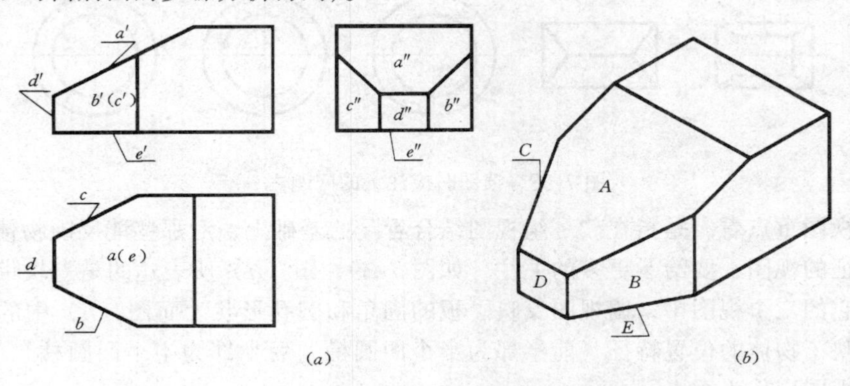

图 7-37　线面分析法读图步骤

2．找——找对应投影

根据前面所讲平面的投影特性可知，除非积聚，否则平面各投影均为“类似形”；反之可得到下述规律：“无类似形则必定积聚”。由此再加上投影规律，可方便地找到各线框所对应的另外两面投影。如图7-37（a），分析得到 a''、b''、c''、d''、e'' 的对应投影为 a'、a；b'、b；c'、c；d'、d 和 e'、e。

3．想——想表面形状、位置

根据各线框的对应投影想出它们各自的形状和位置：A——正垂位置的六边形平面；B、C——铅垂位置的梯形平面，分别居于 D 的两旁前后对称；D——侧平位置的矩形平面；E——则为一水平面。

4．合——合起来想整体

根据前面的分析综合考虑，想象出物体的真实形状。如图7-37（b）所示，该物体是由一长方体被三个截平面切割所形成的。

三、读图时应注意的问题

1．一组视图结合看

这句话的意思是：在读图时应充分利用所给各视图结合识读，不能只盯着一个视图看。

图 7-38 所示为五个基本形体，每个物体均给出两个视图。由该图可以看出，其中前三个物体的正视图均为梯形，但千万不能因此得出结论说它们所表达的是同一个物体。因为结合俯视图读图后可以看出，它们分别表示的是四棱台、截角三棱柱（又称四坡屋面）和圆台。同理，虽然后三个物体的俯视图相同，但结合正视图读图后可知，第四个物体表达的是被截圆球，而最后一个则是一空心圆柱。

2．特征视图重点看

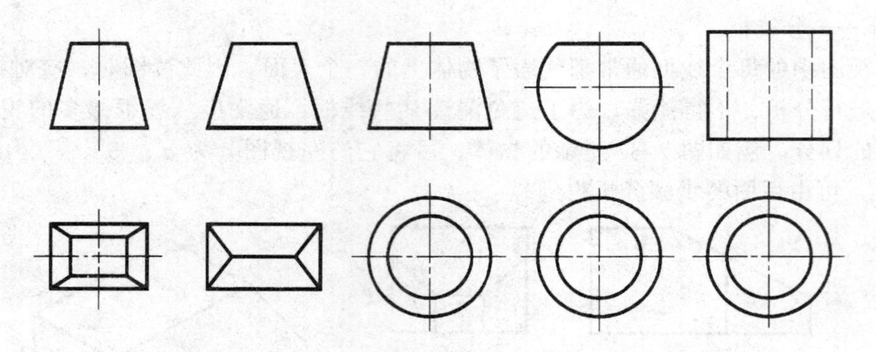

图 7-38　读图时应注意的问题之一

特征视图重点看，是指在“一组视图结合看”的基础上，对那些能反映物体形状特征或位置特征的视图，要给予更多的关注。如图 7-39，图（*a*）所表达的是一块带有圆角的底板，在它的三个视图中，俯视图反映了板的圆角和圆孔形状。而图（*b*）中的左视图则清晰地反映了物体的位置特征（前半部为半个凹圆槽，后半部为半个凸圆柱），因此读图时这两个视图应作为重点。

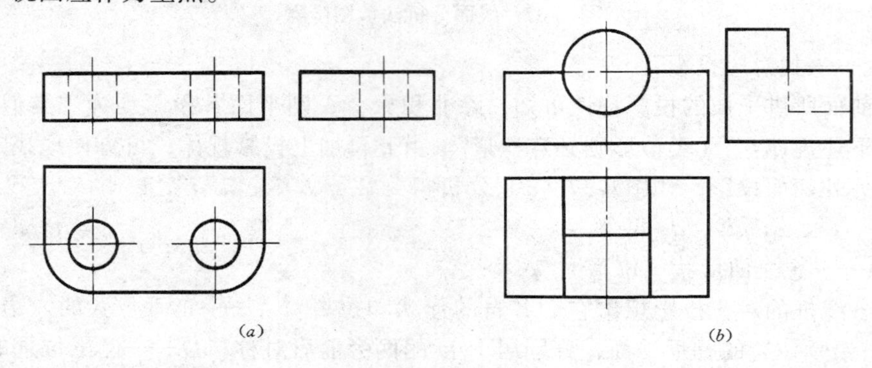

图 7-39　读图时应注意的问题之二

3. 虚线、实线要分清

在物体的视图中，虚线和实线所表示的含义完全不同（虚线表示的是物体上的不可见部分，如孔、洞、槽等）。对虚线、实线进行对比和分析，能帮助读者更好地读图。例如图 7-40 所示的两个物体，它们的三视图很相似，唯一的区别就是正视图中的虚线和实线。但正是这一微小的差别，就决定了两个物体完全不同的结构。所以在读图过程中，要特别重视虚、实线的分析。

4. 选取合适的读图方法

由于组合体组合方式的复杂性，在实际读图时，有时很难确定某一组合体所属的类型，当然也就无法确定它的读图方法。因此，读图方法的选取，也是读图时应重点注意的问题。通常，对于那些综合型的组合体，可采用“以形体分析法为主，线面分析法为辅”的方法。

四、训练读图的方法

训练读图能力的方法很多，本节只介绍其中的两种：补漏线和补视图。

图 7-40 读图时应注意的问题之三

(一) 补漏线

这是读图训练时常用的一种方法。通常出题者在给出的组合体视图上，有意地漏画一些图线（当然这些图线的漏画并不影响读者的读图），要求读者在读懂视图后，补画出这些漏画的图线。

【例 7-10】 补全图 7-41 所示组合体三视图中漏画的图线。

读图：由图（*a*）初步判断这是一个以叠加为主的组合体，故应用形体分析法读图。按照前面介绍的“分、找、想、合”的步骤，从分解正视图入手，将其分为 a'、b'、c' 三部分，（b'和c'间可加上一条假想的交线，以便于分析，但最后完成时应通过检查将其擦除。）最终可以得出图 7-41（*b*）所示的组合体。该组合体由三部分叠加而成：*A* 是一“*L*”形的底板（亦可看成是左前方缺角的长方形板），位于组合体的下部；*B* 是一竖直放置的长方形板，它的前上方被切去 1/4 圆柱，它位于 *A* 的上部且与 *A* 右端平齐；*C* 为一三棱柱，放在 *A* 的上方、*B* 的左边。

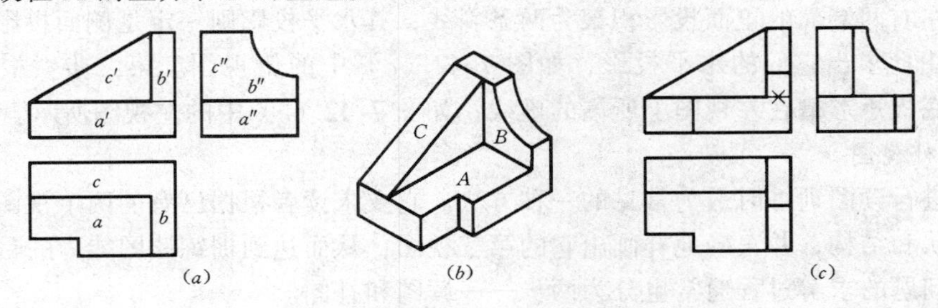

图 7-41 读图训练——补漏线之一

补漏线：补漏线应分两步进行。

(1) 查漏线。将已有的视图与读图结果比较，从而找出漏线的位置。为了防止遗漏，通常可从以下几个方面进行检查。

查轮廓线：按照组合体的构成，逐部分检查物体的各轮廓线。在本题中，*A* 顶面的侧面投影及其缺口的正面和侧面投影、*B* 上圆柱形缺口的水平和正面投影，都属于此类漏线。

查表面交线：根据组合体的组合方式，检查各表面交线和分界线。在本题（*c*）图中，加“×”的图线，因两连接表面平齐，故不应画出。

(2) 补漏线。根据检查的结果，将图中漏画的图线补上。在补画漏线时，其位置和长度由投影规律确定。具体结果如图 7-41（*c*）所示。

【例 7-11】 补全图 7-42 所示组合体三视图中漏画的图线。

读图：由图 7-42（*a*）判断这是一个以切割为主的组合体，故只能用线面分析法读图。首先可假想将正视图中的缺角补上（如图 7-42*a* 中双点划线部分），此时读图得到的是一横放的“L”形柱，在它的前部还开有一矩形凹槽；然后再分析被截切部分的情况，最后完整地想象出组合体的形状，如图 7-42（*b*）所示。

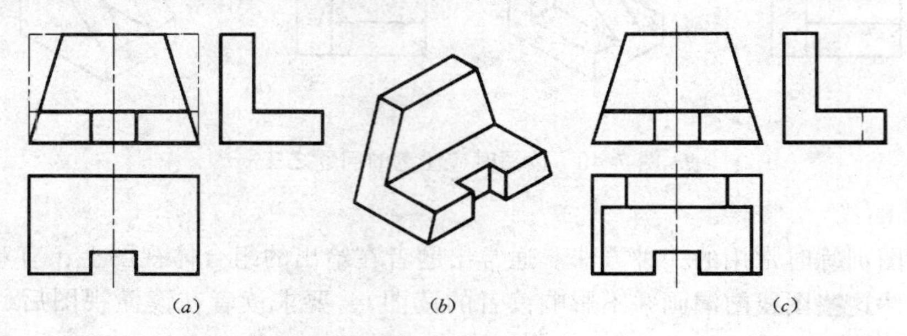

图 7-42 读图训练——补漏线之二

补漏线：

（1）查漏线。对于用线面分析法求解的组合体，查漏线的重点应放在检查各表面的投影上（特别是被切割后所形成的新表面及被切后遗留下的表面）。检查方法可利用前面所讲的“类似形法”。用此法检查可发现，本题物体左右两个端面的水平投影中漏线较多，另外，底板上矩形槽后表面的侧面投影也被漏画了。

（2）补漏线。第一步：补画水平投影。由前面的分析，先按照未切割的“L”型柱，补画出它的水平投影（加一条水平直线即可），再根据“无类似形必定积聚”的原则，确定切割后左右两端面的正面投影积聚为两条斜线，其水平投影则一定是侧面投影的类似形“L”型，由此求出它们的水平投影，如图 7-42（*c*）中的俯视图。第二步：根据“宽相等”补画底板矩形槽在左视图上所漏的虚线，如图 7-42（*c*）中的左视图所示。

（二）补视图

这是进行读图训练时最为常见的一种方法。它要求读者根据已有的两个视图，想象出物体的形状和结构，并正确地补画出它的第三视图，从而达到训练读图能力的目的。

此类问题的求解过程通常也分为两步——读图和补图。

【例 7-12】 补画图 7-43（*a*）所示组合体的俯视图。

读图：本题读图时首先利用形体分析法。分解物体的左视图（如图 7-43*a*，分为 *a*″、*b*″和 *c*″三部分）；根据“找、想、合”的步骤想象出它们各自的形状和相互间的位置关系。

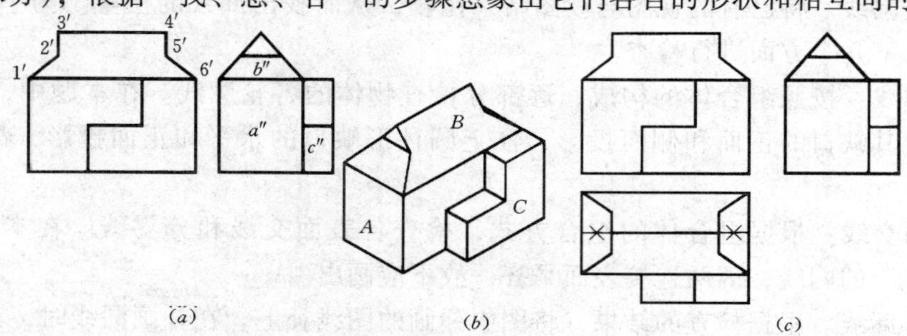

图 7-43 读图训练——补视图

A——四棱柱；B——横卧着的三棱柱（两端被切割），在 A 的正上方；C——卧放的六棱柱，在 A 的右前方。

在想象出物体大致外形后，再运用线面分析法确定 B 的两个端面形状。如图 7-43（b），B 是由左右对称的两组共四个平面所截切。由于这四个切平面均垂直于正面，故在其上的投影应积聚为线（即图 7-43a 中的 $1'2'$、$2'3'$、$4'5'$、$5'6'$）。由投影规律找到对应的侧面投影，它们两两重合，分别为三角形和梯形。

补图：

(1) 补画出 A、B、C 三部分的水平投影（假想 B 未被切割）；

(2) 补画 B 上截交线的水平投影；

(3) 检查后擦去被切部分的轮廓线（即图 7-43c 中加“×”的图线）。

第5节　剖　面　图

当视图所表示的物体其内部结构较复杂时，视图上将会出现许多虚线。这些虚线的出现，不仅影响图面的清晰，而且还给物体的尺寸标注带来不便。为此，制图标准规定遇到上述问题时应采用剖面图表示。

一、概念及基本规定

（一）概念

假想用一特殊平面 P 将物体剖开，然后移去 P 平面和观察者之间的部分，并把剩余的部分向投影面作正投影，此时所得的视图就称为剖面图，特殊平面 P 被称为剖切平面，物体上被剖切平面切到的部分称为断面。

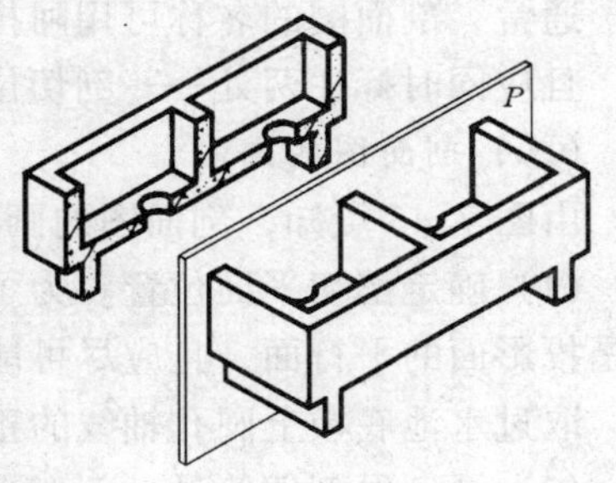

图 7-44　剖面图的形成

例如图 7-44 中的水池，当采用视图表示（如图 7-45a）时图中虚线很多，给读图带来了困难。因此可采用剖面图表示。假想如图 7-44 所示，用一个正平面 P 作剖切平面将水池剖开，把 P 平面前的部分移去，只剩下后面的部分作 V 面的正投影，这样得到的正视图就是剖面图。显然，原来不可见的虚线，在剖面图上已变成为实线（可见轮廓线）。

为了更好地区分开物体上的实体和空心部分，制图标准规定，应在剖面上画出相应的建筑材料图例，这样不仅使剖面图更加空、实分明，而且还间接的表示了该物体所用的建筑材料（对于专业图而言，这是很重要的一点）。常用的建筑材料图例见表 7-1。

（二）基本规定

为了分清剖面图与其他视图间的对应关系，制图标准规定，应对剖面图进行标注。剖面图标注主要有以下三点（如图 7-45 所示）：

(1) 剖切位置线的标注

剖切位置线由两段粗实线（其延长线即为剖切平面的积聚投影）组成，用来表示剖切平面所在的位置。该符号每段长度约为 5～10mm，且不得与视图上的其他图线相接触。

常用建筑材料图例　　表 7-1

名称	图例	名称	图例	名称	图例
天然土壤		夯实土		砂碎砖三合土	
普通砖		砂灰土		天然石材	
砖墙		混凝土		多孔材料	
饰面砖		钢筋混凝土		金属	

(2) 剖切方向线的标注

剖切方向线位于剖切位置线的外侧且与剖切位置线垂直。它用来表示剖面图的投影方向。剖切方向线仍由粗实线组成，其每段长度约为 4～6mm。

剖切位置线和剖切方向线组合在一起，即构成制图标准中所说的剖面剖切符号。

(3) 剖面图名称的标注

通常，剖面图的名称可用阿拉伯数字或拉丁字母表示。在标注过程中，它们应成对出现，且应同时标注两处——剖切位置线外侧和剖面图的正下方。

(三) 剖面图的画法

由图 7-45 可知，剖面图的画法应分为以下几步：

(1) 确定剖切平面位置。为了更好地反映出物体的内部形状和结构，所取的剖切平面应是投影面的平行面，且应尽可能地通过物体上所有的孔、洞、槽的轴线。如图 7-44 所示，取过水池底板上圆孔轴线的正平面为剖切平面，则所得剖面的正面投影反映实形；

(2) 画剖面剖切符号。剖切平面位置确定后，应用剖切符号表示，这样做既便于读者读图，同时也为作图者的下一步工作打下了基础；

(3) 画剖面图。剖面图中所画的是物体上被截切后所剩余的部分，它包括断面的投影和剩余部分的轮廓线投影两部分内容；

(4) 画建筑材料图例。物体的材料图例应画在断面轮廓内，当物体建筑材料不明时，亦可用等距的 45°斜线（类似于砖的材料图例）表示；

(5) 标注剖面图名称。若图中同时有几个剖面图需要标注时，应采用不同的数字或字母，按照顺序依次标注。如图 7-45 中的 1—1 和 2—2，按照制图标准规定在剖面图名称的正下方还应画上一条粗实线，长度与名称相等。

(四) 注意事项

1. 剖切是假想的

由于剖面图中的剖切是假想的，其物体并非真的被切去，所以画剖面图时，不能影响

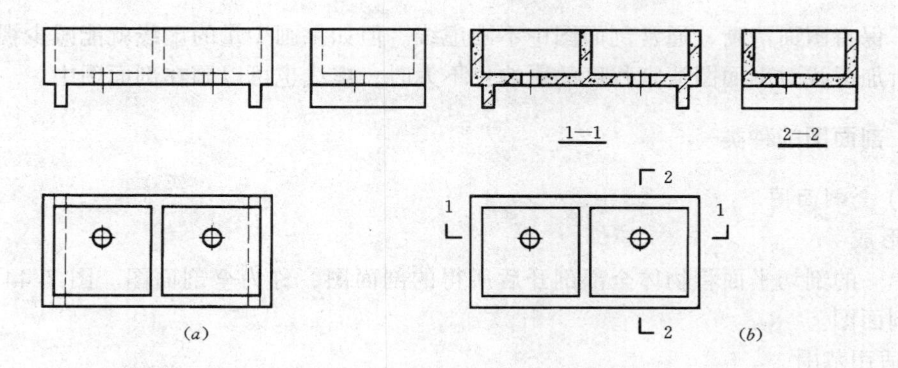

图 7-45　剖面图的形成和标注

其他视图的完整性。除剖面图外，其他视图仍应画出它的全部投影。如图 7-45（*b*）中的俯视图。

2. 防止漏线

画剖面图时，应仔细分析物体的形状和内部结构的投影特征。被切剖面及其后可见部分的轮廓线都必须画出，不得遗漏。图 7-46 中为几种常见孔槽的剖面图画法，图中加“○”的线是初学者容易漏画的，希望引起读者重视。

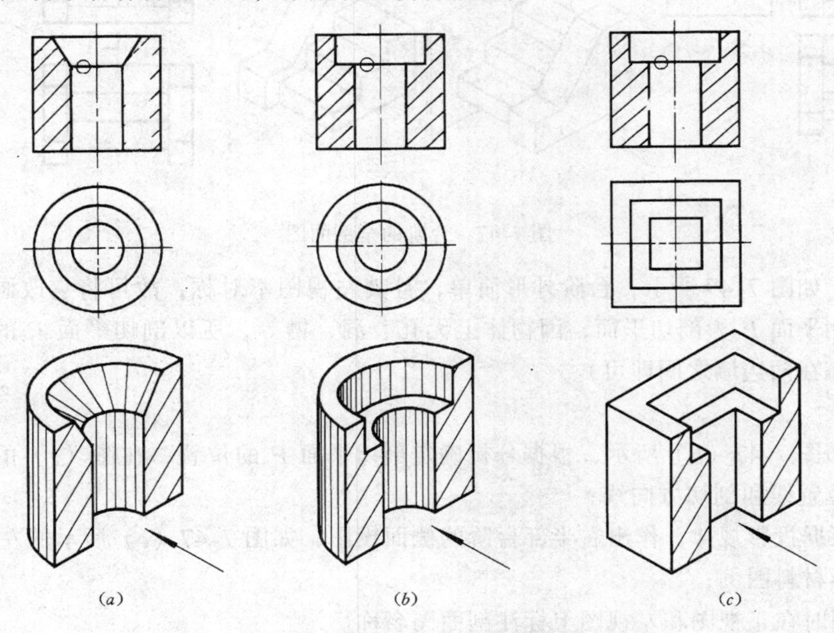

图 7-46　常见孔洞剖面图的画法

3. 线型

在剖面图中，剖切到的断面轮廓用粗实线绘制；投影部分的轮廓线则用中粗线绘制。

4. 材料图例的画法

画建筑材料图例时，对于砖、钢筋混凝土、金属等图例中的剖面线，应画成与水平线成45°角的细实线，且同一物体在各个剖面图中的剖面线方向、间距应相同。

5. 剖面图中不画虚线

为了保持图面清晰，通常剖面图中不画虚线。但如果画少量的虚线就能减少视图的数量，且所加虚线对剖面图清晰程度的影响也不大时，虚线也可以画在剖面图中。

二、剖面图的种类

(一) 全剖面图

1. 形成

用单一的剖切平面将物体全部剖开后所得的剖面图，称为全剖面图。图 7-44 所示的即为全剖面图。

2. 适用范围

全剖面图适用于内部形状较复杂，且图形又不对称的物体；对那些外形较为简单的物体，即使投影图对称，也常用全剖面图表示。

3. 标注方法

全剖面图的标注方法与前面所讲的完全相同，故不再多言。

【例 7-13】 将图 7-47（a）所示台阶的左视图改画成剖面图。

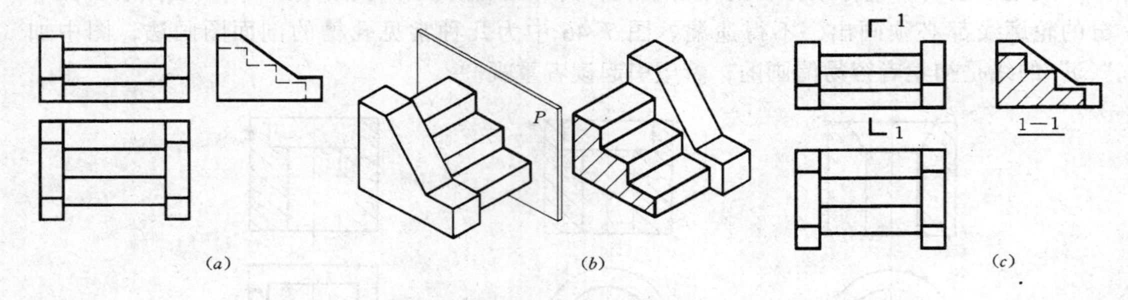

图 7-47 台阶的全剖面图

分析：如图 7-47 所示，台阶外形简单，且其左视图不对称，故可将它改画成全剖面图。取一侧平面 P 为剖切平面，因物体上无孔、洞、槽等，所以剖切平面 P 的位置较为随意（只需在两边墙之间即可）。

作图：

(1) 如图 7-47（b）所示，根据分析确定剖切平面 P 的位置，在图（c）的正视图上标出剖切位置线和剖切方向线；

(2) 根据投影规律，作出右半部台阶的侧面投影，如图 7-47（c）所示的左视图；

(3) 画材料图例；

(4) 同时在正视图和左视图上标注剖面图名称。

(二) 半剖面图

1. 形成

当物体具有对称平面时，在垂直于对称平面的投影面上的投影，可以以中心线为界，一半画成剖面，另一半画成视图，这样的组合图形称为半剖面图。

如图 7-48，物体由底板和一空心四棱柱组合而成。该物体底板上有两个圆孔，空心四棱柱前壁有一半圆形槽，如用视图表示，则正视图上虚线较多，可考虑使用剖面图表示。但若用前面所讲的全剖面图，则四棱柱前壁上的半圆槽就不能表达。利用物体的左右对称性，综合上述两种表达方式的优点，将物体的正视图，以对称轴线为界，一半画成外形视图（只画可见轮廓线，不画虚线），另一半画成剖面图（用以表达物体的内部构造）。即图 7-48 左上方所示的图形。

2. 适用范围

物体必须具有对称平面，且半剖面图须画在与对称平面垂直的投影面上。若物体的形状接近于对称，并且不对称的部分已另有图形表达，通常此时也采用半剖面图。

3. 标注方法

由图 7-48 可见，半剖面图与全剖面图的标注完全相同（习惯上总认为半剖面图中的剖切符号也应该画一半——标注在图的中间，这是错误的，希读者重视）。

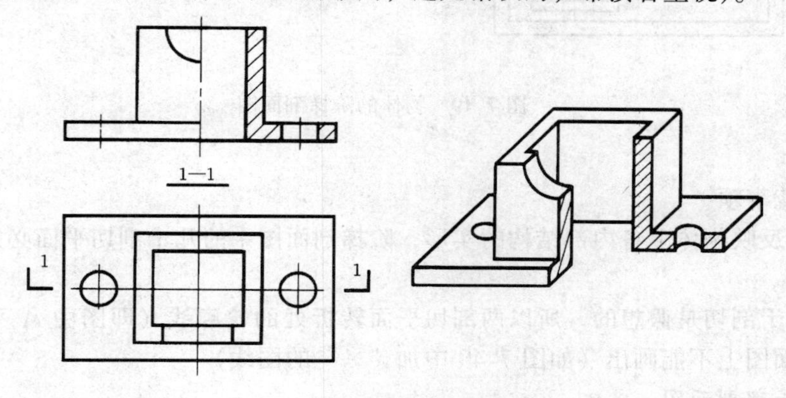

图 7-48 物体的半剖面图

4. 注意事项

(1) 在半剖面图中，半个剖面图与半个外形视图间应以对称轴线——点划线为界，千万不能画成粗实线。

(2) 半剖面图是由半个剖面图和半个外形视图组合而成。在半个外形视图上不能出现虚线（其不可见轮廓已由半个剖面表达了）。

(3) 习惯上可将半个剖面图画在对称轴线的右边或下面（在俯视图上）。

(三) 阶梯剖面图

1. 形成

用几个互相平行的剖切平面剖开物体所得的剖面图，称为阶梯剖面图。

如图 7-49 所示，该物体上有两个前后位置不同、形状也不同的孔洞，若仍用前面所讲的全剖面图，则无法找到能同时通过两个孔洞轴线的剖切平面 P，为此应采用阶梯剖面图。用两个互相平行的平面 $P1$ 和 $P2$ 作为剖切平面，$P1$、$P2$ 分别过圆柱形孔和方形孔的轴线。$P1$ 和 $P2$ 将物体完全剖开，其剩余部分的正面投影就是图 7-49 中所示的“1—1”阶梯剖面图。

2. 标注方法

阶梯剖面图的标注与前两种剖面图略有不同。由图 7-49 可知，阶梯剖面图中的剖切位置，除了在其两端标注外，还应在两平面的转折处画出剖切符号。一般情况下，转折处不必标注剖面图名称，但如果转折处的剖切符号易与其他图线混淆，则需在转折处标上相同的数字或字母。

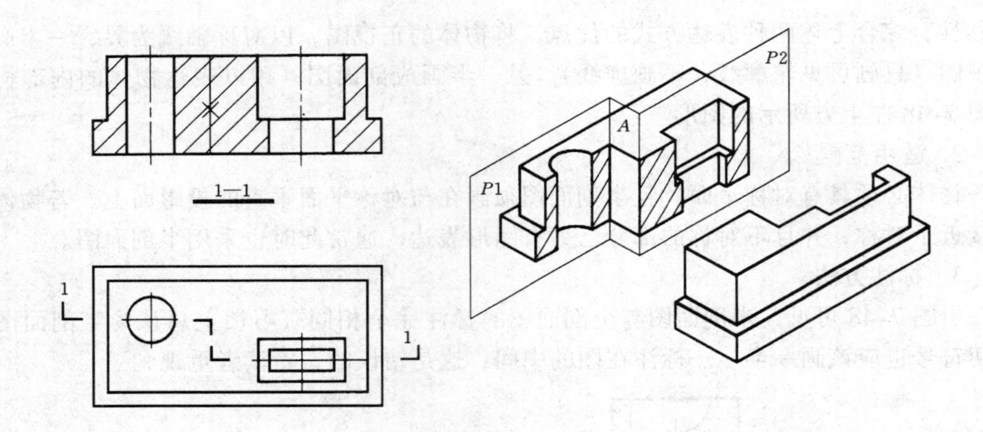

图 7-49　物体的阶梯剖面图

3. 注意事项

(1) 为反映物体上各内部结构的实形，阶梯剖面图中的几个剖切平面必须平行于某一基本投影面。

(2) 由于剖切是假想的，所以两剖切平面转折处的轮廓线（即图中 A 平面的积聚投影），在剖面图上不能画出（如图 7-49 中加"×"的图线）。

(四) *局部剖面图*

1. 形成

用剖切平面局部地剖开物体所得的剖面图称为局部剖面图。图 7-50 所示的是一圆管接口处的局部剖面图。

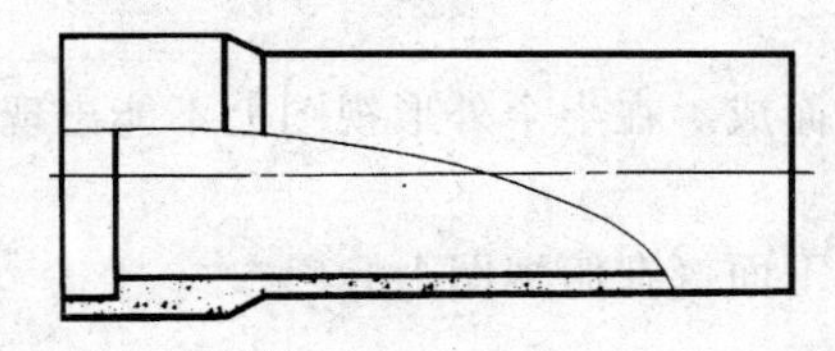

图 7-50　物体的局部剖面图之一

通常局部剖面图画在物体的视图内，且用细的波浪线将其与视图隔开。波浪线可视为物体上断裂痕迹的投影，因此波浪线只能画在物体上的实体部分，非实体部分（如孔洞处）不能画；同时波浪线既不能超出轮廓线，也不能与图形中的其他图线重合。如图 7-51 所示，图中（a）为波浪线的正确画法，（b）为错误画法。

因为局部剖面图就画在物体的视图内，所以它通常无须标注。

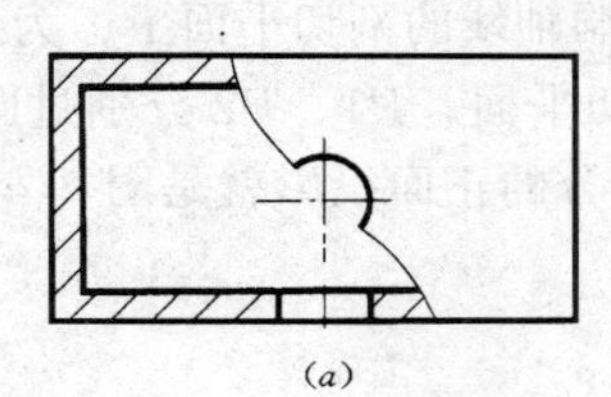

(*a*)

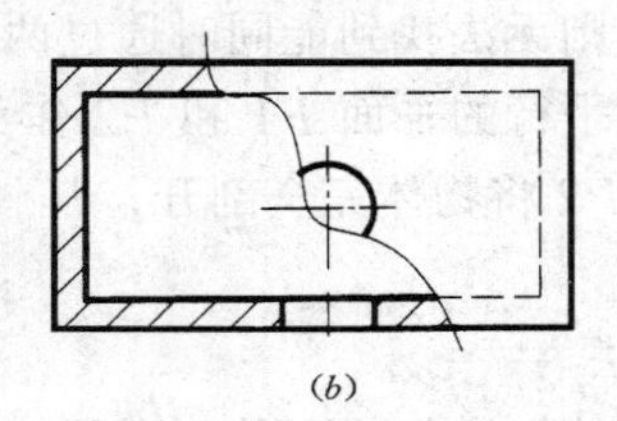

(*b*)

图 7-51　物体的局部剖面图之二

在建筑工程和装饰工程中，常使用分层局部剖面图来表示楼面、屋面、墙面及地面等的构造和所用材料。图 7-52 所示的就是某墙面的分层局部剖面图。

三、剖面图实例

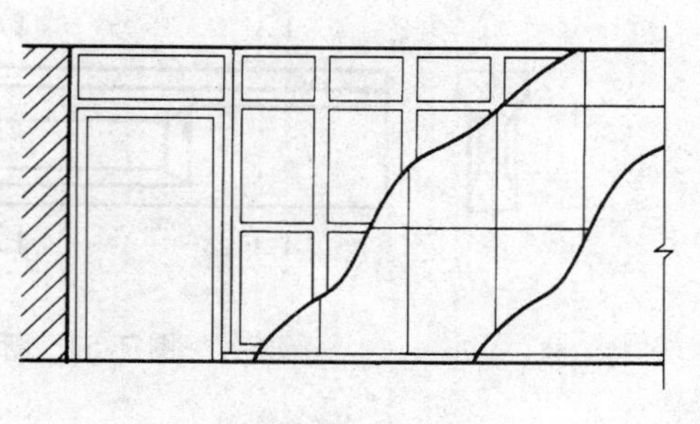

图 7-52　分层局部剖面图

图 7-53 所示的是剖面图在房屋建筑图中的应用实例。其中：俯视图（又称平面图）是一个全剖面图，用以表示房屋的平面布置；左视图（即图中的 1—1 剖面图）是一个阶梯剖面图，其剖切平面为侧平面，且分别穿过前、后墙上的两个窗户。

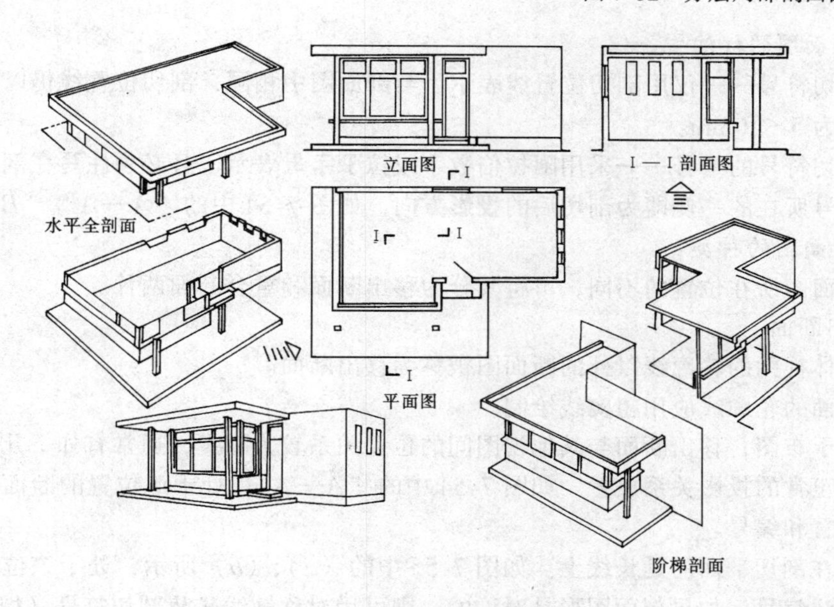

图 7-53　剖面图在房屋建筑中的应用

第 6 节　断　面　图

一、断面图的基本概念

假想用剖切平面将物体切断，仅画出物体与剖切平面接触部分的投影，并在投影内画上相应的材料图例，这样的图形称为断面图。图 7-54 中右边的“*A*—*A*”、“*B*—*B*”即为断面图。图中左边所示的则是在“*B*—*B*”处剖切后，从左向右投影所得的剖面图，比较二者可以发现，这两种表达方式虽然都是假想剖切后得到的，但在以下几点中均存在着很大的差异：

（1）所表达的对象不同——剖面图中画的是剩余的物体；而断面图中画的却是剖面。

（2）通常，剖面图可采用多个剖切平面；而断面图一般只使用单一剖切平面。

（3）引入剖面图是为了表达物体的内部形状和结构；而断面图则常用来表达物体中某一局部的断面形状。

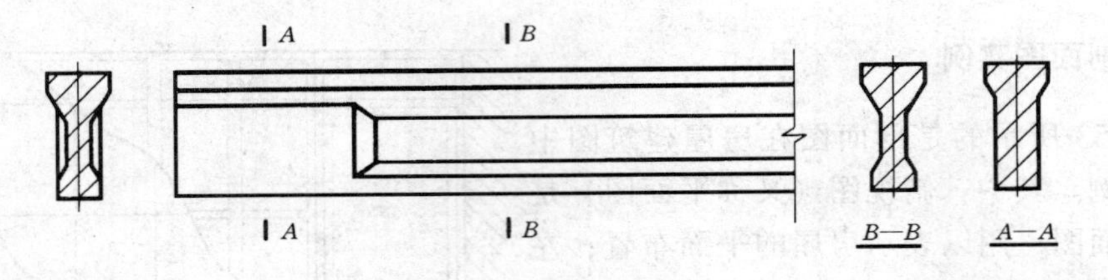

图 7-54　断面图的基本概念

二、有关规定

（一）断面图的标注

（1）剖切符号——仅用剖切位置线表示。与剖面图中相同，剖切位置线仍以粗实线绘制，长度约为 5～10mm。

（2）剖切符号的编号——采用阿拉伯数字或拉丁字母表示，且必须注写在剖切符号的同一侧。编号所在的一侧即为剖切后的投影方向。如图 7-54 中的“*A*—*A*”、“*B*—*B*”。

（二）断面图的种类

按照断面图所在位置的不同，可将其分为移出断面和重合断面两种。

1．移出断面

画在物体视图的轮廓线以外的断面图被称为移出断面。

移出断面的轮廓线应用粗实线绘制。

为了便于布图，移出断面与其他视图间的位置关系较为随意，通常有如下几种：

（1）按正常的投影关系放置。如图 7-54 中的“*A*—*A*”，处于此位置的断面图，应标注其剖切位置和编号。

（2）画在剖切平面的延长线上。如图 7-55 中的（*a*）、（*b*）所示，处于该位置的断面图，无须标注编号。如果剖面图形是对称的，则可用对称轴线代替剖切符号（如图 7-55*a* 所示）；若剖面图形不对称，就必须画出剖切位置线以表示剖切平面的位置（如图 7-55*b* 所示）。

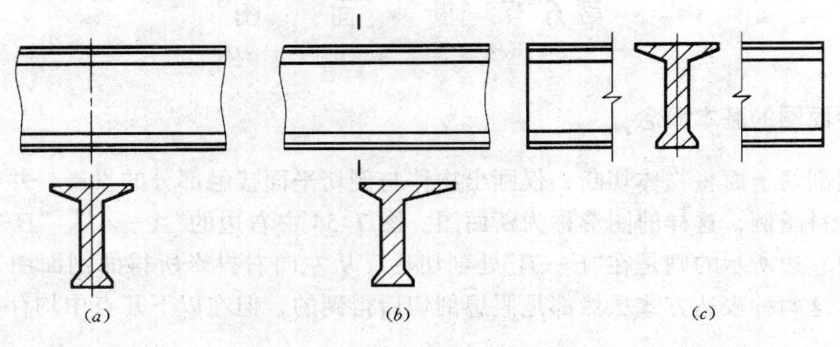

图 7-55　移出断面的位置配置及标注形式

（3）画在视图的中断处。当视图所表达的物体在某一方向的尺寸特大时，常采用该位置，如图 7-55（*c*）所示。采用该方法时无须标注，但视图中间断开处应用折断线（或波浪线）绘制。

（4）除上述的三种情况外，断面图还可以放置在图纸的任何其他的地方，但此时一定要完整标注（剖切符号和编号缺一不可），以便于读图。

2．重合断面

画在视图轮廓线以内的断面图被称为重合断面图。图 7-56 即是。

为了与物体的视图相区别，重合断面的轮廓线用细实线绘制。但若遇到视图中的轮廓线与重合剖面的图形重叠时，则应按视图的轮廓线画粗实线。

由于重合断面图就画在视图内，故重合断面图无须标注，如图 7-56 所示。

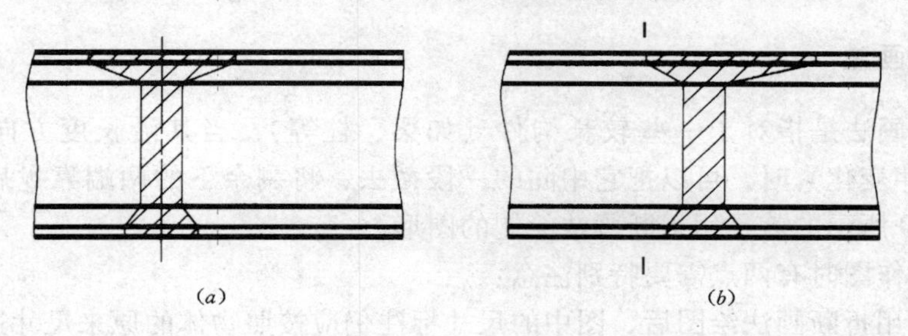

图 7-56　重合断面位置配置及标注

三、断面图实例

【例 7-14】　用合适的视图表示梁和柱的结构节点图。

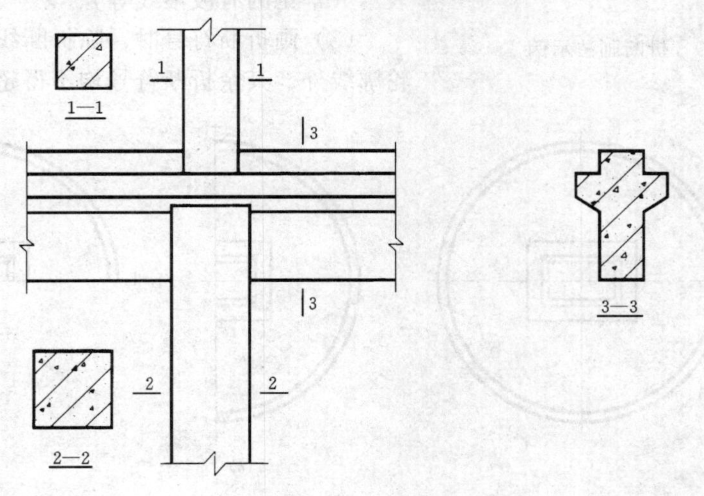

图 7-57　断面图实例之一

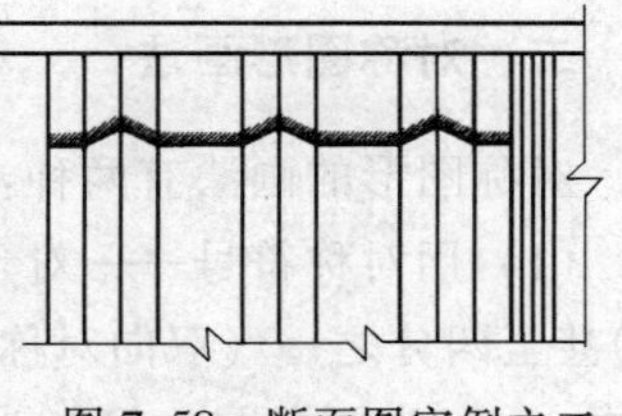

图 7-58　断面图实例之二

如图 7-57 所示，这是一个梁与柱的结构节点图。为了清楚地表示它的梁、柱的形状和结构，可采用正视图加三个断面图的方法来表示。在本题中，这三个断面图均采用的移出断面，其中梁的断面图就放置在构件的顶端（即图中的“3—3”断面），而另外两个断面图，分别表示了大小柱的断面形状，为了图面的整齐，将它们另处布置（即为图上的

"1—1"和"2—2"），此时一定要标注完整。

如图 7-58 所示则为重合断面图在装饰制图中的应用。

第 7 节 规定画法和简化画法

除了前面所讲的绘图方法外，为了简化画法以提高作图效率，制图标准还规定了以下一些工程中常用的简化画法。现介绍如下：

一、折断画法

所谓折断画法是指对于一些较长构件（如梁、柱等），当其沿长度方向的形状一致（或按一定规律变化）时，可以把它中间的一段截去，将剩余下的两端靠拢后绘制在图纸上。如图 7-59 所示的就是用折断画法绘制的图形。

折断画法作图时有两点需要特别注意：

（1）在使用折断画法绘图后，图中的尺寸标注仍应按照物体的原来尺寸进行，不得改变。

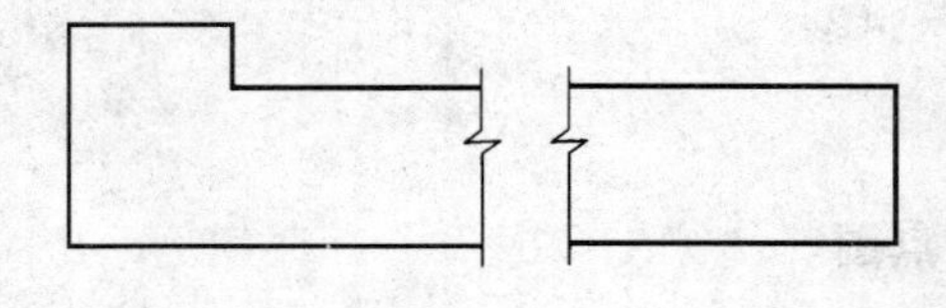

图 7-59 折断画法示例

（2）在土建类的制图标准中，构件断裂处一般应画成折断线（如图 7-59 所示）。有时也可根据构件的断面形状及材料的不同，而采用其他折断符号表示（常见的有波浪线等）。

（3）画折断符号时，除折断线必须要超出物体轮廓线外，其余折断符号均不得超出。

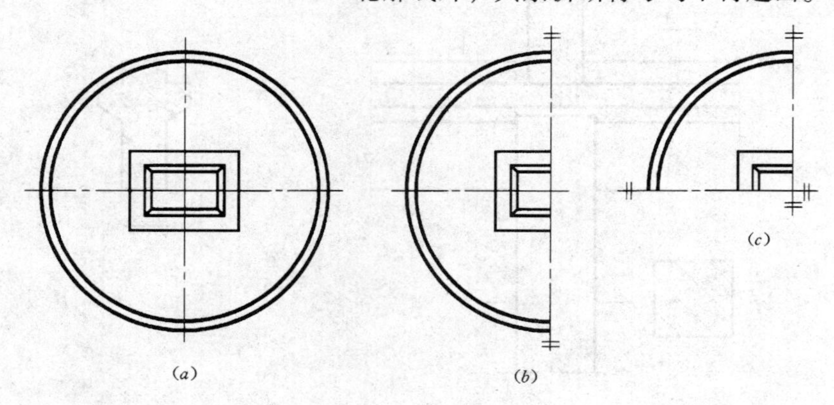

图 7-60 对称图形的画法之一

二、对称图形画法

对称图形的画法有两种：

（1）用对称符号——对于那些具有对称性的图形，在绘图时可以只绘制一半（对称图形）甚至四分之一（双向对称的图形），而将其余的一半或四分之三省略。如图 7-60 所示，图中（*a*）为原视图，（*b*）为省略了一半后的视图，而（*c*）则是省略了四分之三后的视

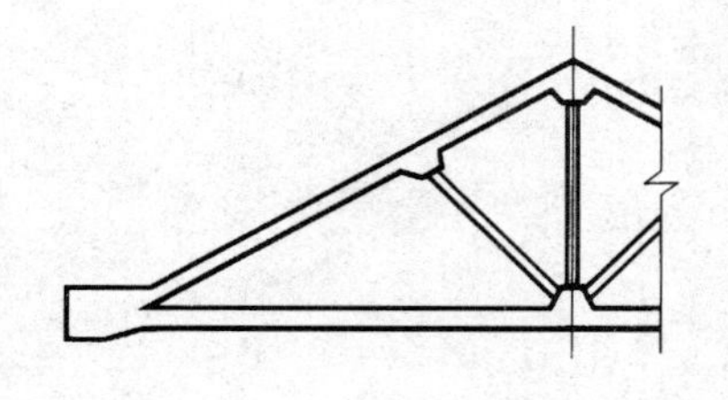

图 7-61　对称图形的画法之二

图。为了区分于一般视图，应在其对称轴线上标出对称符号。

(2) 不用对称符号——当遇到图 7-61 所示的物体时，若仍采用上面的省略方法，将会影响到视图对物体形状的表示。此时可采用不用对称符号的画法处理。如图 7-61,为了不影响屋架的完整性，可将折断符号略向右边移一点。这时候应用折断线或波浪线（适用于连续介质）作为图形的界线，且不能在其上绘制对称符号。

三、相同要素画法

当所绘构件内有多个完全相同且连续排列的构造要素时，可仅在两端或在图中合适的位置画出它的完整图形，而其他剩余部分则用中心线或交点代替。

图 7-62 所示的就是几种常见的具有相同要素图形的省略画法。图中（a）、（b）、（c）是用中心线代替了大部分的相同要素。而在图（d）中，因相同要素圆孔的数量要少于中心线交点的数量，为避免误会，其余圆孔用所在中心线交点处的圆点表示。

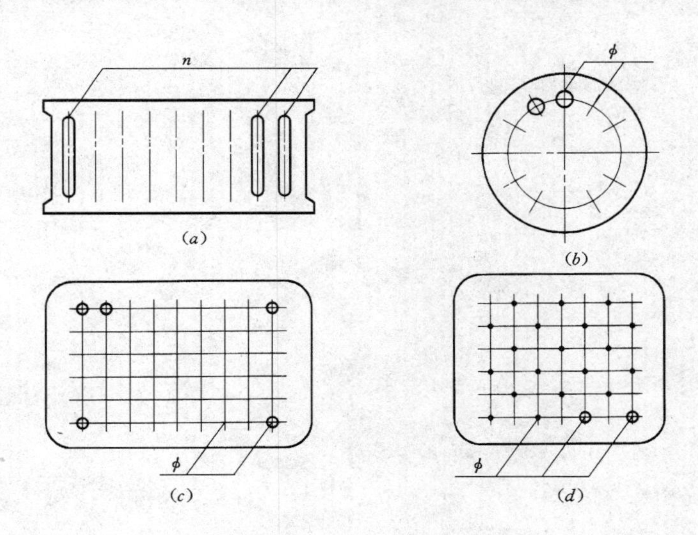

图 7-62　相同要素的省略画法

复 习 思 考 题

1. 简述组合体及其组合方式。
2. 试述用形体分析法画图时的具体步骤。
3. 组成尺寸的基本要素是什么？如何确保标注组合体尺寸时，其尺寸的完整性？
4. 轴测图是怎样形成的？怎样区分正等测图和斜轴测图？
5. 读图时应注意的问题有哪些？常用的读图方法有哪些？
6. 什么是基本视图？试说明六面基本视图的位置配置和标注时的有关规定。

7. 如何理解剖面图定义中的“假想”二字？

8. 剖面图标注的主要内容是什么？常见的剖面图种类是哪些？

9. 简述剖面图与断面图的异同点。

10. 建筑装饰工程中常用的规定画法和简化画法有哪些？

第8章　建筑施工图

第1节　概　　述

房屋建筑图是用来表达房屋内外形状、大小、结构、构造、装饰、设备等情况的图纸，也是指导房屋施工的依据。房屋建筑图又称为施工图。

为了便于学习房屋图，现将房屋的组成和房屋建筑图的有关规定介绍如下。

一、房屋各组成部分及作用

如图8-1为某楼的轴测图，由此可看出房屋的主要组成部分有：

(1) 基础：是房屋最下部的承重构件，起着支承整个建筑物的作用。

(2) 墙体：承受来自屋顶和楼面的荷载并传给基础，同时能遮挡风雨对室内的侵蚀。其中外墙起围护作用，内墙起分隔作用。

(3) 楼（地）面：房屋中水平方向的承重构件，同时在垂直方向将房屋分隔为若干层。

(4) 楼梯：房屋垂直方向的交通设施。

(5) 门窗：具有连接室内外交通及通风、采光的作用。

(6) 屋顶：既是房屋最上部的承重结构，又是房屋上部的围护结构。主要起到防水、隔热和保温的作用。

上述为房屋的基本组成部分，除此以外房屋结构还包括台阶、阳台、雨篷、勒脚、散水、雨水管、天沟等建筑细部结构和建筑构配件，在房屋的顶部还有上人孔，以供上屋顶检修。

二、施工图分类

在工程中用来指导房屋施工的图纸被称为房屋的施工图。房屋施工图是建造房屋的技术依据。按图纸的内容和作用不同，一套完整的房屋施工图通常应包括如下内容：

1. 图纸目录和设计总说明

这是整套图纸的首页，包括图纸目录和设计总说明两部分内容。其中设计总说明一般应包含：施工图的设计依据；本工程项目的设计规模和建筑面积；本项目的相对标高与总图绝对标高的对应关系；室内室外的做法说明；门窗表等内容。

2. 建筑施工图（简称“建施”）

建筑施工图通常包括：总平面图、平面图、立面图、剖面图以及构造详图。

3. 结构施工图（简称“结施”）

结构施工图包括：结构平面布置图和各部分构件的结构详图。

4. 设备施工图（简称“设施”）

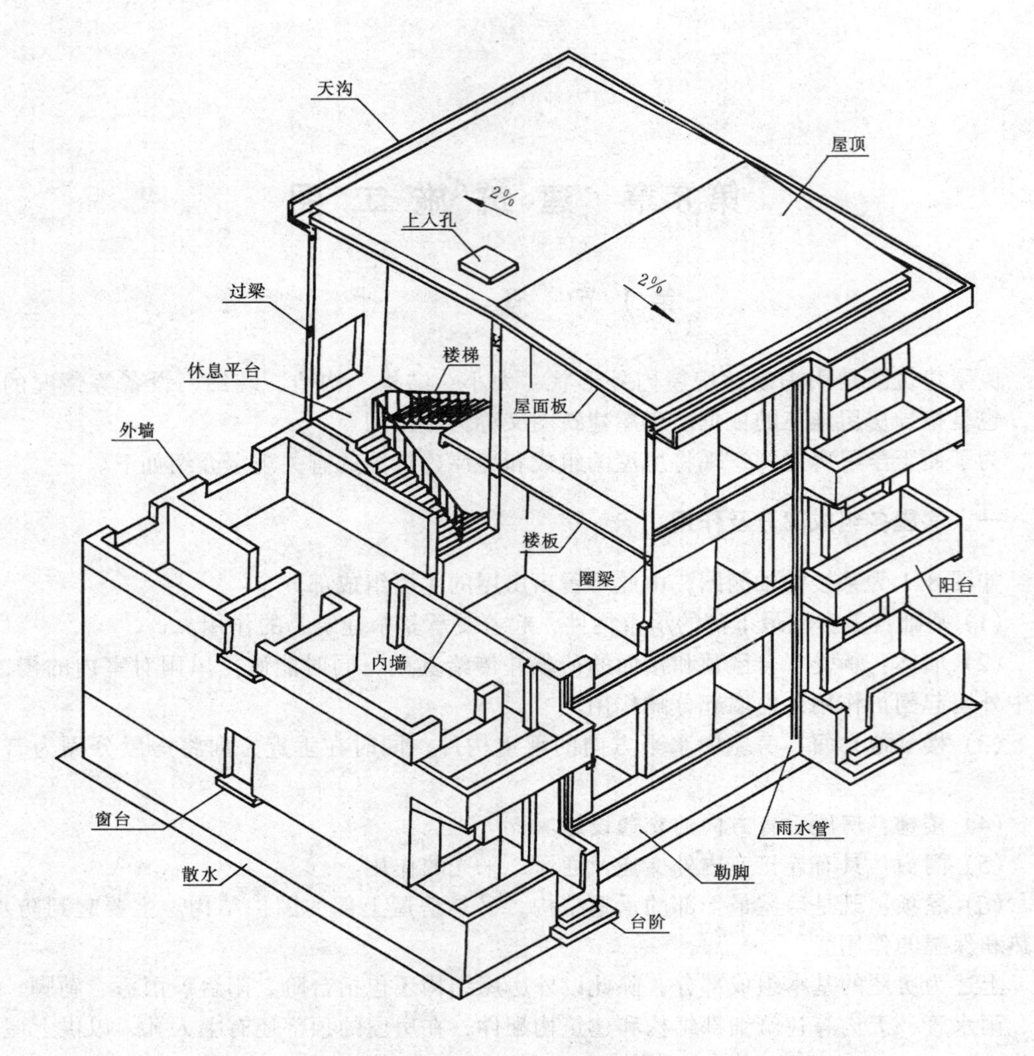

图 8-1 房屋的组成部分

设备施工图包括：给水排水、采暖通风、电气设备等的平面布置图和详图。

5. 装饰施工图

装饰施工图包括：装饰平面图、装饰立面图、装饰详图和家具图。

三、建筑施工图简述

（一）建筑施工图的作用

建筑施工图用来表达建筑物的总体布局、外部造型、内部布置、细部构造、内外装修以及有关的施工要求，它是房屋建筑图中最基本的图样，也是本章介绍的重点。

（二）建筑施工图的图示方法

建筑施工图的绘制应遵守《房屋建筑制图统一标准》GBJ1—86、《建筑制图标准》GBJ104—87及《总图制图标准》GBJ103—87等的有关规定。在绘图和读图时应注意以下几点：

1. 线型

房屋建筑图为了使所表达的图形重点突出，主次分明，常使用不同宽度和不同型式的图线，其具体规定可见《建筑制图标准》GBJ104—87。常用的线型见表 8-1：

常见线型图例表 **表 8-1**

名　称	线　　型	线宽	一　般　用　途
粗实线		b	主要可见轮廓线、构造外轮廓线、被剖切处的轮廓线、剖切位置线
中实线		$0.5b$	可见轮廓线、建筑物大体块轮廓线、标注尺寸的起止符
细实线		$0.35b$	可见轮廓线、尺寸线、材料图例线、引出线、标高符号线
粗虚线		b	总平面图的地下建构筑物
中虚线		$0.5b$	不可见的轮廓线、拟扩建的建构筑物轮廓线
细虚线		$0.35b$	不可见的轮廓线、图例线
细点划线		$0.35b$	中心线、对称线、定位轴线
折断线		$0.35b$	不需要画全的断开界线
波浪线		$0.35b$	不需要画全的断开界线、构造层次的断开界线

2. 比例

建筑专业制图比例应按表 8-2 中的规定选用。

建筑专业制图可选比例表 **表 8-2**

图　　名	比　　例
建筑物或构筑物的平、立、剖面图	1∶50、1∶100、1∶200
建筑物或构筑物的局部放大图	1∶10、1∶20、1∶50
配件及构造详图	1∶1、1∶2、1∶5、1∶10、1∶20、1∶50

3. 尺寸标注

(1) 除标高和总平面图上的尺寸以米为单位外，在房屋建筑图上的其余尺寸均以毫米为单位，故也不在图中注写单位。

(2) 建筑物各部分的高度尺寸可用标高表示。标高符号的画法及标高尺寸的书写方法应按照 GBJ1—86 的规定执行。如图 8-2 所示。

个体建筑物图样上的标高符号应使用细实线绘制，形状为一等腰直角三角形，其高程数字就注写在等腰三角形底边的延长线上，尺寸数字应注写到小数点后的第三位，如图 8-2 (a)、(c) 所示；

总平面图上室外整平地面的标高符号，应采用涂黑的等腰直角三角形表示，标高尺寸要写在三角形的后面，注写到小数点后两位，如图 8-2 (d) 所示；

当需要在图纸的同一位置标注几个标高尺寸时，可采用图 8-2 中 (b) 所示的方法。

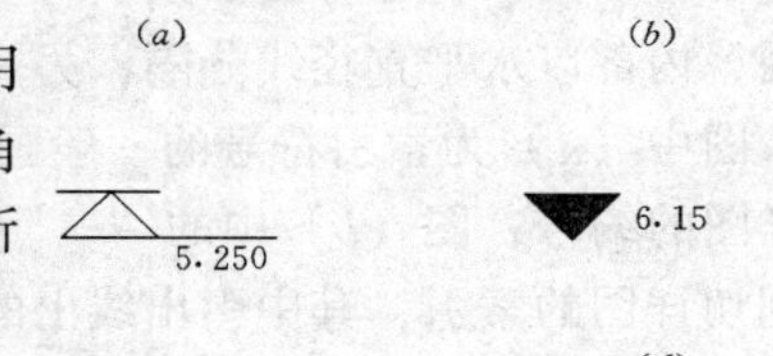

图 8-2　标高符号及其画法

(3) 标高的分类

房屋建筑图中的标高应分为绝对标高和相对标高两种：所谓绝对标高是以青岛黄海平均海平面的高度为零点参照点时所得到的高差值；而相对标高则是以每一幢房屋的室内底层地面的高度为零点参照点，故书写时后者应写成±0.000。

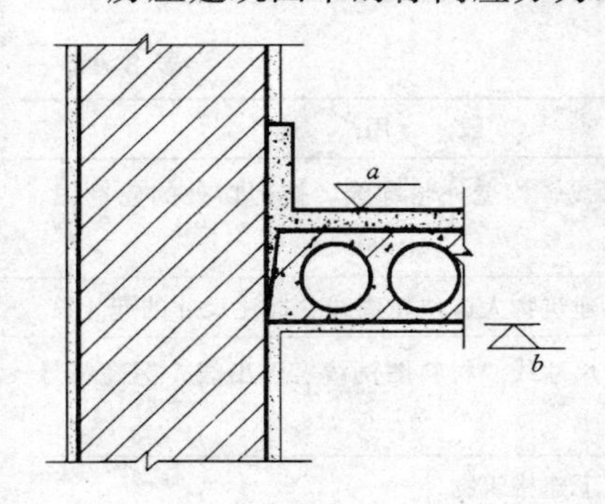

图 8-3 建筑标高和结构标高

另外，标高符号还可分为建筑标高和结构标高两类：

建筑标高是指装修完成后的尺寸，它已将构件粉饰层的厚度包括在内；

而结构标高应该剔除外装修的厚度，它又称为构件的毛面标高。

在图 8-3 中，标高 a 所表示的是建筑标高；b 表示的则是楼面的结构标高。

4. 定位轴线

定位轴线是房屋施工放样时的主要依据。在绘制施工图时，凡是房屋的墙、柱、大梁、屋架等主要承重构件上均应画出定位轴线。定位轴线的画法如下：

(1) 定位轴线应用细点划线绘制。

(2) 为了区别各轴线，定位轴线应标注编号。其编号应写在直径为 8mm（详图可为 10mm）的细实线圆圈内，位于细点划线的端部。

平面图中定位轴线的编号，宜标注在图的下方和左侧，如图 8-4 所示。

横向的定位轴线，应用阿拉伯数字从左向右注写；竖向的定位轴线，应用大写拉丁字母由下而上地注写（为避免与 0、1、2 混淆，通常 I、O、Z 三个字母不能用来为轴线编号）。

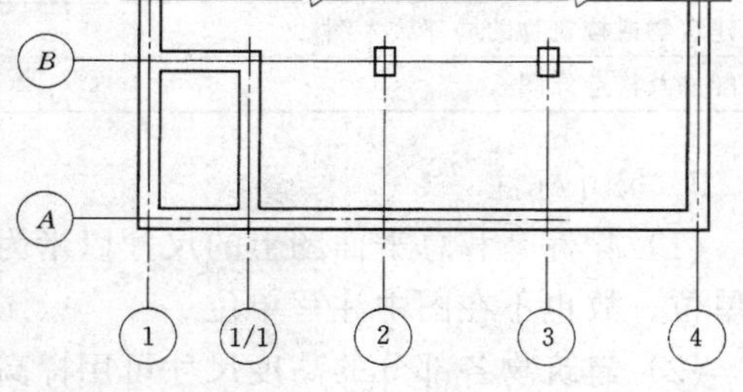

图 8-4 定位轴线

(3) 对于一些次要的承重构件（如非承重墙），有时也标注定位轴线，但此时的轴线称为附加轴线，其编号应以分式表示。如 1/2 即表示为编号为 2 的轴线后的第一根附加轴线，2/A 表示的是编号为 A 的轴线后的第二根附加轴线。图 8-4 中的 1/1 就是一条附加轴线。

5. 索引符号和详图符号

(1) 索引符号。对于图中需要另画详图表示的局部或构件，为了读图方便，应在图中的相应位置以索引符号标出。索引符号由两部分组成，一是用细实线绘制的直径为 10mm 的圆圈，内部以水平直径线分隔；另一部分为用细实线绘制的引出线。具体画法见图 8-5 所示。图中（a）为索引符号的一般画法，圆圈中的 4 表示详图所在的图纸编号，3 表示的是详图的编号；图（b）中的“-”则表示详图和被索引的图在同一张图纸上；图（c）用于剖切详图的索引，其中引出线上的“-”是剖切位置线，引出线所在的一侧即为剖切时的投影方向。

(2) 详图符号。用来表示详图的位置及编号。详图符号是用粗实线绘制的直径为

14mm 的圆。如图 8-6 所示，圆内编号的填写方法有两种：图（a）所示的详图编号为 3，而被索引的图纸编号为 2；图（b）则说明编号为 5 的详图就出自本页。

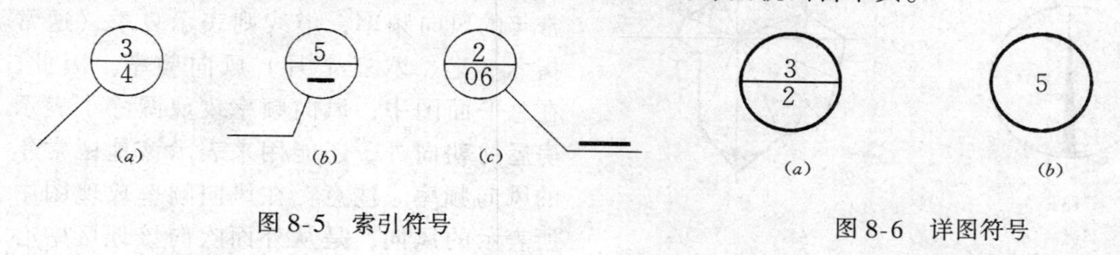

图 8-5　索引符号

图 8-6　详图符号

第 2 节　总　平　面　图

一、总平面图的作用和形成

（一）作用

在建筑图中，总平面图是用来表达一项工程的总体布局的图样。它通常表示了新建房屋的平面形状、位置、朝向及其与周围地形、地物的关系。总平面图是新建建筑物施工定位、土方工程、场地布置及水、暖、电、煤气管线设计的主要依据。

（二）形成

在地形图上画出原有、拟建、拆除的建筑物或构筑物以及新旧道路等的平面轮廓即可得到总平面图。图 8-8 即为某宿舍楼所在地域的建筑总平面图。

二、总平面图的图示方法

（一）比例

为了能在有限的图纸范围内，表示出新建建筑物及其周围地形、地物的平面形状，所以总平面图常使用较小的比例。

通常绘制总平面图可选用的比例有 1:500、1:1000 和 1:2000。

（二）总平面图例

由于总平面图的绘图比例较大，所以各建筑物或构筑物在图中所占的面积较小。同时根据总平面图的作用，也无需将其画得很细。故在总平面图中，上述形体可用图例表示，这就是 GBJ103—87《总图制图标准》中的总平面图例。常用的有关图例见表 8-3。

（三）总平面图的定位

表明新建筑物（或构筑物）与周围地形、地物间的位置关系，是总平面图的主要任务之一。它一般从以下三个方面描述：

1. 定向

在总平面图中，朝向可用指北针或风向频率玫瑰图表示。

指北针的形状如图 8-7（a）所示，它的外圆直径为 24mm，由细实线绘制，指北针尾部的宽度为 3mm。若有特殊需要，指北针亦可以较大直径绘制，但此时其尾部宽度也应随之改变，通常应使其为直径的 1/8。

风向频率玫瑰图又称风玫瑰图，它是根据当地若干年来平均风向的统计值绘制而成

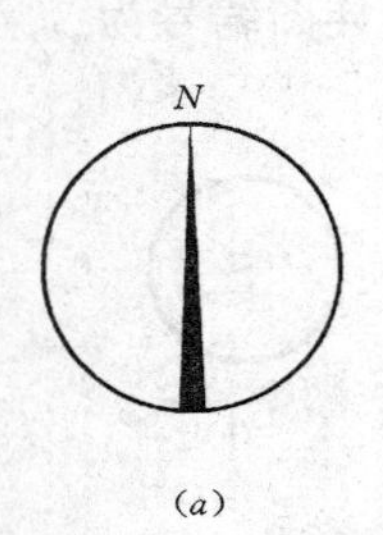

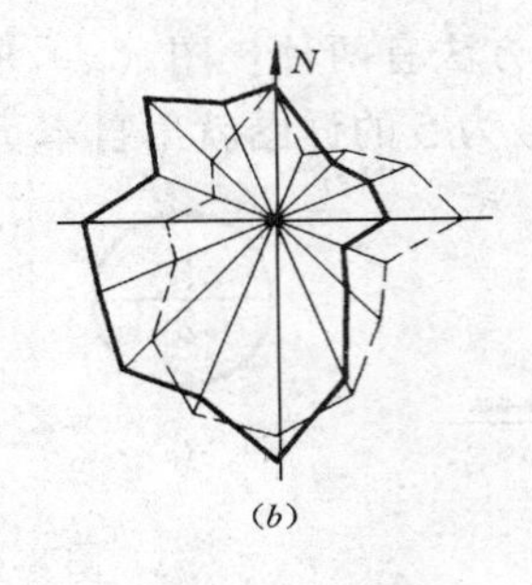

图 8-7 指北针和风向频率玫瑰图
（a）指北针；（b）风向频率玫瑰图

的，其具体画法可参见图 8-7 所示，图中细线表示的是 16 个罗盘方位，粗实线表示常年的风向频率，虚线则表示夏季（通常指六、七、八三个月）风向频率。因此，在总平面图中，风向频率玫瑰图除了表示房屋的朝向外，还能用来表示该地区常年的风向频率。注意：在风向频率玫瑰图中所表示的风向，是从外面吹向该地区中心的。

2．定位

(1) 确定新建筑物的平面尺寸。

通常，在总平面图上应标注出新建建筑的总长和总宽，按规定该尺寸以米为单位；

(2) 确定新建建筑的定位尺寸。可有两种方法表示：

以周围其他建筑物或构筑物为参照物。实际绘图时，可标出新建筑物与它附近的房屋或道路的相对位置尺寸；

以坐标表示新建筑物或构筑物的位置。当新建筑所在地地形较为复杂时，为了保证施工放样的准确性，可使用坐标表示法。

3．定高

在总平面图中，用绝对标高表示高度数值，其单位为米。

常用的建筑总平面图例　　表 8-3

名称	图　　例	说　　明	名称	图　　例	说　　明
新建建筑物		1．上图不画出入口，下图画出入口 2．可在图形内右上角以点或数字表示层数 3．用粗实线表示	计划扩建的道路		用中虚线绘制
			围墙及大门		上图为砖石等材料的围墙，下图为镀锌铁丝网；篱笆等围墙
原有的建筑物		用细实线绘制	拆除的建筑物		用细实线绘制
拟建的建筑物		用中虚线绘制	新建的地下建筑物或构筑物		用中虚线绘制
填挖边坡			护坡		边坡较长时，可在一端或两端局部表示
新建道路	R9　6　101.00　150.00	R9 表示道路转弯半径，6 表示 6% 为纵向坡度，150.00 为路面中心标高，101.00 表示变坡点间的距离	原有的道路		用细实线绘制
			绿化植物		

三、总平面图的内容及阅读

如图 8-8 所示，是某宿舍楼所在地域的建筑总平面图。通过对其的仔细阅读可以看出，通常的建筑总平面图应包括以下几方面的内容：

（一）图名、比例和朝向

1．图名和比例

如图所示，图名应写在图的正下方，比例紧随其后。由于本图所画的是某宿舍区的建筑总平面图，所示范围并不太大，所以比例可选用较大的一种，本图中选用的为 1:500。

2．朝向

利用图左下方的风向频率玫瑰图可知，该宿舍区的大门朝南，新建宿舍楼与其他楼的主要入口均朝北。另外还能知道该地区常年的风向频率。

3．新建房屋的平面形状等

在总平面图中，应画出新建房屋的平面形状轮廓、大小、层数、位置及室内外地坪标高。图 8-8 中，以粗实线画出的是新建宿舍楼。由图可知，该楼共三层（由图中左上方的三个小点判断出），其平面形状为长方形，入口朝北；采用已有建筑为参照点，整个楼东西方向总长为 13.44m，距东面主干道边 4.20m，南北方向总宽为 9.64m，距北面楼房的南墙为 7.12m；室内地面标高为 6.85m。

4．新建筑物周围的环境

这是一个宿舍小区，该区原有四层楼房两座，五层楼房一座和小平房一幢。宿舍区大门朝南，在宿舍区的东、南两边有砖砌围墙。宿舍区内有南北主干道一条，其地面标高为 6.37m。新建宿舍楼位于小区的西面，为此还须拆除路边的小平房。同时，在小区内还有一些绿化布置如图所示。

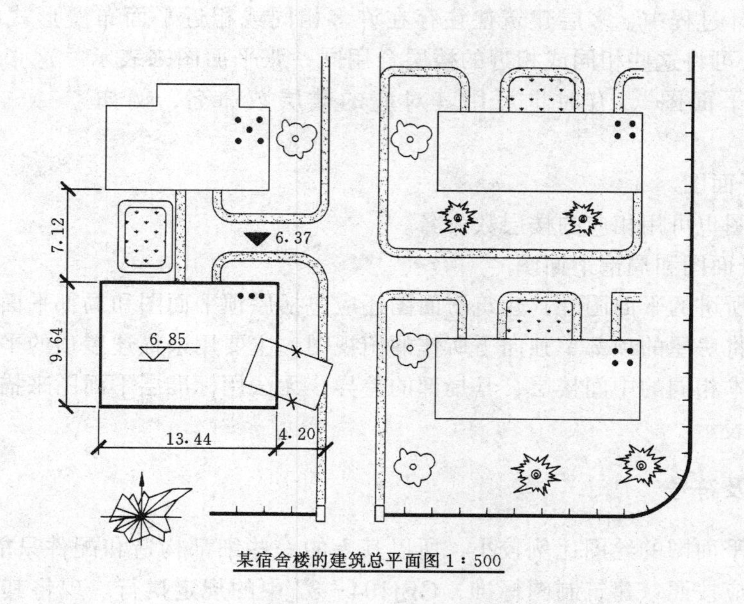

某宿舍楼的建筑总平面图 1：500

图 8-8　某宿舍楼的建筑总平面图

第3节　建 筑 平 面 图

一、形成及分类

(一) 建筑平面图的形成

按照制图标准可知，除了屋顶平面图以外，建筑平面图应是一个水平的全剖面图。其形成方法如下。

假想用一个水平的剖切平面沿着门、窗洞将房屋切开，移去剖切平面以上的部分，将剩余的部分向下作正投影，此时所得到的全剖面图，即称为建筑平面图，简称平面图。图8-9所示即为一建筑平面图。

(二) 建筑平面图的用途

建筑平面图主要用来表示房屋的平面布置，在施工过程中，它是放线、砌墙和安装门窗的重要依据。

(三) 建筑平面图的分类

根据剖切平面的不同位置，建筑平面图可分为以下几类：

1. 底层平面图

底层平面图又称一层平面图或首层平面图。它是所有建筑平面图中首先绘制的一张图。绘制此图时，应将剖切平面选放在房屋的一层地面与从一楼通向二楼的休息平台之间，且要尽量通过该层上所有的门窗洞。

2. 中间标准层平面图

由于房屋内部平面布置的差异，所以对于多层建筑而言，应该有一层就画一个平面图。其名称就用本身的层数来命名，例如“二层平面图”或“四层平面图”等。但在实际的建筑设计过程中，多层建筑往往存在许多相同或相近平面布置形式的楼层，因此在实际绘图时，可将这些相同或相近的楼层合用同一张平面图来表示。这张合用的图，就叫做“标准层平面图”，有时也可用其对应的楼层数命名，例如“二～六层平面图”等。

3. 顶层平面图

顶层平面图也可用相应的楼层数命名。

4. 屋顶平面图和局部平面图

除了上面所讲的平面图外，建筑平面图还应包括屋顶平面图和局部平面图。其中，屋顶平面图是指将房屋的顶部单独向下所作的俯视图，主要用来描述屋顶的平面布置。而对于平面布置基本相同的中间楼层，其局部的差异，无法用标准层平面图来描述，此时则可用局部平面图表示。

二、图例及符号

由于建筑平面图的绘图比例较小，所以其上的一些细部构造和配件只能用图例表示。有关图例画法应按照《建筑制图标准》GBJ104—87中的规定执行。现将其中一些常用的构造及配件图例介绍如下。见表8-4。

常用建筑构造及配件图例 **表 8-4**

名 称	图 例	说 明
楼梯		1. 上图为底层楼梯平面图；中图为中间层楼梯平面图；下图为顶层楼梯平面图 2. 楼梯的形式及步数应按实际情况绘制
烟道		
通风道		
空门洞		
单扇门（包括平开或单面弹簧门）		1. 门的名称代号用 M 表示 2. 剖面图上左为外，右为内；平面图上下为外，上为内 3. 立面图上开启方向线相交的一侧为安装合页的一侧，实线为外开，虚线为内开 4. 平面图上开启弧线及立面图上的开启方向线在一般设计图上无需表示 5. 立面形式应按实际情况绘制
双扇门（包括平开或单面弹簧门）		
单扇双面弹簧门		

名 称	图 例	说 明
双面双扇弹簧门		
单层固定窗		1. 窗的名称代号用 C 表示 2. 立面图中的斜线表示窗的开关方向，实线为外开，虚线为内开；开启方向线交角的一侧为安装合页的一侧，一般设计图中可不画 3. 剖面图上左为外，右为内；平面图上下为外，上为内 4. 平、剖面图上的虚线仅说明开关方式，在设计图中无需表示 5. 窗的立面形式应按实际情况绘制
单层中悬窗		
单层外开平开窗		
单层内开平开窗		
百叶窗		

三、内容及规定画法

（一）主要内容

以图 8-9 所示的平面图为例，建筑平面图所表示的主要内容有：

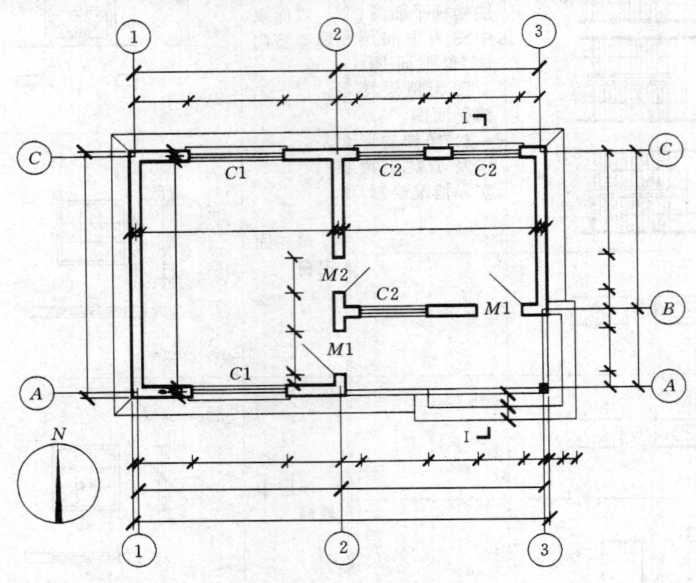

图 8-9　建筑平面图及其内容

（1）图名（层次）、比例；

（2）纵、横向的定位轴线及其编号；

（3）建筑物的平面布置、外墙、内墙和柱的位置，房间的分隔、形状大小和用途；

（4）门、窗的位置和类型，并标注代号和编号；

（5）楼梯（或电梯）的位置和形状，梯段的走向和步数；

（6）室外构配件，如底层平面图表示台阶、花台、明沟（散水）等；二层以上的平面图表示阳台、雨蓬等的位置和形状；

（7）标注建筑物的外形、内部尺寸和地面标高以及坡比和坡向等；

（8）在底层平面图上还应标注剖面图的剖面剖切符号和编号（其剖切方向宜向左或向上，还应标注详图索引符号和画出表示房屋朝向的指北针等）。

（二）规定画法

1．比例

按照《建筑制图标准》，绘制建筑平面图时可选用的比例有 1∶50、1∶100、1∶200。但通常的建筑平面图多采用 1∶100 或 1∶200。

2．朝向

为了更加精确地确定房屋的朝向，在底层平面图上应加注指北针（一般总平面图上标注风向频率玫瑰图，而底层平面图上标注指北针，通常两者不得互换，且所示的方向必须一致）。其他层平面图上不再标出。

3．图线

为了加强平面图中各构件间的高度差和剖切时的空、实感，标准规定，在建筑平面图上，剖切部分的投影用粗实线绘制，而未被剖切的部分（如窗台、楼地面、梯段、卫生设备、家具陈设等）的轮廓线应使用中实线或细实线。有时为了表达被遮挡的或不可见的部分（如高窗、吊柜等），可用中虚线绘制其轮廓线。

4．材料图例

按照《建筑制图标准》，当选用1∶200～1∶100的绘图比例时，建筑图上墙和柱的断面应画简化的材料图例，即砖墙涂红（有时也可不涂），钢筋混凝土涂黑。

5．尺寸标注

建筑平面图中的尺寸主要分为以下几个部分：

（1）外部尺寸——标注在建筑平面图轮廓以外的尺寸叫外部尺寸。通常外部尺寸按照所标注的对象不同，又分为三道，它们分别是（按由外往内的顺序）：第一道尺寸表示房屋的总长和总宽；第二道尺寸用以确定各定位轴线间的距离；第三道尺寸则表达了门、窗水平方向的定形和定位尺寸。

（2）内部尺寸——内部尺寸应注写在建筑平面图的轮廓线以内，它主要用来表示房屋内部构造和主要家具陈设的定形、定位尺寸，如室内门洞的大小和定位等。内部尺寸应就近标注。

（3）标高尺寸——建筑平面图上的标高尺寸，主要是指某层楼面（或地面）上各部分的标高。按建筑制图标准规定，该标高尺寸应以建筑物室内地面的标高为基准（室内地面标高设为±0.000）。在底层平面图中，还需标出室外地坪的标高值（同样应以室内地面标高为参照点）。

（4）坡度尺寸——在屋顶平面图上，应标注出描述屋面坡度的尺寸，该尺寸通常由两部分组成：坡比与坡向。

6．门窗表

所谓门窗表，是指新建房屋上所有门窗的统计表，表8-5是某宿舍楼的门窗表。通常门窗表中应包括门窗型号、规格、所需的数量及选用图集样号（或门窗详图编号）。

某宿舍楼的门窗表 **表8-5**

型号		洞口尺寸（宽×高）	各层数量			合计	备注
			底层	二层	顶层		
门	$M1$	900×2100	2	2	2	6	
	$M2$	900×2400	4	4	4	12	
	$M3$	900×2700	2	2	2	6	
	$M4$	800×2100	4	4	4	12	
窗	$C1$	1500×1800	4	4	4	12	
	$C2$	1200×1800	2	2	2	6	
	$C3$	1200×1500	2	2	2	6	
	$C4$	800×1500	2	2	2	6	
	$C5$	1800×1500	1	1		2	

四、阅读实例

（一）阅读底层平面图

【例 8-1】 阅读图 8-10 所示的建筑平面图。

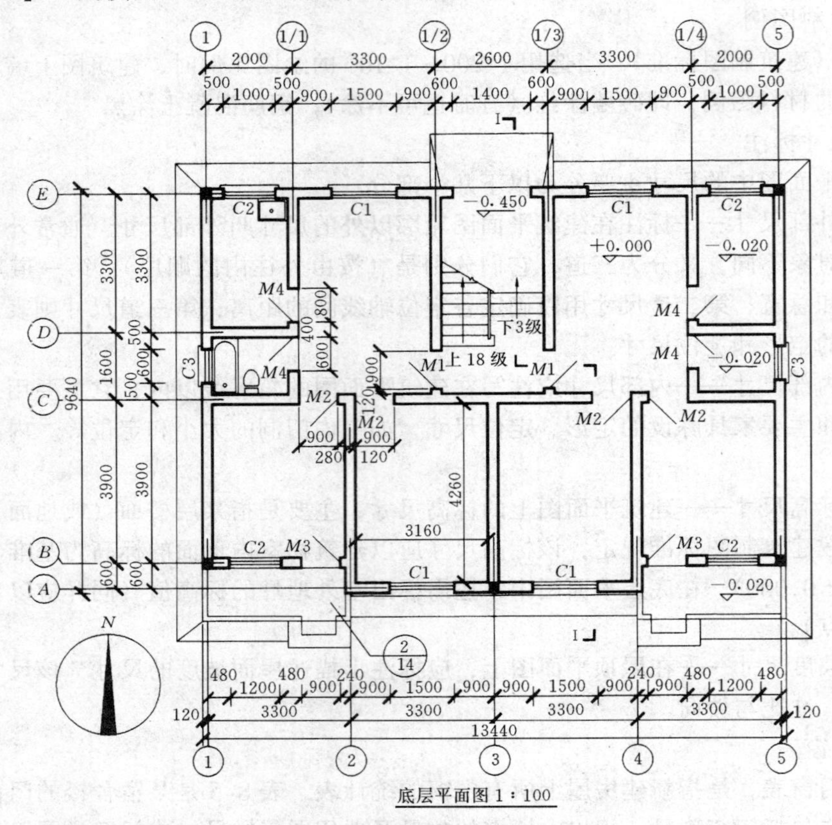

图 8-10 某宿舍楼的底层平面图

读图步骤：

1．了解图名和比例

由图 8-10 可知，该平面图是某宿舍楼的底层平面图，绘图比例为 1∶100。

2．了解定位轴线，内外墙的位置和平面布置

该平面图中，横向定位轴线有①～⑤，附加轴线“1/1、1/2、1/3、1/4”；纵向定位轴线有“*A*、*B*、*C*、*D*、*E*”。

该楼每层均为一梯两户，北面中间入口为楼梯间，每户有两室一厅一厨一厕，朝南还有一阳台。朝南的四间居室开间为 3.3m；进深分别为 4.5m 和 3.9m；朝北的开间厅室为 3.3m、楼梯间为 2.6m、厨房为 2m，进深分别为 4.9m、3.3m 和 1.6m，内外砖墙厚度均为 240mm。

3．了解门窗的位置、编号和数量

每户有大门 *M*1 一樘，居室门 *M*2 两樘，阳台门 *M*3 和厨房、厕所门 *M*4 各一樘，计有六樘门；窗有 *C*1、*C*2 各两樘、*C*3 一樘计五樘窗。

4．了解房屋的平面尺寸和各地面的标高

该平面图中共有外部尺寸三道，最外一道表示总长和总宽的尺寸，它们分别为13440mm和9640mm（与总平面图中尺寸一致）；第二道尺寸是定位轴线的间距（一般即为房间的开间和进深尺寸，如3300、2600、2000和3900、3300、1600、600mm等；最里的一道尺寸为门窗洞的大小及它们到定位轴线的距离。

内部尺寸主要标注了室内门洞的大小和定位。

该楼室内地面相对标高±0.000，在底层，楼梯间地面标高为-0.450，厨房、厕所和阳台的地面均低于室内地面20mm，表示为-0.020。

5．了解其他建筑构配件

该楼北面入口处有斜坡道进入门洞，经三级踏步到达室内地面；楼梯向上18级踏步可到达二层楼面。朝南两边的居室有门通向阳台，底层阳台还有台阶通往室外。除阳台内的窗无窗台外，其余各窗均有窗台。房屋四周做有散水，宽600mm。厨房、厕所还画有水池、浴缸、坐便器等图例。

6．了解剖面图的剖切位置、投影方向等

该底层平面图上还标有Ⅰ-Ⅰ剖面图的剖切符号。由图8-10可知，Ⅰ-Ⅰ剖面图是一个阶梯全剖面图，它的剖切平面垂直于纵向定位轴线，经过楼梯间后转向右边大门，再通过大居室的门和窗，其投影方向向左。

另外，在平面图的左下方，还有一个详图索引符号。

（二）其他层平面图

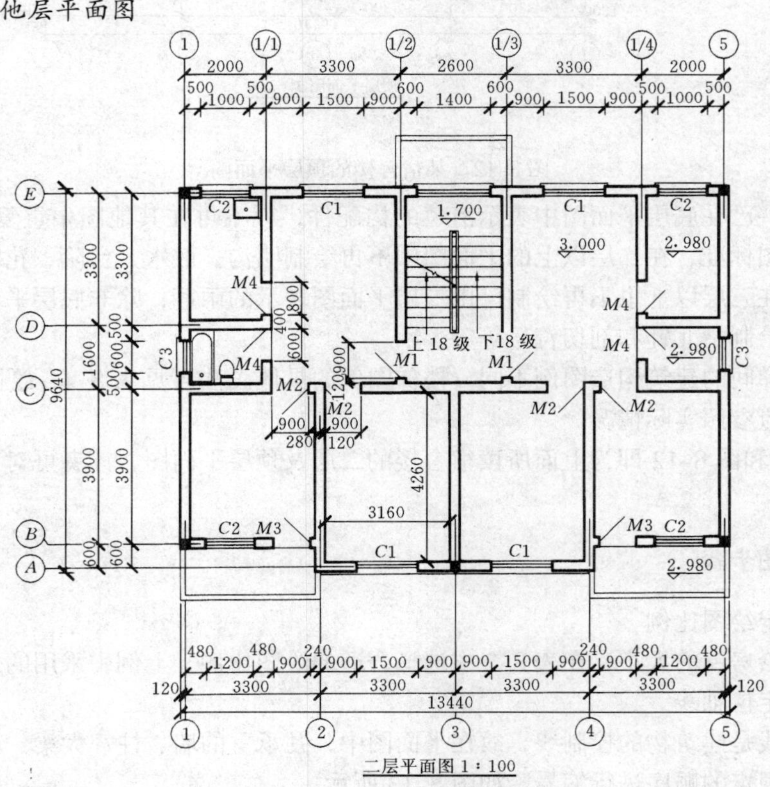

图8-11　某宿舍楼的二层平面图

前面主要介绍的是底层平面图，与底层平面图相比，其他层平面图要简单一些，其主要区别为：

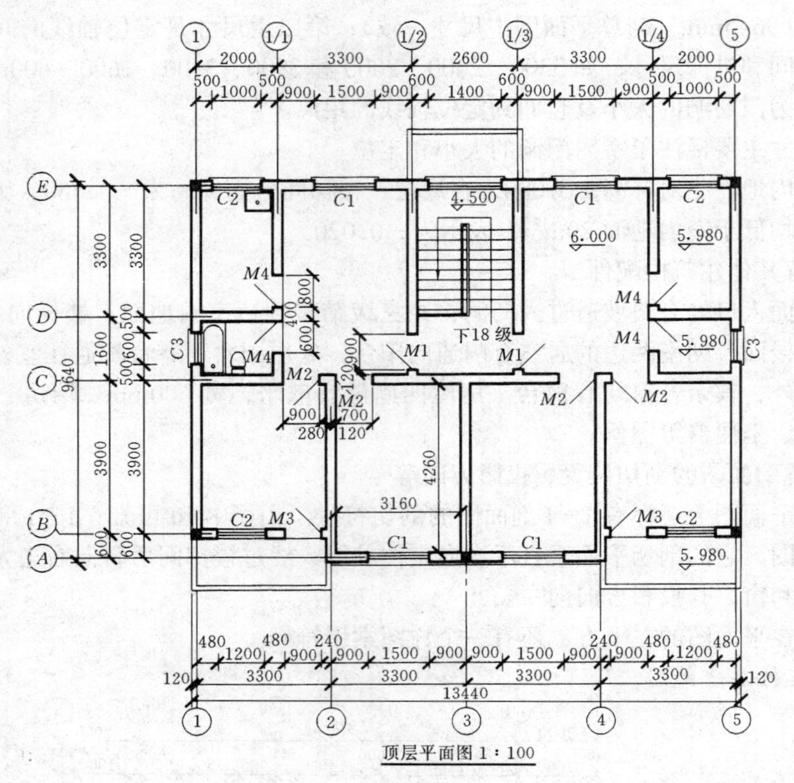

图 8-12　某宿舍楼的顶层平面图

（1）一些已在底层平面图中表示清楚的构配件，就不再在其他图中重复绘制。例如：按照建筑制图标准，在二层以上的平面图中不再绘制明沟、散水、台阶、花坛等室外设施及构配件；在三层以上也不再绘制已由二层平面图表示的雨篷；除非底层平面图，其他各层一般也不绘制指北针和剖切符号等等。

（2）楼梯间的建筑构造图例不同。楼梯图例的具体画法可见表 8-4，绘图时，楼梯的形式和步数应参照实际情况。

图 8-11 和图 8-12 即为上面所读宿舍楼的二层及顶层平面图，读者可对照着底层平面图进行阅读。

五、绘图步骤

（1）选定绘图比例

按照所绘房屋的大小，在表 8-2 中选择合适的绘图比例。上例中采用的是 1∶100。

（2）画定位轴线

定位轴线是建筑物的控制线，故在平面图中，凡承重的墙、柱、大梁、屋架等都要画轴线，并按规定的顺序进行编号。如图 8-13 所示。

（3）画墙身（柱）的轮廓线

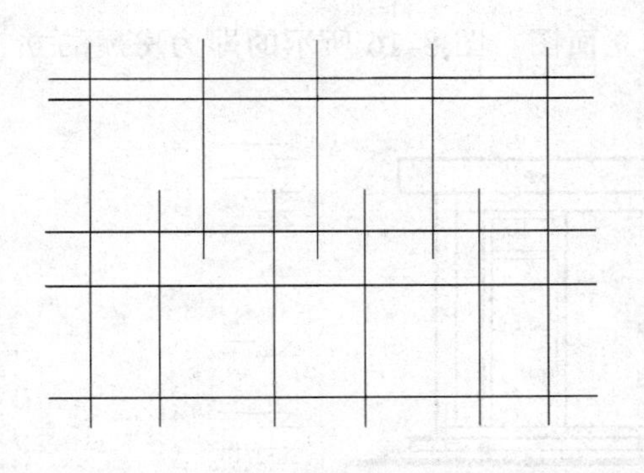

图 8-13　选取比例后，画定位轴线

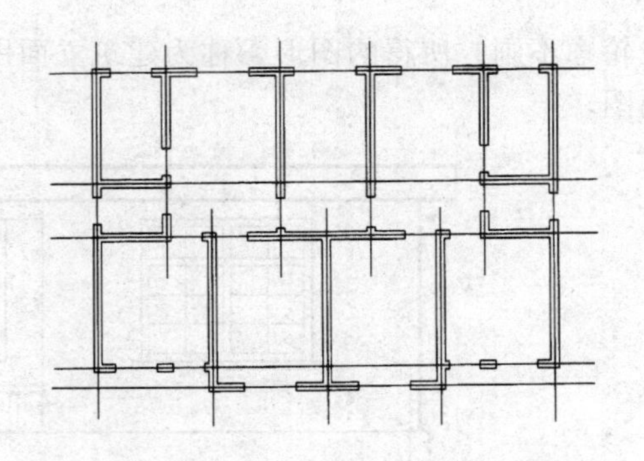

图 8-14　画出墙、柱，并确定门、窗洞的位置

此时应特别注意构件的中心是否与定位轴线重合。画墙身轮廓线时，应从轴线处分别向两边量取。

(4) 画门窗

由定位轴线定出门窗的位置，然后按表 8-4 的规定画出门窗图例。若所表示的是高窗、通气孔、槽等不可见的部分，则应以虚线绘制。

(5) 画其他构配件的轮廓

所谓其他构配件，是指台阶、楼梯、平台、卫生设备、散水和雨水管等。

(6) 检查后描粗加深有关图线

在完成上述步骤后，应仔细检查，及时发现并纠正错误。然后按照《建筑制图标准》的有关规定，描粗加深图线。

(7) 标注尺寸，注写定位轴线编号、标高、剖切符号、索引符号、门窗代号及图名和比例等内容

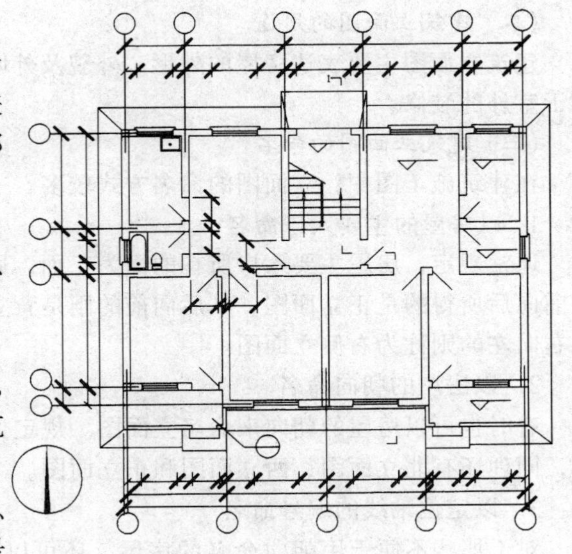

图 8-15　进一步画出房屋的细部构造，并确定各标注的位置

以上只是绘制建筑平面图的大致步骤，在实际操作时，可按房屋的具体情况和绘图者的习惯加以改变。图 8-13、图 8-14 和图 8-15 是以上述底层平面图为例，所列出的绘图步骤示意图，仅供参考。

第 4 节　建筑立面图

一、形成、用途及名称

(一) 建筑立面图的形成

从房屋的前、后、左、右等方向直接作正投影，只画出其上的可见部分（不可见的虚

线轮廓不画）所得的图形，称为建筑立面图，简称立面图。图 8-16 所示的即为房屋的立面图。

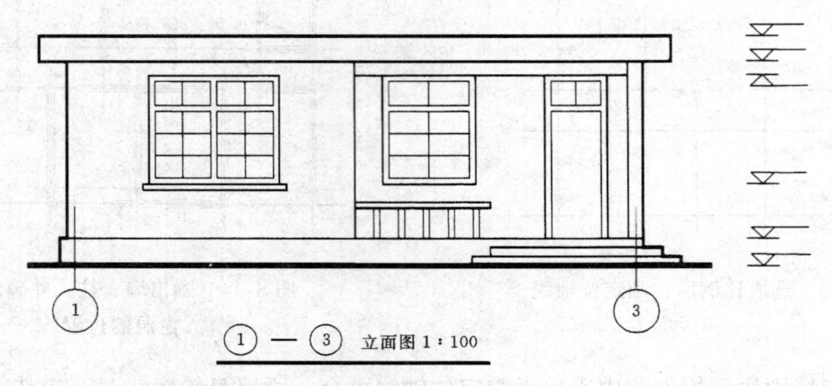

图 8-16　建筑立面图及其内容

（二）建筑立面图的用途

建筑立面图主要表达房屋的外形、外貌及外墙的装饰等内容，在施工过程中，它通常用于室外的装修。

（三）建筑立面图的命名

在建筑施工图中，立面图的命名方式较多。一般有如下三种：

1. 以房屋的主要入口命名

通常规定，房屋主要入口所在的面为正面，则当观察者面向房屋的主要入口站立时，从前向后所得的是正立面图，从后向前的则是背立面图，从左向右的称为左侧立面图，而从右向左的则称为右侧立面图。

2. 以房屋的朝向命名

有时也可以房屋的朝向来命名立面图。规定：房屋中朝南一面的立面图被称为南立面图，同理还有北立面图、西立面图和东立面图。

3. 以定位轴线的编号命名

对于那些不便于用朝向命名的房屋，还可以用定位轴线来命名。所谓以定位轴线命名，就是用该面的首尾两个定位轴线的编号，组合在一起来表示立面图的名称。

以上三种命名方式各有其优、缺点，在绘图时，应根据实际情况灵活选用。在图8-16中，就采用了以定位轴线命名的方式。由前图 8-9 可知，若改以主要入口命名，则图8-16也可称为正立面图。

二、内容及规定画法

（一）主要内容

以图 8-16 所示的立面图为例，建筑立面图所表示的主要内容有：

（1）图名、比例；

（2）定位轴线；

（3）表示建筑物的外形轮廓（包括门、窗的形状位置及开启方向以及台阶、雨篷、阳台、檐口、墙面、屋顶、雨水管等的形状和位置）；

(4) 房屋的高度方向尺寸；

(5) 表明外墙面层的装饰材料；

(6) 详图索引符号等。

(二) 规定画法

1. 比例

建筑立面图的比例应和平面图相同。根据《建筑制图标准》规定，常用的有 1:100、1:200 和 1:50。

2. 定位轴线

立面图上的定位轴线一般只画两根（两端），如图 8-16 中只画出了轴线①和③。且编号应与平面图中的相对应，故也可以说，定位轴线是平面图与立面图间联系的桥梁。

3. 图线

为了增加建筑立面图的图面层次，绘图时常采用不同的线型。按照《建筑制图标准》的规定，主要线型有：

(1) 粗实线——用以表示建筑物的外轮廓线，其线宽定为 b；

(2) 加粗线——用以表示建筑物的室外地坪线，其线宽通常取为 $1.4b$；

(3) 中实线——用以表示门窗洞口、檐口、阳台、雨篷、台阶等，其线宽定为 $0.5b$；

(4) 细实线——用以表示建筑物上的墙面分隔线、门窗格子、雨水管以及引出线等细部构造的轮廓线，它的线宽约为 $0.23b$。

4. 图例

和平面图相同，在立面图上，门窗也应该按照表 8-4 中的建筑构配件图例表示。通过不同的线型及图线的位置，来表示门窗的形式和开启方向。

为了简便作图，对于相同型号的门窗，只需详细地画出其中的一、两个即可。

5. 尺寸标注

在立面图上通常只表示高度方向的尺寸，且该类尺寸主要用标高尺寸表示。一般情况下，一张立面图上应标出：室外地坪、勒脚、窗台、窗沿、雨篷底、阳台底、檐口顶面等各部位的标高。

通常，立面图中的标高尺寸，应注写在立面图的轮廓线以外，分两侧就近注写。注写时要上下对齐，并尽量使它们位于同一条铅垂线上。但对于一些位于建筑物中部的结构，为了表达更为清楚，在不影响图面清晰的前提下，也可就近标注在轮廓线以内。

立面图中所标注的标高尺寸有两种：建筑标高和结构标高。在一般情况下，用建筑标高表示构件的上表面（如阳台的上表面、檐口顶面等）；而用结构标高来表示构件的下表面（雨篷、阳台的底面等）。但门窗洞的上下两面则必须全都标注结构标高。

6. 装饰做法的表示

一般情况下，外墙的装饰做法可利用文字说明或材料图例表示（就在立面图中），但有时也可写在施工总说明里。

当文字出现在图中时，应加上徒手绘制的指引线，如图 8-17 上所示。

三、阅读实例

现以图 8-17 所示的建筑立面图为例，介绍立面图的读图步骤如下：

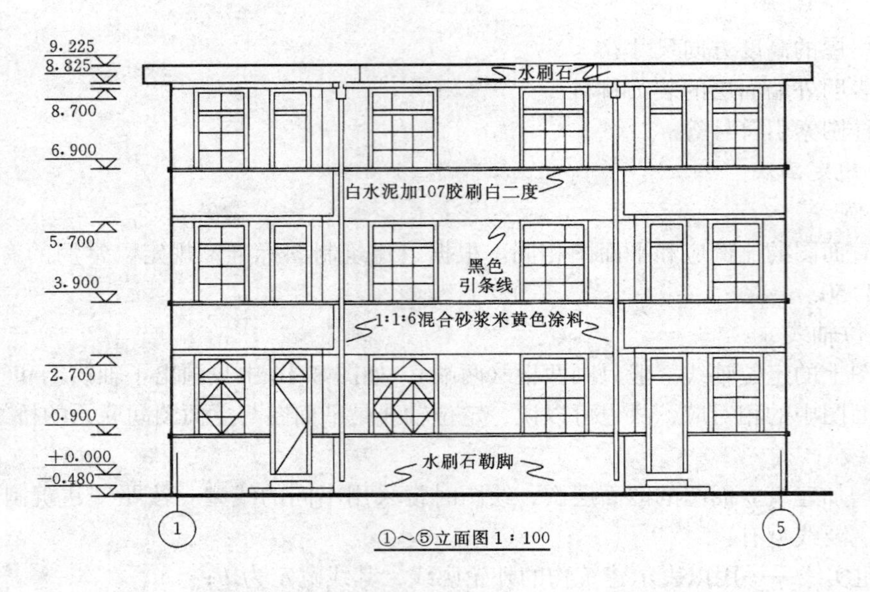

图 8-17 某宿舍楼的①～⑤立面图

1. 了解图名和比例

根据图名①～⑤立面图，再对照前面的图 8-10 所示的底层平面图，可以知道，该图也就是某宿舍楼的南立面图。绘图比例为 1:100。

2. 了解房屋的体型和外貌

该楼为三层平顶建筑，外形是长方体。

3. 了解门窗的类型、位置及数量

该楼南墙面每层有四樘窗，两樘门；中间两樘窗为三扇外开平开窗，上有一固定窗和一上悬外开气窗。两边的两樘窗为双扇外开平开窗，上边为上悬外开气窗。阳台门为单扇内开门，上有上悬外开气窗。

4. 了解其他构配件

房屋上部有出檐天沟，左右两边有阳台及阳台下的悬臂梁，底层阳台的台阶和雨水管的位置均在图中表明。

5. 了解各部分的标高

室外地坪标高为 -0.480m，屋檐顶面标高为 9.225m，由室外地坪至屋檐总高为 9.705m，其他部分标高如图所示。

6. 了解外墙面的装饰等

由图可知，该楼外墙面用 1:1:6 的混合砂浆粉刷，米黄色涂料罩面；窗台用白水泥加 107 胶刷白二度，水平黑色引条线；檐口和勒脚做水刷石墙面；阳台做法与外墙面及窗台做法相同。

四、绘图步骤

(1) 选取和平面图相同的绘图比例；

(2) 画两端的定位轴线、室外地坪线、外墙轮廓线及屋顶线；

(3) 定门窗位置线，画出门窗、窗台、雨篷、阳台、檐口、墙垛、勒脚等细部结构。

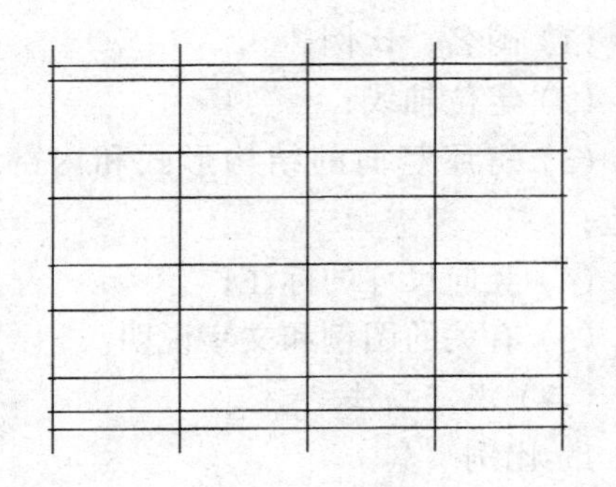

图 8-18　选取比例后，画定位轴线和室内外地坪线

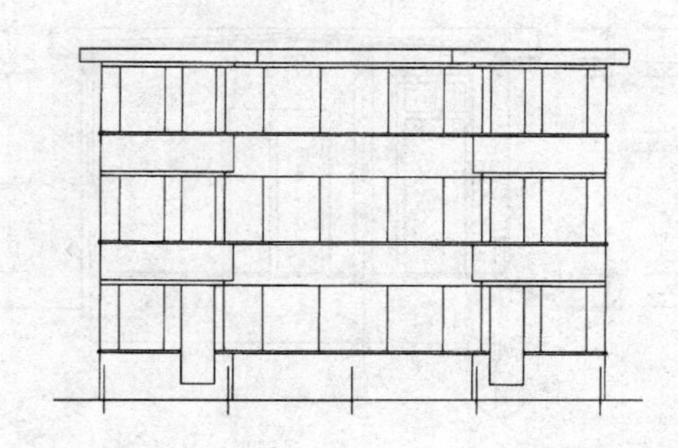

图 8-19　画出较大的建筑构造、构配件的轮廓

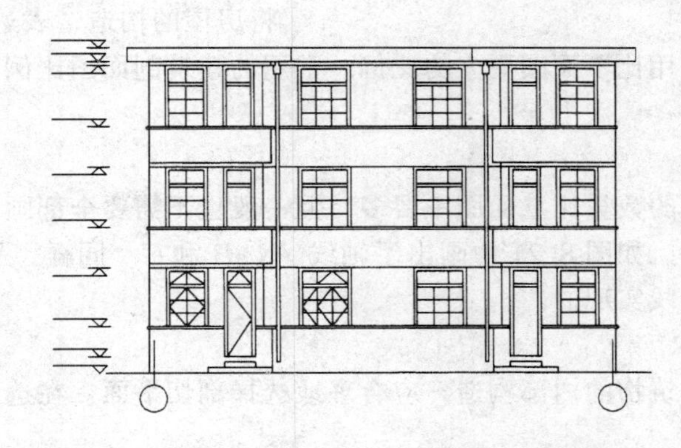

图 8-20　画细部轮廓，标注尺寸、符号、编号和说明等

对于相同的构件，只需画出其中的一到两个，其余的只画外形轮廓，如图中的门窗等；

(4) 检查后加深图线。为了立面效果明显，图形清晰，重点突出，层次分明，立面图上的线型和线宽一定要区分清楚；

(5) 标注标高，填写图名、比例和外墙装饰材料的做法等。

第5节　建筑剖面图

一、形成及用途

选择合适的剖切平面将房屋竖向剖开，可得到该房屋的建筑剖面图，简称剖面图。图 8-21 所示的就是某小屋的建筑剖面图。

在建筑施工图中，建筑平面图表示的是房屋的平面布置，立面图反映的是房屋的外貌和装饰，而剖面图则是用来表示房屋内部的竖向结构和特征。这三者相互配合，成为建筑施工图中的主要图样。

二、内容及规定画法

(一) 主要内容

常见的建筑剖面图的主要内容，有以下几点：

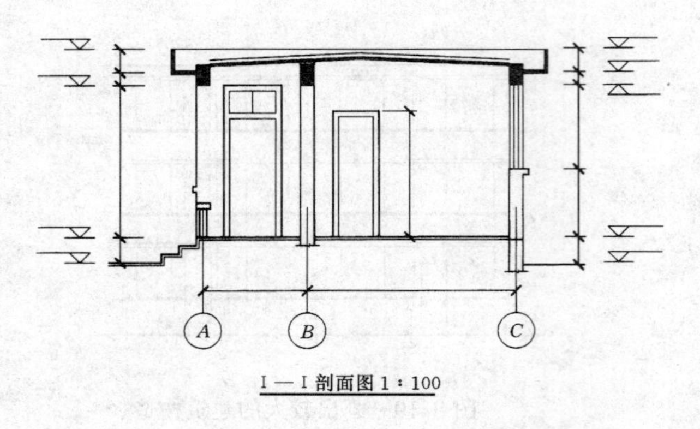

图 8-21 某小屋的建筑剖面图

(1) 图名、比例；

(2) 定位轴线；

(3) 房屋竖向的结构形式和内部构造；

(4) 竖向尺寸的标注；

(5) 有关的图例和文字说明。

(二) 规定画法

1. 比例

绘制建筑剖面图时，可以采用与建筑平面图相同的比例。但有时为了将房屋的构造，表达得更加清楚，《建筑制图标准》也允许采用比平面图更大的比例。常用的建筑剖面图比例有 1∶50、1∶100 和 1∶200。

2. 定位轴线

剖面图上定位轴线的数量比立面图中要多，但一般也不需要全部画出。通常只画图中反映到的墙或柱的轴线。如图 8-21 中画出了轴线 *A*、*B* 和 *C*。同样，平面图与立面图间的联系也是通过定位轴线实现的。

3. 剖切平面的选取

为了较好地反映建筑物的内部构造，应合理地选择剖切平面。在选择剖切平面时，应注意以下几点：

(1) 建筑剖面图中的剖切平面，通常是与纵向定位轴线垂直的铅垂面。

(2) 通常要将剖切平面选择在那些能反映房屋全貌和构造特征的地方（应尽可能多地通过房屋内的门和窗，以反映出它们的高度尺寸），或选择在具有代表性的特殊部位，如楼梯间等。

(3) 一般情况下，建筑剖面图所选用的是单一的剖切平面，但在需要时，允许转折一次（即为阶梯剖面图）。

4. 剖面图的名称和数量

建筑剖面图的名称，应和平面图上标注的一致（一般采用阿拉伯数字标注的较为常见）。而剖面图的数量，则取决于房屋的复杂程度及施工时的实际需要。

5. 图例

和平面图、立面图相同，建筑剖面图也采用图例来表示有关的构配件，具体请见表 8-4“建筑构配件图例表”。

6. 尺寸标注

建筑剖面图中需标注的尺寸虽不是最多，但其所包括的内容却较复杂。它既要标注出被剖切到的墙、柱等的定位轴线的间距（平面尺寸），又要标出大量的竖直方向的高度尺寸（包括图中可见到的室内的门、窗洞的定形尺寸等），还要标注出图中各主要部分的标高尺寸（主要指各层楼面的地面标高、楼梯休息平台的地面标高。通常，剖面图中的标高尺寸，应注写在有关高度尺寸的外侧）。

三、阅读实例

现以图 8-22 所示的建筑剖面图为例，介绍剖面图的读图步骤如下：

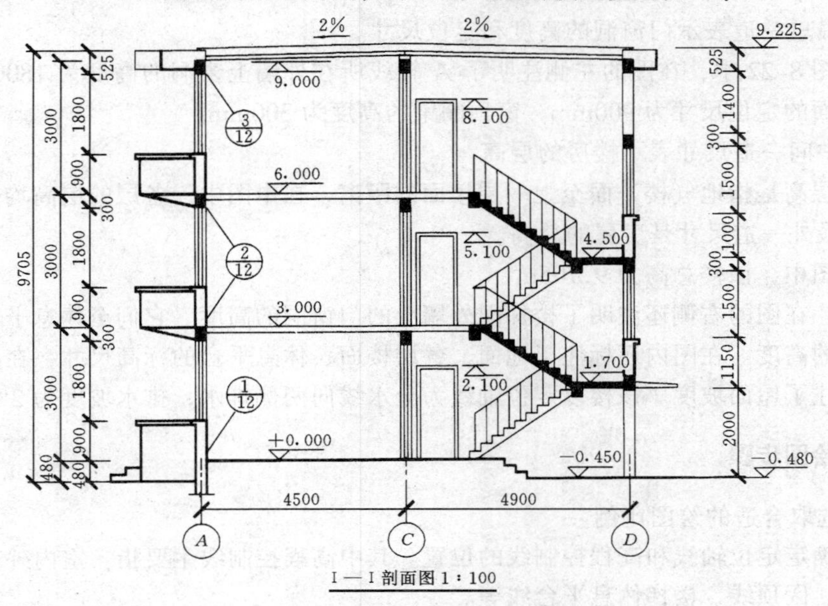

图 8-22　某宿舍楼的建筑剖面图

1．了解剖切位置、投影方向和绘图比例

由图 8-10 所示的建筑平面图可知，I-I 剖面图的剖切位置和投影方向。该图比例亦为 1∶100。

2．了解墙体的剖切情况

I-I 剖切平面共剖到 *A*、*C*、*D* 三条承重墙。*A* 轴线所在外墙身自地面以下折断，各层窗台以下为砖砌墙体，窗洞上有一道钢筋混凝土圈梁，顶层圈梁与天沟浇成整体结构。轴线 *D* 所在墙为楼梯间的外墙，在 −0.450 以上为门洞；门洞和窗洞顶部均有钢筋混凝土过梁；雨篷与门洞顶过梁连成为整体。定位轴线 *C* 所在墙为内墙，表示了三个门洞和门顶上的圈梁。

3．了解地、楼、屋面的构造

由于另有详图表示，所以在 I-I 剖面图中，只示意地用两条线表示了地面、楼面和屋面的位置及屋面架空层。

4．了解楼梯的形式和构造

从 I-I 剖面图中可以大致了解到楼梯的形式和构造。该楼梯为平行双跑式，每层有两个梯段。图中涂黑部分表示剖切到的梯段，底层至二层的第一梯段共有十级踏步、第二梯段有八级踏步；二层以上每个梯段均为九级踏步。故在平面图上有“上 18”或“下 18”字样的标注。

楼梯梯段为板式楼梯，其休息平台和楼梯梁均为现浇钢筋混凝土结构。

5．了解其他未剖切到的可见部分

图中表达了每层大门的轮廓、阳台和檐口突出部分的形状和位置，均用中实线绘制。

6. 了解各部分的高度尺寸和标高等

剖面图中的外部尺寸也分为三道：

(1) 最里一道表示门窗洞的高度和定位尺寸。

例如图 8-22 中，在图的左侧注明了 *A* 轴线所在外墙上窗洞的高度为 1800mm，其距地（楼）面的定位尺寸为 900mm，窗顶圈梁的高度为 300mm。

(2) 中间一道尺寸表示楼房的层高。

所谓层高是指地（楼）面至上一层楼面的距离，在本图中，各层的层高均为 3m。

(3) 最外一道尺寸是房屋的总高。

在本图中，该楼总高为 9.705m。

另外，在图的右侧还注明了楼梯间外墙上的门窗洞的高度、它们至休息平台的定位尺寸及过梁的高度。在图内还标注了地面、各层楼面、休息平台的标高尺寸，在图内近屋面处，还标注了屋面坡度。该楼以定位轴线为分水线向两侧排水，排水坡度为 2%。

四、绘图步骤

(1) 选取合适的绘图比例。

(2) 确定定位轴线和高程控制线的位置。其中高程控制线主要指：室内外地坪线、各层楼面线、区顶线、楼梯休息平台线等。

(3) 画出内、外墙身厚度、楼板、屋顶构造厚度，再画出门窗洞高度、过梁、圈梁、防潮层、出檐宽度、楼梯段及踏步、休息平台、台阶等的轮廓。

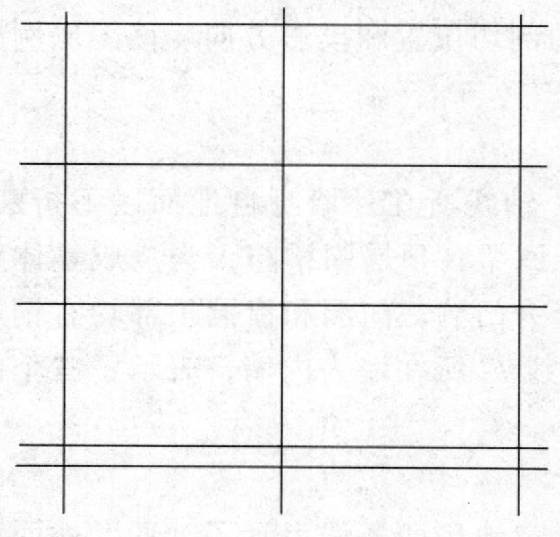

图 8-23　画定位轴线和各层的高程控制线

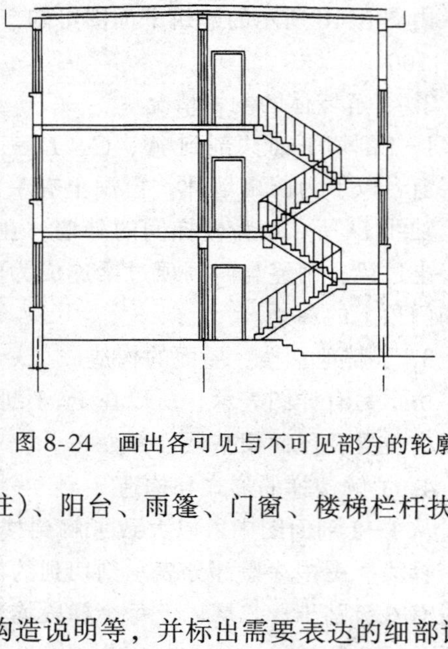

图 8-24　画出各可见与不可见部分的轮廓

(4) 画未剖切到的可见轮廓，如墙垛、梁（柱）、阳台、雨篷、门窗、楼梯栏杆扶手。

(5) 检查后按线型标准的规定加深各类图线。

(6) 标注高度尺寸和标高。

(7) 写图名、比例及从地面到屋顶各部分的构造说明等，并标出需要表达的细部详图的索引符号和编号。

下面的图 8-23、图 8-24 和图 8-25 就是建筑剖面图的绘图实例。

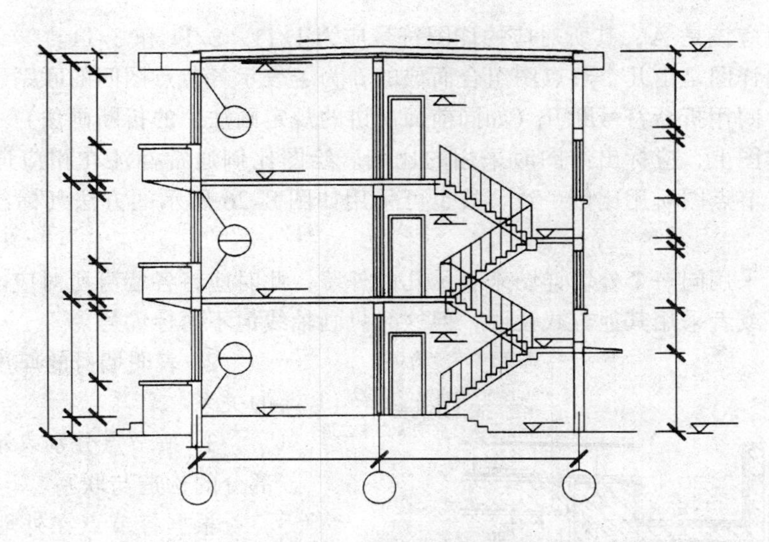

图 8-25　确定尺寸、符号和文字说明的位置

第 6 节　建　筑　详　图

一、概述

由于建筑平、立、剖面图一般都采用较小的比例绘制，因此房屋的许多细部构造和构配件难以在这些图中表示清楚，必须另外绘制比例较大的图样，将其形状、大小、构造、材料等详细地表达出来，这种图样称为建筑详图，有时也称为大样图或节点图。

建筑详图可以是建筑平、立、剖面图中的某一部分的放大图，也可以是用其他方法表示的剖面或断面图。对于那些套用标准图或通用详图的建筑构配件和剖面节点，只要注明了它所套用的图集的名称、编号或索引符号，就不必另画详图。

最常见的建筑详图有两种：外墙剖面详图和楼梯详图。下面分别介绍它们所表达的用途及主要内容。

二、外墙剖面详图

(一) 形成

外墙详图通常是由几个外墙节点详图组合而成的。它实际上就是将建筑剖面图中的外墙身折断（从室外地坪到屋顶檐口分成几个节点）后画出的局部放大图。对一般的多层建筑而言，其节点图应包括底层、顶层和中间层共三个。图 8-26 即为上述某宿舍楼南面的外墙节点详图。

(二) 内容及规定画法

1. 定位轴线、详图符号和比例

外墙节点详图上所标注的定位轴线编号应与其他图中所表示的部位一致，其详图符号也要和相应的索引符号对应。例如，在图 8-22 中，外墙所在的定位轴线编号为 A，在墙身的不同部位，分别标有 1/12、2/12 和 3/12 三个详图索引符号，由此，本图中外墙的定位轴线编号也应该是 A，其所对应的详图符号应为 1/11、2/11 和 3/11。

由于外墙详图是由几个节点图组合而成的，为了表示各节点图间的联系，通常将它们画在一起，中间用折断符号断开（如同前面所讲的规定画法中的折断画法）。

在外墙详图上，应标出绘图时采用的比例。绘图比例通常标注在相应详图符号的后面，但由于各节点图所用比例一致，故也可采用如图 8-26 所示的方法（标注在定位轴线的后面）。

有时也可采用同一个外墙详图来表示几面外墙，此时应将各墙身所对应的定位轴线编号全部标上。或者采用其他方式说明，但这时只画轴线但不再标编号。

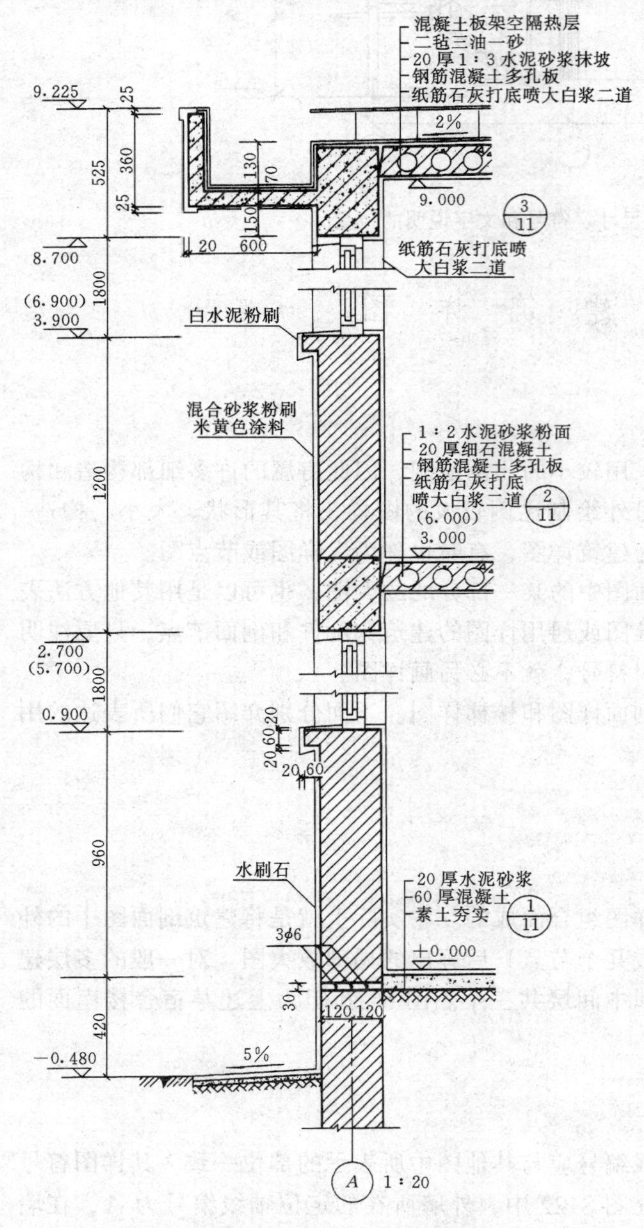

图 8-26 外墙节点大样图

2. 表明墙身的厚度与定位轴线的关系

3. 按节点分别表示外墙及其他部分的构造与联系

根据各节点在外墙上的位置不同，其所表示的内容也略有差别。

(1) 底层节点大样图——有时还可分成勒脚、明沟节点大样图和窗台节点大样图两个详图。它们分别表示了室外散水（或明沟）、勒脚、室内地面、踢脚板及墙脚防潮层、窗台的形状和构造；

(2) 中间层节点大样图——包括窗台节点详图和窗顶节点详图两部分。它主要用以表示门、窗过梁（圈梁）、遮阳板、窗台楼板的形状和构造，另外还有楼板与墙身连接的情况等；

(3) 顶层节点大样图——又称檐口节点详图。它是用来表示门、窗过梁（圈梁）、檐口处屋面、顶棚的形状和构造。

4. 表示下水口、雨水斗和雨水管的形状和位置

5. 注明各部分的标高、高度尺寸及墙身突出部分的细部尺寸

标注时，可用带有括号的标高来表示上一层的尺寸。

6. 图例和文字说明

在外墙详图中，可用图例或文字说明来表示有关楼（地）面及屋

顶所用的建筑材料，包括材料间的混合比、施工厚度和做法、内外墙面的做法等。

图 8-26 所示为某宿舍楼南面外墙（所在定位轴线编号为 *A*）的节点详图。该轴线位于墙身中心，墙身在室外地坪以上厚 240mm，在 -0.060 高程处有 300mm 高钢筋混凝土地圈梁兼做防潮层；窗台以下外墙面做水刷石护面，墙脚做 5% 坡度的混凝土散水；室内做水泥地面；窗台为砖砌凸出墙面，采用水泥砂浆抹面，外窗台顶面设有向外排水坡度，下部做滴水斜口，内窗台水泥砂浆粉面；窗洞上沿设有凸出窗檐作为遮阳，在外侧做滴水槽线；窗顶处有钢筋混凝土圈梁；楼板采用预应力混凝土多孔板，搁置在两端的横墙上；楼板用 1∶2 水泥砂浆粉面，屋顶为平屋顶，采用预应力钢筋混凝土多孔板拼接而成，用水泥砂浆找坡 3%，上铺油毡防水层和架空隔热层；檐口外侧现浇钢筋混凝土天沟与墙顶圈梁相连；中间节点窗檐、楼面、窗台均注有几个标高，分别表示一、二层或二、三层该部位的标高。其余还注有各部位的标高、高度尺寸和细部尺寸。图中还表示了内外墙面的做法，请读者自行阅读。

三、楼梯详图

(一) 概述

楼梯是房屋中上下交通的设施，楼梯一般由梯段、休息平台和栏杆（栏板）组成。楼梯详图主要表示楼梯的结构形式、构造、各部分的详细尺寸、材料和做法，是楼梯施工放样的主要依据。

楼梯详图包括楼梯平面图、楼梯剖面图和踏步、栏杆（栏板）、扶手等详图。

(二) 楼梯平面图

1. 形成

假想沿着房屋各层的第一梯段中部，将楼梯水平剖切后向下投影所得的图形，被称为楼梯平面图。

2. 分类及规定画法

(1) 分类

与建筑平面图中的道理相同，楼梯平面图一般也有三种：楼梯底层平面图、楼梯中间层平面图和楼梯顶层平面图。但如果中间各层中某层的平面布置与其他层相差较多，也可专门绘制。

(2) 规定画法

为了避免与踏步线混淆，按制图标准规定，剖切线应用倾斜的折断线表示（折断线的倾斜角度通常为 45°），并用箭头表示梯段的走向（向上或向下），同时标出各层楼梯的踏步总数。

楼梯平面图的图名应分别注写在相应图的下方或一侧，且其后应注上比例。

常用的楼梯平面图的比例为 1∶50。

3. 内容及阅读举例

如图 8-27 所示，是上述宿舍楼的楼梯平面图，下面通过对它的阅读，分别介绍三种常用楼梯平面图的主要内容和阅读方法。

(1) 楼梯底层平面图

图 8-27（*a*）所示的是该楼的底层楼梯平面图。由图可见，其定位轴线应与相应的建

筑平面图相符。

在底层平面图中，剖切后的45°折断线，应从休息平台的外边缘画起（平台部分不表示），从而使得第一梯段的踏步数全部表示出来。由此可知，该楼底层至二层的第一梯段为10级踏步，其水平投影应为9格（水平投影的格数=踏步数-1）。由休息平台的外边缘量取9×250mm（踏步宽）的长度后可确定楼梯的起步线，将楼梯起步线到休息平台外边缘的距离分为9等分，可画出八条踏步线。楼梯宽度和扶手等均应按实际尺寸绘制。图中箭头指明了楼梯上、下的走向，旁边的数字表示踏步数，“上18”是指由此向上18个踏步可以到达二层楼面；“下3”则表示将由一层地面到出口处，需向下走3个踏步。

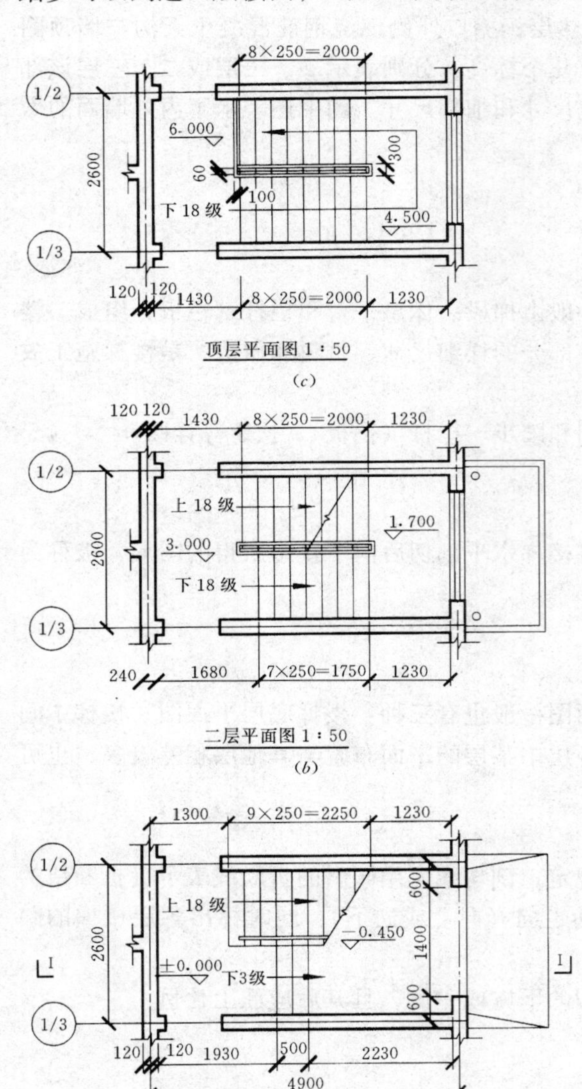

图8-27 楼梯平面图

在楼梯底层平面图上，楼梯起步线至休息平台外边缘的距离，被标注成9×250=2250的形式，其目的就是为了将梯段的踏步尺寸一并标出。

另外在楼梯的底层平面图上，还应标注出各地面的标高和楼梯剖面图的剖切符号等内容。例如图中的Ⅰ-Ⅰ剖面。

（2）楼梯中间层平面图

沿二、三层间的休息平台以下将梯段剖开，可得到图8-27（*b*）所示的中间层楼梯平面图。

从图中可以看出，中间层楼梯平面图中的45°折断线，应画在梯段的中部。在画有折断线的一边，折断线的一侧（靠近走廊的一侧）表示的为从休息平台至上一层楼面的梯段，另一侧（靠近休息平台的一侧）则表示的是下一层的第一梯段上的可见踏步及休息平台；而在扶手的另一边，表示的是休息平台以上的第二梯段的踏步。在图中该段（指第二段）画有7个等分格，由此说明，该段有8个踏步（水平投影数+1=踏步数）。

楼梯中间层平面图的尺寸标注与底层平面图基本相同，故不再多言。

（3）楼梯顶层平面图

如图8-27（*c*），由于此时的剖切平面位于楼梯栏杆（栏板）以上，梯段未被切断，故在楼梯顶层平面图上不画折断线。图中表示的是下一层的两个梯段和休息平台。且箭头只指向下楼的方向。

在绘制楼梯顶层平面图时，应特别注意扶手的画法（扶手应与顶层安全栏杆或栏板的扶手相连）。

（三）楼梯剖面图

1. 形成及主要内容

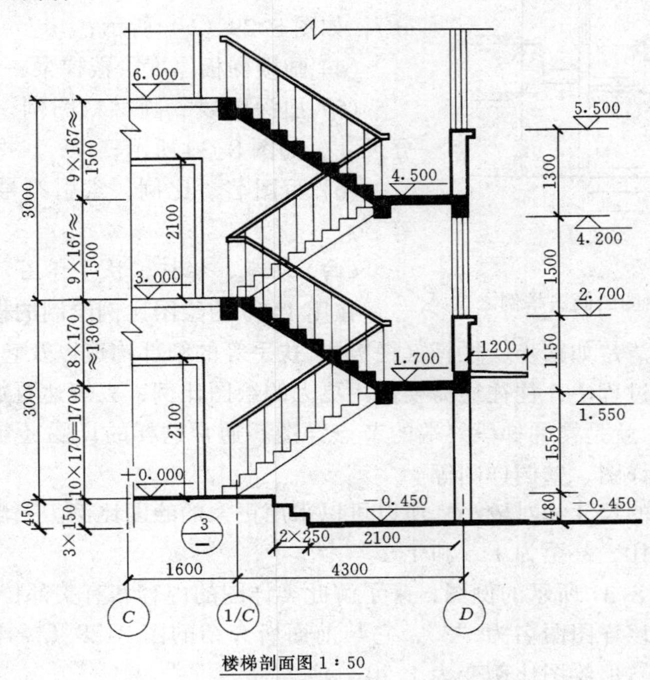

图 8-28　楼梯的剖面图

按照楼梯底层平面图上标注的剖切位置，用一个铅垂的剖切平面，沿各层的一个梯段和楼梯间的门窗洞剖开，向另一个未剖切的梯段方向投影，此时所得的剖面图就称为楼梯剖面图。如图 8-28 所示。由图 8-28 可知，楼梯剖面图亦可看成是前面所讲宿舍楼的建筑剖面图 I－I 剖面图的局部放大图。

楼梯剖面图主要用来表示各楼层及休息平台的标高、梯段踏步、构件连接方式、栏杆形式、楼梯间的门窗洞的位置和尺寸等内容。通常楼梯剖面图应选取和楼梯平面图相同的绘图比例。

2. 绘图方法

梯段的绘制是楼梯剖面图绘制过程中较为复杂的部分。现将梯段踏步的画法举例说明如下：

(1) 定各层地（楼）面线和休息平台顶面线，如图 8-29（a）所示；

(2) 量取休息平台宽度和在各层地（楼）面定梯段的起步点（休息平

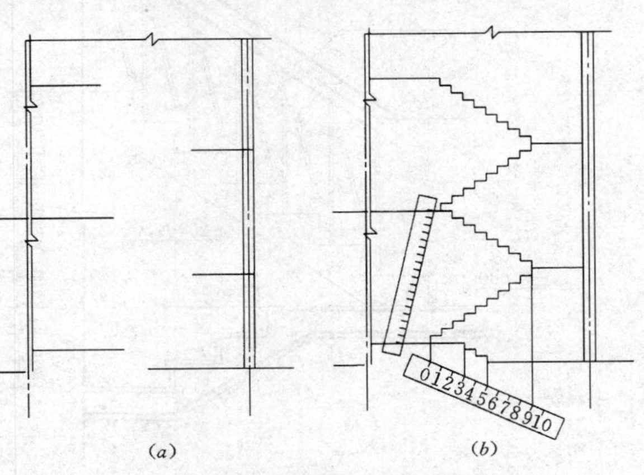

图 8-29　楼梯剖面图的画法举例之一

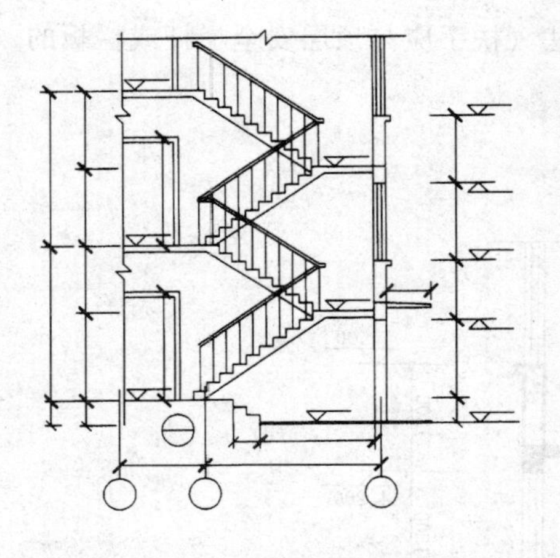

图 8-30 楼梯剖面图的画法举例之二

台边缘至起步点的水平距离＝踏步宽×（踏步数－1））；

(3) 用等分平行线间距的方法画踏步（高度方向为踏步数的等分，水平方向为踏步数减一的等分），如图 8-29（*b*）所示；

(4) 画楼梯板厚度、楼梯梁、栏杆扶手等轮廓；

(5) 加深图线、画材料图例，标注标高和各部分尺寸，如图 8-30 所示；

(6) 写图名、比例、索引符号和有关部门说明等。

（四）踏步、栏杆、扶手详图

在用 1:50 的绘图比例绘制的楼梯平面图和剖面图，仍然难以表达清楚如踏步、栏杆（栏板）、扶手等的细部构造以及它们的尺寸和做法。为此，在实际绘图过程中，往往还需要使用更大的绘图比例，去表达更加细部的构造。如图 8-31 左边所示，就是楼梯梯段终端的节点详图。通常这样的详图还包括：室外台阶节点剖面详图、阳台详图、壁橱详图等。

由于这类详图的尺寸相对较小，所以可以采用更大的绘图比例。一般此类详图的绘图比例有：1:20、1:10，甚至为 1:5 和 1:2。

下面通过如图 8-31 所示的例图，来了解此类详图的内容和有关部位的画法。

读图后可知，该详图图名为“3”，它与前面所介绍的图 8-28（楼梯剖面图）中的详图索引符号相对应，但绘图比例变为 1:20。

该图所表示的楼梯梯段为现浇钢筋混凝土板式楼梯，梯段中踏步的踏面宽 250mm，踢面高 170mm；由一层地面往出口去的踏步宽仍为 250mm，但踢面高为 150mm。除此以外，该图中还标注了扶手的高度及一层室内地面的标高。

三号详图中所注的详图索引符号，对应于图 8-31 右边的详图“1”。

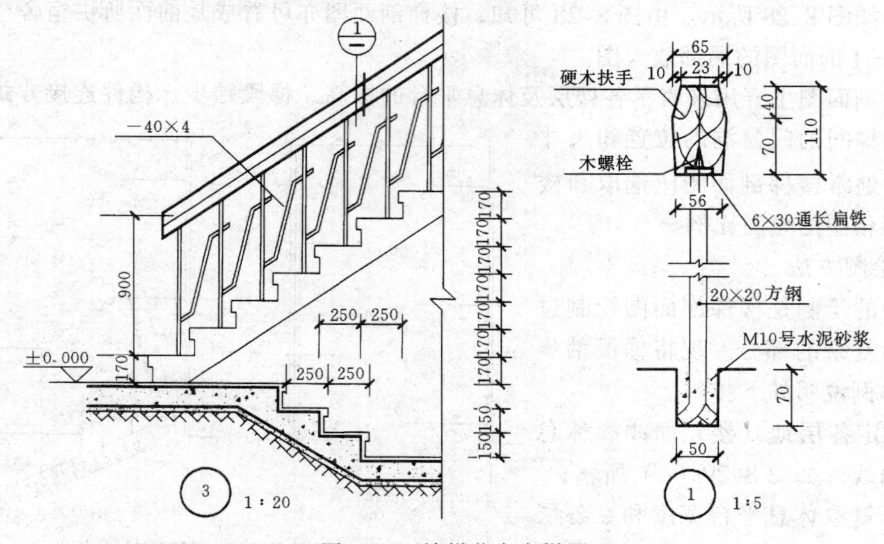

图 8-31 楼梯节点大样图

详图“1”是一个剖面详图，它主要表示的内容有两个：一是扶手的断面形状、尺寸、材料及它与栏杆柱的连接方式；二是栏杆柱与楼梯板的固定形式。读图后可知该楼梯栏杆由钢管、钢筋焊接而成。其端杆所用钢管的直径为 $\phi32$，中间所用钢筋的直径为 $\phi16$，两者之间用直径 $\phi10$ 的钢筋相连接。

至于该楼梯的踏步的踏面和踢面的做法、防滑条的材料和尺寸等，还应另画详图表示，因篇幅所限，本文不再一一列举。

复习思考题

1. 简述房屋的组成及其各部分的作用。
2. 绘制建筑施工图时应遵守哪些标准？
3. 建筑总平面图的作用及主要内容是什么？
4. 建筑平面图是怎样形成的？其主要内容有哪些？
5. 建筑立面图的命名规则是什么？
6. 建筑剖面图的主要内容有哪些？
7. 常见的建筑详图有哪些？其中外墙节点详图主要是用来表达建筑物上的哪些部位？
8. 楼梯详图的主要内容是什么？

第9章 装饰施工图

第1节 概 述

一、装饰施工图的形成和作用

装饰施工图是设计人员按照投影原理，用线条、数字、文字、符号及图例在图纸上画出的图样。用来表达设计构思和艺术观点，空间布置与装饰构造以及造型、饰面、尺度、选材等，并准确体现装饰工程施工方案和方法。

装饰施工图是装饰施工的“技术语言”，是装饰工程造价的重要依据；是建筑装饰工程设计人员的设计意图付诸实施的依据；是工程施工人员从事材料选择和技术操作的依据以及工程验收的依据。

二、装饰施工图的特点

装饰施工图与建筑施工图密切相关，因为装饰工程必须依赖建筑，所以装饰施工图和建筑施工图既有相似之处，又有不同之处，两者既有联系又有区别。装饰施工图主要反映的是“面”，即外表的内容，但构成和内容较复杂，多用文字或其他符号作为辅助说明，而对结构构件及内部组成反映得较少。在学习了建筑施工图的内容后，对装饰施工图原则性的知识已经大致掌握。

装饰施工图的主要特点如下：

(1) 装饰施工图是按照投影原理，用点、线、面构成各种形象，表达装饰内容；

(2) 装饰施工图套用了建筑设计的制图标准，如图例、符号等；

(3) 装饰施工图中采用的图例符号尚未完全规范；

(4) 装饰施工图中大多数采用文字注写来补充图的不足。

三、装饰施工图的分类

一套完整的装饰施工图，一般可分为：

(1) 装饰平面图；

(2) 装饰立面图；

(3) 装饰详图；

(4) 家具图。

四、装饰施工图中常用的图例和符号

在建筑装饰蓬勃发展的今天，对于建筑装饰图例的应用尤为突出。室内装饰设计所包

括的室内项目，如家具、设施、织物、绿化、摆设等内容很多，不能以实物的原形出现在图纸上，只有借助图例表示。装饰施工图中有一些常用图例，在建筑施工图中应用不多，仅仅是设计者自制自用，但目前具有一定的普遍意义。

（一）常用装饰材料图例

装饰材料图例　　表 9-1

序号	名　称	图　例	说　明
1	毛　石	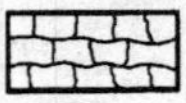	
2	天然石材		包括岩层、砌体、铺地、贴面等石材
3	金　属		在一般装饰结构中的金属剖面符号，按建筑制图规则画。图形小时可涂黑
4	铝合金	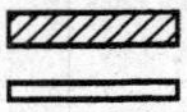	在铝合金结构和有机械装置结构中，剖面符号按机械制图规则画
5	饰面砖	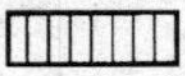	包括铺地砖、瓷砖、陶瓷锦砖、人造大理石
6	木　材	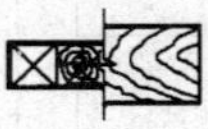	木材纵剖时若影响图面清晰可不画剖面符号
7	胶合板 （不分层数）	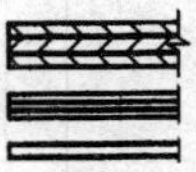	夹板材断面不用交叉直线符号，层数用文字注明，在投影图中很薄时可不画剖面符号
8	纤维板		
9	细木工板	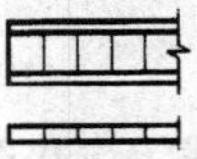	在投影图中很薄时，可不画剖面符号
10	覆面刨花板		
11	塑　料 有机玻璃　橡胶		
12	软质填充料		棉花、泡沫塑料、棕丝等
13	玻　璃	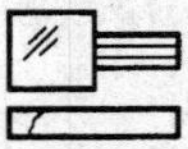	包括平板玻璃、夹丝玻璃、钢化玻璃等
14	镜　子	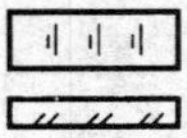	

续表

序号	名　称	图　例	说　明
15	编　竹		上图为平面，下图为剖面
16	藤　编		上图为平面，下图为剖面
17	网状材料		包括金属、塑料等网状材料 图纸中注明具体材料
18	石膏板		
19	栏　杆		上图为非金属扶手；下图为金属扶手
20	水磨石		
21	壁纸中常见符号		左图为对花壁纸；右图为错位对花壁纸
			左图为水洗壁纸；右图为可擦洗壁纸
			左图背面已有刷胶粉；右图为防褪色壁纸
			左图可在再次装饰时撕去；右图为有相应色布料的壁纸

（二）家具、摆设物及绿化图例

家具、摆设物及绿化图例　　表 9-2

序号	名　称	图　例	说　明
1	双人床		原则上所有家具在设计中按比例画出
2	单人床		
3	沙　发		
4	凳、椅		选用家具，可根据实际情况绘制其造型轮廓
5	桌		

续表

序号	名　称	图　例	说　明
6	钢　琴		
7	吊　柜		
8	地　毯		满铺地毯在地面用文字说明
9	花　盆		
10	环境绿化		乔木
11	隔断墙		注明材料
12	玻璃隔断 木隔断		注明材料
13	金属网隔断		
14	雕　塑		
15	其他家具	长板凳　食品柜　酒柜	其他家具可在矩形或实际轮廓中用文字说明
16	投影符号	A	箭头方向表示该方向投影面，圆圈内的字母表示投影面的编号

（三）水暖卫图例

水暖图例见表9-3，卫生设备图例见表9-4。

水　暖　图　例　　**表9-3**

名　称	图　例	名　称	图　例
管　道		闸　阀	
		交叉管	
三通连接		四通连接	
软　管		保　温	
存水弯		通气帽	
截止阀		阀　门	

续表

名称	图例	名称	图例
电动阀	M	室内消火栓（单口）	
流量表		消防报警阀	
球阀		消防喷头（闭式）	
止回阀		开水器	
放水龙头		回风口	
肘式开头		窗式空调	
室外消火栓		压缩机	
室内消火栓（双口）		减压阀	
消防喷头（开式）		风管止回阀	
热交换器		排风管	
温度计		压力表	
空调		散热器	
风管		风机	
送风口		散热器三通阀	
气动阀		暖风机	
旋塞阀		送风管	
压力调节阀		防火阀	
延时自闭冲洗阀		消声器	
洒水龙头		疏水器	
脚踏开关		自动排气阀	

卫生设备图例　　表9-4

序号	名　称	平　面	立　面	侧　面
1	洗脸盆	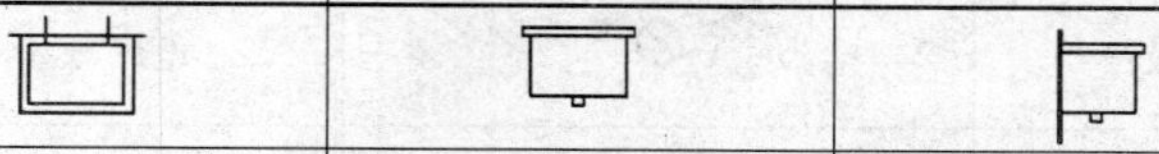		
2	立式洗脸盆（洗面器）			
3	浴　盆	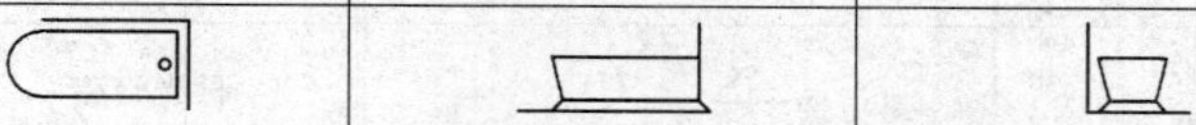		
4	方沿浴盆			
5	净身盆（坐洗器）			
6	立式小便器			
7	蹲式大便器			
8	坐式大便器			
9	洗涤槽	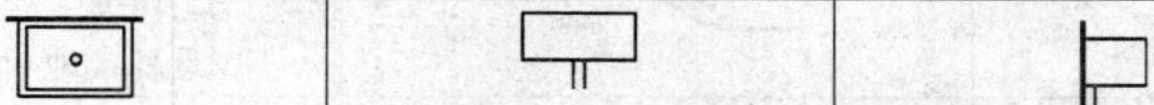		
10	淋浴喷头			
11	斗式小便器			
12	地　漏			
13	污水池		其他设备依设计的实际情况绘制	

（四）电器、照明图例

电器、照明图例　　表9-5

名　称	图　例	名　称	图　例
开　关	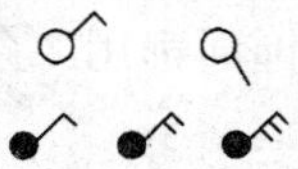	电　视	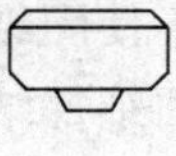
配电盘	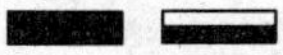	吊　灯	
地板出线口		荧光管灯	

续表

名称	图例	名称	图例
灯的一般符号		电风扇	
顶棚灯座		壁灯	
电话 电话插孔		日光灯带	
洗衣机		吸顶灯（顶棚灯）	
门铃 门铃按钮		墙上灯座	
避雷针		吊式风扇	
电源引线		镜灯	
插座		电视电线盒	
刀开关		接地 重复接地	
电线			

第2节　装饰平面图

装饰平面图是装饰施工图的首要图纸，其他图样均以平面图为依据而设计绘制的。装饰平面图包括楼、地面装饰平面图和顶棚装饰平面图。

一、楼、地面装饰平面图

（一）楼、地面装饰平面图图示方法

楼、地面装饰平面图与建筑平面图的投影原理基本相同，二者的重要区别是所表达的内容不完全相同。建筑平面图用于反映建筑基本结构，而楼、地面装饰平面图在反映建筑基本结构的同时，主要反映地面装饰材料、家具和设备等布局，以及相应的尺寸和施工说明，如图9-1所示为某招待所的豪华二间套房平面图。

为了不使图纸过于繁杂，在平面图上剖切到的装饰面都用二条细实线表示，并加以文字说明，而细部结构则在装饰详图中表示清楚。

装饰平面图，一般都采用简化建筑结构，突出装饰布局的画图方法，对结构用粗实线或涂黑表示。

（二）楼、地面装饰平面图图示内容

如图9-1所示为某招待所的豪华二间套房平面图，图中主要反映的内容有：

（1）通过定位轴线及编号，表明装饰空间在建筑空间内的平面位置及其与建筑结构的

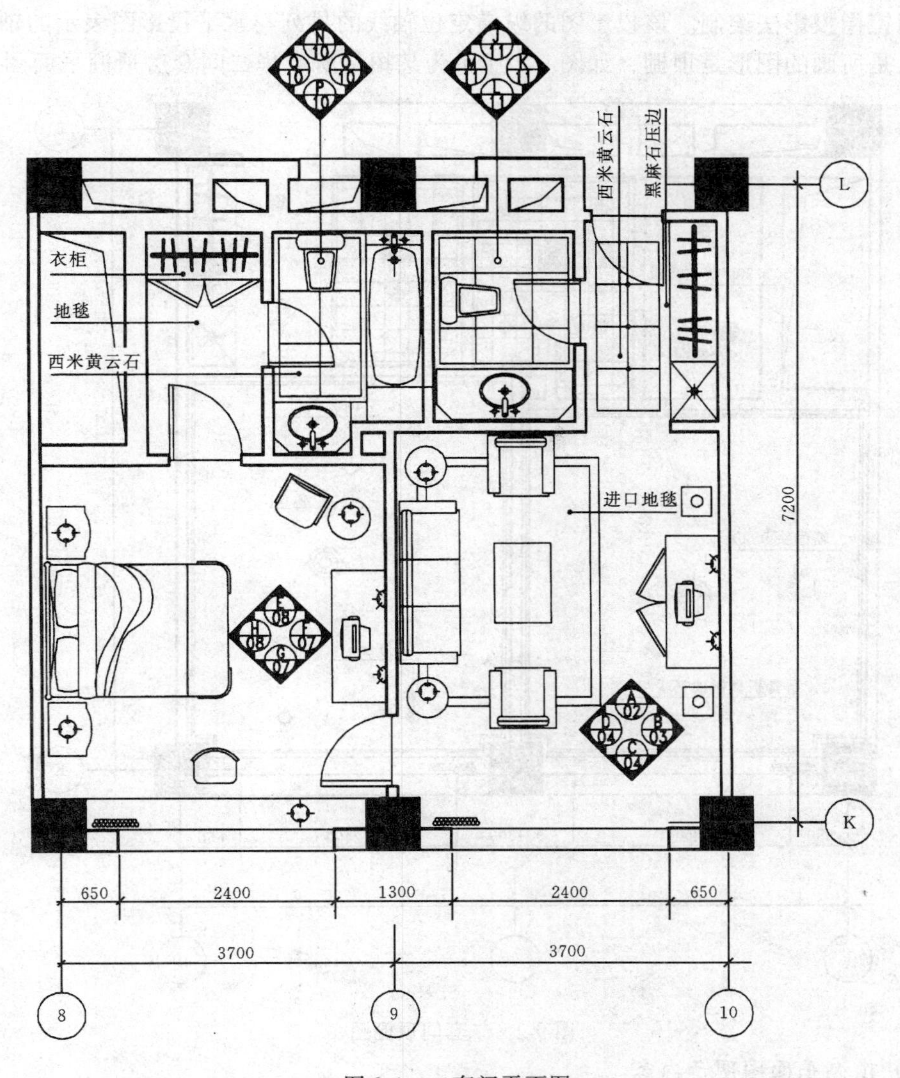

图 9-1　二套间平面图

相互关系尺寸；

(2) 表明装饰空间的结构形式、平面形状和长宽尺寸；

(3) 表明门窗的位置、平面尺寸、门的开启方式及墙柱的断面形状及尺寸；

(4) 表明室内家具、设施（电器设备、卫生设备等）、织物、摆设（如雕像等）、绿化、地面铺设等平面布置的具体位置，并说明其数量、规格和要求；

(5) 表明地（楼）饰面材料和工艺要求；

(6) 表明与此平面图相关的各立面图的视图投影关系和视图的位置编号；

(7) 表明各种房间的位置及功能。

二、顶棚平面图

(一) 顶棚平面图图示方法

采用镜像投影法绘制。该投影图的纵横定位轴线的排列与水平投影图表示的轴线完全相同，只是所画的图形是顶棚，如图 9-2 所示为某招待所豪华二间套房顶棚平面图。

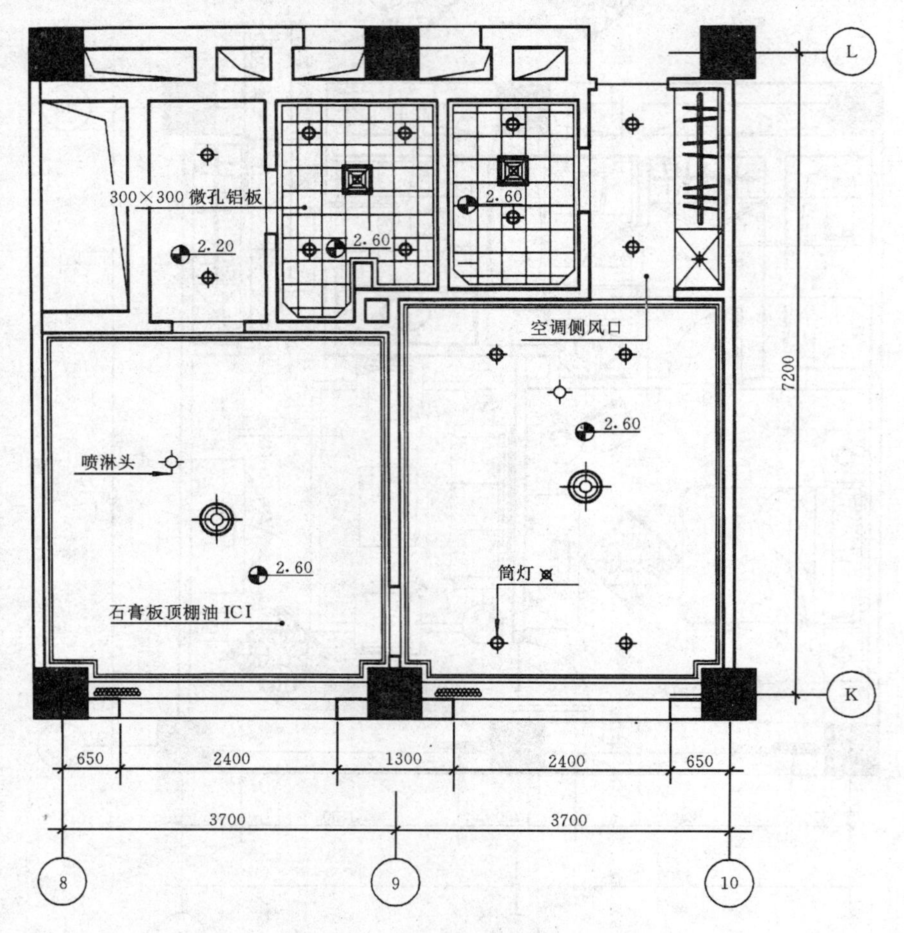

图 9-2　二套间顶棚图

(二) 顶棚平面图图示内容

(1) 表明顶棚装饰造型平面形状和尺寸；

(2) 说明顶棚装饰所用的装饰材料及规格；

(3) 表明灯具的种类、规格及布置形式和安装位置，顶棚的净空高度；

(4) 表明空调送风口的位置、消防自动报警系统及与吊顶有关的音响设施的平面布置形式及安装位置；

(5) 对需要另画剖面详图的顶棚平面图，应注明剖切符号或索引符号。

三、装饰平面图的识读要点

装饰平面图在装饰施工图中是主要图样，其他图样都是以装饰平面图为依据，进行装饰设计的其他方面工作。识读装饰施工图与识读建筑施工图一样，首先看装饰平面图。其要点如下：

(1) 先看标题栏，认定为何种平面图，进而了解整个装饰空间的各房间功能、面积及门窗走道等主要位置尺寸；

(2) 明确为满足各房间功能要求所设置的家具与设施的种类、数量、大小及位置尺寸，应熟悉图例；

(3) 通过对平面图的文字说明，明确各装饰面的结构材料及饰面材料的种类、品牌和色彩要求；了解装饰面材料间的衔接关系。

(4) 通过平面图上的投影符号，明确投影图的编号和投影方向，进一步查阅各投影方向的立面图；

(5) 通过平面图上的索引符号（或剖切符号），明确剖切位置及剖切后的投影方向，进一步查阅装饰详图；

(6) 识读顶棚平面图，需明确面积、功能、装饰造型尺寸，装饰面的特点及顶面的各种设施的位置等关系尺寸。此外要注意顶棚的构造方式，应同时结合对施工现场的勘察。

总之，在装饰平面图中所表现的内容主要有三大类：

第一类是建筑结构及尺寸；

第二类是装饰布局和装饰结构以及尺寸关系；

第三类是设施、家具安放位置。

第3节　装 饰 立 面 图

一、装饰立面图图示方法

装饰立面图是建筑外观墙面及内部墙面装饰的正立投影图，用以表明建筑内外墙面门窗各种装饰图样、相关尺寸、相关位置和选用的装饰材料等。用以表现建筑内部装饰的各立面图，实际上都是建筑物竖向剖切平面的正立投影图，与剖面图相似，各剖切面的位置及投影符号均在楼、地面装饰平面图上标出，如图 9-1 中投影符号所示位置。

如果墙面没有什么特殊装饰，只是一般的装饰（如粉刷、贴壁纸等），其墙立面图可以省略。

装饰立面图表现方法：

(1) 外墙表现方法同建筑立面图施工图；

(2) 单纯在室内空间见到的内墙面的图示：若只表现单一空间的装饰立面图，以粗实线画出这一空间的周边断面轮廓线（即楼板、地面、相邻墙交线），表现出墙面、门窗装饰、内视立面中的家具、陈设、壁画以及有关施工的内容（图 9-3），力求图样与尺寸标注完善。

立面图虽多表现单一室内空间，也更容易扩展到相邻的空间，在立面图中不仅要图示墙面布置和工程内容，还必须把空间可见的家具、摆设、悬吊的装饰物都表现出来，投影图轴线编号、控制标高、必要的尺寸数据、详图索引符号等也都应标注详细，图名应与投影符号编号一致（图 9-3、图 9-4、图 9-5 即图 9-1 中视点立面图中的 F、G、H 视点立面图）。

上述所示立面图只表现一面墙的图样，有些工程常需要同时看到所围绕的各个墙面的整体图样。根据展开图的原理，在室内某一墙角处竖向剖开，对室内空间所环绕的墙面依次展开在一个立面上，所画出的图样，称为室内立面展开图。使用这种图样可以研究各墙

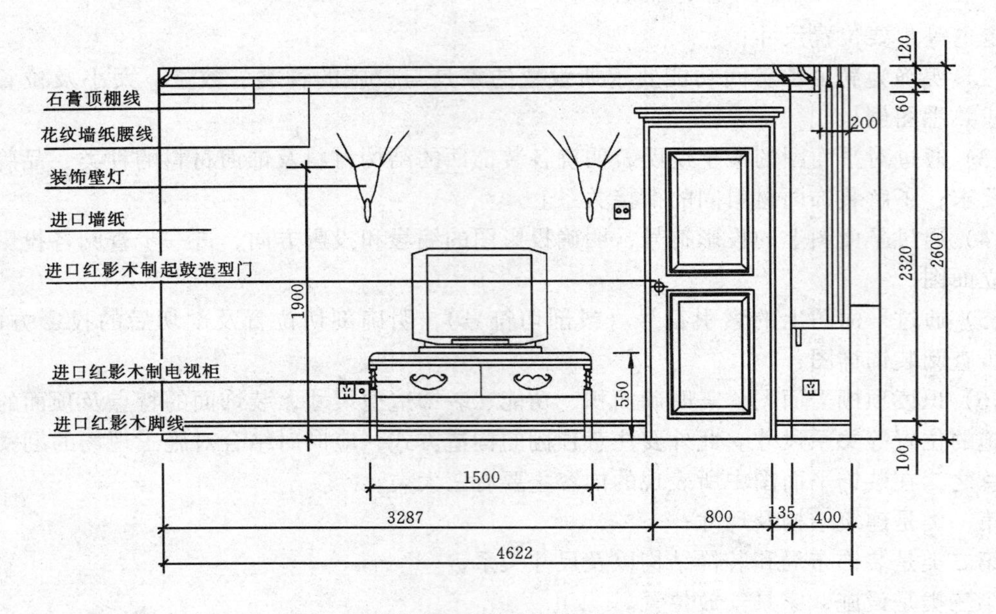

图 9-3　装饰立面图之一

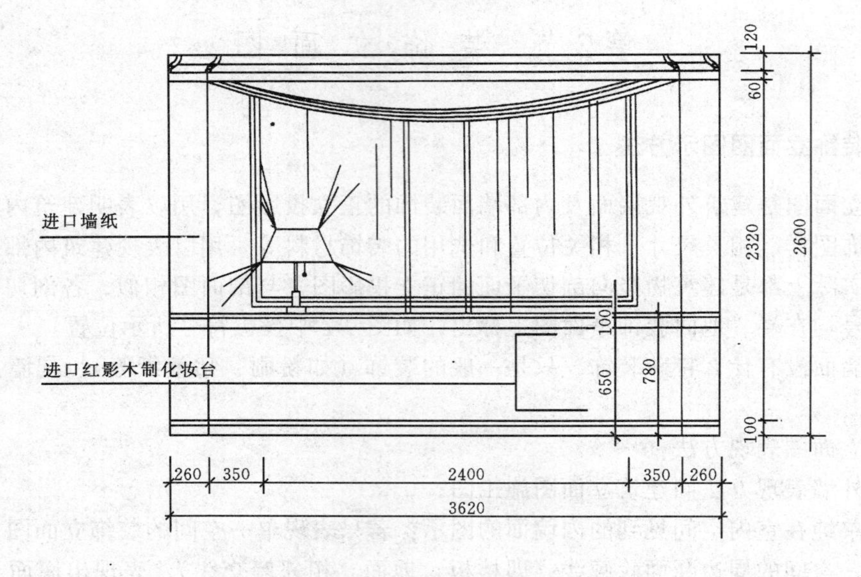

图 9-4　装饰立面图之二

面间的统一和对比效果，可以看出各墙面的相互关系，可以了解各墙面的相关装饰做法，给读图者以整体印象，获得一目了然的效果。

室内立面展开图的图示方法：首先用特粗实线画出地面线（或楼面线），用粗实线把连续墙面外轮廓线和面与面转折的阴角线画出，按投影原理用中、细实线作主次区别地画出各墙面的正投影图样。

为了区别墙面位置，要在图的两端和墙阴角处的下方标注与平面图相一致的轴线编号。还要标注各种有用的尺寸数据和标高、详图索引号、引出线上的文字说明。装饰施工的具体做法主要在装饰详图上表现。这种立面展开图多用大比例表现，图名应以表达厅、

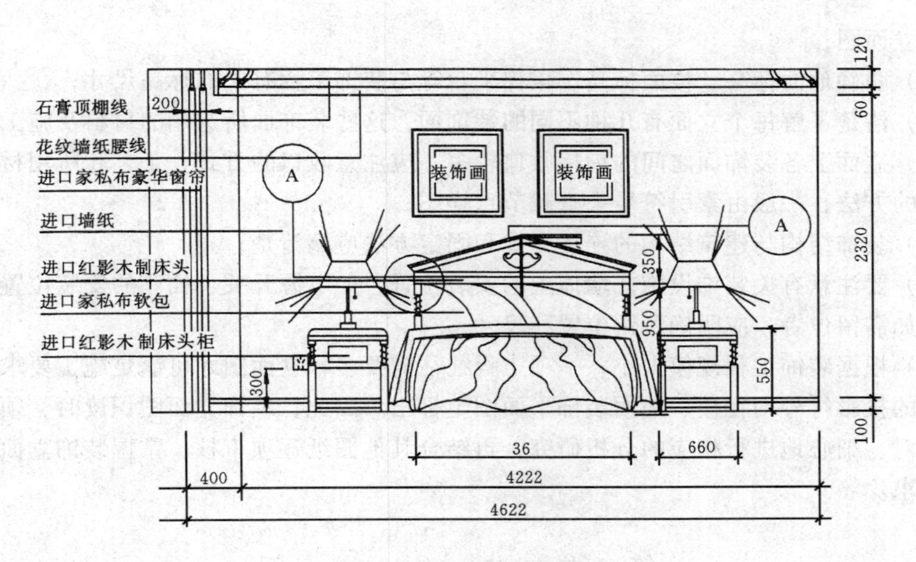

图 9-5 装饰立面图之三

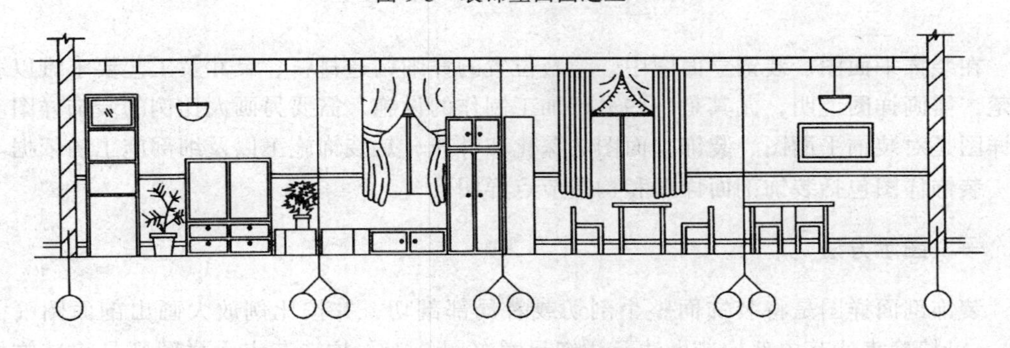

图 9-6 某餐厅室内立面展开图

室的名称为好。如图 9-6 所示为某餐厅室内立面展开图。

二、装饰立面图的图示内容

图 9-3、图 9-4、图 9-5 所示为图 9-1 豪华二间套房部分装饰立面图，图示内容为：

(1) 使用相对标高，以室内地坪为标高零点，进而标明装饰立面有关部位的标高；

(2) 表明装饰吊顶顶棚的高度尺寸及其迭级造型的构造关系和尺寸；

(3) 表明墙面装饰造型的构造方式，并用文字说明所需装饰材料；

(4) 表明墙面所用设备及其位置尺寸和规格尺寸；

(5) 表明墙面与吊顶的衔接收口方式；

(6) 表明门、窗、隔墙、装饰隔断物等设施的高度尺寸和安装尺寸；

(7) 表明景园组景及其他艺术造型的高低错落位置尺寸；

(8) 表明建筑结构与装饰结构的连接方式、衔接方法及其相关尺寸。

三、装饰立面图识读要点

(1) 读图时，先看装饰平面图，了解室内装饰设施及家具的平面布置位置，由投影符号查看立面图；

（2）明确地面标高、楼面标高、楼梯平台等与装饰工程有关的标高尺寸；

（3）清楚了解每个立面有几种不同的装饰面，这些装饰面所选用的材料及施工要求；

（4）立面上各装饰面之间的衔接收口较多，应注意收口的方式、工艺和所用材料。这些收口的方法，一般由索引符号去查找节点详图；

（5）装饰结构与建筑结构的连接方式和固定方法应搞清楚；

（6）要注意有关装饰设施在墙体上的安装位置，如电源开关、插座的安装位置和安装方式，如需留位者，应明确所留位置和尺寸；

（7）根据装饰工程规模大小，一项工程往往需要多幅立面图才可满足施工要求，这些立面图的投影符号均在楼、地面装饰平面图上标出。因此，装饰立面图识读时，须结合平面图查对，细心地进行相应的分析研究，再结合其他图纸逐项审核，掌握装饰立面的具体施工要求。

第4节　装　饰　详　图

在装饰平面图、装饰立面图中，隐蔽位置的详细构造材料、尺寸及工艺要求难以表达清楚，需画详图说明，尤其是一些另行加工制作的设施，需要另画大比例的装饰详图。装饰详图是对装饰平面图、装饰立面图的深化和补充，是装饰施工以及细部施工的依据。

装饰详图包括装饰剖面详图和构造节点详图。

一、图示方法

装饰剖面详图是将装饰面整个剖切或者局部剖切，并按比例放大画出剖面图（截面图），以精确表达其内部构造做法及详细尺寸（图 9-7）。构造节点大样图则是将装饰构造的重要连接部位，以垂直或水平方向切开，或把局部立面，按一定比例放大画出的图样（图 9-8、图 9-9）。

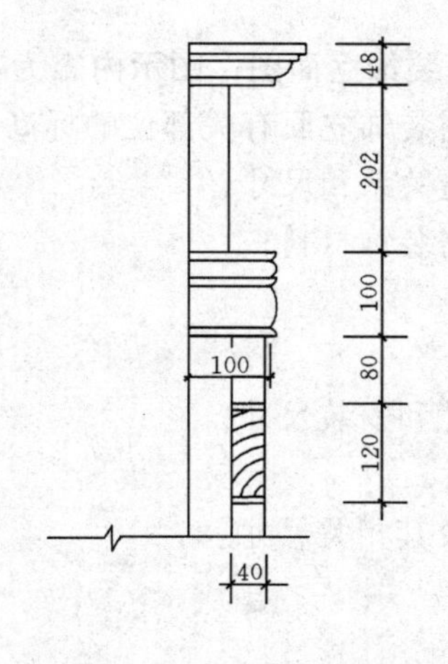

图 9-7　装饰剖面详图

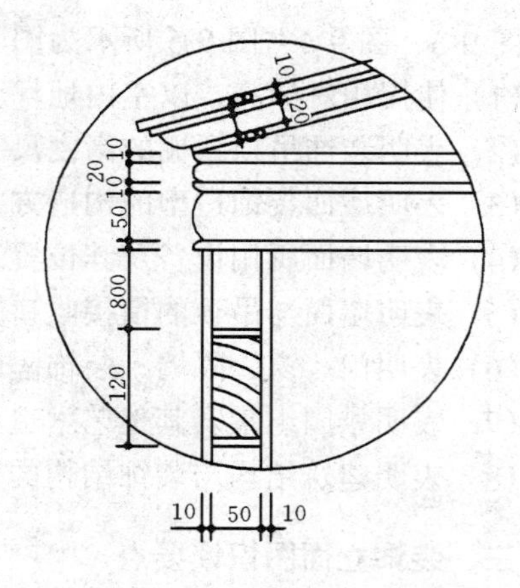

图 9-8　节点大样图

二、装饰详图图示内容

装饰详图所表现的图示内容如下：

(1) 表明装饰面或装饰造型的结构形式和构造形式，饰面材料与支承构件的相互关系。

(2) 表明重要部位的装饰构件、配件的详细尺寸、工艺做法和施工要求。

(3) 表明装饰结构与建筑主体结构之间的连接方式及衔接尺寸。

(4) 表明装饰面之间的拼接方式及封边、盖缝、收口和嵌条等处理的详细尺寸和做法要求。

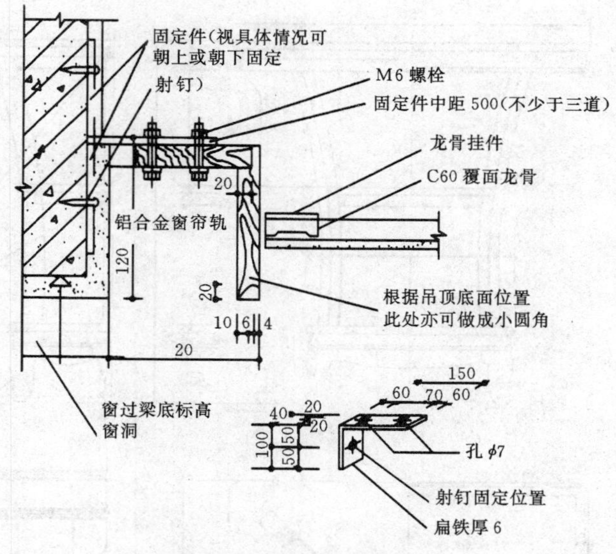

图 9-9　木质窗帘盒大样图

(5) 表明装饰面上的设施安装方式或固定方法以及设施与装饰面的收口收边方式。

三、装饰详图识读要点

(1) 结合装饰平面图和装饰立面图，了解装饰详图源自何部位的剖切，找出与之相对应的剖切符号或索引符号。

(2) 熟悉和研究装饰详图所示内容，进一步明确装饰工程各组成部位或其他图纸难以表明的关键性细部做法。

(3) 由于装饰工程的工程特点和施工特点，表示其细部做法的图纸往往比较复杂，不能像土建和安装工程图纸那样广泛运用国标、省标及市标等标准图册，所以读图时要反复查阅图纸，特别注意剖面详图和节点图中各种材料的组合方式以及工艺要求等。

第 5 节　家　具　图

家具是人们生活中不可缺少的日用品，人们学习、工作、娱乐、休息等日常生活中，都使用家具。因此，家具与人们的生活有着密切的联系。另外，家具既是日用品，又是工艺美术品，一件新颖美观的家具，能起到美化住房、装点环境的作用。在室内装饰工程中，为了与装饰格调和色彩协调配套，室内的配套家具需要在室内装修时一并做出。如电视机柜、椅子、酒吧台、接待台等。这就需要有家具图来指导施工。如图 9-10 所示为方桌。

常见的家具图包括有：立体图、结构装配图、节点图。

1. 立体图

立体图，也叫“示意图”。采用透视图或轴测图，能直观地表示家具的外形，能直观地看到家具正面、侧面和顶面，能直观了解家具的形状和式样，而内部结构，特别是零件之间的装配关系一般不画。仅仅有立体图是不能制作家具的。

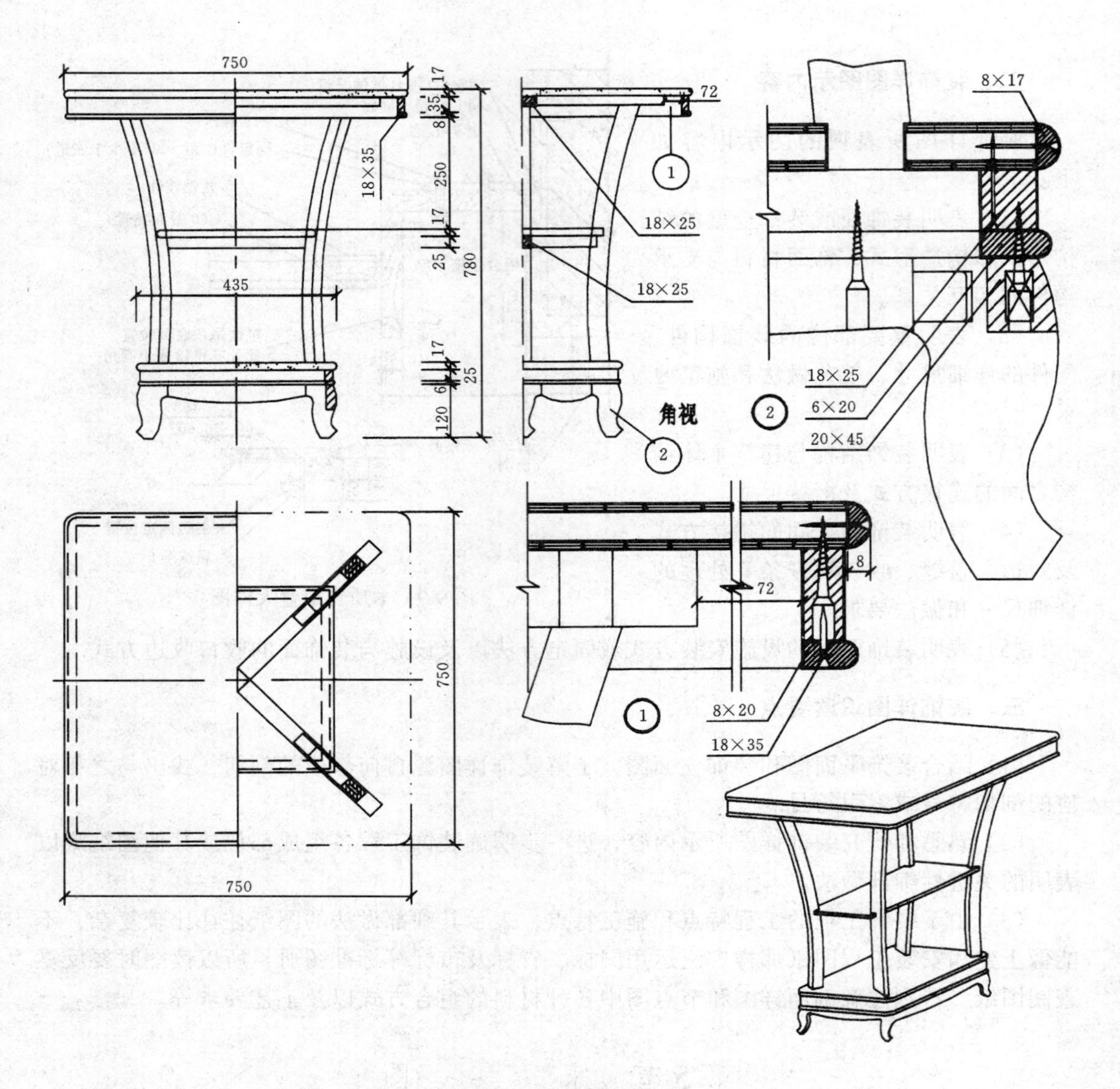

图 9-10　家具图

立体图通常放在结构图或部件图的空位处，作为结构装配图的辅助图样，方便于读图者对家具的认识和对图纸的理解。

2. 结构装配图

结构装配图，又称为施工图，简称装配图。它是家具图中最重要的图样，它能够全面表达家具的结构和装配关系。由平面图、正立面图、侧立面图组成装配图。

（1）表明了家具采用何种材料、何种接合方法（榫接合、钉接合或胶接合）。

（2）表明了家具饰面材料、线脚镶嵌装饰、装饰要求和色彩要求。

（3）表明了装配工序所需用的尺寸。

3. 节点大样图

为了清楚地表达家具面与面的交接处、收口部分、零部件重要的结钉形式以及连接和固定方式，而将这些关键部位以局部剖面图画出。

在装饰施工图中，家具图以详图的形式予以重点说明有利于单独制作和处理。它的绘制和识读与装饰剖面详图、节点图、平面图和立面图等相同。

复习思考题

1. 装饰施工图有什么特点？包括哪些图样？
2. 楼、地面装饰平面图与建筑平面图有什么区别？
3. 试述楼、地面装饰平面图的图示内容。
4. 顶棚平面图采用何种投影法绘制？试述顶棚平面图的图示内容。
5. 试述装饰立面图的图示内容。
6. 装饰立面图在图示方法上有何特点？与建筑立面图有哪些不同之处？
7. 装饰立面图的投影符号在哪个图样上查找？
8. 装饰详图有哪些图示方法？
9. 装饰详图与装饰平面图、装饰立面图的联系符号是什么？
10. 试述装饰详图图示内容。
11. 试述家具图由哪些图样组成？
12. 装配图有哪些图样组成？
13. 试述装配图的图示内容。

第10章　结 构 施 工 图

第1节　概　　述

通过上一章介绍可知，房屋施工图主要分为建施、结施和设施三大类。本章介绍结构施工图的作用、形成、组成、常用构件代号及材料符号、结构施工图样的表达方法和阅读。

一、结构施工图的作用

1.结构和构件

通常把房屋中除承受自重外还要承受其他荷载的部分称为结构或构件。例如：基础、承重墙、楼板、楼梯、梁、柱等。

2.房屋常用的结构形式（按承重材料分）

混合结构——承重部分用各种不同材料构成。一般基础用毛石砌筑，墙用砖砌筑，梁板、屋面等用钢筋混凝土材料浇注。

钢筋混凝土结构——所有承重部分采用钢筋混凝土构成。

钢结构——承重部分用钢材构成。

此外，还有木结构、砖石结构等等不再详述。

3.结构施工图的作用

结构施工图是将结构设计按国家制图标准绘成图样来表达的。施工图内容有结构或构件的布置、所用材料、形状尺寸及构造做法等。

结构施工图与建筑施工图一样，是施工的主要依据，用于施工放线、基础施工、支模板配钢筋、浇混凝土、结构安装等。

结构施工图也是计算工程量、编制施工预算和施工组织计划的依据。

二、结构施工图的组成

结构施工图必须满足结构、构件的施工要求，包括下列内容：

1.结构设计说明

包括结构设计依据、选用材料类型、规格、强度等级、选用标准图代号、施工要求等。

2.结构平面图

通常包含以下内容：

（1）基础平面图

（2）楼层结构平面布置图

（3）屋面结构平面布置图

3．结构详图

（1）基础详图，梁、板、柱结构详图。

（2）楼梯结构详图。

（3）其他构件详图。

三、常用构件代号

结构施工图中，为了简明地表明结构、构件的种类，GBJ105—85规定，对于梁、板、柱等钢筋混凝土构件可用代号表示。采用汉语拼音音头，如：KB—空心板，GL—过梁等。

常用构件代号 表10-1

序号	名称	代号	序号	名称	代号	序号	名称	代号
1	板	B	15	吊车梁	DL	29	基础	J
2	屋面板	WB	16	圈梁	QL	30	设备基础	SJ
3	空心板	KB	17	过梁	GL	31	桩	ZH
4	槽形板	CB	18	连系梁	LL	32	柱间支撑	ZC
5	折板	ZB	19	基础梁	JL	33	垂直支撑	CC
6	密肋板	MB	20	楼梯梁	TL	34	水平支撑	SC
7	楼梯板	TB	21	檩条	LT	35	梯	T
8	盖板或沟盖板	GB	22	屋架	WJ	36	雨蓬	YP
9	挡雨板或檐口板	YB	23	托架	TJ	37	阳台	YT
10	吊车安全走道板	DB	24	天窗架	CJ	38	梁垫	LD
11	墙板	QB	25	框架	KJ	39	预埋件	M
12	天沟	TGB	26	刚架	GJ	40	天窗端壁	TD
13	梁	L	27	支架	ZJ	41	钢筋网	W
14	屋面梁	WL	28	柱	Z	42	钢筋骨架	G

四、常用结构材料简介

（1）石材——毛石或块石常用于砌筑基础等地下部分。

（2）砖——粘土为主要材料烧制而成，砌筑墙体。

（3）钢材

建筑用钢材一般有型钢和钢筋。

1）型钢——轧制成标准规格和形状。类别及标注方法见表10-2。

型 钢 的 标 注 **表 10-2**

名　称	截面代号	标注方法	备　注
等边角钢	∟	$\frac{\llcorner b\times d}{l}$	b—边宽 d—厚 l—长度
不等边角钢	∟	$\frac{\llcorner B\times b\times d}{l}$	B—长肢宽 b—短肢宽 d—厚 l—长度
工字钢	I	$\frac{Q\,\text{I}\,N}{l}$	N—高度 l—长度 Q—轻型
槽　钢	[	$\frac{Q[N}{l}$	N—高度 l—长度 Q—轻型
扁　钢	—	$\frac{-b\times t}{l}$	b—宽度 t—厚度 l—长度
钢　板	—	$-t$	t—厚度

2）钢筋。建筑用钢筋的强度等级、种类及符号见表 10-3。常用于钢筋混凝土结构。

钢筋的种类级别及代号 **表 10-3**

钢筋种类	代号	钢筋种类	代号
Ⅰ级钢筋（即 Q235 钢）	Φ	冷拉Ⅰ级钢筋	Φ^l
Ⅱ级钢筋（如 20MnSi）	Φ	冷拉Ⅱ级钢筋	Φ^l
Ⅲ级钢筋（如 20MnSiV）	Φ	冷拉Ⅲ级钢筋	Φ^l
Ⅳ级钢筋（如 40Si2MnV）	Φ	冷拉Ⅳ级钢筋	Φ^l
热处理钢筋	Φ^t		
冷轧带肋钢筋	Φ^R	附　冷拔低碳钢丝	Φ^b

（4）混凝土——由水泥、砂、石子和水按一定比例搅拌后浇筑养护制成的一种人工石材，具有较高的抗压强度。抗压强度分为 C10、C15……C60 等 10 个等级，而其抗拉强度较低仅有抗压的 1/10－1/20。

（5）钢筋混凝土——由于混凝土抗拉强度较低，而钢材的抗拉抗压强度均较高，为了充分利用材料的性能，把钢筋和混凝土这两种材料结合在一起共同工作，使混凝土主要承受压力，而钢筋主要承受拉力以满足结构的使用要求。例如，钢筋混凝土梁、板、柱等。

第 2 节　钢筋混凝土构件图

用钢筋混凝土制成的梁、板、柱等称做钢筋混凝土构件。这些构件有的在施工现场实际位置上支模板浇筑，称现浇构件；在工厂制作的到现场安装的称预制构件。另外，有些预制构件在承载前已对构件的受力钢筋预先张拉使混凝土产生压力，以提高构件的抗拉和抗裂性能——称预应力混凝土构件。

一、钢筋混凝土构件中的钢筋

（一）钢筋的种类、级别和代号

钢筋混凝土构件中常用的钢筋有热轧Ⅰ级普通低碳钢、表面为光面的圆钢筋；Ⅱ、Ⅲ、Ⅳ级普通低合金钢，表面轧有花纹，如人字纹、螺纹等；热处理钢筋；冷拉钢筋等，详见表10-3。

（二）钢筋的作用和分类

在钢筋混凝土构件中所加钢筋，按照所起作用可分为如下几类：

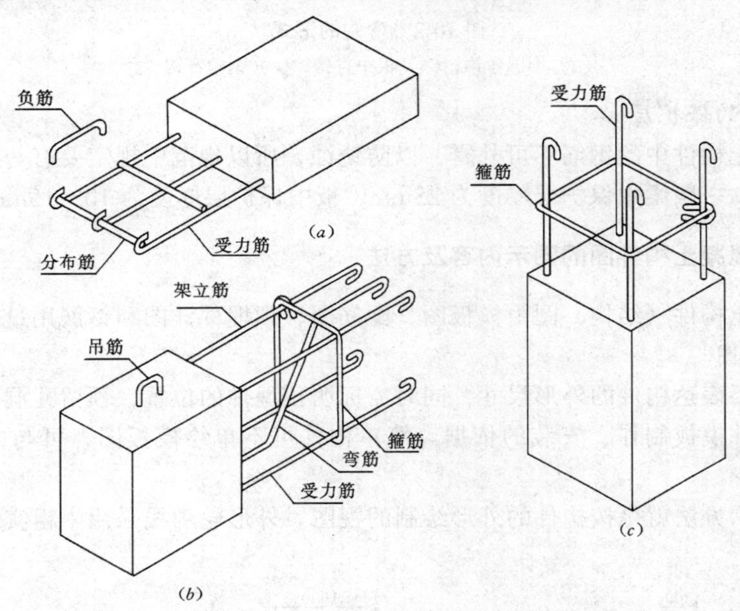

图10-1　钢筋的作用及分类
（*a*）板中钢筋；（*b*）梁中钢筋；（*c*）柱中钢筋

（1）受力钢筋——承受力学计算中拉、压应力的钢筋。一般直径较大、强度较高，在梁、板中有的部分弯起，如图10-1所示。

（2）架立筋——一般用于梁内固定钢筋位置的，并与受力筋形成一个钢筋骨架，一般直径较小，强度较低。如图10-1（*b*）所示。

（3）箍筋（钢箍）——梁、柱内固定受力筋位置并形成钢筋骨架。梁中箍筋承受部分剪力。如图10-1（*b*）所示。

（4）分布筋——板构件中固定受力筋的位置，并均匀分布荷载给受力筋的钢筋，如图10-1（*a*）所示。

（5）负筋——现浇板边处（或连续梁、板等）负弯矩处放置的钢筋，如图10-1（*a*）所示。

（6）其他钢筋——因构造要求及施工安装需要而配置的构造筋、吊环等（图10-1）。

（三）钢筋的弯钩

钢筋混凝土构件中为使钢筋与混凝土共同工作，必须具有足够的粘结强度，而光面钢筋的机器啮合强度也较低，所以在端部做成弯钩，以增强锚固作用。常用弯钩形式如图10-2所示。

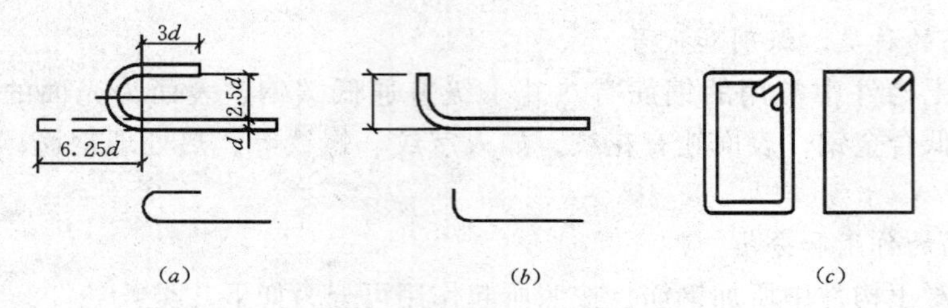

图10-2　弯钩的形式

（a）半圆弯钩；（b）板中直钩；（c）钢箍弯钩

（四）钢筋的保护层

钢筋混凝土构件中的钢筋不可外露，以防锈蚀，所以规范中规定要有一定的混凝土厚度作为保护层。一般梁中保护层厚度为25mm，板中保护层厚度为10～15mm。

二、钢筋混凝土构件图的图示内容及方法

钢筋混凝土构件（结构）图由模板图、配筋图、预埋件详图和钢筋用量表等组成。

（一）模板图

模板图主要表达构件的外形尺寸，同时需标明预埋件的位置，预留孔洞的形状、尺寸及位置，是构件模板制作、安装的依据。简单构件可不单绘模板图，可与配筋图合并表示。

模板的图示方法就是按构件的外形绘制的视图。外形轮廓线采用中粗实线绘制。如图10-3所示。

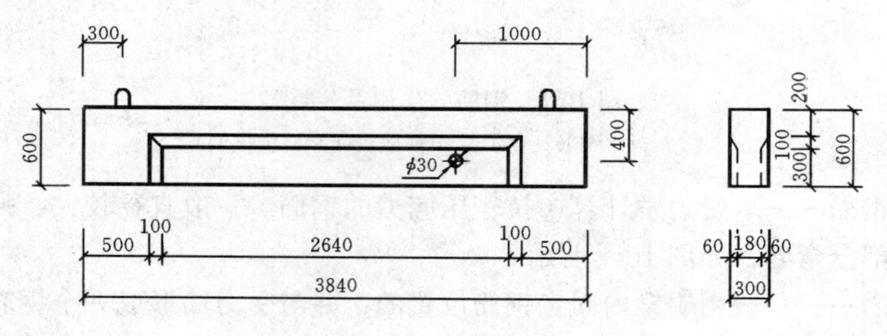

图10-3　梁的模板图

（二）配筋图

配筋图就是钢筋混凝土构件（结构）中的钢筋配置图。它详尽地表达出所配置钢筋的级别、直径、形状、尺寸、数量及摆放位置。

1.图示内容及方法

配筋图虽然是表达钢筋配置的图，但规定要用细实线画出构件外形轮廓线；用粗实线绘出钢筋；断面图中钢筋断面用黑圆点表示。图10-4为一简支梁的配筋图，立面图虽然

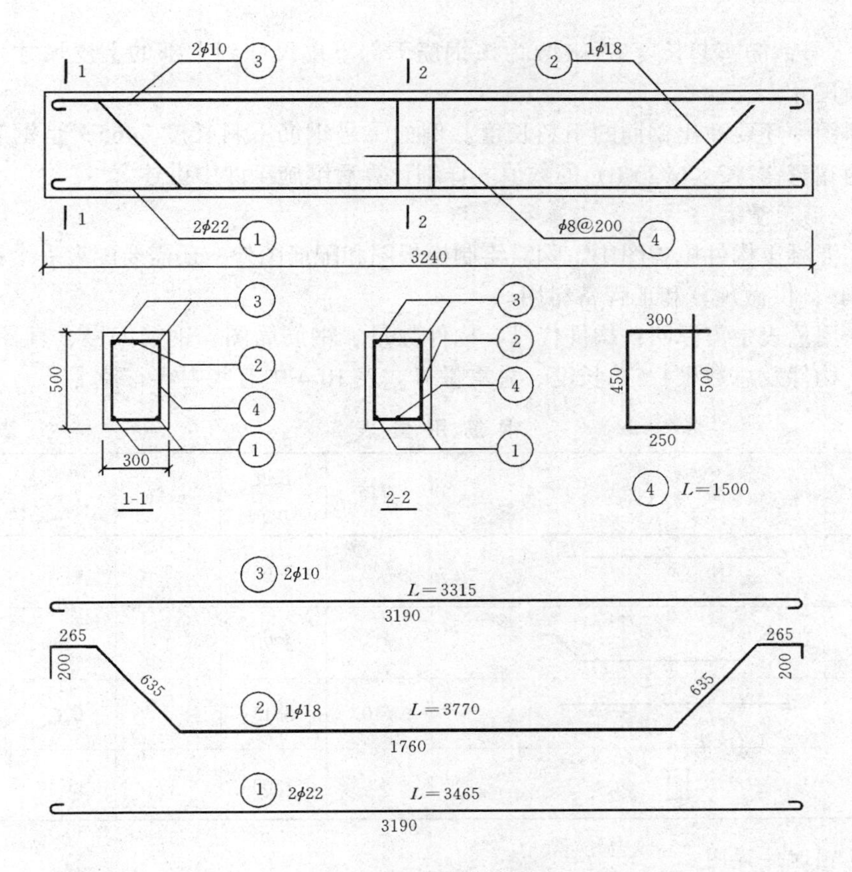

图 10-4 钢筋的标注

表达了纵向配筋和箍筋，但摆放位置还不明确，所以还绘制了两处断面图，这样的表达才清楚完整。

2. 钢筋编号

构件中所配的钢筋一般规格、形状、等级等是不同的，为了有所区别，采用不同种类规格的钢筋用不同的编号表示的方法。钢筋编号是用阿拉伯数字注写在直径为 6mm 的细线圆圈内，并用引出线指到对应的钢筋。同时，在引出线的水平线段上，注出该种钢筋的根数、级别、直径。箍筋可不注出根数，而是用等间距符号@后记出数字表示间距。具体标注方式如图 10-4 所示。

图 10-4 配筋图中钢筋就是按上述方式标注的。例如编号为①的钢筋数量为 2 根，Ⅰ级钢、直径为 22mm。④号钢筋为箍筋，Ⅰ级钢、直径 8mm，每间隔 200mm 一根。

3. 钢筋详图

配筋图中虽然标注了钢筋编号及根数、等级和直径等，但对于钢筋的形状和尺寸还不够清楚，需要单独将其绘出，称为详图，也叫成型图。(简单的构件也可在钢筋用量表中绘制。)它是将钢筋形状按粗实线绘出，并标注出每段尺寸。该尺寸不包括弯钩长度。并且一般钢筋所注尺寸为外皮尺寸，箍筋所注尺寸为内皮尺寸。

例如图 10-4 所示的①号钢筋长度为梁长减去两端的保护层。即 3240 − 2 × 25 =

3190mm。②号钢筋弯起长度 633mm 为该钢筋下部下皮尺寸到上部的上皮尺寸。④号钢筋为内部净尺寸。

钢筋详图中还要注出钢筋的下料长度。例如①号钢筋下料长度 3465，是钢筋的设计长度加上两端弯钩（2×6.25 d）的数值。详细计算后继施工课中讲述。

（三）钢筋用量表

在钢筋混凝土构件施工图中，除需绘制模板图和配筋图外，还需要配有一个钢筋用量表（表 10-4），供做预算和工程备料用。

在钢筋用量表中需标明：构件代号、构件数量、钢筋简图、钢筋编号、直径、长度、根数（单个构件及总数根）、总长度、总重量等。表 10-4 中有些内容省掉了。

钢 筋 用 量 表 **表 10-4**

编号	简　图	直径	长度 (mm)	根数	总长 (m)	总重 (kg)
1		ϕ22	3465	2	6.93	20.68
2		ϕ18	3770	1	3770	7.54
3		ϕ10	3315	2	6.63	4.09
4		ϕ8	1500	17	25.50	10.07

（四）预埋件详图

在钢筋混凝土构件中，有时为满足安装、连接等要求，需设有预埋件，如吊环，钢板等。还需将预埋件详图绘出。

三、钢筋混凝土构件图

钢筋混凝土构件可用代号表示，见表 10-1。而且编有构件标准图集，供设计单位选用。下面主要介绍现浇构件。

（一）钢筋混凝土现浇板

1. 模板图

因板在施工现场浇筑，所以需要现场支模板，绑钢筋后才能浇混凝土。但一般板的结构简单，一般不再单独绘制模板图。如需绘制时，要求同前所述。

2. 配筋图

在板的详图中，不但要用细实线画出板的平面形状，而且需用中粗虚线画出板下边的墙、梁、柱的位置。而对于板厚或梁的断面形状，用重合断面的方法表示。板中配筋与梁不同，板内钢筋一般等距排列，而且有单向配筋（单向板），受力筋在分布筋下面；双面配筋（双向板），短的受力筋在下边。钢筋在板中的位置，按结构受力情况确定。配筋绘在板的平面图上，并需画出板内受力筋的形状和配置情况，并注明其编号、规格、直径、间距（或数量）等。每种规格的钢筋只画一根表示即可，按其平面形状画在安放位置上。对弯起筋要注明弯起点到端部（轴线）的距离。一般底层钢筋的弯钩向上（或向左）画

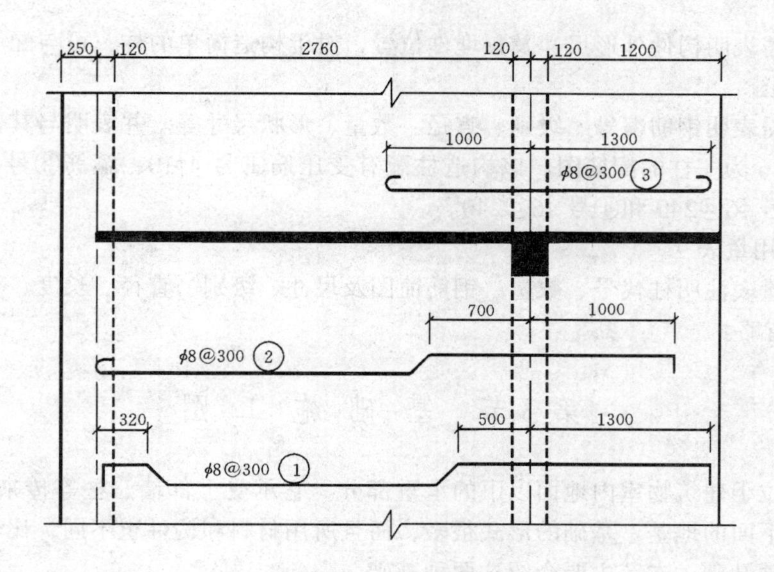

图 10-5　现浇板配筋图

出，顶层钢筋弯向下（或向右）画出，一般在平面上与受力筋垂直配置的分布筋可不必画出，但需在附注或钢筋表中说明其级别、直径、间距（或数量）及长度等。如图 10-5 所示。

3. 钢筋用量表

板的钢筋用量表与梁的主要内容相同，并一般在简图中表明钢筋详图，不再单画钢筋详图。本例省略。

(二) 钢筋混凝土柱

柱与梁的受力情况不同，但图示方法基本相同。柱内配筋按柱受力情况可分为抗压筋、箍筋（轴心抗压柱）或压、拉筋和箍筋（压弯构件）。而且有的柱需与其他构件连接，需要有预埋件详图。如图 10-6 所示。

1. 模板图

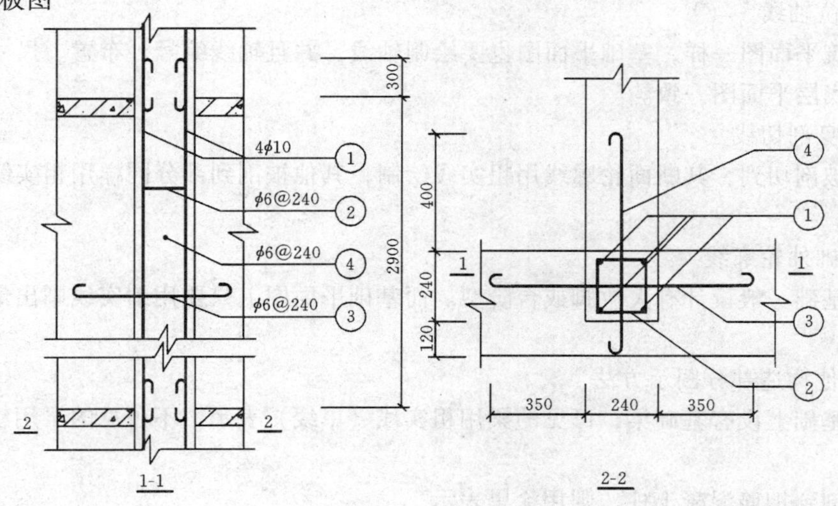

图 10-6　柱的配筋图

模板图需表明构件外形尺寸及预埋件位置，对于构造简单的柱，可与配筋图合并。

2. 配筋图

配筋图需表明钢筋编号、级别、直径、数量、形状尺寸等。并表明与其他构件连接的关系。图 10-6 为一柱的配筋图。该构造柱配有受压筋①号 4ϕ10，箍筋②号 ϕ6@200；与墙接钢筋③号 ϕ6@240 和④号 ϕ6@240。

3. 钢筋用量表

钢筋用量表注明柱代号、数量、钢筋简图及尺寸、级别、直径、长度、重量等，见表 10-4，本例省略。

第3节 基 础 施 工 图

基础是位于建筑物室内地面以下的承重部分。它承受上部墙、柱等传来的全部荷载，并传给基础下面的地基。基础的形式很多，而且所用材料和构件也不同，比较常用的是条形基础和单独基础。本节主要介绍这两种基础。

一、基础施工图的作用

基础施工图是进行施工放线、基槽开挖和砌筑的主要依据。也是做施工组织和预算的主要依据。主要图纸有基础平面图和基础详图。

二、基础平面图

基础平面图是表示基础平面布置情况的图样。

（一）形成

假想用一个水平的剖切平面，沿建筑物室内地面以下剖开后，移去上部建筑物和土层，向水平面做正投影所得到的投影图称基础平面图，如图 10-7 所示。

（二）条形基础平面图的图示方法

1. 定位轴线

与建筑平面图一样，基础平面图也要绘制轴线，并且轴线编号、布置、尺寸应与建筑施工图的底层平面图一致。

2. 墙身剖切线

墙身被剖切到，其断面轮廓线用粗实线绘制，其他被剖到部分同样用粗实线。可不画材料图例。

3. 基础外轮廓线

条形基础一般设计有大放脚或台阶型。而基础平面图上只要用细实线画出最宽的外轮廓线即可。

4. 其他构造部分图示方法

一般基础上设有基础梁，可见的梁用粗实线（单线）表示，不可见的梁用粗虚线表示（单线）。

如果剖到钢筋混凝土柱，则用涂黑表示。

穿过基础的管道洞口可用细虚线表示。地沟用细虚线表示。

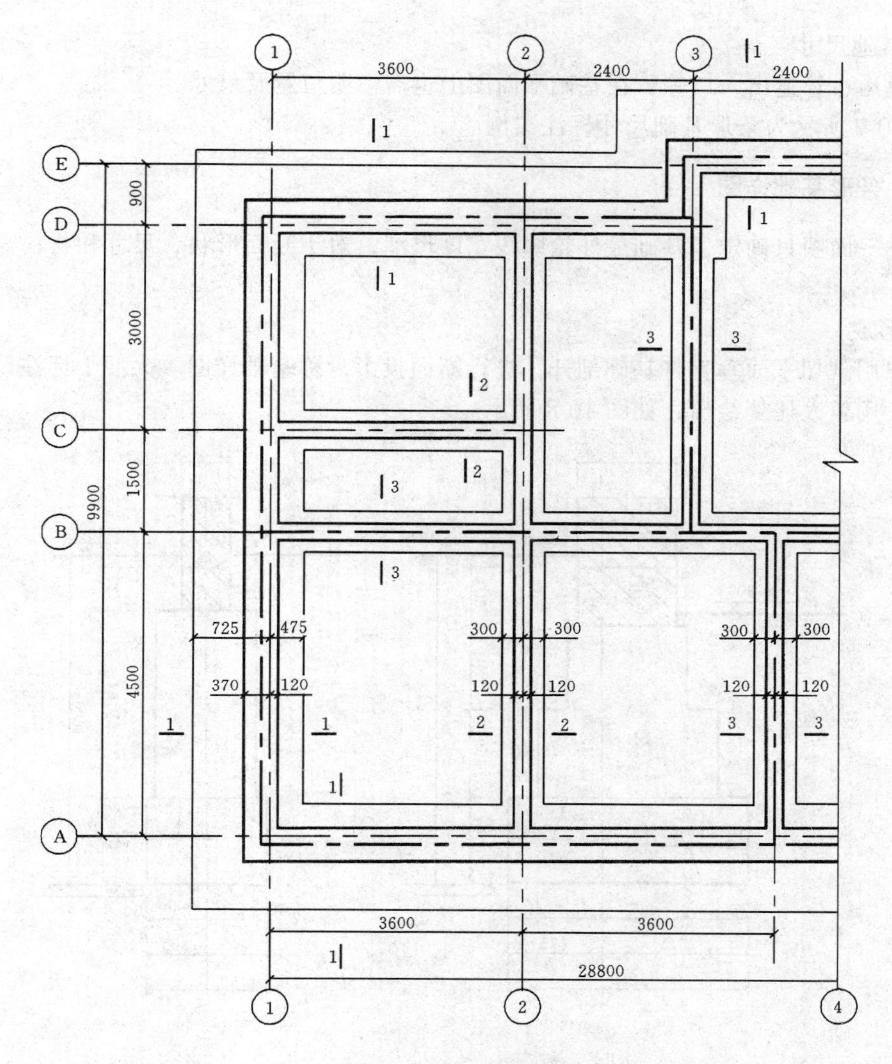

图 10-7　基础平面图

5. 断面详图位置符号

由于房屋各部分的基础受力情况、构造方法、埋深等断面形状不同，要分别绘制基础详图，所以要在基础平面图上不同断面处绘断面位置符号，并且用不同的编号表示。相同的用同一断面编号表示，且注意投影方向。

图 10-7 所示为条形基础的图示实例。

（三）基础平面的尺寸标注

1. 轴线尺寸

在基础平面图上需标注定位轴线间尺寸（开间、进深尺寸）和两端轴线间的尺寸。

2. 墙体尺寸

基础平面图上要以轴线为基准标注出各墙厚度尺寸。

3. 基础宽度尺寸

基础平面图上要以轴线为基准标注出各墙基础最外边宽度的尺寸。

4. 其他尺寸

有地沟、管道出入口等，在基础平面图上也需标明位置及尺寸。

图 10-7 所示为条形基础尺寸标注实例。

三、条形基础详图

基础平面图只确定了基础最外轮廓线宽度尺寸，对于断面形状、尺寸和材料需用详图表示。

1. 形成

假想用剖切平面垂直将基础剖开，进行断面投影，称基础详图。为便于标注尺寸和材料符号，用较大比例绘出，如图 10-8 所示。

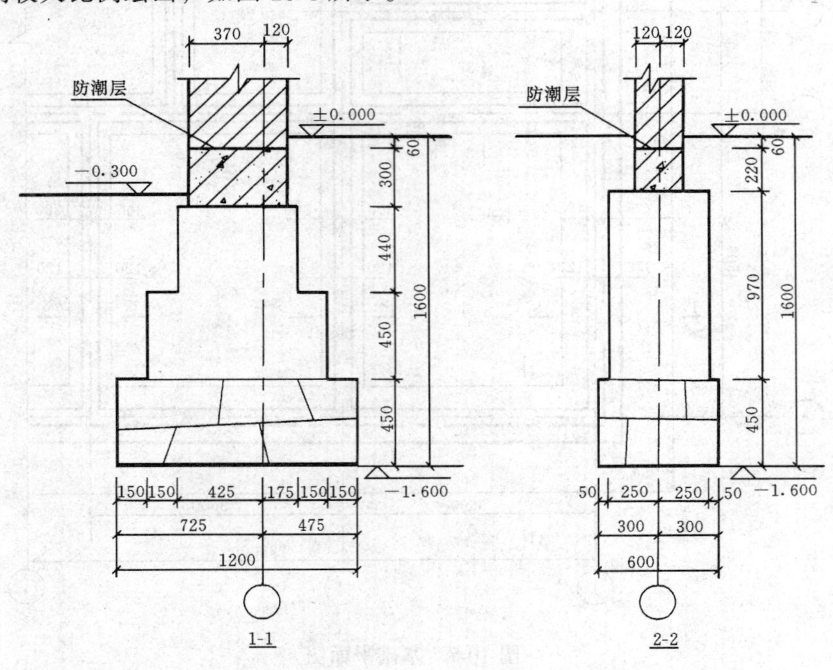

图 10-8 基础详图

2. 图示方法

按平面图确定的断面位置和投影方向绘制断面形状，标明材料及尺寸。

(1) 定位轴线

按断面竖直方向画出定位轴线，并根据适用情况确定是否加轴线编号。

(2) 线型

剖到的外形轮廓，不同材料分隔，室内、外地面用粗实线表示。材料符号等用细线。

(3) 尺寸标注

详图上需标注详细的尺寸，以满足施工、预算等要求。

1) 标高尺寸。用标高符号标明室内地面标高、室外地坪标高及基础底面标高。

2) 构造尺寸。以轴线为基准，标明墙宽、基础底面宽度及各大放脚处宽度；标明各台阶高度及整体深度尺寸。

3. 材料符号

用材料符号表明基础所用材料，或用文字注明。

4. 其他构造设施

若有管沟、洞口等构造，除在平面图上标明外，在详图上也要详细画出并标明尺寸、材料。

图 10-8 是图 10-7 所绘条形基础的详图。

四、单独基础

单独基础是指基础独立设置，基础与基础之间用基础梁连接。单独基础上部常与柱连接，有整体浇筑式和装配式。

1. 单独基础平面图图示方法

图 10-9 为单独基础的平面图，用与建筑平面施工图一致的轴线及编号等绘出轴线，并按基础的位置和形状用细实线画出平面投影。若有基础梁，用粗实线绘制。对于不同构造的基础，用不同编号表示区别。

2. 单独基础平面图的尺寸标注

平面上只标注轴线间尺寸和轴线总尺寸。对于基础的尺寸，可在详图中标注。如图 10-9 所示。

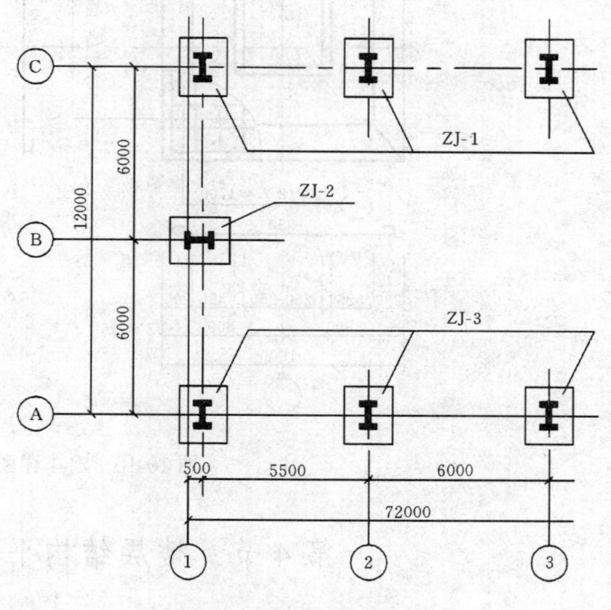

图 10-9 单独基础平面图

3. 单独基础的基础平面详图

为了表达清楚基础的详图情况，需要画出基础详图。如图 10-10 所示。

(1) 单独基础详图

1) 按对应位置画出定位轴线，并根据基础与定位轴线的相对位置绘出基础的外部形状和杯口形状。一般不画垫层。

2) 按局部剖视的方法绘出钢筋并标注编号、直径、等级、根数（或间距）等。

3) 尺寸标注

以轴线为基准标注基础底面宽度、台阶宽度、杯口宽度等尺寸。

(2) 单独基础剖面详图

基础剖面详图一般在对称平面处剖开，且画在对应投影位置，所以不加标注。

1) 按对应位置画出竖直的定位轴线和剖开后的剖面形状、垫层厚度和宽度。

2) 绘出基础配筋及钢筋编号、上下层关系。

3) 尺寸标注。以轴线为基准标注宽度尺寸；以基底为基准标注高度尺寸和标高尺寸。垫层尺寸可单独标出或用文字说明。

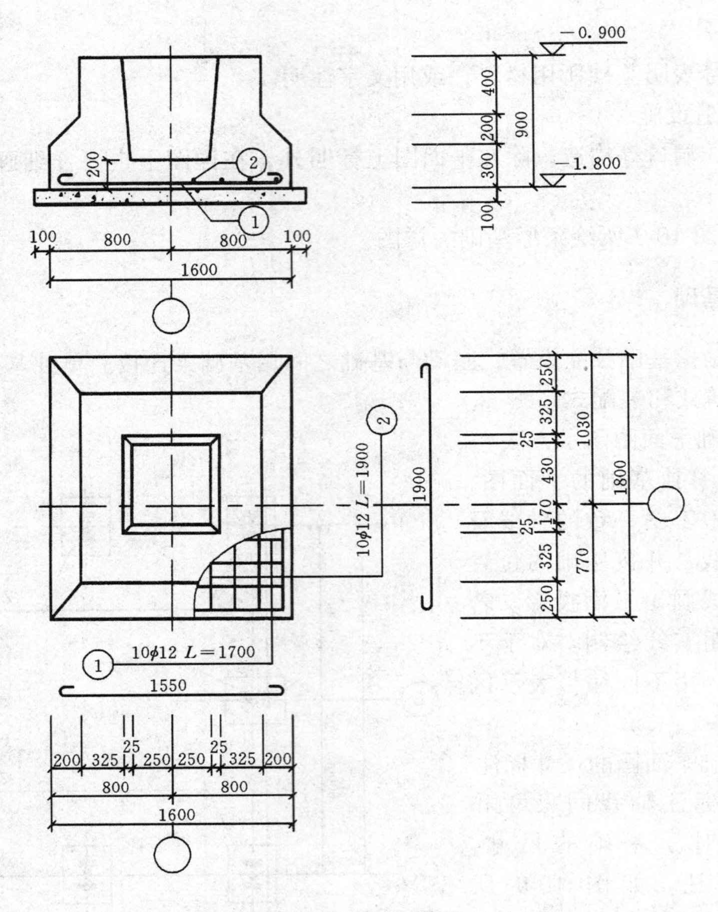

图 10-10　ZJ-1 详图

第 4 节　楼层结构平面布置图

楼层结构平面布置图是表明楼层各层结构及构件平面布置的施工图样。简称楼层结构平面图。有楼层和屋顶之分，布置相同可只绘制一个图样，并注明适用情况。

一、作用

楼层结构平面图是各层构件安装的依据，也是计算构件数量、作施工预算的依据。

二、形成

楼层结构平面图是假想用一个剖切平面沿着楼板上皮水平剖开后，移走上部建筑物后作水平投影所得到的图样。主要表示该层楼面中的梁、板的布置，构件代号及构造做法等。如图 10-11 所示。

三、图示方法

1. 轴线

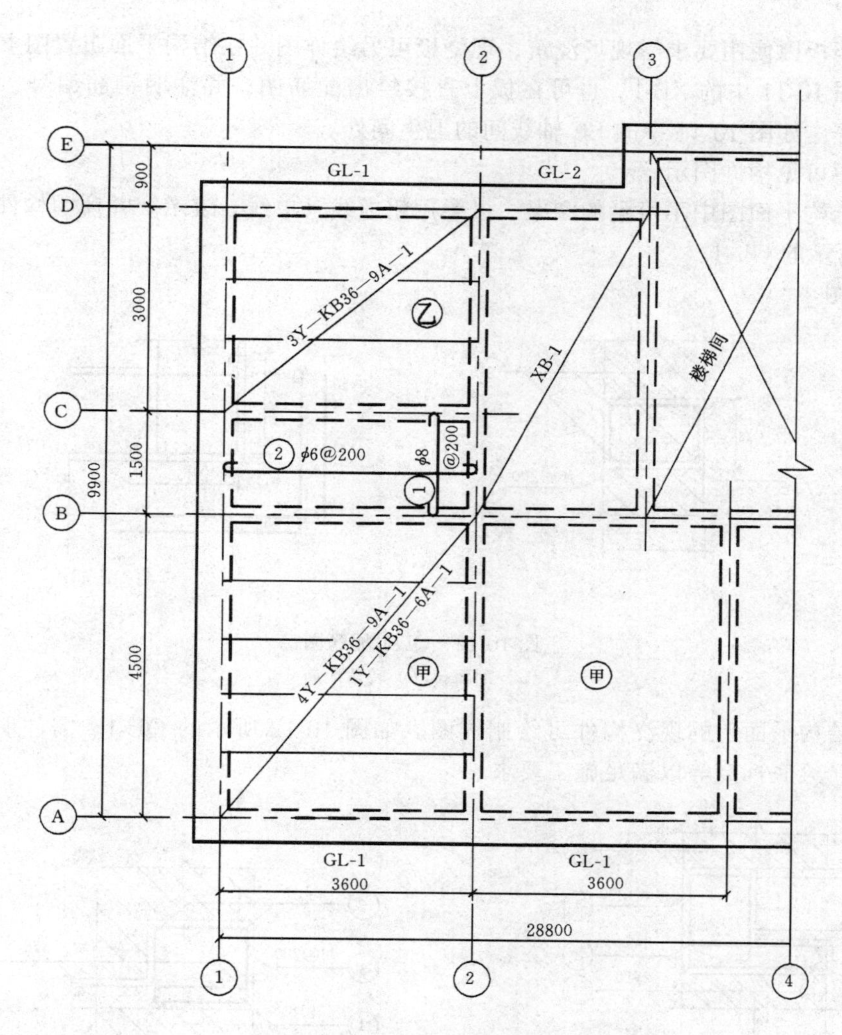

图 10-11 楼层结构平面图

楼层结构平面图上的轴线应和建筑平面图上的轴线编号及尺寸完全一致。

2. 墙身线

剖到的墙身可见轮廓线用中粗实线表示；楼板下的不可见墙身轮廓线用中粗虚线表示；可见的钢筋混凝土楼板的轮廓线用细实线表示。

3. 结构构件

（1）预制板图示方法

预制楼板按实际布置情况用细实线绘制，布置方案不同时要分别绘制，相同时用同一名称表示，并将该房间楼板画上对角线标注板的数量和构件代号。目前各地的标注方法不同，应注意所选用的标准图集的表示方法。一般应包含下列内容：数量、标志长度、板宽、板厚、荷载等级等内容。如图 10-11，AB 轴线间的房间标注为 4Y—KB36—9A－1/1Y—KB36—6A—1，含义如下：4—数量；Y—预应力；KB—空心板；36—标志长度；9—板宽 900；A—板厚代号（A－120；B—180）；1—荷载等级。

（2）现浇板图示方法

有些楼板因使用要求需现场浇筑，现浇板可另绘详图并在结构平面布置图上注明板的代号。如图 10-11 中的 XB-1。也可在板上直接绘出配筋图，并注明钢筋编号、直径、等级、数量等。如图 10-11 中的 BC 轴线间的卫生间处。

(3) 不可见构件图示

楼层结构平面图中不可见的圈梁、过梁用粗虚线（单线）表示。并注明构件代号。如图 10-11 所示的 GL-1。

4. 详图

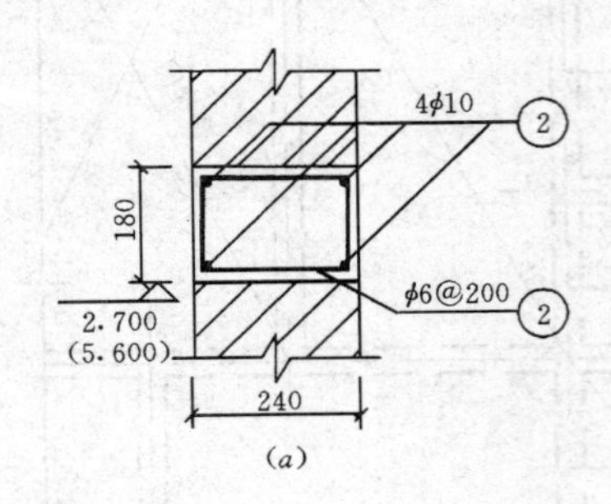

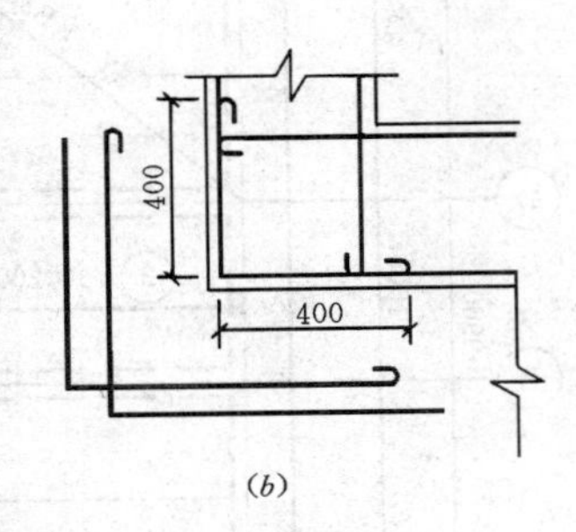

图 10-12　QL-1 配筋图

(a) 剖面；(b) 转角配筋

楼层结构平面上的现浇构件可绘制详图。如图 10-12 所示的 QL-1。需注明形状、尺寸、配筋、梁底标高等以满足施工要求。

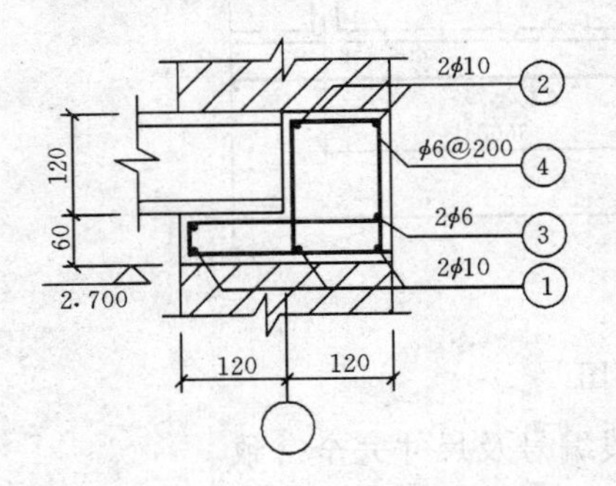

图 10-13　板与圈梁搭接

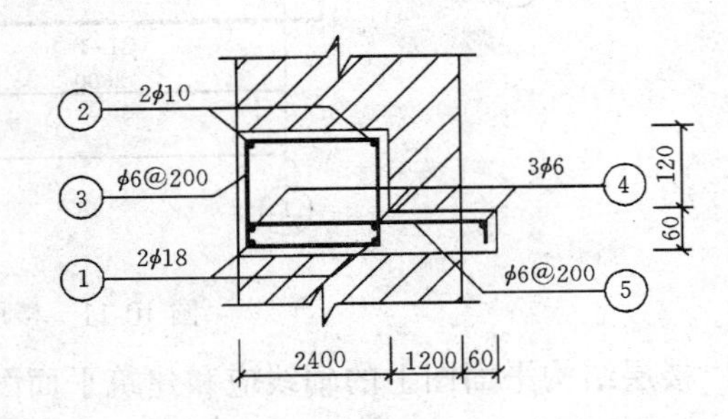

图 10-14　GL-1 详图

有时用详图表明构件之间的构造组合关系。如图 10-13 所示的板与圈梁的装配关系详图。图 10-14 为 GL-1 的详图。

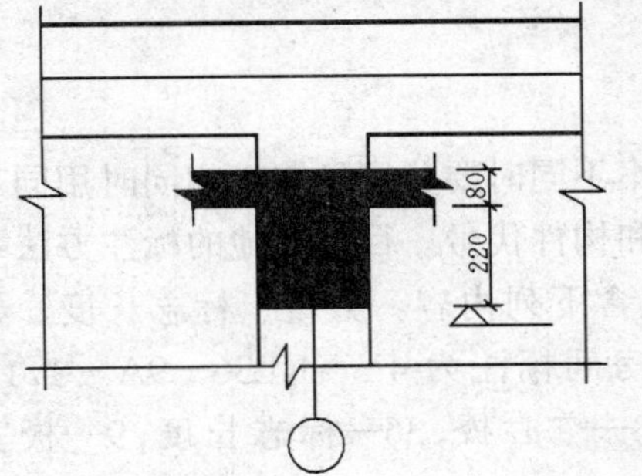

图 10-15　梁板重合断面

5. 其他要求

楼板布置为梁板结构时，用重合断面表示梁与板的构造组合关系，如图 10-15 所示。

为了明确表示出各楼层所采用的各种构件的种类、块数以及所采用的标准图集代号等，一般要列出构件统计表以供查阅和做施工预算用。一般楼层结构平面图比例较小，所以楼梯间的结构布置需另画详图表示。

第5节 楼梯结构详图

钢筋混凝土楼梯有预制装配式和整体浇筑式等形式。楼梯详图包括楼梯结构平面图、楼梯结构剖面图、配筋图、节点详图等图样。下面以部分施工图为例介绍图示方法。

一、楼梯结构详图的作用

楼梯结构详图是表达楼梯结构形式、尺寸、材料及构造作法的，用以指导楼梯结构施工和做施工组织及施工预算。

二、楼梯结构平面图

楼梯结构平面图是表明楼梯间结构平面布置的图样。如图 10-16 所示。

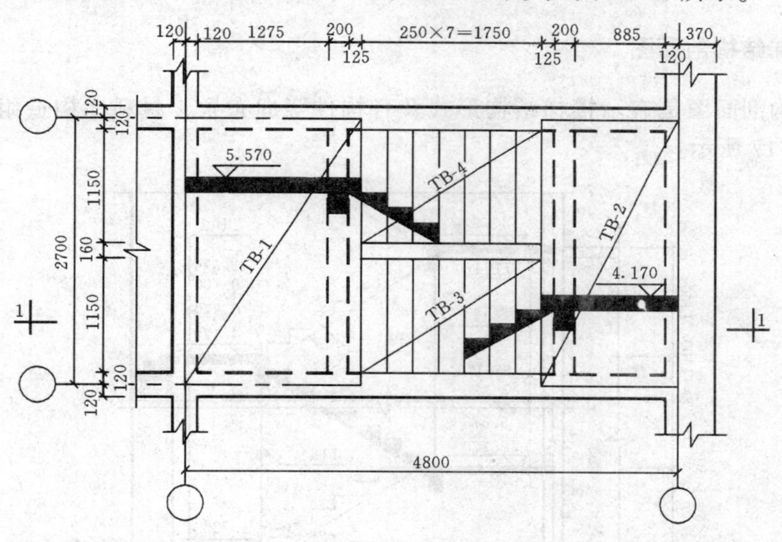

图 10-16 楼梯结构平面图

(一) 楼梯结构平面图的形成

楼梯结构平面图与楼层结构平面图一样（属楼层结构平面图的局部放大图），是用一个假想的水平剖切平面沿楼梯板上皮水平剖开后，移去上部建筑物后做水平投影所得到的图样。一般有底层、顶层及标准层平面图等。

(二) 楼梯结构平面图的图示方法

(1) 轴线

楼梯结构平面上的轴线应和建筑平面图上的轴线编号及尺寸完全一致。

(2) 墙身线

剖到的墙身轮廓线用中实线表示，不可见墙身轮廓线用中粗虚线表示。

(3) 结构构件

可见的钢筋混凝土构件轮廓线用细实线表示，不可见的钢筋混凝土构件轮廓线用细虚线表示。

1）预制构件。楼梯结构平面图中预制构件按实际布置情况用细实线绘制，并将板绘对角线，注明板的块数和构件代号（同楼板）。梁和梯板要注明构件代号等。

2）现浇构件。楼梯结构平面图中现浇构件按实际安放位置绘制，并注明构件代号等，配筋另绘详图。

3）构件组合关系。楼梯结构平面图中常用重合断面的方式表明各构件之间的组合关系，并在底层标注剖面位置符号及编号。

(4) 尺寸标注

1）轴线尺寸。标注楼梯间各轴线的构造尺寸且与建筑图一致。

2）构件尺寸。标注各构件的尺寸和平面位置尺寸；标注各构件的标高尺寸（系结构标高，如图 10-16 中 5.570m）。

图 10-16 所示为某住宅楼梯的底层平面结构布置图，是按上述要求绘制的，没有绘制窗口及入户门，其他层平面图的图示方法相同，不再详述。

三、楼梯结构剖面图

楼梯结构剖面图是表示楼梯结构形式及各构件竖向布置，材料，构造组合关系的图样。如图 10-17 所示。

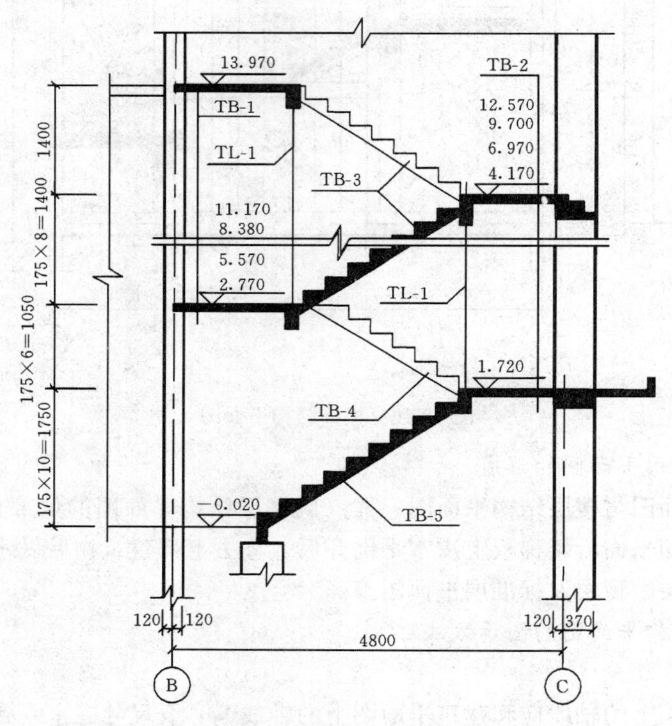

图 10-17　楼梯结构剖面图

(一) 形成

按平面图所确定的位置作竖直的剖切平面将梯段、过梁及楼梯平台全部剖开，移去观察者和剖切平面之间的部分，余下的做正投影所得到的图样。

（二）图示方法

（1）轴线

剖面图上的轴线编号应与建筑施工图及结构施工图上完全一致。

（2）线型

剖到的轮廓线用中粗实线，可见轮廓线用细实线，不可见轮廓线用细虚线。比例较小时，剖到的钢筋混凝土构件可涂黑表示。

（3）结构构件

剖面中的结构构件用与平面图中同一代号表示，并正确表达构件间的组合关系。当构造相同时可用折断符号省略中间部分。

（4）尺寸标注

1）轴线尺寸。轴线间尺寸应与建筑施工图一致。

2）构件尺寸。标注各构件的尺寸和高度位置尺寸。标注各构件的结构标高尺寸及适用标高尺寸。如图 10-17 中的 4.170m、6.970m……。

图 10-17 所示为图 10-16 平面上所做 1—1 剖面图的一部分，即是按上述要求绘制的。

四、楼梯结构构件配筋图

楼梯结构中的构件配筋图可在结构布置中表达，但因布置图比例较小，一般均另绘详图表达配筋情况，表达方法与钢筋混凝土构件相同，简述如下。（钢筋详图、钢筋表省略。）

1. 平台板配筋图

图 10-18 所示为现浇楼梯平台板 TB—1、TB—2 的配筋。配有①号受力筋 ϕ6@150；②号分布筋 ϕ6@200；③号负筋 ϕ6@200。并用重合断面的方式表达了梁和板的组合关系。

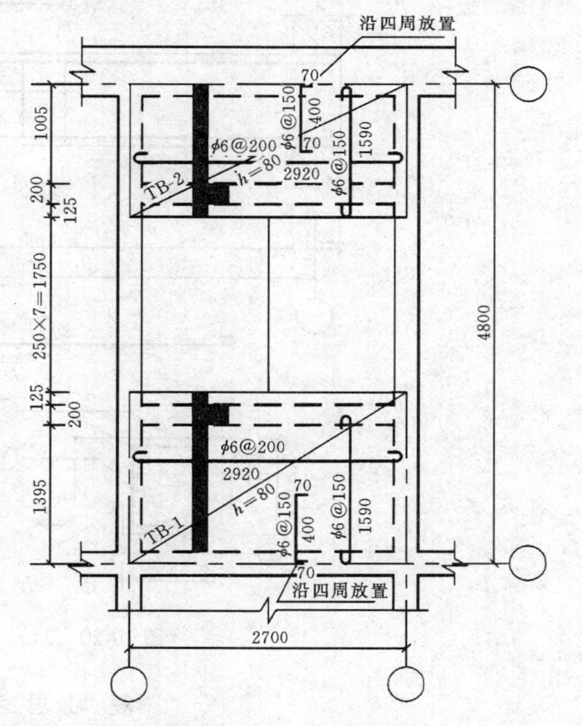

图 10-18　平台板配筋图

2. 楼梯板配筋图

图 10-19 所示为现浇楼梯板 TB—3 的配筋图。该板斜向放置，配有①号受力筋 ϕ8@120；②号分布筋 ϕ6@250；③号负筋 ϕ6@200。并按板的摆放情况标注了板的垂直方向和水平方向尺寸。其他板配筋省略。

3. 楼梯梁的配筋图

图 10-20 所示为楼梯梁的配筋图，配有①号受力筋 3ϕ16；②号架立筋 2ϕ10；③号箍筋 ϕ6@200。标注出了梁的尺寸，用标注标高尺寸的形式表明该梁的适用情况。如图 10-17 中的 1.720m、2.770m 等标高尺寸。

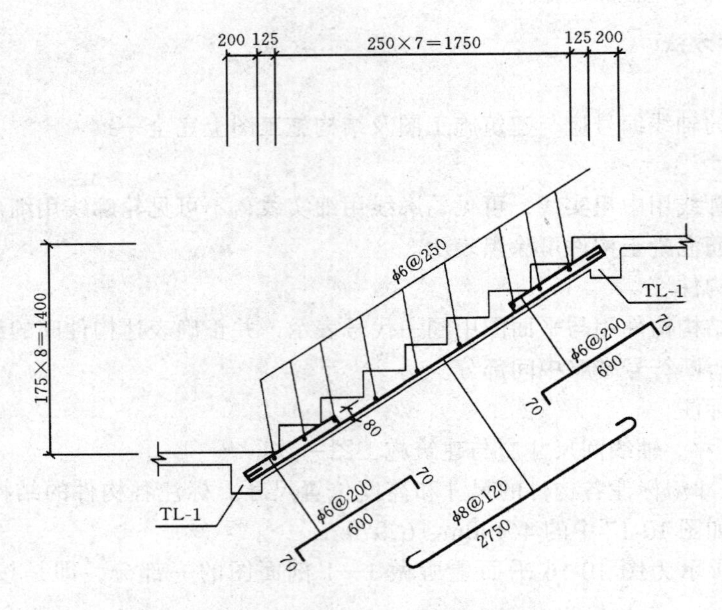

图 10-19　TB—3 配筋图

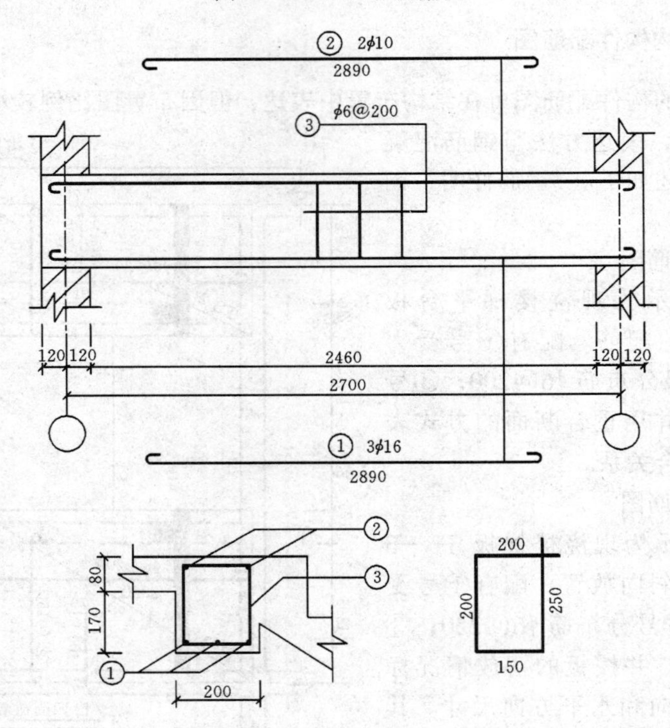

图 10-20　TL—1 配筋图

复 习 思 考 题

1. 结构施工图的作用是什么？包括哪些图纸？
2. 钢筋混凝土结构图一般包括哪些内容？
3. 模板图与配筋图有何区别？各自表达了结构构件哪些内容？

4. 配筋图如何对钢筋编号和标注尺寸的？

5. 基础图是如何产生的？对基础图中轴线设置有何要求？

6. 条形基础平面图中表达哪些内容？详图标注哪些尺寸？

7. 楼层结构平面布置图中如何表达梁、板、柱的布置的？

8. 楼梯结构详图包括哪些图纸？各表达了哪些内容？

下篇　阴　影　透　视

第 11 章　阴影的基本概念与落影的基本规律

第 1 节　概　　述

人们知道在现实生活中，物体在光线照射下会留下影子。

在建筑立面图和透视图中加绘阴影，会增加图中建筑物的立体感和真实感，使建筑物生动明快，表现效果更好。

一、阴和影的概念

物体在光的照射下，直接受光的部分，称为阳面；背光的部分，称为阴面（或简称阴）。把阳面和阴面的交线，称阴线。当照射在阳面的光线受到阻挡，物体上原来迎光的表面部分出现阴暗部分，称为影或落影。影的轮廓线称为影线，影所在平面称为承影面，通常把阴和影合称为阴影。

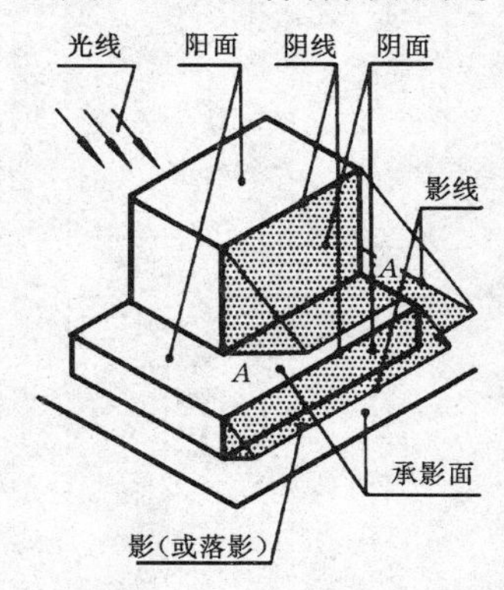

图 11-1　阴和影的概念

图 11-1 所示为一形体在平行光线照射下所产生的阴影情况。可以看到，通过阴线上各点（称阴点）的光线与承影面的交点，即为该点在落影影线上的点（称影点）。所以，一般情况下阴和影是互相对应的，影线为阴线的影，但有时阴线不会产生影线，如图中 A—A 线。

二、正投影中加绘阴影的作用

人们可凭借光线照射下物体所产生的阴影，判断出物体的形状及空间组合关系。因此，在建筑图样中加绘阴影，可判别出形状，并增强立体感和真实感。图 11-2 所示为贴附于墙上的壁饰投影，如不看水平投影，立面图相同，不易区别，若加绘阴影，则可看出区别。立体感更强，很容易想出形状。

建筑设计的一些表现图中，在立面图样上加绘阴影，丰富了图样的表现力，增强了立体感，使图面生动而有助于进行建筑造型和装修效果评价。图 11-3 中，（a）没有画阴影，图面呆板，造型组合关系不明显；（b）画了阴影，图面较生动明快，效果明显。

在正投影图中加绘阴影，是画出阴和影的正投影，而且只着重于绘出阴和影的轮廓形状，不考虑明暗强弱变化。

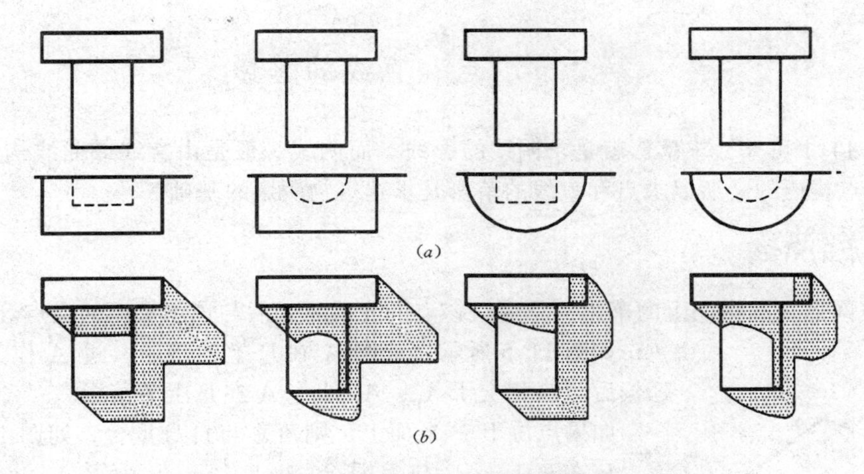

图 11-2　正投影中加绘阴影的作用

（a）不加阴影；（b）加绘阴影

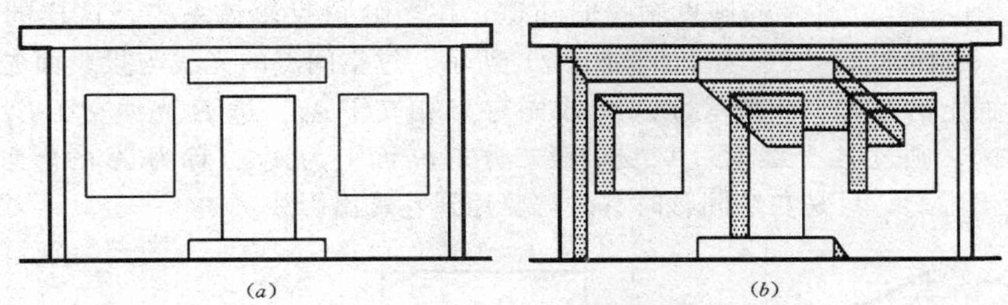

图 11-3　立面中加绘阴影

（a）不加阴影；（b）加绘阴影

三、常用光线

自然光线照射下的物体的阴影是不断变化的，为作图方便和统一，可采用特定的平行光线，称常用光线。常用光线的方向是和正方体对角线方向一致的，如图 11-4（a）所示。立方体各棱面平行于相应投影面，所以常用光线的投影即正方体各投影中的对角线，均与轴成 45°夹角，习称 45°光线（图 11-4b）。该光线与各投影面实际倾角相等，约等于 35°（图 11-4c），图 11-4（c）所示为旋转法求倾角的方法。

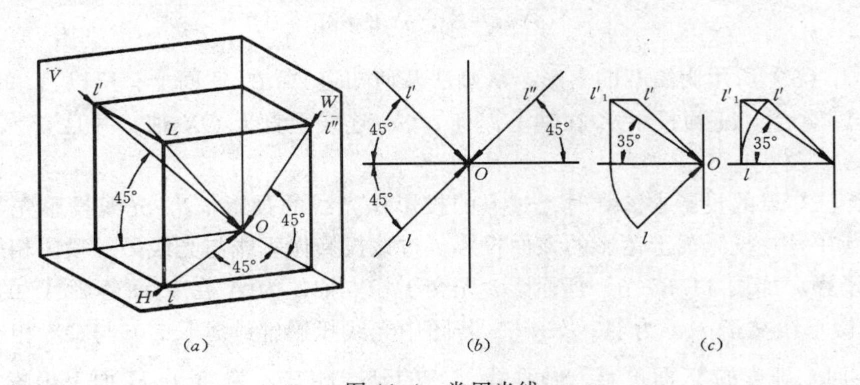

图 11-4　常用光线

（a）轴测图；（b）投影图；（c）倾角求法

第2节　点和直线的落影

从图11-1可知，求落影就是求阴线的影线，而阴线一般是由直线或曲线构成，而直线又是由点构成的。所以求点和直线的落影是求建筑物阴影的基础。

一、点的落影

1. 空间点在承影面上的落影，是通过该点的光线延长后与该承影面的交点。

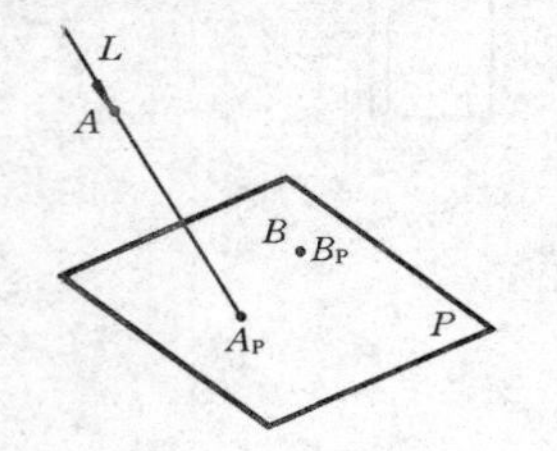

图11-5　点的落影

如图11-5所示，求作A在P上的落影，过A作光线L并延长后与P相交于A_p，A_p即为A在P上的落影。

如果点位于P平面上，则落影与自身重合，如图11-5中所示，B在P上，B_p与B重合。

2. 空间点在投影面上的落影，是通过该点的光线在投影面上的迹点。我们知道，在多分角投影体系中，这样的投影有两个。如图11-6（a）所示，过空间点的光线与投影面先交的迹点为点在投影面上的落影。如图示过A光线先与V相交于A_v，过B光线交于B_H。假设投影面是透明的，则过A光线通过V交于第二分角H面上为A_H，称为A的虚影，实际绘图中不必绘出虚影，只是在绘阴影时有时需要用到它求出影线。

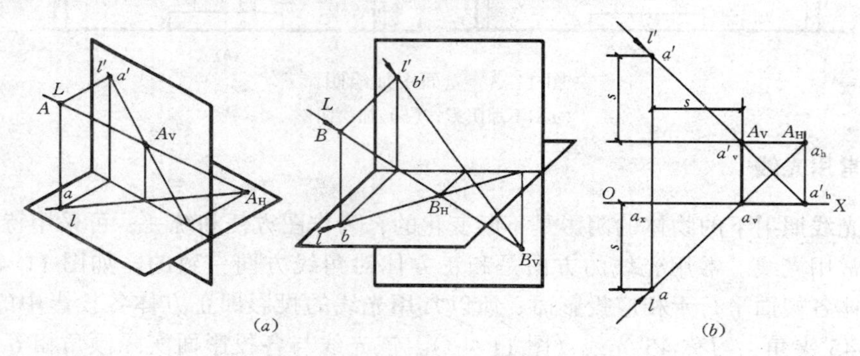

图11-6　点在投影面上落影

（a）轴测图；（b）投影图

图11-6（b）所示为展开的落影，从画法几何知道A_v在V面上，所以A_v的V面投影a'_v与A_v重合，H面投影a_v在轴上，且$a'_v a_v$连线垂直于OX轴，并且$a'_v a_v$又必在光线的投影l'及l上。

因此，已知点的投影求落影时，过点的投影作光线的投影$l'l$，光线投影先与轴相交处为空间点在另一投影面上落影的该面投影。过该投影做垂线与光线另一投影相交，为落影及另一投影。如图11-6（b）所示。l先交于OX轴，为A在V面落影A_v的H投影a_v，过a_v做垂线交于l'，为A_v及a'_v。若图中光线投影继续延长，l'与OX相交于a'_h，为A在H面上虚影的V面投影，做垂线与l的延线相交，为A在H面上虚影A_H及投影a_h。

3. 点的落影规律

空间点在其投影面上落影（及其投影面平行面）与投影之间的垂直距离与水平距离相等，即等于空间点到该投影面的距离。图 11-6（*b*）所示，因 l'、l 与 OX 轴均成 45°线，所以有 $aa_x = a'a'_v = S$；所以 a' 到 a'_v 的水平距离为 aa_x，即为 S；同理，$a'a'_v$ 的垂直距离同样为 S。

4. 点落影求法

点在投影面上的落影求法图 11-6（*b*）已作了介绍，下面介绍在平行面、垂直面、一般面上落影的求法。

（1）点在投影面平行面上的落影

点在投影面平行面上的落影，必在该平面的积聚投影上。可按规律或光线投影求出，如图 11-7（*a*）所示。当给定两投影时，求光线 l 交于 P_H 上为 A_P 的水平投影 a_p，作垂线与 l' 相交，为 A_p 及 a'_p。也可利用规律直接求 a'_p，当给定 a' 及距离时，利用规律直接求得 a'_p，如图 11-7（*b*）所示。

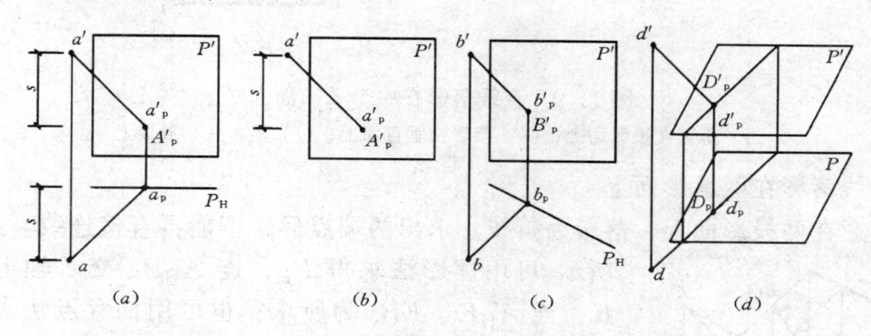

图 11-7　点的落影求法

（*a*）落影在平行面上；（*b*）单面投影作图；（*c*）落影在垂直面上；（*d*）落影在一般面上

（2）当承影面为垂直面时的落影

点在垂直面上的落影可利用垂直面的积聚性求出。求 l 交于 P_H 上为 B_p 的水平投影 b_p，作垂线与 l' 相交为 B_p 及 b'_p，如图 11-7（*c*）所示。

（3）点在一般面上的落影

当承影面为一般位置时，投影没有积聚性，可利用画法几何中求一般线与一般面相交的方法求出光线与投影面的交点即为落影，如图 11-7（*d*）所示。

二、直线在平面上的落影

1. 直线的落影

直线在承影面上的落影，是过该直线的光线平面（称光平面）与承影面的交线；当直线平行光线时，落影为光线与承影面交点；如图 11-8 所示。若直线在承影面上时，落影与直线重合。

2. 直线落影的求法

直线落影在平面上时一般为直线或折线。所以求直线落影，实际上为求光平面与承影面交线。

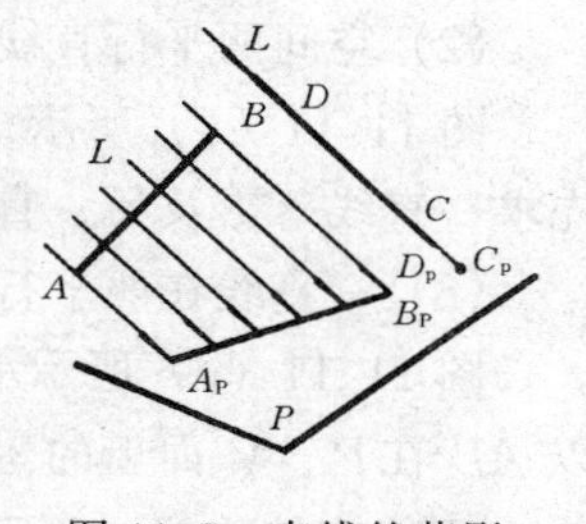

图 11-8　直线的落影

(1) 直线落影在一个承影面上

只要求出直线上两端点（或任意两点）的落影，再连线，即为直线的落影。

图 11-9（a）所示为直线在投影面上的落影，求 a'_v、b'_v 再连线，即 AB 在 V 面落影的 V 面投影，连 a_vb_v 为 H 面投影；图 11-9（b）所示为直线在垂直面上的落影，同样利用积聚性求两端点落影再连线；图 11-9（c）所示为直线在一般面上落影求法。求出两端点落影 A_p、B_p 再连线。

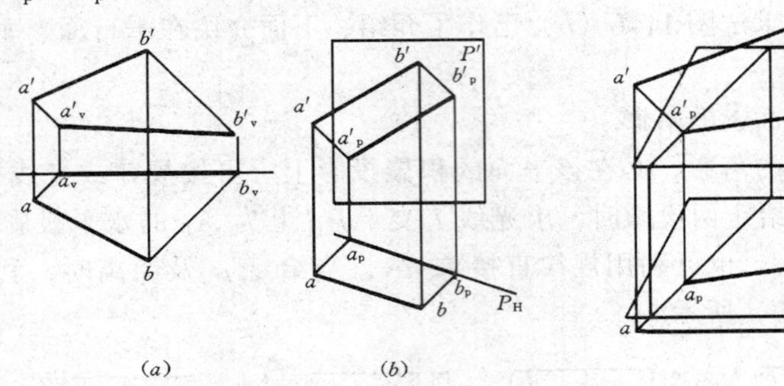

图 11-9　直线落影在一个承影面上

（a）落影在投影面上；（b）落影在垂直面上；（c）落影在一般面上

(2) 直线落影在两承影面上

直线落影在两投影面上，落影为折线。求出两端点后，不能再直接连线。如图 11-10 所示。可用虚影法求得 B_H，连 A_HB_H 交于轴上为折影点 K，连 A_HK、KB_v 为所求；也可用任意点法求得直线上任一点 C 的落影 C_v，连 B_vC_v 交于轴上为折影点 K，再连 KA_H 完成落影。

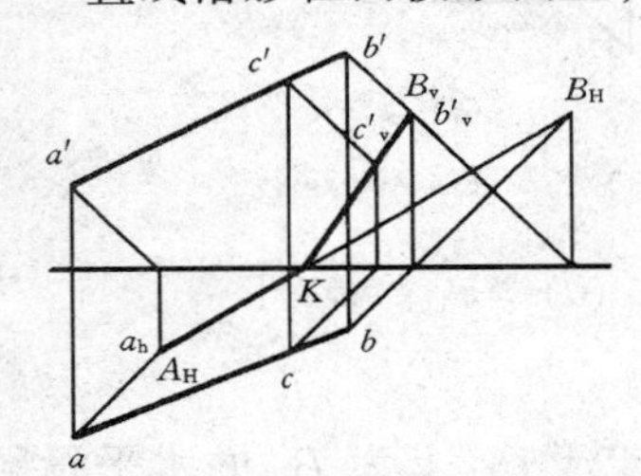

图 11-10　直线落影在两个承影面上

三、直线的落影规律

熟练地掌握直线的落影规律，对求直线的落影会有很大的帮助，尤其是以后求形体阴影时。

1. 直线落影的平行规律

(1) 直线平行承影面，则直线的落影与空间直线平行且等长，即落影平行投影且等长。

图 11-11（a）所示，AB 平行 P 平面，A_pB_p 必平行 AB，所以 A_pB_p 必平行 $a'b'$ 且等长，a_pb_p 平行 ab。所以可任求端点落影，再根据平行等长求另一端点落影。

(2) 空间两平行直线在同一承影面上落影仍平行。

图 11-11（b）所示，$AB /\!/ CD$，$A_pB_p /\!/ C_pD_p$，所以同面落影投影必平行。因此，先求一直线落影及另一直线端点落影，再根据平行求另一端点落影。

(3) 一直线在两平行的承影面上的落影互相平行。

图 11-11（c）所示承影面 P 平行 V 面，过 AB 的光平面与 P、V 的交线必平行，所以 AB 在 P、V 面上的落影必平行，落影的同面投影也必平行。可先求出两端点落影 A_v、B_p，不能直接连线，至于直线在两承影面上落影可用下列方法之一求得：①任意点法，

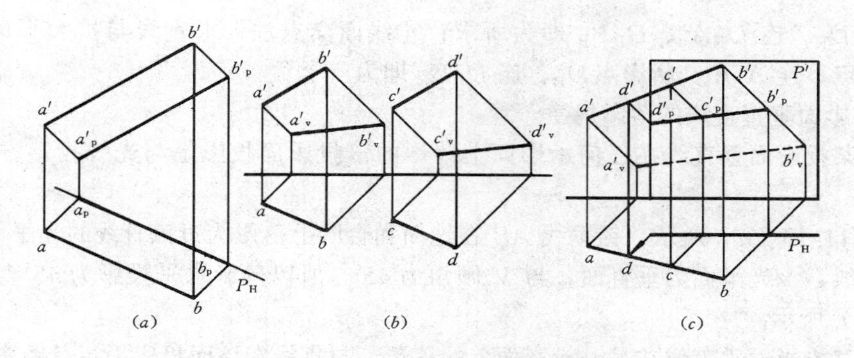

(a) (b) (c)

图 11-11 直线落影的平行规律

(a) 直线平行承影面；(b) 两直线平行；(c) 直线落影在两平行的承影面上

求线上任一点 C 落影 C_p，连 B_pC_p 为所求 P 面落影，过 A_v 做 B_pC_p 平行线为 V 面上落影；②虚影法，将 V 扩大并求虚影 B_v，连 A_vB_v 为所求，根据平行求得 P 面落影；③反回光线法，直线上必有一点落影在 P 的边框上，过 P_H 端点作反回光线交于直线上为 d，则 d' 落影在 P 边框上得 d'_p，连 B_P 为所求，根据平行规律求 V 面落影。

2. 直线落影的相交规律

(1) 直线与承影面相交，直线的落影必通过直线与承影面交点。

如图 11-12 (a) 所示，直线 AB 与 P 相交于 B，落影为 B_p，所以直线落影通过 B_p。作图时求 A_p，直接连 B 即为所求。

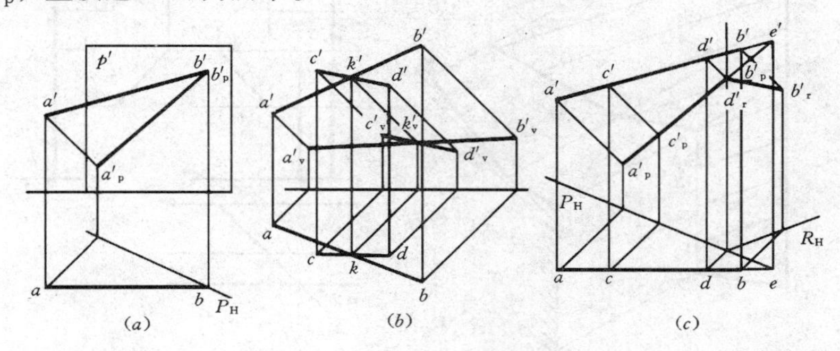

(a) (b) (c)

图 11-12 直线落影的相交规律

(a) 直线与承影面相交；(b) 两直线相交；(c) 两承影面相交

(2) 两相交直线在同一承影面上的落影必相交，落影的交点必为交点的落影。

如图 11-12 (b) 所示，直线 AB 与 CD 相交于 K 点，直线落影 A_vB_v 与 C_vD_v 相交于 K_v，K_v 为 K 点的落影。作图时，利用交点落影 K_v 比较简单方便。

(3) 一直线在两相交的承影面上的两段落影必然相交，落影的交点（称折影点）必在两承影面的交线上。

如图 11-12 (c) 所示，直线落影在两相交承影面 P 与 R 上，落影必相交于两平面交线处（折影点处）。作图时，先求出两端点的落影 A_p 与 B_r，线段落影可用下列方法之一求得：①反回光线法，从折影点（交线处）反回光线求得 d、d'，得落影 D_R 在交线上，连 A_pD_R、D_RB_R 即为所求；②任意点法，任求直线上某一点落影 C_p，连 C_pA_p 延长交折影点为 D_R，连 D_RB_R 为所求；③扩大平面虚影法，求 B 在扩大平面上虚影 B_p，连 A_pB_p

交于折线 D_R，连 D_RA_p、D_RB_R 即为所求；④线面交点法，求直线与扩大平面交点 E，落影过交点，连 A_pE 交折影点D_R，连 D_RB_R 即为所求。

3. 投影面垂直直线的落影规律

(1) 某投影面垂直线在任何承影面上落影的该投影面投影是与光线投影方向一致的45°直线。

如图 11-13（*a*）所示，铅垂线 *AB* 在地面和台阶上落影为过该直线的光平面与地面、台阶的交线，该光平面为垂直面，与 *V* 倾角为 45°，所以落影水平投影为 45°直线，如图 11-13（*b*）所示。

(2) 某投影面垂直线在另一投影面上的落影，与直线在该面投影平行且距离为直线到该投影面的距离。

如图 11-13（*c*）所示，*AC* 垂直*H* 面，*AB* 垂直*W* 面，*V* 面落影平行*a′b′*、*a′c′*，且距离为 *S*。作图时可求一端点落影，再根据平行等长求直线落影。

(3) 某投影面垂直线落影在另一投影面垂直面上（平面或曲面）时，落影在第三投影面上的投影总是与该承影面有积聚性投影成对称形。

如图 11-13（*b*）所示，铅垂线 *AB*，投影在侧垂面上，落影的正立面投影与台阶积聚的投影成对称形。图示为 *V* 面落影与 *W* 面投影对称，所以 *OZ* 轴为对称平面轴。作图

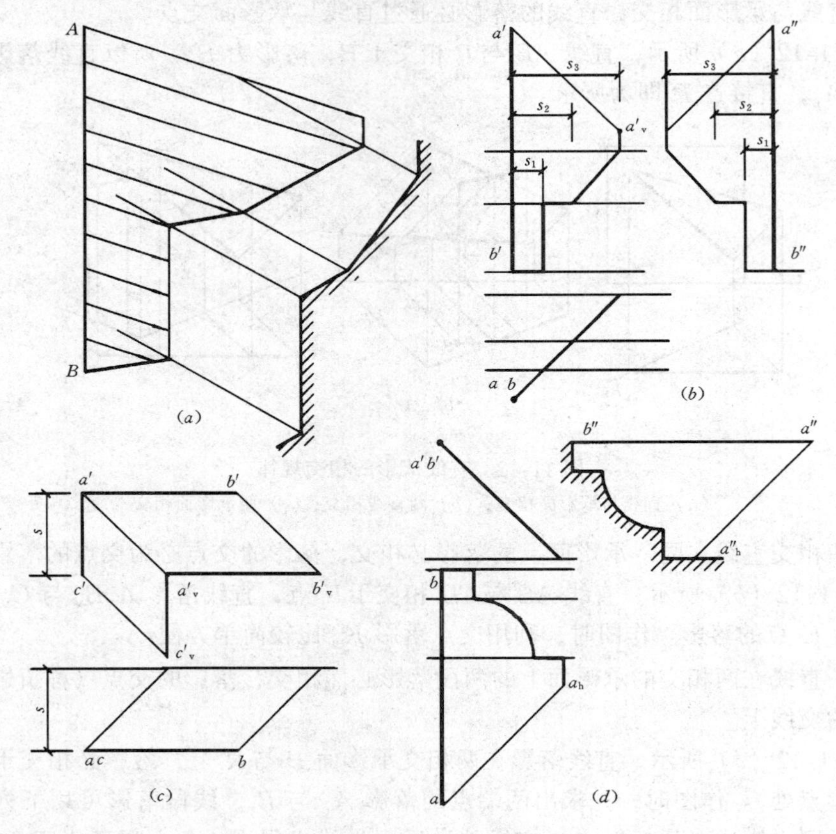

图 11-13　投影面垂直线落影

（*a*）轴测图；（*b*）铅垂线侧垂面；（*c*）落影平行等距；（*d*）正垂线侧垂面

时，量取侧投影 AB 线到承影面的距离 s_1、s_2、s_3 为 V 面投影直线到落影投影的距离。图 11-13（d）为正垂线，落影在侧垂面上，落影的水平投影与侧投影积聚投影成对称形，对称平面为 H、W 的分角平面，即直线到承影面的距离等于直线到落影投影的距离。

第3节　平 面 的 落 影

一、直线构成的平面多边形的落影

求直线构成的平面多边形的落影，就是求构成平面多边形各边线的落影。该落影即平面落影的影线。

1. 平面多边形落影

求多边形各顶点的落影，再顺次连线。如图 11-14（a）所示。

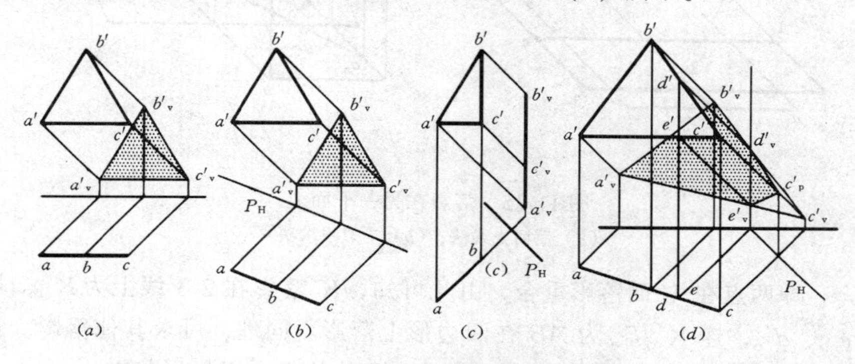

图 11-14　平面的落影

（a）平行投影面；（b）平行承影面；（c）通过光平面；（d）落影在两个承影面上

(1) 平面平行于投影面（或承投面），落影反映平面实形且与同面投影相同。如图 11-14（a）所示。平面平行正立面，则落影与投影相同且反映平面实形；图 11-14（b）所示为平面平行承影面 P，则在 P 上落影与投影相同且反映平面实形。

(2) 平面与光线平行时，平面的积聚投影通过光线投影，所以落影为直线。

如图 11-14（c）所示，平面平行光线，过平面的光平面与承影面交线即为落影。

(3) 平面落影在两相交承影面上时，影线在交线上有折影点。

图 11-14（d）所示为三角形落影在两相交平面上，折影点可按前述直线落影求法求得。本例选用反回光线求得 d、d'、e、e'，求得落影 d'_v 和 e'_v。也可利用虚影求得 c'_v 而得折影点 d'_v、e'_v。或用任意点法求出。

2. 平面多边形落影在另一平面的阳面上

有时平面图形落影在另一平面的阳面上，不但要求自身的落影，也要求在另一平面图形上的落影，如图 11-15（a）所示。三角形平面 ABC 落影在 V 面上，也有一部分落影在四边形平面上。为求得 ABC 的落影，可分两部分，首先，求出三角形平面和四边形平面在 V 面落影 $A_vB_vC_v$ 及 1、2、3、4 各点落影。从落影知，三角形与四边形落影在 V 面上重合，AC 边落影 $a'_vc'_v$ 重合 $1'_v4'_v$ 于 f'_v，重合 $2'_v3'_v$ 于 K'_v，BC 边落影 $c'_vb'_v$ 重合 $1'_v4'_v$ 于 e'_v，重合 $2'_v3'_v$ 于 d'_v，称重影点。从重影点 K'_v 做反回光线交 AC 上为 K'，交

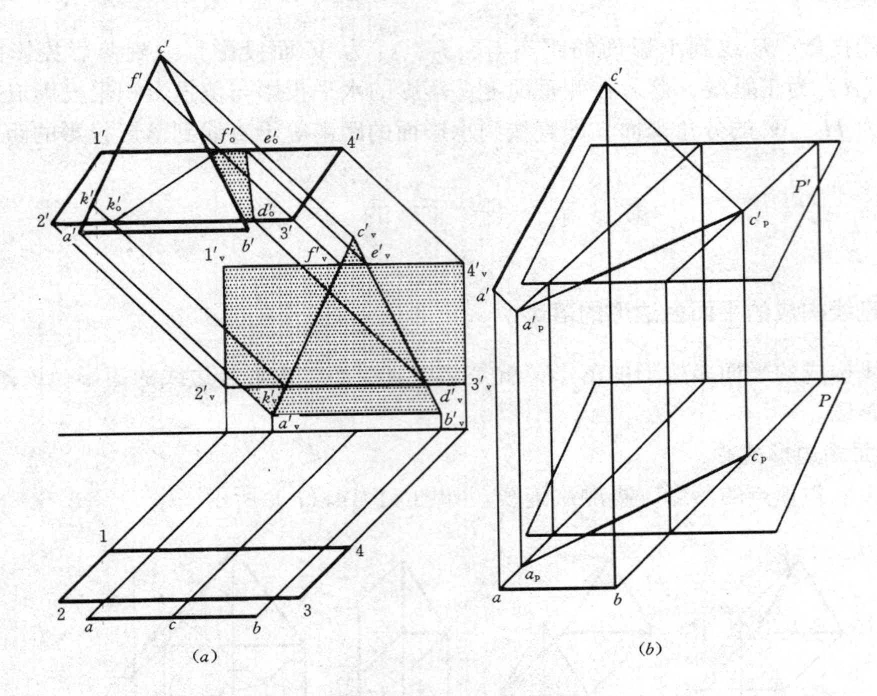

图 11-15　落影在另一平面上

(*a*) 反回光线法；(*b*) 一般线求法

$2'3'$上为K'_{o}，即两点在 V 面落影重合，由此可知，K'落影在 $2'3'$线上为K'_{o}。同理，可求得 f'_{o}、e'_{o}、d'_{o}，连 $K'_{o}f'_{o}$为 AB 在四边形上落影。同理，可求其他落影。这种作图方法称反回光线法，图中 K'_{o}、f'_{o}称为过渡点。图中未画水平投影落影。

对于这种落影情况，也可采用求直线 AC 在平面上落影的方法，如图 11-15（*b*）所示。求 AC 在四边形扩大平面上的落影虚影 A_{p}、C_{p}，连 $A_{p}C_{p}$ 在四边形内部分为 AC 线在四边形平面上的落影。

二、平面图形阴面阳面的判别

在光线照射下，平面图形的一侧迎光，称阳面，另一侧背光，称阴面，因而有阳面和阴面之分。这是确定形体上阴线的基础。

1. 投影面平行面

如图 11-16（*a*）所示，平行面均为迎光面，所以投影为阳面投影。水平面 P 迎光，水平投影为阳面投影；正平面 R 迎光，V 面投影为阳面投影。

2. 投影面垂直面

当平面为投影面垂直面时，利用平面的积聚投影与光线同面投影加以检验。

如图 11-16（*b*）所示，正垂面夹角不同，当倾角小于 45°时，光线照在上面，水平投影为阳面投影；当倾角为 45°时，平面通过光平面，两面为阴面，所以水平投影为阴面投影；当倾角在 45° 到 90°之间时，光线照在下面，水平投影为阴面投影；当倾角大于 90°时，光线照在上面，水平投影为阳面投影。图 11-16（*c*）所示为铅垂面的投影情况，读者可自行总结。

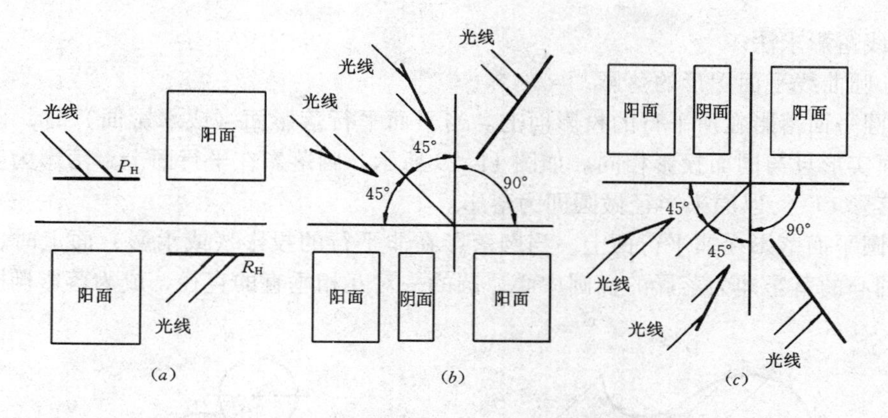

图 11-16 特殊面阴面、阳面的判别

（a）平行面；（b）正垂面；（c）铅垂面

3. 一般位置平面

当平面处于一般位置时，可根据平面的落影判定平面图形的阴阳面，如图 11-17（a）所示，当空间平面 ABC 与落影的顺序 $A_HB_HC_H$ 相同时，空间图形为阳面投影，因承影面为阳面，所以顺序应一致。若落影顺序与平面顺序相反，如图中 DEF 与 $D_HF_HE_H$，则为阴面投影；图 11-17（b）为给定平面投影时，根据落影判定投影的阴阳面的方法，如图所示，水平投影 abc 与落影 $A_HB_HC_H$ 顺序相同，所以为阳面投影；正立投影 $a'b'c'$ 与落影顺序相反，所以为阴面的投影。

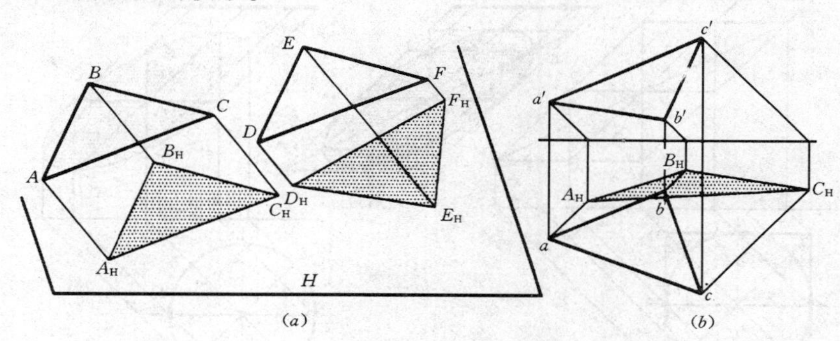

图 11-17 一般面阴面、阳面判别

（a）轴测图；（b）投影图

三、曲线及曲线平面图形的落影

1. 曲线的落影

曲线为不规则曲线时，可求一系列特征点落影，再圆滑地连线，如图 11-18 所示，求 A、B、C 各点落影再圆滑连线即为曲线的落影。当曲线为圆时，参见后面曲线平面的落影求法。

2. 曲线平面的落影

(1) 非规则曲线平面的落影

非规则曲线平面的落影可求曲面上一系列特征点的落影，再圆滑地连线。参见图

11-18曲线落影求法。

(2) 圆曲线平面图形的落影

1) 圆平面落影在所平行的投影面上。当平面平行落影面（或承影面）时，该面投影反映平面实形且与同面投影相同。如图 11-19 所示。圆落影在平行面上，落影为实形。求出圆心落影 O'_v，以原来半径做圆即为落影。

2) 圆平面落影在非平行面上。当圆落影在非平行的投影（或承影）面上时，落影为椭圆。圆心的落影即为落影的椭圆中心，圆的一对互相垂直的直径，成为落影椭圆的一对共轭轴。

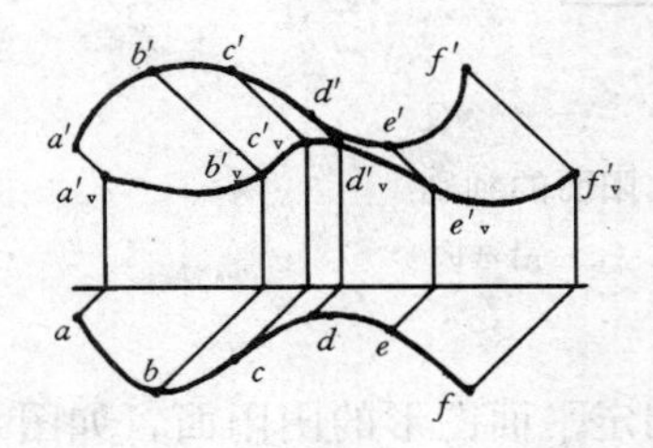

图 11-18　不规则曲线的落影

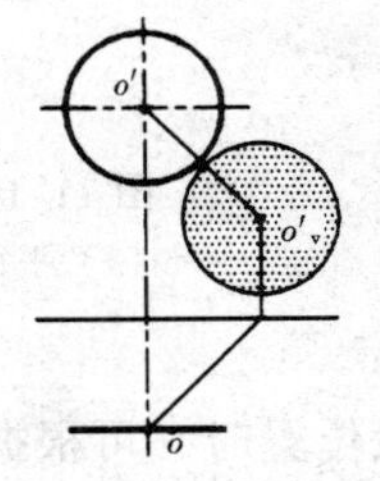

图 11-19　圆落影在平行的承影面上

图 11-20 所示为一水平圆，落影在 V 面上，是一个椭圆，可利用圆的外切正方形作为辅助作图线来图解求得，方法如下：

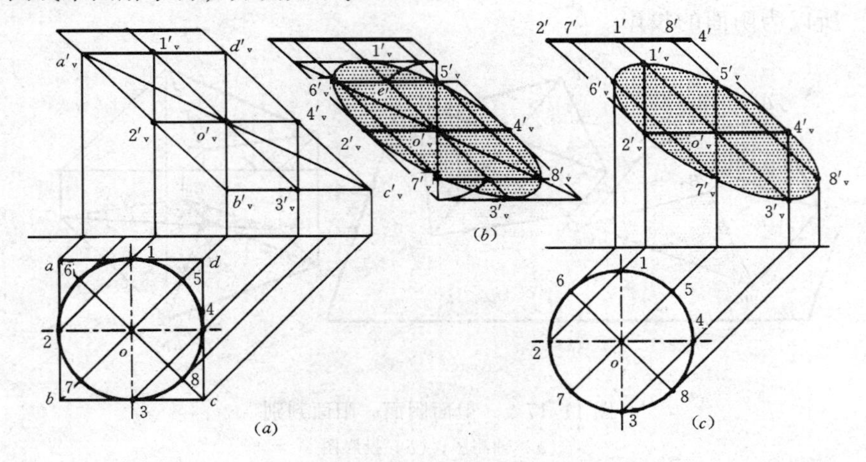

图 11-20　圆落影在非平行面上

(a)、(b) 解析法；(c) 图解法

a. 作圆外切正方形 $ABCD$，并与圆相切于中点 1、2、3、4，与对角线相交于 5、6、7、8 点，如图 11-20 (a) 所示。

b. 作正方形的 V 面落影得平行四边形 $A_vB_vC_vD_v$，如图 11-20 (a) 所示。因 A_vB_v 为 45°线，B_vC_v 为水平线，对角线 B_vD_v 为铅垂线，所以可先求出圆心落影 O'_v，作铅垂线交于 A_vB_v、C_vD_v 的 45°线上，再过交点做水平线得矩形落影，再过 O'_v 作 45°线与 A_vD_v、B_vC_v 相交，得两切点落影 $1'_v$、$3'_v$，过 O'_v 做水平线与 A_vB_v、C_vD_v 相交，得另两切点落影 $2'_v$、$4'_v$。

c. 圆与对角线交点求法：从图 11-20（a）知交点将对角线分成两段的比例关系，如点 6 将对角线分成$\frac{o6}{oa}=\frac{o1}{oa}=\cos 45°$。落影比例关系不变，$\frac{O'_vD'_v}{O'_v1'_v}$为 cos45°，以 O'_v 为圆心，$O'_vd'_v$ 为半径画弧交于 $O'_v1'_v$ 线点 e' 上，过 e' 作水平线交于 $O'_vd'_v$ 和 $Ov'a'_v$ 上得 $5'_v6'_v$，即为 5、6 的落影，同理可求出 $7'_v$、$8'_v$ 落影。如图 11-20（b）所示。

前述为解析法，比较麻烦，实际求 5、6、7、8 点的落影，可求出各点 V 面投影 5′、6′、7′、8′，过投影作光线投影 45°线，与对角线相交即为落影 $5'_v$、$6'_v$、$7'_v$、$8'_v$。如图 11-20（c）所示。

d. 将各影点圆滑地连线，即为落影。如图 11-20（b）所示。

当半圆形平面垂直贴于 V 面上时，在 V 面上的落影也是半个椭圆，通长采用五点法作出，如图 11-21（a）所示。求出平面上五个特殊点 1～5 的投影和落影，点 1、5 在 V 面上，落影 1_v、5_v 与本身重合；点 3 在正前方，落影 3_v 在 5′的垂线上；点 2 在圆左前方，落影 2_v 在圆的中线垂线上；右前方的点 4 落影 4_v 在 2_v 的水平线上，又从水平投影知 4_v、4、O 为等腰三角形，所以 4_v、4′到中心线上 2_v 为等腰三角形，即 4_v 到中线 2 倍于 4′到中线的距离。圆滑连接各点即为落影，掌握上述方法后可利用半圆单面投影求落影，如图 11-21（b）所示。在 V 投影上求得半圆上五个点的 V 面投影 1′～5′，1_v、5_v 重合，2_v 在过 2′的 45°线与中线交点处；3_v 在过 3′的 45°线与 5′垂线交点处；4_v 过 4′的 45°线与 2_v 的水平线相交处。圆滑连线即为所求落影投影。

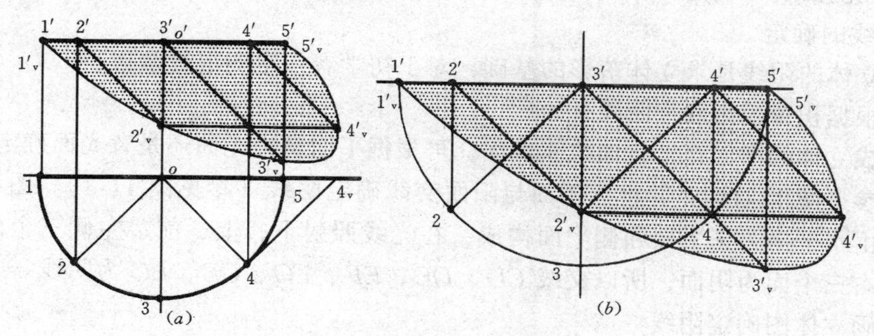

图 11-21　半圆面的落影

（a）两面投影求法；（b）单面落影求法

复习思考题

1. 何谓阴影？是怎样形成的？
2. 常用光线是如何确定的？投影有何特点？
3. 虚影是怎样产生和求得的？
4. 直线有哪些落影规律？如何应用？
5. 如何求平面的落影？怎样判别阴、阳面投影？
6. 何谓 5 点法求曲线平面落影？

第 12 章　平面立体与建筑形体的阴影

第 1 节　平 面 立 体 的 阴 影

平面立体是由构成棱面的棱线组成，求平面立体的落影，就是求平面立体上阴线的落影。

一、平面立体阴影分析

1. 一般步骤

(1) 识读正投影图，分析清楚形体各组成部分的形状、大小及相对位置；

(2) 判明立体阴面、阳面和阴线；

(3) 分析阴线与承影面及投影面的相对位置关系，运用阴线落影规律，逐段求出阴线落影——影线；

(4) 在阴面及影线范围内均匀涂黑表示。

2. 阴线的确定

确定立体的阴线是求立体落影的基础，对于初学者一定要很好掌握。

(1) 根据积聚投影确定阴线

若构成立体的平面是平行面或垂直面，可根据平面是迎光面还是背光面确定是阴面还是阳面（参见图 11-16），并根据阴面与阳面交线确定阴线（参见图 11-1）。图 12-1（*a*）所示棱柱由水平面、正平面和侧平面构成，在光线照射下，上、前、左侧三个面为阳面，后、下、右三个面为阴面，所以交线 *CD*、*DE*、*EF*、*FG*、*GB*、*BC* 为阴线。

(2) 画立体图确定阴线

对于直接判定有困难的读者，也可绘出立体图确定阴线，如图 12-1（*b*）所示，根据阳面与阴面确定阴线。

(3) 根据落影包络图确定阴线

形体由一般面构成，投影没有积聚性，不好判定，可求出形体各棱线的全部落影，构成落影的外包络线为影线，反回到形体上确定阴线，从而确定阴面，如图 12-1（*c*）所示。*AD*、*AB*、*BD* 为阴线，所以 *ABD* 为阳面，余为阴面。

二、平面立体阴影求法

形体阴线确定后，按直线落影规律求各阴线段落影，影线内再均匀涂黑即可。

1. 平行面构成立体

图 12-1（*a*）所示的四棱柱已确定阴线。*BC* 为侧垂线，落影在水平面上平行且等长，距离等于 *BC* 到 *H* 面的距离；同理求得正垂线 *BG* 的落影；铅垂线 *GF* 落影在 *H* 面上为与光线投影一致的 45°线，落影在 *V* 面上平行等距；其他各线落影如图所示。均匀涂

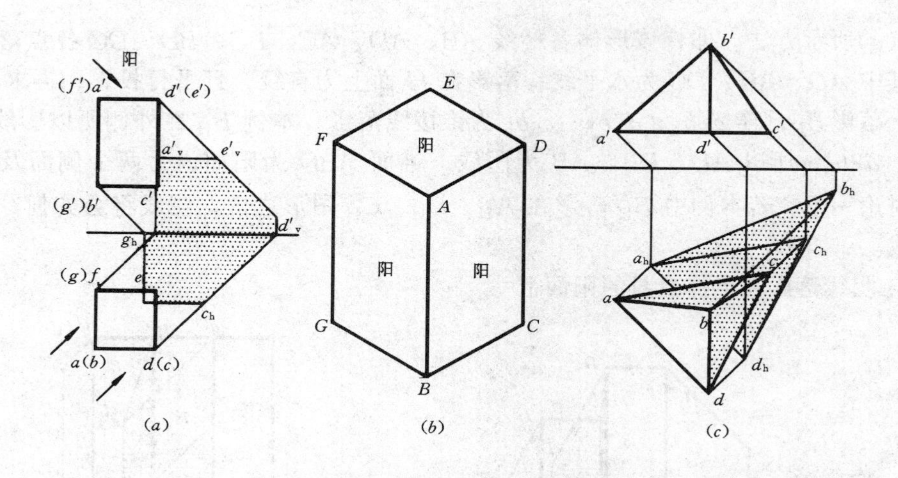

图 12-1 形体阴线的确定

（a）光线投影确定阴线；（b）轴测图确定阴线；（c）落影包络图确定阴线

黑后完成落影。

2. 垂直面构成立体

图 12-2（a）所示为贴于墙面上的三棱柱饰物，求在墙上的落影。经检验垂直面均为阳面，确定阴线为 AB、BC，A、C 在墙上，落影与自身重合，求得 B 点落影 B_v，再连线即为所求阴影。

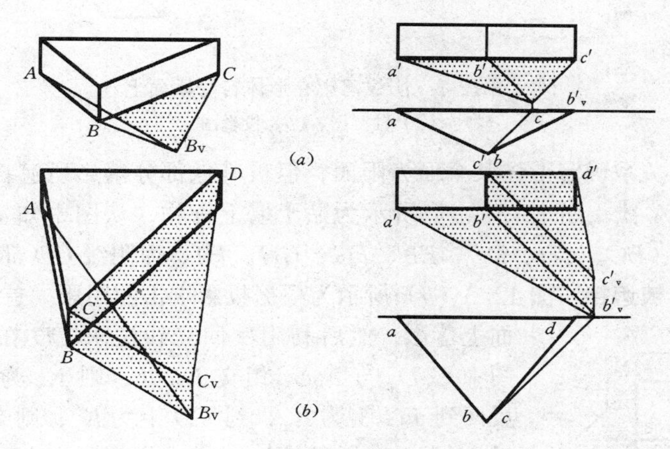

图 12-2 垂直面形体投影

（a）全阳面；（b）右侧为阴面

图 12-2（b）所示同样为贴于墙上的三棱柱饰物，但右侧垂直面为阴面，所以阴线变成为 AB、BC 及 CD，分别求得各线段落影。本例先求得控制线段 B_vC_v，连线为落影及投影 $b'_vc'_v$，连 $a'_vb'_v$为 AB 落影投影，连 $c'_vd'_v$为 CD 落影投影。涂黑为所求落影。注意右侧表面为阴面，也要涂黑。

3. 形体由一般面构成

当形体上有一般面构成时，不能直接确定阴面还是阳面，所以阴线不可直接确定。可采用图 11-17 所示的方法判别后再确定。但如果形体上一般面较多时，判别较繁，可采图

12-1（c)所示方法。即将该形体各棱线 AB、AD、AC、BC、BD、DC 各点落影全部求出：其中 AD、AC、DC 为水平线，落影在 H 面上为直线，且平行投影；再求得 B 点在 H 面上落影 B_H，连 $a_h b_h$、$d_h b_h$、$c_h b_h$ 为锥棱线落影。本例 B_H 在外侧所以影线为 $d_h b_h$、$d_h a_h$、$a_h b_h$，所以 AD、DB、AB 为阴线，锥面 ABD 为阳面，另两个侧面及锥底为阴面。讨论一下，若本例中 B_H 落影在 A_H、D_H、C_H 图形之内，阴线将会如何？请读者自己完成。

4. 阴线落影在形体自身的阳面上

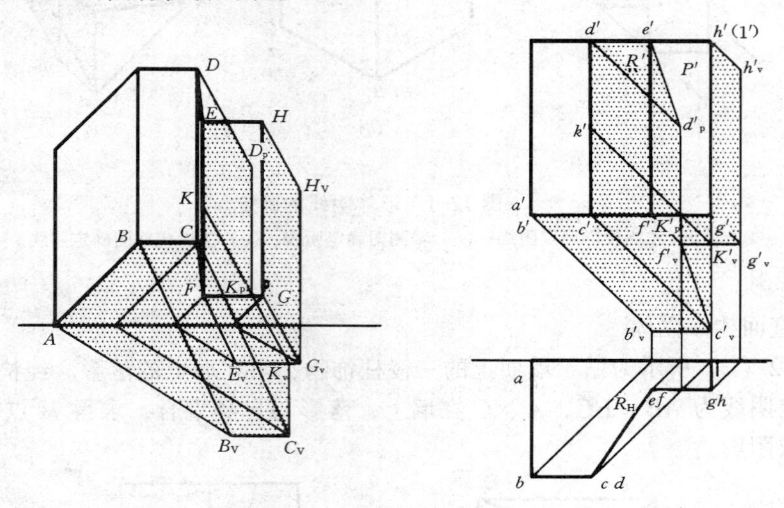

图 12-3　阴线落影在形体自身阳面上

（a）轴测图；（b）投影图

有时按投影关系确定形体某个面为阳面，但被其他部分落影所遮挡，阴线也会变化。如图 11-1 中 A-A 线。图 12-3（a）所示为贴于墙上饰物，从图中知 R 为阴面，P 为阳面，阴线为 AB、BC、CD、DE、EF、FG、GH、HI，而阴线 CD 部分落影在 P 上，所以阴线 FG 部分被遮挡。图 12-3（b）所示为根据投影求出的阴影。首先求出各阴线在墙面上落影，然后利用反回光线法求 CD 在自身阳面上落影。图中 C_vD_v 与 F_vG_v 相交 K_v 处，则 K_v 为重影点，从 K_v 处反回到 FG 上为 K'_p，到 CD 上为 K'，则有 K' 落影在 K'_p 处。过 K'_p 做 CD 平行线与 d'_p 相交为落影，也可先求出 D 在 P 上落影 d'_p。根据平行求得 CD 在 P 上落影与 FG 交点 K'_p，从 K'_p 引光线投影 45°线与 C_vD_v 线相交为 K_v，连 K_vG_v 为 FG 在 V 面上落影。

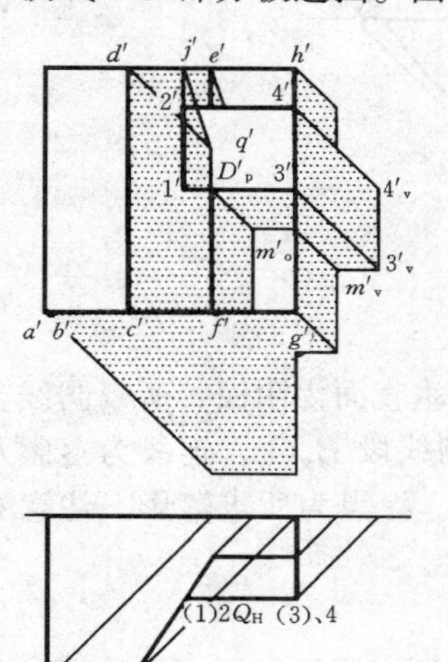

图 12-4　组合体阴影

5. 组合体的阴影

当形体为组合体时，分别求出阴影及一部分形体在另一部分形体上的落影。图 12-4 所示为在前例图 12-3 所示的形体上加一四棱柱的阴影情况。求出四棱柱在墙上落影 $3'_v 4'_v$，$1'3'$ 为侧垂线，落影与投影平行，过重影点 M_v 反回到 GH 线上为 M'_o，过 M'_o 作 $1'3'$ 平行线为 $1'3'$ 在形体上落影。DE 线在棱柱上落影求法：①利用平行规律法。从图 12-3（b）中知 DE 在 P 上落影 D_pE_p，而 Q 平面与 P 平行，所以落影平行 D_pE_p，求得 D_q，作 D_pE_p 平行线为 DE 在 Q 上落影。同理求得 DC 落影。②扩大平面法：将 Q 平面扩大后与 DE 相交于 J 点，则 J 在 Q 上落影与自身重合，求得 D_q，连 J_qD_q 为 DE 在 Q 平面上落影，取有效部分为落影。

图 12-5 所示为组合体上侧垂、正垂阴线在另一部分形体上落影的讨论。当两侧阴线距承影面相对位置不同时，落影也不同。图（a）为两侧阴线挑出距离相等时，A 落影在角点上，所以侧垂线在正立面落影为平行于阴线且间距为 s；当挑出距离侧宽前窄时；A 落影在侧面上，如图 12-5（b）所示；当挑出距离侧窄前宽时，A 落影在前面上，正垂线落影为 45°线，如图 12-5（c）所示。

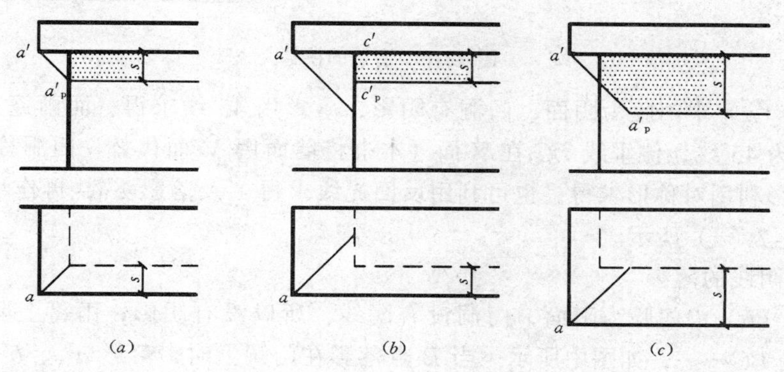

图 12-5　挑出宽度不同的落影

（a）等宽；（b）侧宽前窄；（c）侧窄前宽

第 2 节　建筑形体的阴影

建筑物由一些建筑形体构成，建筑立面投影包含门窗、台阶、雨篷、阳台、墙柱、屋檐等建筑形体。本节主要介绍建筑基本形体的阴影及建筑立面阴影。

一、窗洞口的阴影

首先确定形体的阴线。

窗口的阴线确定后，可按阴线的落影规律求出阴影，主要求出立面投影的阴影。图 12-6 给定了几种常见的窗口的阴影，从实例中分析可见，窗口阴影宽度 m 等于窗口深度 m，挑檐落影宽度 n 等于挑出宽度 n，挑檐落影在洞口宽度 s 等于挑出宽度 s_1 加上洞口深度 s_2。也可用光线投影求阴线各端点落影再连线的方法求得阴影。

二、门洞、雨篷的阴影

因门洞的造型较窗口要复杂，加之雨篷的阴线变化较多，所以阴影较复杂，但均可利用规律求得阴影。图 12-7 介绍了几种门洞、雨篷中由平行阴线构成的阴线的落影情况。求法分述如下：

1. 侧垂阴线的落影

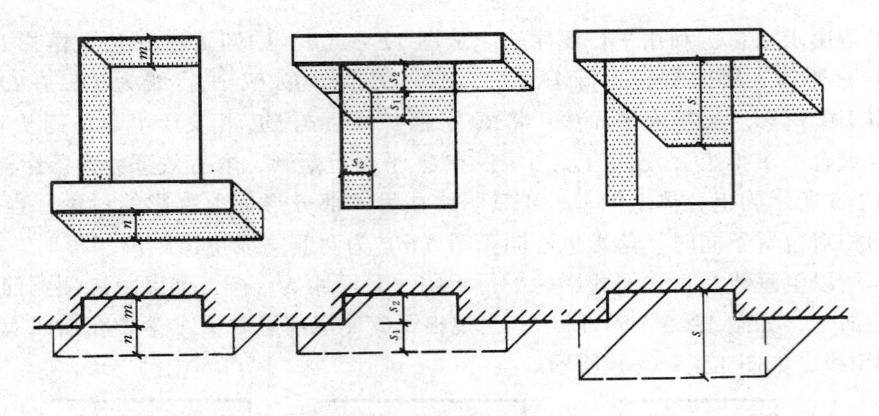

图 12-6 窗洞的阴影

图 12-7（a）中门脸为阴面，门洞有阴影，落影用 45°线求得；而雨篷上正垂线 AB 在墙上落影为 45°线，侧垂线 BC 在 V 面（本书将墙面用 V 面代替，门洞称 P 平面）墙面及门洞落影利用对称形求得；也可利用反回光线求得 $1'$ 及落影 $1'_0$，再作平行线求得落影，如图 12-7（a）所示。

2. 侧平阴线的落影

图 12-7（b）中门脸为阳面，门洞没有阴线，所以没有阴影；雨篷上阴线为侧平线 AB、侧垂线 BC……，如图中所示。当 B 点落影在门洞上时，落影 a'_v、b'_p 不能直接连线，需求得 B 点在 V 面上虚影 b'_v，连 $a'_vb'_v$ 为 AB 在墙上落影；根据平行过 b'_p 作 $a'_vb'_v$ 平行线为 AB 在门洞落影。同理，DE 在墙上落影也不再是 45°线，如图所示。

3. 水平阴线的落影

图 12-7（c）中雨篷阴线为水平线，具体阴线如图中所示。水平阴线 AB 的落影不是 45°线，需求出 b'_v，连 $a'_vb'_v$ 为 AB 在墙上落影；再求得 b'_p，过 b'_p 作 $a'_vb'_v$ 平行线为 AB 在门洞口落影；求得 C 在门洞虚影 c'_p，连 $b'_pc'_p$ 为 BC 在门洞落影；同理求得阴线 BC、CD、DE 在墙上落影如图示，不再详述，请读者自行分析。

4. 落影在斜门柱上

图 12-7（d）所示为带有斜门柱的阴影求法。其中雨篷阴线 AB、BC……如图示。而 B 点落影可利用侧投影作光线投影求得，本例 B 点落影在门柱的左侧面上，（AB 线落影的三种情况讨论如图 12-7e 所示，请读者自己分析。）BC 在墙上，门柱及门洞落影可根据平行规律求得，如图所示；由于门柱阴线 HG 为侧平线，不能直接求出落影，可在墙与地面相交处 f'' 作反回光线交于门柱上为 k''，则 k' 落影 k'_p 在 f' 处，如图 12-7（f）所示，并可利用 BC 在 HG 上落影 $1'$ 求得 $1'_p$，连 $k'_p1'_p$ 为 HG 在门洞落影。同理求得另一侧阴线落影，如图12-7（d)所示。

5. 正平阴线落影

图 12-7（g）所示为一折板式雨篷及门洞的阴影求法。其中雨篷阴线 AB……EF 如图示，正垂线落影为 45°线；求得 b'_p，连 $a'_vb'_p$ 为所求。根据平行规律求得 $b'_pc'_p$ 如图示；其余阴线落影求法不再详述，请读者自己分析验证。

对于带有曲线的雨篷或门洞的阴影求法，将在第十三章中讲述。

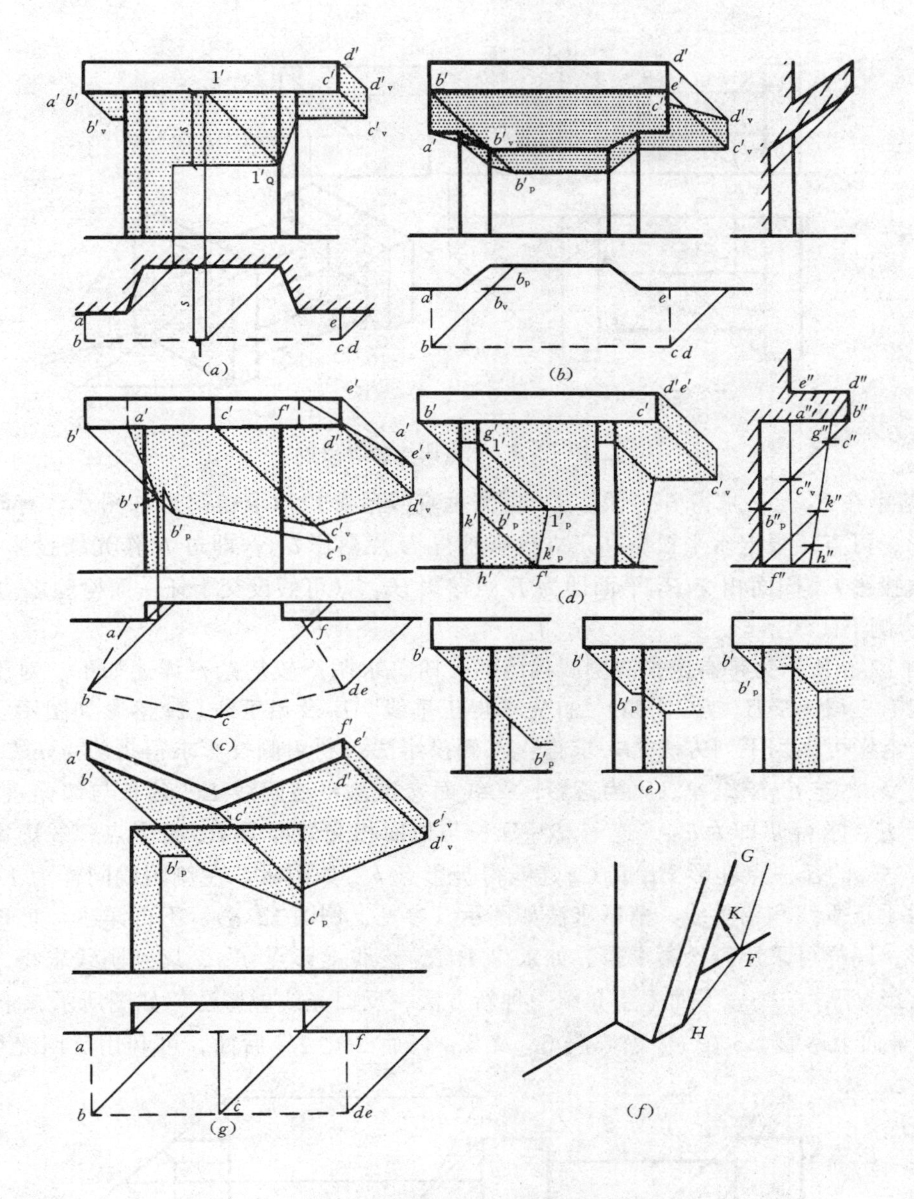

图 12-7　雨篷、门洞的阴影

（*a*）侧垂线落影；（*b*）侧平线落影；（*c*）水平线落影

（*d*）斜柱落影；（*e*）*B* 点落影；（*f*）反回光线的概念；（*g*）正平线落影

三、台阶的阴影

本节讲述由直线平面构成的台阶阴影的求法。一般情况阴线可为垂直线、侧平线、水平线，分别由以下三例介绍求法。

1．垂直阴线落影

图 12-8 所示为常见的一种台阶形式，阴线由正垂线和铅垂线构成，右侧阴线落影在墙上及地面如图示，求左侧阴线 *AB*、*BC* 的落影可用侧面投影法：利用侧投影求得 $b_{p''_1}$，

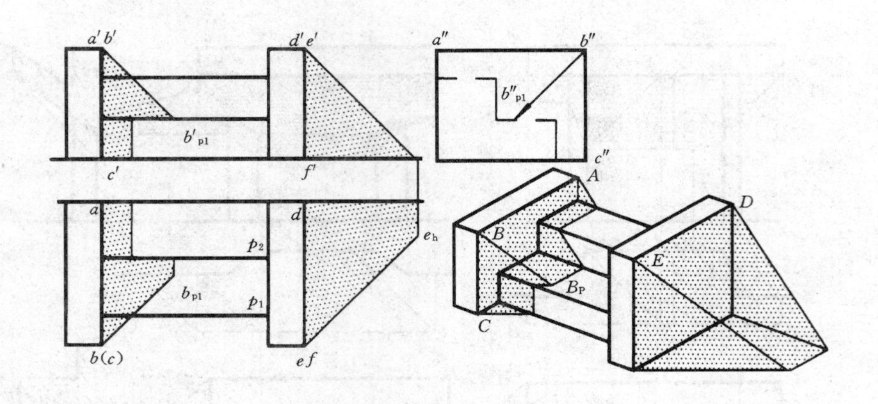

图 12-8　垂直阴线台阶阴影

知 B 落影在 P_1 上，求得 b'_{p1} 及 b_{p1}，再据垂直线落影规律求得落影如图示。有时，没有侧投影，可直接根据水平投影和正立投影求得 B 点落影 b_{p1}，即过 b' 作光线投影 l' 和过 b 作光线投影 l，同面相交 P_1 平面即为 B 点落影 B_{p1}。（可假设交于任一面检验之。）

2. 侧平阴线落影

图 12-9 所示为带有侧平线阴线挡墙的台阶，求阴影较复杂，详述如下。对于右侧阴线确定有三段为 AB、BC、CD，首先求得正垂线 AB 及铅垂线 CD 落影如图示。对侧平线 BC 落影可采用下列方法之一求得：①侧投影法：利用侧投影求得折影点 k''，求得 k' 得 k'_v、k_v，连 C_hK_v、$b'_vk'_v$ 为落影；②线面交点法：将阴线 BC 延长与墙面（投影面）相交于 E，求得 e' 即为 E_V，连 $e'_vb'_v$ 延长与地面相交处即为 K_v 折影点；③虚影法：求得 B_v、C_h 的任一点虚影 B_H 或 C_v 连线得折影点 k'_v 如图示。左侧阴线同样为 12、23 和 34，对于正垂线和铅垂线，落影求法如图示（参见上例图 12-8），不再详述。而侧平线 23 的落影，同样可采用侧投影求得，如求得 P_1R_3 棱线上影点 f''_w，反到阴线求得 $f''f'$，并求得落影 f'_v，……。下面主要介绍一种新方法，反回光线虚影法。如图所示，求阴线 23 在 R_2 平面上落影，3 在 R_2 前求得 3_{R2} 及 $3'_{R2}$，而 2 在 R_2 后面，可利用反回光线求得 2

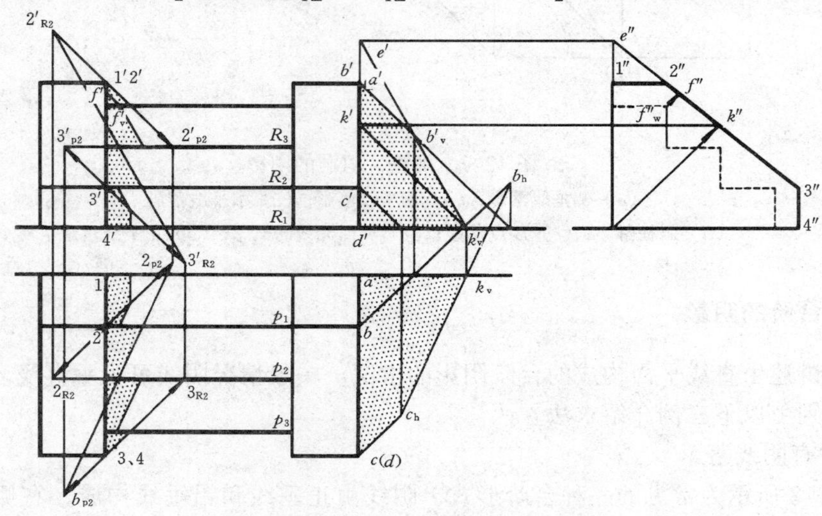

图 12-9　带有侧平阴线台阶的阴影

在 R_2 上虚影 $2R_2$、$2R'_2$，连线即为 23 在 R_2 上落影，取图形内有效部分。（图 12-10 为反回光线虚影的概念的直观图；AB 通过 V_1 平面，B 在 V_1 上虚投影为 b'，AB 在 V_1 上投影为 $a'b'$，在 H 上投影为 ab，A 点在 V_1 上落影为 L_1 与 V_1 交点 A_v，通过光线投影 l'_1l_1，而 B 点在 V_1 落影为过 B 光线 L_2 反回到 V_1 上得 B_v，而光线投影 l'_2l_2 也反回到 V_1 上，方向如图示。）同理，可求得 R_1、R_3 上落影，并根据同一影点关系求得 P_1、P_2、P_3 上落影。值得注意的是：若 23 阴线的坡度与各台阶棱线连线坡度相同时，23 阴线在台阶各棱线影点的 V、H 投影在一条垂线上。阴线到棱线上各影点距离相等。

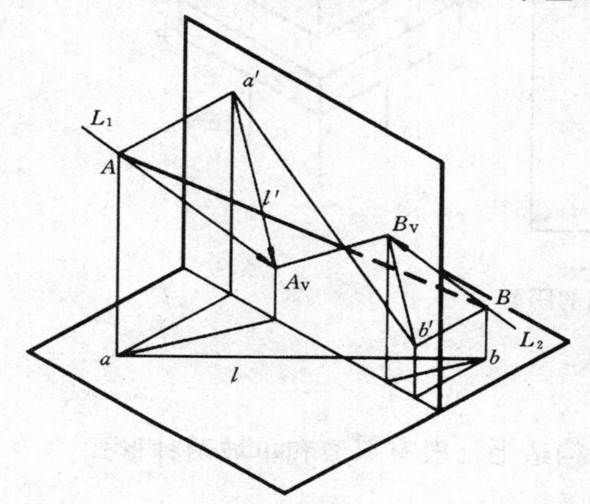

图 12-10　反回光线虚影

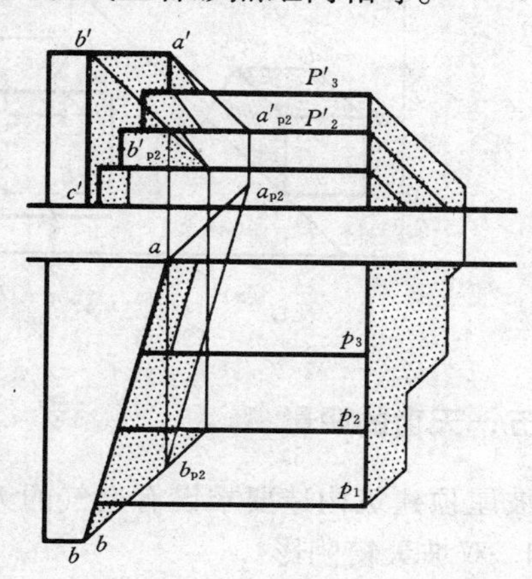

图 12-11　带有水平阴线台阶的阴影

3. 水平阴线的落影

图 12-11 所示为单侧挡墙的落影求法。水平阴线 AB 在 P 平面上落影采用扩大平面方法求得，a'_{p2}、b'_{p2} 及 a_{p2}、b_{p2} 连线即为 AB 在 P_2 上落影。同理，求 P_1、P_3 落影并根据棱线上影点求得 V 面落影投影。连线为所求落影。注意 AB 在墙上落影不再是 45°线。

四、烟囱的阴影

坡屋面上烟囱阴影求法如图 12-12 所示。

1. 不带压顶烟囱的阴影

图 12-12（a）所示为四棱柱形烟囱。确定阴线如图示，AB 为铅垂线，落影的水平投影是与光线投影一致的 45°线，过 a 作 45°线与檐口及屋脊相交于 1、2 处求得 1′、2′，则 b'_p 落影在该线上，过 b' 作光线投影与 1′2′线相交，即为 B 点落影 B_p。且 AB 在 V 面落影与 1′2′重合，并与水平线（檐口线）夹角成坡屋面倾角 α 角，所以也可过 a' 作 α 角线与过 b' 的 45°线相交求得 b'_p；正垂线 BC 在 V 面落影为 45°线，水平投影成 α 角；完成阴影如图示。

2. 带压顶烟囱阴影

图 12-12（b）所示为带压顶的烟囱的阴影求法，确定压顶封闭阴线如图示。可利用图（a）的方法求落影，当有侧投影时，利用侧投影求落影较方便。求得侧垂线 AB 的 W 落影投影 a''_p、b''_p，引水平线与过 a'、b' 的 45°线相交，即为 A、B 落影的 V 投影 a'_p、b'_p，过 a、b 作 45°线与过 a'_p、b'_p 的垂线相交，即为 A、B 落影的 H 投影；铅垂线 BC 落影水平投影为 45°线，V 投影成 α 角，也可利用侧投影求得 c''_p。同理求得其他各线的落

影，并求出 AB 在烟囱上落影及烟囱上铅垂线落影，如图 12-12 所示。

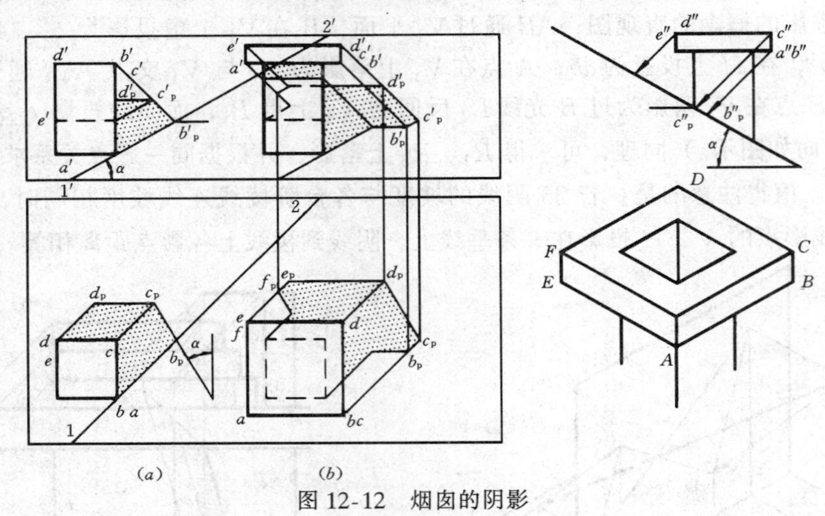

图 12-12　烟囱的阴影

五、天窗的阴影

坡屋顶建筑构造要求设有通气的天窗。天窗构造上一般有双坡和单坡两种形式。

1. 双坡天窗阴影

图 12-13（a）所示为双坡天窗，坡度角 α 较小，所以两坡均为阳面（若右侧坡顶为阴面时求法参照图 12-16 求法）。确定阴线为 AB、BC、CD、DE、EF，如图所示。AB 线落影为 45°线，B 点落影在角线上，根据平行求得 $b'_{v}c'_{v}$、$c'_{v}d'_{v}$；根据侧投影（或水平投影）作光线投影求得 e''_{p}、d''_{p}，引水平线与过 d'、e' 的 45°光线相交求得 d'_{p}、e'_{p}，过 d 作 45°光线投影与过 d'_{p}、e'_{p} 的垂线相交为 EF 水平落影；CD 线在坡屋面上落影求法：①求得 CD 在角点落影 k'_{0}，则 k'_{p} 重影在过角线落影 α 角的线上；②求 C 在坡屋面上落影 C'_{p}，连 $C'_{p}d'_{p}$ 即为所求，其余阴影如图中所示。

2. 单坡天窗阴影

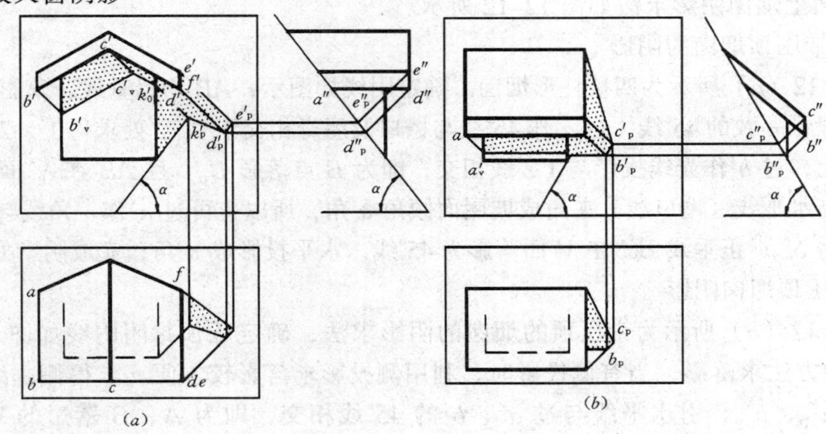

图 12-13　天窗的阴影

（a）双坡天窗；（b）单坡天窗

图 12-13（b）所示为一单坡天窗，落影求法同 12-13（a）所示，确定阴线 EA、AB、BC、CD，求得各阴线端点落影，再连线，请读者自行分析。

六、坡屋面及屋檐的阴影

坡屋面屋檐阴线虽然一般仍为直线，但因与承影面相对位置不同，落影也各异，下面介绍几种常见屋檐及坡屋面上落影求法。

1. 单坡屋面及屋檐阴影

图 12-14 所示为一单坡屋面，檐口前后错落，确定可求落影阴线为 AB、BC、CD、EF。AB 落影在前墙面上为平行且等距，求 a'_v 作平行线；BC 落影在后墙上为平行且等距，求得 b'_v、c'_v，再连线；CD 为侧平线，求得 C 在屋檐上落影 C'_p，连 $C'_p d'$ 为 CD

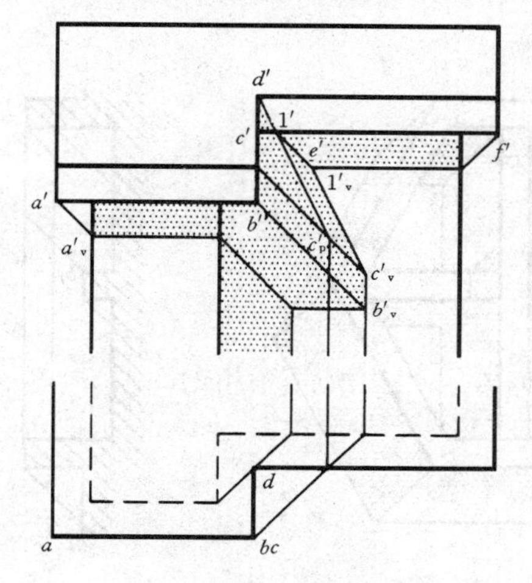

图 12-14　单坡屋面阴影

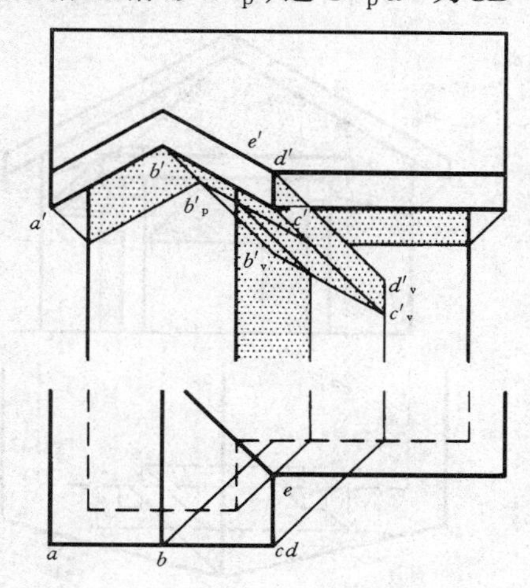

图 12-15　双坡屋面阴影

在檐上落影，过 C'_v 作 $c'_p d'$ 平行线为 CD 在墙上落影，也可从 CD 在檐上落影处 1′引光线投影交檐口落影处 $1'_v$，连 $1'_v c'_v$ 为 CD 在墙上落影（或求 D 在墙上虚影 d'_v，连 $d'_v c'_v$，请自行分析完成），完成墙角阴线落影。

2. 双坡屋面及屋檐的落影

图 12-15 所示为双坡屋面，檐口阴线确定为 AB、BC、CD、DE 等如图。根据平行规律求得 AB、BC 在前墙上落影。CD 在墙上落影平行且等距，DE 为正垂线，在墙上及屋檐上落影投影为 45°线，BC 线在墙上落影可求出 B 在墙上虚影 b'_v，连 $b'_v C'_v$ 为所求，也可采用重影点的概念求得，此处不再详述，完成阴影如图所示。

3. 高低屋顶阴影

图 12-16 所示为高低错落的双坡屋面形式，不但檐口有阴影，而且高的坡屋面在低屋面上也有落影。高屋顶阴线为前檐左侧 AB、屋脊阴线 CD、右侧檐上部阴线 CF、铅垂阴线 EF 及下部正垂阴

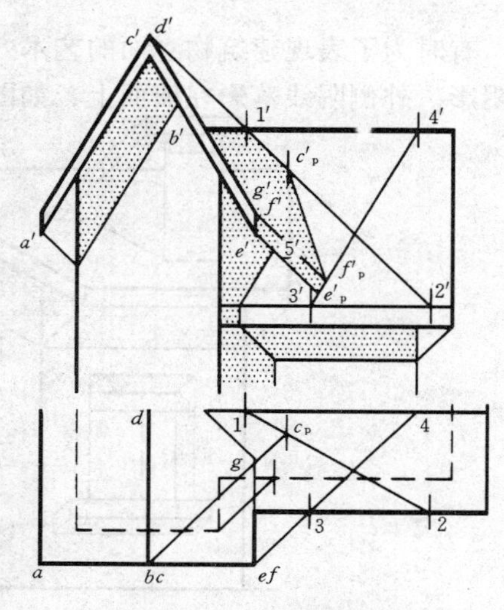

图 12-16　高低屋面阴影

线EG，如图示。CD在低坡上落影求法：V投影为45°线，过C'作45°线与坡屋顶上屋脊、前檐相交于1′、2′，求得水平投影1、2，过c作45°线交于1、2线上为c_p在P上落影C_p，作垂线交于1′、2′为c'_p，所以$1'c'_p$为落影投影；求铅垂线EF的落影：过e作45°线交于3、4，求得3′、4′，过e'、f'作45°线与3′4′线相交为f'_p、e'_p，连$c'_pf'_p$为CF在坡屋面上落影；GE为正垂线，落影投影为45°线；求得墙角阴线在后墙、后檐及坡屋面上落影如图示。

4. 斜挑屋檐阴影

图12-17所示为一前探斜挑的屋檐阴影，阴线AB不平行墙面，分别求出A、B的落影a'_v、b'_v，再连线即为AB在墙上落影。D落影在窗洞上，求出点D的落影d_p'，过d_p'作$d'e'$平行线为所求落影。其他落影求法如图所示。

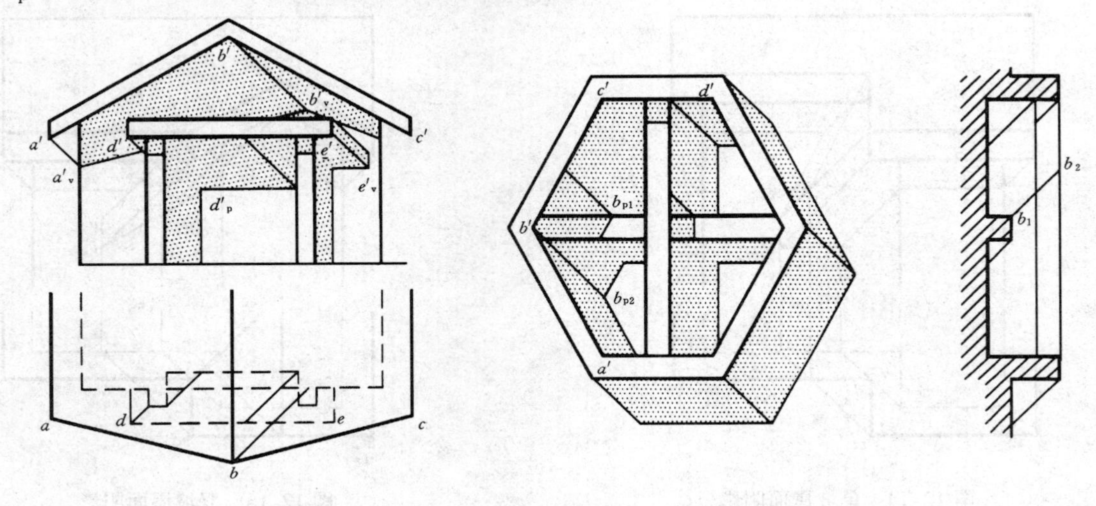

图12-17　斜挑屋檐阴影　　　　图12-18　花格的阴影

七、花格饰物的落影

有时为了表现建筑物立面的艺术效果，在墙上做些花格式饰物。图12-8所示为花格的阴影。外侧阴线落影在墙面上，如图所示，内侧阴线AB、BC、CD……，求得B点在

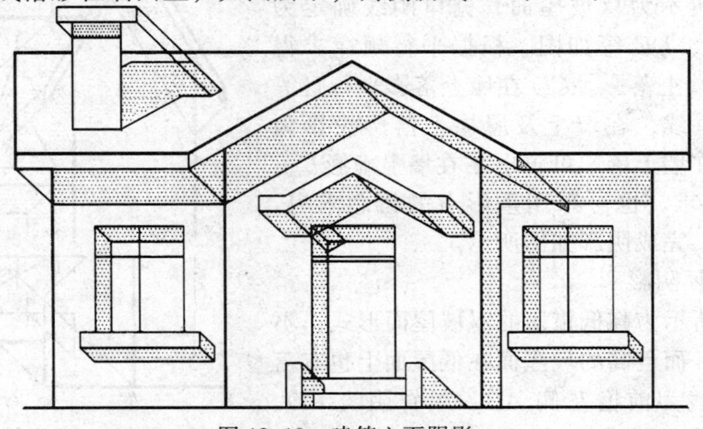

图12-19　建筑立面阴影

P_1、P_2 上落影 b'_{p1}、b'_{p2}，再根据平行求得落影；其他阴线落影可按规律求出如图所示。

八、建筑立面的阴影

图 12-19 所示为一建筑立面阴影的实例，图中绘出了挑檐、侧墙、门窗、雨篷、烟囱的阴影。请读者自行分析。

复习思考题

1. 求平面立体阴影的步骤是什么？
2. 如何确定平面立体阴线？
3. 求立体阴影时对于阴线是投影面平行线时应注意哪些问题？
4. 何谓反回光线法？何谓扩大平面法？
5. 如何求烟囱、天窗等在坡屋面上的落影？

第 13 章　曲面立体的阴影

曲面立体的阴线可能是直线、平面曲线或空间曲线；承影面可能是平面、回转面等情况，所以阴线的确定及落影求法均较复杂，有时采用描点法确定。本章介绍一些常用的曲面立体的阴影求法。

第 1 节　柱面阴线及在柱面上的落影

本书只介绍正圆柱上阴线及在正圆柱面上的阴影求法。

一、柱面阴线

1. 柱面阴线的概念

圆柱面上阴线是柱面与光平面相切的素线。如图 13-1 所示。一系列与柱面素线相切的光线形成了光平面，这样相切的光平面有两个，将柱面分成阳面和阴面相等的两部分，而光平面与柱面相切素线恰好是阳面与阴面的分界线，所以该素线为柱面阴线。如图中 *AB*、*CD* 线。又因柱垂直 *H* 面放置，故上面为阳面，下面为阴面，又有半圆阴线 *AC*、*DB*。

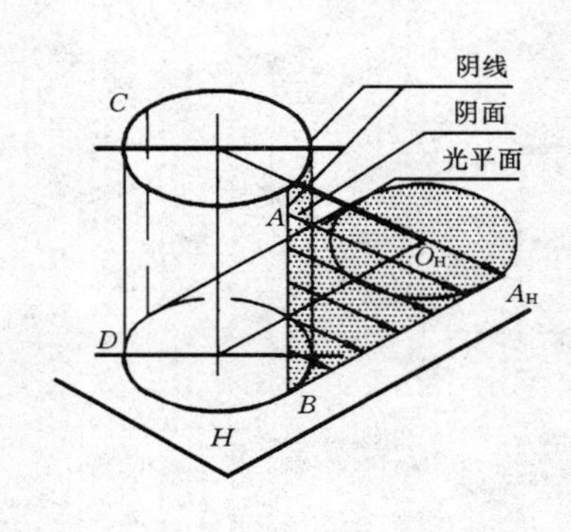

图 13-1　柱面阴线

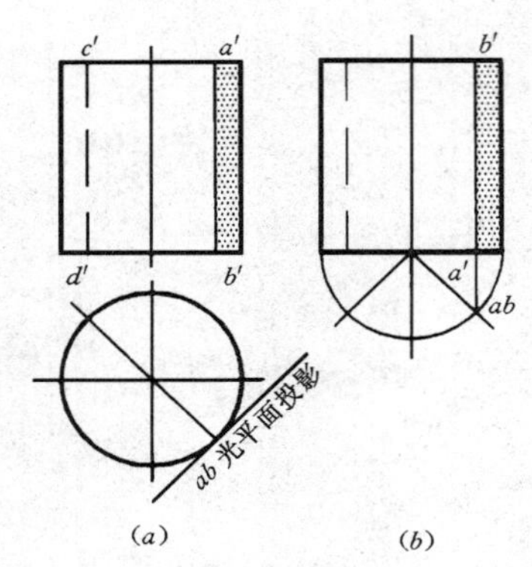

图 13-2　柱面阴线求法
(*a*) 双面投影；(*b*) 单面投影

2. 柱面阴线的求法

图 13-2 所示是根据投影求柱面阴线的几种方法。当柱垂直 *H* 面放置时，根据正立及水平投影求阴线，从图 13-1 知，柱上阴线有对称两条且在光平面与柱面相切的素线上。该素线水平投影积聚的点必与光平面积聚的 45°线相切，所以切点在过水平投影圆心的 45°线上。图 13-2 (*a*) 所示为通过水平投影圆心作 45°线与柱面积聚投影相交，素线 *ab*、*cd* 即阴线的投影，引到柱面得 *a′b′*、*c′d′* 为阴线 *V* 面投影。图13-2(*b*)所示为利用单面投

影作半圆与45°线相交求阴线的方法，若柱面垂直 V 面时，如何确定阴线 P 请读者自己完成。

二、柱面的阴影

求柱面的阴影需求出柱面阴线及阴线落影。图 13-3（a）为柱面半圆阴线落影在平行面上时的阴影求法。从图 11-19 知，平行圆落影仍为圆，而垂直 H 面素线水平落影投影为 45°线。①求柱阴线 AB、CD；②求圆心落影 O_h，并以 O_h 为圆心，柱半径为半径画圆；③作阴线落影投影与圆相切为柱阴影。图 13-3（b）所示为半圆落影在非平行面时的阴影，求法如图11-20所示。①求得圆心落影 O'_v；②求圆外切矩形落影；③求椭圆及椭圆与直阴线落影切点完成阴影。

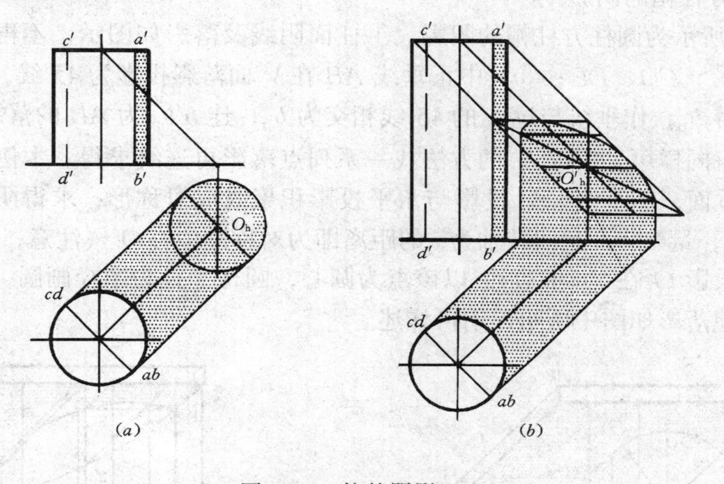

图 13-3 柱的阴影

（a）落影在平行面上；（b）落影在非平行面上

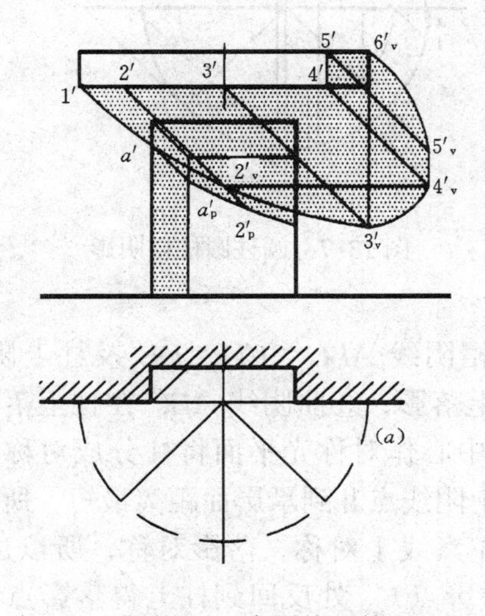

图 13-4 半圆柱雨篷

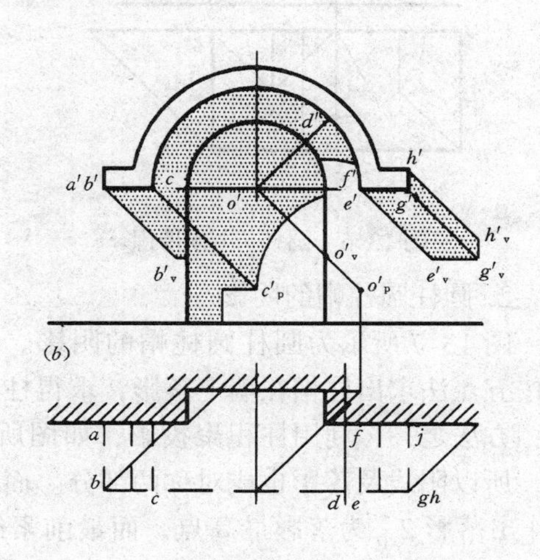

图 13-5 半圆拱雨篷

图 13-4 所示为半圆柱形雨篷落影的求法：①求得半圆柱上阴线曲线段 1′4′、直线 4′5′和曲线 5′6′；②按图 11-21 所示五点法求出阴线在墙上落影；③再求出门洞的阴影，并

求出阴线 $1'4'$ 段在门洞上落影（将墙上落影平移到门洞），如图示。图 13-5 所示为半圆拱遮阳的阴影。①求得阴线 AB、BC、CD、EF、EG、GH、HJ，如图示；②求得直阴线 AB、BC 的落影 b'_v、c'_p，作 $b'c'$ 平行线为 BC 落影；③同理求得正垂线 EF、HJ 及侧垂线、铅垂线落影如图示；④半圆阴线落影在墙上及门洞上为平行圆，求得圆心 O'_v、O'_p，作平行圆得墙上及门洞落影如图所示，其余求法不再详述。

三、在柱面上的落影

当柱面垂直某投影面时，可利用积聚性求出柱面阴影，有时利用直线的落影规律更简便。

1. 圆柱方柱帽的阴影

图 13-6 所示为圆柱方柱帽的阴影。①柱面阴线及落影如图示，不再详述。②柱帽阴线为 AB、BC、CD、DE；③其中正垂线 AB 在 V 面落影投影为 45°线，所以利用水平投影积聚性求得 b_p，作垂线与过 b' 的 45°线相交为 b'_p，连 $b'b'_p$ 为 AB 的落影；④BC 线在柱面上的落影，同样可采用求 b'_p 的方法找一系列点落影再连线求得。本例介绍采用直线落影规律：铅垂面、侧垂线、V 投影与水平投影积聚线成对称形；求得阴线 BC 到柱回转中心的距离 s，量出 $b'c'$ 到回转轴为 s 的距离即为对称圆中心 O'（注意，水平投影 O 在 bc 后面，正立投影 O' 在 $b'c'$ 下边）。以该点为圆心，圆柱半径为半径画圆，即为 BC 在柱上落影；⑤其他落影如图中所示，不再详述。

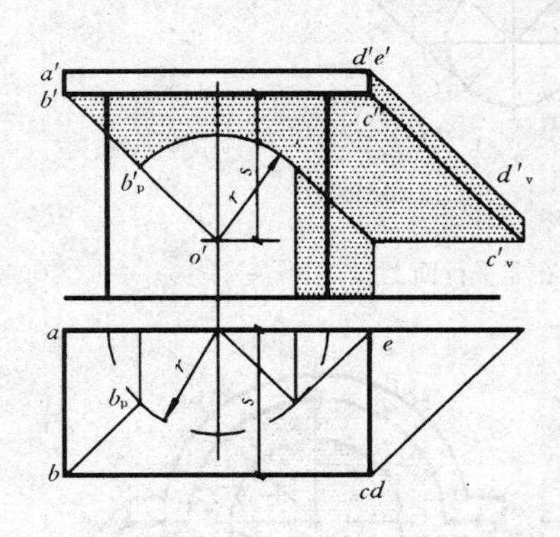

图 13-6 圆柱方柱帽阴影

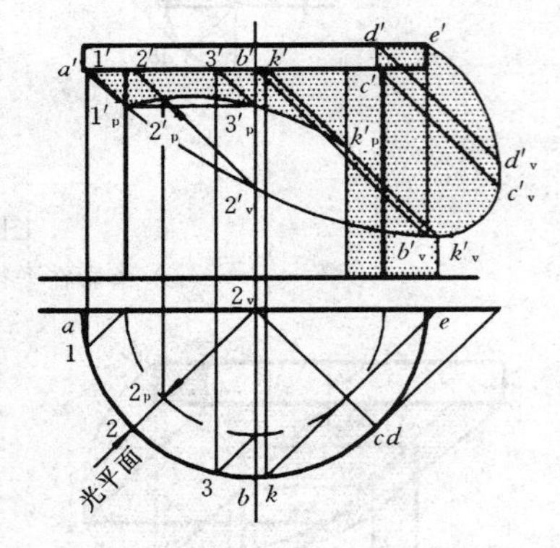

图 13-7 圆柱圆柱帽阴影

2. 圆柱圆柱帽的阴影

图 13-7 所示为圆柱圆柱帽的阴影。①求得柱帽阴线 ABC、CD、DE 及柱上阴线；②按五点法求出柱帽在墙上落影，求得柱阴线在墙上落影；③曲阴线 ABC 在柱上落影求法：方法之一，利用柱积聚投影，如图所示，过柱中心作对称光平面将柱分成对称两部分，所以阴线及落影也成对称两部分。而对称平面上阴线点Ⅱ到承影面距离最短，所以过 $2'$ 作出落影 $2'_p$ 为落影最高点，而最前素线Ⅲ与最左素线Ⅰ对称，落影对称，所以过 $1'_p$ 作水平线得 $3'_p$，并从 ABC 在墙上落影与柱落影重影点 k'_v 处反回到柱上得落影点 k'_p，圆滑连线完成落影。方法之二，利用圆曲线 ABC 落影在墙上，水平投影在投影轴上，求出落影；如图中所示，$2'_v$ 在墙上，求得 2_v，过 2_v 作反回光线到柱上得 2_p，引垂线与过 $2'_v$ 反回光线投影相交得 $2'_p$。同理求得其他各点，不再详述。

3. 方柱圆柱帽的阴影

图 13-8 所示为一方柱圆帽的阴影。①求得阴线；②五点法求圆帽在墙上落影；③求得Ⅱ点在柱上落影 $2'_p$ 及反回光线上 k'_p，过 $2'_p$ 及 k'_p 作墙上影线的平移线求得在柱上落影如图示。

4. 内凹半圆柱面上阴影

图 13-9（a）所示为内凹的半圆柱面的阴影。求得阴线为直阴线 AB 及曲阴线 BC（在水平投影作 45°线求得）。①AB 线落影在柱上为平行素线的直线，求得 b'_p，并作垂线为 AB 在柱上落影；②C 点落影 c'_p 与 c' 重合，在 BC 线上任求点Ⅰ的落影 $1'_p$，连 $c'_p1'_pb'_p$，为 BC 在内凹柱面落影。

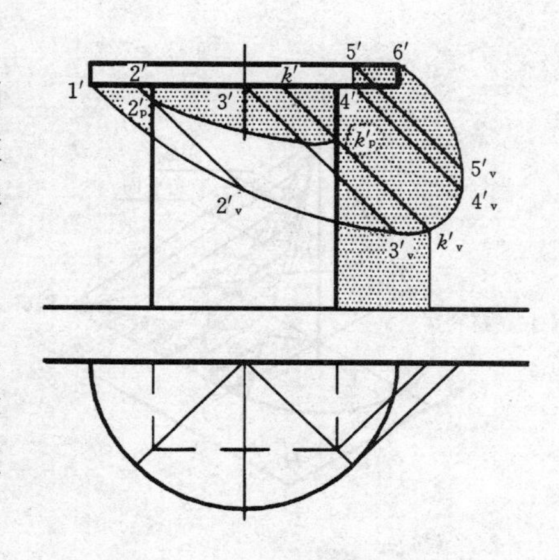

图 13-8　方柱圆柱帽阴影

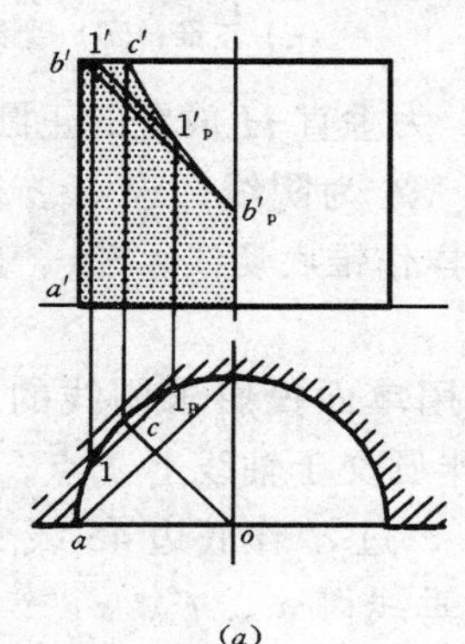

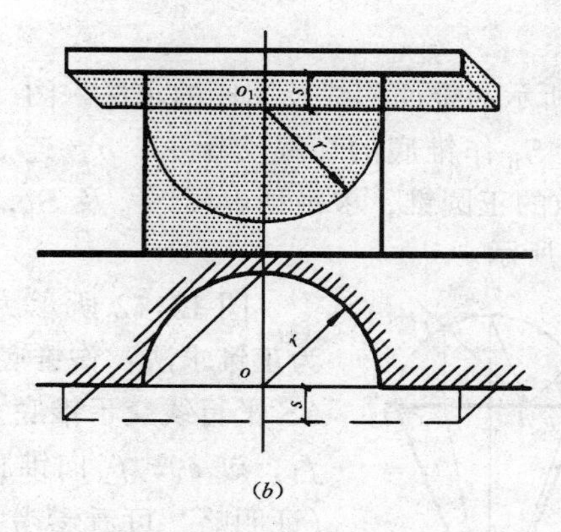

图 13-9　内凹柱面上阴影

（a）半圆柱；（b）带遮阳半圆柱

图 13-9（b）所示为带遮阳的内凹半圆柱，阴线 BC 在柱面上落影可按积聚投影求一系列点求得，本例按落影规律对称形求得，如图所示。

第 2 节　锥面阴线及在锥面上的落影

锥面投影没有积聚性，求落影采用辅助方法。

一、锥面阴线

1. 锥面阴线的概念

同柱阴线一样，锥面阴线也是切锥面的光平面与锥面相切的素线。如图 13-10 所示。不同的是，该素线是交于锥顶的，且交于锥底位置不像柱那样固定。如图所示，素线阴线交于锥顶，必过包含锥顶的光线 L'_s，而光平面与锥底平面的交点，定通过 L'_s 在锥底平面落影 S_h 与锥底平面的切点，即 S 的落影 S_h 与锥底平面的切点 A、B，即为锥上阴线的素线点，所以 SA、SB 即为锥上阴线。如图 13-10 所示。

2. 锥面阴线求法

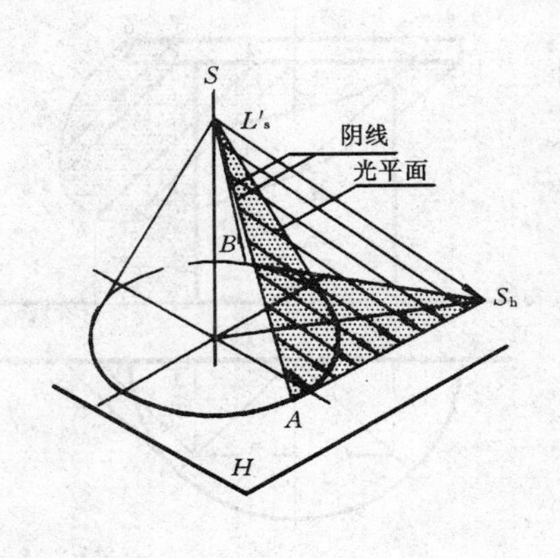

图 13-10 锥面阴线

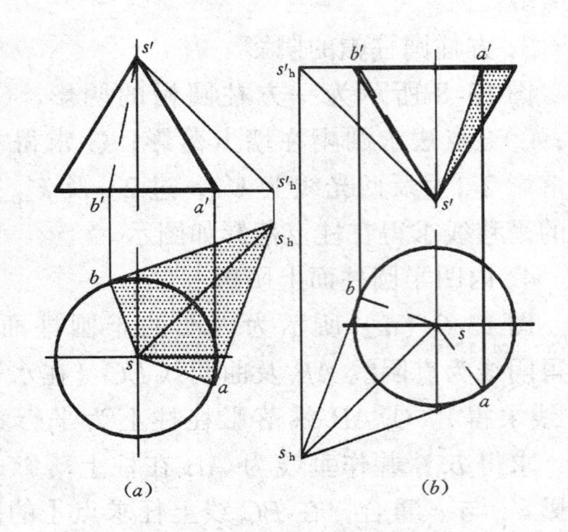

图 13-11 锥面阴线及落影

(*a*) 正锥；(*b*) 倒锥

图 13-11 所示为锥面阴线及阴影的求法。图（*a*）为垂直 *H* 放置的正圆锥：①求锥顶落影 S_h；②过 S_h 作锥底的切线交于 *a*、*b*，连 *Sa*、*Sb* 为阴线，连 S_ha、S_hb 为落影。图（*b*）为倒放的正圆锥，求锥顶虚影 S'_h 及 S_h，同样作锥底切线，*SA*、*SB* 为阴线，如图 13-11（*b*）所示。

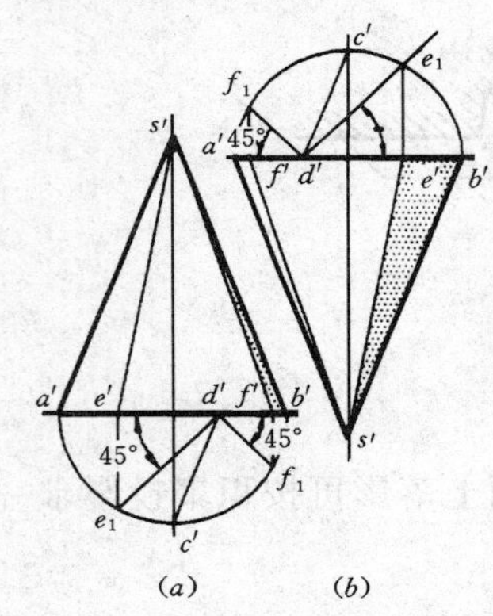

图 13-12 单面投影求阴线

(*a*) 正锥；(*b*) 倒锥

图 13-12 所示为利用单面投影求阴线的方法。图（*a*）为正锥求法：作锥底边半圆交于轴线上 *c*′点，过 *c*′做锥左边 *AS* 平行线交于锥底上 *d*′，过 *d*′作底边 45°线交于半圆上 e_1、f_1，过 e_1、f_1 向锥底做垂线得 *e*′、*f*′，*s*′*e*′、*s*′*f*′即为阴线。(证明略，可看参考书。）图（*b*）为倒锥单面阴线求法：作法同图（*a*），只是过 *c*′作右边 *SB* 的平行线。

3．特殊锥的阴线

前述锥上阴线为切锥面光平面与锥面相切素线。该相切素线是随锥底倾角 α 角而变化的。当 α 角小于光线倾角 (35°) 时，锥面为阳面，没有阴线，此时，锥顶落影 S_h 必在锥底圆之内，与锥底没有切线。参见图 13-10 所示自行分析。表 13-1 给定了几种特殊锥的阴线，熟记它们可较快地求出锥阴线，尤其在以后求回转体阴线时。

特 殊 锥 面 阴 线 **表 13-1**

底角 α	≈35°	45°	倒 45°	倒 35°
阴线位置	右后方	右、后素线	左、前素线	左前方
阴面大小	一条线	1/4 锥面	3/4 锥面	一条线受光
图例				

二、锥面的落影

图 13-11 所示为锥面落影在 H 面上的求法，若锥顶 S 落影在 V 面上，同样可先求 S_v 及虚影 S_h，然后求阴影及落影，如图 13-13 所示。图 13-14 所示为一贴于墙上的半圆锥饰物的阴影。①按单面投影求出阴线 $s'e'$；②按五点法求锥底半圆在墙上落影；③求阴线在墙上落影；e'_v 落在锥底圆影线上，圆滑连线即为所求。

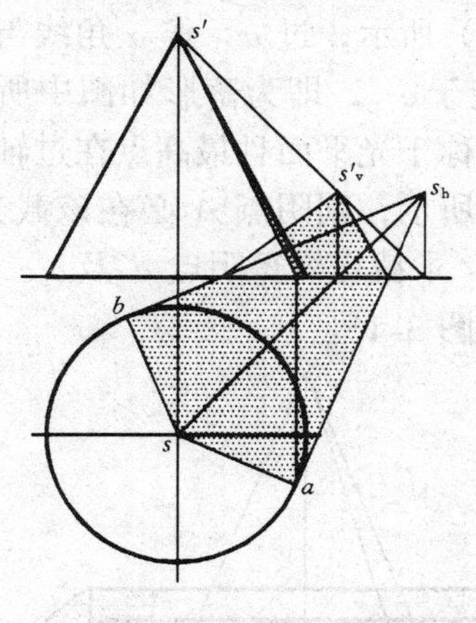

图 13-13 锥面阴影

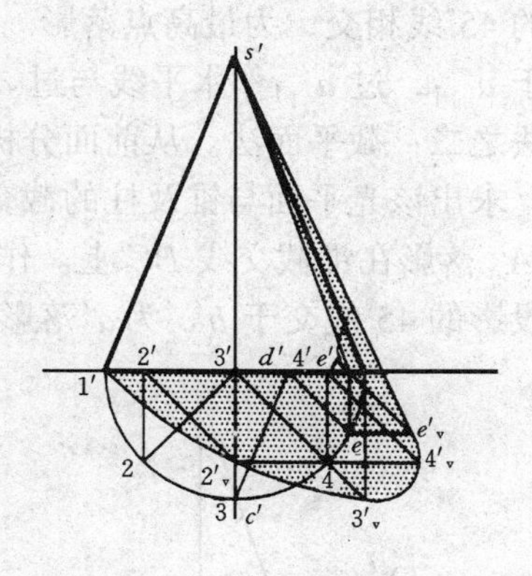

图 13-14 半锥在墙上落影

三、在锥面上落影

1. 圆锥柱帽的阴影

图 13-15 所示为图 13-14 所示半圆锥上加一半圆柱的锥帽的阴影。(1) 求柱和锥阴线。(2) 求柱和锥阴线在墙上落影。(参见图 13-7、图 13-14 求法)。(3) 求锥帽半圆阴线在锥上落影：1) 因锥与柱同轴，所以落影对称于通过轴线的光平面。同理阴线上阴点

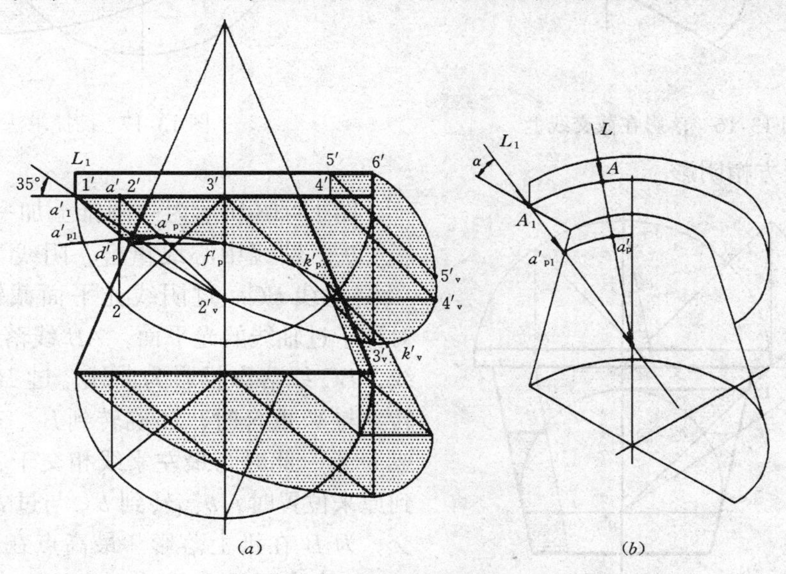

图 13-15 柱帽锥面阴影

(a) 阴影求法；(b) 旋转的概念

也对称该光平面，所以阴线在最左、最前素线上落影对称；过阴线在墙上的落影与最左素线交点 d'_{p} 作水平线与最前素线相交于 f'_{p} 为两素线上落影；2）从重影点 k'_{v} 处反回锥阴线上得 k'_{p}，为在锥上落影；3）最高点落影求法之一：旋转法。概念如图 13-15（b）所示。最高点在过轴线的光平面上，将该光平面沿铅垂轴旋转到与 V 面重合，此时 A 水平旋转到A_1，落影 a'_{p} 水平旋转到 a'_{p1}，L 旋转到L_1 成 α 角。即通过 A_1 作 α 角的线与最左素线交点a'_{p1}为落影的水平旋转位置，将该点在水平面上旋转到原来位置，并与过 a'光线投影的 45°线相交，为最高点落影。作图如 13-15（a）所示，过 a'_1 作 α 角线与最左素线相交于 a'_{p1}，过 a'_{p1}作水平线与过 a'的光线投影相交于a'_{p}，即为落影如图中所示。最高点求法之二：截平面法。从前面分析知阴线及落影对称于光平面且最高点在过轴线的光平面上；求出该光平面与锥及柱的截交线，如图 13-16 所示，则阴点 A 必在该截交线上，而影点 A_{p} 落影在锥截交线 BC 上。作图如 13-17 所示，求截交线得阴点 a'及$b'c'$，过 a'作光线投影的 45°线交于 $b'c'$为a'落影 a'_{p}。其余求法同图 3-15。

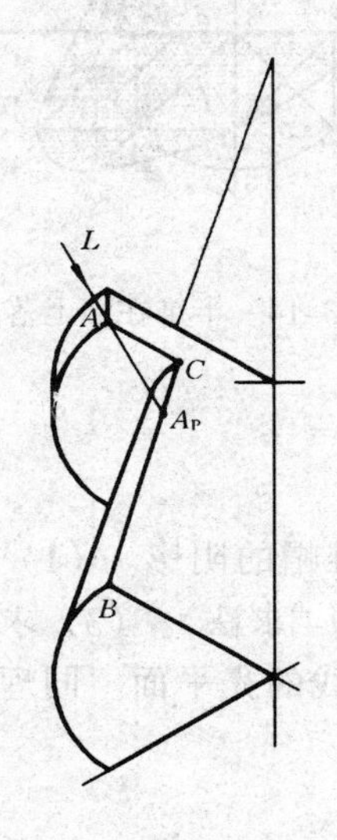

图 13-16　落影在截交线上

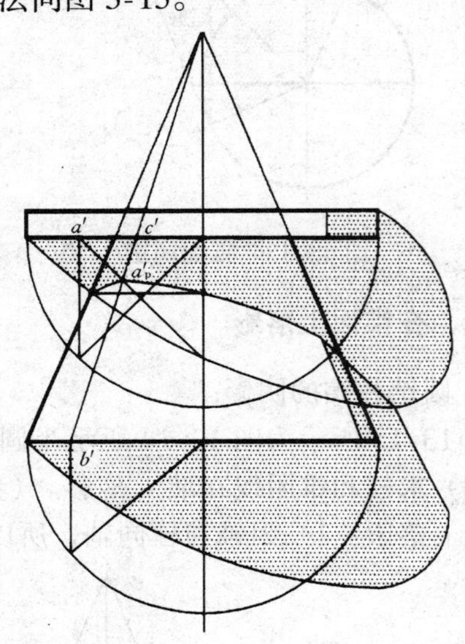

图 13-17　简捷求法

2. 圆锥方帽阴影

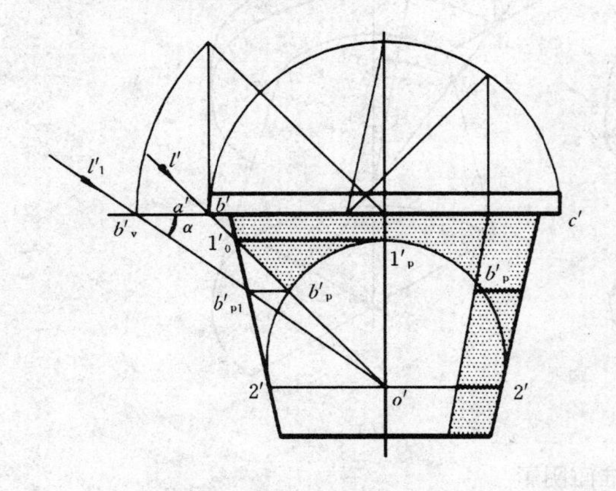

图 13-18　半锥方柱阴影

图 13-18 所示为一圆锥上加一方锥帽的阴影求法。轴线中心线重合，阴线为正垂线 AB 及侧垂线 BC。过阴线光平面截锥为两椭圆，对称于过轴线的光平面，AB 线落影投影为 45°线，BC 线落影投影为曲线。过 B 的光平面旋转到与 V 重合时，B 旋转到B_{v}，光线 L 到 L_1 成 α 角，此时与最左素线相交于 b'_{p1}，当旋转到原来位置时，b'_{p1}转到 b'_{p} 与过 b'光线投影相交，为 B 在锥上落影。最高点在最前素线上，过 $1'_0$ 作水平线与最前素线相交于 $1'_{p}$为落影。该椭圆与最左素线相交于过 O'的水平线上 2′，

可根据对称求出 2′及 b'_p 对称点再圆滑连线即为图示落影。

图 13-19 所示为前例的简捷求法。①B 点求法：B 点落影在过 B 光平面与锥截交线上，求截交线 $f'e'$，与过 b' 的 45°线相交 b'_p 即为落影。②辅助截平面法求一般点：作截平面 P_v 截圆锥，在该点上落影可按柱考虑，过对称中心 O' 作半径为 $3'4'$ 的圆弧线交于 P_v 上 d'_p 即为落影（参见图 13-6）。同理求一系列点再连线如图示。

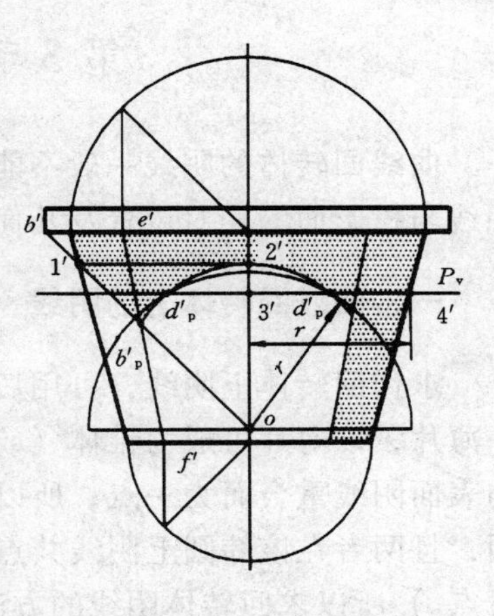

图 13-19　简捷求法

3. 在内凹锥面上的落影

图 13-20 所示为一内凹锥面，求阴线在锥面上的落影。V 投影为过轴线剖开的投影。①求阴线：按图 13-11（b）的方法求得虚影 S_h，连 S_h 与锥底圆切线交于 a、b，所以 ab 为阴线端点。②求阴线落影：包含阴点 C 作通过锥顶 S 光平面，此光平面与锥底面的交线 CD 一定过锥顶 S 的虚影 S_h，而且 C 点一定落影在光平面与锥的截交线 DS 上，如图 13-21 所示。所以图 13-20 中求 C 在锥内面的落影，过 S_hC 作线并延长交于 D，CD 为光面与锥底交线；求光平面与锥截交线 ds、$d's'$；过 c' 作 45°线与 $d's'$ 相交为 C 在锥坑上落影 c'_p；同理可求一系列影点；③光滑地连线即为所求，虚线为前半锥坑上的影。最低点在过锥轴线的光平面上，如图 13-20 所示。

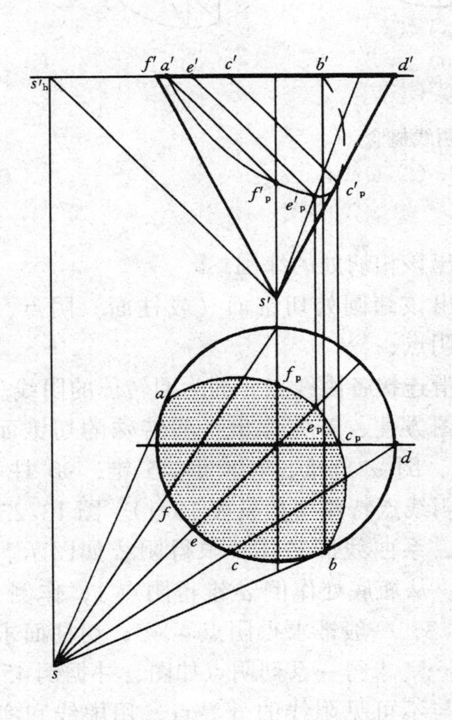

图 13-20　在内凹锥面上落影

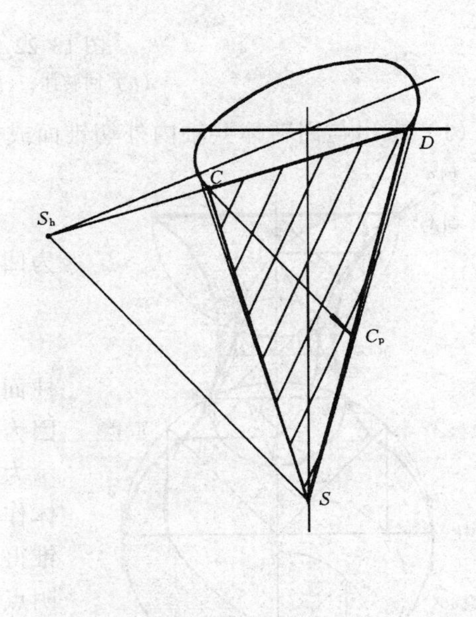

图 13-21　光截平面概念

第3节 曲线回转体的阴影

曲线回转体的阴线一般不能直接确定，需采用一些辅助方法求得。求得阴线后，再据阴线与投影面的相对位置及几何特征，求得阴影。

一、曲线回转体上的阴线

求作回转体上阴线，可用切锥面（柱面）的方法求得。如图 13-22 所示，回转体上取一薄片，该薄片可成为锥体（或柱体），求出阴线如图示，当该薄片缩到无限小时，两者的表面阴线重合而为一点；所以该点的纬圆为锥与回转体所共有，即锥与回转体共同一纬圆，且两者在该纬圆上阴线共点。(同理，切柱面上的阴线点为回转体上同一纬圆处的阴线点。）所以求回转体阴线的方法如下：

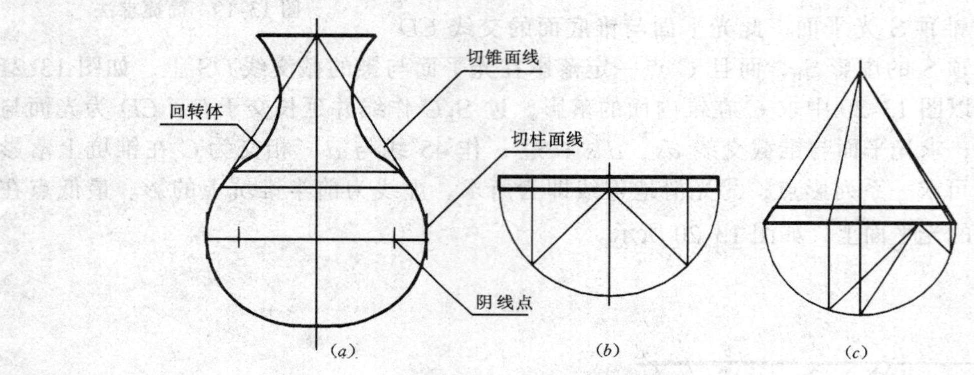

图 13-22 回转体阴线概念

(*a*) 回转体；(*b*) 切柱体；(*c*) 切锥体

(1) 求出与回转体共轴内外切锥面或柱面；

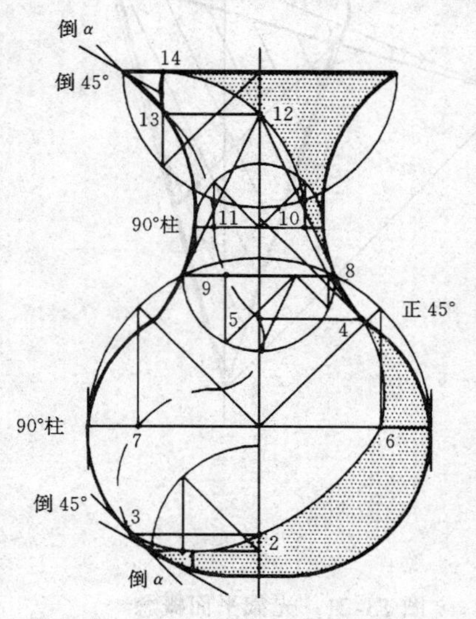

图 13-23 切柱、锥求阴线

(2) 作出该相切处的纬圆；

(3) 求出该纬圆处切锥面（或柱面）阴点，即为回转体上阴点；

(4) 圆滑连接各阴线点，即为回转体的阴线。

为了作图方便，首先作出一些特殊的切锥面与柱面。如正、倒 α 角锥，正、倒 45°锥，90°柱等，因为它们的阴线点特殊（参见表 13-1)。图 13-23 所示为一花瓶，系曲线回转体，求得阴线如图示。具体作法如下：从瓶底处作倒 α 锥得阴点 1；作倒 45°锥得阴点 2、3；一般锥求得阴点 4、5；切柱面求得阴点 6、7……。求得一系列阴点如图，并据倒 45°锥阴点是可见与不可见阴线的分界点，用虚线和实线连接各点而求出阴线如图示。至于瓶口阴线在回转体上落影并未画出，在后面讲述。

二、曲线回转体的落影

1. 在水平面上的落影

当回转体落影在水平投影面上时，可用分层落影法求得各层圆的落影，再用外包络曲线光滑连接，即为回转体落影。从包络线与圆相切点反回到形体的对应纬圆上，即为阴线点，光滑相连即为阴线。如图13-24所示。

图13-24 分层落影法求阴影

2. 在正平面上的落影

图13-25所示为一贴于墙上的回转体中半环的 V 面投影，墙面通过回转轴。求得阴影如图所示：

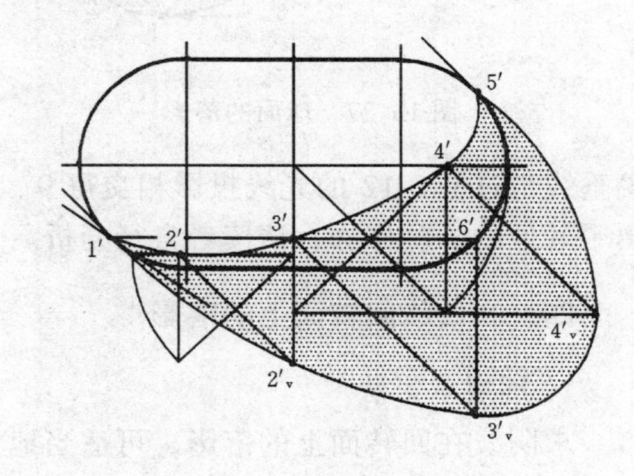

图13-25 半环在墙面上落影

（1）求阴线。用切锥面及切柱面法求得环面上阴点1、2、3、4、5点，用光滑曲线连接即为阴线。

（2）求落影。1、5点在墙上落影与本身投影重合，2、3、4点落影用图11-21的方法求出。即2点落影在回转轴线上，过2′作45°线与轴相交为落影 $2'_v$；3点落影在过圆的最右点6′的垂线上，过3′作45°线与过6′的垂线相交即为落影 $3'_v$；$4'_v$ 2倍于4′到轴线的距离，过4′作45°线与轴相交，过交点作水平线与过4′的另一45°线相交为 $4'_v$；圆滑地连线即为落影。

三、球面的阴影

1. 球面的阴线

球面是曲线回转面的一个特例。它的阴线是与球面相切的光圆柱面与球的切线圆。由于光线对各投影面倾角相等，所以该切线圆与各投影面倾角相等，各面投影均为大小相同的椭圆。影线椭圆中心即是球心的投影，长轴垂直光线的同面投影且等于直径，短轴平行光线的同面投影，长度为 $D\mathrm{tg}30°$（证明从略）。如图13-26所示。再利用切柱面及切锥面法求得一系列阴点并连线，可更准确确定阴线，投影如图13-26所示。

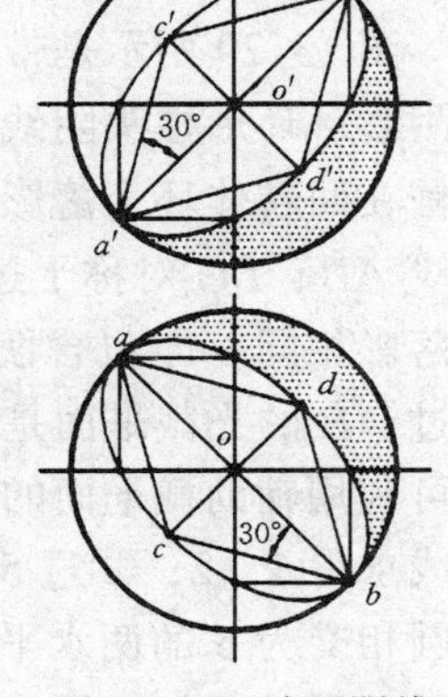

图13-26 球面阴线

2. 球面的落影

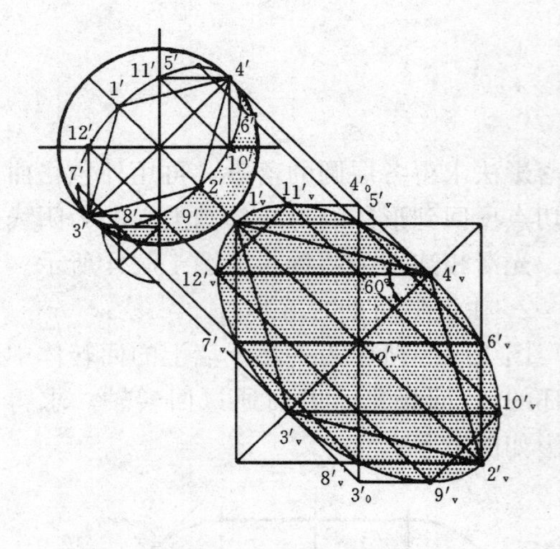

图 13-27　球面的落影

球面的落影圆即阴线大圆的落影。因该阴线圆的一对互相垂直的直径落影仍互相垂直，并为椭圆的长短轴，大圆中心的落影即椭圆中心。长轴落影平行光线同面投影，长度为 Dtg60°。短轴落影垂直光线的同面投影，且长度等于直径。其他一些点的落影求法如图 13-27所示：①确定球心落影 O'_v；②短轴垂直光线投影，长度为 $3'_v4'_v$，长轴平行光线投影，过 $3'_v$、$4'_v$ 作 Dtg60°交于过 1′、2′光线投影上得 $1'_v$、$2'_v$；③过 O'_v 作水平线和垂直线交于过 5′、7′的光线投影上得 $5'_v$、$6'_v$、$7'_v$、$8'_v$；④过 $4'_0$、$3'_0$ 作水平线交于过 10′、11′的光线投影上得 $10'_v$、$11'_v$；过 $10'_v$、$11'_v$ 作长轴垂线与过 9′、12′的光线投影相交得 $9'_v$、$12'_v$；圆滑地连线即为球面的落影。图中还给出了其他的一些作法，请读者自行分析。

四、在曲线回转面上的落影

1. 逐层承影法

求阴线在回转面上的落影，可适当地将回转面分成几个承影面层，分别求出阴线在各分层纬圆上的落影，再圆滑地连线。如图 13-28 所示。图示为凹入墙内的回转面。①确定阴线为从 a'到 b'；②从图 11-19 知半圆阴线落影在 V 面时为平行圆，求得圆心在 P_1 面上落影 O_1 及 O'_1，以 O'_1 为圆心，以阴线半径 r 为半径作圆交 P_1 面的圆上 1′、1′为落影；③适当选取分层 P_2 则半圆阴线落影在 P_2 承影面上后为平行圆；求得圆心在 P_2 上落影 O'_2，以 O'_2 为圆心，以阴线半径 r 为半径作圆交 P_2 承影面纬圆上得 2′、2′……同理求得一系列点，再圆滑地连线即为所求阴影。至于阴影的水平投影，求法简单，没有实际意义，此处就不再讨论了。

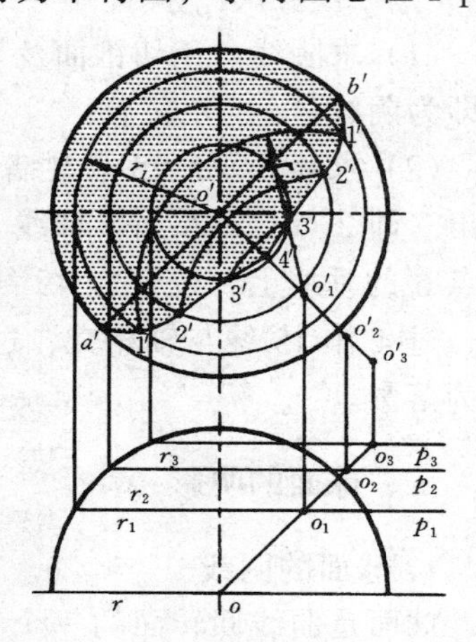

图 13-28　逐层承影法求落影

2. 辅助截平面法

图 13-29 所示是带方形柱帽的阴线落影在环形柱头上的阴影。环形柱头阴线如图 13-25 所示，本例仅讨论方形柱帽在回转体环上落影。当柱帽中心与环回转中心重合时，阴线 AB、BC 对称于过回转轴的光平面，所以两阴线在环上落影相同。即包含阴线所作光截平面与环面交线相同。而过 AB 的光截平面是正垂面，V 面投影是与光线投影一致的 45°线，该截交线的水平投影可利用辅助截平面的方法求出：①确定水平投影轴心 O，则 1′、2′的水平投影可直接作垂线求得 1、2；②过 5′作辅助截平面，则截交线水平投影为半径 r_5 的圆，过 5′作垂线与该圆相交为 5′的两水平投影 5；③同理求一系列点，圆滑地连线即为水平投影椭圆；④该水平投影椭圆与过侧垂阴线 BC 的光截平面的截交线水平投影椭圆对称，所以最左点 1 对

称于最前点 1_v，最低点 2 对称于 2_v……。求得水平投影椭圆如图所示；⑤将该圆投影到 V 面投影上，过 1_v 作垂线与过 $1'$ 的水平线相交为 $1'_v$，……，求得一系列点再连线得截交线椭圆的 V 面投影，该投影即侧垂线 BC 在环上落影的投影。如图 13-29（a）所示。

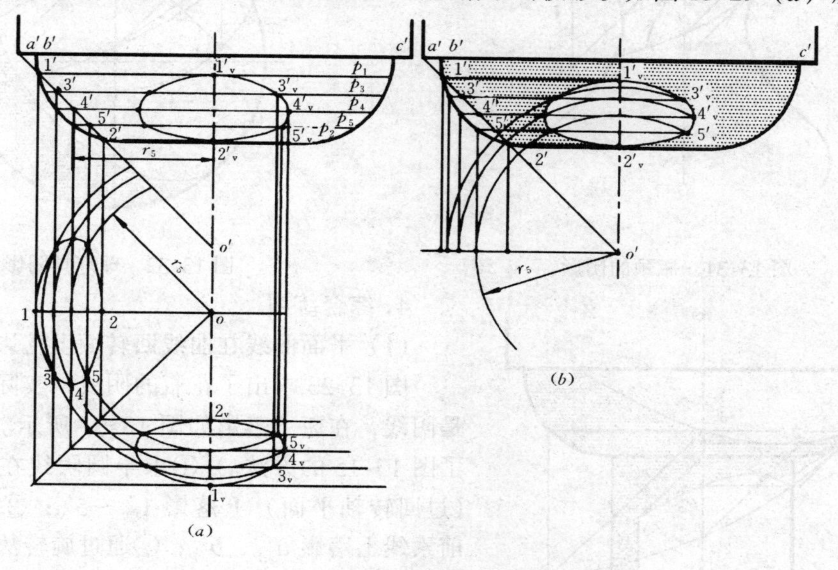

图 13-29　方柱帽在环柱头上落影

（a）光截平面法；（b）单面投影求落影

图 13-29（b）中给出了利用单面投影直接求出落影的方法。为将过 BC 的光截平面截环的截交线水平投影转到 V 投影上得到，请读者自己分析作图过程。

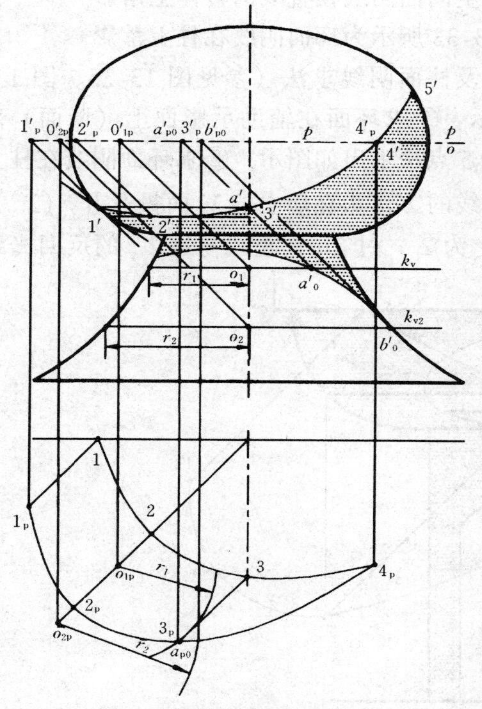

图 13-30　辅助承影面法求扁球落影

3. 辅助承影面法

图 13-30 所示为回转组合体，上部分环面阴影求法如图 13-25 所示，现介绍用辅助承影面法求该阴线在下部回转面上的阴影。

如图中所示已确定阴线。①设辅助承影面 P_v，将阴线点 $1'$、$2'$、$3'$、$4'$ 用反回光线法投影到 P 平面上得虚影 $1'_p$，$2'_p$……$4'_p$；②求出阴线点在 H 面上投影 1、2……4 及在 P 平面上的 H 投影虚影 1_p、2_p……4_p；③设任意承影面 k_v，并求该截平面纬圆的圆心在 P_v 上虚影 O'_{1p} 和 O_{1p}；④过该圆心虚影 O_{1p} 作 k_v 截平面纬圆交于影线虚影为重影点 a_{po}；⑤将 a_{po} 反到 P_v 上得 a'_{po}；过 a'_{po} 作光线投影交于阴线上得 a'，交于 k_v 上得 a'_0，a'_0 即阴线上点 a' 在回转面上 k_v 平面处的落影。同理，可求一系列点，圆滑连线即为所求落影。

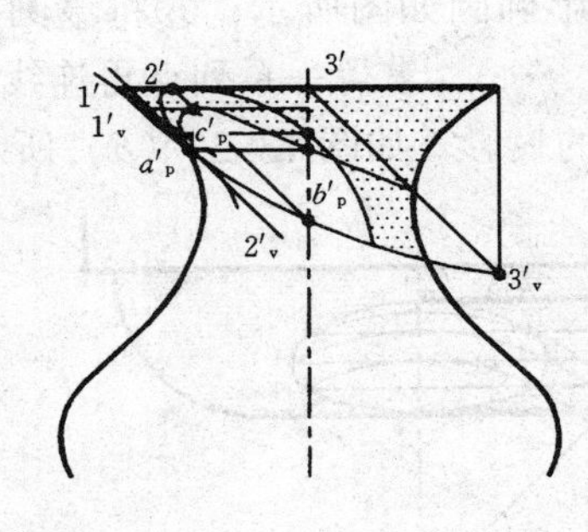

图 13-31　瓶颈的阴影

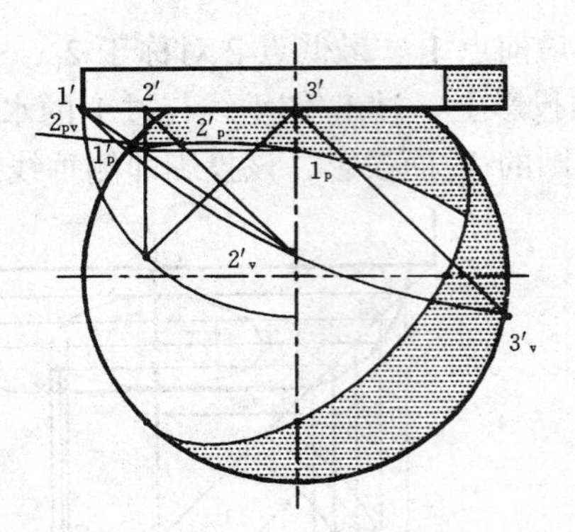

图 13-32　球灯具阴影

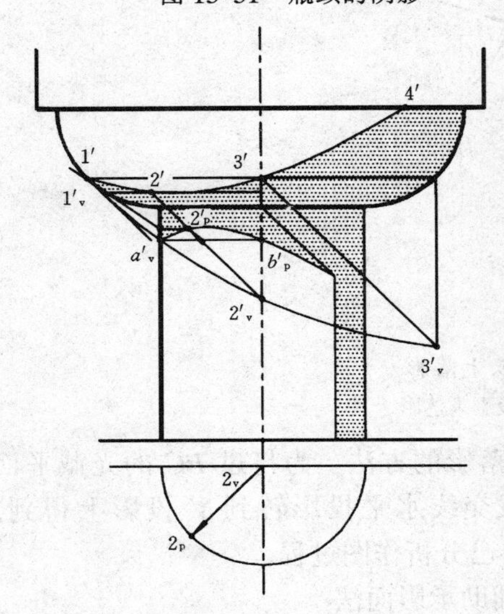

图 13-33　环上阴线在柱上落影

4．综合练习

（1）平面曲线在曲线回转面上落影

图 13-23 求出了花瓶的阴线，实际上瓶口圆也是阴线，在瓶上落影如图 13-31 所示。（本例采用了图 13-15 的方法。）①求半圆阴线在辅助承影面（过回转轴平面）上落影 $1'_v \sim 5'_v$；②求最左、最前素线上落影 a'_p、b'_p；③通过旋转法求得最高点 c'_p；④圆滑连线为落影如图示。只画瓶颈部分。

图 13-32 为带圆盖的球形灯具，同样可采用上述方法求出阴影如图示。

（2）空间曲阴线在直线回转体上落影

图 13-33 所示为环面阴线在柱上落影。

环面及柱面阴线求法（参见图 13-25、图 13-2）如图示：①求环面在辅助承影面上（墙面）落影，采用 5 点法求出如图示；②求环面阴线在柱上落影，利用柱积聚性，作反回光线求得，例如阴线的 2′落影在墙上的 V 面投影 II_v（$2'_v$），水平投影在轴上为 2_v；过 2_v 作反回光线交于柱上为 2_p，过 $2'_p$ 作垂线与过 $2'_v$ 的反回光线

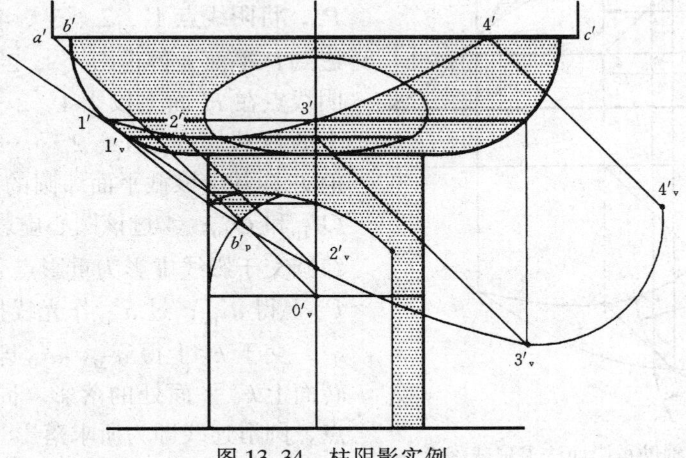

图 13-34　柱阴影实例

相交为$2'_p$，$2'_p$即$2'$在柱上落影投影；③同理，可求一系列点在柱上落影；④光滑地连接各点为环在柱上落影。

（3）建筑形体阴影实例

图13-34所示为柱头的阴影情况。该柱头为圆柱、环形柱帽和方柱头构成的；有正垂、侧垂阴线，环上阴线和柱面阴线，综合利用了图13-2、图13-6、图13-25、图13-29、图13-33的作图方法求出阴影，如图13-34所示。

复习思考题

1. 曲面立体阴线有何特点？
2. 如何求柱面、锥面、球面、环面阴线？
3. 如何求在柱面、锥面、球面、环面落影？
4. 如何用分层承影法求内凹形体阴影？
5. 辅助承影面法的概念是什么？如何应用？
6. 光截平面法求阴影的根据是什么？如何应用？

第14章　透视图的概念和规律

第1节　概　　述

一、透视图的形成

设人们透过一个透明的画面来观看物体，则观看者的视线与画面相交所形成的图形称为透视。即将看到的形体在画面上描绘出来的图，称透视图。如图14-1所示。

实际上，透视图也相当于以人的眼睛为投影中心的中心投影，所以也称透视投影。

透视图和透视投影简称为透视。

二、透视图的特点

1. 近高远低

从图14-1中看到建筑物是同样高的，在透视中，距画面近处高，远处低。

2. 近宽远窄

从图14-1中看到同样宽的三部分墙面在透视中距画面近的宽，远处窄。

3. 平行画面的线仍平行

从图14-1中看到平行画面的线透视仍平行。

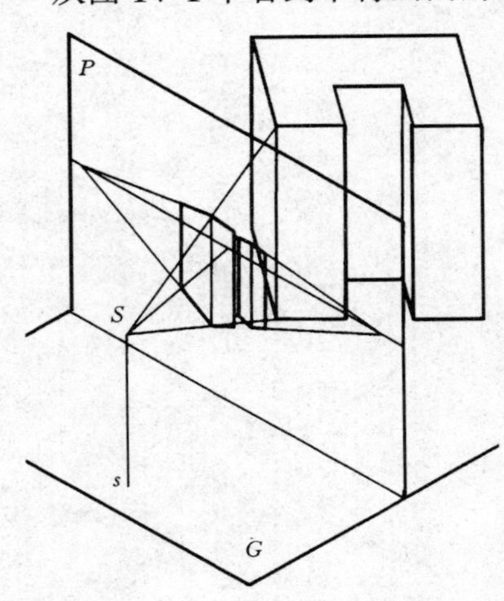

图14-1　透视图的形成

4. 相交线汇交于一点

从图14-1中看到与画面相交的水平平行线透视，离画面远时靠拢，延伸后汇交于一点。

三、作用

透视图反映人眼观测的真实物体形象，设计人员首先用透视图表现实物效果，并用作设计投标图供建造单位选择。

四、透视图中常用术语

在绘制透视投影图时，时常用到一些专门术语，我们必须弄清含义，有助于理解透视图的形成过程和掌握透视图的作图方法。

基面——即放置建筑物的水平面（地平面），用字母G表示，也可将绘有建筑平面图的 H 投影面理解为基面。

画面——即透视图所在平面，以字母 P 表示，一般以铅垂面作为画面。

基线——基面与画面交线，在画面上以字母 g-g 表示基线，在平面图中则以 p-p 表示画面位置。

视点——相当于人眼所在位置，即投影中心点。用 S 表示。

站点——即视点 S 在基面 G 上正投影，相当于观看物体时，人的站立点。用 s 表示。

心点——视点 S 在画面上的正投影 s^0。

中心视线——引自视点并垂直于画面的视线，即视点 S 和心点 s^0 的连线。

视平面——过视点所作的水平面。

视平线——视平面与画面的交线。以 h-h 表示，当画面为铅垂面时，心点 s^0 位于视平线上。

视高——视点 S 对基面 G 的距离。即 S_s 高度。

视距——视点对画面的距离，即 Ss^0 长度。

视线——形体上任一点向视点的连线，如 AS，如图 14-2 所示。

基点——空间点在基面上投影。

A 点透视——过 A 点的视线 SA 与画面 P 的交点，用 A^0 表示。

A 点基透视——基点的透视。即过 a 的视线 sa 与 p 的交点，用 a^0 表示。

第 2 节　点、直线的透视规律

一、点的透视与基透视

1. 点的透视与基透视位于同一铅垂线上

如图 14-2 所示，由于 Aa 垂直基面 G，所以视线平面 SAa 垂直 G，因此与画面 P 的交线 A^0a^0 为一铅垂线，即垂直基线。

A^0 与 a^0 的连线，称为透视高度，即 Aa 的透视一般不等于实际高度。

2. 点的基透视不仅确定透视高度，而且可以确定点的空间位置

如图 14-2 所示，A^0 不具有可逆性，在 SA 视线上 A_1 的透视 $A_1{}^0$ 与 A^0 重合，而基透视 $a_1{}^0$ 与 a^0 不重合，能确定空间点 A、A_1。

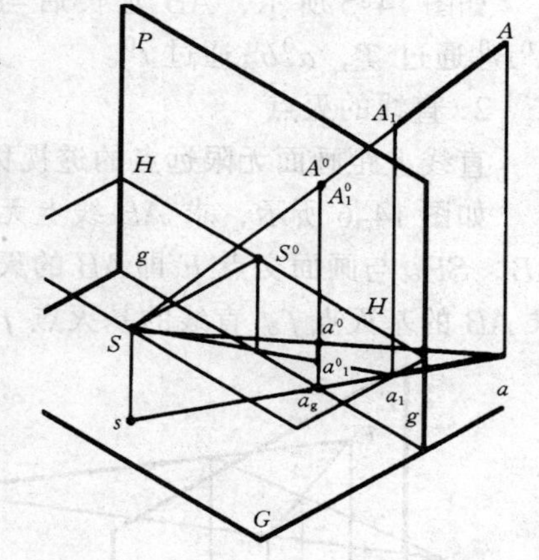

图 14-2　常用述语

二、直线的透视

1. 直线的透视与基透视一般仍为直线

如图 14-3 所示，由视点向直线 AB 引视线 SA、SB 组成一个视线平面，与画面相交，交线是一条直线 A^0B^0，即 AB 的透视，同样基透视 a^0b^0 也是直线。特殊情况下，直线通过视线，透视为一点，但基透视仍为直线，如图 14-4 所示。

2. 直线上的点的透视

直线上的点其透视与基透视仍在直线的透视与基透视上。

如图 14-3 所示 K 在 AB 上，K^0 在 A^0B^0 上，但透视比不等于空间比。即 $AK:KB\neq$

$A^0K^0:K^0B^0$。

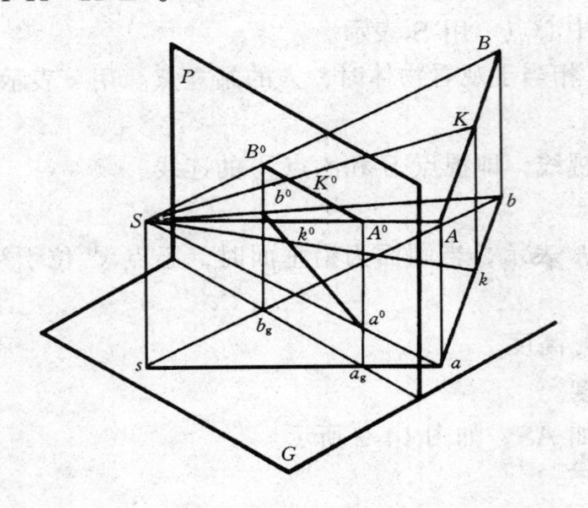

图 14-3 直线及直线上的点透视

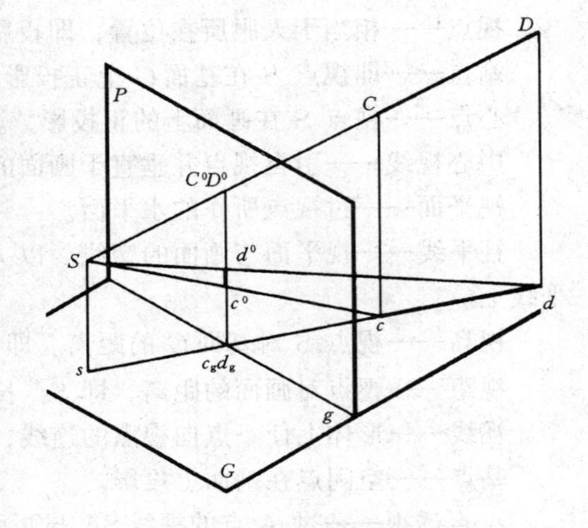

图 14-4 直线通过视点

三、直线的迹点、灭点

1. 直线的迹点

直线与画面的交点 T 称为直线的画面迹点。

迹点的透视 T^0 即其本身，其基透视 t^0 在基线上。直线的透视必通过直线的画面迹点，基透视必通过迹点的基透视。

如图 14-5 所示，AB 延长后与 P 相交于 T，T 即 AB 在 P 上迹点，透视为本身，A^0B^0 通过 T，a^0b^0 通过 t^0。

2. 直线的灭点

直线上距画面无限远点的透视称直线的灭点。

如图 14-6 所示，求 AB 线上无限远点的透视 F_∞，则自 S 向无限远点引视线 $SF_\infty /\!/ AB$，SF_∞与画面交点 F 即 AB 的灭点。直线 AB 的透视一定通过直线的灭点 F。同理可求 AB 的基灭点 f。直线的基灭点 f 一定在视平线 hh 上，且 Ff 垂直于视平线 hh。

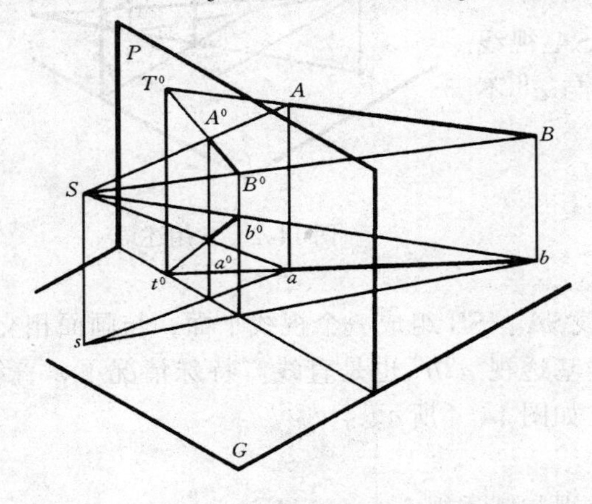

图 14-5 直线的透视迹点

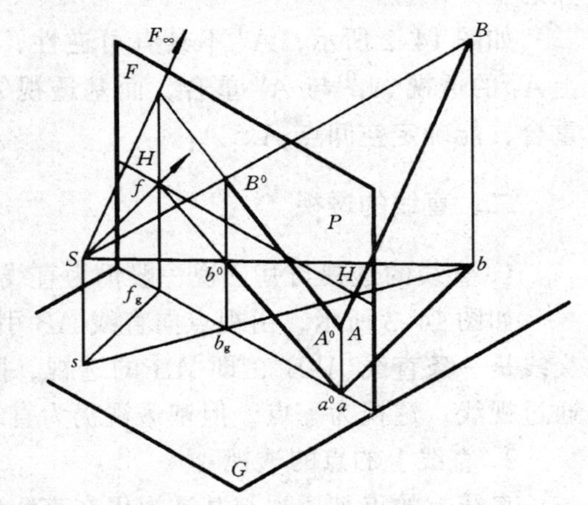

图 14-6 直线的灭点

现讨论问题如下：

(1) 相互平行线的灭点

如图 14-7 所示，$AB /\!/ CD$，由 S 引 AB、CD 平行线求灭点为同一条线，所以与 P 只能相交于一点，因此，一组平行线只能有一个共同灭点 F，同时，基透视有共同基灭点 f。

若 AB 平行基面，灭点会如何？请读者自行分析。

(2) 画面垂直线灭点

画面垂直线的灭点即心点 s^0，且其透视、基透视有共同灭点 s^0。如图 14-8 所示，因 AB 垂直于 P，过 S 引 AB 平行线垂直于 P，交点为心点 s^0。

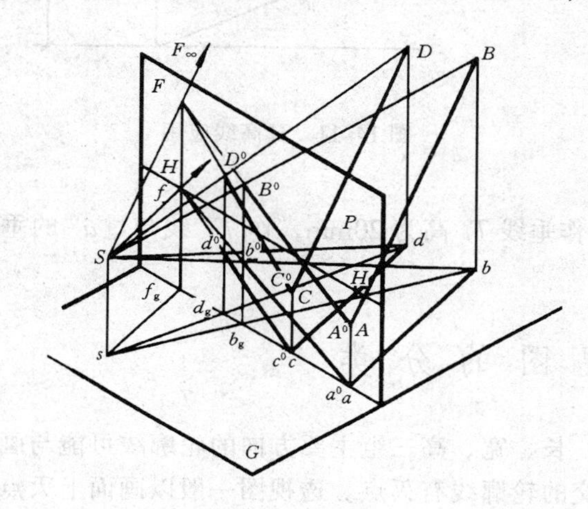

图 14-7　平行线有同一灭点

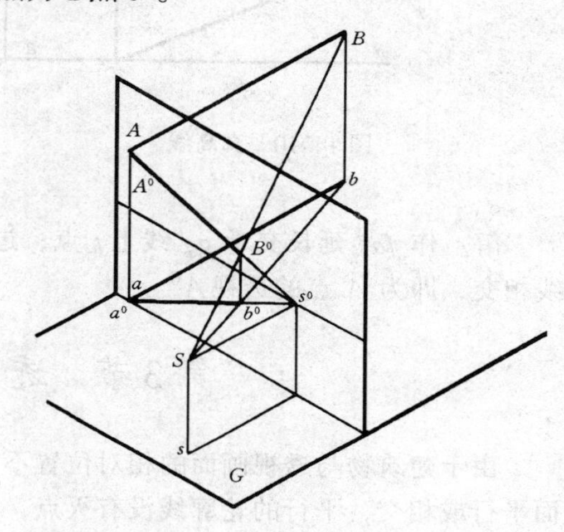

图 14-8　画面垂直线灭点

(3) 画面平行线

画面平行线没有灭点。图 14-9 所示 AB 平行 P，则 AB 与 P 没有交点，所以过 S 引 AB 平行线与 P 也没有交点，所以 AB 没有灭点。

但是，画面平行线的透视倾角反映空间直线的倾角，且透视之比等于空间之比。

如图 14-9 所示，A^0B^0 与 G 的倾角反映 AB 与 G 的倾角 α，因为 AB 平行 P，所以 AB 平行 A^0B^0，同时得出 $AK:KB = A^0K^0:K^0B^0$，并且平行画面的两平行线透视及基透视仍平行。

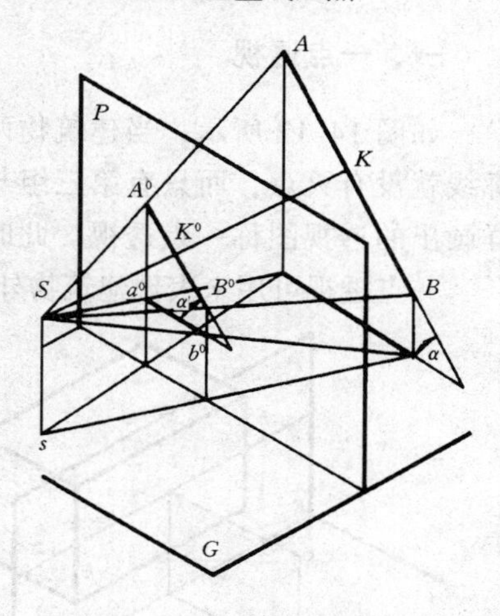

图 14-9　画面平行线的透视

四、直线的透视高度

由图 14-2 知 Aa 的透视为 A^0a^0，不反映 Aa 的实际高度。

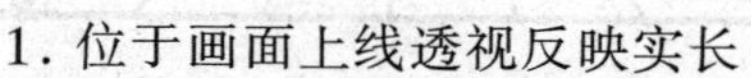

1. 位于画面上线透视反映实长

由图 14-5 知，直线 Tt 在画面 P 上，直线的透视反映实际高度。

图 14-10 所示为一矩形的透视，AD 在画面上，透视 A^0D^0 反映实高，称真高线。而

BC 不在 P 上，透视 B^0C^0 不反映真高。

2. 利用真高线作透视

如图 14-11 所示，已知 A 到 G 距离为 20mm，且已知 a^0，求 A^0 的透视。

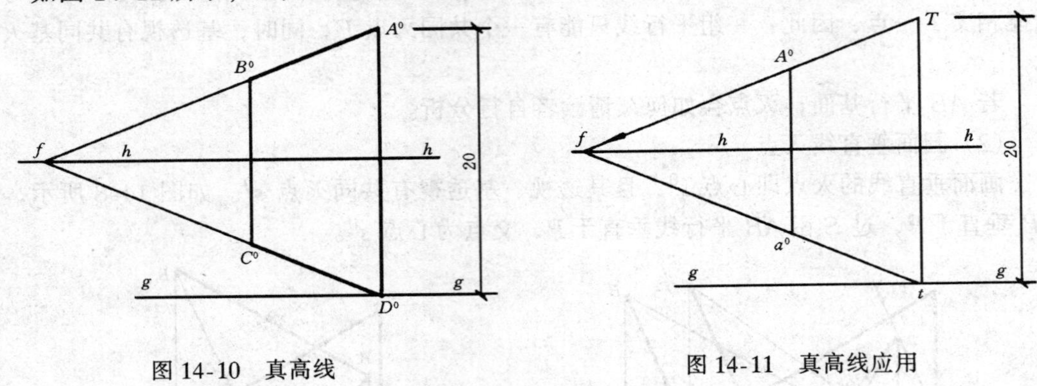

图 14-10 真高线　　　　图 14-11 真高线应用

解：作 fa^0 延长交于 gg 线上 t 点；过 t 作垂线 Tt 高为 20mm，作 fT 线与过 a^0 的垂线相交，即为 A 点的透视 A^0。

第 3 节　透视图的分类

由于建筑物与透视画面的相对位置不同，长、宽、高三组主要方向的轮廓线可能与画面平行或相交，平行的轮廓线没有灭点，相交的轮廓线有灭点。透视图一般以画面上灭点的多少分为以下三类。

一、一点透视

如图 14-12 所示，当建筑物两组方向轮廓线（长、高）与画面平行时，这两组方向轮廓线就没有灭点，而只有第三组与画面垂直方向轮廓线有灭点，即只有一个方向灭点，这样画出的透视图称一点透视。此时建筑物一个立面平行画面。

一点透视可用来表现建筑物外形、室内及街景等。图 14-13 所示为一点透视绘制实例。

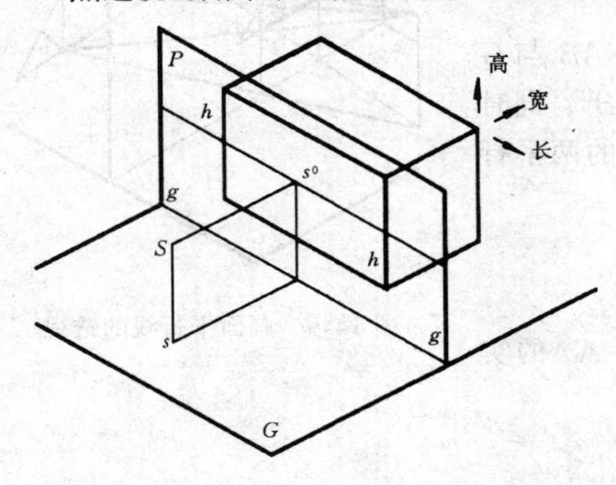

图 14-12 一点透视的形成

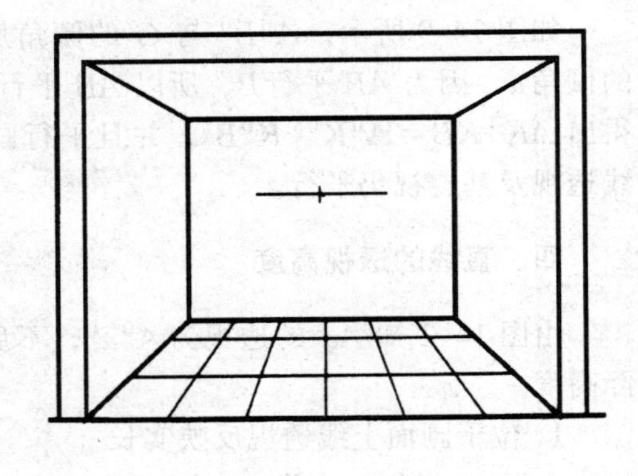

图 14-13 一点透视实例

二、两点透视

如图 14-14 所示，建筑物仅有高度方向轮廓线与画面平行，而另两组方向轮廓线均与画面相交，于是在画面上形成两个方向灭点 F_x、F_y，这样画出的透视图，称两点透视，由于两个立面均与画面成一定倾角，又称成角透视。

两点透视用来绘制建筑物外形、室内等，图 14-15 所示为两点透视实例。

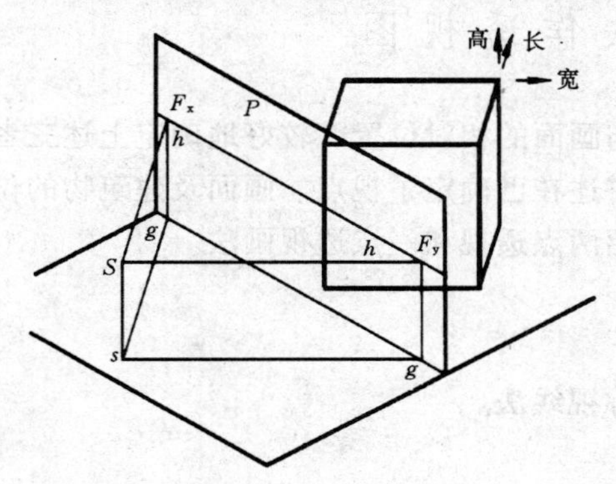

图 14-14　两点透视的形成

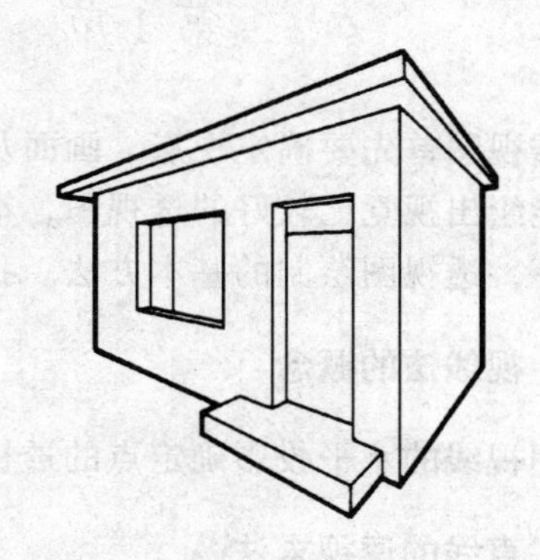

图 14-15　两点透视实例

三、三点透视

如图 14-16 所示，当画面倾斜基面时，建筑物三组主向轮廓线均与画面相交，所以画面上有三个方向灭点，这样画出的透视图称三点透视。

三点透视主要用于绘制高耸的建筑物，图 14-17 为三点透视实例。

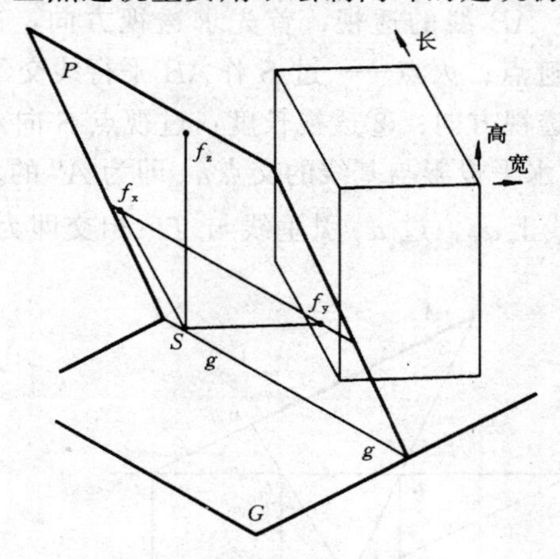

图 14-16　三点透视的形成

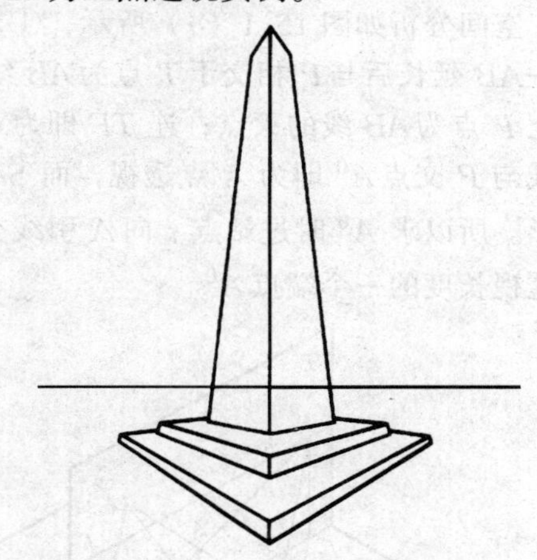

图 14-17　三点透视实例

复 习 思 考 题

1. 透视图是如何形成的？有何特点？
2. 透视图中有哪些常用术语？
3. 如何确定直线的迹点和灭点？
4. 透视图是如何进行分类的？

第 15 章　透视图的基本画法及视点、画面的选择

第 1 节　视 线 法 作 透 视 图

画透视图首先要确定视点、画面及建筑物与画面的相对位置。较好地确定上述三者的关系才能绘出视觉比较好的透视图，本节主要讲述在已确定了视点、画面及建筑物的位置的条件下，透视图绘制的基本方法。我们只介绍两点透视和一点透视画法。

一、视线法的概念

利用视线的水平投影确定点的透视的方法称视线法。

二、直线的透视求法

（一）基面上直线的透视

求直线的透视通常解决下述两个问题：

透视方向——直线的透视迹点和灭点的连线。

透视长度——过线段两端点的视线水平投影与基线交点作垂线交于透视方向线上并连线为线段的透视长度（简称透视长度）。

空间分析如图 15-1（a）所示，①求基面上 AB 线的透视，首先求透视方向：迹点——AB 延长后与 P 相交于 T 点为 AB 线的画面迹点；灭点——过 S 作 AB 平行线交于 hh 线上 F 点为 AB 线的灭点；连 TF 即为 AB 线的透视方向；②透视长度：过视点 S 向 A 引视线与 P 交点 A^0 即为 A 点透视，而 SA 视线的水平投影与基线的交点 a_g 即为 A^0 的水平投影。所以求 A^0 时过站点 s 向 A 引线交于 gg 线上 a_g，过 a_g 引垂线与 TF 相交即为 AB 的透视长度的一个端点 A^0。

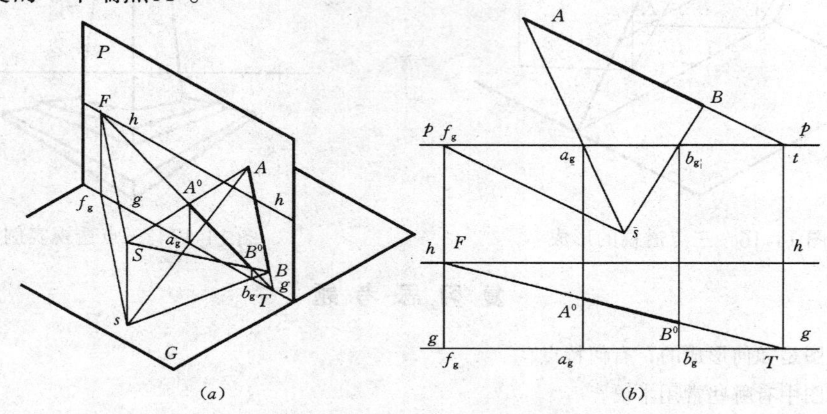

图 15-1　视线法作基面上直线透视

（a）视线法的概念；（b）展开作透视图

作图时，一般将基面 G 不动，画面 P 移到别处作图比较清晰方便，如图 15-1（b）所示。图中移走画面 P 后标注 P-P 表示画面在基面上的位置，而画面上标注 gg 表示基面位置，h-h 视平线高度，并取消边框线。具体作法如下：

(1) 在基面作视线水平投影并交于基线：$Sf_g // AB$ 交于 f_g；SA 交于 a_g；SB 交于 b_g；作 AB 延长线交于 T，为 AB 的画面迹点。

(2) 在画面上确定 T 点（本例画面与基面对齐）、灭点后，按相对位置在 gg 线上确定 a_g、b_g……f_g 各点；过 f_g 作垂线交于 hh 上为灭点 F，连 TF 为透视方向，过 a_g、b_g 作垂线与 TF 相交于 A^0、B^0，即为透视长度端点，连 A^0B^0 即为 AB 的透视。

（二）空间水平线的透视

求空间水平线的透视，同样求迹点和灭点连线求出透视方向，用视线水平投影确定透视长度。

如图 15-2（a）所示，已知水平线 CD 距 G 为 20mm，求透视。由于 CD 平行 cd，所以有共同灭点 F（参见图 14-7），求 cd 迹点 t，过 t 作垂线为真高线（参见图 14-11），在真高线相交处取 20mm 为 CD 的画面迹点 T，作 TF 为 CD 的透视方向，过视线投影与 gg 线交点 c_g、d_g 作垂线与 TF 线上的交点为 CD 的透视 C^0D^0。

展开后作透视图如 15-2（b）所示，在基面求视线的基面投影与 gg 相交于 c_g、d_g 及 f_g；t_g；在 t_g 作垂线量取 20mm 为 CD 的画面迹点 T，连 TF 为方向，过 c^0、d^0（c_g、d_g）作垂线交于 TF 线上的点为 CD 的透视 C^0D^0。

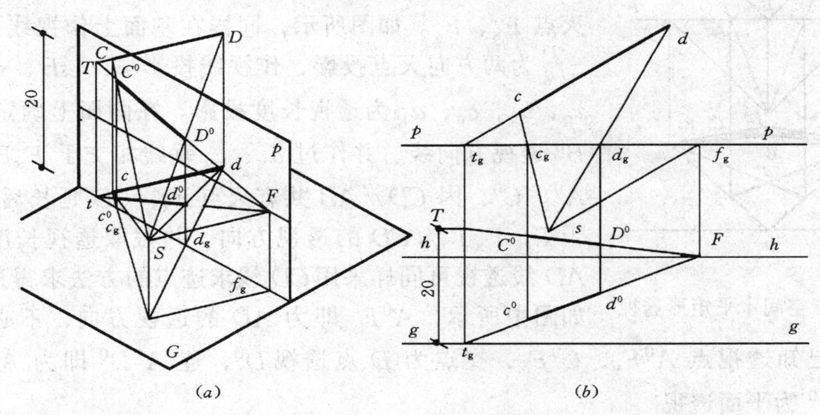

图 15-2 水平线透视
（a）水平线透视分析；（b）展开作透视图

三、矩形平面的透视

（一）垂直基面矩形平面的透视

求垂直矩形平面的透视首先求水平线的透视，再连线为矩形。图 15-3 所示为给定了矩形基面投影及矩形正立投影求透视图的作法。如图所示，确定透视方向；正立投影因 $AD // BC$，共有灭点 F，$AB // CD // P$，没有灭点。又因 AB 在画面上，所以 BF、AF 为 AD、BC 的透视方向。而 sd（c）与 PP 交点 d_g、c_g 为透视长度。在画面上求得 B^0F 为 BC 透视方向，与过 c_g 作垂线交于 C^0 为透视长度；过 B^0 作垂线量取高为 AB 为 A^0，

连 A^0F 为 AD 透视方向；过 d_g 作垂线相交于 D^0 为 AD 的透视长度；连 A^0B^0、B^0C^0、C^0D^0、D^0A^0 即为矩形的透视。

（二）水平矩形平面的透视

1. 在基面上的矩形平面透视

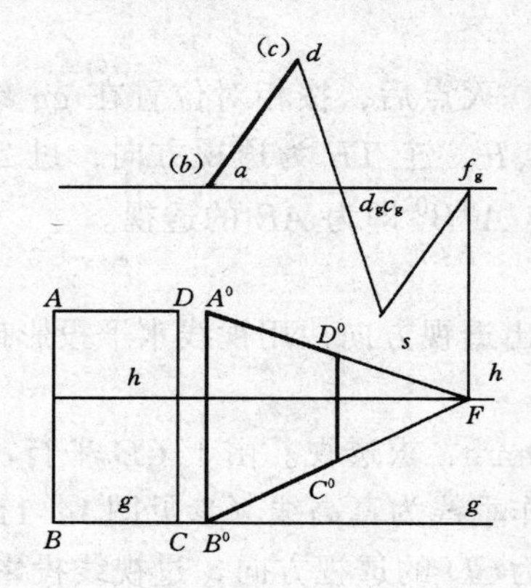

图 15-3　垂直基面矩形平面的透视

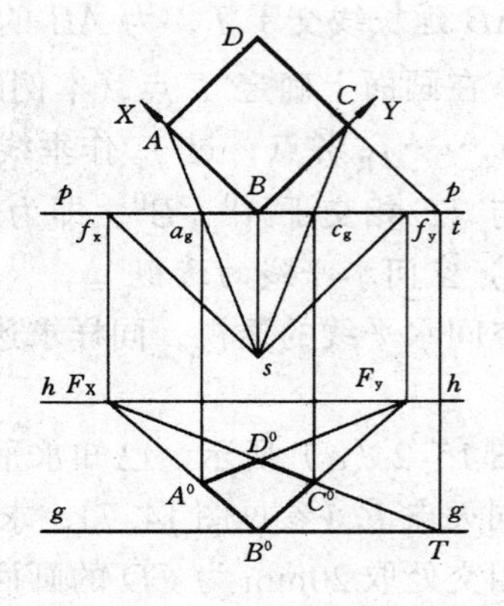

图 15-4　基面上矩形透视

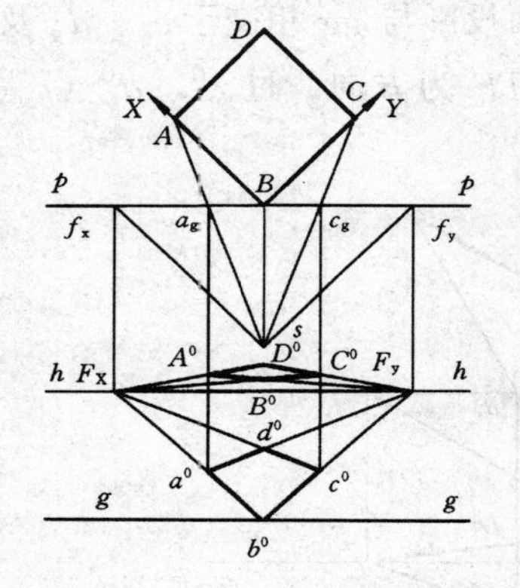

图 15-5　空间水平矩形透视

图 15-4 所示为在基面上的矩形平面 $ABCD$ 的透视图作法。与垂直面作法相同的是同样求透视方向 FT 和透视长度，不同的是有两个主向方向线 AB、BC，所以有两个方向灭点 F_x、F_y。如图所示，同样在基面上作视线投影求 Sf_x、Sf_y 为两方向灭点投影，作视线投影 sA、sB、sC、sD 求得 a_g、b_g、c_g、d_g 为透视长度投影。在画面上确定 F_x、F_y 及 B^0 透视方向线，并作过 a_g、c_g 垂线相交于 F_xB^0、F_yB^0 为 A^0、C^0，因 $CD /\!/ AB$ 共有灭点 F_x，CD 延长后与基线相交于 T，F_xT 为 CD 的透视方向，并截取透视长度如图所示。AD 线透视可同样采用 CD 线求迹点的方法求得透视方向线。如图中所示，A^0F_y 即为 AD 的透视方向，不必再求 TF_y。可直接连已知透视点 A^0F_y、C^0F_x，交点为 D 点透视 D^0，连 A^0D^0 即为 AD 透视。连 $A^0B^0C^0D^0$ 为平面透视。

2. 空间水平矩形平面透视

图 15-5 所示为空间水平矩形平面的透视图作法。可采用图 15-4 的方法求得在基面上的透视，再求出空间高度 B^0，在 B^0F_x、B^0F_y 透视方向上作透视 A^0、C^0、D^0 如图。也可采用图 15-2（b）所示的方法，直接求得空间点 B 的透视 B^0 而完成透视，不必求出 a^0、c^0、d^0。注意若平面在视平线上面看到的透视平面为底面。如图中所示。

四、平面立体的两点透视

前面讲述了点、直线、平面的透视，已掌握了求作透视图的方法与步骤。而作立体的透视是作出构成立体垂直面、水平面等轮廓线的透视。而且从图 15-5 知道，求得立体两水平面透视，再连线，即为立体透视。

（一）四棱柱透视

图 15-6 所示为长方体的透视图，图 15-6（a）所示为柱低于视平线时，透视可见柱的顶部；图 15-6（b）所示为柱高于视平线时，顶部在透视图中不可见，且透视图中不画不可见的轮廓线，直接画出可见轮廓线的透视，不必将平面透视全部画出。作图方法同平面透视。

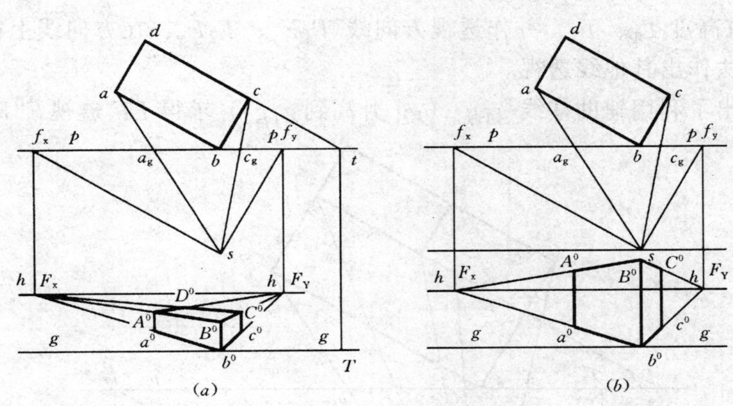

图 15-6 平面立体的透视

（a）柱顶低于视平线；（b）柱顶高于视平线

（二）形体上不与画面相交线透视求法

图 15-7 所示为平面形体透视，图中给出了平面图及立面高度，作图步骤及方法如下：

1. 求透视方向

(1) 求得 Y 方向的灭点投影 f_y、X 方向灭点 f_x；

(2) 求得 cd 迹点 t，a 在平面上为迹点；

(3) 在画面上求出 F_xa^0、F_ya^0 为透视方向；

2. 求透视长度

(1) 作视线投影求得各点视线投影与基线交点；

(2) 过交点作垂线（或按相对尺寸）求得透视长度；

3. 关于不与画面相交线求法

(1) 迹点法：作 cd 延长交于基线上为 t，连 tF_y 为 CD 的透视方向，过 d_g 垂线相交

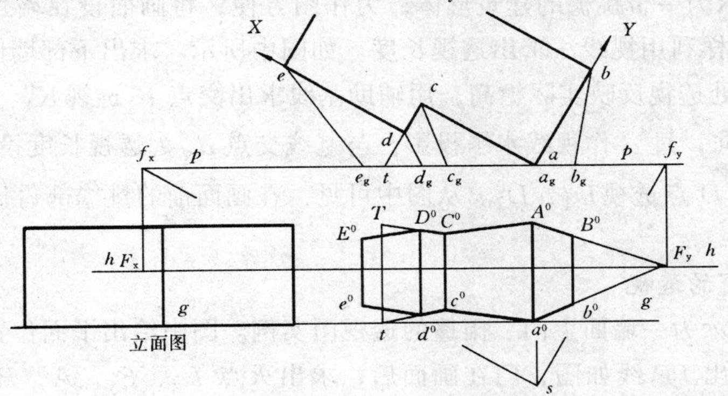

图 15-7 形体上不与画面相交线透视

为 d^0；

(2) 已知点法：已知 C 点透视 C^0，连 C^0F_y 为 CD 的透视方向。

完成透视如图 15-7 所示。

(三) 不同高度形体的透视求法

图 15-8 所示为一不同高度的形体透视，作出底部透视如前例所述，上部形体利用 EF 真高线量取高度 T_1、T_2，并作透视方向线 T_1F_y、T_2F_y，在方向线上截取透视长度。并利用已知点法作出其他线透视。

图中还给出了利用辅助基线 g_1g_1（gg 升高到 g_1g_1）求得 EF 透视 E^0F^0 的方法。

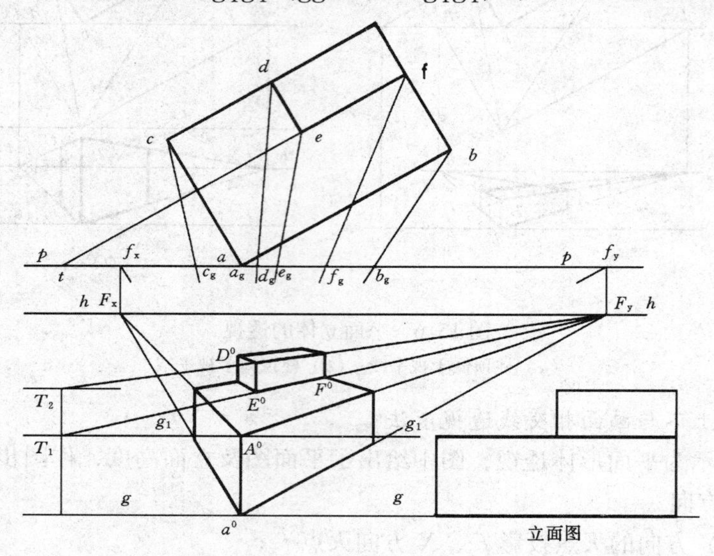

图 15-8 不同高度形体透视

五、建筑物两点透视

求建筑物的透视，就是求建筑物上各轮廓线的透视。对于建筑细部构造的透视可用简捷方法求出。

(一) 挑檐的透视

图 15-9 所示为一带挑檐的建筑形体，为作图方便，将画面设在墙角处，而挑出房檐在画面前面，同样利用视线法求出透视长度。如图中所示。求出下部墙体透视后，檐口线 DE 与画面相交处透视反映实际檐高，用辅助基线求出交点 K 透视 K_1^0、K_2^0，并连 $K_1^0F_y$、$K_2^0F_y$ 为透视方向，过 d 作视线水平投影，与基线交点 d_g 为透视长度投影，过 d_g 作垂线与 $K_1^0F_y$ 交点为 D 点透视 D_1^0、D_2^0。从图中可见，在画面前的挑檐部份比实际要大些。其余作法同前。

(二) 门、窗的透视

图 15-10 所示为一墙面上门、雨篷的透视图实例。图中给出平面位置及剖面高度。设定画面位置，画出 PP 线如图，门在画面后，求出灭点 F_x、F_y，A、B 与画面相交，利用 Tt 真高线及辅助基线 g_1g_1 等，求出各交点的透视并连 F_x、F_y 为透视方向，通过视线

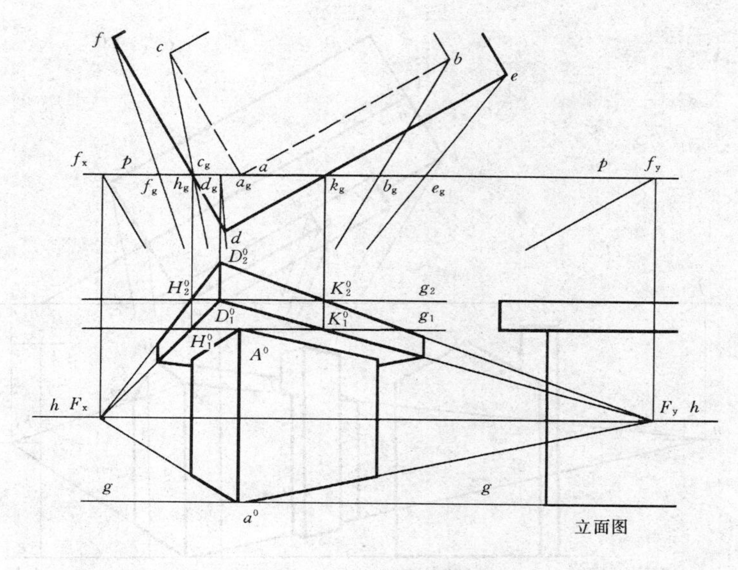

图 15-9　挑檐的透视

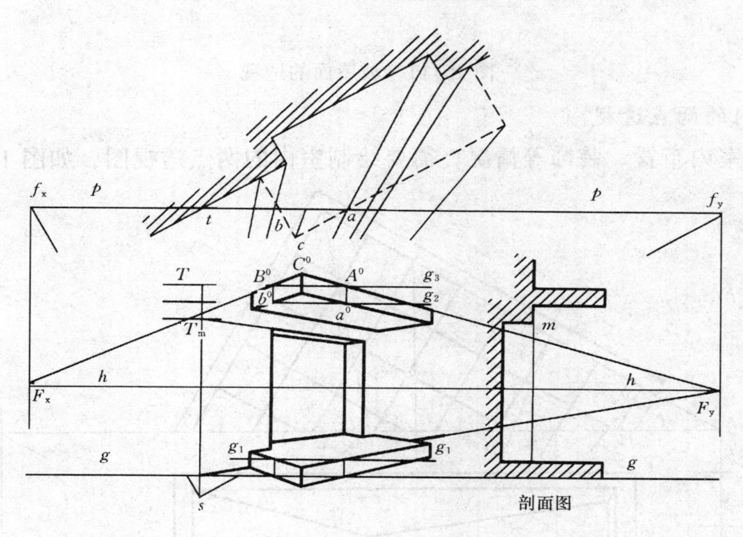

图 15-10　门洞、雨篷的透视

水平投影与基线交点求出透视长度，连线为雨篷、台阶的透视，在真高线上截取 T_m 为门高，作 T_mF_y 为门高透视方向，截取透视长度，并用已知点法求出门的透视如图示。

（三）坡屋面的透视

图 15-11 所示为坡屋面建筑形体透视，其中斜线 AB，可直接利用真高线求两端点的透视再连线求得。（斜线灭点在第三节中讲述。）如图所示：AB 线为一般斜线，灭点不是 F_y，不能利用 F_y 求得透视方向，但可求 HB 的透视方向 TF_x，而求得 B 点透视 B^0，连 A^0B^0、B^0C^0 为斜线透视。同样，烟囱与坡屋面相交斜线 D^0 点也采用求得透视方向 T_2F_x，在方向线上求得透视 D^0 并用墙面与烟囱交点连线的方法求出，其余作法如图中所示，不再详述。

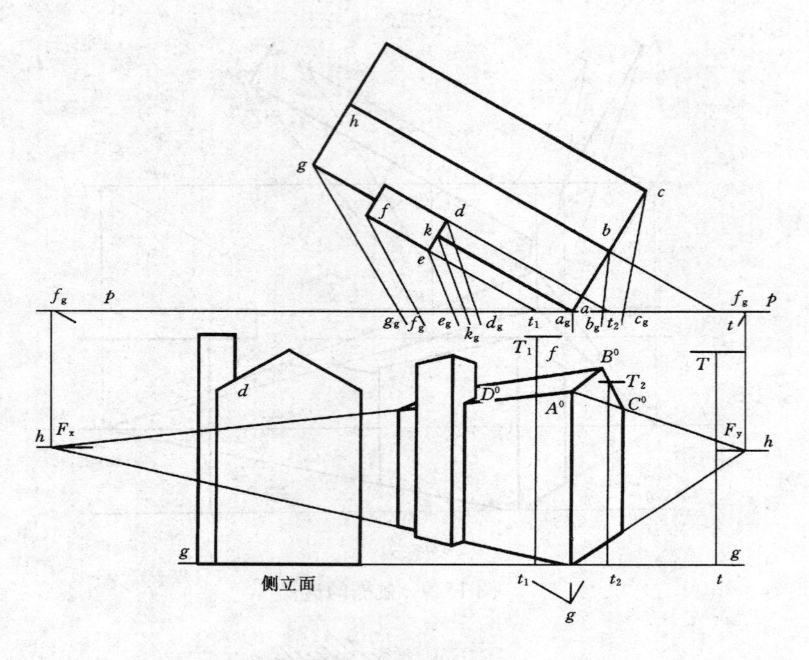

图 15-11　坡屋面的透视

（四）室内的两点透视

为了表达室内布置、装饰等情况，需要绘制室内的两点透视图，如图 15-12 所示。

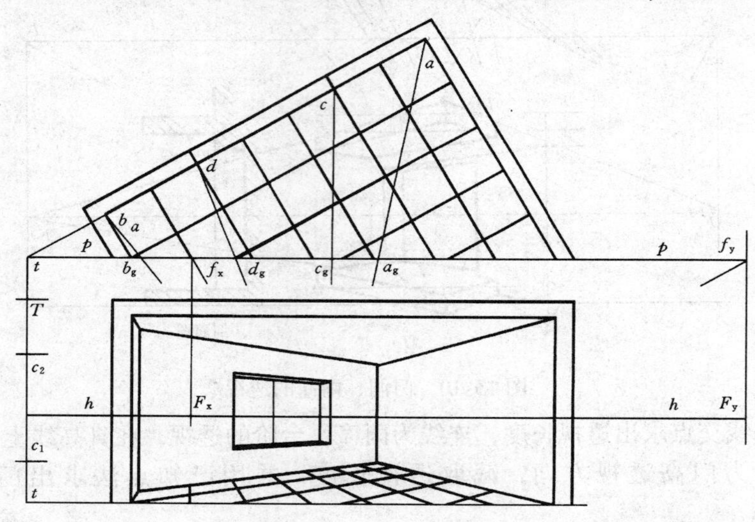

图 15-12　室内两点透视

由于画面相当于一个剖切平面将建筑物剖开，所以画面反映剖面实形。同时，为了表达清楚侧墙，选定灭点 F_x 在透视房间内效果较好。（读者可自行检验看 F_x 灭点在透视房间外的效果。）并且利用真高线可求窗户的透视如图所示。

六、一点透视图

当画面平行两组轮廓线（即平行一个立面）时，只有垂直画面的一组线有灭点，即心点，所以称为一点透视。

(一) 一点透视的概念

同样可以利用视线法求作一点透视图。如图 15-13（a）所示。①求 AB 线的透视方向：迹点与灭点连线，延长 AB 交画面上 T 为迹点，过 S 作 AB 平行线（垂直画面）交于画面 hh 线上为灭点 S^0。连 TS^0 即为透视方向；②求透视长度：作视线水平投影与基线交点 a_g，即 A 点透视 A^0 的投影点。

图 15-13（b）所示为展开后的透视图。同样移出画面后在基面上用 PP 线表示画面位置，在画面上用 gg 线表示基面位置，并取消边框。

作图时，在基面上过站点 s 作 AB 平行线交于基线上为 S^0 投影，过各点与 s 连线与基线交点为透视长度投影（如 a_g）；在画面上求作迹点 T，并按相对位置确定 S^0、a_g、等点。连 TS^0 为透视方向，过 a_g 作垂线与 TS^0 相交即为 A 点透视 A^0。同理求出 B^0，连线为 AB 的透视。如图 15-13 所示。

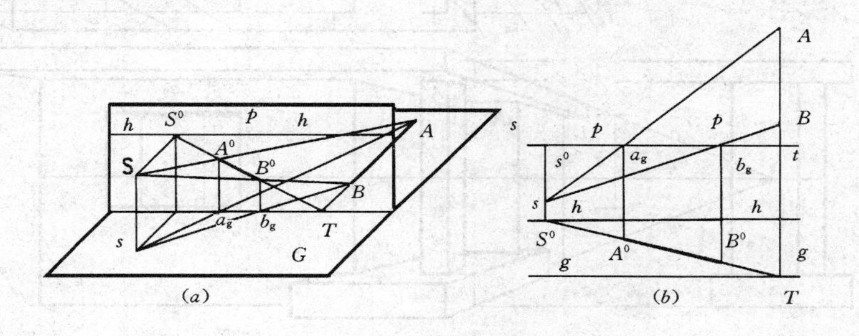

图 15-13 视线法作一点透视

（a）基本概念；（b）展开作透视图

(二) 台阶的透视

图 15-14 所示为一室外台阶的一点透视图。台阶两侧挡墙与画面 P 相交，透视反映台阶前面实形如图。求灭点 S^0，作透视实形与画面交点得 A^0，连 A^0S^0 为 AB 透视方向，过 b_g 作垂线交于 A^0S^0 上为 B 点透视 B^0，连 A^0B^0 为 AB 的透视。根据 BC 平行画面，透视仍平行的规律，过 B^0 作水平线可截 C^0，各点的透视如图。台阶可利用真高线 Mm 求得各踏步高度 h_1、h_2，作 h_1S^0、h_2S^0 线为透视方向；过 d_g 等作垂线与 h_1S^0 相交于

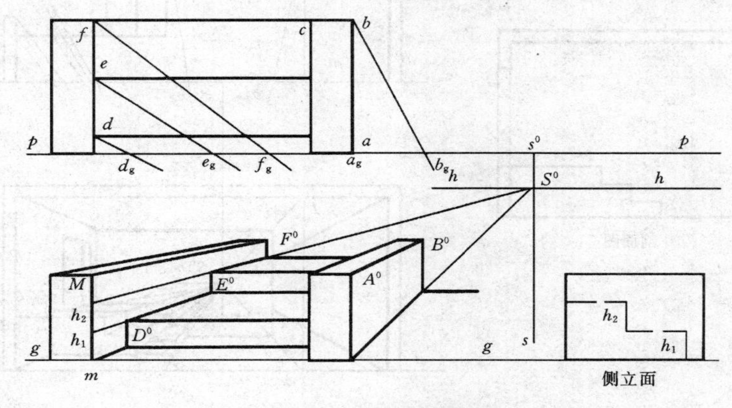

图 15-14 台阶的透视

D^0 等为透视长度；根据平行规律作出各线透视，如图 15-14 所示。

（三）小房透视

图 15-15 所示为一小房的一点透视图，为作图方便，取画面与墙面相交。首先根据 S 确定各轮廓线与基线交点及灭点 S^0；在画面上作出柱、墙、窗等透视实形，并向灭点连透视方向线 S^0A^0、S^0B^0 等，截取透视长度得柱、墙等透视；用辅助基线求得房檐及台阶透视，并注意到墙与地面相交于基线 gg；柱与台阶相交于辅助基线 g_1g_1；利用墙角真高线求出门洞的透视，并完成窗的透视如图所示。

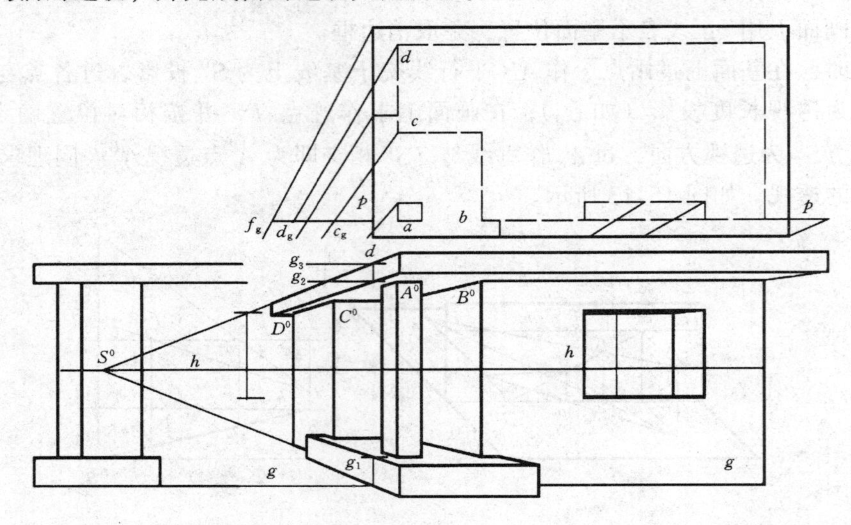

图 15-15　建筑物一点透视

（四）室内一点透视

一点透视主要用来表达室内的透视。如图 15-16 所示的室内透视。基面上确定了室内的平面形状和画面位置，作出中心点的投影及各点的视线投影与基线交点；因形体与画面相交，所以在画面上求出剖面实形，并将心点 S^0 与各角点连线即为墙与地面、墙与顶棚交线的透视方向，并通过 d_g 等作透视长度，并根据平行线规律作出各墙面透视如图。其

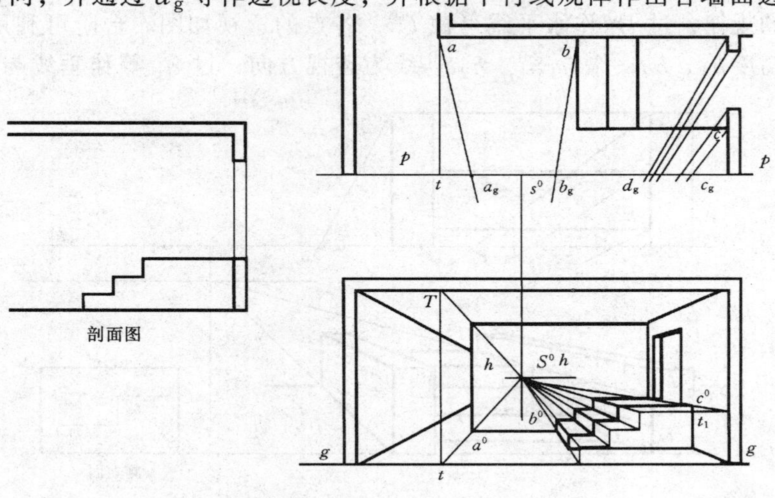

图 15-16　室内一点透视

中走廊处墙 A 点不与画面相交，需延长后与画面相交于迹点 T，作 TS^0 为透视方向线，与过 a_g 作垂线交点为透视 A^0。

台阶不与画面相交，可设想台阶延长后与画面相交，则在画面上反映实形如图所示，过各角点与 S^0 连线为透视方向，如 t_1S^0；过 c_g 作垂线交于透视方向线上得 C^0 为 C 点透视；根据平行规律过 C^0、B^0 作平行线，完成台阶透视，如图中所示。

侧墙上门的透视通过墙与画面的交线确定真高，并作透视方向线，截取透视长度完成透视如图所示。

第2节　量点法作透视图

对于有些建筑物用量点法求作透视图更为方便，本节将介绍这种方法。

一、量点法的概念

1. 量点概念

图 15-17（a）所示为量点法作透视的轴测图。如图所示，求基面上 AB 线的透视，同样求 AB 线透视方向，求得 AB 的画面迹点 T 和灭点 F，连 FT 即为 AB 线的透视方向，AB 的透视 A^0B^0 必在该透视方向线上。

而透视长度可用量点法求得：在基面上作辅助线 AA_1，使 $AT=A_1T$，并 A_1 交于基线上为迹点，求得辅助线灭点为 M，连 MA_1 为辅助线 AA_1 的透视方向，AA_1 的透视必在该透视方向线上。即 A^0 在 TF 上，又在 MA_1 上，必在两直线交点上，所以两透视方向线交点即为 A 点的透视 A^0。图中 M 点称为量点，这种利用量点求透视长度的方法称为量点法。例如求 B 点透视，BB_1 辅助线灭点仍为 M，所以量取 $TB=TB_1$，并作 B_1M 线与 TF 相交即为 B 点透视 B^0。

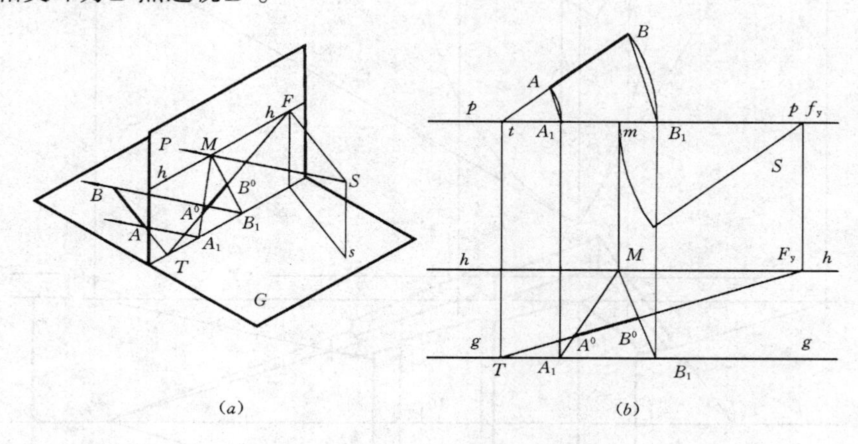

图 15-17　量点法的概念

（a）量点的概念；（b）作图方法

2. 量点求法

从图 15-17（a）中可知，三角形 ATA_1 是等腰三角形，辅助线 AA_1 是三角形的底边，而在三角形 SFM 中，$SF /\!/ TA$（求作），$SM /\!/ AA_1$（求作），FM 在视平线上平行

基线上 TA_1，所以三角形 SFM 与三角形 ATA_1 是相似的，所以三角形 SFM 也是等腰三角形，SM 是底边，两腰 $SF=MF$。

通过上述分析得知，量点 M 到灭点 F 的距离等于灭点 F 到视点 S 的距离。即欲求 M，在视平线上过 F 量取长度为 SF 处即为量点 M。

3. 直线透视图作法

图 15-17（b）所示为展开透视图作法。同样在平面上标注 PP 表示画面位置，在画面中标注 gg 表示基面位置，并取消边框。

作图时，在平面图上求迹点及灭点投影，并根据 $FM=FS$ 求量点 M 投影 m；在画面上按相对位置确定 T、F 及 M，连 TF 为 AB 线的透视方向；A 点透视长度求法如图示，在平面图上量取 TA 并在画面基线作 $TA_1=TA$，连 A_1M 与 TF 交点即为 A 点的透视 A^0。同理可求 B 点透视 B^0，连 A^0B^0 为直线 AB 的透视。若画面与基面对齐，也可用图解求 $TA_1=TA$ 如图示。

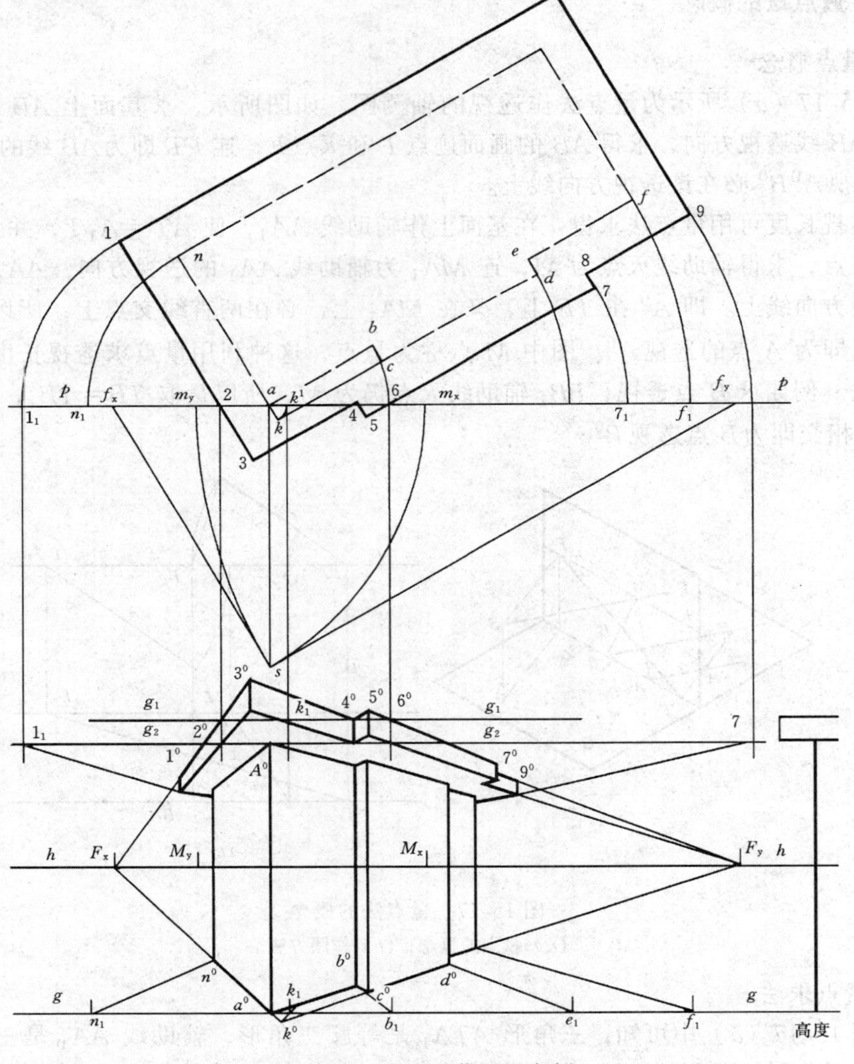

图 15-18　量点法作透视实例

二、量点法作透视图

图 15-18 所示为用量点法作建筑物透视实例。

作图方法介绍如下：

1. 求灭点及量点

由于形体上有 X、Y 两组轮廓线与画面相交，故求得灭点、量点投影 f_x、f_y、m_x、m_y，如图中所示。

2. 画面相交线透视求法

在画面上按相对位置确定 a^0、灭点 F_x、F_y，量点 M_x、M_y；作 a^0F_x、a^0F_y 为 an、af 的透视方向，量取 $a^0n_1=an$，连 n_1M_x 与 F_xa^0 相交为 n 点透视 n^0，同理，通过量点 M_y 可求得 b、c、f 等点透视 b^0、c^0、f^0 如图所示。

3. 不与画面相交线透视求法

平面图中 cd 线不与画面相交，(可求出迹点求得透视方向；再求长度)，本例利用量点的概念作 cd 延长线与 an 线相交于 K 点，求得 $aK_1=ak$，作 M_xK_1 线与 a^0n^0 相交为 K 点透视 K^0，连 K^0F_y 为 cd 线的透视方向，与过 b^0 点的透视方向线 F_xb^0 相交为 C 点透视 C^0，同样求得 d^0，连 c^0d^0 为 cd 线透视。

利用侧投影高度，确定真高求得上部透视如图所示。

4. 房檐的透视画法

作辅助基线 g_1g_1、g_2g_2，在辅助基线上求得画面交点的透视 2^0、6^0，作透视方向线 F_x2^0 及 F_y6^0；在 g_1g_1 线截取 $2^01_1=21$，作 1_1M_x 与 F_x2^0 相交为 1 点透视 1^0，同理求得 3_1 点，作 3_1M_x 与 F_x2^0 相交得 3 点透视 3^0，连 3^0F_y 为 34、89 的透视方向。同样方法可求得各点透视 4^0、8^0、9^0，过 F_x 作 F_x4^0、F_x8^0 线与 6^0F_y 线相交为 5 点、7 点的透视 5^0、7^0，连线完成透视如图 15-18 所示。

第 3 节　斜线灭点、平面灭线

在本章第一节图 15-11 中讲述了斜线的透视求法，但对于相互平行的斜线较多时，利用灭点求作透视比较方便。本节讲述利用斜线灭点和平面灭线作透视的方法。

一、斜线灭点

1. 基本概念

由图 14-6 可知直线灭点为直线无限远点的透视，而过 S 作直线无限远点的视线平行空间直线，且透视灭点与基透视灭点在一条铅垂线上。

由图 15-19 所示知，坡屋面斜线 AB、BC 与基面夹角为 α、β 角，灭点为过 S 作 AB、BC 平行线与画面交点 F_1、F_2，F_1F_2 连线为通过斜线基灭点 F_x 的垂线，且 F_1SF_x 夹角为 β 角。

2. 灭点求法

斜线灭点的画面求法如图 15-19 所示，SF_1F_2 是一铅垂面，F_1F_2 为铅垂线，将该平

面绕铅垂轴 F_1F_2 旋转到与画面重合，如图所示，此时，F_1F_2 位置不变，S 旋转到视平线上重合于量点 M（图 15-17），角 F_1SF_x 不变仍为 β 角。

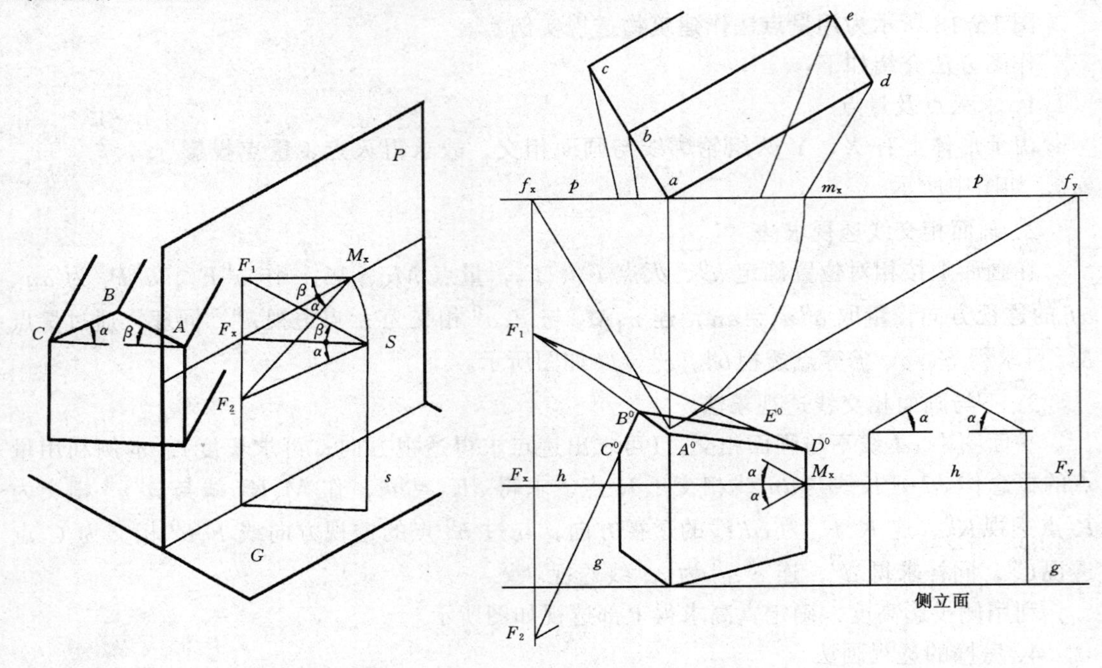

图 15-19　斜线灭点求法

图 15-20　斜线灭点的应用

通过以上分析知求斜线灭点方法为：

(1) 求主向灭点 F_x、F_y；

(2) 求量点 M_x、M_y；

(3) 过 M_x（或 M_y）作斜线倾角为 α 角的线与主向灭点 F_x（或 F_y）的垂线相交，即为斜线灭点 F_1、F_2。

二、透视应用实例

图 15-20 所示为图 15-19 所示坡屋顶建筑透视实例。

首先在平面图上按前述方法求出主向灭点 F_x、F_y 及量点 M_x 在基线上投影；

在画面上按相对位置确定 F_x、F_y 及 M_x；过 M_x 作倾角为 α 的线与过 F_x 的垂线相交为 X 方向斜线灭点 F_1、F_2 如图示；

求画面交点透视 A^0 及 C 点透视 C^0，过 A^0、C^0 作 A^0F_1、C^0F_2 为 AB 线及 BC 线的透视方向；用量点法（或视线法），求得 B 点透视 B^0；

同理，作 D^0F_1 求得 E 点透视 E^0；

连线为透视，如图 15-20 所示。

三、平面灭线

1. 基本概念

如图 15-21 所示，平面的灭线是平面上无数个无限远点的透视集合而成，也可以说是平面上各个方向的直线灭点集合而成。

2. 平面灭线求法

由图 15-21 所示知，求平面 Q 灭线，过视点 S 向 Q 引各无限远点视线而构成一个视线平面 R，该视线平面与画面交线即平面灭线。由此可知，平面灭线是一直线。既然是直线，可求任意两点而确定，所以求平面上的水平线灭点 F_y 和最大斜度线灭点 F_1，连线即为灭线，如图 15-21 所示。

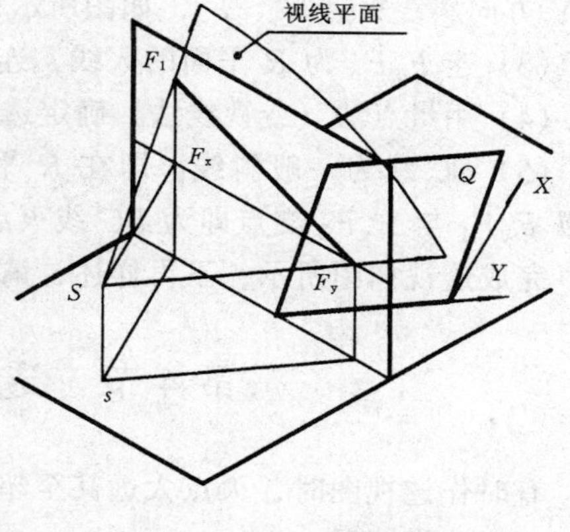

图 15-21　平面灭线

四、平面灭线应用实例

图 15-22 所示为坡度相同的两坡屋面相交时的透视图实例。作图方法如下：

(1) 在平面上求主向灭点及量点投影；

(2) 在画面上确定 a^0 及按相对位置确定主向灭点 F_x、F_y 及 X 方向斜线灭点 F_1、F_2

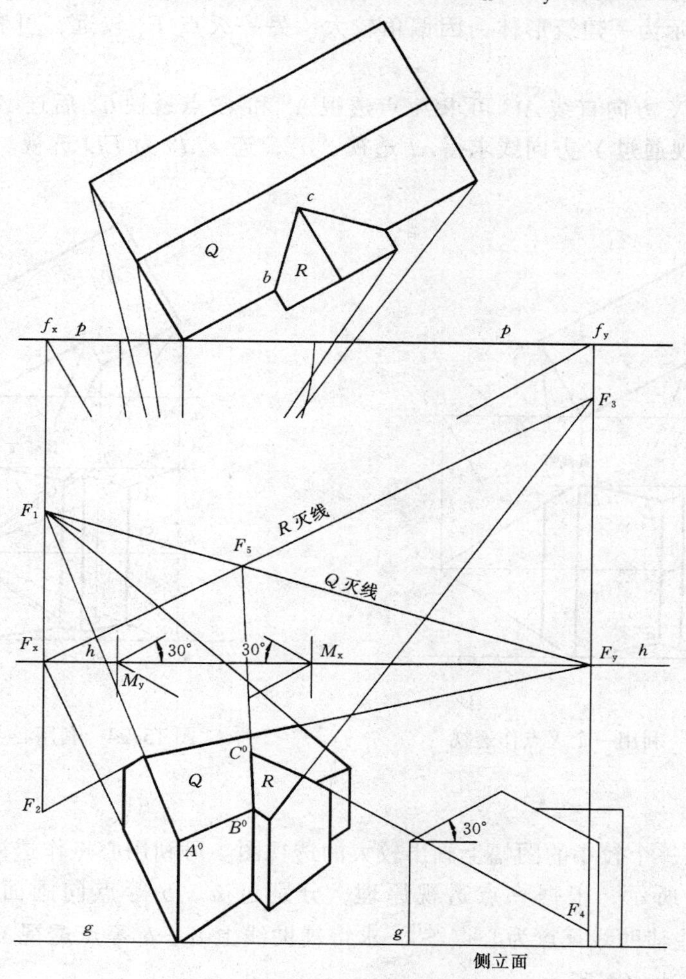

图 15-22　平面灭线的应用

和 Y 方向斜线灭点 F_3、F_4，如图所示；

(3) 连 F_xF_3 为 R 平面的灭线，连 F_yF_1 为 Q 平面灭线；

(4) 用量点法（或视线法）确定透视长度作出各线的透视。

(5) BC 线为一般斜线，即在 R 平面又在 Q 平面上，灭点必在两平面灭线交点上，所以 F_yF_1 与 F_xF_3 交点即为 BC 线灭点 F_5。

完成透视如图所示，不再详述，请读者自行分析。

第 4 节　透视图的辅助画法

有时作透视图时，灭点太远甚至超出图板之外，作图不太方便，下面介绍几种辅助方法来解决这类问题。

一、辅助灭点法

1. 利用一个主向灭点

图 15-23 所示为一建筑形体，因偏角较大，另一灭点 F_x 较远，可利用一个灭点 F_y 求出透视。

如图所示，X 方向直线 AC 可求 A 点透视 A^0 和 C 点透视 C^0 后连 A^0C^0 线求得。同样，ED 线的透视通过 Y 方向线求得 cd 透视 c^0d^0，连 e^0d^0 为 ED 透视。详细作法如图所示。

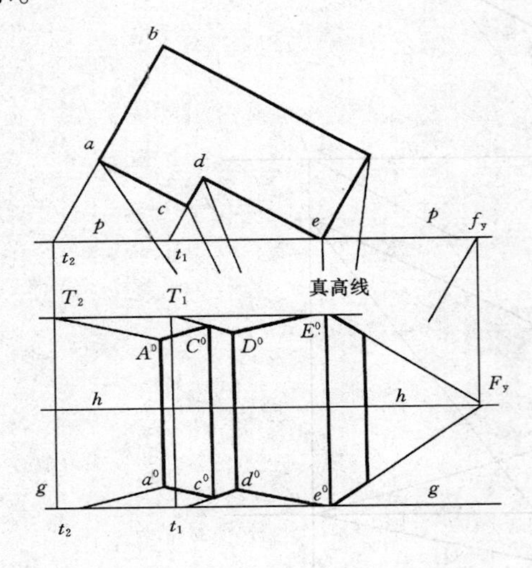

图 15-23　利用一个灭点作透视

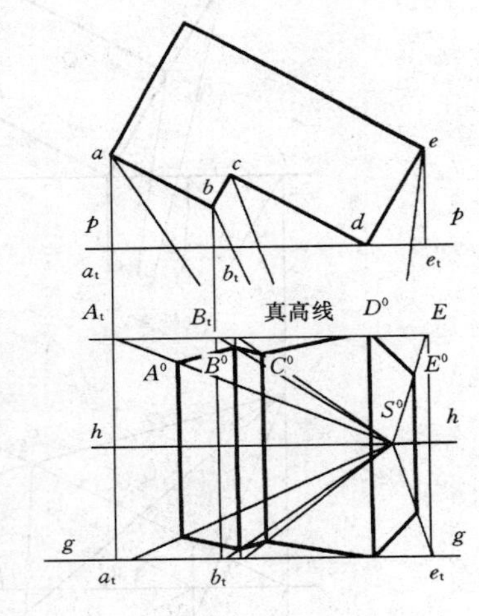

图 15-24　利用心点作透视

2. 利用心点

有时为了在一个较小的图幅上画出较大的透视图。可利用心点作透视图。

如图 15-24 所示，根据一点透视原理，分别过 a、b 等点向画面作辅助垂线 aa_t、bb_t……等，这些辅助线灭点为心点 S^0，求得辅助线上 a、b 等点透视 a^0、b^0……，连线为透视，详细作法如图所示。

二、辅助标尺法

求作两点透视时，也可不用灭点，用辅助标尺法求作透视。

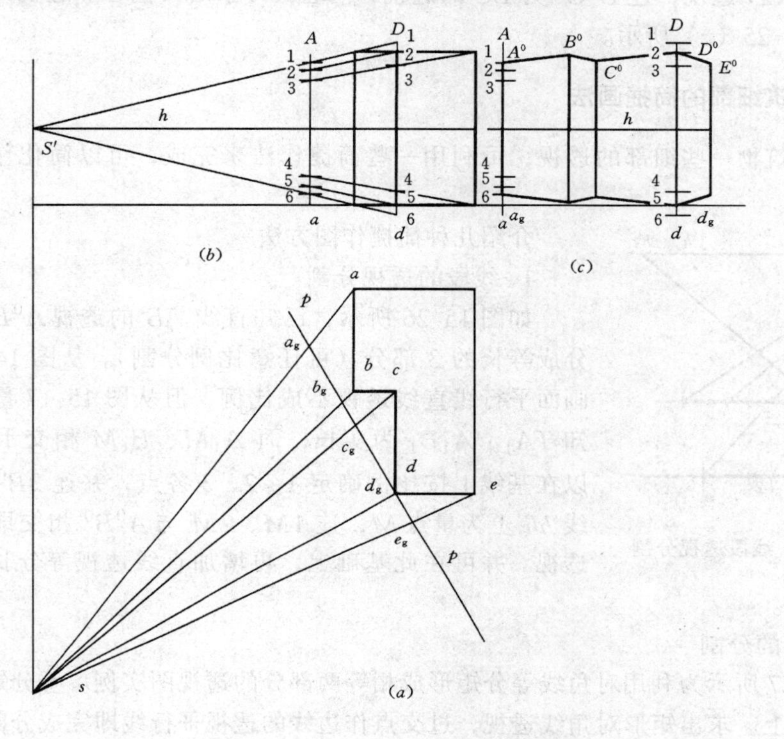

图 15-25　辅助标尺法作透视图

（a）平面；（b）立面；（c）透视图

图 15-25 所示为辅助标尺法作透视图实例，具体作法详述如下：

1. 平面图上求视线投影

同其他方法求透视图一样，首先在平面图上确定形体平面位置和画面、站点以及各角点视线水平投影，如图 15-25（a）所示。交基线上各点 a_g、b_g……。该交点确定了建筑物各线透视长度及相对位置。

2. 立面上求视线投影

如图 15-25（b）所示，对应平面图画出立面并作视平线，将站点 S 投影到视平线上为 S'，过 S' 向各角点引视线投影如图。

在 PP 上任取两点作为画面上铅垂线投影（本例中选 a_g 和 d_g 两点），将该铅垂线投影到立面中为 Aa 和 Dd 两条线，就以这两条线作为辅助标尺，求出与各角点视线交点，如图中所示 1-1、2-2……。

3. 作透视图

(1) 在画面上确定视平线 hh；

(2) 在视平线上按相对位置确定 PP 线上的 a_g、b_g……各点；并过各点作垂线；

(3) 将立面图中所作辅助标尺各点按对应位置移到画面的 Aa、Dd 线上如图所示；

由立面图知，AB 在 1-1 线上，所以连 1-1 线与过 a_g、b_g 的垂线相交为 AB 的透视 A^0B^0；CD 点在 2-2 线上，所以 2-2 线与过 c_g、d_g 的垂线相交为 C、D 点透视 C^0、D^0，连 C^0D^0 为 CD 透视，连 B^0C^0 为 BC 的透视；同理，可求出其他各点透视并连线完成透视，如图 15-25（c）所示。

三、建筑细部的简捷画法

对于建筑物一些细部的透视，可利用一些简捷作法来完成，可以简化作图。节省时间。

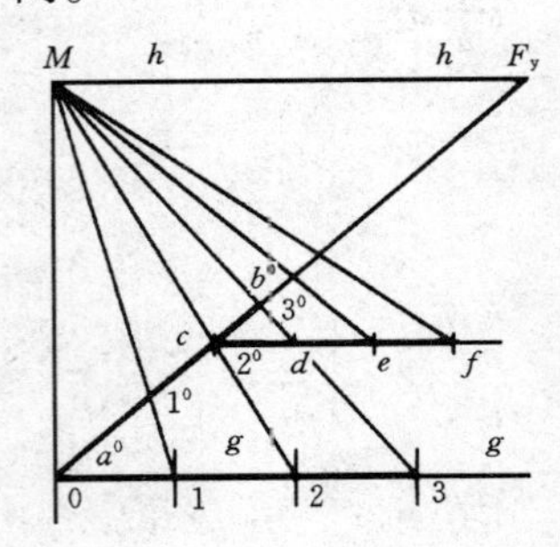

图 15-26 线段透视分割

介绍几种简捷作图方法

1. 线段的透视分割

如图 15-26 所示，已知直线 AB 的透视 A^0B^0，想将 AB 分成等长的 3 部分（可任意比例分割）。从图 14-3 中知，非画面平行线直线透视不成比例，但从图 15-17 量点的概念中知 TA_1、A_1B_1 为实长，而 A_1M、B_1M 相交于量点 M，所以在基线上按比例确定 1、2、3 各点，并连 $3B^0$ 相交于视平线 hh 上为量点 M，连 $1M$、$2M$ 与 A^0B^0 相交即为各等分点透视。并可在此基础上，再增加直线透视等分长度如图，令 $cd=de=ef$。

2. 矩形的分割

图 15-27 所示为利用对角线等分矩形成相等两部分的透视图实例。等分矩形的线定在对角线交点上。求出矩形对角线透视，过交点作边线的透视平行线即完成分割，若再作另一边透视平行线，即分割成相等的四个矩形。

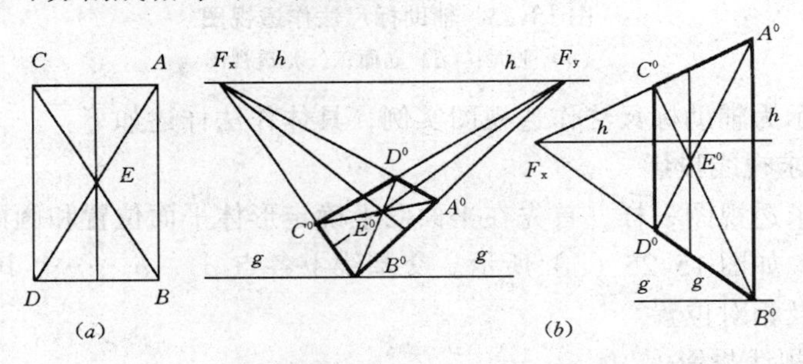

图 15-27 矩形的等分

（a）几何条件；（b）透视分割

图 15-28 所示为利用一组平行线和对角线将矩形任意分割的透视图实例。按所需比例在矩形边上截取各点（图中为 3∶2∶3，若 1∶1∶1 则为等分），过各点作另一边的平行线透视，并与对角线相交即为各等分点，过等分点作直线，完成等分如图所示。

3. 矩形的延续

有时需要将完成的矩形透视图作延续，完成建筑物透视，下面介绍两种延续作法。

(1) 利用对角线平行几何条件

图 15-29 所示为利用对角线平行的条件作等大延续矩形的透视的实例，图（a）所示

为几何条件，矩形对角线互相平行，透视消失同一灭点。图（b）为作透视图，将矩形对角线延伸与过 F_x 的垂线相交为对角线斜线灭点，通过灭点完成延续矩形透视。

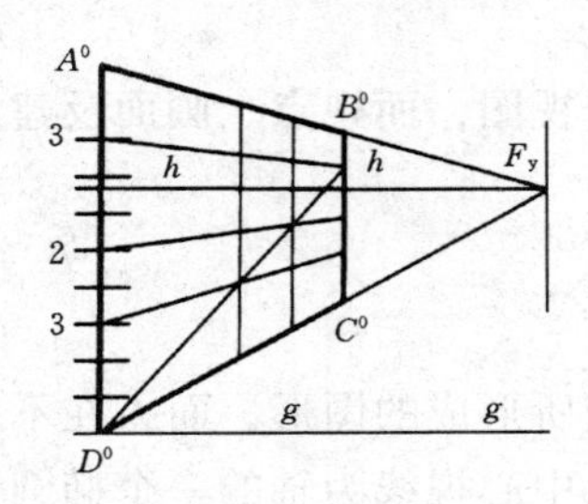

图 15-28　任意分割矩形

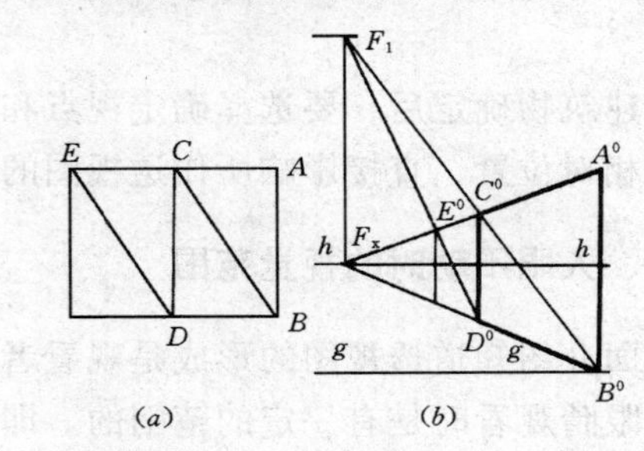

图 15-29　矩形延续作法之一
（a）几何条件；（b）透视延续

（2）利用对角线相交的几何条件

图 15-30 所示为利用对角线相交的几何条件完成等大矩形的延续的透视图作法。几何条件参见图 15-27（a）所示。作图如图所示，求作已完成矩形的中点 E^0 并作平行线交于 G^0 为对角线交点，过已知透视点 A^0G^0 作线延长交于 B^0F_x 线上 J^0 为另一矩形边的透视。同理，完成一系列矩形。

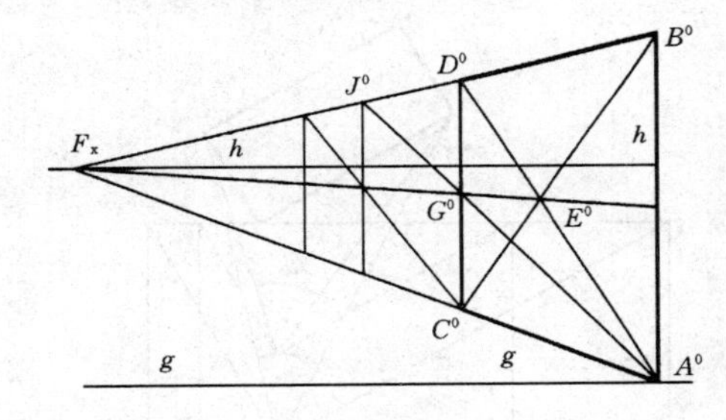

图 15-30　矩形的延续作法之二

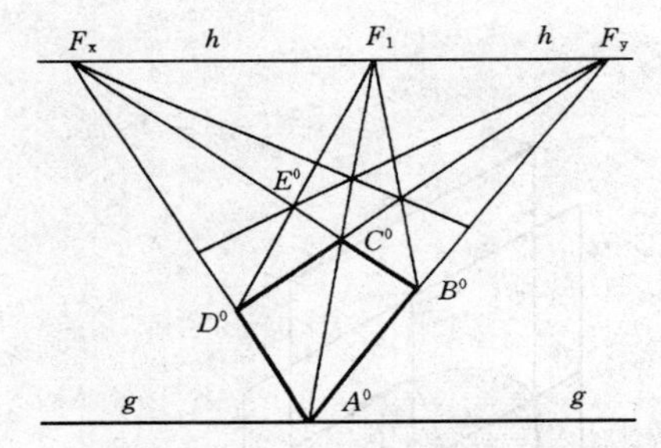

图 15-31　水平矩形的延续

图 15-31 所示为作水平等大矩形的延续透视图实例，利用对角线平行消失同一灭点的几何条件（图 15-29a），作已知矩形对角线 A^0C^0 交于 hh 线上为 F_1，为矩形对角线灭点，再过 D^0 作 D^0F_1 交于 B^0F_x 线上 E^0，作 E^0F_y 完成一个延续矩形的透视。同理，可求一系列矩形的延续。

4. 作对称矩形

图 15-32 所示为作对称矩形透视的实例。已完成矩形 $A^0B^0C^0D^0$ 及 $C^0D^0F^0G^0$ 的透视，求 $C^0D^0F^0G^0$ 的中点 E^0。连 B^0E^0 交 A^0F_x 线为对称矩形的透视点 H^0，过 H^0 作垂线完成对称矩形透视，并利用中线 E^0F_x 与 F^0G^0、H^0I^0 的交点 1^0、2^0，可作不等宽矩形的延续。如图 15-32 所示，不再详述。

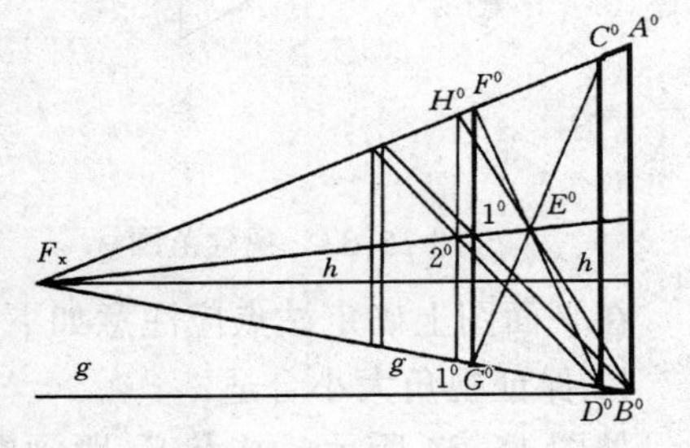

图 15-32　矩形对称及连续

第5节 视点、画面的确定

当建筑物确定后，要选择确定视点和画面后才能绘制透视图，而视点、画面及建筑物之间的相对位置，直接影响所作透视图的表现效果。

一、人眼不动时的视觉范围

前面介绍知道透视图的形成是观看者的视线与画面相交所形成的图形，而人在不动时用一只眼睛观看时是有一定的范围的。即以人眼为顶点，以中心视线为轴的一个椭圆锥称为视锥。如图15-33所示，顶角称视角，锥面与画面的交点称为视域。水平视角 α 可达 $120^{\circ}\sim148^{\circ}$，而垂直视角 δ 也可达到 110°，但是看得清晰的只是其中一小部分。为简单实用，作图时一般把视锥看作圆锥，并控制视角范围在 60° 以内，以 $30^{\circ}\sim40^{\circ}$ 效果较佳。

二、视点的确定

确定视点首先要在平面图上确定站点的位置及在画面上确定视平线的高度，它们对透视效果有较大的影响，分述如下。

（一）站点的确定

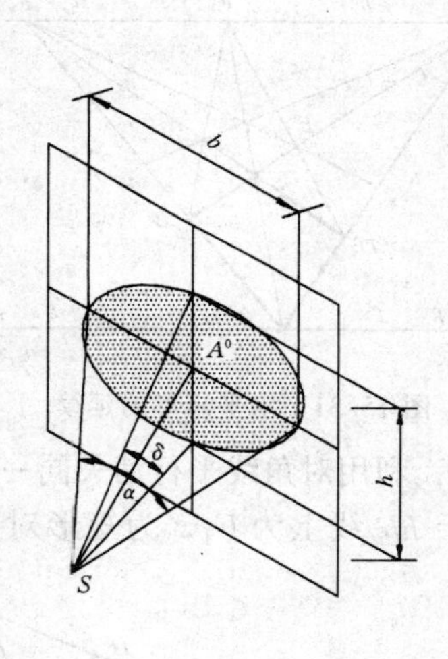

图15-33 视觉范围

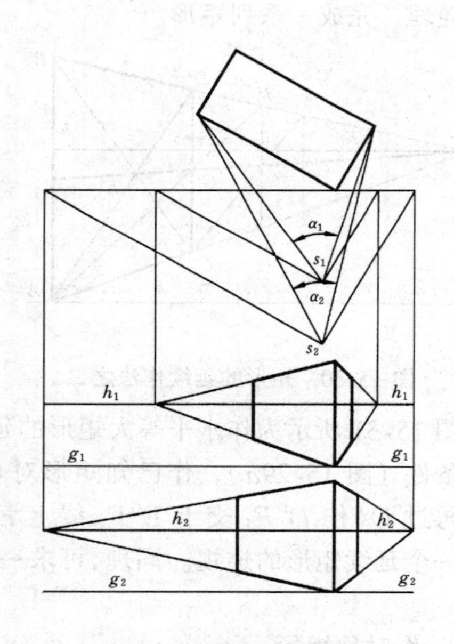

图15-34 视角对透视图的影响

在平面图上确定站点应注意如下几点：

1. 保证视角大小合适

如图15-34所示，站点 S_1 距画面较近，视角 α_1 较大，水平线透视收敛得快，透视效果不佳；当站点设在 S_2 处时，α_2 较小，两灭点 F 相距较远，水平线透视显得平缓，透视图效果较好。

2. 透视能够反映建筑物的形体特点

如图15-35所示，同一建筑形体，图（a）所示的透视不能反映该建筑物的特点及全貌，改动站点后到图（*b*）所示的位置时，透视效果较佳。

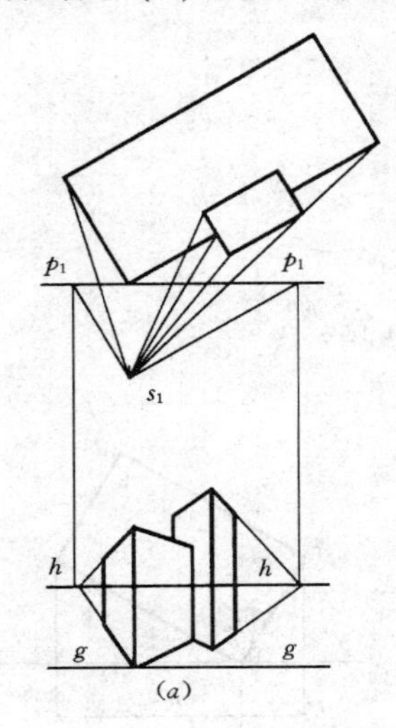

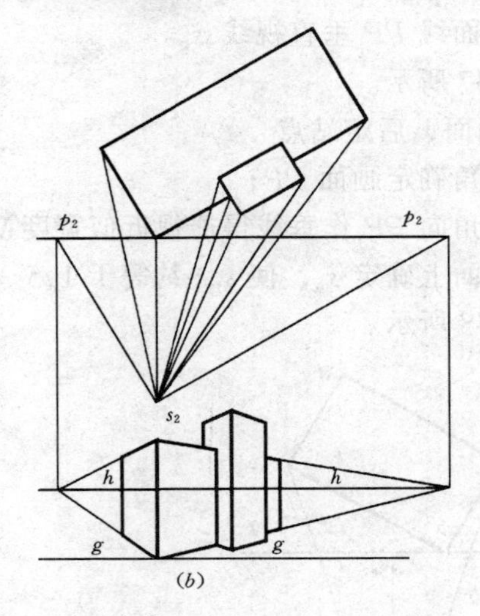

图 15-35　站点对透视图的影响

（*a*）站点较偏；（*b*）站点合适

（二）视高

视高即视点到基面的距离，一般可按人高确定（1.5～1.8m）。确定视高与建筑物总高及想表述内容有关，若建筑物较高，可适当提高视高，若建筑物较低，可适当降低视高，以使建筑物上下两条水平线收敛匀称。

有时为表达建筑物高耸雄伟，可降低视平线，如图 14-7 所示的纪念碑。有时为扩大地面的透视效果，可提高视平线，如图 15-16 所示的室内一点透视。

三、画面与建筑物相对位置的确定

1．偏角的确定

将画面与建筑物之间的夹角称为偏角，偏角的大小对透视效果影响较大。偏角小，灭点远，收敛平缓，该立面宽阔。一般采用与主立面成 30°左右为宜。图 15-36 所示为不同偏角的透视效果。

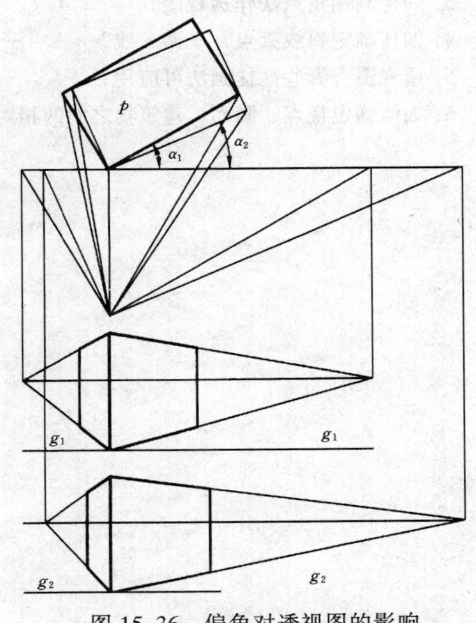

图 15-36　偏角对透视图的影响

2．前后位置的影响

从图 15-9 所示的挑檐的透视图中知，在画面前面的形体透视比实际要大。所以有时为了放大透视，可将建筑物放在画面前面。

四、在平面中确定站点、画面的方法

1．先定站点，后定画面

（1）确定站点 s，由 s 向建筑物两侧引视线投影 sa、sc，使 $\alpha \approx 30° \sim 40°$；

（2）引视线 ss_g；使 α 角两侧夹角相等；

（3）作画面线 PP 垂直视线 ss_g。

如图 15-37 所示。

2. 先定画面，后定站点

（1）按偏角确定画面 PP；

（2）过转角向 PP 作垂线得透视近似宽度 M；

（3）在画面上确定 s_g，使 s_gs 约等于 1.5～2.0m 宽。

如图 15-38 所示。

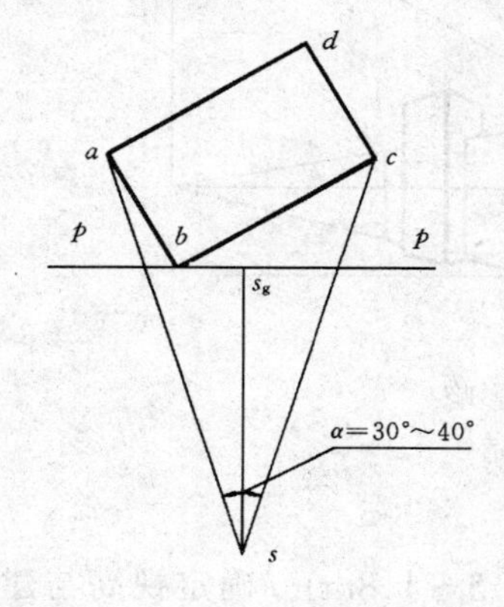

图 15-37　先定站点、后定画面

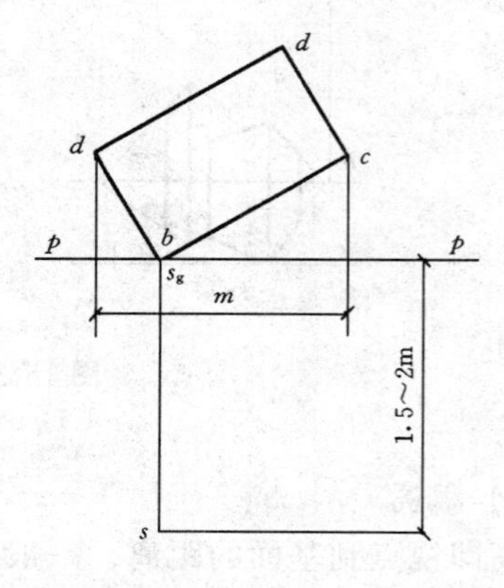

图 15-38　先定画面、后定站点

复习思考题

1. 视线法作透视图的原理是什么？
2. 如何利用视线法作透视图？
3. 如何利用量点法作透视图？
4. 如何确定斜线灭点？平面灭线？
5. 透视图有哪些简捷画法可应用？
6. 如何确定视点、画面、建筑物之间的相对位置？

第 16 章　曲线、曲面、曲面形体的透视

求曲线、曲面及曲面形体的透视，方法和步骤同求平面体透视一样，首先通过迹点、灭点解决透视方向，用视线法、量点法等解决透视长度。但因曲线及曲面的特殊性，求作透视图的方法又不完全相同，现分述如下。

第 1 节　曲线、曲面的透视

一、曲线的透视

1. 平面曲线的透视

平面曲线若在画面上，透视为其本身；平面曲线所在平面若平行画面，透视成该曲线的类似形；曲线所在平面若通过视点，透视为一段直线。平面曲线所在平面不平行画面时，透视形状将发生变化。对不规则的平面曲线，一般采用方格网法求作。如图 16-1 所示。将曲线平面绘成方格网，求出方格网的透视，目估各控制点在方格上的位置并在透视网格的对应位置上定出各控制点的透视，圆滑连线完成透视。（规则曲线在后面讲述。）

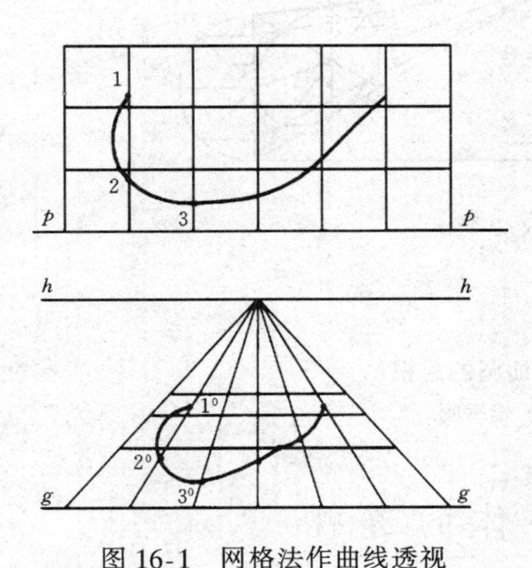

图 16-1　网格法作曲线透视

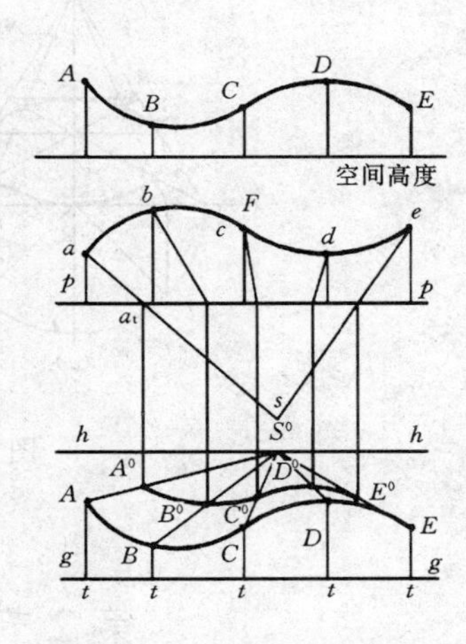

图 16-2　描点法作曲线透视

2. 空间曲线的透视

图 16-2 所示为用描点法求空间曲线透视的示例。确定平面投影、画面及视点；在画面上确定 A、B、C、D 各点真高 TA 等；作透视方向线 AS^0 等；用视线法求透视长度 A^0 等各点；圆滑地连线完成透视如图。

二、曲面的透视

规则曲线构成平面，例如圆周。

1. 圆周平面平行画面

当圆周平面在画面上时，透视为实形，平行画面时，透视仍为圆，但直径缩小。如图16-3所示。当圆在画面上时，求出圆心的透视 O^0，过透视圆心以实际半径作圆如图。当圆不在画面上时，求灭点，作圆心的透视方向线 O^0S^0 并求得圆心透视 O_1^0 如图；作直径的透视方向线求得直径的透视长度 A^0B^0，以 O_1^0 为圆心，以 $O_1^0A^0$ 为半径画圆为圆周透视如图；作出两圆切线透视为圆柱的透视。

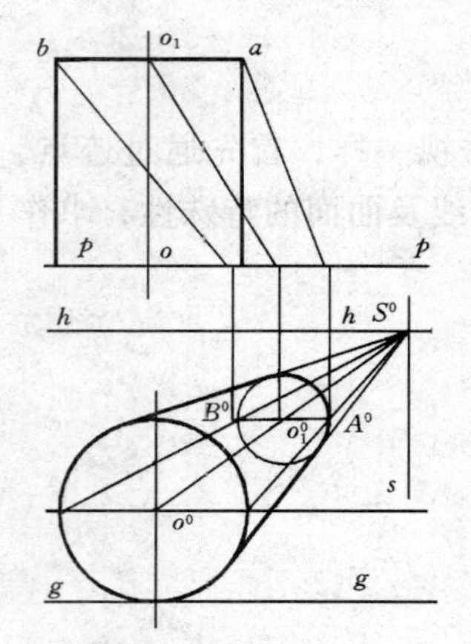

图16-3　平行画面圆的透视

2. 圆周平面不平行画面

当圆周位于视点平面之前时，透视为椭圆。位于视点平面之后，透视为双曲线，与视点平面相交则透视成抛物线。本书只介绍圆周位于视点之前的透视作法。

如图16-4所示为利用圆周的外切正方形与圆交点及对角线与圆交点求透视的方法，称为八点法。图16-4（*a*）所示为水平圆的透视作法。求得圆外切正方形透视及对角线、中线透视，中线透视与正方形透视交点为四个切点透视 1^0、2^0、3^0、4^0，用辅助半圆确定正方形对角线与圆相交的宽度 A、E 等并作透视方向线 es^0 与对角线透视相交，为另四个点透视 5^0、6^0、7^0、8^0，圆滑地连线完成透视如图所示。

图16-4（*b*）所示为铅垂圆的透视，作法与水平圆类同。

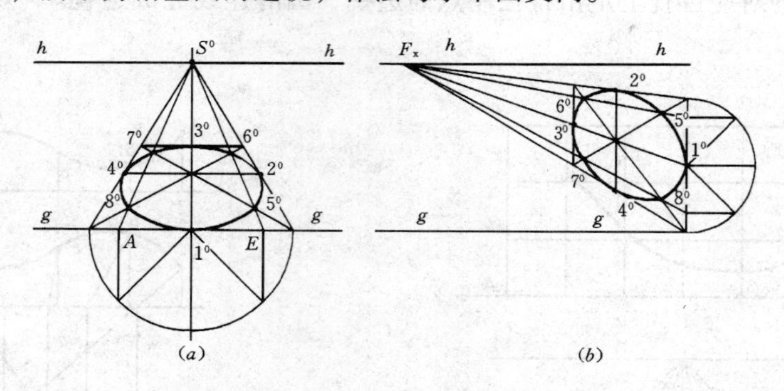

图16-4　不平行画面圆的透视

（*a*）水平圆；（*b*）铅垂圆

第2节　曲面形体的透视

一、柱体的一点透视

1. 正垂柱的透视

图16-3所示为一正垂柱的透视。如图所示，将画面设在前柱面上，透视成实形，求

出柱面透视并作公切素线完成透视。

2. 铅垂柱的透视

图 16-5 所示为铅垂柱的透视求法。利用图 16-4（a）的方法求出柱的上下圆柱面的透视并作公切素线完成透视如图。

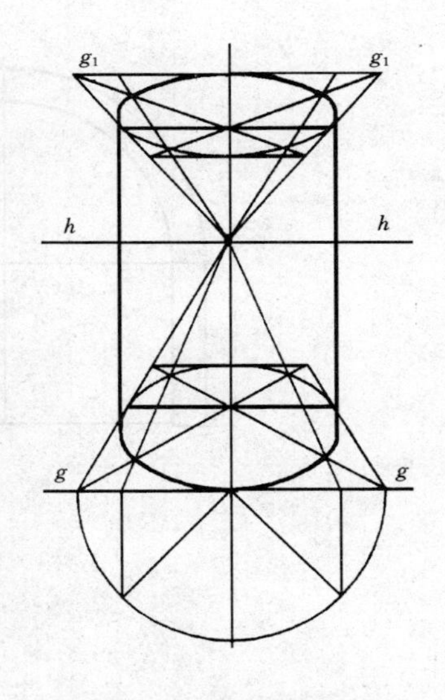

图 16-5 铅垂柱的透视

3. 拱柱型门洞的透视

图 16-6 所示为拱柱型门洞的透视。在平面图上设画面 PP、站点 S 及圆心投影 O，在画面上求得前面圆拱的圆心 0^0，过 0^0 作半径为 $a'o'$ 的圆为前拱面透视实形；求得心点 S^0 并作轴线 OO_1 的透视方向线 O^0S^0；在 O^0S^0 上截得 O'_1 的透视圆心 O_1^0；过 O_1^0 作水平线与 aa_1 的透视方向线 a^0S^0 相交于 a_1^0，以 O_1^0 为圆心，$a_1^0O_1^0$ 为半径画圆为后拱圆的透视。求得台阶及交线、墙面透视如图。

4. 圆柱拱券的透视

图 16-7 所示为圆柱拱券的透视。确定画面及视点。在平面图上求出各点视线投影与基线交点 a_g、b_g……，O、O_{1g}、O_{2g}……等。在画面上确定前拱圆圆心 O^0，并以 O^0a^0 为半径作半圆求得画面相交处拱及直线透视如图。确定灭点 S^0，求轴线透视方向 O^0S^0，并求出后墙面处拱的透视圆心 O_1^0，以 O_1^0 为圆心，$O_{1g}b_g$ 为半径（或用过 O_1^0 作水平线与 a^0S^0 交点 $O_1^0b^0$）作圆为后墙面圆的透视，直线与曲线的连接点为 b^0。

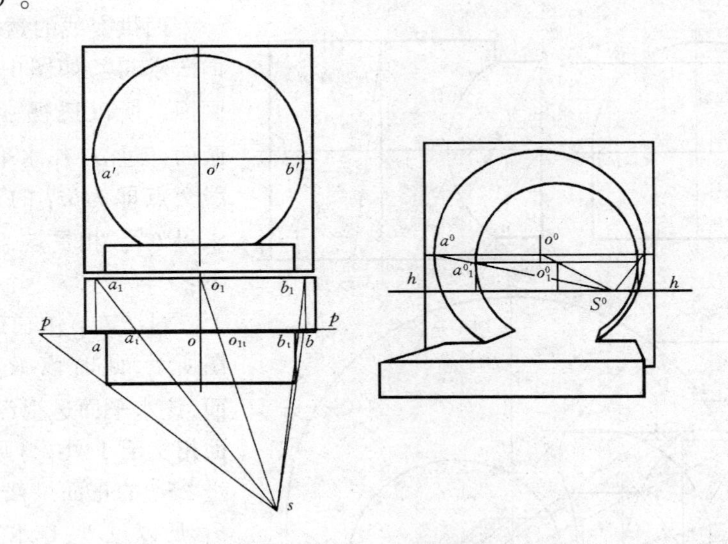

图 16-6 拱柱型门洞的透视

以 O_1^0 为圆心，$O_{1g}C_g$ 为半径作圆为后墙上拱形窗的透视。同理，以 O_{2g}^0 为圆心，$O_{2g}d_g$ 为半径画圆求得另一圆透视，其他作法如图，不再详述。

5. 正交圆柱拱的透视

图 16-8 为正交圆柱拱的透视。如立面图所示，两拱轴线垂直相交。确定平面投影及

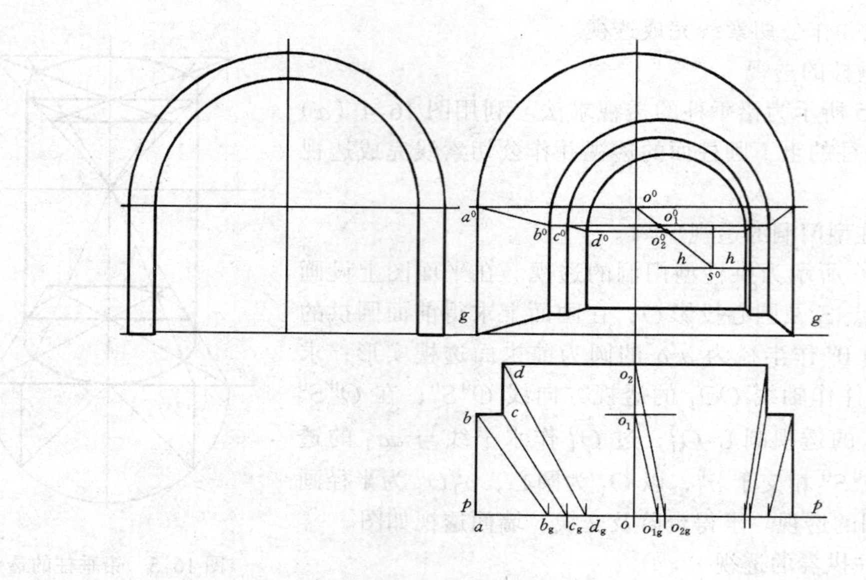

图 16-7　圆拱柱卷的透视

画面、视点位置如图。

首先在画面上作出垂直画面的拱柱透视。采用图 16-6 的方法，求得圆心 O^0、O_1^0 等位置并确定半径，求前面的圆周透视并作出地面、墙直线部分的透视如图示。

对于侧面圆拱的透视，先将 abc 所在平面延伸后与画面相交，在此垂直面上采用图 16-4（b）的方法求出半圆的透视 $a^0e^0b^0f^0c^0$，圆滑地连线完成如图。

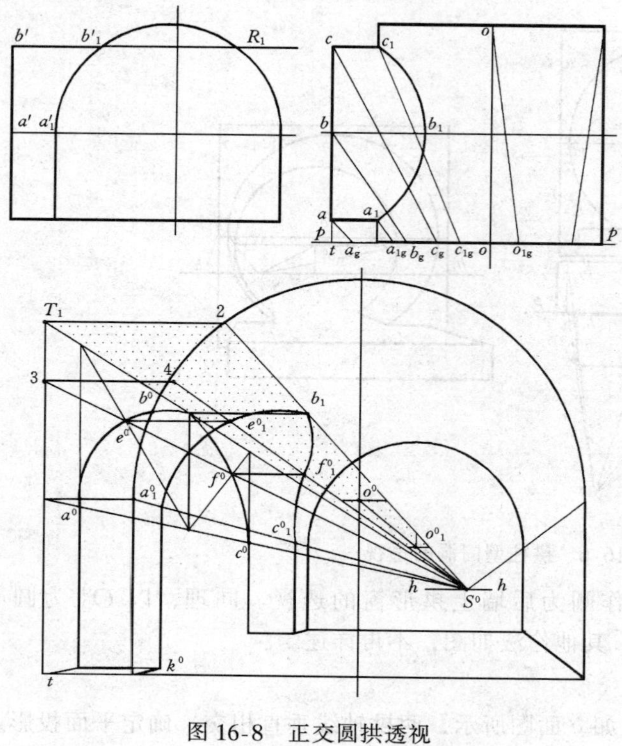

图 16-8　正交圆拱透视

两拱交线的透视采用辅助截平面法求得。如图中所示，aa_1 平行画面，所以透视 $a^0a_1^0$ 平行基面与画面，过 a^0 作水平线与过 k^0 的垂线交点即为 a_1^0 的透视。同理，可求得 C_1^0。相贯点 b_1^0 的透视求法如下：

过 $b'b'_1$ 作辅助截平面如立面图所示，此时该 R_1 截平面为水平面，该水平面透视经 S^0b^0 延长与画面相交于 1 处，与画面交线为 1、2。过 $2S^0$ 的正面拱截交线包含相贯点 b_1，所以过 b^0 作水平线与 $2S^0$ 相交于 b_1^0 为 b_1 的透视。同理，过 e^0、f^0 作水平截平面与正面拱截交线为 $4S^0$，过 e^0、f^0 作水平线与 $4S^0$ 相交于 e_1^0、f_1^0 为相贯点，圆滑地连线，即为相贯线的透视。

二、柱体的两点透视

图 16-9 为拱两点透视实例。

采用图 16-4（b）的方法作外切正方形透视并确定各切点及正方形对角线与圆交点透视 $a^0b^0c^0d^0e^0$；圆滑地连接各点为前拱面透视。同理，可求前拱面其他点透视并连线完成前面透视如图。

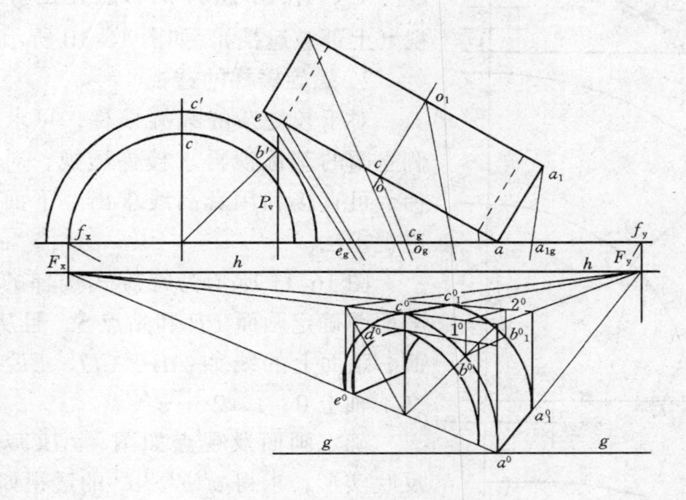

图 16-9　圆拱两点透视

对于拱厚透视求法，可将后拱面圆的外切正方形透视求出，并求各点透视如前拱面，连线并作两拱线切线完成透视。

本例采用辅助截平面法完成透视。如图所示：a_1 的透视 a_1^0 在 a^0F_y 线，截取 a_{1g} 得 a_1^0；c_1^0 在矩形的透视方向线上如图；过 b 点作辅助截平面 P_v，求得截交线透视 b^01^0、1^02^0，而 b_1^0 必在 bb_1 的透视方向线与过 2^0 垂线上；求得 b_1 点的透视 b_1^0。同样方法求得其他各点透视，光滑地连线完成透视如图所示。

三、其他曲面形体的透视

1. 曲线回转体的透视

求曲线回转体的透视，可设想将转体作平行的若干截平面，求得截线纬圆的透视，圆滑地作这些纬圆外包络线即为回转体的透视。

图 16-10 所示为球形灯饰的透，设球形灯饰在视点前面透视为椭圆（其他位置透视看参考书籍）。在

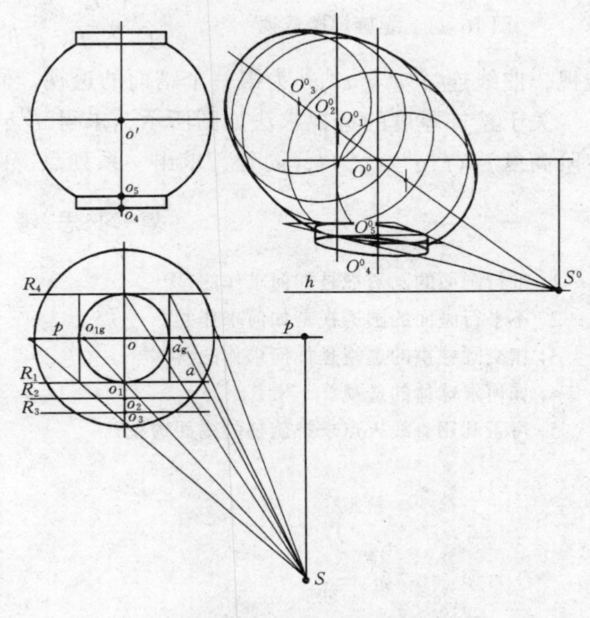

图 16-10　球灯透视

平面上确定灯饰的投影、画面及站点，并作辅助截平面 R_1R_2 等。

求球体截交线的透视。首先 O^0 在画面上，透视反映圆周实形，作回转轴的透视方向线 O^0S^0，求得 O_1^0、O_2^0 等，并求得圆周半径 O_1a_g，作出各圆周透视，光滑地作各圆周的外包络线即为球体部分透视。如图 16-10 所示。

在画面上确定铅垂轴线上 O_4、O_5 的透视点 O_4^0、O_5^0，按图 16-4 的方法作出灯饰上下部柱体透视（上部被遮挡），如图 16-10 所示。

2. 螺旋楼梯的透视

对于较复杂的螺旋楼梯，可求出螺旋线平面及侧立面的基透视再求楼梯透视，对于较简单的螺旋梯，可直接利用真高线求出。下面介绍螺旋楼梯的透视求法。

图 16-11 所示为螺旋式楼梯的透视实例。根据平面图确定画面 PP 和站点 S，且从图中知，所有踢面、踏面上的线如 AB、CD、EF 等延长与画面相交于轴上 0、1、2……各点。

确定画面及视点如图，$ABCD$ 在画面上，透视反映实形，求得 $a^0b^0c^0d^0$ 的透视如图。注意到 a^0b^0 延长交于 O^0，c^0d^0 延长交于 1^0；过 e、h 作垂线 t，交于画面为真高线。在真高线上求 t_1^0、t_2^0，作 t_1e 的透视方向线 $t_1^0S^0$ 及 $t_2^0S^0$，截取透视长度 e_g 与方向线相交为 e、h 的透视 e^0、h^0，并且 g^0 在 e^01^0 线上，f^0 在 h^02^0 线上，所以在 e^01^0、h^02^0 线上截得 f_g 为 f、g 的透视。连 $e^0g^0f^0h^0e^0$ 为第二个踢面的透视，曲线连 d^0e^0、c^0g^0 为第一个踏面的透视。同理可求其他各面的透视如图。

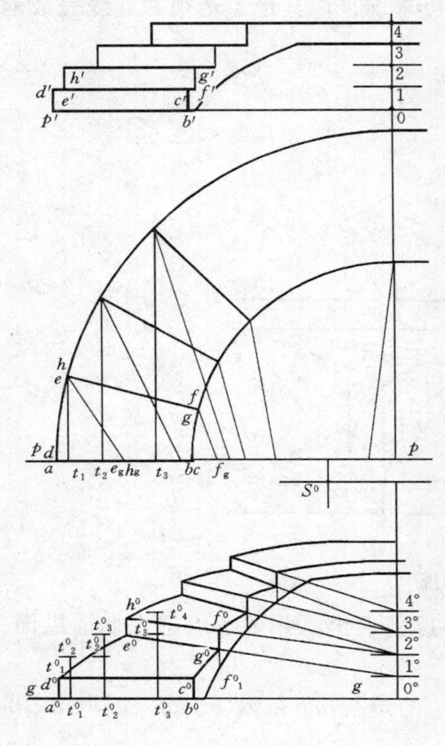

图 16-11　螺旋梯楼透视

关于楼梯厚度的透视求法如图所示，求得 f^0g^0 的并向下量取一个厚度（本例厚度同台阶高度）。$f^0g^0=g^0f_1^0$，同理，求出一系列点，圆滑地连线为透视，如图 16-11 所示。

复 习 思 考 题

1. 平行画面的圆透视是如何求作的？
2. 不平行画面的圆透视是如何求作的？
3. 相交圆柱拱的透视是如何求作的？
4. 如何求球体的透视？
5. 可否利用直线灭点求螺旋梯的踢面透视？

第 17 章　透视图中的阴影与虚像

透视图中的阴影是在已绘好的透视图中，按所选定的光线，结合阴线落影规律的透视规律，直接绘制阴影，而不是在立面图中画好阴影再求透视。

我们在透视图中加绘阴影，一般仍采用平行的光线，平行光线因与画面相对位置不同，可分为两大类：画面平行光线、画面相交光线。

第 1 节　画面平行光线下透视阴影

一、形成和规律

图 17-1 所示为画面平行光线下的透视图。如图所示，平行于画面的平行光线，透视后仍平行并反映光线与基面倾角。光线的 H 投影平行 gg 线，即光线的基透视成水平线。我们一般仍采用倾角为 45°的光线。平行光线可从左上指向右下，也可反之。

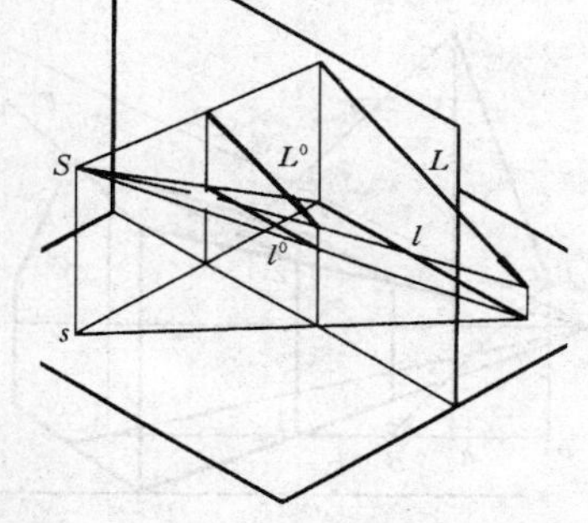

图 17-1　画面平行光线的透视

二、点的落影

同样，点的落影为过点的光线与承影面的交点。

1. 点落影在地面上

如图 17-2 所示，已知空间点 A 的透视 A 和基透视 a 求落影。因点的落影为过点的光线与承影面交点，所以，点的落影必在过点的透视 A 的光线透视 L 上；又在过点的基透视 a 的光线基透视 l 上；因此，过 A 作 45°线与过 a 作水平线交点 $\overline{A}$ 即为 A 点落影。

2. 点落影在垂直的墙面上

如图 17-3 所示，过 Aa 所作光平面为正平面，与墙面交线为铅垂线，A 点落影 $\overline{A}$ 必在交线上。所以过 a 作光线基透视水平线交于墙角 1，过 1 作垂线与过 A 的光线透视 L 相交即为 A 的落影 $\overline{A}$。

3. 点落影在一坡屋面上

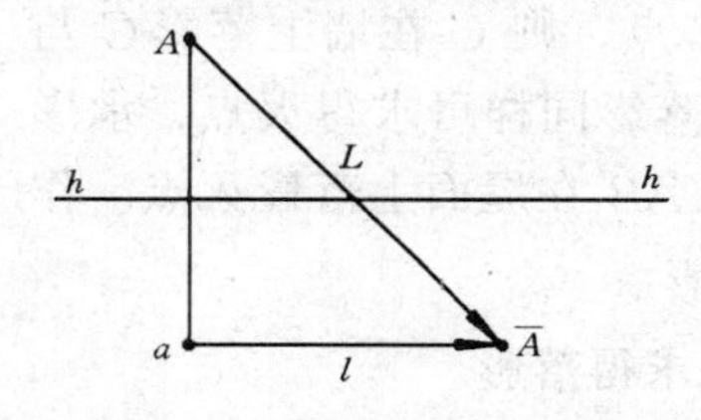

图 17-2　点在地面落影

图 17-4 为点落影在一般面上的透视求法，同样，过 Aa 作光平面截形体截交线 1234，过 A 的光线 L 必落影在 23 截交线上。且注意到 23 必平行平面灭线 F_xF_1（因光平面平行画面）。所以过 a 作光线基透视水平线交墙角于 1，交墙上为 12，过 2 作平行 F_xF_1 的线 23，与过 A 的光线透视 L 相交为 A 在一般面上落影 $\overline{A}$。

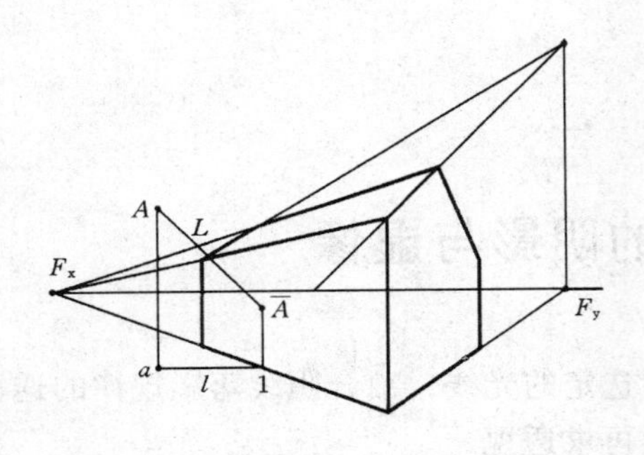

图 17-3　点在墙面落影

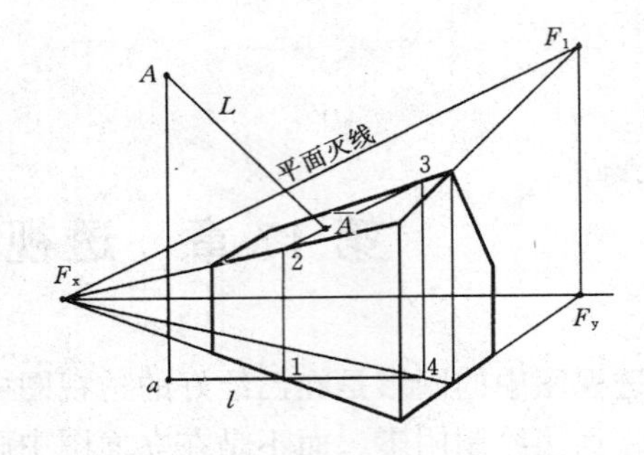

图 17-4　点、直线在一般面上落影

三、直线的落影

直线与画面、基面的相对位置不同，落影也不同。

1. 垂直基面直线的落影

落影为过直线光平面与承影面的交线。如图 17-4 中所示。Aa 线为垂直基面的直线，过 Aa 的光平面为正平面，与承影面交线为侧垂线 $a1$，与墙面交线为铅垂线 12，与一般面交线 23。23 平行平面灭线 F_xF_1。所以落影为 $a1$、12、$2\overline{A}$。求法同前。不再详述。

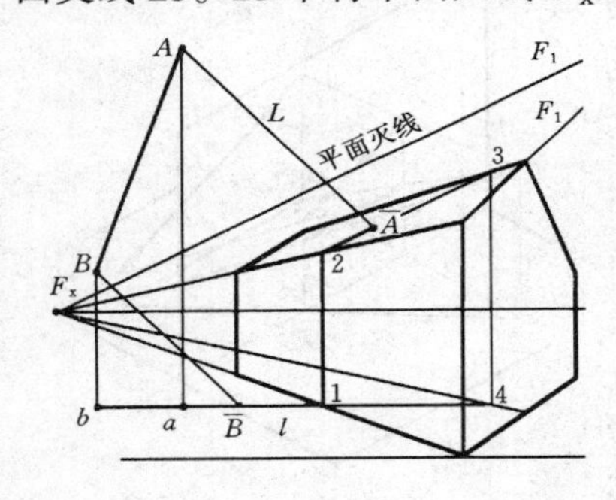

图 17-5　平行画面斜线落影

2. 平行画面的斜线落影

如图 17-5 所示，过平行画面的直线 AB 的光平面同样为正平面，与承影面交线为侧垂线$\overline{B}1$、铅垂线 12 正平线 23。求法同前，不再详述。

3. 画面相交线的落影

画面相交线的落影同样为过直线的光平面与承影面交线。但该光平面必为一般斜面。并且画面相交线透视有灭点，因为落影的透视为空间平行直线，所以消失同一灭点。

图 17-6 为画面相交线的落影求法。图中 AB 为画面垂直线，灭点为心点 S^0。求得 A 点在地面上落影$\overline{A}$，空间线 AB 平行基面，AB 在基面落影$\overline{AB}$ 平行 AB，透视平行，消失同一灭点。所以 $\overline{AB}$ 的灭点为 S^0，作 $\overline{A}S^0$ 相交于墙角 1 处为 AB 在基面上落影。AB 线在墙面上落影可用下列方法之一求得：①灭点法：过直线光平面灭线与承影面灭线交点即为落影灭点。如图所示，墙面为承影面、墙面灭线为过 F_x 的铅垂线。包含 AB 的光平面灭线必通过灭点 S^0，与画面的交线为通过 S^0 的 45^0 线，该灭线与墙灭线交点 V_1 即为 AB 在墙上落影的灭点。作 $V_1 1$ 线为 AB 在墙上落影，交屋檐上为 2 点；②扩大平面法：将墙面扩大与 AB 相交于 C 点，则 C 在墙上落影 $\overline{C}$ 与本身重合，所以连 $C1$ 为 AB 在墙上落影。AB 线在坡屋面上落影同样可求得灭点，承影屋面灭线为 F_xF_1，过 AB 光平面灭线为S^0V_1，交点 V_2 即为 AB 在屋面上落影灭点。作 $2V_2$ 线与过 B 的光线透视交点为$\overline{B}$，$2\overline{B}$ 即为AB 在坡屋面落影。

图中 EF 为与画面相交的一般斜线，同样可采用上述方法求得落影。

作过 E 的光线透视与过D 的光线基透视相交于 $\overline{E}$ 即为E 点落影，连 $D\overline{E}$为ED 在基

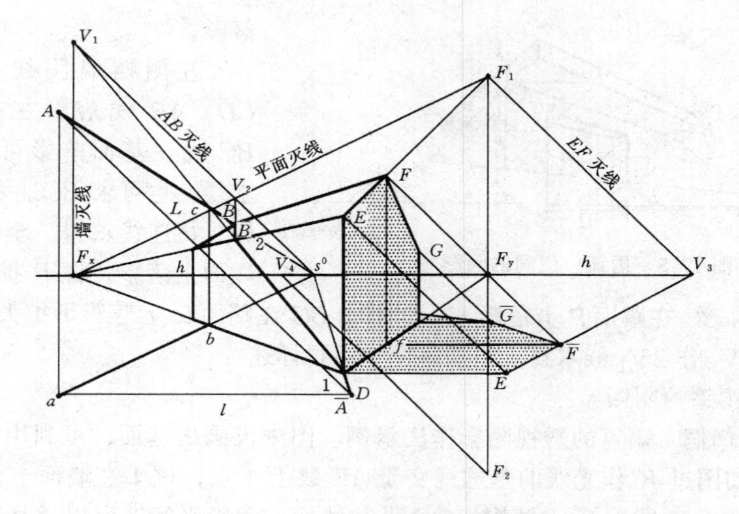

图 17-6　画面相交线的落影

面落影。EF 落影可采用灭点法：EF 灭线为过 F_1 的 45^0 线与承影面灭线相交于 V_3，即 EF 在基面落影灭点，连 $\overline{E}V_3$ 与过 F 的光线透视线相交即为 F 的落影 $\overline{F}$。也可求得 F 的基透视 f 并求得 $\overline{F}$，连 $\overline{FE}$ 为落影。同样，可将 EF 扩大与基面相交，通过交点连 $\overline{E}$ 延线为落影（图中没有画出，请读者自行分析）。

同理，求得 FG 灭点 V_4，作 $\overline{F}V_4$ 与过 G 的 $45°$线相交为 FG 在基面上落影。后檐与基面平行，落影平行，所以消失在灭点 F_x，作 $\overline{G}F_x$ 为落影。

同理，若与画面相交斜线落影在垂直面一般面求法同 AB，不再详述。请读者自行分析。

四、建筑形体的透视阴影

求建筑形体的透视阴影与求建筑立面阴影一样，在确定了光线后，首先确定建筑物上阴线，再根据阴线与画面，阴线与承影面的相对位置在透视图上绘出阴影。

1．台阶的阴影

图 17-7 所示为一台阶的透视图阴影作法。

首先求右侧挡墙的阴影。在从左侧的光线照射下阴线为 12、23、34、三段。铅垂线 12 落影在基面上，求得 $\overline{2}$，连 $1\overline{2}$ 为落影。23 的落影可利用 3 的基透视求得 $\overline{3}$，连 $\overline{23}$ 为落影，也可求出 23 线的落影灭点 V_1；过 23 的光平面灭线为过 F_1 的 45^0 线，与承影面灭线 hh 交点 V_1 即为 23 线落影灭点，作法如图。34 为画面相交线，落影灭点为 F_y，过 3 作 $\overline{3}F_y$ 线与墙角交于 $\overline{K}$，连 $4\overline{K}$ 为在墙上

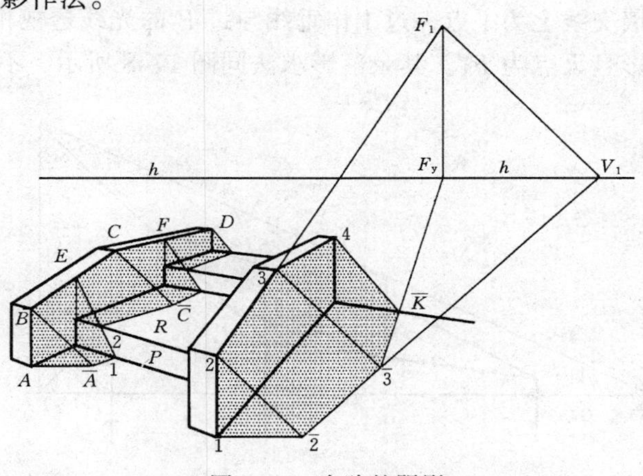

图 17-7　台阶的阴影

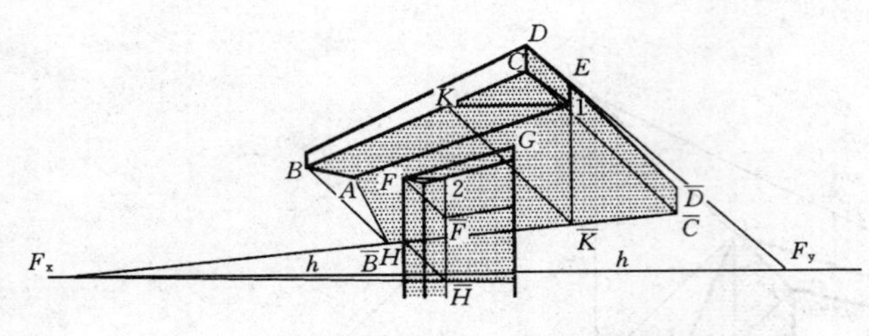

图 17-8 雨篷、门洞的阴影

落影。

左侧挡墙阴线为 AB、BC、CD。AB 线落影在基面上如图，BC 线在基面落影可通过灭点 V_1 求得，也可求 BC 上的一点 E 的落影，再连线求得。至于 BC 在台阶踢面上落影，将 P 扩大交 BC 于 E 点，作 E1 线为 BC 在踢面 P 上落影 12。同样，BC 在踏面 R 上落影可扩大平面 R 求得，也可利用灭点 V_1 作 $2V_1$ 线求得。作法如图，不再详述。

2. 门洞、雨篷的阴影

图 17-8 为门洞、雨篷的透视阴影作法示例。图中没画出基面，可利用雨篷底面作升高基面作图。如图过 K 作光线的基透视交于 AE 线上 1 点，过 1 在墙面上作垂线与过 K 的光线透视相交于 $\overline{K}$ 即为 K 点落影。BC 平行墙面，落影平行，所以透视消失同一灭点 F_x。过 B、C 作光线透视交于 $\overline{K}F_x$ 线上为透视点 $\overline{B}$、$\overline{C}$。同理可求出各点透视，连线为雨篷在墙上落影。

门洞落影可采用同样方法求得。过 F 作光线基透视交于 2 点，过 2 点作垂线与过 F 的光线透视相交于 $\overline{F}$ 为落影。FG 落影消失在 F_x，FH 落影 $\overline{FH}$ 平行 FH，BC 在门洞上落影通过 $\overline{BC}$ 在门脸上落影点 H，必落影在 FH 的落影 $\overline{FH}$ 上，过 $\overline{H}$ 作 $\overline{H}F_x$ 线为 BC 在门洞上落影。

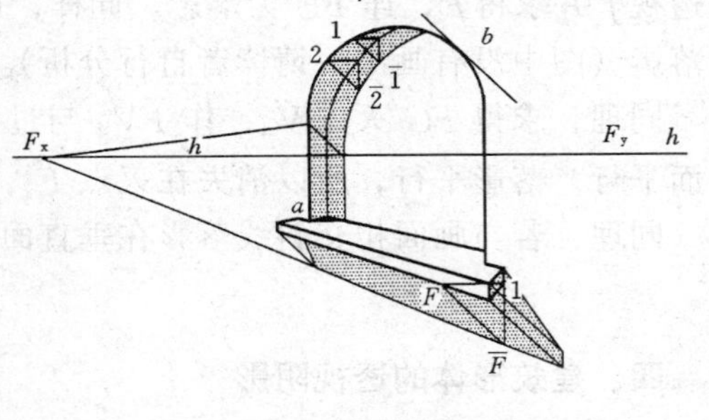

图 17-9 窗的阴影

3. 窗洞的阴影

图 17-9 所示为半圆窗洞及窗台的落影求法示例。

窗洞阴线为光线透视与半圆窗切点 A 到 B 点。采用图 17-8 的方法求得各点落影，圆滑地连线即为在窗上落影。

下部窗台落影同样采用升高基面的作法。过阴线上点 F 作光线基透视交于窗台下部与墙交线上为 1 点，过 1 作垂线与过 F 的光线透视相交为 F 的落影 $\overline{F}$。同理求得其他各点落影且灭点为 F_x。其余落影求法同图 17-8 所示，不再详述，完成阴影如图示。

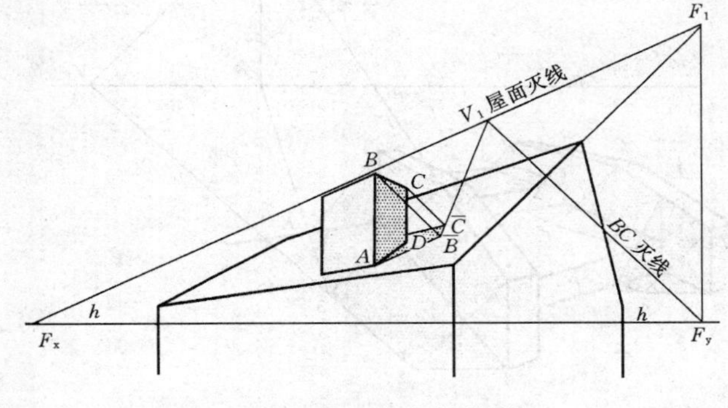

图 17-10 烟囱的落影

4. 烟囱的落影

图 17-10 所示为坡屋面上烟囱的落影求法示例。

AB 为铅垂线，在坡屋面上落影平行屋面灭线 F_xF_1（参见图 17-4）。过 A 作平行 F_xF_1 的线与过 B 的光线透视线相交于 $\overline{B}$，连 $A\overline{B}$ 为 AB 在坡屋面上的落影。BC 为相交画面的水平线，落影有灭点，承影面灭线 F_xF_1，光平面灭线为过 F_y 的 45°线，

两灭线交点 V_1 即 BC 在坡屋面上落影的灭点。其余求法如图所示。

5. 柱面上的透视阴影

图 17-11 为圆柱帽在柱上落影求法示例。

首先过柱上及柱帽圆作水平线切线交圆上 A、B 点，过 A、B 作素线即为柱上阴线。柱帽阴线为过 A 点的左半椭圆部分。

作过 B 的水平线交于阴线上 $1'$点，过 $1'$作光线的透视线交于过 B 的素线上 $\bar{1}$ 即为落影，同理求得最左侧素线上落影 $\bar{2}$ 及一般点落影 $\bar{3}$，圆滑地连线即为落影如图所示。

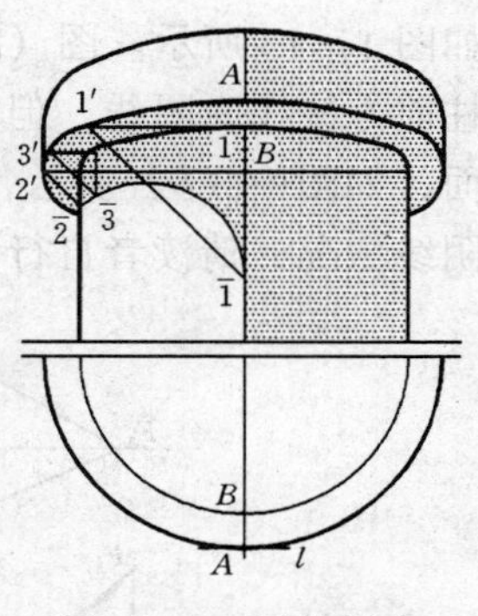

图 17-11　圆柱帽在柱上落影

第 2 节　画面相交光线下的阴影

一、形成和规律

画面相交光线本身仍是互相平行的。所以光线与画面相交，光线的透视汇交于灭点 F_L，光线的基透视汇交于基灭点 F_l，且 F_l 必在 HH 线上。F_LF_l 在一条垂线上。如图 17-12 所示。

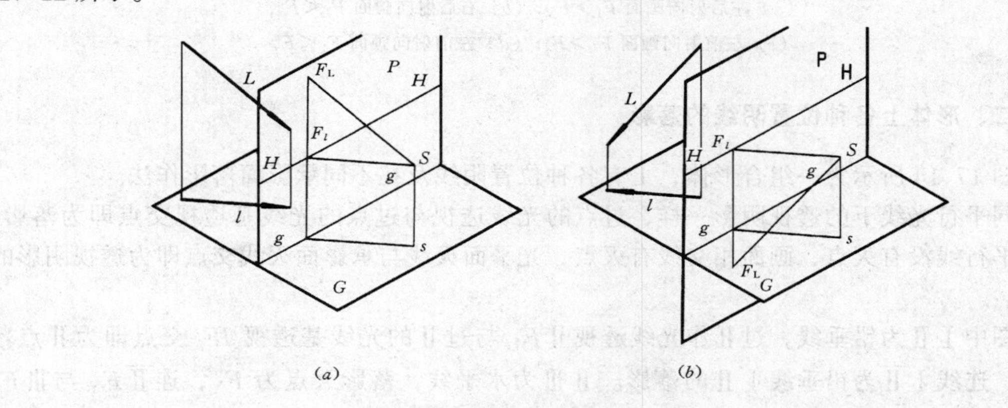

图 17-12　画面相交光线

(*a*) 迎面射来光线；(*b*) 背面射向画面

画面相交光线的投射有两类四种情况。

1. 迎面射向画面

如图 17-12 (*a*) 所示，光线迎着观察者射向画面，此时，光线透视灭点 F_L 在 HH 线上方。

2. 背后射向画面

如图 17-12 (*b*) 所示，光线从观察者背后射向画面，此时光线透视灭点 F_L 在 HH 线下方。

3. 阴线的确定

画面相交光线下的物体阴面、阳面因光线射来方向及角度不同而变化。需仔细判别。

如图 17-13 所示。图（a）为光线从左后方射向画面，所以前面为阳面，右前面为阴面，柱前方棱线为阴线，但若光线主向灭点 F_L 在形体主向灭点范围以内，则两前面均为阳面，如图中（b）所示，柱前方棱线就不是阴线。图（c）、（d）为光线迎面射向画面时的阴线情况，请读者自行分析。

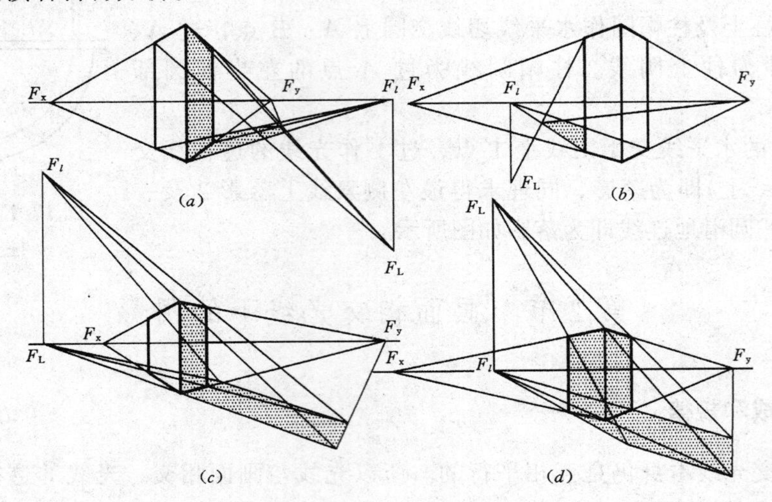

图 17-13　不同光线下形体的阴影确定

（a）左后射向画面 $F_L > F_Y$；（b）右后射向画面 $F_L < F_x$；

（c）左前射向画面 $F_L > F_x$；（d）左前射向画面 $F_L < F_x$

二、形体上各种位置阴线的落影

图 17-14 所示为一组合形体，上有各种位置阴线及在不同承影面落影作法。

同平行光线下的透视阴影一样，过点的光线透视与过点的光线基透视交点即为落影。画面平行线没有灭点，画面相交线有灭点，光平面灭线与承影面灭线交点即为透视阴影的灭点。

图中ⅠⅡ为铅垂线，过Ⅱ作光线透视ⅡF_L 与过Ⅱ的光线基透视 IF_l 交点即为Ⅱ点落影$\overline{Ⅱ}$，连线Ⅰ$\overline{Ⅱ}$为铅垂线ⅠⅡ的落影。ⅡⅢ为水平线，落影灭点为 F_Y，连$\overline{Ⅱ}F_Y$ 与ⅢF_L 相交为Ⅲ点落影$\overline{Ⅲ}$。ⅢⅣ为斜线，灭点为 F_1。过该线的光平面灭线过直线灭点 F_1 和光线灭点 F_L，连 F_1F_L 与承影面灭线 HH 交点 V_1 即为ⅢⅣ线在基面上落影灭点。连$\overline{Ⅲ}V_1$ 与ⅣF_L 相交即为Ⅳ点的落影$\overline{Ⅳ}$，连$\overline{ⅢⅣ}$为落影。

图中另外一部分形体阴线为 AB、BC、CD、DE 等。铅垂线 AB 落影在基面上与过 A 光线基透视方向一致，在垂直面上与阴线平行。过 B 作 BF_L 与过 3 的垂线相交于 $\overline{B}$ 为 B 点落影。BC 线在墙上落影灭点较远所以利用扩大平面法求得 2，连 $\overline{B}2$ 交于棱线上为 4 点，$2C$ 在水平面上落影可利用扩大平面 1 点作 41 线求得；也可求得落影灭点 V_1，作 $4V_1$ 线求得如图所示。BC 线在斜面上落影平行，所以灭点为 F_1；水平线 CD 灭点为 V_2，求法如图，不再详述。

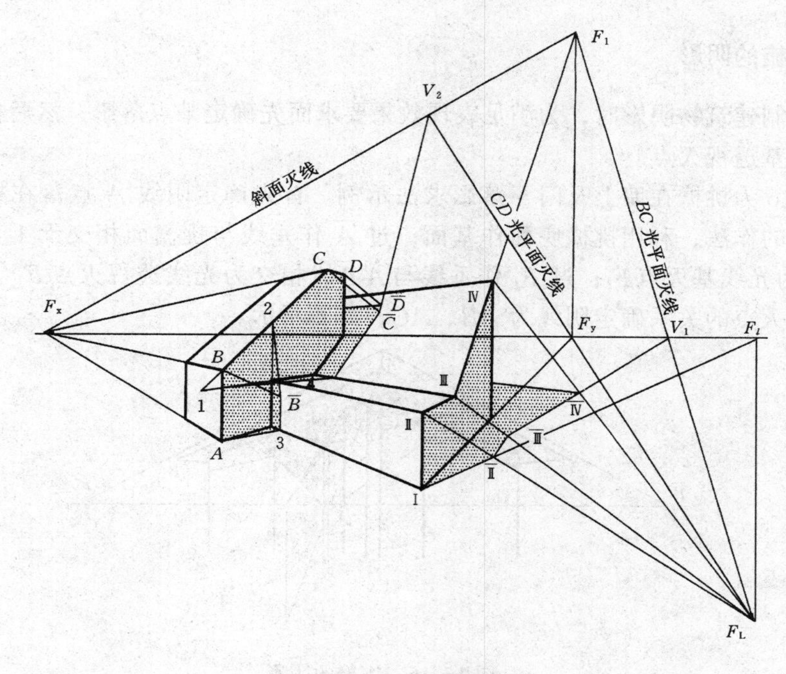

图 17-14　组合体阴影

三、雨篷、窗洞、窗台的阴影

图 17-15 为雨篷、洞口及窗台的阴影求法实例。根据光线灭点在雨篷灭点里侧，判定出两前面均为阳面，阴线为 AB、BC、CD、DE。同样，利用雨篷底面作升高基面，求光线基透视 F_lI 线交 I_0，过 I_0 作垂线与过 I 的光线透视线 IF_L 相交为 $\overline{I}$，作 $\overline{I}F_Y$ 线为 BC 的落影（若 F_Y 较远，再任求Ⅱ点落影 $\overline{Ⅱ}$，连 $\overline{Ⅰ}\ \overline{Ⅱ}$ 为 BC 线落影方向线）。作 BF_L、CF_L 与 $\overline{Ⅰ}\,F_Y$ 线相交求得 $\overline{B}$、$\overline{C}$ 落影。

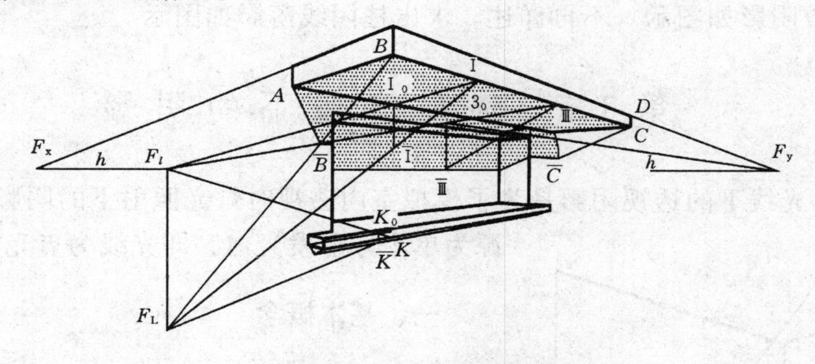

图 17-15　窗洞的阴影

BC 在窗洞的落影可将窗洞平面扩大与雨篷底面相交于Ⅲ，作升高基面而求得落影如图所示。

窗台的落影同样可采用升高基面的作法求得。作 KF_l 与墙角相交 K_0，过 K_0 作垂线与 KF_L 相交为 K 点落影 $\overline{K}$，余求法同雨篷，作法如图，不再详述。

四、屋檐的阴影

有时绘制建筑物阴影时，为满足表现效果要求而先确定某点落影，然后根据落影确定光线透视及基透视灭点。

图 17-16 为挑檐在墙上及门斗落影求法示例。首先确定阴线 A 点落在柱上为 $\overline{A}$。根据升高基面的作法，利用挑檐底面作基面，过 $\overline{A}$ 作垂线与挑檐面相交于 1 点，作 $A1$ 与 hh 线相交为光线基灭点 F_l；过 F_l 作垂线与 $A\overline{A}$ 线相交为光线透视灭点 F_{L}。并根据光线灭点与主向灭点的关系确定阴线为 AB、AC，如图所示。

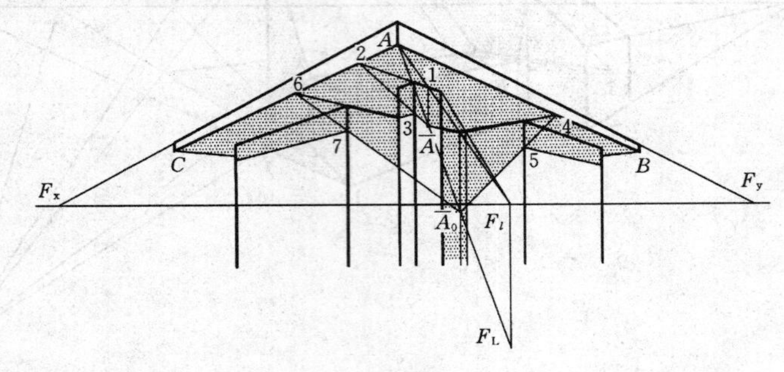

图 17-16　挑檐的阴影

求 AB 阴线在右侧墙上落影。因空间平行，所以有共同灭点 F_{Y}，过 $\overline{A}$ 作 $\overline{A}F_{\mathrm{Y}}$ 线为 AB 在右墙上落影。将柱面扩大与 AC 相交于 2 点，作 $2\overline{A}$ 线为 $A2$ 线在右侧柱面的落影，方向线 $2\overline{A}$ 线与柱棱线相交于 3 点，所以 $3\overline{A}$ 为落影。同理，作 $3F_{\mathrm{x}}$ 线为 $C2$ 在左侧墙上及柱上落影方向线。

阴线在门斗的落影可采用扩大平面的方法求得：①将门斗墙扩大与檐口阴线相交于 4 点，作 45 线为 AB 的落影方向线。同理，求作 67 线求得 AC 的落影方向线，再与 A 在门斗落影 $\overline{A}_0$ 相交得到落影如图示；②也可利用光线透视和基透视求得 A 点在门斗墙上落影 $\overline{A}_0$，而完成阴影如图示。不再详述。求出柱阴线落影如图示。

第 3 节　辐射光线下的阴影

选用辐射光线下的透视阴影是为了模拟室内透视时灯光照射下的阴影效果，并确定光源为单个球形发光体，即光线为点光源。

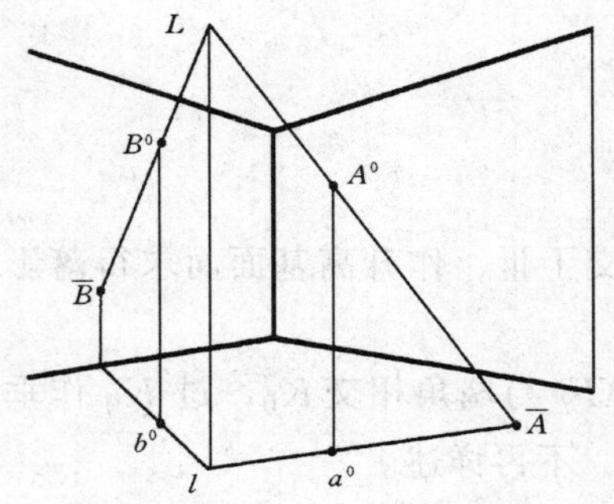

图 17-17　辐射光线下的阴影

一、基本概念

求作辐射光线下的透视阴影，首先确定点光源的透视与基透视。所有光线的透视引自发光点的透视，光线的基透视引自发光点的基透视（图 17-17）。

点在辐射光线下的透视阴影仍为过点透视的光线透视与过点基透视的光线基透视交点。如图 17-17 所示（有时一些特殊落影情况看参考书，本书不作过多讨论）。A 点落影在基面上，而 B 点落影在墙面上。

若作为直线，则 Aa 落影为 $a\overline{A}$，Bb 的落影为 $b\overline{B}$。（同样为过直线光平面与承影面的交线，不再作详细讨论。）

二、透视阴影实例

图 17-18 为室内一点透视辐射光线下透视阴影实例，作法详述如下：

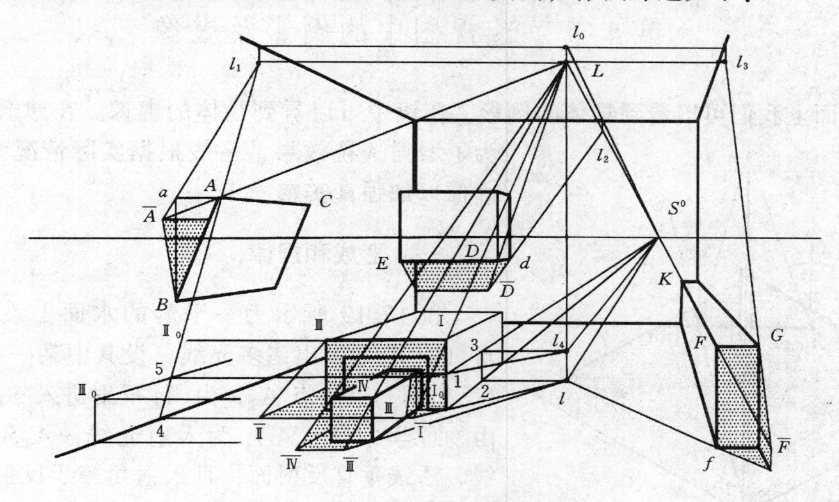

图 17-18　辐射光线下透视阴影

1. 确定发光点为 L，则 L 在地面基透视为 l；在顶棚的基透视为 l_0；在左侧墙面上的基透视为 l_1；正面墙上基透视为 l_2；右侧墙面上基透视为 l_3。求出这些基透视对作阴影是有帮助的。

2. 左侧墙上镜框落影

AB 在墙面上的基透视为铅垂线，所以过 B 作铅垂线与过 A 的水平线相交于 a 即为 A 在墙上的基透视。过 l_1a 作光线的基透视线与过 LA 的光线透视线相交于 $\overline{A}$ 即为 A 点的透视落影，连 $\overline{A}B$ 为 AB 落影，连 $\overline{A}S^0$ 为 AC 落影，如图 17-18 所示。

3. 正面墙上吊柜阴影

确定阴线为 Dd 及 ED。过 dl_2 作光线的基透视线与过 LD 的光线透视线相于 $\overline{D}$，即为 D 点的落影，ED 在墙面上与落影平行，过 $\overline{D}$ 作平行线交于墙角处为折影点，与 E 相连完成落影如图示。

4. 右侧书架阴影

作光线基透视检验 Ff、FG 为阴线。作 l_3G 线与 LF 线相交于 $\overline{F}$ 为 F 的落影。其余求法如图示。FK 阴线落影被遮挡。可自行检验，不再详述。

5. 地面上桌、凳的阴影

作过 LI 光线的透视线与光线的基透视线相交于 $\overline{I}$ 为落影，过 $\overline{I}$ 作ⅠⅡ平行线与 LⅡ线相交为 $\overline{Ⅱ}$，$\overline{ⅠⅡ}$ 为在地面上落影。连 $\overline{Ⅱ}S^0$ 为侧棱线在地面的落影。同理可求凳在地面上的落影。

关于ⅠⅡ阴线在凳面上的落影可用下列方法之一求得：

辅助基面法：将凳面作为升高辅助基面求得 1、2、l_4 等点，作 l_41 线与 LI 线相交于

$\bar{I}_0$ 为ⅠⅡ线在凳面扩大平面上落影，过$\bar{I}_0$作平行线求得落影。

扩大平面法：将桌面扩大与墙面相交则影线交于墙角 4 处，作 $l_1 4$ 为ⅠⅡ在墙上落影；将凳面透视扩大与墙面相交得与阴影交点 5，5 点即为ⅠⅡ在凳面落影在墙面的基透视点。过 5 作平行线求得ⅠⅡ在凳面的落影如图所示。

第 4 节　透视图中的倒影及虚像

在水面上我们可以看到物体的倒影，在镜中可以看到物体的虚像。在建筑透视图中，为了增强透视效果，一般根据实际情况画出倒影和虚像以加强真实感。

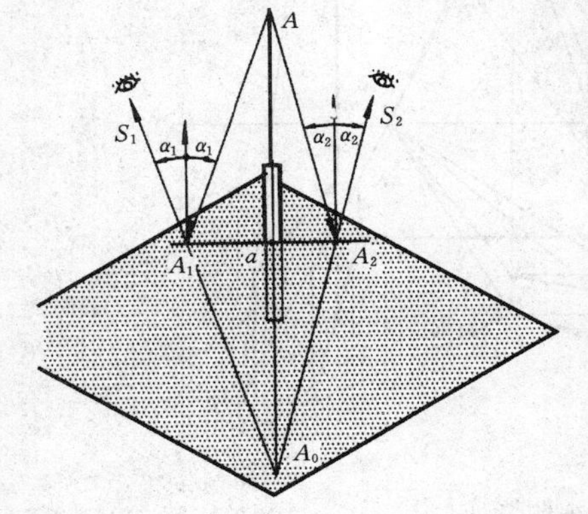

图 17-19　虚像的形成

一、形成和规律

图 17-19 所示为一平静的水面上设有一灯柱。自灯泡 A 处发出诸多光线，设其中某一条射向水面（反射面）上某点 A_1，由 A_1 反射进入 S_1 处的视点。由物理学中知，AA_1 为入射光线，A_1S_1 为反射光线，法线垂直反射面，且入射角等于反射角。同理，可有 A_2、A_3……等。

将反射光线 S_1A_1、S_2A_2 延长相交于 A_0 处，且 AA_0 垂直反射平面垂足 a，且有 $A_0a = Aa$，A_0 称为 A 的虚像。虚像对于水平的反射平面来说称为倒影。

二、水中倒影

由于水面是水平的，空间一点与水中倒影的连线是铅垂线，并对称于水面。

图 17-20 所示为临岸的坡顶小房在水中的倒影求法示例。

1. 水岸线倒影

Dd 垂直水面，d 为垂足，取 $D_0d = Dd$ 为倒影，岸边棱线与水面平行，倒影灭点为

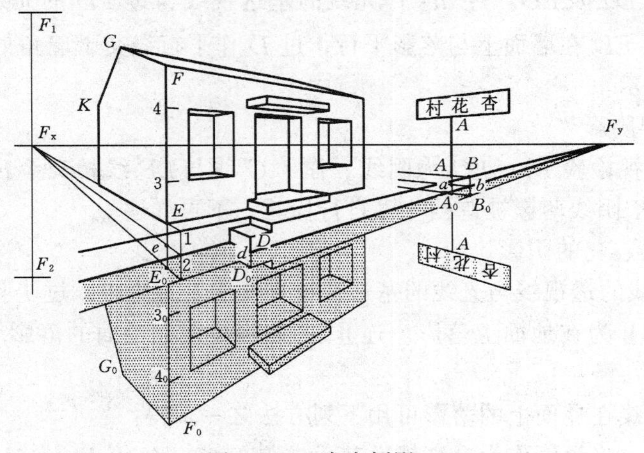

图 17-20　水中倒影

F_y。同理，可求其他各岸边线倒影如图。

2. 房屋倒影

墙角线 FE 不在岸边与水面相交，过 E 作 F_xE 交于岸边 1 点，过 1 作垂线交于水面上 2 点，过 2 作 F_x2 线为侧墙面的对称线，将 FE 延长与 F_x2 相交于 e 点为对称点，量取 $eF_0=eF$，F_0 为水中倒影。FG 灭点为 F_1，倒影灭点为 F_2，同样 GK 的倒影灭点为 F_1，如图所示。

门、窗、雨篷的倒影求法如图示，将窗线延长与墙相交于 3、4 点，求出倒影 3_0、4_0，进而完成作图。不再详述。

3. 标志牌的倒影

同样过 A 作 F_xA 临岸线求得对称点 a_0，进而根据平行关系完成作图。值得注意的是标志牌上文字同样是倒的。

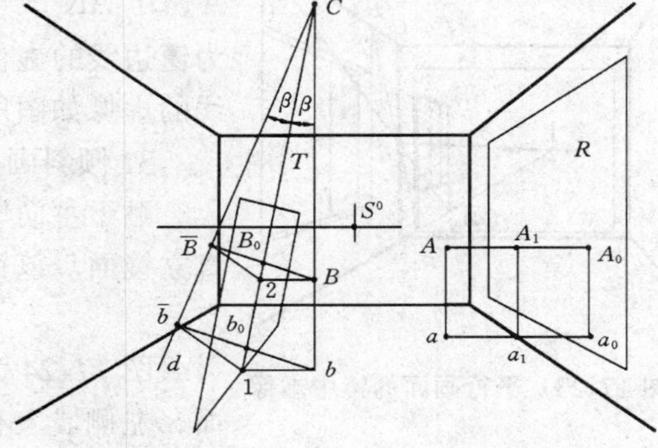

图 17-21　虚像的作图法

三、镜中虚像

镜面可垂直地面，也可能倾斜地面放置，求镜中虚像要根据镜面与画面及地面的相对位置而采用不同的方法。

1. 垂直画面的镜中虚像

当镜面垂直画面时，则空间一点与虚像的连线是一条与画面平行的直线，因此，空间点到镜面的距离仍与虚像到镜面距离相等，如图 17-21 所示。右侧墙上有一镜面，A 到镜面的距离 $AA_1=A_1A_0$，作法如图示。

当左侧镜面倾斜地面时，上下边灭点为心点 S^0，而侧边平行画面，现求空间 B 点在镜中虚像，自 B 和 b 向镜面作垂线 $B\overline{B}$ 和 $b\overline{b}$ 平行画面，所以设想包含垂线 $B\overline{B}$ 作平面 T 与镜面交线为 12 线，12 平行边线。垂足 B_0、b_0 必在该交线上。该平面与地面交线平行 hh 线。所以过 b 作 hh 平行线交镜底边于 1 点，过 1 作边框平行线与 Bb 线相交于 C 点，夹角为 β 角，镜中虚像夹角同样为 β 角，所以作与 $C1$ 夹角为 β 的线 Cd，取 $1b=1\overline{b}$，$\overline{b}$ 为 b 的虚像。同样取 $2B=2\overline{B}$，$\overline{B}$ 为 B 的虚像。

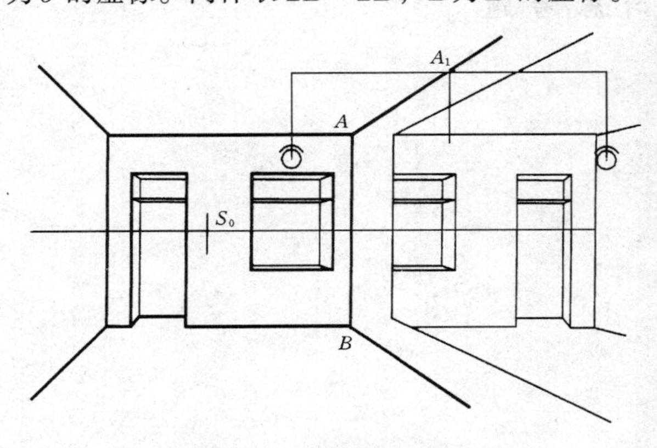

图 17-22　垂直画面的镜中虚像

图 17-22 为求镜中虚像实例。镜面垂直画面，虚像距离与实际距离相等。门窗的对称线为两墙交线 AB。吊灯的对称线为顶棚与墙的交线。对称点为 A_1，完成室内虚像如图，不再详述。

2. 平行画面的镜中虚像

镜面平行画面，镜面法线必垂直画面，灭点为心点 S^0。因此，空间点与其虚像对镜面成对称等距关系，变成透视变形而不能直接量取，可采用图 15-32

对称点的办法作出。

图 17-23 为平行画面镜中虚像实例。在正面墙上有平行画面的镜面，墙与地面、墙与顶棚交线灭点为心点 S^0，所以镜中虚像灭点也是心点 S^0，如图所示。镜面的对称平面线为两墙交线 CD，求得中点 K，过 1 作垂线与墙角线交于 A，作 AK 线与地面线交于$\overline{A}_0$ 为对称点虚像，过 $\overline{A}_0$ 作垂线为窗边线的虚像。12 线虚像灭点为心点 S^0。同理求得其他线的虚像如图所示。

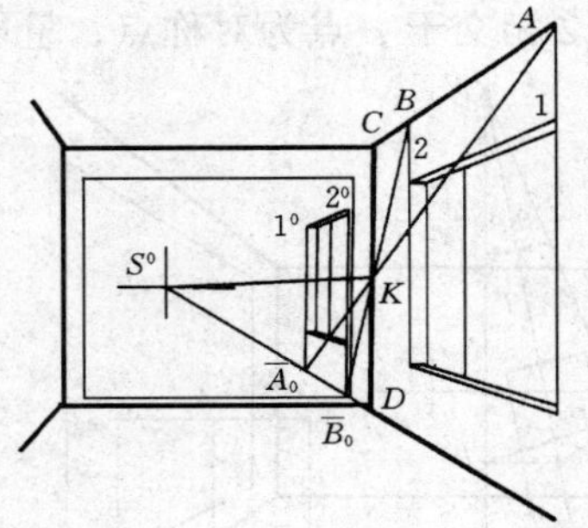

图 17-23 平行画面的镜中虚像

3. 倾斜画面的直立镜中虚像

贴于主向墙面上的镜面在空间两点透视中为倾斜画面的直立镜面。该镜面的法线是水平线且与画面相交，所以有灭点。

图 17-24 为镜中虚像作图实例。在右侧墙面上贴有一镜面，左侧墙上有门等。如图所示，垂直镜面的水平线灭点为 F_y，平行镜面的水平线灭点为 F_x。同样采用对称点的方法求出镜中虚像。作两平面交线 KK_1 为对称平面线，求得中点 D，作 AD 线与 BCF_y 线相交为 B 点的虚像B^0，其余求法如图所示，请读者自行分析，不再详述。

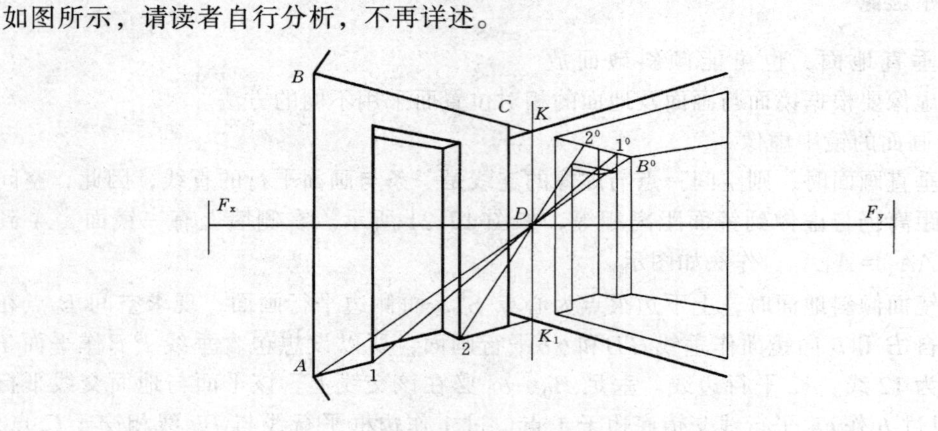

图 17-24 倾斜画面直立镜中虚像

复习思考题

1. 怎样求平行光线下的透视阴影？
2. 怎样求相交光线下的透视阴影？
3. 怎样求辐射光线下的透视阴影？
4. 怎样求水中倒影？
5. 怎样求镜中虚像？

参 考 文 献

1. 廖远明主编．建筑制图学．北京：中国建筑工业出版社，1996
2. 杨天佑编著．建筑装饰工程施工（第2版）．北京：中国建筑工业出版社，1997
3. 郝书魁主编．建筑装饰识图与构成．上海：同济大学出版社，1996
4. 吴忠，钱万里，张运良编写．画法几何．北京：电力工业出版社，1982
5. 朱福熙，何斌主编．建筑制图（第三版）．北京：高教出版社，1999
6. 何铭新，陈文耀，陈启梁主编．建筑制图．北京：高教出版社，1997
7. 哈尔滨建筑工程学院制图教研室编．画法几何与阴影透视．北京：中国建筑工业出版社，1984
8. 许松照编．画法几何与阴影透视．北京：中国建筑工业出版社，1984
9. 施宗惠主编．画法几何及土建制图．哈尔滨：黑龙江科技出版社，1992